全国高等学校教材　供药学类专业用

生物化学与分子生物学

第3版

Biochemistry and Molecular Biology

主　编　张玉彬

副主编　刘　煜　李　荷　刘岩峰

编　者（以姓氏笔画为序）

王学军（南京医科大学）

卞筱泓（中国药科大学）

叶俊梅（中国药科大学）

刘　煜（中国药科大学）

刘岩峰（沈阳药科大学）

李　荷（广东药科大学）

张玉彬（中国药科大学）

陈　欢（中国药科大学）

赵文锋（中国药科大学）

胡　容（中国药科大学）

顾取良（广东药科大学）

郭长缨（新疆大学生命科学与技术学院）

U0322554

人民卫生出版社

·北京·

图书在版编目（CIP）数据

生物化学与分子生物学 / 张玉彬主编 . -- 3 版 .

北京 ：人民卫生出版社，2024. 10. -- ISBN 978-7-117-36843-8

I. Q5；Q7

中国国家版本馆 CIP 数据核字第 2024ZP1357 号

人卫智网	www.ipmph.com	医学教育、学术、考试、健康，购书智慧智能综合服务平台
人卫官网	www.pmph.com	人卫官方资讯发布平台

生物化学与分子生物学

Shengwu Huaxue yu Fenzi Shengwuxue

第 3 版

主　　编：张玉彬

出版发行：人民卫生出版社（中继线 010-59780011）

地　　址：北京市朝阳区潘家园南里 19 号

邮　　编：100021

E - mail：pmph @ pmph.com

购书热线：010-59787592　010-59787584　010-65264830

印　　刷：河北宝昌佳彩印刷有限公司

经　　销：新华书店

开　　本：889 × 1194　1/16　　印张：31

字　　数：982 千字

版　　次：2015 年 2 月第 1 版　　2024 年 10 月第 3 版

印　　次：2024 年 11 月第 1 次印刷

标准书号：ISBN 978-7-117-36843-8

定　　价：122.00 元

打击盗版举报电话：**010-59787491**　E-mail：WQ @ pmph.com

质量问题联系电话：**010-59787234**　E-mail：zhiliang @ pmph.com

数字融合服务电话：**4001118166**　E-mail：zengzhi @ pmph.com

前　言

　　生物化学与分子生物学是生命科学领域的核心学科之一，是药学院校各专业的核心课程。《生物化学与分子生物学》第 1 版于 2015 年正式出版。2019 年，采用融合教材形式修订再版了第 2 版。经过近十年的使用，同行学者和读者对本教材给予了好评，同时也提出了许多宝贵修改建议。为此，我们结合新形势和新要求，开展了本教材的第 3 版修订工作。

　　为了保持本书的风格和特色，第 3 版仍保留了第 2 版融合教材形式，在纸质教材的基础上配有数字媒体形式的配套 PPT、同步练习题、微课视频、文档和图片，作为学习补充材料，读者可以通过扫描书中的二维码阅读和观看学习。为了提升学生的自主学习能力，第 3 版设计了翻转教学内容，要求学生提前学习，并能在课堂上分享和展示自己的学习成果。此外，每章还增加了案例分析，理论联系实际，培养学生运用所学理论知识解决实际问题的能力。

　　生物化学与分子生物学发展很快，一些新的理论和方法被成功用于新药研究中，教材需要及时引进和更新本学科的新理论和新技术。同时，又必须保持本课程的经典理论体系和系统知识框架。第 3 版分为三篇，共二十章，主要围绕蛋白质、核酸和代谢三大主线谋篇布局，将经典与新进展相融合。第一篇生物分子的结构与功能，共五章，重点介绍生物分子蛋白质、核酸、酶和维生素的结构与功能；第二篇物质代谢与调节，共七章，介绍糖、脂质、蛋白质、核酸和非营养物质在生物体内代谢的反应过程、生理意义和调控方式；第三篇分子生物学，共八章，主要介绍核酸与蛋白质的生物合成过程，以及蛋白质与核酸相互作用对基因表达的调控作用。为方便学生学习，遵循先易后难的教学原则，有关蛋白质、核酸与代谢的相关理论知识和新应用在全书的三篇中均有介绍，各有侧重，环环紧扣，层层递进。希望学生在学习时能前后联系，融会贯通，系统掌握本学科的基本理论、基本知识和基本技术。

　　生物化学与分子生物学是一门既古老又年轻的学科，生物化学与分子生物学课程涉及多学科交叉，内容繁多，初学者普遍反映难学。借助融合教材新技术，本次修订对第 1、2 版教材内容作了压缩，力求简明扼要、重点突出、反映最新成果、彰显药学特色。为了让学生能更好地掌握本教材内容，本教材有配套教材《生物化学与分子生物学学习指导与习题集》，可供学生学习参考。

　　本教材的第 1 版、第 2 版、第 3 版，得到了人民卫生出版社的支持，获得了中国药科大学"十二五"、"十三五"和"十四五"教材修订项目的持续资助，同时得到了中国药科大学生物化学与分子生物学教学团队诸多同仁的鼎力相助，在此一并致谢！

　　由于编者水平有限，本书存在不足之处，恳请同行专家和使用本教材的师生与读者批评指正。

编　者
2024 年 6 月

目　录

第一篇　生物分子的结构与功能

第二篇　物质代谢与调节

第三篇　分子生物学

绪　论

一、生物化学与分子生物学的概念和任务

生物化学（biochemistry）即生命的化学（chemistry of life），是运用化学的理论和方法研究生物体的化学组成和生命过程中的化学变化规律的一门科学。自从 20 世纪 50 年代，J. D. Watson 和 F. H. Crick 提出DNA 双螺旋结构模型后，生物化学进入了分子生物学时期，开展了 DNA 复制、基因转录和蛋白质生物合成的深入研究。分子生物学（molecular biology）是从分子水平研究生物大分子核酸和蛋白质的结构与功能、生物合成与分解，以及生物大分子间相互作用，从而阐明生命现象本质的一门科学。生物化学与分子生物学关系紧密，因此，人们将两者融合作为一门学科，共同探索和阐明生命的现象和本质。

生物化学与分子生物学是在分子水平上阐明整个生物界所共同具有的基本特征，即生命现象的本质。生命是自然界中物质存在的一种高级组织和运动形式，核酸、蛋白质、多糖和脂质是生命存在的主要物质基础，生命活动依赖于生物体内各种物质的化学结构、组织形式和化学反应过程。生、老、病、死是生命现象的基本特征和基本过程。生物化学与分子生物学研究内容十分广泛，涉及生命科学的所有领域。其主要内容可以分为以下 3 个方面。

1. 生物分子的结构与功能　研究生物大分子的空间结构与功能以及生物大分子之间的相互作用是当代生物化学与分子生物学研究的重点领域之一。生物化学研究构成生物体的基本物质糖类、脂质、蛋白质（酶）和核酸的结构、性质与功能，这部分内容通常称为静态生物化学。分子生物学则主要侧重研究生物大分子蛋白质和核酸的结构与功能、生物合成与相互作用。因此，分子生物学是生物化学的重要组成部分，是生物化学研究领域的拓展和深入。

2. 物质代谢与调节　研究构成生物体的基本物质在生命活动过程中进行的化学反应过程，即新陈代谢过程，以及它们在代谢过程中能量的转换和调节规律，这部分通常称为动态生物化学。新陈代谢是生命活动的基本特征，生物体一方面需要与外界环境进行物质交换，在体内进行各种代谢变化，将摄入营养物中储存的能量释放，供机体活动所需，这一过程称为分解代谢。另一方面生物体利用能量将小分子物质合成为大分子化合物，这一过程称为合成代谢。物质代谢紊乱或代谢调节失控可引起代谢性疾病。以往认为体内供能物质（糖、脂质、氨基酸）的代谢和能量转换是生物化学的经典研究内容，而生物大分子（蛋白质与核酸）的生物合成是分子生物学的研究内容。但体内的物质代谢都是由一系列酶催化反应所组成的代谢反应，而酶是具有催化功能的生物大分子蛋白质或核酶，它们又是基因表达的产物。因此，近年来

生物化学家正在应用分子生物学方法和原理重新深入研究物质代谢过程,重点研究参与代谢反应的酶的表达与调控,从而阐明机体内物质代谢调控的分子机制,为代谢性疾病的预防和治疗提供新的靶点和治疗方法。

3. 遗传信息的表达与调控　研究生物体遗传信息载体 DNA 和 RNA 的结构与功能,阐明 DNA 复制、RNA 转录和蛋白质生物合成的规律,这些是分子生物学研究重点,也是生物化学与分子生物学研究的交汇点。遗传信息传递的"中心法则(central dogma)"是近代生物化学与分子生物学研究的枢纽。自我复制是生命过程的又一基本特征。基因是位于染色体上有功能的 DNA 片段。基因的储存与传递使生命得以延续,基因的遗传、变异与表达赋予生命多姿多彩的生物学特性。生物的生长、分化、遗传、变异、衰老及死亡等生命现象有一整套严密的分子机制加以调控。这些生命过程与生命现象均由一系列生物大分子间相互作用主宰,如蛋白质与蛋白质、蛋白质与核酸、核酸与核酸的相互作用等。在这些研究中,分子生物学家不可避免地采用传统生物化学的研究方法和内容,如蛋白质的分离纯化、生物大分子的组成分析和体内外合成技术以及物质代谢与信号转导的检测技术。生物化学与分子生物学的相互融合与渗透,极大地促进了生命科学和自然科学研究的快速发展。

二、生物化学与分子生物学发展史

生物化学是一门既古老又年轻的学科,是以化学尤其是有机化学为基础逐步发展建立起来的一门学科。1877 年,霍佩·赛勒(Hoppe Seyler)首次提出德文 biochemie,译成英文 biochemistry,并创办了《生理化学》杂志。直到 1903 年,"生物化学"才成为一门独立的学科。1953 年沃森(J. D. Watson)和克里克(F. H. Crick)提出的 DNA 双螺旋结构模型则成为分子生物学诞生的里程碑。生物化学与分子生物学是一个发展迅速且富有成就的研究领域,历史上产生了众多与此相关的诺贝尔奖获得者,充分反映了该学科在生命科学研究中的重要地位和影响力。生物化学与分子生物学的发展可划分为 3 个阶段。

1. 生物化学的萌芽阶段　19 世纪中叶至 20 世纪初是生物化学的初级阶段。这一时期生物化学家利用原子 - 分子论、原子结构理论、热力学、有机化学与分析化学理论和方法研究生物体的化学组成。主要贡献有对脂质、糖类、氨基酸等进行了较为系统的研究,并发现了核酸,化学合成了简单的多肽,在酵母发酵过程中发现了生物催化剂——酶。

E. Fisher 于 1902—1907 年证明蛋白质是由 L-α- 氨基酸缩合形成的多肽,蛋白质分子中含有 20 种氨基酸。1926 年,J. B. Sumner 第一次提纯和结晶出尿素酶,继而有学者结晶出胰蛋白酶、胃蛋白酶、黄素蛋白、细胞色素 c 等,证明酶的本质都是蛋白质。随后陆续发现生命的许多基本活动,如物质代谢、能量代谢、消化、呼吸、运动等都与酶和蛋白质相联系,可以用提纯的酶或蛋白质在体外实验中重现。在此期间,很多生物学家逐渐认识到,要了解细胞功能必须从生物体内的分子研究着手,才能揭示生命的本质,这在很大程度上消除了生命的神秘色彩。

2. 生物化学的发展阶段　从 20 世纪初开始,生物化学进入了蓬勃发展阶段。生物化学家继续深入开展静态生化研究的同时,利用当时先进的化学分析及同位素示踪技术,基本确定了生物体内主要物质的代谢途径(动态生化),如脂肪酸 β 氧化、糖代谢的反应过程和尿素循环等,都是这一时期的标志性研究成果。

1904 年,F. Knoop 发现了脂肪酸的 β 氧化。1932 年 H. A. Krebs 和 K. Henseleit 发现尿素合成的鸟氨酸循环,1937 年 H. A. Krebs 揭示了三羧酸循环机制。1948 年,E. P. Kennedy 和 A. L. Lehninger 发现线粒体是真核生物氧化磷酸化场所。至此,以三羧酸循环为核心,汇集葡萄糖、脂肪酸和氨基酸氧化分解生成二氧化碳、水和能量(ATP)的代谢途径已经阐明。明确了葡萄糖、脂肪酸和氨基酸是体内 3 种重要产能物质。除供应能量外,它们还承担着为机体生物大分子合成提供基本单位或称前体小分子的任务。

3. 分子生物学时期　20 世纪中叶以来,生物化学发展的显著特征是分子生物学的崛起。这一阶段,细胞内两类重要的生物大分子蛋白质与核酸成为研究的焦点。代表性成果是阐明了 DNA 的双螺旋结构,揭示了核酸和蛋白质生物合成的途径。此成果是生物化学发展进入分子生物学时期的重要标志。

　　1951年L. Pauling和R. B. Corey发现了蛋白质α螺旋,两年后F. Sanger完成了胰岛素的氨基酸全序列分析。具有里程碑意义的是于1953年DNA双螺旋结构模型的提出。此后,对DNA的复制机制、基因的转录过程以及各种RNA在蛋白质合成过程中的作用进行了深入研究。1955年A. Kornberg发现了DNA聚合酶,揭示了DNA复制的秘密。1966年M. Nirenberg等破译了mRNA分子中的遗传密码。1958年F. H. Crick提出了遗传信息传递的中心法则。这些成果深化了人们对核酸与蛋白质的关系及它们在生命活动中作用的理解与认识。

　　1973年P. Berg等建立了重组DNA技术,不仅促进了对基因表达调控机制的研究,而且使主动改造生物体成为可能,由此,相继获得了多种基因工程产品,极大地推动了医药工业和农业的发展。1977年,F. Sanger发明了DNA双脱氧链末端终止测序法,加速了DNA序列的快速分析。1981年T. Cech发现了核酶(ribozyme),从而打破了一切酶都是蛋白质的传统观念。1985年K. Mullis发明了聚合酶链反应(polymerase chain reaction,PCR)技术,使人们有可能在体外高效率扩增DNA。基因诊断和基因治疗已成为分子生物学技术在医学领域中应用的重要成果。

　　目前,分子生物学已经从研究单个基因发展到对生物体整个基因组结构与功能的研究,提出了基因组学(genomics)。1990年开始实施的人类基因组计划(human genome project,HGP)是生命科学领域有史以来最庞大的全球性研究计划,2000年科学家宣布人类基因组"工作框架图"完成,2001年2月绘制完成了人类基因组序列图,此成果无疑是人类生命科学史上的一个重大里程碑,它揭示了人类遗传学图谱的基本特点。近年来,科学家们在人类基因组计划研究的基础上,正在开展蛋白质组学(proteomics)、转录组学(transcriptomics)、代谢组学(metabonomics)和糖组学(glycomics)等组学(omics)研究,这将为人类的健康和疾病研究带来根本性的变革。

　　我国很早就已运用生物化学知识和技术为生产和生活服务。公元前21世纪,我国人民已能酿酒,这是用"曲"作"媒"(即酶)催化谷物淀粉发酵的实践。近代生物化学发展时期,生物化学家吴宪等在血液化学分析方面创立了血滤液的制备法和血糖测定法;在蛋白质研究方面提出了蛋白质变性学说;在免疫化学方面,对抗原抗体反应机制的研究也有重要发现。吴宪是我国近代生物化学发展的重要奠基人。

　　吴宪(1893—1959年)祖籍福建省福州市,早年留学美国,1920年回国任职于北京协和医学院,1924—1940年在协和医学院进行了一系列关于"蛋白质变性"的研究,发表了一系列相关研究论文。1929年,吴宪在第13届国际生理学大会上首次提出了蛋白质变性理论,并于1931年在《中国生理学杂志》发表了有关蛋白质变性学说的研究论文。时隔64年后,1995年世界一流的生物化学丛书Advances in Protein Chemistry全文重新刊登此论文,证明了蛋白质变性学说理论的重要性和他对生物化学研究的重大贡献。他的长子吴瑞也是国际著名的生物化学与分子生物学家,1981年创建了中美生物化学联合招生项目(CUSBEA),为我国培养了一大批杰出的生物化学与分子生物学家。

　　1955年,弗雷德里克·桑格(Frederick Sanger)公布牛胰岛素的分子结构,由A、B两条链共51个氨基酸残基所组成。当时人们对化学合成蛋白质知之甚少,充满着神秘色彩。1958年,中国科学家率先在世界提出人工合成牛胰岛素,同年年底该项目被列入1959年国家科研计划。经过我国众多科学家的通力合作,1965年9月17日,世界上第一个人工合成的蛋白质——牛胰岛素结晶在中国诞生。这是世界上第一次人工合成与天然胰岛素分子相同化学结构并具有完整生物活性的蛋白质,标志着人类在揭示生命本质的征途上实现了里程碑式的飞跃。

钮经义（1920—1995年），江苏兴化人，生物化学家，中国科学院院士。1942年，毕业于昆明西南联合大学化学系，同年在重庆国立药学专科学校（今中国药科大学）任教，后赴美国学习深造获博士学位。1956年，他学成回国，报效祖国，任中国科学院生理生物化学研究所研究员。从事多肽人工合成研究，是中国人工合成牛胰岛素的主要成员，自始至终参加B链合成，成绩突出，被推荐作为中国科学家代表申请诺贝尔奖，并获得1979年诺贝尔化学奖提名，成为中国诺贝尔奖提名第一人。虽最终未能获选，但我国科学家的研究成就得到了世界科学界的认可，为国家赢得了荣誉。

1971年我国科学家还首次完成了用X射线衍射方法测定牛胰岛素的分子空间结构，分辨率达0.18nm。1979年用人工方法合成酵母丙氨酸转运核糖核酸。近年来，我国在基因工程、蛋白质工程、人类基因组计划以及新基因的克隆与功能研究等方面均取得了重要成果，正迈向国际先进水平。

ER0002

人工合成牛
胰岛素

三、生物化学与分子生物学在药学中的应用

药学是一门综合性学科，涉及新药研究、药物生产、药物使用与药政管理等诸多领域。生物化学与分子生物学是药学科学中一门十分重要的核心学科。

如果人体生理功能偏离正常水平（高或低），均可能导致疾病的发生。药物是指用于治疗、预防或诊断疾病的物质，包括天然药物、化学合成药物和生物药物3大类。无论何种药物，其治疗疾病的本质是将体内紊乱的生理功能调整至正常水平。人体的各种生理功能，如肌肉收缩、神经传导、腺体分泌、视觉和听觉等，都是以物质代谢、信号转导和基因表达调控为基础的。体内的代谢反应是由酶催化的，酶是以蛋白质为基础的生物催化剂，酶又是基因表达的产物。因此，药物作用机制的研究离不开生物化学与分子生物学的基本理论、基本知识和基本技术，并由此产生了生化药理和分子药理等药理学分支学科。

药物化学是研究药物的化学性质、合成及结构与药效的关系，药物作用的靶点受体、酶和核酸等都是生物化学与分子生物学研究的主要内容。因此，生物大分子的结构信息将会帮助药物化学家合理设计新药提供理论依据，从而提高新药的成功率。制药工程以药物制造为主要目的，一些传统制药工艺的改造也正在采用现代生物技术，生物合成和生物转化技术将会为现代绿色化学制药工业提供有效手段。中药学主要研究天然药物有效成分的分离纯化、结构鉴定和疾病治疗作用机制。天然药物中一些活性物质本身就是多肽、蛋白质或其衍生物。为了提高天然药物的生物合成量，人们还在开展天然产物生物合成途径和代谢调控的研究。生物药剂学是研究药物制剂与药物在体内吸收、分布、代谢和排泄（ADME）的过程，从而阐明药物剂型因素、生物因素与疗效之间的关系，因此生化代谢理论与技术成为生物药剂学研究的重要手段之一。

临床药学以药物治疗疾病的有效性和合理性为主要研究对象。运用人类基因组学和蛋白质组学的研究成果，积极开展药物基因组学研究，揭示药物在不同个体内的药物代谢、药理作用和毒副作用的生化与分子生物学机制，最终实现个体化治疗是临床药学研究的主要目标。药物分析是以研究药品质量为主要目标，涉及生产质控分析、临床药物分析和体内药物分析等。随着生物制药技术的大量使用，从事药物分析和药物代谢研究的科研人员需要了解和掌握多肽、蛋白质、酶、抗体和核酸类等生物药物的特性，运用生物化学与分子生物学理论和方法建立生物药物的分析检测方法，为药品质量控制和合理使用奠定基础。

以生物化学与分子生物学、微生物与免疫学等学科为基础发展起来的生物制药学已成为当今制药工业的一个新门类，并已成为医药工业新的增长点。愈来愈多的重组药物如人胰岛素、γ干扰素、促红细胞生成素、组织型纤溶酶原激活物、乙型肝炎疫苗和抗体等生物技术药物等均已在临床得到广泛使用。组织工程技术和干细胞治疗技术也将使传统制药工业和疾病防治领域产生深刻的变革。核酸是生物体内另一类生物大分子。1998年，反义寡核苷酸（ASO）药物福米韦生（fomivirsen）获批上市用于治疗艾滋病（AIDS）

患者由巨细胞病毒引起的视网膜炎。2019 年新型冠状病毒感染(COVID-19)的出现后,人类首次将 mRNA 疫苗成功地用于疾病的预防并取得成功,将会极大促进未来核酸类药物研究与开发。

四、生物化学与分子生物学发展趋势

生物化学起源于物质代谢研究,它是生物化学从有机化学与生理学研究中独立形成新学科研究的处女地。随着近年来人类疾病谱的变化,代谢综合征(metabolic syndrome,MS)已成为一种流行性疾病,它是多种代谢成分异常聚集的病理状态,现代医学将与心血管病、2 型糖尿病发病相关的几种危险因素共存的综合征称为代谢综合征。近年来,生物化学与分子生物学工作者开展了代谢组学研究,研究发现物质代谢除了为机体供能外,还参与基因表达调控、表观遗传学等生命过程,人类将全面解析物质代谢在生命活动中的作用,并能根据代谢途径和调控方式重塑代谢过程,从而为代谢性疾病的诊断和新药研究提供新理论基础和技术方法。

分子生物学起源于 DNA 双螺旋结构的发现和遗传中心法则的建立,由此人类能从分子水平认识基因的结构与功能。近年来,随着基因组测序的完成,人类开展了基因组学研究。基因组学将阐明整个基因组的结构、功能及基因间相互作用,主要研究内容包括结构基因组学、功能基因组学和比较基因组学。药物基因组学(pharmacogenomics)是基因组学研究的一个分支,主要研究药物作用靶点基因及药物代谢酶基因的结构与功能,以及这些基因变异导致的药物对机体或机体对药物的不同反应,并在此基础上开发出新药或新的用药方法。药物基因组学是功能基因组学、分子药理学和药代动力学的有机结合。此外,单分子测序技术,也被称为第 3 代测序技术,是完全跨过了第 2 代测序技术依赖基于 PCR 扩增的信号放大过程,真正达到了读取单个荧光分子的能力,为快速和廉价测定个体基因组的目标迈进了一大步,该技术同样适用于转录组学研究中有关 RNA 的快速测序分析。这些将为人类未来个体化基因诊断和基因治疗奠定基础。

蛋白质是生命功能的主要执行者,是生物化学与分子生物学研究的主要对象和永恒主题。蛋白质组学研究将全面阐明生物体内所有蛋白质的结构、功能及相互作用。蛋白质结构生物学是蛋白质组学的主要研究内容之一,将全面阐明新药研究靶点(如受体和酶)的三维结构,为小分子药物设计提供精准结构信息,将会大大提高新药研发的成功率。生物大分子药物(如多肽、蛋白质和抗体类药物)本身就是蛋白质分子。抗体类蛋白质药物已成为新药研发的重要领域和热点。在过去 40 多年,单克隆抗体逐渐从单纯的科研工具转变为强大的生物药用于多种疾病治疗。迄今,已有 50 多种治疗性单克隆抗体经美国 FDA 获准上市,广泛用于肿瘤、自身免疫和感染等疾病的治疗。2018 年诺贝尔化学奖和生理学或医学奖两个奖项均与抗体药物的研究有关,其中 2018 年诺贝尔化学奖有一半颁给了乔治·史密斯(George P. Smith)和格雷戈里·温特(Sir Gregory P. Winter)两位科学家,以表彰他们对噬菌体展示技术的发明和在抗体药物中应用所作出的贡献。无独有偶,2018 年诺贝尔生理学或医学奖颁给了詹姆斯·艾利森(James Allison)和本庶佑(Tasuku Honjo),以表彰他们在癌症免疫治疗方面所作出的贡献。他们的工作引发了用于抗肿瘤的 PD-1 抗体的成功研发与临床应用。这些标志性研究成果必将推动蛋白质在药物研发中的应用,将为人类难治疗性疾病的防治作出重大贡献。

2022 年诺贝尔化学奖授予卡罗琳·贝尔托西(Carolyn R. Bertozzi)、摩顿·梅尔达尔(Morten Meldal)和卡尔·巴里·夏普利斯(K. Barry Sharpless),以表彰他们在发展点击化学和生物正交化学方面作出的贡献。他们所发明的方法让有机化学反应可以在生命体系中进行。对于体外的有机化学反应来说,水不是一个好的溶剂体系。但是,复杂的生物体却是一个水溶液体系,如何能够高度特异性和高效地进行连接反应,同时不受到其他生物分子的干扰,是长期困扰生物化学和分子生物学家的难题。点击化学反应和生物正交反应的出现,在某种程度上,让有机化学反应可以在生命体系中进行。因此,新的技术可以开拓出非常多的交叉领域,让人们从生命复杂系统的角度去重新认识生命的现象与本质,有了无穷多的想象空间。生物化学源自有机化学,有机化学再度融入生物化学,又产生了新的交叉学科化学生物学(chemical biology)。

2023 年诺贝尔生理学或医学奖颁给卡塔琳·卡里科(Katalin Karikó)和卓·韦斯曼(Drew Weissman),

表彰他们在核苷碱基修饰方面的重要发现,这些发现促进了针对新型冠状病毒感染 mRNA 疫苗的成功开发与应用。2019 年末,新型冠状病毒感染在全球流行,我国科学家迅速对新型冠状病毒开展了测序研究,首先向全球公布了该病毒的核酸序列,为人类建立快速检测和诊断新型冠状病毒奠定了基础。研究发现 SARS-CoV-2 表面突起蛋白(spike protein)是该病毒侵染细胞的关键蛋白,同时也是该病毒的特异性抗原。据此,科学家们通过基因工程及核苷碱基修饰技术,制备了翻译突起蛋白的模板 mRNA,采用脂质体载药方法制备了这种 mRNA 疫苗注射剂。这是人类首次应用 mRNA 疫苗预防新型冠状病毒感染,开创了在较短时间内、大规模成功制备 mRNA 疫苗应用的先河,为今后 mRNA 药物在其他疾病预防和治疗中的应用奠定了基础。

mRNA 疫苗的发现与应用

凡是过往,皆为序章。21 世纪 20 年代的生物化学与分子生物学将应用各种组学,如基因组学、蛋白质组学、转录组学、代谢组学和糖组学,以及生物信息学、化学生物学和系统生物学等理论和方法,系统性地研究复杂的生物体,进一步揭示生物现象的本质。生物化学与分子生物学的迅速发展将为新药的研发提供了重要的新理论和新方法,促进药学科学的加速发展。

绪论微课

（张玉彬）

第一篇

生物分子的结构与功能

第一章
生物化学与分子生物学基础

生物化学与分子生物学是一门综合性学科,涉及化学、物理学、细胞生物学、遗传学、微生物与免疫学等相关学科,相关学科的基本理论与基本技术为本学科的发展奠定了基础。与此同时,生物化学与分子生物学也为其他学科的发展提供了理论基础和技术手段。

第一节 化 学 基 础

一、生物体化学元素组成

18 世纪末,化学家已经认识到天然存在的化学元素中,大约有 30 种元素是生物体所必需的。构成生物体的最丰富元素(most abundant elements)有 C、H、O、N、P、S,次丰富元素(less abundant elements)有 Cl、Na、K、Ca 和 Mg,其中 C、H、O、N 是生物体中最丰富的化学元素,占细胞质量的 99% 以上。

此外,生物体还有一些微量元素(trace elements)有 V、Cr、Mn、Fe、Co、Ni、Cu、Zn、Se、Mo 和 I 等。生物体对它们的摄入量很少,如人体每日对 Fe、Cu 和 Zn 的摄入量为毫克(mg)级,其他元素需要量更少。微量元素只占人体重量的极小部分,但它们是生命所必需的。血红素分子的载氧能力严格依赖于仅占其重量 0.3% 的铁原子。生物体内一些酶的催化活性依赖于微量金属元素,如体内的超氧化物歧化酶(SOD)则依赖于 Mn、Cu 或 Zn。

二、化学键

氢、氧、氮和碳可形成单价、双价、三价和四价化学键。最轻元素通常能形成牢固的化学键(chemical bond)。碳占了细胞干重的一半以上,碳可以与氢原子形成单键,也可以与氧和氮原子形成单键或双键。碳原子与碳原子之间也可以形成单键、双键和三键。生物分子中共价连接的碳原子可以形成直链、支链和环状结构。具有共价连接的碳骨架分子称为有机化合物,它们有无数种组合方式。生物体内的功能性分子绝大多数是有机化合物。碳原子成键的多样性决定了碳化合物作为细胞分子构件的主要元素。其他任何一种化学元素都不可能形成大小和形状具有巨大差异和官能团众多的生物体有机分子。

化学键主要有共价键和非共价键两种。具有外电子层未配对电子的两个原子,通过共享电子形成共价键(covalent bond),原子通过共价键而结合形成分子。共价键形成伴随着能量的释放,而当共价键断裂时,又必须重新吸收能量。共价单键(如 C—H、C—O、C—N)的键能很强(335~418.6kJ/mol)。非共价键(non-covalent bond)主要指靠带相反电荷原子间的吸引力所形成的化学键,主要包括氢键(hydrogen bond)、离子键(ionic bond)、疏水键(hydrophobic bond)和范德瓦耳斯力(van der Waals force,又称范德华力)。它们不依赖于共用电子对,单个的非共价键键能较弱(4.2~20.9kJ/mol)。因此,非共价键很容易断裂,同时也容易再生成。生物大分子(DNA 和蛋白质)中存在大量的非共价键,其作用力有加和性。因此,从整体上考虑,大分子内的非共价键使大分子结构更加稳定。同时,这一特性也使非共价键主导的细胞内生物大分子呈现动态相互作用。

三、官能团

官能团(functional group)是特殊的原子群,作为一个整体发挥作用,并赋予有机分子以化学、物理和生理特性。生物分子中常见的官能团有羟基、羧基、羰基、氨基、磷酸基、巯基等。生物体中这些官能团之间的连接方式主要有两种:羧基与醇羟基结合形成的酯键和羧基与氨基结合形成的酰胺键。大多数官能团都含有一个或多个电负性原子(N、P、O、S),使有机分子的极性更强,水溶性和反应活性提高。很多基团可离子化,使其带正电荷或负电荷。生物分子往往含有两个或更多的不同官能团,每一个官能团都有特定的化学性质。如乙酰辅酶 A(CH₃CO-S-CoA)是生物体内代谢反应的中间产物,含有多个官能团,所含官能团的化学性质及分子的三维空间结构决定了乙酰辅酶 A 的生物学功能(图 1-1)。

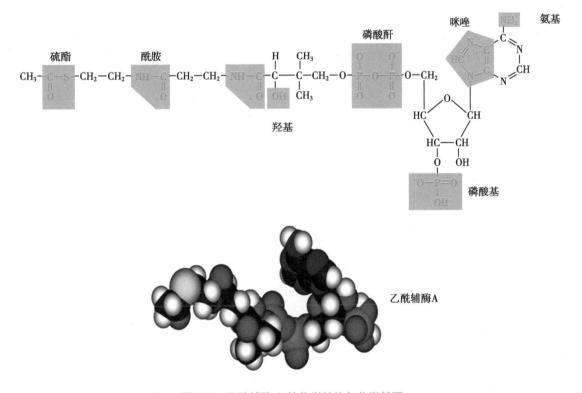

图 1-1　乙酰辅酶 A 的化学结构与化学基团

思考题 1-1:请找出图 1-1 中乙酰辅酶 A 分子中所有化学基团,并写出它们的名称。

ER0103

生物化学物质
的主要化学
基团

四、立体结构

尽管生物分子的共价键和官能团决定了生物分子的化学性质,但生物分子的立体结构对分子间相互作用起着至关重要的作用。生物分子间的相互作用具有立体专一性,即立体结构上相吻合或互补嵌合。生物分子的相互作用是它们发挥生物学功能的重要基础,如酶和底物结合决定生物化学反应的立体选择性,受体和配体的结合启动细胞内特异性信号转导,抗体和抗原结合产生专一性免疫反应等。

立体结构(spatial structure)是指分子中的原子在三维空间的排列。立体异构体(stereoisomer)分为构型异构体和构象异构体。构型异构体主要有顺反异构体和旋光异构体,延胡索酸 / 反丁烯二酸和马来酸 / 顺丁烯二酸是顺反异构体,而 L- 亮氨酸与 D- 亮氨酸为旋光异构体,旋光异构体又称对映异构体,是指立体异构体彼此具有镜像关系。连接 4 个不同取代基的碳原子是非对称的,非对称碳原子又被称为手性中心,仅有一个手性碳原子的有机化合物会有两个对映(异构)体。非镜像对称的立体异构体则被称为非对映异构体。当分子中有两个或更多个(n)不同的手性碳原子时,就会有 2^n 种立体异构体。

构象(conformation)是指分子中的原子或取代基在空间的不同排列。构象异构体的特征是由于化学单键的自由旋转而造成原子在空间的相对位置不同。在没有任何键断裂的情况下,可产生不同的立体异构体。有机化学中的乙烷构象分析是一个很好的例证。然而,由于生物大分子的复杂性,分子中的 C—C 单键自由旋转受阻,大大限制了生物大分子的构象异构体数目。生物分子在细胞溶液中可能会有几种不同的稳定构象,但它们在与其他分子发生相互作用时,会转化为某一特定有利于相互作用的分子构象。

生物分子绝大数都是手性分子(chiral molecule),手性分子赋予分子在生物体内具有更多的特性。构型和构象共同确定了生物分子的立体结构。立体专一性是指生物大分子区分和识别立体异构体的能力,这是生物大分子的重要特性,如酶和底物的结合。如果某种蛋白质的结合位点是和手性化合物的一种特定异构体互补的,它将不会和另一种异构体互补,就像右手无法戴上左手手套一样。人体味觉感官中的受体很容易区分非对映异构体,如 L- 天冬氨酰 -L- 苯丙氨酸甲酯(甜味)和 L- 天冬氨酰 -D- 苯丙氨酸甲酯(苦味)。在脊椎动物的视网膜上,11- 顺式视黄醛吸收可见光后转变为 11- 反式视黄醛,引发视网膜细胞产生神经冲动,从而产生视觉信号(图 1-2)。

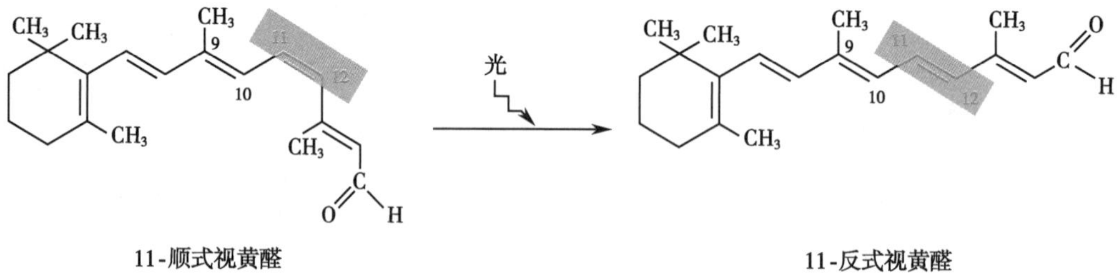

图 1-2 视黄醛构型改变

思考题 1-2:请查阅文献了解夜盲症产生的原因,并提出防治方法。

五、水是生命的支持物质

水是宇宙中生命存在的重要基础,地球上的生命完全依赖于水,成人体内的水占人体总质量的 60.0%。水是生命的介质,生物体内的化学反应是在水溶液中进行的,水与生物分子间的相互作用决定了生物分子的空间结构和功能。

水是极性分子,其分子内 O—H 键的极性很强。水能与含有极性基团的生物分子形成氢键产生弱相互作用,使这些生物分子在细胞中溶解。如果没有水,生物分子如蛋白质和核酸,就不能形成高度有序的结构,生物分子也就失去了它们的功能。没有水,细胞也不会形成细胞的超聚物,如生物膜。水是细胞内很多生物化学反应的反应物和产物。生物分子往往通过脱水缩合反应而聚合为生物大分子,如蛋白质、核酸和多糖。这些生物大分子又可通过水解反应降解为小分子单体。此外,水的比热大,可保护细胞因生物化学反应或其他因素导致的过冷或过热现象对细胞的损伤。

水分子中的氧原子、氢原子分别与盐分子的阳离子和阴离子形成离子 - 偶极键,从而使离子处于水化膜的包围之中,产生水合作用而溶解。生物体内的可溶性无机盐通过水合作用形成水化膜而溶解。细胞内含有大量溶解的复合物(溶质),水比其他溶剂可溶解更多的溶质,水是细胞中不溶性纤维物之间的液态基质,水也是细胞内物质转移的溶剂。生物体内的很多分子带有可电离的化学基团,可以与水分子发生水合作用。

水合作用时能释放出质子者为酸性化合物,结合质子者为碱性化合物。水是中性分子,纯水的 pH 为 7.0。人体的体液大多维持中性(pH 7.4 左右),其稳定性依赖生物体内的缓冲液。缓冲液由弱酸和其共轭碱组成。人体的血液缓冲系统主是由碳酸和碳酸氢根离子(H_2CO_3/HCO_3^-)组成的缓冲体系,将血液 pH 维持在约 7.4。而细胞内溶液的 pH 则是由磷酸缓冲系统($H_2PO_4^-/HPO_4^{2-}$)组成,以相似的方式调节细胞内稳定的 pH。剧烈运动时,血液乳酸增加,氢离子浓度升高,血液中的碳酸根离子就与多余的质子结合形成碳酸,后者再转化为二氧化碳和水,二氧化碳通过肺呼吸作用而排出体外,从而将质子从溶液中清除。

彼得·阿格雷(Peter Agre,1949 年 1 月 30 日—)在 1990 年成功地分离出了一种蛋白质,并证明了这种蛋白质就是人们梦寐以求的水分子通过细胞膜进入细胞内的通道,被命名为水孔蛋白(aquaporin)。他因这一重要的发现而获得了 2003 年诺贝尔化学奖。

思考题 1-3:人类在外太空寻找适宜人类居住的星球时,首要考虑的因素是什么? 为什么?

六、生物大分子的特性

生物大分子
的特性

生物大分子(biomacromolecule)主要是蛋白质、脂质、糖和核酸 4 大有机物质。它们在人体内的组成比例分别为蛋白质占 16%,脂质占 13%,糖占 1.5%,核酸占 0.2%。氨基酸、核苷酸和单糖是用来合成蛋白质、核酸和多糖等大分子(macromolecule)的前体小分子。这些小分子就像英文中的 26 个字母,可组成无限多个单词、句子和书本。生物大分子皆由为数不多的简单前体小分子化合物通过脱水反应缩合而形成(图 1-3)。

蛋白质是生命活动的执行者,可形象地比喻为分子工具或分子机器。没有蛋白质,细胞内的一切生命活动将会停止。细胞内不同的蛋白质发挥各自特定的生物功能。组成蛋白质的基本单位是氨基酸,氨基酸由酶催化脱水缩合反应形成蛋白质,蛋白质通过形成高级结构而发挥生物学功能。核酸是生物体内遗传信息的载体,主要由 DNA 和 RNA 两类分子组成。它们的基本单位是核苷酸,核苷酸也是由酶催化脱水缩合形成核酸。单糖是多糖的前体小分子,酶催化单糖间脱水缩合形成多糖。多糖纤维素是葡萄糖单体间通过 β-1,4- 糖苷键连接形成的线性多聚物,它是植物细胞壁的重要组成部分。植物淀粉和人体糖原是葡萄糖单体间通过 α-1,4 和少量 α-1,6- 糖苷键连接形成的带分支链的多糖,它们是自然界中重要的贮能物质。脂质主要指脂肪、磷脂和胆固醇等有机物质。脂肪则是由甘油和脂肪酸,经酶催化脱水缩合而形成,它们是体内主要的能量贮存体。磷脂是由甘油、脂肪酸、磷酸和胆碱等单体,经酶催化脱水缩合而形成。脂质物质的分子量相对较小,结构相对简单,它们在体内主要作为细胞膜的结构成分和能量贮存分子。上述生物大分子在生物体内,同样可以通过酶催化的水解反应降解为小分子,使大分子的生物学功能彻底丧失。

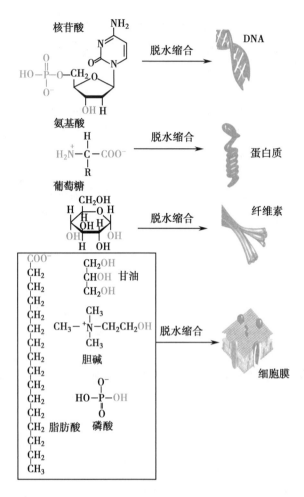

图 1-3 小分子通过脱水缩合反应形成生物大分子

核酸和蛋白质是生物信息的主要贮存者和执行者,它们是决定生命活动的重要物质基础。它们都是由特殊的亚单位(或称前体)按一定的顺序、首尾连接形成的多聚物。亚单位在多聚物中的排列顺序称为序列,如 DNA 分子中的核苷酸序列和蛋白质分子中的氨基酸序列。这些序列决定了生物大分子的空间结构和生物学功能。

ER0105

化学基础
(微课)

翻转课堂:

目标:要求学生通过课前自主学习,掌握与生物化学相关的基础化学理论知识。

课前:要求每位学生认真阅读本节内容。自由组队,每组 4~6 人,组长负责组织组员开展相互讨论,并制作 PPT 或视频,用于课堂交流。

课中:老师随机抽取 1 组,作全班公开 PPT 演讲,老师提出问题,让学生相互讨论和交流,并随机挑选学生回答,考查学生的学习情况。

课后:学生完成老师布置的作业,并对"生物体内的化学反应亦遵循热力学基本原理",开展深入的学习和讨论。

第二节 物理学基础

物理学为生物化学与分子生物学研究提供了重要的理论基础和实验方法。生物化学与分子生物学运用物理学的概念和方法研究生物各层次结构与功能的关系,阐明生物在一定的空间和时间内有关物质、能量与信息的运动规律。

一、热力学

(一)生物化学反应

生物体内发生的生物化学反应(biochemical reaction)和体外发生的化学反应相比,在本质上没有区别,依然遵守热力学第一定律和第二定律,即宇宙中的能量守恒和熵不断地趋于最大原理。1878 年,物理化学家 J. W. Gibbs 将两个定律结合起来提出了著名的化学反应自由能表达式(即吉布斯函数):$\Delta G=\Delta H-T\Delta S$。$\Delta G$ 表示自由能的变化,即反应过程中可做功能量的改变;ΔH 是焓(enthalpy,H)或系统总能量的变化;ΔS 是系统熵(entropy,S)的变化;T 是热力学温度$[T(K)=t(\text{℃})+273]$。这个等式说明可利用能量的变化(ΔG)是总能量(ΔH)与不能进一步做功能量($T\Delta S$)的差值。ΔG 为负值的反应是放能反应,热力学是有利的,可自发进行。当 ΔG 为正值的反应是吸能反应,热力学上是不利的。ATP 是生物体内能量的主要供应体,生物体可通过 ATP 水解释放能量给 ΔG 为正值的反应输入能量,以驱动反应的进行。ATP 除了给一些化学反应供能外,它还能驱动肌肉细胞中纤维的运动、物质转运以及产热等多种生物学过程。

ATP 水解被用于驱动细胞内大多数吸能反应,其反应机制是 ATP 的末端磷酸基团能转移到多种不同的分子上,如氨基酸、糖类、脂质和蛋白质,接着再被水解释放能量,从而驱动 ΔG 为正值的生物化学反应转变成为 ΔG 小于零的自发性化学反应。例如,葡萄糖与磷酸反应生成葡萄糖 -6- 磷酸是一个 ΔG 为正值的化学反应。生物体内则利用 ATP 水解供能促进该反应进行,ATP 自身转变为 ADP 和 Pi。最后,总反应的 ΔG 为负值,使该反应成为热力学上允许的化学反应。此外,值得注意的是,该化学反应在体内还需要葡萄糖激酶或己糖激酶作为生物催化剂,以加速该生物化学反应的进程(图 1-4)。酶是化学反应的催化剂,但不能改变反应的热力学特征,只能改变反应的动力学特性。若没有酶催化该反应,则反应进程非常缓慢。

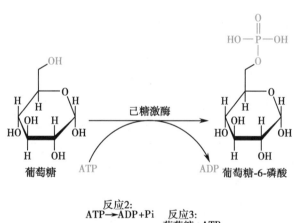

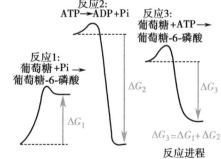

图 1-4 己糖激酶催化葡萄糖 -6- 磷酸的合成反应

(二)非平衡系统

热力学基本定律表述的是一个处于可逆平衡条件下的非生命的封闭系统(系统与环境间无物质交换)。而生物体细胞内的代谢是维持在一个不可逆的非平衡条件下,这是因为细胞是一个开放的系统,不同于试管内的环境。物质和能量通过血液或培养基不断地输入细胞。生物体离不开外界氧气的供应,氧是细胞代谢的重要反应物。氧和其他物质不断地输入或输出细胞,使细胞代谢维持在稳定态,而非平衡态。细胞处于稳定态时 ATP 浓度高于 ADP 浓度,只有当细胞死亡时,才趋于平衡态,平衡态时则 ADP 浓度高于 ATP 浓度。如果一个细胞内含有平衡的 ATP、ADP 和 Pi 混合物,那么细胞内无论存在多少 ATP,细胞也没有做功的能力。因此,活细胞必须通过生物氧化(氧化磷酸化)过程进行能量转换,将糖、脂质等营养物质中所贮存的化学能转化为生物体可利用的能量物质 ATP,以保证细胞内 ATP 相对于 ADP 维持在比平衡态高得多的稳定态水平。大多数细胞中,ATP 浓度是 ADP 浓度的 10~100 倍,维持细胞内相对高水平的 ATP 是生命活动所必需的。

(三) 生物大分子空间结构的形成

具有生物学功能的生物大分子依赖于其三维空间结构,丧失了空间结构的生物大分子也将丧失其生物学功能。生物大分子从无序转变为有空间组织结构的大分子是一个自由度减少的过程,也就是热力学熵(S)减少的过程,这将违背热力学第二定律,自然界的自发过程是趋向熵增加的方向进行的。为了解决这一热力学问题,生物大分子在折叠形成高级空间结构时,系统必须与环境进行能量交换,通过放热过程来实现吉布斯函数($\Delta G=\Delta H-T\Delta S$)的最终结果 $\Delta G<0$。放热即焓的变化来自分子内次级化学键的形成,如氢键、疏水键、离子键和范德瓦耳斯力等。这些键能虽然比共价键弱,但生物大分子内可形成数目众多的此类化学键。因此,当大分子折叠形成空间结构时,亦可产生足够的能量来抵消熵减少产生的不利因素。人们通过实验来考察两条具有互补作用的单链 DNA(single strand DNA,ssDNA)在形成双螺旋结构时,是放热还是吸热过程。实验过程是将反应体系放在水浴中,观察两条单链 DNA 混合后形成双链过程中环境水浴的温度变化,以判断反应是放热还是吸热反应(图 1-5)。研究发现 DNA 形成双螺旋时向环境释放的热量为 250kJ/mol(60kcal/mol),实验结果与理论推测相一致,从而证明了生物大分子的折叠形成复杂的空间结构,并没有违反热力学第二定律。

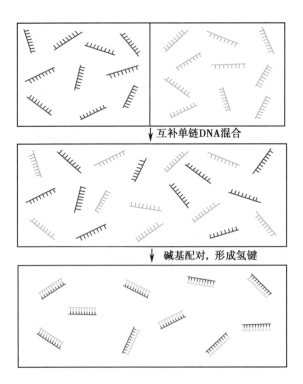

图 1-5 DNA 双螺旋结构的形成与熵变化

生物体内的蛋白质在形成空间三维结构时,为了克服折叠过程中熵减少效应,通过形成大量的分子内次级化学键而放热,从而使折叠过程能顺利进行。细胞内一些复合体或细胞器的形成过程都遵循了热力学定律。

思考题 1-4：请设计实验，研究细胞膜形成过程中的能量变化。

二、物理学方法的应用

生物化学与分子生物学的发展离不开许多物理学方法的应用，这些方法涉及物理学中的晶体学、光学、磁学和电学等众多物理学分支学科内容。近代使用的大量现代化仪器设备都是物理学与生物学相结合的产物。

(一) X射线衍射技术

X射线衍射（X-ray diffraction）是指X射线照射到一粒单晶体上会发生衍射，对衍射线的分析可以解析出原子在晶体中的排列规律，从而解析晶体的结构。

生物大分子结构测定所面临的问题是分子量大，原子多，且原子序数小，多数是C、H、O、N等轻元素，故散射能力低，使电子密度图的分辨率降低。为此可将重金属原子，如Hg、Pb、Se等引入生物分子中，作为标识原子。这种置换入重原子的大分子应与无重原子时的原晶体有相同的晶胞参数和空间群，且绝大多数原子的位置相同，故称同晶置换。从这些含重原子晶体的衍射数据可解出结构。此外，由于大分子晶胞大，所含原子数目多，需确定的

物理学方法

结构参数就多，而大分子晶体在X射线的照射下易于损坏，因此，如何缩短实验时间也成为一个重要问题。因生物大分子结构复杂，分子大，结晶困难，能得到合用的晶体是整个大分子结构测定中关键性的步骤。

J. D. Watson和F. H. Crick解析出DNA双螺旋结构标志着分子生物学时代的诞生。他们在研究DNA结构时曾受到Rosalind Franklin所拍摄到的DNA晶体照片的影响，并对建立双螺旋结构起到决定性作用。R. Franklin使用DNA湿纤维进行的X射线衍射分析得到的数据表明DNA具有简单和有规则的重复结构单元。由于X射线波长很短，能量很大，对人体伤害很大，R. Franklin由于长期接触X射线患乳腺癌英年早逝，人们不会忘记她对生命科学研究所作出的杰出贡献（图1-6）。

此外F. H. Crick本人就是一名物理学家，由于热爱生物学，与J. D. Watson合作研究，并最终阐明了DNA双螺旋结构。因此，DNA双螺旋结构是生物学与物理学相结合的产物（图1-7）。

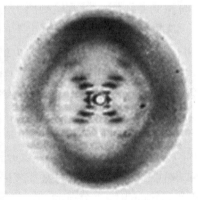

图1-6　R. Franklin和DNA晶体的X射线衍射图

图1-7　J. D. Watson（左）与F. H. Crick（右）和DNA双螺旋结构模型

此外,J. Kendrew 和 M. Perutz 利用 X 射线衍射技术解析了肌红蛋白及血红蛋白的三维结构,论证了这些蛋白质在输送分子氧过程中的特殊作用,成为研究生物大分子空间结构的先驱,因此于 1962 年获得诺贝尔化学奖。X 射线衍射技术仍是当今解析生物大分子结构的有力工具。蛋白质三维结构的解析是蛋白质组学研究的主要内容之一。

(二) 核磁共振技术

具有核磁性质的原子核,在高强磁场的作用下,吸收射频辐射,引起核自旋能级的跃迁,称核磁共振(nuclear magnetic resonance,NMR),产生的波谱称为核磁共振波谱。核磁共振波谱的研究主要集中在 H(氢谱)和 C(碳谱)两类原子核的波谱。X 射线单晶衍射可获得高分辨率的蛋白质三维结构,但蛋白质必须先制成晶体,而生物体内绝大数蛋白质在细胞内并非处于晶体状态,因此必须了解蛋白质在溶液中三维空间结构。利用核磁共振波谱研究蛋白质,可以得到蛋白质在溶液中的真实结构,它已经成为结构生物学领域的一项重要技术手段。但是由于蛋白质分子量大,结构复杂,目前核磁共振法局限于 35kDa(简称 kD)以下的小分子蛋白质结构的解析。一维核磁谱信号常显得重叠拥挤而无法进行解析,使用二维核磁共振并结合 ^{13}C 和 ^{15}N 标记可以简化解析过程。另外,核欧沃豪斯效应谱(nuclear overhauser effect spectroscopy,NOESY)技术是最重要的蛋白质结构解析方法之一,通过该技术可获得蛋白质分子内官能团和氢原子间的距离,再通过计算机模拟可以得到蛋白质分子的三维结构。随着技术的进步,稍大的蛋白质结构今后也将可以利用核磁共振技术加以解析。

(三) 生物质谱技术

质谱技术是一种测量离子质荷比的分析方法。质谱仪利用高能电子流等方法轰击样品分子,使样品失去电子变为带正电荷的分子离子和碎片离子,根据带电粒子在电磁场中能够偏转或到达检测器的时间不同,可按物质原子、分子或分子碎片的质量差异进行分离和检测。质谱仪经过近 100 多年的发展,应用技术不断完善。生物质谱则是根据生物大分子的特性而发展起来的一类质谱仪,目前生物大分子离子化方式主要是电喷雾电离与基质辅助激光解吸电离,前者常采用四极杆质量分析器,所构成的仪器称为电喷雾(四极杆)质谱仪(ESI-MS),后者常用飞行时间作为质量分析器,所构成的仪器称为基质辅助激光解吸电离飞行时间质谱仪(matrix-assisted laser desorption/ionization time-of-flight mass spectrometer,MALDI-TOF-MS)。MALDI-TOF-MS 的特点是对盐和添加物的耐受能力高,且测样速度快,操作简单,使生物大分子的测序成为可能。

近年来,基质辅助激光解吸电离飞行时间质谱仪(MALDI-TOF-MS)已成为测定生物大分子尤其是蛋白质、多肽分子量和一级结构的有效工具。MALDI-TOF-MS 的基本原理是采用高能量激光束使蛋白质分子电离带上质子成为 $(M+H)^+$ 的正离子,分子量不同的离子在有电场作用的飞行管中飞行速度不同,因此这些离子通过一个固定长度的飞行管时,其各自的飞行时间(time-of-flight,TOF)不同。分子量小的蛋白质离子飞行快,将先到达到检测器而被检测,同时检测器还能分析所检测离子的带电荷数目,因此分析结果是质荷比(mass to charge ratio)。最后利用飞行时间不同可以准确推算出不同蛋白质的分子量。例如,胰岛素和 β-乳球蛋白组成的混合样本经 MALDI-TOF-MS 分析后,两者的分子量分别显示为 5 733.9Da 和 18 364Da。而胰岛素和 β-乳球蛋白的理论分子量分别为 5 733.5Da 和 16 388Da。由此可见,质谱的对生物大分子蛋白质分析值与理论值极为相近,误差很小。J. Fenn 和 K. Tanaka 因发明生物大分子的质谱分析法荣获 2002 年诺贝尔化学奖。

如果将第一次检测到的蛋白质离子再进行裂解,再通过质谱仪分析,形成串联质谱法(tandem mass spectrometry),可以得到蛋白质的肽图谱,根据肽图谱和氨基酸的分子量可以分析得到蛋白质的氨基酸序列。这是蛋白质序列分析的新方法,将会完善或取代 Edman 蛋白质的氨基酸序列分析法,极大地推动了当今蛋白质组学研究。此外,利用生物质谱法研究药物与生物大分子的相互作用,可快速和灵敏地筛选到与生物大分子具有高亲和力的药物分子。

J. Fenn、K. Tanaka 和 K. Wüthrich 三人因发明了对生物大分子进行确认和结构分析的方法，共享 2002 年诺贝尔化学奖。其中 J. Fenn 和 K. Tanaka 的主要贡献是发明了生物大分子的质谱分析法，而 K. Wüthrich 对 NMR 在蛋白质结构研究中的理论与应用作出了重要贡献。

（四）圆二色谱法

物质对右（R）和左（L）两种圆偏振光吸收率（absorbance，A）不同的现象称圆二色性，这种吸收差异（$\Delta A = A_L - A_R$）与波长（λ）的关系作图称圆二色谱（circular dichroism spectrum，CD spectrum）。这是一种测定分子不对称结构的光谱法。生物大分子为手性不对称分子，对偏振光具有不同的吸收。因此，圆二色谱在生物化学领域中主要用于测定生物大分子的立体结构。

蛋白质分子中，肽链的不同部分可分别形成 α 螺旋、β 折叠和 β 转角等特定的立体结构，这些立体结构都是不对称的。蛋白质的肽键在紫外 185~240nm 处有光吸收，因此它在这一波长范围内有圆二色性。α 螺旋圆二色谱在 208nm 和 222nm 处为双负峰，在 190nm 强正峰。β 折叠在 218nm 处为单负峰，在 195nm 处为正峰。无规则在 198nm 处为负峰，而在 220nm 处为弱正峰。通过测定多肽和蛋白质的圆二色谱可以分析蛋白质中 α 螺旋和 β 折叠等经典二级结构。

（五）其他物理方法

除了上面介绍的 X 射线衍射法、核磁共振法、质谱法和圆二色谱法外，生物化学与分子生物学还使用许多其他的物理学方法。

1. 紫外-可见光谱法 蛋白质在紫外区的光吸收是由芳香族氨基酸侧链吸收光引起的，利用此法可以很方便地测定蛋白质的浓度。可见区的研究则限于蛋白质-蛋白质、酶-辅酶的相互作用等，有时还需引入生色团才能进行。

2. 激光拉曼光谱 该光谱是基于拉曼散射和瑞利散射的光谱，当前两个主要发展方向是傅里叶变换拉曼光谱和紫外-共振拉曼光谱。

3. 荧光光谱法 研究蛋白质分子构象的一种有效方法，它能提供激光光谱、发射光谱及荧光强度、量子产率等物理参数，这些参数从各个角度反映了分子的成键和结构情况。

4. 红外光谱法 红外光谱法利用物质对红外辐射的吸收或发射能力进行结构分析。红外光谱法可用于蛋白质二级结构分析。

生物学研究中，大量物理学理论与方法的应用，加速了生物化学与分子生物学发展，由此还产生了生物物理学这一新兴交叉学科。

思考题 1-5：2014 年诺贝尔化学奖颁发给三位物理学家 Eric Betzig、Stefan W. Hell 和 W. E. Moerner，以表彰他们对发展超分辨率荧光显微镜（又称纳米显微镜）观察细胞内生物大分子所作出的卓越贡献。请你就此奖项发表学科交叉促进创新研究的感想。

第三节 细胞生物学基础

细胞是生命的基本结构和功能单位，是生物化学反应的发生场所。活细胞可分为原核细胞和真核细胞两大类。

一、原核细胞

原核细胞(prokaryotic cell)是指无核膜包被细胞核的细胞。由原核细胞构成的生物称为原核生物。细菌是研究得最彻底的一种原核细胞,细菌主要由细胞壁、细胞膜、细胞质、核质体等部分组成。有的细菌还有荚膜、鞭毛、菌(纤)毛等特殊结构。根据细菌的形状分成3类:球菌、杆菌和螺旋菌。常见的大肠埃希菌细胞结构如图1-8所示。

原核细胞没有动物细胞与植物细胞那样典型的细胞核,也没有完善的细胞器,遗传信息量小。细胞壁含有大量复合多糖,细胞膜是由蛋白质和脂质复合物组成。原核生物的细胞结构简单,生长繁殖快,培养成本低。因此,很多生物化学与分子生物学的重大研究成果是在原核细胞水平上研究获得的。

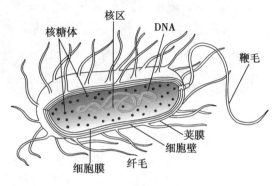

图 1-8　大肠埃希菌细胞的结构图

二、真核细胞

真核细胞(eukaryotic cell)是指具有核膜包被细胞核的细胞。由真核细胞构成的生物称为真核生物。所有的动物细胞和植物细胞都属于真核细胞,动物细胞的结构如图1-9所示。

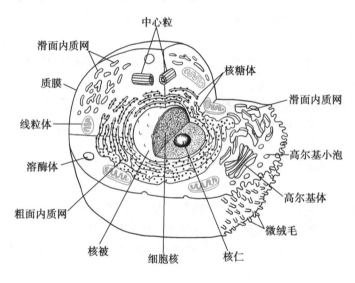

图 1-9　动物细胞结构模式图

真核细胞核中含有DNA与组蛋白组成的染色体,内膜系统很发达,存在着内质网、高尔基体、线粒体和溶酶体等细胞器(organelle),分别行使各自特异的功能。

(一) 细胞膜

细胞膜(cell membrane)又称细胞质膜(plasma membrane),是指围绕在细胞最外层,由脂质和蛋白质组成的生物膜。细胞膜不仅是细胞结构的边界,使细胞具有一个相对稳定的内环境,同时在细胞与环境之间的物质运输、能量转换及信息传递过程中也起着重要的作用。1972 年,S. J. Singer 和 G. Nicolson 提出了生物膜的流动镶嵌模型。流动镶嵌模型主要强调:①膜的流动性,膜蛋白和膜脂均可侧向运动;②膜蛋白分布的不对称性,有的镶嵌在膜表面,有的嵌入或横跨脂双分子层。这一模型得到各种实验结果的支持。

(二) 细胞核

细胞核(nucleus)是真核细胞内最大和最重要的细胞器,是细胞遗传调控中心,是真核细胞区别于原核细胞最显著的标志之一。细胞核主要由核被膜、核纤层、染色质、核仁及核体组成。细胞核是遗传信息的储存场所,在此进行基因复制、转录和转录初产物的加工过程,从而控制着细胞的遗传和代谢活动。

染色质是遗传物质的载体,是指间期细胞核内由 DNA、组蛋白、非组蛋白及少量 RNA 组成的线性复合结构,是间期细胞遗传物质的存在形式。染色体是指细胞在有丝分裂或减数分裂的特定阶段,由染色质聚缩而成的棒状结构。染色质与染色体两者之间的主要区别不在于化学组成上的差异,而在于包装程度不同,反映了它们在细胞周期不同的功能阶段中所处的不同的结构状态。

核孔复合体作为被动扩散的亲水通道,其有效直径为 9~10nm,有的可达 12.5nm,即离子、小分子和直径在 10nm 以下的物质理论上可以自由通过,对于球形蛋白质,这种有效直径相当于允许 $(40\sim60)\times10^3$kDa 以下的蛋白质分子自由穿过核孔。但实际上并不是所有符合这个条件的蛋白质都可以随意出入细胞核,有的蛋白质需要含有核定位序列(nuclear localization sequence,NLS)才能进入细胞核。

（三）细胞骨架

细胞经非离子去垢剂处理后,电子显微镜观察,可在细胞质(cytoplasm)内观察到一个复杂的纤维状网架结构体系,这种纤维状网架结构体系通常被称为细胞骨架(cytoskeleton)。细胞骨架包括微丝(microfilament)、微管(microtubule)和中间纤维(intermediate filament)3 种结构成分,它们都是由相应的蛋白亚基组装而成。

微丝又称肌动蛋白丝或纤维状肌动蛋白,这种直径为 7nm 的骨架纤维存在于所有的真核细胞中。微管是由微管蛋白组成的中空管状结构,几乎每个真核细胞中都存在微管,其在细胞质中形成网络结构,作为运输轨道并起支撑作用。中间纤维是最稳定的细胞骨架成分,主要起支撑作用。中间纤维在细胞中围绕着细胞核分布,成束成网,并扩展到细胞膜,与细胞膜相连接。中间纤维具有组织特异性,肿瘤细胞转移后仍保持原发灶细胞的中间纤维,因此可用中间纤维抗体来鉴定肿瘤细胞的组织来源。

（四）细胞内膜系统

细胞内膜系统是指在结构、功能乃至发生了相互关联,由膜包围的细胞器或细胞结构,主要包括内质网(endoplasmic reticulum)、高尔基体(Golgi body)等。

1. 内质网 由封闭的管状或扁平囊状膜系统及其包被的腔形成相互沟通的三维网络结构。内质网通常占细胞膜系统的一半左右。内质网是细胞内除核酸以外一系列重要的生物大分子如蛋白质、脂质和糖类合成的基地。根据结构和功能,内质网分为两种基本类型:粗面内质网和滑面内质网。

内质网、高尔基体和线粒体

粗面内质网多呈扁囊状,在其膜表面分布着大量的核糖体,主要功能是合成分泌性的蛋白质和多种膜蛋白。表面没有核糖体结合的内质网称为滑面内质网,是脂质合成的重要场所。某些细胞中,滑面内质网非常发达并具有特殊的功能,如合成固醇类激素的细胞及肝细胞等。肝细胞中的滑面内质网是合成外输性脂蛋白颗粒的基地,同时还含有一些酶用以清除脂溶性的废物和代谢产生的有害物质,因此具有解毒功能。肝细胞滑面内质网中与解毒功能有关的酶系是细胞色素 P450 家族酶系,又称 CYP450(cytochrome P450)家族,是体内药物代谢的重要酶类。

2. 高尔基体 高尔基体的主体结构是扁平膜囊结构,膜囊周围有大小不等的囊泡结构,靠近细胞核的一面,膜囊弯曲成凸面,称为形成面或顺面,面向细胞质膜的一面呈凹面,称为成熟面或反面。

高尔基体的主要功能是将内质网合成的多种蛋白质进行加工、分类与包装,然后分门别类运送到细胞特定的部位或分泌到细胞外。顺面膜囊接受来自内质网新合成的物质并将其分拣(sorting)后大部分转入高尔基体中间膜囊,小部分蛋白质与脂质再返回内质网。多数糖基化修饰、糖脂的形成以及与高尔基体有关的多糖的合成都发生在中间膜囊上。反面膜囊的主要功能是参与蛋白质的分类与包装,最后从高尔基体输出。高尔基体周围有大小不等的囊泡,顺面一侧的囊泡可能负责内质网与高尔基体之间的物质运输,反面侧的囊泡可能是分泌泡或分泌颗粒,将经过高尔基体分类与包装的物质运送到细胞特定的部位。

2013 年诺贝尔生理学或医学奖授予 James E. Rothman、Randy W. Schekman 和 Thomas C. Südhof,以表彰他们发现细胞内部囊泡运输调控机制。三位获奖者的研究成果揭示了细胞如何在准确的时间将其内部物质传输至准确的位置,揭示了细胞生理学的一个基本过程。

3. 溶酶体　溶酶体是由单层膜围绕、内含多种酸性水解酶的囊泡状细胞器。根据溶酶体处于完成其生理功能的不同阶段,大致可分为初级溶酶体、次级溶酶体和残余小体。

溶酶体的主要功能是进行细胞内的清理与消化作用,清除无用的生物大分子、衰老的细胞器及衰老损伤和死亡的细胞。溶酶体还具有防御功能,具有防御功能的细胞可以识别并吞噬入侵的病毒或细菌,然后在溶酶体作用下将其杀死并进一步降解。

溶酶体在维持细胞正常新陈代谢中起着重要作用。甲状腺上皮细胞中,滤泡腔中的甲状腺球蛋白被胞吞摄入细胞后,在溶酶体中被水解转化为含碘的游离甲状腺激素 T_3 和 T_4。溶酶体能将细胞内脂滴中储存的胆固醇酯水解为游离的胆固醇。

(五) 线粒体

线粒体(mitochondrion)是由内外两层彼此平行的单位膜套叠而成的封闭囊状结构。外膜(out membrane)起界膜作用,内膜(inner membrane)向内折叠形成嵴。外膜和内膜将线粒体分割成两个区室:一个是内外膜之间的腔隙,称为膜间隙(intermembrane space);另一个是内膜所包围形成的空间,称为基质(matrix)。

线粒体是真核细胞内的一个重要细胞器,是细胞内能量供给的场所,能高效地将有机物中储存的能量转换为细胞生命活动可利用的能源 ATP。除哺乳动物成熟红细胞外,所有真核细胞都有线粒体。线粒体是动物细胞内唯一含有 DNA 转录和转译系统的细胞器。由于线粒体有独特的酶系,体积又较大,易于差速离心,能分离得到较纯的线粒体,推动了生物膜和线粒体氧化磷酸化的研究。

线粒体是糖类、脂质和蛋白质最终氧化释能的场所。线粒体中的三羧酸循环,简称 TCA,是生物体内物质氧化的最终共同途径。TCA 过程中代谢物脱氢产生的 NADH 或 $FADH_2$ 可以通过线粒体内膜上存在的呼吸链产生 ATP,为细胞生命活动提供直接能量。此外,线粒体还和细胞中氧自由基的生成、细胞凋亡、细胞内多种离子的跨膜转运和电解质稳态平衡的调节有关。

第四节　进化与遗传学基础

随着生命科学的不断发展,有关生命起源的"自生论"正在逐渐取代上帝"造物论"。现代自生论认为,生命的发生经历了漫长而缓慢的生物进化过程。地球上,大约 38.5 亿年前有化学事件的发生,随后经过漫长的演变,大约 35 亿年前出现了"自生"的生命事件。自然界从简单原子形成小分子,小分子聚合形成有功能的生物大分子,再形成细胞器和细胞,在此基础上形成有生命的个体。

一、化学进化产生简单的生物分子

科学家们推测,地球的原始大气层是还原性的,可能的成分为 CH_4、NH_3、H_2O 和 H_2 等,没有氧,称为第一阶段大气。随着光裂解作用,大气层的成分转变为 CO_2 和 N_2 为主的第二阶段大气。当大气外层形成臭氧层后,使高能量的太阳紫外线不能辐射到地球表面上,阻碍了大气层中气体分子的自发性转变。

1953 年,米勒模仿大气层成分,使 CH_4、NH_3、H_2O 和 H_2 混合物循环通过一个放电装置,经过一周多时间后,分析反应装置内的气相部分,发现含有 CO、CO_2 和甘氨酸与丙氨酸,以及含量极微的一两种复杂物质(图 1-10)。在米勒实验中所形成的复杂有机化合物正是生物组织中存在的,所发生的分子由简单到复杂的过程正符合迈向生命的取向。这种取向性在以后更为精细的实验中得到证实。在一个没有生命和自由氧的环境中,这些化合物不会被氧化而大量蓄积。唯一可能分解这些分子的因素是高能辐射,原始海洋可将

原子、分子、细胞器、细胞及人体尺度

这些分子保护在太阳紫外线和地壳放射辐射不到的中层海洋。所以,从地球原始大气和原始海洋中最先出现简单化合物开始,先是简单的糖,后来是氨基酸、核苷酸,再经历长时间的演变,出现了蛋白质和核酸,最终形成了能自我复制的核酸分子。

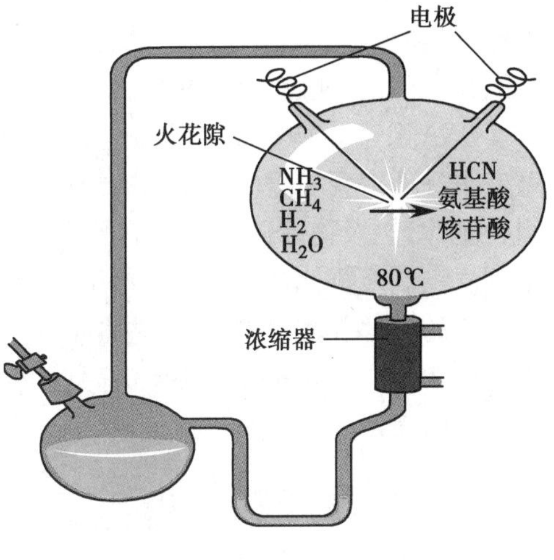

二、RNA 可能是最早的生命分子

在生物进化过程中,一直存在着"先有蛋,还是先有鸡"的争论,在现代生物化学概念中,催化核酸复制与修复的是酶(蛋白质),而酶是由核酸编码的。核酸与蛋白质的先后顺序一直存有争议。Cech 和 Altman 发现 RNA 具有自我剪切的催化功能,他们共享了 1989 年的诺贝尔化学奖。因此,人们目前倾向于先有核酸 RNA 的假说。

在原始生命池中,有一个 RNA 分子是自我永生分子,它可催化与自己序列相同的 RNA 分子复制,这种 RNA 分子浓度逐渐增加。早期,这种自我复制保真性差,产生了其他 RNA 分子,促

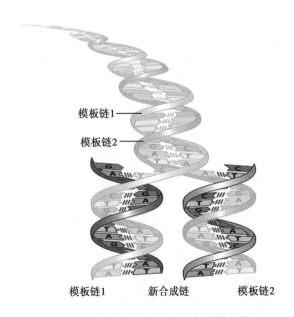

图 1-10 早期生物分子生成模拟实验图

进了分子多样性和分子进化,从而推动了生命的产生。从化学进化到生命进化经历的"RNA 世界",见图 1-11。

化学进化论认为在原始地球条件下,无机物可以转化为有机物,有机物可以发展为生物大分子和多分子体系,直到出现原始的生命体。由多分子体系进化为原始生命,这是生命起源最关键的一步。细胞膜、细胞器和细胞如何通过化学进化而产生,至今仍没有理想的实验模型加以说明,仅能凭一些间接资料和假说进行推测。生物进化学说还有许多课题需要加以研究。

三、DNA 是遗传信息的载体

1953 年 Watson 和 Crick 提出了 DNA 双螺旋结构模型。根据此模型,DNA 是由两条反向平行的多核苷酸链,围绕同一个中心轴构成的反平行双螺旋结构(图 1-12)。

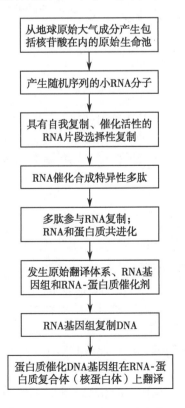

图 1-11 RNA、DNA 的产生

图 1-12 DNA 双螺旋结构与复制模型图

细胞内膜系统

DNA 是遗传的物质基础,DNA 分子是由 4 种脱氧核苷酸组成的长链生物大分子,这 4 种脱氧核苷酸在 DNA 链中的排列方式的数目极大,它所载的遗传信息量极多,使自然界可以产生各种各样的生物。在细胞分裂时,子代 DNA 分子中的核苷酸种类和序列与亲代 DNA 完全相同,子代 DNA 分子是亲代 DNA 的复制品。因此,通过 DNA 的复制,将亲代的遗传信息准确地传递给子代。

DNA 分子结构赋予它精确的复制与修复功能。DNA 双螺旋结构及其半保留复制原理,可以很好地解释由孟德尔提出的经典遗传学第一定律和第二定律——基因分离定律与自由组合定律,以及由摩尔根提出的经典遗传学第三定律——基因连锁与交换定律。基因是一个独立控制生物体性状的功能单位,大量的实验证明,生物的变异和进化是由于基因结构改变引起的,基因决定生物表型。然而,近年来表观遗传学(epigenetics)的研究发现,一些基因表达的改变并非都是由于 DNA 序列改变而引起的,DNA 甲基化、组蛋白乙酰化和染色质构象的改变亦可引起基因表达的改变。

四、基因的生物学功能

基因是 DNA 分子中一段特定的 DNA 片段,基因通过转录生成 RNA,RNA 翻译成蛋白质而发挥生物学功能。蛋白质是细胞内基因表达的产物,是生物功能的执行者,它们控制着细胞的生物学特征。如己糖激酶(hexokinase,HK)具有催化葡萄糖生成葡萄糖 -6- 磷酸的生物学功能,是由位于染色体上 HK 基因所编码(图 1-13)。

人体内有 4 种己糖激酶同工酶,分别为 Ⅰ、Ⅱ、Ⅲ 和 Ⅳ 型,它们的基因分别位于 10 号、2 号、5 号和 7 号 4 条染色体上。这 4 种酶分别在不同的组织、细胞与细胞器中发挥独特的催化功能。当 HK 基因发生突变后,会引起 HK 缺乏症。HK 缺乏症是一种常染色体隐性遗传病,患者表现为轻度贫血和临床缺氧症状。而肿瘤细胞中 HK Ⅱ 过量表达,其表达量是正常细胞的 100 倍以上。体内与体外实验研究表明,当肿瘤细胞中 HK Ⅱ 酶活性受到抑制后,肿瘤细胞的生长同样受到抑制。因此,HK Ⅱ 又是肿瘤治疗的潜在靶点。

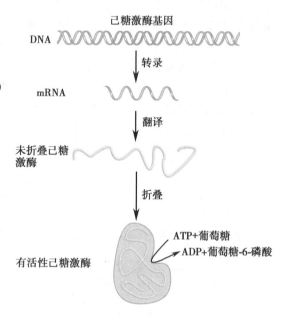

图 1-13　己糖激酶基因表达与生物功能

多细胞生物如植物和动物体内一般有多种己糖激酶异构体,分子量约为 100kD,它们是由两个 50kD 的相同肽链串联组成的二等分体。原核生物细菌和单细胞真核生物酵母中的己糖激酶分子量约为 50kD,它们的序列与真核生物中的 HK 具有高度同源性。因此,从进化角度讲,真核生物的己糖激酶基因很可能是来自细菌己糖激酶基因(祖先)的复制与融合。

五、生物信息学的应用

生物信息学(bioinformatics)是 20 世纪 80 年代末兴起的新兴边缘学科,它以生物学、数学、计算机科学、信息科学等为基础。其研究重点主要体现在基因组学(genomics)和蛋白质组学(proteomics)两方面,运用现代计算机技术从核酸和蛋白质序列出发,分析核酸和蛋白质序列中所贮存的化学结构与生物功能信息。

基因决定生物性状,一般认为相似种族在基因上具有相似性。分子进化是利用不同物种中同一基因序列的异同性来研究生物的进化,构建进化树。通过比较可以在基因组层面上发现哪些是相似种族中共同的,哪些是不同的。现在有多种生物的基因组测序工作已经完成,人们可以很好地从基因组的角度研究分子进化。

蛋白质的结构与功能密切相关,一般认为具有相似功能的蛋白质,其结构一般相似。蛋白质是由氨基酸聚合形成的长链多肽分子,其氨基酸的序列决定了蛋白质的三维结构。因此,可从观察和总结已知的蛋白质结构规律出发来预测未知蛋白质的结构。同源建模用于寻找具有高度相似性序列的蛋白质结构(超过 30% 氨基酸相同),比较进化族中不同的蛋白质结构。上述所介绍的己糖激酶的 4 种异构体,它们的活性结构域氨基酸序列高度相似,50% 的氨基酸是相同的(图 1-14A),通过结构模型分析发现它们的空间结构非常相似(图 1-14B)。因此,己糖激酶的 4 种异构体,虽由不同基因所编码,但它们均能有效地与相同的底物 ATP 和己糖结合。

```
        : ******     : :    : *:  *  !*:  * * *  *
HK-Ⅲ  LGFTFSFPCRQLGLDQGILLNWTKGF
HK-Ⅳ  LGFTFSFPVRHEDIDKGILLNWTKGF
HK-Ⅱ  LGFTFSFPCHQTKLDESFLVSWTKGF
HK-Ⅰ  VGFTFSFPCQQSKI DEA ILI TWTKRF
```

A   B

图 1-14 四种己糖激酶活性中心的氨基酸序列比对和结构模拟图

人类基因组计划(HGP)和人类蛋白质组计划(human proteomic project,HPP)的实施和完成,将阐明人体内全部基因(3 万 ~ 5 万)和全部蛋白质(约 10 万)的结构与功能。这为了解这些基因与蛋白质和人类疾病之间的关系,以及寻求疾病治疗和预防的方法奠定了基础。基于生物大分子结构及小分子结构的药物设计是生物信息学中极为重要的研究领域。如为了抑制某些酶或蛋白质的活性,在已知其三维空间结构的基础上,利用生物信息学在计算机上设计虚拟抑制剂分子作为候选药物,再通过化学合成,加速药物研发进程,减少新药研究的盲目性。

> **案例分析:**
>
> 患者,女,47 岁。肢体无力 3 个月余,伴癫痫发作住院治疗,送检尿液线粒体基因测序结果提示:*MT-TL1* 基因的 M. 3246A>G 变异,最终明确诊断"线粒体脑肌病伴高乳酸血症和卒中样发作(MELAS)",给予营养神经、促进代谢、抗癫痫及对症支持治疗后好转出院。两个月后上述症状再发,但不伴有癫痫发作,再次入院治疗。
>
> 问题:
> 1. 请解释目前的治疗方法不能彻底治愈 MELAS 患者的原因。
> 2. 如果想治愈 MELAS 患者,未来最佳的可能治疗方案是什么?

小 结

碳、氢、氧、氮是生命体中最丰富的化学元素,占细胞质量的 99% 以上。碳原子成键的多样性决定了碳化合物作为细胞分子构件的主要元素。大分子内的非共价键使大分子结构更加稳定。生物分子中常见的官能团有羟基、羧基、羰基、氨基、磷酸基、巯基等。生物分子往往含有两个或更多的不同官能团。生物分子的立体结构对分子间的相互作用起着至关重要的作用。生物分子间的相互作用具有立体专一性,即立体结构上相吻合或称互补嵌合。酶是生物催化剂,通过降低反应的活化能,加速酶促反应的速度。酶所催化的生物化学反应仍然遵守热力学第一定律和第二定律,即宇宙中的能量守恒和熵不断地趋于最大原理。生物体细胞内的物质通过血液或培养基不断地输入细胞,细胞是一个开放的系统。水是宇宙中生命存在的重要因素,生物体内的化学反应是在水溶液中进行的,水与生物分子间的相互作用决定了生物分子的结构和功能。

生物大分子主要是蛋白质、核酸、糖和脂质 4 大有机物质。生物大分子皆由为数不多的简单前体小分子化合物通过脱水反应缩合而形成。蛋白质是生命活动的执行者,可形象地比喻为分子工具或分子机器。没有蛋白质,细胞内的一切生命活动将无法进行。核酸是生物信息的主要贮存者,是决定生命活动的重要物质基础。基因是 DNA 分子中一段特定的 DNA 片段,基因通过转录生成各种不同结构与功能的 RNA,其中 mRNA 可翻译成蛋白质而发挥生物学功能。

物理学为生物化学与分子生物学研究提供了重要的理论基础和实验方法。生物体内的蛋白质在形成空间三维结构时,为了克服折叠过程中熵减少效应,蛋白质通过形成大量的分子内次级化学键而放热,从而使折叠过程能顺利进行。生物体内细胞膜的形成以及一些复合体或细胞器的形成都遵循热力学定律。生物化学与分子生物学的发展离不开许多物理学方法的应用,这些方法涉及物理学中的晶体学、光学、磁学和电学等众多物理学分支学科内容。蛋白质鉴定中常用质谱法测定多肽与蛋白质的分子量和氨基酸序列,采用 X 射线衍射和核磁共振技术解析蛋白质的空间结构,运用圆二色谱法研究多肽和蛋白质的 α 螺旋和 β 折叠等二级结构。

细胞是生命的基本结构和功能单位,是生物化学反应发生的场所。活细胞可分为原核细胞和真核细胞两大类。真核细胞是指具有核膜包被细胞核的细胞。真核细胞核中含有 DNA 与组蛋白组成的染色体,细胞质中存在着内质网、高尔基体、线粒体和溶酶体等细胞器,分别行使各自特异的功能。生物信息学是20 世纪 80 年代末兴起的新兴边缘学科,以生物学、计算机科学、信息科学等为基础。其研究重点主要体现在基因组学和蛋白质组学两方面,运用现代计算机技术从核酸和蛋白质序列出发,分析核酸和蛋白质序列中所贮存的化学结构与生物功能信息。

练习题

1. 请简述生物体内化学元素组成的特点。
2. 请简述生物大分子的结构特点。
3. 请比较生物化学反应与普通化学反应的异同。
4. 请简述生物大分子折叠过程中的热力学问题。
5. 请简述生命起源的化学本质。你对 RNA 和蛋白质的先后顺序有何看法?

(张玉彬)

第一章同步练习

第二章
蛋白质的结构与功能

蛋白质（protein）是生物体内含量最丰富的生物大分子，它们在生命活动过程中发挥着重要的生物学功能。自然界蛋白质的种类繁多，整个生物界蛋白质的种类约为 10^{10} 数量级。最简单的单细胞生物如大肠埃希菌含有 3 000 余种蛋白质，人体内蛋白质的种类则大于 10 万种，约占人体总固体量的 45%。蛋白质在药物研究中占据极为重要的地位。近年来，随着生物制药技术的发展，越来越多的蛋白质类药物被用于临床疾病治疗。此外，绝大多数药物作用的靶分子也是蛋白质，药物也可以干预蛋白质-蛋白质相互作用。

第一节　蛋白质的生物学功能

蛋白质是生命功能的执行者，没有蛋白质就没有生命。许多重要的生命现象和生理活动是通过蛋白质来实现的。不同的蛋白质，具有不同的生物学功能。蛋白质的主要功能如下：

1. 生物催化功能　生命的基本特征是物质代谢，而物质代谢的全部反应几乎都需要酶作为生物催化剂，绝大多数酶的化学本质是蛋白质。正是酶决定了生物体内的代谢反应类型，从而才有可能表现出不同生物的各种生命现象。

2. 代谢调节功能　生物体存在精细有效的调节系统以维持正常的生命活动。参与代谢调节的许多激素是蛋白质或多肽，如胰岛素、胸腺素及各种促激素等。胰岛素可调节血糖的水平，若分泌不足将导致糖尿病。

3. 免疫保护功能　机体的免疫功能与抗体有关，而抗体是一类特异的球蛋白。它能识别进入体内的异体物质，如细菌、病毒和异体蛋白等，并与其结合使其失活，机体因此具有抵抗外界病原侵袭的能力。抗体也可用于多种疾病的预防和治疗。

4. 转运和贮存功能　体内许多小分子物质的转运和贮存可由一些特殊的蛋白质来完成。如血红蛋白运输氧和二氧化碳；血浆转铁蛋白转运铁，并在肝中形成铁蛋白复合物而贮存；不溶性的脂类物质与血浆蛋白结合成脂蛋白而运输。许多药物吸收后也常与血浆蛋白结合而转运。

5. 运动和支持功能　负责运动的肌肉收缩系统也是蛋白质。如肌动蛋白、肌球蛋白、原肌球蛋白和肌钙蛋白等。这是躯体运动、血液循环、呼吸与消化等功能活动的基础。皮肤、骨骼和肌腱的胶原纤维主要含胶原蛋白，有很强的韧性，1mm 粗的胶原纤维可耐受 10~40kg 的张力。这些结构蛋白（胶原蛋白、弹性蛋白、角蛋白等)的作用是维持器官、细胞的正常形态,抵御外界伤害,保证机体的正常生理活动。

6. 控制生长和分化功能 生物体可以自我复制。在遗传信息的复制、转录及翻译过程中,核酸起到了非常重要的作用,但它们的功能离不开蛋白质分子的参与,蛋白质在其中充当着至关重要的角色。核酸与蛋白质组成的结合蛋白质是核蛋白,生物体的生长、繁殖、遗传和变异等都与核蛋白有关。另外,遗传信息多以蛋白质的形式表达出来。有一些蛋白质分子(如组蛋白、阻遏蛋白等)对基因表达有调节作用,通过控制、调节某种蛋白质基因的表达(表达时间和表达量)来控制和保证机体生长、发育与分化的正常进行。

7. 信息传递功能 完成这种功能的蛋白质多为受体蛋白,其中一类为细胞膜上的跨膜蛋白,如细胞膜上蛋白质类激素受体;另一类为胞内蛋白,如细胞内甾体激素受体以及一些药物受体。受体首先和配基结合,接受信息,通过自身的构象变化,或激活某些酶,或结合某种蛋白质,将信息放大、传递,起着调节作用。

8. 生物膜的功能 生物膜的主要功能是维持细胞结构和细胞区域化,生物膜的基本成分是脂类和蛋白质,蛋白质在生物膜中的功能与物质转运和信号转导密切相关。

第二节 蛋白质的分类

蛋白质的种类繁多,功能复杂,为了方便研究和掌握,在蛋白质研究的不同历史时期,出现了许多分类方法,均反映了当时的研究重点与水平。

一、根据分子形状分类

蛋白质可按分子形状不同分为纤维状蛋白质和球状蛋白质两大类。

1. 纤维状蛋白质(fibrous protein) 分子呈纤维状或棒状,分子长轴和短轴比值一般大于10。纤维状蛋白质多为结构蛋白,一般不溶于水,主要起支撑和保护作用,如胶原蛋白。

2. 球状蛋白质(globular protein) 分子形状接近球状或椭球状,分子长短轴之比小于10,多可溶于水,空间结构复杂,如免疫球蛋白和血红蛋白等。

二、根据组成分类

蛋白质可根据其化学组成不同分为单纯蛋白质(simple protein)和结合蛋白质(conjugated protein)两大类。单纯蛋白质仅由氨基酸组成,如清蛋白、球蛋白、精蛋白等。而结合蛋白质除氨基酸组成外,还含有非蛋白质的辅助因子。结合蛋白质主要分为以下几类:

1. 色蛋白 由蛋白质和色素组成,其中以含卟啉类的色蛋白尤为重要,如血红蛋白。

2. 糖蛋白 由蛋白质和糖类物质组成,如黏蛋白、免疫球蛋白。

3. 脂蛋白 蛋白质和脂类物质以非共价键结合,是各种生物膜的组成部分。血浆脂蛋白是运输脂类的形式。

4. 金属蛋白 与金属离子结合的蛋白质,如钙结合蛋白含有钙离子,血浆转铁蛋白含有铁离子。

5. 核蛋白 由蛋白质和核酸组成,如染色体蛋白、病毒核蛋白。

6. 磷蛋白 是一类含有共价结合的磷酸根的结合蛋白质,如胃蛋白酶、酪蛋白。

三、根据溶解度分类

根据溶解度又可分为可溶性蛋白、醇溶性蛋白、不溶性蛋白。根据蛋白质溶解度的不同,可从混合蛋白质中进行各组分的分离纯化。

第三节 蛋白质的化学组成

一、蛋白质的元素组成

蛋白质中所含元素主要有 C、H、O、N 和 S,其含量分别为:C(50%~55%)、H(6%~7%)、O(19%~24%)、N(13%~19%)、S(0~4%)。有的蛋白质还含有 P、I 和金属元素(Fe、Cu、Zn、Mo)等。各种蛋白质分子中含氮量比较接近,平均为 16%,因此根据蛋白质的含氮量,可按下列公式计算蛋白质的大致含量:

$$蛋白质含量 = 蛋白质含氮量 \div 16\%$$

二、蛋白质的基本结构单位——L-α-氨基酸

无论何种蛋白质,其水解的最终产物都是氨基酸(amino acid,AA)。因此,氨基酸是蛋白质的基本结构单位。

蛋白质中的常见氨基酸(common amino acid),是指具有相应遗传密码子的氨基酸,也称为标准氨基酸(standard amino acid)、蛋白质氨基酸(proteinogenic amino acid)或基本氨基酸。常见氨基酸的化学结构为 L-α-氨基酸,可用下列通式表示:

$$H_2N-C_\alpha-H$$
（上为 COOH，下为 R）

由通式可见,蛋白质中常见氨基酸在结构上具有下列共同特点:

1. 蛋白质中氨基酸为 α-氨基酸,但脯氨酸例外,为 α-亚氨基酸。
2. 不同的 α-氨基酸,其 R 侧链不同,对蛋白质的空间结构和理化性质有重要的影响。
3. 除 R 侧链为氢原子的甘氨酸外,其他氨基酸的 α-碳原子都是不对称碳原子,具有旋光性。天然蛋白质中的常见氨基酸均为 L-型,故称为 L-α-氨基酸。

三、氨基酸的分类

蛋白质的许多性质、结构和功能等都与氨基酸的侧链 R 基团密切相关,因此,常以侧链 R 基团的结构和性质作为氨基酸分类的基础。

1. 非极性 R 基氨基酸(nonpolar,aliphatic R group amino acid) 这类氨基酸具有非极性脂肪族 R 基团,包括甘氨酸、丙氨酸、缬氨酸、亮氨酸、异亮氨酸、甲硫氨酸和脯氨酸。

2. 极性不带电荷的 R 基氨基酸(polar,uncharged R group amino acid) 这些氨基酸含有极性不解离的 R 基团,比上一类氨基酸更易溶于水,包括丝氨酸、苏氨酸、半胱氨酸、天冬酰胺和谷氨酰胺。

3. 芳香族氨基酸(aromatic amino acid) 苯丙氨酸、酪氨酸和色氨酸具有苯环。

4. 酸性氨基酸(acidic amino acid) 在 pH 7.0 时会发生解离,成为带净负电荷的 R 基团(negatively charged R group),包括天冬氨酸与谷氨酸,两者都有第二个羧基。

5. 碱性氨基酸(basic amino acid) 与酸性氨基酸相反,赖氨酸、精氨酸和组氨酸在 pH 为 7.0 时 R 基团带正电荷(positively charged R group),为碱性氨基酸,具有碱性 R 基团(basic R group)。赖氨酸有第二个氨基,精氨酸有带正电荷的胍基,组氨酸有一个咪唑基团。酸性氨基酸与碱性氨基酸最易溶于水。

蛋白质中的常见氨基酸有 20 种,氨基酸的名称常用英文三字符或单字符代号表示(表 2-1)。

表 2-1　20 种常见氨基酸的结构与分类

结构式	中文名	英文名	缩写	符号	等电点(pI)
1. 非极性 R 基氨基酸					
H—CH—COO⁻ ㅣ NH₃⁺	甘氨酸	Glycine	Gly	G	5.97
CH₃—CH—COO⁻ ㅣ NH₃⁺	丙氨酸	Alanine	Ala	A	6.00
 H₃C〉CH—CH—COO⁻ H₃C ㅣ NH₃⁺	缬氨酸	Valine	Val	V	5.96
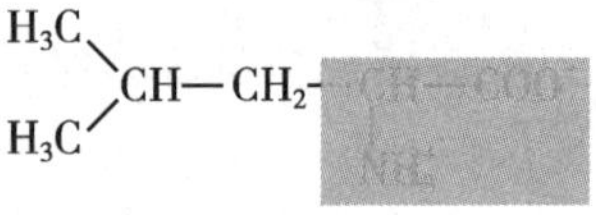 H₃C〉CH—CH₂—CH—COO⁻ H₃C ㅣ NH₃⁺	亮氨酸	Leucine	Leu	L	5.98
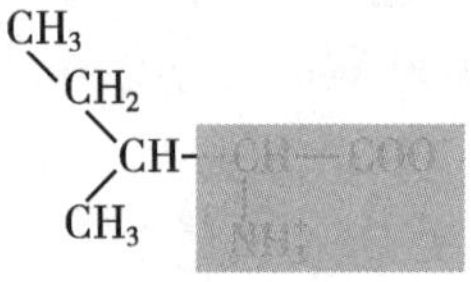 CH₃ ㅣ CH₂ ㅣ CH—CH—COO⁻ ㅣ ㅣ CH₃ NH₃⁺	异亮氨酸	Isoleucine	Ile	I	6.02
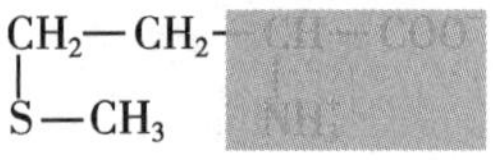 CH₂—CH₂—CH—COO⁻ ㅣ ㅣ S—CH₃ NH₃⁺	甲硫氨酸	Methionine	Met	M	5.74
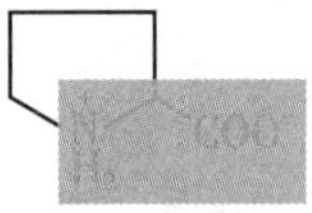 （脯氨酸环状结构）COO⁻	脯氨酸	Proline	Pro	P	6.30
2. 极性不带电荷的 R 基氨基酸					
CH₂—CH—COO⁻ ㅣ ㅣ OH NH₃⁺	丝氨酸	Serine	Ser	S	5.68
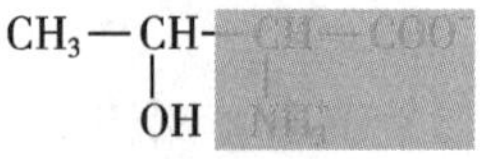 CH₃—CH—CH—COO⁻ ㅣ ㅣ OH NH₃⁺	苏氨酸	Threonine	Thr	T	5.60
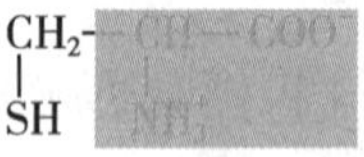 CH₂—CH—COO⁻ ㅣ ㅣ SH NH₃⁺	半胱氨酸	Cysteine	Cys	C	5.07
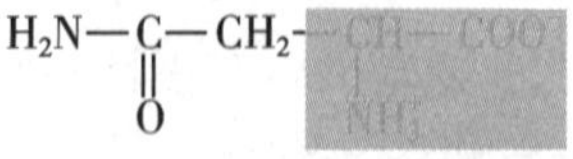 H₂N—C—CH₂—CH—COO⁻ ‖ ㅣ O NH₃⁺	天冬酰胺	Asparagine	Asn	N	5.41
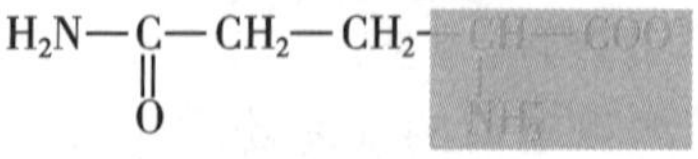 H₂N—C—CH₂—CH₂—CH—COO⁻ ‖ ㅣ O NH₃⁺	谷氨酰胺	Glutamine	Gln	Q	5.65
3. 芳香族氨基酸					
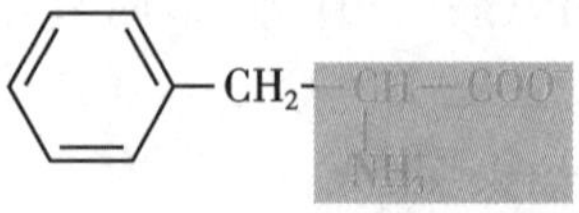 ⬡—CH₂—CH—COO⁻ ㅣ NH₃⁺	苯丙氨酸	Phenylalanine	Phe	F	5.48
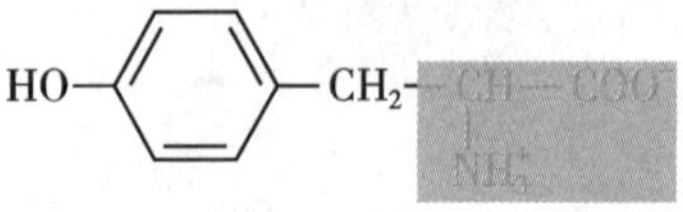 HO—⬡—CH₂—CH—COO⁻ ㅣ NH₃⁺	酪氨酸	Tyrosine	Tyr	Y	5.66

续表

结构式	中文名	英文名	缩写	符号	等电点(pI)
(色氨酸结构式)	色氨酸	Tryptophan	Trp	W	5.89

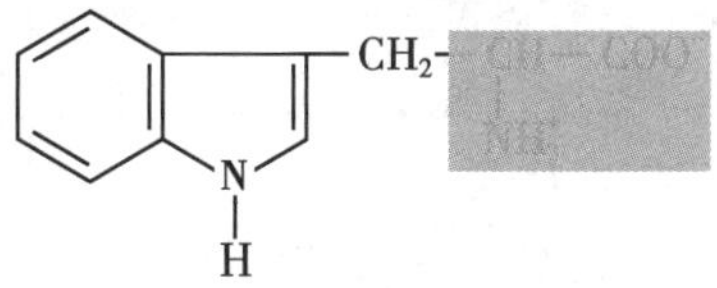

4. 酸性氨基酸

结构式	中文名	英文名	缩写	符号	等电点(pI)
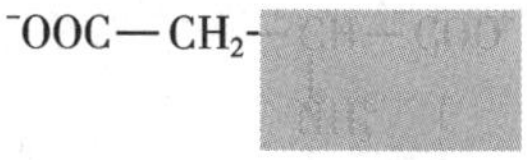 $^-OOC—CH_2—$ (结构式)	天冬氨酸	Aspartic acid	Asp	D	2.77
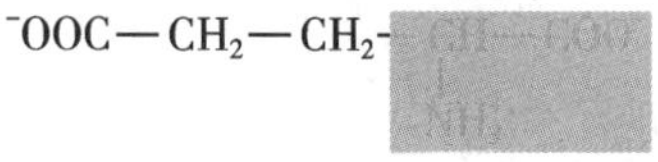 $^-OOC—CH_2—CH_2—$ (结构式)	谷氨酸	Glutamic acid	Glu	E	3.22

5. 碱性氨基酸

结构式	中文名	英文名	缩写	符号	等电点(pI)
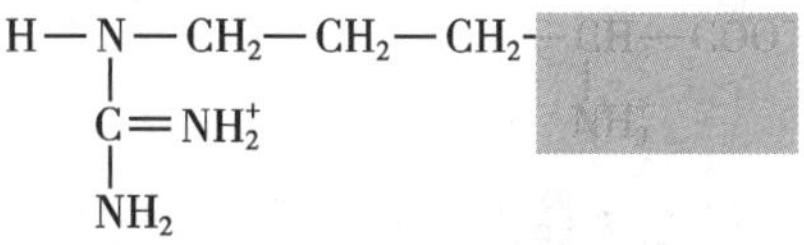 $H—N—CH_2—CH_2—CH_2—$ (结构式)	精氨酸	Arginine	Arg	R	10.76
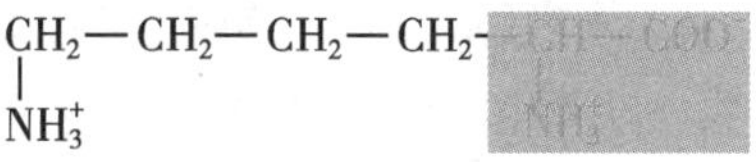 $CH_2—CH_2—CH_2—CH_2—$ (结构式)	赖氨酸	Lysine	Lys	K	9.74
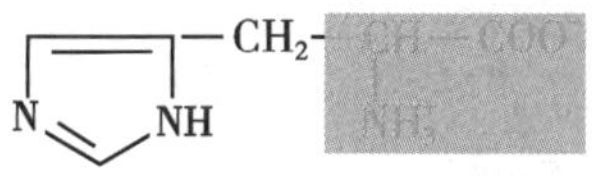 (组氨酸结构式)	组氨酸	Histidine	His	H	7.59

思考题 2-1：

(1)务必熟记上述 20 种氨基酸结构及其缩写和符号。请问哪一种氨基酸的等电点(pI)接近人体的生理 pH？

(2)请根据结构式计算各氨基酸的分子量及所有氨基酸的平均分子量,并估算由 100 个氨基酸残基组成的蛋白质的分子量是多少？

1986 年,第 21 种参与蛋白质生物合成的氨基酸:硒代半胱氨酸(selenocysteine)被发现,不同于 20 种常见氨基酸,它是由终止密码子 UGA 编码的。2002 年,由另一个终止密码子 UAG 编码的第 22 种氨基酸吡咯赖氨酸(pyrrolysine)被发现。

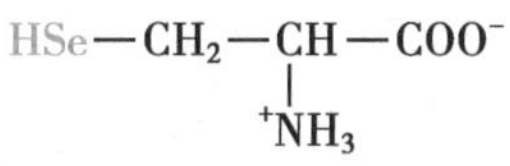

$$HSe—CH_2—CH—COO^- \quad (吡咯赖氨酸结构式)$$

硒代半胱氨酸（Sec，U） 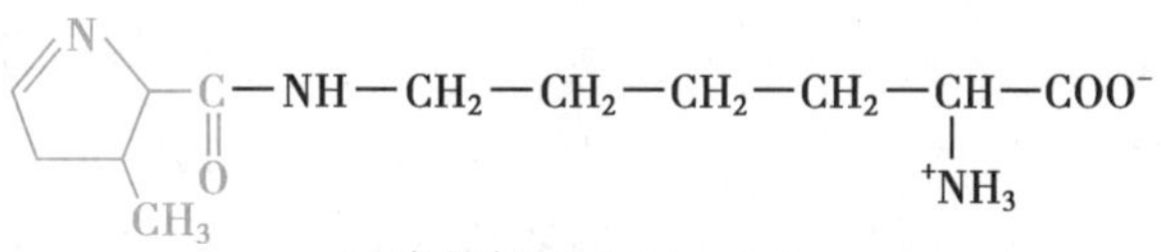　　　　　吡咯赖氨酸（Pyl，O）

蛋白质中的常见氨基酸在体内经修饰产生相应的氨基酸衍生物,后者被称为非常见氨基酸或非标准氨基酸。如蛋白质中的 4- 羟脯氨酸是脯氨酸的衍生物,5- 羟赖氨酸为赖氨酸的衍生物,它们给蛋白质赋予新的生物学功能。

生物界中存在的氨基酸约有 300 种,其中多数为非蛋白质氨基酸(non-proteinogenic amino acid),以游离或结合状态存在于生物体内。它们有的是代谢过程中的重要前体或中间体,如 γ- 氨基丁酸(GABA)、β- 丙氨酸等。

四、氨基酸的性质

1. 一般性质　氨基酸为无色晶体,熔点较高(常在 230~300℃),在纯水中各种氨基酸的溶解度差异较大。氨基酸难溶于乙醚等有机溶剂,加乙醇能使许多氨基酸从水溶液中沉淀析出。氨基酸分子中含有手性碳原子,具有旋光性,其旋光度大小取决于 R 基团的性质,与 D/L 型没有直接对应关系。

2. 等电点　氨基酸分子中既有碱性基团—NH_2,又有酸性基团—COOH,与强酸或强碱都能成盐,因此氨基酸为两性化合物。若将氨基酸水溶液的酸碱度加以适当调节,可使羧基与氨基的电离程度相等,氨基酸带有正、负电荷数目恰好相同(两性离子,zwitterion),静电荷为零,此时溶液的 pH 称为该氨基酸的等电点(isoelectric point),以 pI 表示。

$$\underset{\substack{\text{阳离子}\\ \text{pH}<\text{pI}}}{\text{H—}\overset{\overset{\displaystyle NH_3^+}{|}}{\underset{\underset{\displaystyle R}{|}}{C}}\text{—COOH}} \underset{\xrightarrow{+H^+}}{\overset{+OH^-}{\rightleftharpoons}} \underset{K_1}{} \underset{\substack{\text{两性离子}\\ \text{pH}=\text{pI}}}{\text{H—}\overset{\overset{\displaystyle NH_3^+}{|}}{\underset{\underset{\displaystyle R}{|}}{C}}\text{—COO}^-} +H_2O \underset{\xrightarrow{+H^+}}{\overset{+OH^-}{\rightleftharpoons}} \underset{K_2}{} \underset{\substack{\text{阴离子}\\ \text{pH}>\text{pI}}}{\text{H—}\overset{\overset{\displaystyle NH_2}{|}}{\underset{\underset{\displaystyle R}{|}}{C}}\text{—COO}^-} +H_2O$$

　　每一种氨基酸都有各自不同的等电点,氨基酸的 pI 由其分子中的氨基和羧基的解离程度所决定,除酸性氨基酸和碱性氨基酸外,其他氨基酸的 pI 计算公式为:$pI=1/2(pK_1+pK_2)$。式中,pK_1 代表氨基酸的 α-羧基的解离常数的负对数,pK_2 代表氨基酸 α-氨基的解离常数的负对数。酸性和碱性氨基酸分子中含有三个可解离基团,写出它们的电离式,找到两性离子,取两边 pK 的平均值,即为该氨基酸的等电点。

　　处于等电点时的氨基酸溶解度最小,极易从溶液中析出。因此,氨基酸工业生产中可采用等电点沉淀法分离氨基酸。

思考题 2-2:请计算丙氨酸、天冬氨酸和赖氨酸的 pI。

氨基酸	pK_1(—COOH)	pK_2(—NH_3^+)	pK_R(R group)
Pro	1.95	10.64	—
Asp	1.88	9.60	3.65
Lys	2.18	8.95	10.53

(1)描述这三种氨基酸在 pH 为 8.0 时,在电泳缓冲液中的电泳行为。

(2)设计实验分离这三种氨基酸。

---

3. 紫外吸收　芳香族氨基酸含有苯环共轭体系,具有紫外吸收特性,在 280nm 附近有最大吸收值。色氨酸的最大吸收波长为 280nm,摩尔吸光系数 $\varepsilon_{280}=5.6 \times 10^3$;酪氨酸的最大吸收波长为 275nm,摩尔吸光系数 $\varepsilon_{275}=1.4 \times 10^3$;苯丙氨酸的最大吸收波长是 257nm,摩尔吸光系数 $\varepsilon_{257}=2.0 \times 10^2$。可用氨基酸的紫外吸收特性来定性和定量分析芳香族氨基酸。

4. 茚三酮反应　氨基酸与茚三酮(ninhydrin)加热反应产生蓝紫色物质,称为茚三酮反应,产物在570nm 波长处有最大吸收,利用此性质也可测定氨基酸的含量。不同氨基酸颜色有差异,脯氨酸、羟脯氨酸与茚三酮反应呈黄色,天冬酰胺与茚三酮反应呈棕色。

5. 2,4-二硝基氟苯反应　弱碱条件下,α-氨基酸与 2,4-二硝基氟苯(DNFB)反应生成稳定的黄色物质 2,4-二硝基苯氨基酸(DNP-氨基酸)。此反应最初由 Sanger 发现,称为 Sanger 反应,DNFB 也称为Sanger 试剂。

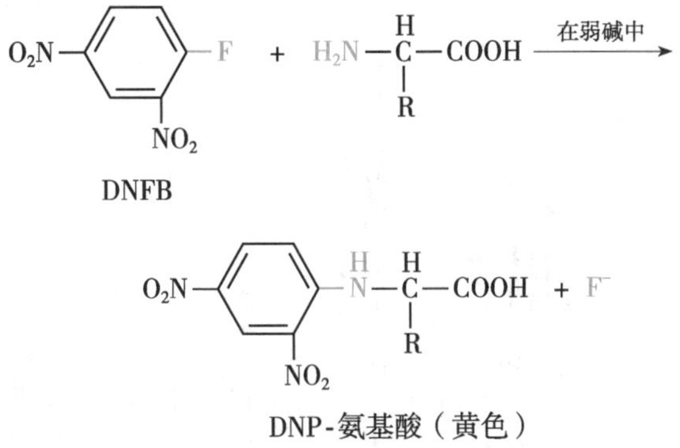

DNFB

DNP-氨基酸（黄色）

多肽或蛋白质中氨基酸的 α- 氨基也可与 DNFB 反应,生成 DNP- 多肽或 DNP- 蛋白质,且 DNP 与氨基酸结合的键相比肽键对酸稳定性更好。当 DNP- 多肽被完全水解时,N 端第一个氨基酸被 DNP 标记形成 DNP- 氨基酸,而后面的其他氨基酸不能被标记,水解为游离的氨基酸。Sanger 利用这一特性,确定了胰岛素两条肽链的 N 端氨基酸,此后,这种方法被用于确定蛋白质或多肽的 N 端氨基酸。

6. 异硫氰酸苯酯反应 弱碱条件下,氨基酸的 α- 氨基可与异硫氰酸苯酯(PITC)生成苯氨基硫甲酰氨基酸(PTC- 氨基酸)。PTC- 氨基酸在酸性条件下,可迅速环化,形成稳定的苯乙内酰硫脲氨基酸(PTH- 氨基酸)。

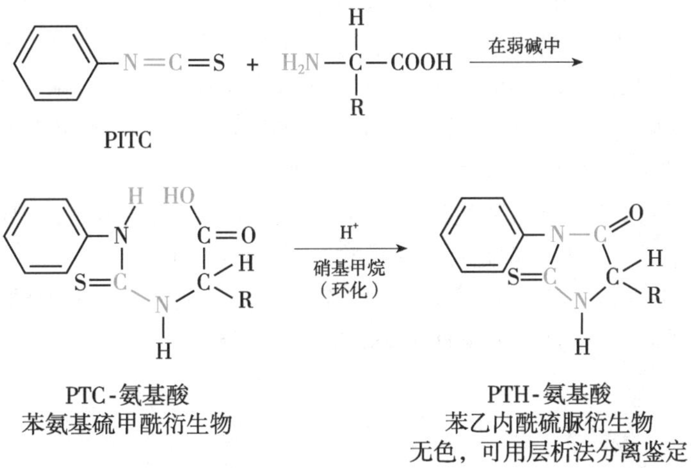

PITC

PTC-氨基酸
苯氨基硫甲酰衍生物

PTH-氨基酸
苯乙内酰硫脲衍生物
无色,可用层析法分离鉴定

多肽链 N 端氨基酸也可发生此反应,生成 PTC- 肽,然后在酸性溶液中 N 端环化释放出 PTH- 氨基酸和比原来少一个氨基酸残基的多肽链,PTH- 氨基酸可用乙酸乙酯抽提后鉴定。新暴露出来的 N 端仍可以进行此反应,这样不断重复,N 端氨基酸被一个个释放出来,从而可以确定出肽链的整个氨基酸顺序。此法称为 Edman 降解法(Edman degradation),为目前使用的氨基酸序列分析仪的原理。

氨基酸除上述重要氨基反应外,羧基的相关反应还包括与碱成盐、成酯、成酰氯、脱羧等。

五、氨基酸的分离与分析

氨基酸的分离与分析是测定蛋白质分子组成和结构的基础。氨基酸的分离方法较多,通常有溶解度法、等电点法、色谱法及离子交换法等。

目前常用氨基酸自动分析仪分析蛋白质样品中氨基酸的组成和含量。分析过程如下:①首先通过酸水解破坏蛋白质的肽键,制备蛋白质水解后的氨基酸混合物(蛋白质水解液)。②在 pH 为 2 的条件下,将蛋白质水解液通过钠型阳离子交换柱。由于此条件下各种氨基酸带正电荷,它们被吸附在阳离子交换柱上。③再分别用不同 pH 和离子强度的缓冲液洗脱。洗脱顺序一般是先酸性和极性大的氨基酸,后中性和碱性氨基酸。最后根据洗脱图谱上各氨基酸的位置与各峰面积而确定氨基酸的种类和含量(图 2-1)。上述过程由全自动化的氨基酸分析仪来完成。

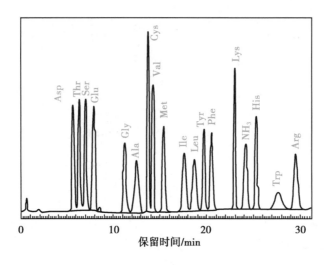

图 2-1　离子交换色谱分析蛋白质的氨基酸组成

六、氨基酸的制备

目前制备氨基酸的方法分为 3 种：水解蛋白质法、人工合成法和微生物发酵法。

1. 水解蛋白质法　水解法有酸水解、碱水解或酶水解，再经过提取、分离和纯化得到氨基酸。最常用的是酸水解，一般采用浓 HCl，90~120℃条件下加压水解可以缩短时间。水解后用碱中和、过滤，再调 pH 至等电点沉淀氨基酸。但酸水解会使色氨酸及部分羟基氨基酸破坏。碱水解易使胱氨酸、半胱氨酸和精氨酸被破坏，而且还会引起氨基酸的消旋，所以不常用。酶法水解不会破坏氨基酸也不会引起消旋，但必须用一系列蛋白酶才能使蛋白质完全水解。

2. 人工合成法　一般人工合成氨基酸只用于合成一些难于制备的氨基酸，如苏氨酸、甲硫氨酸和色氨酸。因为人工合成法制得的氨基酸都是外消旋产物，不易分离出 L- 型氨基酸。

3. 微生物发酵法　微生物发酵法具有多、快、好、省的优点。如制备谷氨酸钠（味精）时要生产谷氨酸，用谷氨酸生产菌在适宜的条件下培养就可大量制得。

ER0202

肽的结构与
功能（微课）

第四节　肽的结构与功能

一、肽键和肽链

蛋白质分子由氨基酸构成，氨基酸之间通过肽键相连。肽键（peptide bond）是蛋白质分子中基本的化学键，由一分子氨基酸的 α- 羧基与另一分子氨基酸的 α- 氨基脱水缩合形成特殊的碳 - 氮键（C-N），也称为

酰胺键,其结构如下:

$$H_2N-\underset{\underset{H}{|}}{\overset{\overset{R_1}{|}}{C}}-\underset{\underset{O}{\|}}{C}-OH + H-\underset{\underset{H}{|}}{N}-\underset{\underset{R_2}{|}}{\overset{\overset{H}{|}}{C}}-COOH \xrightarrow{H_2O} H_2N-\underset{\underset{H}{|}}{\overset{\overset{R_1}{|}}{C}}-\underset{\underset{O}{\|}}{C}-\underset{\underset{H}{|}}{N}-\underset{\underset{R_2}{|}}{\overset{\overset{H}{|}}{C}}-COOH$$

肽键

氨基酸通过肽键相连的化合物称为肽。由两个氨基酸组成的肽,称为二肽,三个氨基酸组成的肽,称为三肽,以此类推。一般把小于十个氨基酸组成的肽,称为寡肽(oligopeptide),多于十个氨基酸组成的肽称为多肽(polypeptide),其结构为:

N端 ……………… C端

多肽链的结构具有方向性。一条多肽链有两个末端,含自由 α- 氨基一端称为氨基末端(amino-terminal)或 N 末端、N 端(N-terminal);含自由 α- 羧基一端称为羧基末端(carboxyl-terminal)或 C 末端、C 端(C-terminal)。体内多肽和蛋白质生物合成时,是从氨基端开始,延长到羧基端终止,因此 N 端被定为多肽链的头,故多肽链结构的书写通常是将 N 端写在左边,C 端写在右边;肽的命名也是从 N 端到 C 端。多肽链中的氨基酸,由于参与肽键的形成,已非原来完整的分子,称为氨基酸残基(amino acid residue)。

多肽链中的骨架是由氨基酸的 α- 羧基与下一个氨基酸的 α- 氨基形成的肽键,有规则地重复排列而成,称为共价主链或多肽链;R 基部分称为侧链。若多肽序列中任何一种氨基酸顺序发生改变,则产生该多肽的顺序异构体。如丙丝甘肽,是由丙氨酸、丝氨酸和甘氨酸组成的三肽,丙氨酸为 N 端,而甘氨酸为 C 端,其结构如下:

丙氨酸　丝氨酸　甘氨酸

若上述三肽中的任何一种氨基酸顺序发生改变,即会产生另一种不同的三肽顺序异构体。根据排列组合理论计算,由两种不同氨基酸组成的二肽,有异构体 2 种;由 20 种不同氨基酸组成的二十肽,其顺序异构体有 2×10^{18} 种。蛋白质分子中的顺序异构现象可解释仅 20 种氨基酸就构成了自然界种类繁多的不同蛋白质。

二、生物活性肽

天然存在着许多具有重要生物功能的生物活性肽,分子量相对较小,生物活性多样,功能显著,其在代谢调控、神经传导等方面起着重要作用,如谷胱甘肽、多肽类激素、神经肽及多肽类抗生素等。

1. 谷胱甘肽(glutathione,GSH)　由谷氨酸、半胱氨酸和甘氨酸组成的三肽,有还原型(GSH)和氧化型(GSSG)两种形式,在生理条件下还原型占绝大多数(图 2-2)。

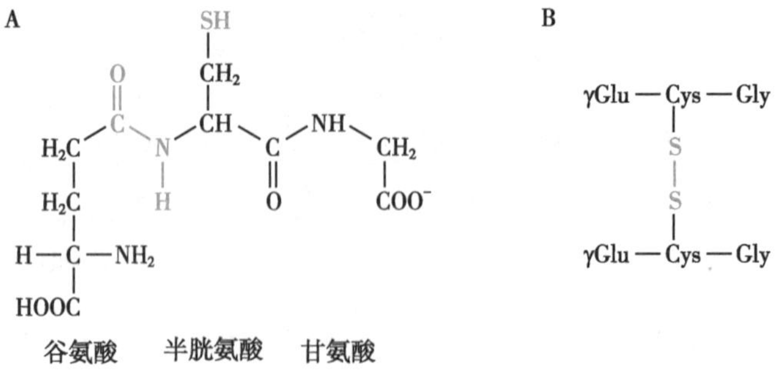

A. 还原型谷胱甘肽(GSH);B. 氧化型谷胱甘肽(GSSG)

图 2-2　谷胱甘肽的结构

GSH 分子中的第一个肽键为谷氨酸 γ- 羧基与半胱氨酸 α- 氨基形成的肽键,属于异肽键,因此可以避免体内常见肽酶的水解。GSH 分子中有巯基(—SH),巯基具有还原性,可保护体内重要酶蛋白的巯基不被破坏,使酶的活性基团—SH 维持还原状态;GSH 作为重要的还原剂,参与体内多种氧化还原反应,可消除氧化剂对红细胞结构的破坏,维持红细胞膜结构的稳定等。此外 GSH 的巯基还能与外源性毒物结合,从而阻断毒物与 DNA、RNA 或蛋白质结合,保护机体免遭毒物损害。

2. 多肽类激素及神经肽　人体内有许多激素是寡肽或多肽,它们各自具有重要的生理功能。如促甲状腺激素释放激素(TRH)是一个结构特殊的三肽(图 2-3),由下丘脑分泌,可促进腺垂体分泌促甲状腺激素,其 N 末端的谷氨酸环化成为焦谷氨酸,C 末端的脯氨酸残基酰化成为脯氨酰胺。

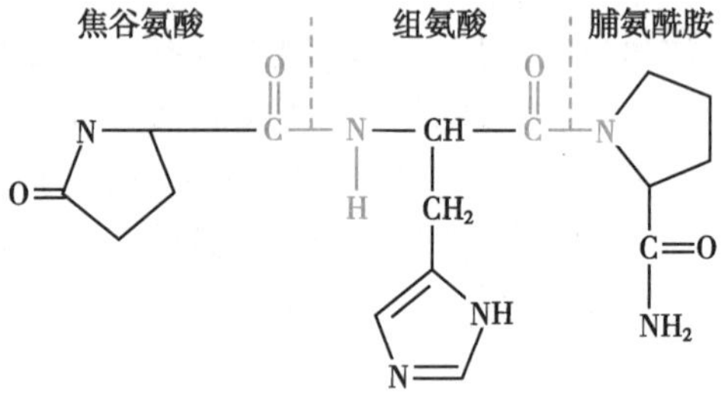

神经肽(neuropeptide)泛指存在于神经组织并参与神经系统功能作用的内源性活性物质,如脑啡肽、P 物质、强啡肽等。这类物质的特点是含量低、活性高、作用广泛而复杂,在体内调节多种多样的生理功能,如痛觉、睡眠、情绪、学习与记忆乃至神经系统本身的分化和发育。

图 2-3　促甲状腺激素释放激素(TRH)

3. 多肽类抗生素　多肽类抗生素是一类能抑制或杀死细菌的多肽,如短杆菌肽 S、短杆菌肽 A、缬氨霉素、博来霉素和达托霉素等。目前对多肽类抗生素的研究开发已成为全球研究抗生素新产品的前沿性课题,为解决日趋严峻的致病菌耐药性问题提供了新途径。

三、肽的人工合成

由于多肽在生命活动中的重要性及其广泛的应用价值,因此关于多肽的合成一直受到国内外的关注。其合成方法有化学合成法、半合成法和生物合成法等。下面主要介绍化学合成法的基本原理。

(一) 液相化学合成法

许多天然蛋白质和多肽的氨基酸序列已测得,为化学方法合成多肽和蛋白质奠定了基础。1965 年,我国在世界上首次人工合成了具有生物活性的蛋白质——结晶牛胰岛素。目前可用化学法合成肽类激素(如缩宫素、加压素、促肾上腺皮质激素和缓激肽等)、牛核糖核酸酶和肽类抗生素(如短杆菌肽 S、短杆菌酪肽)等,其中有些方法已应用于医药工业生产。液相化学合成过程如下:

1. 氨基酸的基团保护　为使不同氨基酸按定向顺序控制合成,防止副反应发生,N 端的自由氨基、C 端的自由羧基和侧链上的一些活性基团(如—SH、—OH、—NH2 和—COOH 等)需要在合成前加以封闭或保护,以避免副反应的发生。

选择保护基的条件是:在肽缩合前起保护作用,在成肽后易除去而不引起肽键的断裂。氨基保护则常用苄氧羰酰氯(Cbz-Cl),它能与自由氨基反应生成苄氧羰酰氨基酸(Cbz- 氨基酸),可用 H2/Pd 或钠 - 液氨法除去;也可用叔丁羰酰氯(BOC-Cl)作保护剂,以后用稀盐酸除去。羧基保护则常用无水乙醇进行酯化,可用碱水解除去该保护基团。

2. 接肽缩合反应 常用的接肽缩合剂为 N,N'- 二环己基碳二亚胺(DCCI)。氨基保护的氨基酸和另一分子羧基保护的氨基酸脱水缩合生成肽,DCCI 则发生水合反应生成 N,N'- 二环己脲(DCU)沉淀析出,易分离除去。反应为:

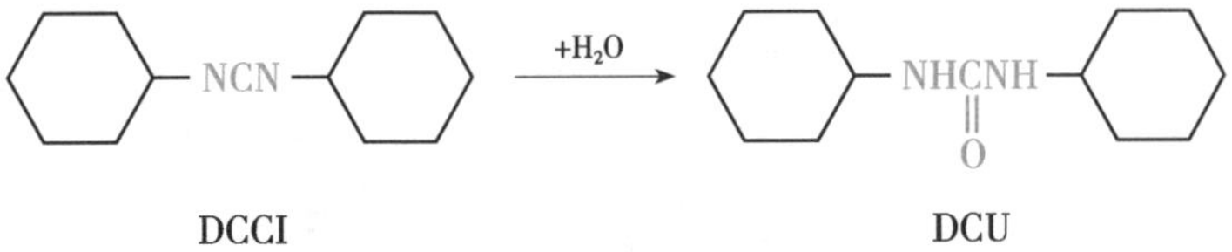

DCCI   DCU

3. 除去保护基团 根据保护剂的性质选用适当的方法除去保护基团,经分离纯化即得合成的肽。重复上述步骤可合成多肽化合物。

在多肽的液相合成中,肽链从 N 端向 C 端方向延伸。多肽液相合成的总反应如下:

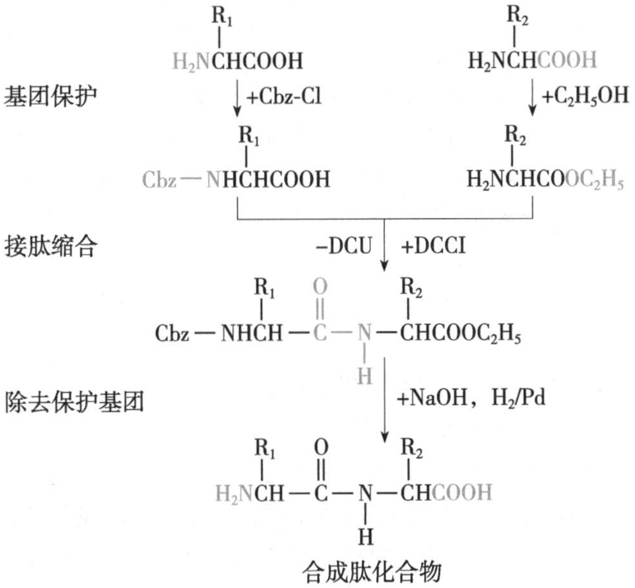

(二) 多肽固相合成

多肽固相合成是控制合成技术上的一个重要进展,其原理是以不溶性的固相作为载体(如聚苯乙烯树脂),将要合成肽链 C 末端的氨基酸的氨基加以保护,其羧基借酯键与载体相连而固化,然后除去氨基保护基,用 DCCI 为接肽缩合剂,每次缩合一个氨基保护而羧基游离的氨基酸。重复上述步骤,可使肽链按控制顺序从 C 端向 N 端延长直到合成完成,脱去树脂。此法由 Merrifield 建立,他也因此获得了 1984 年诺贝尔化学奖。多肽固相合成的反应原理如下:

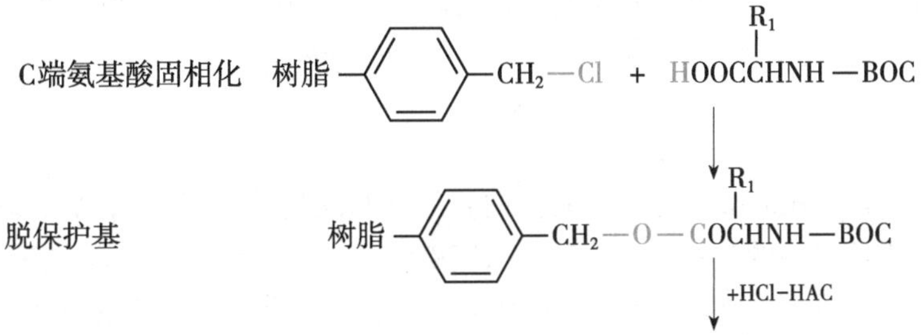

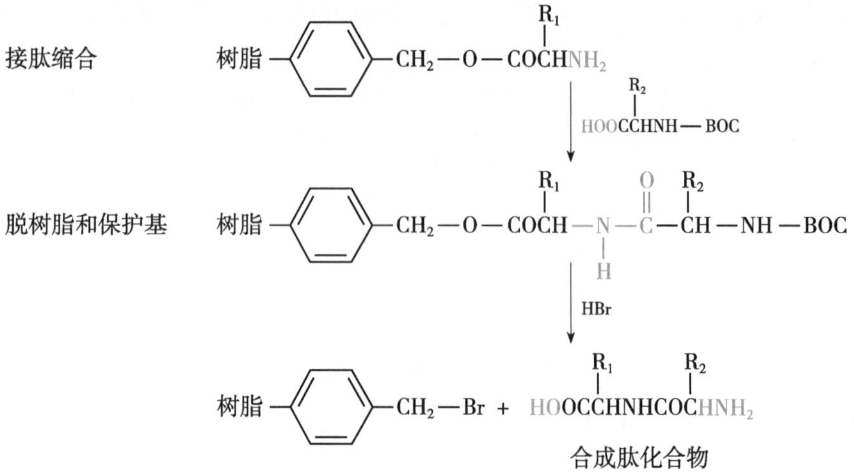

接肽缩合 树脂—⬡—CH₂—O—COCHNH₂ (R₁)

HOOCCHNH—BOC (R₂)

脱树脂和保护基 树脂—⬡—CH₂—O—COCH—N—C—CH—NH—BOC (R₁, O, R₂, H)

HBr

树脂—⬡—CH₂—Br + HOOCCHNHCOCHNH₂ (R₁, R₂)

合成肽化合物

Robert Bruce Merrifield 在多肽合成化学中创立了固相合成方法（solid-phase peptide synthesis, SPPS），获得 1984 年诺贝尔化学奖。由于 SPPS 反应条件温和，方法简单，以此为基础的多种多肽自动合成仪相继出现。该方法为科学研究、医药应用及工业生产提供了大量合成生物活性多肽的人工方法。

本法的优点：由于所合成的肽是连在不溶性的固相载体上，因此可以在一个反应容器中进行所有的反应，便于自动化操作，加入过量的反应物可以获得高产率的产物，同时产物很容易分离。现已按此原理设计出由程序控制的自动化多肽固相合成仪，并成为多肽合成的常用技术。缺点：在多肽合成过程中，可能出现反应不完全、保护基脱落、肽与载体间共价键部分断裂等，导致肽的流失和副反应增加，这些类似物的分离是很难的，因而固相法产物的纯度不如液相法。对于合成 50 个氨基酸残基以上的多肽或蛋白质，产品的纯度和质量还有待进一步提高。

第五节　蛋白质的结构

蛋白质是具有三维空间结构的生物大分子，根据肽链折叠的方式与复杂程度，将蛋白质的分子结构分为一级结构、二级结构、三级结构和四级结构。蛋白质的一级结构是基础，它决定蛋白质的空间结构。蛋白质的空间结构是指蛋白质分子中原子和基团在三维空间上的排列、分布及肽链的走向。因此，蛋白质的空间结构又称蛋白质的分子构象、立体结构和高级结构等，主要包括蛋白质的二级结构、三级结构和四级结构。

一、蛋白质的一级结构

蛋白质的一级结构（primary structure）是指组成蛋白质的氨基酸的数目、种类，以及氨基酸在肽链中的连接方式和排列顺序。肽键是主要的连接键，其次是二硫键。二硫键（disulfide bond）是指在两个硫原子间所形成的化学键，在蛋白质分子中由两个半胱氨酸侧链的巯基脱氢形成。二硫键是较强的化学键，键能约为 210kJ/mol，对稳定蛋白质结构具有重要作用。人胰岛素的一级结构见图 2-4。

A链 H₂N-甘-异亮-缬-谷-谷酰-半胱-半胱-苏-丝-异亮-半胱-丝-亮-酪-谷酰-亮-谷-天冬酰-酪-半胱-天冬酰-COOH
　　　　　1　2　3　4　5　6　7　8　9　10　11　12　13　14　15　16　17　18　19　20　21

B链 H₂N-苯丙-缬-天冬酰-谷酰-组-亮-半胱-甘-丝-组-亮-缬-谷-丙-亮-酪-亮-缬-半胱-甘-谷-精-甘-苯丙-苯丙-
　　　　　1　2　3　4　5　6　7　8　9　10　11　12　13　14　15　16　17　18　19　20　21　22　23　24　25

酪-苏-脯-赖-苏-COOH
26　27　28　29　30

图 2-4　人胰岛素的一级结构

二、蛋白质序列分析

F. Sanger 用自己发现的试剂(DNFB)和胰蛋白酶完成了胰岛素序列的测定,打开了蛋白质测序的大门,获得了 1958 年诺贝尔化学奖。他同时又因设计出一种测定脱氧核糖核酸(DNA)核苷酸排列顺序的末端终止法,与 P. Berg 和 W. Gilbert 共享了 1980 年诺贝尔化学奖。

每一种蛋白质都具有唯一的氨基酸序列,序列的确定是研究蛋白质结构的基础。蛋白质结构测定的第一步是分析蛋白质分子中氨基酸的组成和排列顺序,下面简要介绍蛋白质序列分析的基本原理。

(一) 氨基酸组成分析

1. 蛋白质样品的纯化　测定蛋白质的一级结构,要求样品尽可能是均一的。

2. 多肽链数目的测定　根据末端分析测定蛋白质末端氨基酸残基(N 末端或 C 末端)数和蛋白质的分子量可以确定蛋白质分子中多肽链的数目。

3. 氨基酸组成的分析　将纯化的蛋白质样品完全水解,用氨基酸自动分析仪测定其组成。如蛋白质分子由几条不同的多肽链构成,应将这些多肽链拆开并分离纯化,再分别测定每条多肽链的氨基酸组成和排列顺序。

4. N 端氨基酸的分析　末端分析可用于确定蛋白质分子中多肽链的数目和末端氨基酸的种类。常用方法:①二硝基氟苯(DNFB)法,也称为 Sanger 法,其反应原理见氨基酸性质部分;②二甲基氨基萘磺酰氯(DNS-Cl)法,原理与 DNFB 法相同,本法特点是反应生成的 DNS-氨基酸具有强烈的荧光,灵敏度比 DNFB 法高 100 倍,DNS-氨基酸可不必提取而直接鉴定。

(二) 氨基酸序列分析

Edman 降解法所用试剂异硫氰酸苯酯(PITC),在 pH 9.0~9.5 碱性条件下,与肽链 N 末端自由的 α-氨基偶联,生成苯氨基硫甲酰基衍生物(PTC-肽)。然后 PTC-肽在酸性溶液中经裂解,环化生成苯乙内酰硫脲氨基酸(PTH-氨基酸)和剩余完整多肽(N 端少一个氨基酸的多肽),PTH-氨基酸可用乙酸乙酯抽提后进行鉴定,其反应如下:

$$\text{PhN}=C=S \;+\; H_2N-\underset{\underset{CH_3}{|}}{\overset{\overset{H}{|}}{C}}-\overset{\overset{O}{\parallel}}{C}-\underset{\underset{H}{|}}{N}-Asp-Phe-Glu-Thr-COOH$$

PITC

↓ 五肽标记

$$\text{Ph}-\underset{\underset{H}{|}}{N}-\overset{\overset{S}{\parallel}}{C}-HN-\underset{\underset{CH_3}{|}}{\overset{\overset{H}{|}}{C}}-\overset{\overset{O}{\parallel}}{C}-\underset{\underset{H}{|}}{N}-Asp-Phe-Glu-Thr-COOH$$

PTC-肽　裂解环化

$$\text{(PTH-环)} \;+\; H_2N-Asp-Phe-Glu-Thr-COOH$$

PTH-氨基酸　　　　　　　　四肽

留在溶液中的减少了一个氨基酸残基的肽可再重复进行上述反应过程。整个测序过程可在自动测序仪中完成,每次可从蛋白质 N 端测定 50~60 个氨基酸残基序列。Edman 降解的最大优越性是在水解除去末端标记的氨基酸残基时,不会破坏余下的多肽链。随着现代质谱技术的发展,生物化学家也可采用基质辅助激光解吸电离飞行时间质谱法(MALDI-TOF-MS)分析多肽中氨基酸序列。

(三) 大分子多肽顺序的确定

一般说来,对小分子肽可用上述方法直接测定其氨基酸顺序,而对大分子蛋白质尚难直接测定。目前对大分子蛋白质氨基酸顺序测定方法是先将大分子裂解为小肽片段,经分离纯化后,分别测定各肽片段的顺序。再根据重叠法原理,确定全长肽链的氨基酸序列。如有一肽链,分别用 A 法和 B 法限制性裂解,得到小肽片段,经分析测定其顺序分别为:

A 法:甲硫 - 苯丙　甘 - 丝　缬 - 赖 - 酪 - 丙

B 法:酪 - 丙 - 甲硫 - 苯丙　甘 - 丝 - 缬 - 赖

综合两法结果,找出"重叠顺序",便可推导出此多肽的氨基酸排列顺序。重叠顺序为缬 - 赖 - 酪 - 丙,由此可推出该多肽顺序为甘 - 丝 - 缬 - 赖 - 酪 - 丙 - 甲硫 - 苯丙。

如果蛋白质由几条不同的多肽链通过非共价键结合,则需用蛋白质变性剂(脲、盐酸胍等)拆开,分离纯化得到单个多肽链,再测定每一多肽链的氨基酸序列;如果蛋白质含二硫键,则可用过甲酸氧化或巯基乙醇还原破坏二硫键后进行序列测定。二硫键位置的确定还需在还原二硫键前水解蛋白质,用电泳法分析确定含有二硫键的肽段。

有时也采用氨肽酶(aminopeptidase)、羧肽酶(carboxypeptidase)和肼解(hydrazinolysis)协助测定多肽中氨基酸序列。此外,理论上可通过基因 DNA 序列快速推导该基因所编码蛋白质的氨基酸序列。

思考题 2-3:对一多肽进行测序。①彻底酸水解后发现含有等摩尔的 Leu、Ile、Phe、Pro 和 Val;②此肽分子量约为 1 150Da;③当用羧肽酶 A 处理时,不被水解;④用 DNFB 处理,随后完全水解,色谱分离得到游离氨基酸和 DNP-Ile;⑤部分水解,并色谱分离进行序列分析得到:Leu-Phe、Phe-Pro、Phe-Pro-Val、Val-Ile-Leu、Ile-Leu、Val-Ile、Pro-Val-Ile,请推断此多肽的氨基酸序列。

三、稳定蛋白质空间结构的作用力（化学键）

维持蛋白质一级结构的主要化学键是肽键和少量二硫键，这些共价键因键能大，稳定性也较强。而维持蛋白质构象的化学键主要是一些次级键，亦称副键。它们是蛋白质分子的主链和侧链上的极性、非极性和离子基团等相互作用而形成的。一般来说，次级键的键能较小，因而稳定性较差。但蛋白质分子中存在数量众多的次级键，因此它们在维持蛋白质分子空间构象中起着极为重要的作用。主要的次级键有氢键、疏水键、离子键、配位键和范德瓦耳斯力等（图 2-5）。

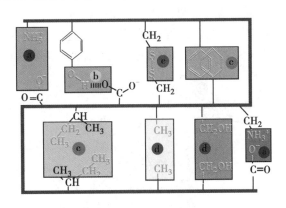

a. 离子键；b. 氢键；c. 疏水键；d. 范德瓦耳斯力；e. 二硫键

图 2-5　蛋白质分子次级键示意图

1. 氢键（hydrogen bond）　由连接在一个电负性大的原子上的氢与另一个电负性大的原子相互作用而形成。氢键虽然在次级键中键能最弱，但其数量最多，所以最重要。一般多肽链中主链骨架上羰基的氧原子与亚氨基的氢原子所生成的氢键是维持蛋白质二级结构的主要次级键。而侧链间或主链骨架间所生成的氢键则是维持蛋白质三、四级结构所需的。

2. 疏水键（hydrophobic bond）　两个非极性基团因避开水相而群集在一起的作用力。蛋白质分子中的一些疏水基团因避开水相而互相黏附并藏于蛋白质分子内部，这种相互黏附形成的疏水键是维持蛋白质三、四级结构的主要次级键。

3. 离子键（ionic bond）　又称盐键，是蛋白质分子中带异性电荷基团之间静电吸引所形成的化学键。

4. 配位键（coordinate bond）　两个原子中的一个原子单方面提供共用电子对所形成的化学键。部分蛋白质含金属离子，如胰岛素（Zn）、细胞色素（Fe）等。蛋白质与金属离子结合中常含有配位键，并参与维持蛋白质的三、四级结构。

5. 范德瓦耳斯力（van der Walls force）　这是原子、基团或分子间的一种很弱的相互作用力，在蛋白质内部非极性结构中较重要，在维持蛋白质分子的高级结构中也是一个重要的作用力。

四、蛋白质的二级结构

蛋白质的二级结构（secondary structure）是指多肽链的主链骨架中若干肽单位，各自沿一定的轴盘旋或折叠，并以氢键为主要次级键而形成的有规则构象，如 α 螺旋、β 折叠和 β 转角等。蛋白质的二级结构一般不涉及氨基酸残基侧链的构象。

（一）肽单位

肽键是构成蛋白质分子的基本化学键，肽键与相邻的两个 α- 碳原子所组成的基本单位，称为肽单位（peptide unit）或肽平面，其结构式如下：

$$C_\alpha - \overset{\overset{O}{\|}}{C} - \overset{}{\underset{\underset{H}{|}}{N}} - C_\alpha$$

　　肽单位和各氨基酸残基侧链的结构和性质对蛋白质的构象有重要影响。多肽链由许多重复的肽单位连接而成,它们构成肽链的主链骨架。多肽链中的肽单位结构如下:

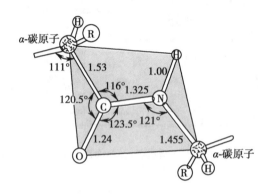

　　根据 X 射线衍射结构分析的研究结果表明,肽单位具有以下特性:
　　1. 肽单位中的肽键具有部分双键的性质,不能自由旋转。肽键中的 C—N 键的键长为 0.132nm,比 C—N 单键(键长 0.149nm)短,而比 C=N 双键(键长 0.127nm)长,肽单位化学结构参数如图 2-6 所示。

图 2-6　肽单位的结构参数

　　2. 肽单位是刚性平面(rigid plane)结构。即肽单位上的六个原子都位于同一个平面,称为肽平面或酰胺平面(图 2-7)。肽单位中与 C—N 相连的氢和氧原子与两个 α- 碳原子呈反向分布。

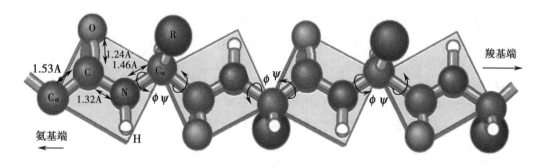

图 2-7　肽单位的平面结构

　　多肽链的主链可以看成由一系列刚性肽平面所组成。主链 C—N 键具有部分双键的性质,不能自由旋转,使肽链的构象数目受到很大的限制。整个肽平面上,有 1/3 的键不能旋转,只有两端的 α- 碳原子单键可以旋转。因此,多肽链的盘旋或折叠是由肽链中许多 α- 碳原子的旋转所决定的。
　　由于肽键平面对多肽链构象的限制作用,蛋白质二级结构的构象是有限的,主要有 α 螺旋、β 折叠和 β 转角等。

(二) α 螺旋

　　蛋白质分子中多个肽平面通过氨基酸 α- 碳原子的旋转,使多肽链的主骨架沿中心轴盘曲成稳定的 α 螺旋(α-helix)构象(图 2-8)。最先由 Linus Pauling 和 Robert Corey 于 1951 年提出,α 螺旋具有如下特征:
　　1. 螺旋为右手螺旋。每 3.6 个氨基酸残基旋转一周,螺距为 0.54nm,每个氨基酸残基的高度为 0.15nm,肽平面与螺旋长轴平行。

2. 氢键是维持 α 螺旋稳定的主要次级键。相邻的螺旋之间形成链内氢键,即第 *n* 个氨基酸的羧基上的氧原子与第 *n*+4 个氨基酸上氮原子所连氢原子生成氢键。α 螺旋构象允许所有肽键参与链内氢键的形成,因此 α 螺旋靠氢键维持是相当稳定的。若破坏氢键,则 α 螺旋构象即遭破坏。

3. 肽链中氨基酸残基的 R 基侧链分布在螺旋的外侧,其形状、大小及电荷等均影响 α 螺旋的形成和稳定性。有几种情况不利于 α 螺旋的形成,如多肽中连续存在酸性或碱性氨基酸,由于所带电荷而同性相斥,阻止链内氢键形成趋势而不利于 α 螺旋的生成;较大的氨基酸残基的 R 侧链(如异亮氨酸、苯丙氨酸、色氨酸等)集中的区域,因空间位阻的影响,也不利于 α 螺旋的生成;脯氨酸或羟脯氨酸残基的存在则不能形成 α 螺旋,因其 N 原子位于吡咯环中,C_α—N 单键不能旋转,加之其 α- 亚氨基在形成肽键后,N 原子上无氢原子,不能生成维持 α 螺旋所需之氢键。显然,蛋白质分子中氨基酸的组成和排列顺序对 α 螺旋的形成和稳定性具有决定性的影响。

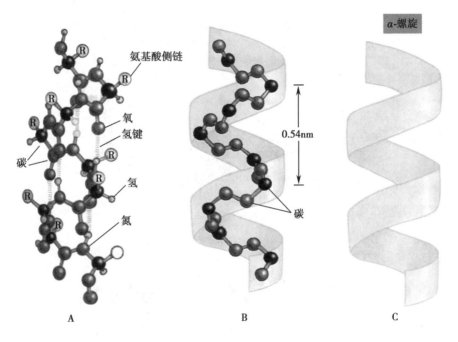

图 2-8　蛋白质分子的 α 螺旋结构

　　Linus Pauling 长期研究化学键的本质,在了解氨基酸和肽的晶体结构和 X 射线图谱后,提出了蛋白质 α 螺旋结构。α 螺旋的发现是生物化学发展史上的里程碑事件之一,特别是 Pauling 在提出 α 螺旋结构研究中所使用的体外模型方法,为后来 Watson 和 Crick 研究 DNA 的双螺旋结构所采用。Pauling 获得过 1954 年的诺贝尔化学奖和 1962 年的诺贝尔和平奖。

　　思考题 2-4:人头发中角蛋白的二级结构是典型的 α 螺旋结构,请简述化学烫发的基本原理。

(三) β 折叠

β 折叠中多肽链的主链相对较伸展,多肽链的肽平面之间呈手风琴状折叠(图 2-9),因此又称 β 片层结构(β pleated sheet structure)。β 折叠结构具有下列特征:

1. 肽链的伸展使肽键平面之间一般折叠成锯齿状。

2. 两条以上肽链(或同一条多肽链的不同部分)平行排列,相邻肽链之间的肽键相互交替形成许多氢键,是维持这种结构的主要次级键。

3. 肽链平行的走向有顺式和反式两种,肽链的 N 端在同侧为顺式,两残基间距为 0.65nm;不在同侧为反式,两残基间距为 0.70nm。反式较顺式平行折叠更加稳定(图 2-9)。

4. 肽链中氨基酸残基的 R 侧链分布在片层的上下。

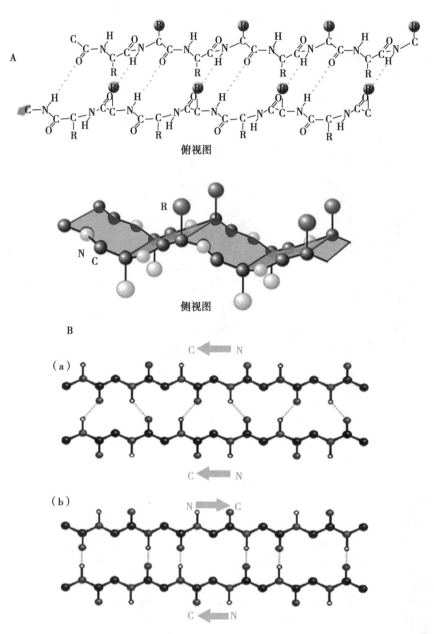

A. β 折叠俯视图和侧视图;B.(a)顺式;B.(b)反式

图 2-9　蛋白质分子中的 β 折叠结构

思考题 2-5 :蚕丝蛋白质的二级结构具有典型的 β 折叠,请从蛋白质结构来解释真丝服饰使用与保存的注意事项。

（四）β 转角

β 转角（β-bend，β-turn）是伸展的肽链形成的 180° 回折，即 U 型转折结构，常出现在球状蛋白质表面。由四个连续氨基酸残基构成，第一个氨基酸残基的羧基氧与第四个氨基酸残基的亚氨基氢之间形成氢键以维持构象（图 2-10）。某些氨基酸如脯氨酸和甘氨酸经常存在其中，由于甘氨酸缺少侧链（只有一个 H），在 β 转角中能很好地调整其他残基的空间阻碍；而脯氨酸具有环状结构和固定角，因此在一定程度上迫使 β 转角形成，促使多肽自身回折，且这些回折有助于反式 β 折叠的形成。

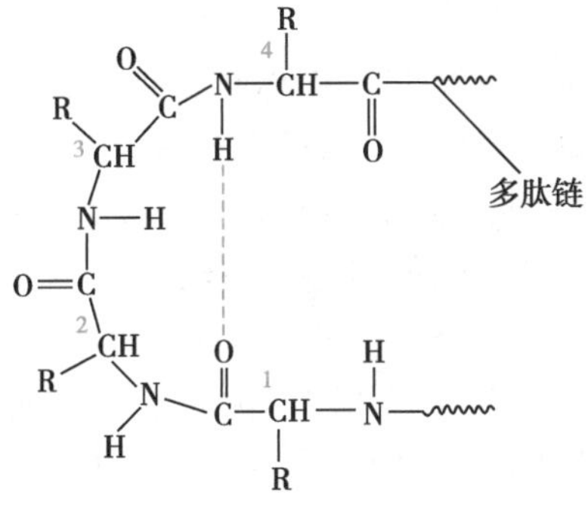

图 2-10　β 转角结构

（五）无规卷曲

蛋白质二级结构中除上述有规则的构象外，尚存在因肽平面不规则排列的无规律构象，称为自由折叠或无规卷曲（random coil）。

研究表明，一种蛋白质的二级结构并非单纯的 α 螺旋或 β 折叠结构，而是这些不同类型构象的组合，只是不同蛋白质占比例不同而已，见表 2-2。

表 2-2　部分蛋白质中 α 螺旋和 β 折叠比例

蛋白质名称	α 螺旋 /%	β 折叠 /%
血红蛋白	78	0
细胞色素 C	39	0
溶菌酶	40	12
羧肽酶	38	17
核糖核酸酶	26	35
凝乳蛋白酶	14	45

五、蛋白质的三级结构

蛋白质的三级结构（tertiary structure）是指具有二级结构、超二级结构或结构域的一条多肽链，由于其序列上相隔较远的氨基酸残基侧链的相互作用，而进行范围更广泛的盘曲与折叠，形成包括主、侧链在内的空间排列。三级结构中多肽链的盘曲方式由氨基酸残基的排列顺序决定。简而言之，蛋白质一条多肽链中所有原子或基团在三维空间的整体排布称为三级结构。

（一）超二级结构

超二级结构（super-secondary structure）也称模体（motif）或基序，是指在多肽链顺序上相邻的二级结构常常在空间折叠中靠近，彼此相互作用，形成有规则的、在空间上能辨认的二级结构聚集体。常见 α 螺旋组合（αα）、β 折叠组合（βββ）和 α 螺旋 β 折叠组合（βαβ）等，见图 2-11。它们可直接作为三级结构的"建筑块"或结构域的组成单位，是介于二级结构和结构域间的一个构象层次，也是蛋白质发挥特定功能的基础。

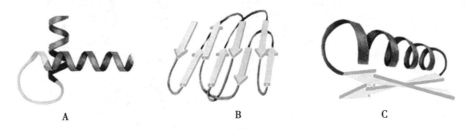

A. αα 组合；B. βββ 组合；C. βαβ 组合

图 2-11　蛋白质中的几种超二级结构

（二）结构域

结构域（domain）是指在蛋白质的三级结构内的独立折叠单元，通常都是几个模体结构单元的组合，介于二级结构和三级结构之间。在较大的蛋白质分子中，由于多肽链上相邻的模体结构紧密联系，进一步折叠形成一个或多个相对独立的致密的三维实体，即结构域。结构域是三级结构的一部分，结构域之间靠无规卷曲连接。一般每个结构域由 100~200 个氨基酸残基组成，各自具有独立的空间构象，并承担不同的生物学功能。如免疫球蛋白 G（immunoglobulin G，IgG）由 12 个结构域组成，其中两条轻链上各有 2 个，两条重链上各有 4 个；抗原结合部位和补体结合部位位于不同的结构域（图 2-12）。

（三）肌红蛋白结构与功能

肌红蛋白（myoglobin，Mb）具有典型的三级结构，它是由 153 个氨基酸残基组成的单一肽链的扁球状蛋白质，含有一个血红素，主要存在于肌肉中，通过血红素与氧可逆的结合而储存氧。肌红蛋白中约 75% 的氨基酸组成了（A~H）8 个 α 螺旋，其余组成一些卷曲结构。肌红蛋白中大多数疏水 R 基团远离外表面，埋于蛋白质内部，而极性 R 基团几乎都位于外表面。在蛋白质内部形成了一个紧密的疏水核心，疏水键和范德瓦耳斯力对肌红蛋白三级结构的形成起着重要作用。

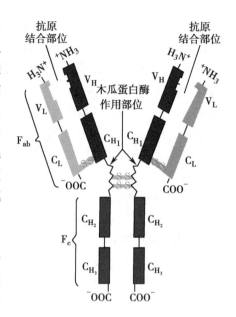

V_H：重链可变结构域；V_L：轻链可变结构域；C_{H_1}、C_{H_2}、C_{H_3}：重链的 3 个恒定结构域；C_L：轻链恒定结构域

图 2-12　人免疫球蛋白 IgG 结构示意图

肌红蛋白中血红素基团中心的亚铁离子可形成 6 个配位键，其中 4 个是与卟啉环中的氮原子形成的，一个与肌红蛋白 93 位的 His 咪唑环上的氮原子结合，另一个结合 O_2（图 2-13）。血红素基团位于肌红蛋白的一个"口袋"中，这样的位置使得它的亚铁离子与溶剂接触十分有限，防止它在氧化溶液中被氧化成为不能结合氧的三价铁离子，保证了肌红蛋白储存氧气的能力。

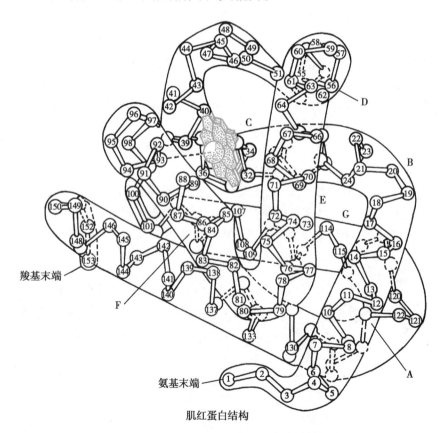

肌红蛋白结构

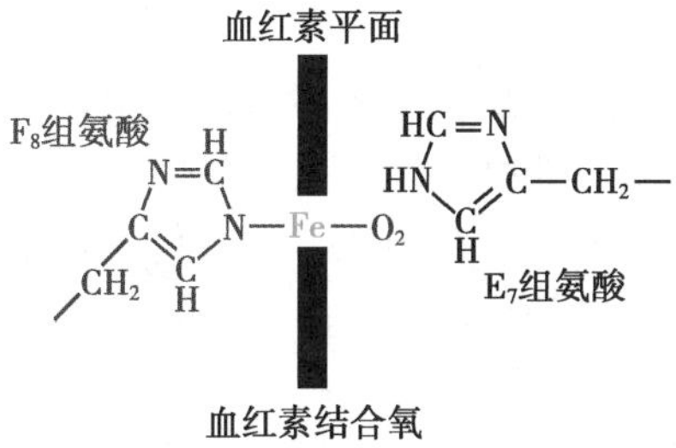

血红素平面

F_8组氨酸

血红素结合氧

图 2-13　肌红蛋白结构与血红素结合氧示意图

六、蛋白质的四级结构

由两条或两条以上多肽链构成的蛋白质多具有四级结构。组成蛋白质的肽链称为亚基(subunit)。每个亚基都有自己的一级、二级和三级结构(图 2-14)。因此,蛋白质的四级结构(quaternary structure)是指由两个或两个以上亚基通过非共价键相互作用,而形成的更复杂的蛋白质空间结构(图 2-14)。

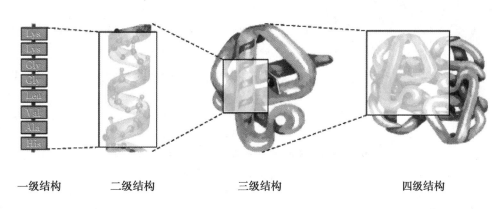

一级结构　　　二级结构　　　　三级结构　　　　　四级结构

图 2-14　蛋白质的一、二、三、四级结构示意图

(一) 亚基

亚基(subunit)又称亚单位,也称为原聚体或单体。亚基一般由一条多肽链组成,本身各具有一、二、三级结构。由 2~10 个亚基构成的具有四级结构的蛋白质称为寡聚体(oligomer),更多数目亚基构成的蛋白质则称为多聚体(polymer)(表 2-3)。亚基单独存在时通常无活性,当它们形成具有完整四级结构的蛋白质时,才表现出生物学活性。

表 2-3　部分蛋白质中亚基数与分子量

蛋白质或酶	亚基数目	亚基分子量 /Da
牛乳球蛋白	2	18 375
过氧化氢酶	4	60 000
磷酸果糖激酶	6	130 000
血红蛋白	$4(\alpha_2\beta_2)$	α:15 130 β:15 870
天冬氨酸转酰酶	$12(C_6,R_6)$	C:34 000 R:17 000

（二）亚基间的结合力

维持蛋白质四级结构的化学键有疏水键、离子键、氢键、范德瓦耳斯力和二硫键等,其中疏水键发挥主要作用。一般具有四级结构的蛋白质,其非极性氨基酸的量约占 30%。多肽链在形成三级结构时,不可能将全部疏水性氨基酸残基侧链藏于分子内,部分疏水性侧链位于亚基表面,亚基表面的疏水性侧链为了避开水相而相互作用形成疏水键,导致亚基的聚合。

（三）血红蛋白的结构与功能

血红蛋白(hemoglobin,Hb)是具有典型四级结构的蛋白质分子,存在于红细胞中。它与肌红蛋白一样也含有血红素基团,亦具有运载氧的功能。但它由 4 个亚基(成人为 $\alpha_2\beta_2$)组成,其中 α 亚基由 141 个氨基酸组成,β 亚基由 146 个氨基酸组成。α 亚基和 β 亚基与肌红蛋白相似,含有 8 段 α 螺旋,每个亚基连接一分子血红素(图 2-15)。

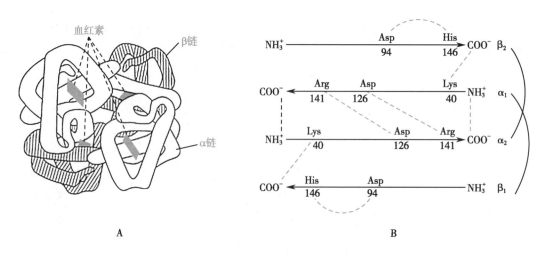

A. 血红蛋白结构;B. 脱氧血红蛋白亚基内的离子键

图 2-15　血红蛋白结构及亚基间离子键示意图

血红蛋白亚基与亚基间通过多个氢键和 8 个离子键连接,使亚基间结合紧密,不易与氧分子结合,其氧合曲线为 S 形曲线,而单链肌红蛋白的氧合曲线则为直角双曲线(图 2-16)。

血红蛋白 S 形氧合曲线可以很好地解释血红蛋白的生理功能,其生物化学机制为:血红蛋白没有结合氧时,四个亚基紧密结合,这种构象称为 T 态(紧张态,tense state)。当 α 亚基与氧结合时,使血红素中亚铁(Fe^{2+})的连接键由 5 个增加到 6 个。此时,Fe^{2+} 的半径变小,进入到卟啉环中间的小孔中,引起 F 肽段空间结构的微小变化,造成两个 α 亚基间的离子键断裂,使亚基间结合松弛,Hb 的四级结构也随之改变,变得松散,这种构象被称为 R 态(松弛态,relaxed state),结合氧的能力得以增强,从而使 Hb 的氧合曲线呈现为 S 形。

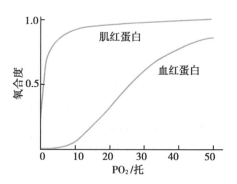

图 2-16　血红蛋白及肌红蛋白氧合曲线
（1 托 =1mmHg=133.322Pa）

> 思考题 2-6：若在体外用以下方法处理,血红蛋白对氧的亲和力会发生什么变化? ①氧气分压(PO_2)由 6 000Pa 下降至 3 000Pa;② $\alpha_2\beta_2$ 解聚为单个亚基。

第六节　蛋白质结构与功能的关系

研究蛋白质的结构与功能的关系是从分子水平上认识生命现象的重要领域。近年来蛋白质工程的发展是以蛋白质的结构和功能的关系为基础,对天然蛋白质进行定向改造,创造出自然界不存在但功能上更优越的蛋白质,为人类的需要服务。

一、蛋白质一级结构与功能的关系

(一) 一级结构是空间结构的基础

蛋白质多肽链中的氨基酸序列储存着蛋白质折叠的所有信息。在给定的环境中,蛋白质一级结构决定其空间构象和生物功能。美国科学家 Anfinsen 通过对牛胰核糖核酸酶(RNase A)变性、复性和功能的研究,发现了其三级结构与功能直接相关,而三级结构是以一级结构为基础的重要理论。

RNase A 是由 124 个氨基酸残基组成的一条多肽链,分子内 8 个半胱氨酸的巯基形成 4 对二硫键,它们对维持 RNase A 的空间结构发挥了重要作用。在体外条件下,分离纯化的天然 RNase A 溶液中加入少量尿素和还原剂 β- 巯基乙醇,分别破坏次级键和二硫键,使蛋白质空间结构被破坏,酶就变性失活。此时蛋白质的一级结构还是完整的,将尿素和还原剂除去,发现酶的活性可以恢复至天然状态,光谱分析和 X 射线单晶衍射表明二硫键正确形成(图 2-17)。

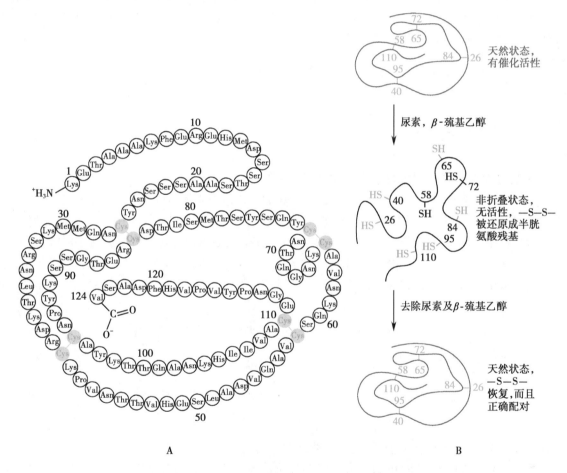

A. RNase 的一级结构;B. RNase 的变性与复性过程

图 2-17 牛胰核糖核酸酶的一级结构与空间结构系

核糖核酸酶分子中的 8 个半胱氨酸巯基形成 4 对二硫键,从理论上计算有 105 种不同的配对方式,只有与天然核糖核酸酶完全相同的配对方式,才有酶活性。如果变性的酶先氧化形成二硫键,再除去尿素,使酶复性,这种方式处理的酶活性只能恢复 1%。这是由于尿素还存在时,次级键未恢复,巯基错误配对;去除尿素后,肽链不能恢复其自然构象。该实验充分证明了一级结构(包括二硫键的正确位置)决定空间结构,空间结构决定生物学功能的基本原理。此外,我国科学家人工合成了有活性的牛胰岛素也是一个有力证据。这些实验结果充分说明了蛋白质的一级结构决定其空间结构。

Christian B. Anfinsen 通过对核糖核酸酶变性、复性与功能的实验研究,阐明了蛋白质一级结构决定蛋白质空间结构和生物功能的理论,因此获得了 1972 年诺贝尔化学奖。

(二) 一级结构不同,功能各异

不同蛋白质和多肽具有不同的功能,根本原因在于它们的一级结构各异,有时仅微小的差异就可表现出不同的生物学功能。如加压素(vasopressin,又称升压素)与催产素都是由神经垂体分泌的九肽激素,它们的分子中仅两个氨基酸有差异,但两者的生理功能却有根本区别。加压素能促进血管收缩,升高血压及促进肾小管对水的重吸收,表现为抗利尿作用;而催产素则能刺激平滑肌引起子宫收缩,表现为催产功能,因此又被称为缩宫素(oxytocin),其结构如下。

加压素 H₂N —半胱 — 酪 — 苯丙 — 谷胺 — 天胺 — 半胱 — 脯 — 精 — 甘 —CO—NH₂
└————S————S————┘

催产素 H₂N --------------- 亮 --------------- 异亮 --------------
3　　　　　　　　　8

(三) 一级结构中的"关键"部分相同,功能相同

促肾上腺皮质激素(adrenocorticotropic hormone,ACTH)是由腺垂体分泌的三十九肽激素。研究表明,其 1~24 肽段是活性所必需的关键部分,若 N 端 1 位丝氨酸被乙酰化,活性显著降低,仅为原活性的 3.5%;若切去 25~39 肽段仍具有全部活性。不同动物来源的 ACTH,其氨基酸顺序差异主要在 25~33 位,而 1~24 位的氨基酸顺序相同,表现出相同的生化功能。这表明一些蛋白质或多肽的生物功能并不要求分子的完整性。它启示我们用化学法合成 ACTH 时,不必合成整个三十九肽,而仅合成其活性所必需的关键部分即可。

1- -----------24	25 ------33---39	来源	31	33
ACTH 活性必需部分	种属特异性	人	丝	谷
		猪	亮	谷
		牛	丝	谷胺

(四) 一级结构的关键部位氨基酸改变与生物活性改变

多肽的结构与功能的研究表明,改变多肽中某些重要的氨基酸,常可改变其活性。而基因突变可导致蛋白质一级结构的变化,使蛋白质的生物学功能降低或丧失,甚至可引起生理功能的改变而发生疾病。这种由遗传突变引起的、在分子水平上仅存在微观差异而导致的疾病,称为分子病。几乎所有分子病都与正常蛋白质分子结构改变有关,甚至有些蛋白质可能仅有一个氨基酸异常。如镰状细胞贫血(sickle cell anemia),就是患者血红蛋白(HbS)与正常血红蛋白(HbA)在 β 链第 6 位有一个氨基酸之差。

			1	2	3	4	5	6	7	8
HbA	β链	H₂N-	缬	组	亮	苏	脯		谷	赖 -
HbS	β链	H₂N-	缬	组	亮	苏	脯		谷	赖 -

HbA 的 β 链第 6 位为谷氨酸,而患者 HbS 的 β 链第 6 位换成了缬氨酸。HbS 的携氧能力降低,分子

间容易"黏合"形成线状巨大分子而沉淀。红细胞从正常的双凹盘状被扭曲成镰刀状,容易产生溶血性贫血。

二、蛋白质的构象与功能的关系

蛋白质分子特定的构象为表现其生物学功能或活性所必需。若构象被破坏,其生物学功能也丧失,如蛋白质变性;有的蛋白质以无活性的前体形式存在,通过水解反应除去前体中的某段小肽,使之转变为有特定构象的蛋白质而表现其生物活性,如酶原的激活、蛋白质前体的活化等;有的蛋白质与某些物质结合可引起蛋白质构象的改变,从而增加或降低蛋白质的活性,如蛋白质的别构和别构酶等。

(一) 蛋白质前体的活化

生物体中有许多蛋白质以无活性的蛋白质原的形式存在,这是生物体内一种自我保护及调控的重要方式,是在长期生物进化过程中发展起来的,也是蛋白质分子结构与功能高度统一的表现。

这类蛋白质主要包括消化系统中的一些蛋白水解酶、激素和参与血液凝固作用的一些蛋白质分子等。如胰岛素的前体是胰岛素原,胰岛素在合成过程中除有一段信号肽外,合成完毕未修饰前还有一段 C 肽。含信号肽和 C 肽的胰岛素前体称为前胰岛素原(preproinsulin);前胰岛素原在内质网腔切除信号肽后称为胰岛素原(proinsulin);胰岛素原切除 A、B 链间的 C 肽后才形成有活性的胰岛素(图 2-18)。

(二) 蛋白质的别构效应

蛋白质与别构剂(allosteric effector)结合后引起蛋白质构象改变,从而导致蛋白质生物活性改变的现象称为蛋白质的别构效应(allosteric effect)或变构效应。具有别构效应的蛋白质称为别构蛋白(allosteric protein),这类蛋白质是由多个亚基组成的寡聚蛋白,与别构剂结合的部位称为别构位点(allosteric site)。别构位点与蛋白质的活性位点(active site)处于不同的位置。别构效应是蛋白质表现其生物学功能的一种普遍而重要的现象,也是调节蛋白质生物学功能极有效的方式。这种调节方式可以使蛋白质活性增加,也可以使蛋白质活性降低。血红蛋白是最早发现具有别构效应的别构蛋白,甘油酸 -2,3- 二磷酸是血红蛋白结合氧的别构抑制剂。随后又发现代谢通路中的关键酶很多是别构酶(allosteric enzyme),常具有四级结构,它们通过蛋白质的别构效应调节整个反应过程。例如,糖酵解代谢途径中的关键酶磷酸果糖激酶 -1 由四聚体组成,受多种别构剂的影响,ATP 和柠檬酸是此酶的别构抑制剂,而 AMP、ADP、果糖 -1,6- 二磷酸和果糖 -2,6- 二磷酸则是别构激活剂。

(三) 蛋白质构象改变与疾病

鉴于蛋白质在体内的合成、加工、成熟是一个非常复杂的过程,其中多肽链的正确折叠对其正确构象的形成和功能发挥至关重要。研究发现一些蛋白质尽管其一级结构不变,但空间折叠发生错误,构象改变仍可影响其功能,严重时可导致疾病发生。因蛋白质折叠错误或折叠导致构象异常变化引起的疾病,称为蛋白质构象病(protein conformational disease)。

朊病毒(prion)所致的牛海绵状脑病(俗称疯牛病)就是蛋白质构象病中的一种。朊病毒蛋白(prion protein,PrP)有正常型(PrP^c)和致病型(PrP^{sc})两种构象。PrP^c 主要由 α 螺旋组成,表现为蛋白酶消化敏感性和水溶性,而 PrP^{sc} 主要由 β 折叠组成,对蛋白酶消化具有显著的抵抗能力,并聚集成淀粉样的纤维状结构。PrP^{sc} 一旦形成后,可催化更多的 PrP^c 向 PrP^{sc} 转变,上述构象转变导致神经退化和病变,引起一组人和动物神经退行性病变(包括克罗伊茨费尔特 - 雅各布病、阿尔茨海默病、亨廷顿病、牛海绵状脑病等)。

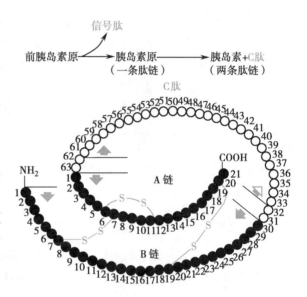

图 2-18　胰岛素原转变为胰岛素示意图

　　Stanley B. Prusiner 发现了一类只有蛋白质而没有核酸的病原体——朊病毒,获 1997 年诺贝尔生理学或医学奖。经过二十多年的努力,Prusiner 于 1982 年成功地从患病仓鼠脑中制备出了单一传染制剂,所有的实验证实该传染源仅含有一种蛋白质,而不含有核酸。这完全颠覆了传统生物学理论。

第七节　蛋白质的重要性质

蛋白质的性质(微课)

翻转课堂(2-2):

　　目标:通过课前自主学习,掌握蛋白质重要性质的理论知识及其在医药中的应用。
　　课前:每位学生认真观看本节微课,把握老师在课前提出的具体要求。自由组队,每组 4~6 人,组长负责组织分工,包括但不限于查阅文献,制作 PPT 或视频。
　　课中:课堂上老师随机抽取 1~2 组,进行 PPT 演讲;老师和学生均可提问,随后学生相互讨论和交流,并随机挑选学生回答问题,考查学习情况。
　　课后:学生完成老师布置的作业,并对"生活中有哪些蛋白质变性典型应用实例""我国科学家在蛋白质性质方面的贡献"等问题,开展深入学习和讨论。

一、蛋白质的两性解离与等电点

　　蛋白质是由氨基酸组成,蛋白质分子中除两末端有自由的 α-NH$_2$ 和 α-COOH 外,许多氨基酸残基的侧链上尚有可解离的基团,如—NH$_2$、—COOH、—OH 等,所以蛋白质也是两性物质,蛋白质的解离情况如下。

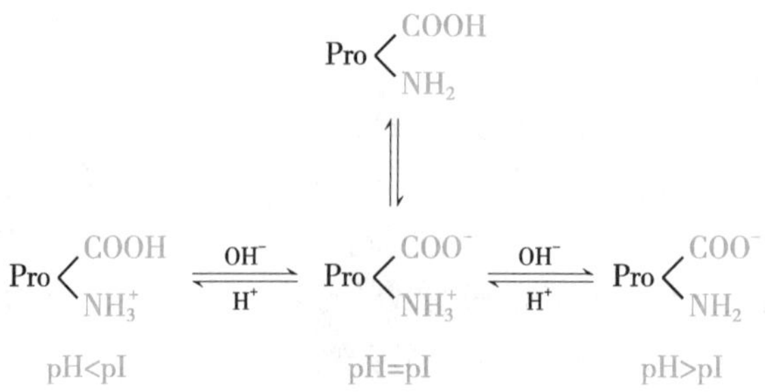

$$\text{Pro} \langle \begin{matrix} \text{COOH} \\ \text{NH}_2 \end{matrix}$$

$$\text{Pro} \langle \begin{matrix} \text{COOH} \\ \text{NH}_3^+ \end{matrix} \underset{\text{H}^+}{\overset{\text{OH}^-}{\rightleftharpoons}} \text{Pro} \langle \begin{matrix} \text{COO}^- \\ \text{NH}_3^+ \end{matrix} \underset{\text{H}^+}{\overset{\text{OH}^-}{\rightleftharpoons}} \text{Pro} \langle \begin{matrix} \text{COO}^- \\ \text{NH}_2 \end{matrix}$$

pH<pI　　　　　　pH=pI　　　　　　pH>pI

　　蛋白质在溶液中的带电情况主要取决于溶液的 pH。使蛋白质所带正、负电荷相等,净电荷为零时溶液的 pH,称为蛋白质的等电点(isoelectric point,pI)。各种蛋白质具有特定的等电点,这与其所含的氨基酸种类和数目有关,即其中酸性和碱性氨基酸的比例及可解离基团的解离度(表 2-4)。

表 2-4　蛋白质的氨基酸组成与 pI

蛋白质	酸性氨基酸数	碱性氨基酸数	pI
胃蛋白酶	37	6	1.0
胰岛素	4	4	5.35
RNA 酶	10	18	7.8
细胞色素 C	12	25	9.8~10.8

　　一般来说,含酸性氨基酸较多的酸性蛋白质,等电点偏酸;含碱性氨基酸较多的碱性蛋白质,等电点偏碱。当溶液的 pH 大于 pI 时,蛋白质带负电荷;pH 小于 pI 时,则带正电荷。体内多数蛋白质的等电点为 5

左右,所以在生理条件下(pH 为 7.4),它们多以负离子形式存在。

蛋白质的两性解离与等电点的特性对蛋白质的分离、纯化和分析等都具有重要的实用价值。处于等电点时的蛋白质溶解度小,很容易从溶液中析出,蛋白质生产与制备时可用等电点法沉淀蛋白质。而带电的蛋白质可以与相反离子发生相互作用或在电场中运动,因此,常采用离子交换和电泳法分离纯化蛋白质。具体内容将在蛋白质的分离与分析部分介绍。

二、蛋白质的胶体性质

蛋白质是生物大分子,由于其分子量大,在溶液中所形成的质点大小为 1~100nm,达到胶体质点的范围,所以蛋白质具有胶体性质,如布朗运动、光散射现象、不能透过半透膜以及具有吸附能力等胶体溶液的一般特征。

蛋白质水溶液是一种比较稳定的亲水胶体。蛋白质形成亲水胶体有两个基本的稳定因素。

1. 蛋白质表面具有水化层 由于蛋白质颗粒表面带有许多亲水的极性基团,如—NH_3^+、—COO^-、—CO—NH_2、—OH、—SH、肽键等。它们易与水发生水合作用,使蛋白质颗粒表面形成较厚的水化层,每克蛋白质可结合 0.3~0.5g 水。水化层的存在使蛋白质颗粒相互隔开,阻止其聚集而沉淀。

2. 蛋白质表面具有同性电荷 蛋白质在溶液中除等电点时分子的净电荷为零外,在非等电点状态时,蛋白质颗粒皆带有同性电荷,即在酸性溶液中为正电荷,碱性溶液中为负电荷。同性电荷相互排斥,使蛋白质颗粒不致聚集而沉淀。

蛋白质的亲水胶体性质具有重要的生理意义。因为,生物体中最多的成分是水,蛋白质与大量的水结合形成各种流动性不同的胶体系统。如构成生物细胞的原生质就是复杂的、非均一性的胶体系统,生命活动的许多代谢反应即在此系统中进行。其他各种组织细胞的形状、弹性、黏度等性质,也与蛋白质的亲水胶体性质有关。

蛋白质的胶体性质也是许多蛋白质分离、纯化方法的基础。蛋白质胶体稳定的基本因素是蛋白质分子表面的水化层和同性电荷的作用,若破坏了这些因素即可促使蛋白质颗粒相互聚集而沉淀。这就是蛋白质盐析、等电点沉淀和有机溶剂分离沉淀法的基本原理。透析法则是利用蛋白质大分子不能透过半透膜的性质以除去无机盐等小分子杂质。

三、蛋白质的变性与复性

(一) 蛋白质变性

蛋白质的构象使蛋白质表现特异的生物学功能。某些物理和化学因素使蛋白质分子的构象发生改变或破坏,但一级结构不变,导致其生物活性的丧失和一些理化性质的改变,这种现象称为蛋白质变性(protein denaturation)。

1. 变性的本质 蛋白质变性学说最早由我国生化学家吴宪在 1931 年提出,他认为天然蛋白质分子受环境因素的影响,从有规则的紧密结构变为无规则的松散状态,即变性作用。由于研究技术特别是 X 射线衍射技术的应用,对蛋白质变性的研究从变性现象的观察、分子形状的改变深入到分子构象变化的分析。现代分析研究结果表明,因为影响蛋白质分子构象形成与稳定的基本因素是各种次级键,所以蛋白质变性作用的本质是破坏了形成与稳定蛋白质分子构象的次级键,从而导致蛋白质分子构象的改变或破坏,而不涉及一级结构的改变或肽键的断裂。生物活性的丧失是变性的主要表现,这说明了变性蛋白质与天然分子的根本区别。构象的破坏是蛋白质变性的结构基础。

2. 变性作用的特征

(1)生物活性的丧失:这是蛋白质变性的主要特征。蛋白质的生物活性是指蛋白质表现其生物学功能的能力,如酶的生物催化作用、蛋白质激素的代谢调节功能、抗原与抗体的反应能力、蛋白质毒素的致毒作用、血红蛋白运输 O_2 和 CO_2 的能力等,这些生物学功能由各种蛋白质的特定构象所表现,一旦外界因素使其构象遭受破坏,其表现生物学功能的能力也随之丧失。有时构象仅有微妙的变化,而这种变化尚未引起其理化性质改变时,在生物活性上已可反映出来。因此,在提取、制备具有生物活性的蛋白质类化合物时,如何防止变性的发生则是关键问题。

（2）某些理化性质的改变：一些天然蛋白质可以结晶，而变性后失去结晶的能力；蛋白质变性后，溶解度降低易发生沉淀，但在偏酸或偏碱时，蛋白质虽变性但可保持溶解状态；变性还可引起球状蛋白质不对称性增加、黏度增加、扩散系数降低等；一般蛋白质变性后，分子结构松散，易为蛋白酶水解，因此食用变性蛋白质更有利于消化。

3. 变性作用的因素和程度　能引起蛋白质变性的因素很多，物理因素有高温、紫外线、X 射线、超声波和剧烈振荡等；化学因素有强酸、强碱、尿素、去污剂、重金属（Hg^{2+}、Ag^+、Pb^{2+}）、三氯乙酸、乙醇等。各种蛋白质对这些因素敏感性不同，可根据需要选用。

不同蛋白质对各种因素的敏感度不同，因此构象破坏的深度与广度各异，如除去变性因素后，蛋白质构象可恢复者称可逆变性，如牛胰核糖核酸酶 A（RNase A）的变性与复性过程（图 2-17）；构象不能恢复者称不可逆变性。

4. 变性作用的意义　在制备有生物活性的酶、蛋白质等生物制品时，要求所需成分不变性。此时，应选用适当的方法，严格控制操作条件，尽量减少蛋白质变性。有时还可加保护剂、抑制剂等以增强蛋白质的抗变性能力。相反，有时为除去蛋白质干扰作用，又必须充分利用蛋白质变性。如利用乙醇、紫外线消毒，高温、高压灭菌等可使细菌蛋白质变性而失去活性，发挥消毒和杀菌作用；中草药有效成分的提取或其注射液的制备也常用变性的方法（加热、乙醇等）除去杂质蛋白质。

（二）蛋白质复性

有一些简单的蛋白质分子在变性后，经过适当的处理（如移除化学变性剂），可以恢复其原有的三维空间结构（构象）和生物学活性，这种现象称为蛋白质复性（protein renaturation）。具体实例请见本章第六节中有关牛胰核糖核酸酶变性与复性的研究内容。

四、蛋白质沉淀

蛋白质分子聚集而从溶液中析出的现象，称为蛋白质的沉淀。蛋白质变性和沉淀是两个不同的概念，两者有联系但又不完全一致。蛋白质变性有时可表现为沉淀，亦可表现为溶解状态；同样，蛋白质沉淀有时可以引起变性，亦可以不变性，这取决于沉淀的方法和条件以及对蛋白质空间构象有无破坏，切不可只看表面现象而忽视本质。

蛋白质的凝固是指蛋白质变性后，变性蛋白质分子互相凝聚或互相穿插缠结在一起的现象。凝固作用分为两个阶段：首先是变性，其次是失去规律性的肽链聚积缠结在一起而结絮和凝固，所以，凝固的蛋白质一定是变性和沉淀的。以下为常用蛋白质沉淀方法的基本原理。

1. 中性盐沉淀反应　蛋白质溶液中加入中性盐后，因盐浓度的不同可产生不同的反应。低盐浓度可使蛋白质溶解度增加，称为盐溶作用（salting in）。因为低盐浓度可使蛋白质表面吸附某种离子，导致其颗粒表面同性电荷增加而排斥加强，同时与水分子作用也增强，从而提高了蛋白质的溶解度；高盐浓度时，因破坏蛋白质的水化层并中和其电荷，促使蛋白质颗粒相互聚集而沉淀，称为盐析作用（salting out）。

不同蛋白质因分子大小、电荷多少不同，盐析时所需盐的浓度各异。混合蛋白质溶液可用不同的盐浓度使其分别沉淀，这种方法称为分级沉淀。常用的无机盐有（NH_4）$_2SO_4$、$NaCl$、Na_2SO_4 等。本法的主要特点是沉淀出的蛋白质不变性，因此本法常用于酶、激素等具有生物活性蛋白质的分离制备。

2. 有机溶剂沉淀反应　在蛋白质溶液中加入一定量的与水可互溶的有机溶剂（如乙醇、丙酮、甲醇等）能使蛋白质表面失去水化层相互聚集而沉淀。在等电点时，加入有机溶剂更易使蛋白质沉淀。不同蛋白质沉淀所需有机溶剂的浓度各异，因此调节有机溶剂的浓度可使混合蛋白质达到分级沉淀的目的。但是，本法有时可引起蛋白质变性，这与有机溶剂的浓度、蛋白质接触的时间以及沉淀的温度有关。因此，用此法分离制备有生物活性的蛋白质时，应注意控制可引起变性的因素。

3. 加热沉淀反应　加热可使蛋白质变性沉淀。加热灭菌的原理是因加热使细菌蛋白质变性凝固而失去生物活性。但加热使蛋白质变性沉淀与溶液的 pH 有关，在等电点时最易沉淀，而偏酸或偏碱时，蛋白质虽加热变性但也不易沉淀。实际工作中常利用在等电点时加热沉淀除去杂质蛋白质。

4. 重金属盐沉淀反应　蛋白质在 pH 大于 pI 的溶液中呈阴离子,可与重金属离子(Cu^{2+}、Hg^{2+}、Pb^{2+}、Ag^+ 等)结合成不溶性盐而沉淀。临床上抢救误食重金属盐中毒的患者时,给以大量的蛋白质使生成不溶性沉淀而减少重金属离子的吸收。

$$Pro\begin{smallmatrix}COO^-\\NH_3^+\end{smallmatrix} \xrightarrow{pH>pI} Pro\begin{smallmatrix}COO^-\\NH_2\end{smallmatrix} \xrightarrow{+Ag^+} Pro\begin{smallmatrix}COOAg\\NH_2\end{smallmatrix} \downarrow$$

5. 生物碱试剂的沉淀反应　蛋白质在 pH 小于 pI 时呈阳离子,可与一些生物碱试剂(如苦味酸、磷钨酸、磷钼酸、鞣酸、三氯乙酸、磺基水杨酸等)结合成不溶性的盐而沉淀。

$$Pro\begin{smallmatrix}COO^-\\NH_3^+\end{smallmatrix} \xrightarrow{pH<pI} Pro\begin{smallmatrix}COOH\\NH_3^+\end{smallmatrix} \xrightarrow{+CCl_3COO^-} Pro\begin{smallmatrix}COOH\\NH_3^+CCl_3COO^-\end{smallmatrix} \downarrow$$

此类反应在实际工作中有许多应用,如血液样品分析中无蛋白质滤液的制备和中草药注射液中蛋白质的检查。

> 思考题 2-7：蛋白质的别构、变性、沉淀和凝固有什么区别? 并请解释日常生活中煮鸡蛋、煮牛奶和卤水点豆腐对蛋白质影响的区别。

五、紫外吸收

蛋白质分子中常含有色氨酸、酪氨酸和苯丙氨酸等芳香族氨基酸,在 280nm 处有特征性的最大吸收峰,可用于蛋白质的定量。此法简便、快速、不损失样品,测定蛋白质的浓度范围是 $0.1\sim0.5mg/ml$。若样品中含有其他具有紫外吸收的杂质,如核酸,可产生较大的误差,故应作适当的校正。

六、蛋白质的显色反应

蛋白质是由氨基酸通过肽键构成的化合物。因此,蛋白质的颜色反应实际上是其氨基酸的一些基团以及肽键等与试剂所产生的化学反应,并非蛋白质的特异反应。下面介绍几种重要的颜色反应。

1. 茚三酮反应　在 pH 5~7 时,蛋白质与茚三酮丙酮液加热可产生蓝紫色。此反应的灵敏度为 $1\mu g$。凡具有氨基、能放出氨的化合物几乎都有此反应,据此可用于多肽与蛋白质以及氨基酸的定性与定量分析。

2. 双缩脲反应　蛋白质在碱性溶液中可与 Cu^{2+} 产生紫红色反应,这是蛋白质分子中肽键的反应,肽键越多反应颜色越深。氨基酸无此反应,故此法可用于蛋白质的定性和定量,亦可用于测定蛋白质的水解程度。水解越完全则颜色越浅。

3. 酚试剂反应　在碱性条件下,蛋白质分子中的酪氨酸、色氨酸可与酚试剂(含磷钨酸 - 磷钼酸化合物)生成蓝色化合物。蓝色的强度与蛋白质的量成正比。此法是测定蛋白质浓度的常用方法,主要的优点是灵敏度高,可测定微克水平的蛋白质含量;缺点是本法只与蛋白质中个别氨基酸反应,即不同蛋白质所含酪氨酸、色氨酸不同而显色的强度有所差异。因此,要求作为标准的蛋白质其显色氨基酸的组成比例应与样品接近,以减少误差。

七、蛋白质的免疫学性质

蛋白质的免疫学性质具有重要的理论意义与应用价值。卡介苗、脊髓灰质炎糖丸疫苗和乙型肝炎的基因工程疫苗等可用于疾病的免疫预防。异体蛋白进入人体内可产生病理性的免疫反应,甚至可危及生命。因此,对一些生产过程中可带入异体蛋白的注射用药物,如生化药物、中药制剂、发酵生产的抗生素和基因工程产品等,必须严格控制异体蛋白,过敏试验应符合规定要求,以保证药品的安全。

　　凡能刺激机体免疫系统产生免疫应答,并能与相应的抗体和/或致敏淋巴细胞受体发生特异性结合的物质,统称为抗原(antigen,Ag)。蛋白质是大分子物质,异体蛋白具有很强的抗原性。抗原刺激机体产生能与相应抗原特异结合并具有免疫功能的免疫球蛋白(immunoglobulin,Ig),称为抗体(antibody,Ab)。抗原与抗体结合所引起的反应,称为免疫反应。以抗原和抗体为基础的分析方法在生物化学与分子生物学中有着广泛的应用,如蛋白质印迹分析、酶联免疫吸附分析和放射免疫法等。

　　1. 抗原　抗原物质的特点是具有异物性、大分子性和特异性。蛋白质的抗原性不仅与分子大小有关,还与其氨基酸组成和结构有关。如明胶蛋白,其分子量高达 10 万 Da,但组成中缺少芳香族氨基酸,几乎不具抗原性。一些小分子物质本身不具抗原性,但与蛋白质结合后而具有抗原性,这类小分子物质称为半抗原(hapten),如脂类、某些药物(青霉素、磺胺)等,这是一些药物引起过敏反应的重要原因。

　　2. 抗体　抗体具有高度特异性,它仅能与相应抗原发生反应,抗体的特异性取决于抗原分子表面的特殊化学基团,即抗原决定簇(antigenic determinant)。各抗原分子具有许多抗原决定簇。因此,由它免疫动物所产生的抗血清实际上是多种抗体的混合物,称为多克隆抗体(polyclonal antibody)。多克隆抗体中的某一种抗体仅能与抗原的一个抗原决定簇结合,而对一个具有多个抗原决定簇的抗原来说,则可以结合多个抗体。

　　单克隆抗体(monoclonal antibody,McAb)是针对一个抗原决定簇、由单一的 B 淋巴细胞产生的抗体。因此,单克隆抗体只能与一种特定的抗原决定簇结合。Milstein 和 Köhler 发明了杂交瘤细胞(hybridoma cell)技术来制备单克隆抗体,具有高度特异性、均一性、来源稳定、可大量生产等特点,解决了单克隆抗体制备难题,荣获 1984 年诺贝尔生理学或医学奖。

单克隆抗体与
单抗药物

Niels K. Jerne　　Georges J. F. Köhler　　César Milstein

　　1984 年诺贝尔生理学或医学奖授予 Niels K. Jerne、Georges J. F. Köhler 和 César Milstein,表彰他们在免疫系统的发育和控制特异性理论及单克隆抗体产生的原理方面的研究。Jerne 长期从事基础免疫学研究,先后提出了"抗体形成的自然选择学说、抗体多样性发生学说和免疫反应调节的网络学说"三个免疫学学说,奠定了现代免疫学理论的基础,大大推动了免疫学和其他生物医学的发展。同时获奖的 Köhler 和 Milstein 是因为共同发现了单克隆抗体的产生原理,首创大量生产具有高度特异性的单克隆抗体的新技术,是单克隆抗体技术的创始人。单克隆抗体技术应用广泛,对许多重要的生物医学课题具有深刻的影响。

　　抗体是一类非常重要的蛋白质分子,在生物学研究和疾病的诊断与治疗上有着广泛的应用。目前越来越多的单克隆抗体作为靶向药物,用于肿瘤等疾病治疗。

　　案例分析:

　　2014 年全球首个 PD-1 抑制剂药物 Opdivo(Nivolumab,纳武利尤单抗)上市,标志着肿瘤治疗进入免疫治疗时代。美国前总统卡特在 2015 年被诊断出患黑色素瘤,并且癌细胞已经扩散至肝脏和脑部。黑色素瘤是一种来源于黑色素细胞的恶性肿瘤,治疗难度大,死亡率极高。但卡特经过仅 4 个月的 PD-1 抑制剂 Keytruda(Pembrolizumab,帕博利珠单抗)的治疗后便控制了病情,堪称医学奇迹,也因此带火了此类药物。2018 年,诺贝尔生理学或医学奖授予了美国科学家詹姆斯·艾利森和日本科学家本庶佑,以表彰他们在肿瘤免疫治疗方面作出的贡献。

　　问题:
　　1. 请根据单克隆抗体的作用特点分析 PD-1/L1 抑制剂的生物化学机制。
　　2. 我国在 PD-1/L1 创新药物领域有哪些进展?

第八节　蛋白质的分离纯化与含量测定

蛋白质在自然界存在于复杂的混合体系中,而许多重要的蛋白质在组织细胞内的含量极低。因此要把目标蛋白质从复杂的体系中提取分离,又要防止其空间构象的改变和生物活性的损失,显然是有相当难度的。蛋白质的分离纯化是研究蛋白质化学组成、结构及生物学功能的基础。

一、蛋白质的提取

1. 材料的选择　蛋白质的提取首先要选择适当的材料,选择的原则是材料应含较高量的所需蛋白质,且来源方便。当然,由于目的不同,有时只能用特定的原料。原料确定后,还应注意其管理,否则也不能获得满意的结果。

2. 组织细胞的粉碎　一些蛋白质以可溶形式存在于体液中,可直接分离。但多数蛋白质存在于细胞内,并结合在一定的细胞器上,故需先破碎细胞,然后以适当的溶媒提取。应根据动物、植物或微生物原料不同,选用不同的细胞破碎方法。

3. 提取　蛋白质的提取应按其性质选用适当的溶媒和提取次数以提高效率。此外,还应注意细胞内外蛋白酶对有效成分的水解破坏作用。因此,蛋白质提取的条件是很重要的,总的要求是既要尽量提取所需蛋白质,又要防止蛋白酶的水解和其他因素对蛋白质特定构象的破坏作用。蛋白质的粗提液可进一步分离纯化。

二、蛋白质的分离纯化

(一)根据溶解度不同的分离纯化方法

利用蛋白质的溶解度差异分离蛋白质是常用方法之一。影响蛋白质溶解度的主要因素有溶液的 pH、离子强度、溶剂的介电常数和温度等。在一定条件下,蛋白质溶解度的差异主要取决于它们的分子结构,如氨基酸组成、极性基团和非极性基团的多少等。因此,恰当地改变这些影响因素,可选择性地造成其溶解度的不同而分离。

1. 等电点沉淀　蛋白质在等电点时溶解度最小。单纯使用此法不易使蛋白质沉淀完全,常与其他方法配合使用。

2. 盐析　中性盐对蛋白质胶体的稳定性有显著的影响。一定浓度的中性盐可破坏蛋白质胶体的稳定性而使蛋白质盐析沉淀。盐析的蛋白质一般保持着天然构象而不变性。有时不同的盐浓度可有效地使蛋白质分级沉淀。二价离子的中性盐[如$(NH_4)_2SO_4$]比单价离子的中性盐(如 NaCl)对蛋白质溶解度的影响大,更容易使蛋白质从溶液中析出。

3. 有机溶剂沉淀　有机溶剂的介电常数较水低,如 20℃时,水为 79,乙醇为 26,丙酮为 21。因此,在一定量的有机溶剂中,蛋白质分子间极性基团的静电引力增加,而水化作用降低,促使蛋白质聚集沉淀。此法沉淀蛋白质的选择性较高,且不需脱盐,但温度高时可引起蛋白质变性,故应注意低温条件。如用冷乙醇法从血清分离制备人清蛋白和球蛋白。

4. 低温沉淀　一般在 0~40℃,多数球状蛋白质的溶解度随温度的升高而增加;40~50℃以上,多数蛋白质不稳定并开始变性。因此,对蛋白质的沉淀一般要求低温条件。

(二)根据分子大小不同的分离纯化方法

蛋白质是大分子物质,但不同蛋白质分子大小各异,利用此性质可从混合蛋白质中分离各组分。

1. 密度梯度离心(density gradient centrifugation)　蛋白质颗粒的沉降速度取决于它的大小、密度和离心力场的大小。可采用特殊的光学仪器测量界面移动以求得沉降速率 v。沉降系数也称为沉降常数,是指单位离心力场条件下,沉降分子下沉的速率,它表示沉降分子的大小特性。为了纪念离心法创始人瑞典生物化学家 T. Svedberg,国际上采用 Svedberg 单位(S)作为沉降系数单位,并将 1×10^{-13} 秒定义为 1 个 Svedberg 单位(S)。牛血清清蛋白的沉降常数为 4.4×10^{-13} 秒,用 Svedberg 单位表示则为 4.4S。而原核细胞核糖体的沉降常数为 70×10^{-13} 秒,即为 70S。

当蛋白质在具有密度梯度的介质中离心时,质量和密度大的颗粒比质量和密度小的颗粒沉降得快,并且每种蛋白质颗粒沉降到与自身密度相等的介质梯度时,即停滞不前,可分步收集相应区带蛋白质进行分析。

2. 透析和超滤　透析(dialysis)法是利用蛋白质大分子对半透膜的不可透过性而与其他小分子物质分开。此法简便,常用于蛋白质的脱盐,但需时间较长。

超滤法(ultrafiltration)是根据分子大小和形状,在 10^{-8} cm 数量级进行选择性分离的技术。其原理是利用超滤膜在一定的压力或离心力的作用下,大分子物质被截留而小分子物质滤过排出。选择不同孔径的超滤膜可截留不同分子量的物质。超滤过程无相态变化,条件温和,蛋白质不易变性。常用于蛋白质溶液的浓缩、脱盐、分级纯化等。

3. 凝胶色谱　凝胶色谱法(gel chromatography),又称分子排阻色谱法(molecular exclusion chromatography)、分子筛色谱法(molecular sieve chromatography)。这是一种简便而有效的生化分离方法,其原理是利用蛋白质分子量的差异,通过具有分子筛性质的凝胶而分离蛋白质。

常用的凝胶有葡聚糖凝胶(polydextran gel)、聚丙烯酰胺凝胶(polyacrylamide gel)和琼脂糖凝胶(agarose gel)等。葡聚糖凝胶是以葡聚糖与交联剂形成有三维空间的网状结构物,两者的比例和反应条件决定其交联度的大小,即孔径大小。当蛋白质分子的直径大于凝胶的孔径时,被排阻于胶粒之外;小于孔径者则进入凝胶。在洗脱时,大分子受阻小而最先流出;小分子受阻大而最后流出。结果使大小不同的物质分离。

(三) 根据电离性质不同的分离纯化方法

蛋白质是两性电解质,在一定的 pH 条件下,不同蛋白质所带电荷的质与量各异,可用电泳法或离子交换色谱法等分离纯化。

1. 电泳法　带电质点在电场中向所带电荷电性相反的电极移动,这种现象称为电泳(electrophoresis)。蛋白质除在等电点外,具有电泳性质。蛋白质在电场中移动的速度和方向主要取决于蛋白质分子所带的电荷的性质、数量及质点的大小和形状。带电质点的泳动速度除受本身性质决定外,还受其他外界因素的影响,如电场强度、溶液的 pH、离子强度及电渗等。在一定条件下,各种蛋白质因电荷的质、量及分子大小不同,其电泳迁移率各异而达到分离的目的。下面介绍一些常用的电泳方法。

(1) 聚丙烯酰胺凝胶电泳(polyacrylamide gel electrophoresis,PAGE):以聚丙烯酰胺凝胶为支持物,具有电泳和凝胶过滤的特点,即电荷效应、浓缩效应、分子筛效应,因而电泳分辨率高。如醋酸纤维素薄膜电泳分离人血清只能分出 5~6 种蛋白质成分,而用本法可分出 20~30 种,且样品需要量少,一般用 1~100μg 即可。

(2) 等电聚焦电泳(isoelectric focusing electrophoresis,IFE):以两性电解质作为支持物,电泳时即形成一个由正极到负极逐渐增加的 pH 梯度。蛋白质在此系统中电泳,结果是各自集中在与其等电点相应的 pH 区域,从而达到分离的目的。此法分辨率高,各蛋白质 pI 相差 0.02 pH 单位即可分开,可用于蛋白质的分离纯化和分析。

(3) 免疫电泳(immunoelectrophoresis):把电泳技术和抗原与抗体反应的特异性相结合,一般以琼脂或琼脂糖凝胶为支持物。方法是先将抗原中各蛋白质组分经凝胶电泳分开,然后加入特异性抗体经扩散可产生免疫沉淀反应。本法常用于蛋白质的鉴定及其纯度的检查。目前此类方法已有许多新的发展,如荧光免疫电泳、酶免疫电泳、放射免疫电泳、蛋白质印迹法等。

(4) 二维电泳(two-dimensional electrophoresis):也称双向电泳,其原理是根据蛋白质等电点和分子量不同,将蛋白质混合物在电荷(采用等电聚焦)和分子量(采用 SDS-PAGE)两个方向上进行分离。双向电泳的第一向为等电聚焦,第二向为 SDS-PAGE。样品经过电荷和质量差异两次分离后,可以得到蛋白质分子的等电点和分子量的信息。

双向电泳一次可以分离几千个或更多蛋白质,这是目前所有电泳技术中分辨率最高、信息量最多的技术。对分离出的蛋白质点可以取出进行分子量测定和肽图谱分析。双向电泳已成为蛋白质组学研究的重要手段。蛋白质组（proteome）是指由一个基因组或组织所表达的全部蛋白质。蛋白质组学则是整体水平上研究细胞内所有蛋白质的组成、结构与功能及其活动规律的一门学科，主要研究蛋白质表达、修饰和蛋白质 - 蛋白质相互作用等，并由此获得有关疾病发生、细胞代谢和药物治疗等过程中蛋白质变化的规律。蛋白质组学将成为寻找疾病分子标记和药物靶标的有效方法。

（5）醋酸纤维薄膜电泳：它以醋酸纤维薄膜作为支持物，电泳效果比纸电泳好，时间短、电泳图谱清晰。临床用于血浆蛋白电泳分析。

2. 离子交换色谱法（ion exchange chromatography） 蛋白质是两性化合物，通过调节溶液 pH，使蛋白质分子带电荷，再用离子交换技术进行分离、精制。阴离子交换介质是在不溶性惰性载体上共价连接正电荷的基团，吸附和交换周围环境中的阴离子；阳离子交换介质则相反。根据不溶性惰性载体化学成分不同一般将其分为以下几种：

（1）离子交换纤维素：它以纤维素分子为母体，大部分可交换基团位于纤维素表面，易与大分子蛋白质交换。如二乙氨基乙基纤维素（DEAE-C）为阴离子交换纤维素，化学式为纤维素—OCH_2—CH_2N—$(C_2H_5)_2$。羧甲基纤维素（CMC）为阳离子交换纤维素，化学式为纤维素—OCH_2—$COOH$。

（2）离子交换凝胶：把离子交换与分子筛两种作用结合起来，是离子交换技术的重要改进。一般是在凝胶分子上引入可交换的离子基团，如二乙氨基乙基葡聚糖凝胶（DEAE-Sephadex）、羧甲基葡聚糖凝胶（CM-Sephadex）等。

（3）大孔型离子交换树脂：这类树脂孔径大，可交换基团分布在树脂骨架的表面，因此适用于较大分子物质的分离、精制。

（四）根据配基特异性的分离纯化方法

亲和色谱法（affinity chromatography）又称选择色谱法、功能色谱法或生物特异吸附色谱法。蛋白质能与其相对应的化合物（称为配基）具有特异结合的能力，即亲和力。这种亲和力具有下列重要特性：

1. 高度特异性 如抗原与抗体、酶与底物之间等，它们的结合具有高度选择性。

2. 可逆性 配基在一定条件下可特异结合蛋白质形成复合物，当条件改变时又容易解开。如抗原与抗体的反应，一般在碱性条件下两者结合，酸性时则可解离。

根据这种具有特异亲和力的化合物之间能可逆结合与解离的性质建立的色谱方法，称为亲和色谱法。该方法可高度专一性分离纯化蛋白质。首先将配基用化学方法使之与固相载体连接，常用的固相载体有琼脂糖凝胶、葡聚糖凝胶、纤维素等。再将连有配基的固相载体装入色谱柱，使含有能与配基结合的蛋白质混合液通过此柱，目标蛋白质被特异地结合在柱中，而其余蛋白质等杂质因不能被吸附直接流出色谱柱。将色谱柱中的杂质洗净，改变条件使配基与蛋白质复合物解离，此时洗脱液中即含有纯化蛋白质。

蛋白质分离
纯化方法

三、蛋白质鉴定与含量分析

用各种方法将蛋白质分离、纯化后，最后要对该蛋白质进行鉴定，主要包括化学、物理和生物学分析。常用纯度鉴定、分子量测定、等电点和生物活性分析。

（一）化学分析法

1. 纯度鉴定 蛋白质的纯度是指蛋白质样品的均一性。在确定蛋白质的纯度时，应根据要求选用多种不同的方法从不同的角度去测定。常用检查纯度的方法有电泳法、色谱法、HPLC、高效毛细管电泳和免疫化学法。

2. 分子量测定 蛋白质是生物大分子，常采用 SDS-PAGE、凝胶色谱法和超速离心法测定分子量，也可采用生物质谱法精确测定蛋白质分子量。

3. 等电点测定 等电聚焦电泳常用于蛋白质等电点测定。

4. 氨基酸分析 蛋白质样品完全水解后，可用氨基酸自动分析仪测定蛋白质中氨基酸的种类和含量。

5. 序列分析 采用 Edman 降解法进行氨基酸序列分析。鉴于此法对所分析多肽序列长度的限制，可将蛋白质酶解成肽段后,分析所有肽段的分子量和序列,形成蛋白质的肽指纹图谱(peptide finger print),通过蛋白质数据库比对鉴定。蛋白质中的氨基酸序列也可以通过 cDNA 序列加以分析。

(二)物理分析法

生物化学与分子生物学研究技术中运用了许多物理学的原理和方法。蛋白质鉴定中常用质谱法测定多肽与蛋白质的分子量和氨基酸序列,采用 X 射线晶体衍射、核磁共振和冷冻电镜技术解析蛋白质的空间结构,运用圆二色谱法研究多肽和蛋白质的 α 螺旋和 β 折叠等二级结构。有关物理学分析方法在生物大分子结构解析中的原理与应用请见第一章第二节的相关内容。

(三)蛋白质的含量测定

1. 凯氏定氮法(Kjedahl 法)　这是测定蛋白质含量的经典方法。其原理是蛋白质具有相对恒定的含氮量,平均为 16%。蛋白质经硫酸消化,将有机氮转变为无机氮 $(NH_4)_2SO_4$,碱性条件下蒸馏释出 NH_3,用定量的硼酸吸收,再用标准浓度的酸滴定,求出含氮量即可计算蛋白质的含量。

2. 福林 - 酚试剂法(Lowry 法)　这是测定蛋白质含量应用最广泛的方法之一。其原理是在碱性条件下蛋白质与 Cu^{2+} 生成复合物,还原磷钼酸 - 磷钨酸试剂生成蓝色化合物,可用比色法测定含量。此法优点是操作简便、灵敏度高,蛋白质浓度范围为 25~250μg/ml。由于酚类等一些物质的存在会干扰此法的测定,可导致分析误差。

3. 双缩脲法　在碱性条件下,蛋白质分子中的肽键与 Cu^{2+} 可生成紫红色的络合物,可用比色法定量。此法简便,受蛋白质氨基酸组成影响小;但灵敏度小、样品用量大,蛋白质浓度范围为 0.5~10mg/ml。

4. 紫外分光光度法　蛋白质分子中常含有酪氨酸等芳香族氨基酸,在 280nm 处有特征性的最大吸收峰,可用于蛋白质的定量。此法简便、快速、不损失样品,测定蛋白质的浓度范围为 0.1~0.5mg/ml。若样品中含有其他具有紫外吸收的杂质,如核酸等,可产生较大的误差,故应作适当的校正。蛋白质样品中含有核酸时,可按下列公式校正计算蛋白质的浓度:

$$蛋白质的浓度(mg/ml) = 1.55A_{280} - 0.75A_{260}$$

式中,A_{280} 和 A_{260} 分别为 280nm 和 260nm 时的吸光度值。

5. BCA 法　其原理是在碱性溶液中,蛋白质将 Cu^{2+} 还原为 Cu^+ 再与 BCA 试剂(4,4′- 二羧酸 -2,2′- 二喹啉钠)生成紫色复合物,于 562nm 有最大吸收值,其强度与蛋白质浓度成正比。此法的优点是单一试剂、终产物稳定,与 Lowry 法相比几乎没有干扰物质的影响,尤其在 TritonX-100、SDS 等表面活性剂中也可测定。其灵敏度范围一般为 10~1 200μg/ml。

6. Bradford 法　这是一种迅速、可靠的测定溶液中蛋白质含量的方法。其原理基于蛋白质染料考马斯亮蓝 G-250 有红、蓝两种不同颜色的形式,在一定浓度的乙醇及酸性条件下,可配成淡红色的溶液,当其与蛋白质结合后,产生蓝色化合物,反应迅速而稳定。检测反应化合物在 595nm 的吸光度值,可计算出蛋白质的含量。此法特点是快速简便,灵敏度范围一般为 25~200μg/ml,最小可测 2.5μg/ml 蛋白质;氨基酸、肽、EDTA、Tris、糖等对此无干扰。很多商业化蛋白质定量检测试剂盒均以此法为原理。

> 思考题 2-8:请解释不法厂商在牛奶中添加三聚氰胺的原理,并思考我们应该做些什么?

(四)生物活性分析法

根据蛋白质的特殊生物活性,建立相应的分析检测方法在生物化学与分子生物学研究中比较常用。蛋白质生物活性分析法(如酶活性和抗体与抗原结合特性等)比化学与物理方法的特异性和灵敏度更高。例如,根据蛋白质的免疫学性质和酶活性建立起来的酶联免疫吸附分析(enzyme-linked immunosorbent assay,ELISA)能检测样品中纳克级的特异性蛋白质。ELISA 的基本原理是利用了抗原和抗体结合的特异性以及酶催化底物反应的专一性和放大效应,实现对蛋白质的检测与分析。常见的 ELISA 方法有直接 ELISA(direct ELISA)、间接 ELISA(indirect ELISA)、三明治 ELISA(sandwich ELISA)和竞争 ELISA(competitive ELISA)。

ELISA 法分析
检测蛋白质

小　结

蛋白质是生命活动中重要的物质基础。它在生物界分布广泛,含量丰富,功能复杂。

蛋白质种类繁多,可根据分子形状分为纤维状和球状蛋白质;可根据组成分为单纯蛋白质和结合蛋白质;还可根据溶解度和功能分类。

蛋白质由氨基酸组成,这些氨基酸为 L-α- 氨基酸,按照其侧链 R 基团可将其分为几类:芳香族氨基酸、酸性氨基酸、碱性氨基酸、非极性脂肪族氨基酸、不带电荷的极性氨基酸。此外还有许多氨基酸不参与组成蛋白质,为非蛋白质氨基酸。氨基酸有旋光性,可吸收紫外线,具有酸碱两性,有自己的等电点,可与茚三酮等物质发生显色反应。氨基酸的分离分析主要利用溶解度和解离性质。氨基酸的氨基可参与几类反应,有着不同的用途,如与 DNFB 反应可以确定 N 端氨基酸,与 PITC 反应可以测序。氨基酸的制备主要有三种方法:蛋白质水解法、人工合成法和微生物发酵法。

氨基酸分子通过氨基和羧基脱水缩合形成肽键而连接成肽。多肽链中的氨基酸单元称为氨基酸残基。肽链具有方向性。十个以下氨基酸组成的肽为寡肽,十个以上的为多肽。生物活性肽是具有重要生物功能的多肽,如谷胱甘肽是一种重要的还原剂,可以解毒;肽类抗生素可以抑制或杀死细菌;肽类激素也各自具有功能。多肽的人工合成有化学法和生物技术法,化学合成法中有液相和固相法;生物技术合成法运用的是各种生物工程法。多肽的序列分析主要有 N 端和 C 端分析法,包括 Sanger 法和 Edman 降解法。

蛋白质的结构可分为四个层次。一级结构为氨基酸的数目和顺序,包括二硫键的位置。二级结构包括 α 螺旋、β 折叠、β 转角和无规卷曲。超二级结构和结构域介于二级结构和三级结构之间。三级结构指的是一条多肽链所有原子和基团在三维空间的排布,三级结构的形成依靠了一些次级键,如氢键、范德瓦耳斯力、疏水键等。只由一条肽链构成的蛋白质没有四级结构。亚基间主要通过疏水键结合在一起形成四级结构,如血红蛋白由 4 个亚基组成,一个亚基与 O_2 结合后促进其他亚基与 O_2 的结合,这是别构效应。

蛋白质的结构与功能有着密切的关系。一级结构决定空间结构,一级结构不同,蛋白质的功能不同;一级结构关键部位相同的蛋白质,功能也相同。不仅是一级结构,空间结构也对功能有重要影响。

蛋白质具有两性解离的性质,有等电点,还具有胶体性质。在高温、紫外线等物理、化学因素存在下,蛋白质空间结构被破坏,蛋白质变性。高盐浓度下、加热或者加入有机溶剂、生物碱试剂、重金属盐,蛋白质都可能会从溶液中沉淀下来。蛋白质具有紫外吸收,280nm 为吸收峰。与酚试剂、双缩脲试剂、茚三酮等可发生显色反应。

蛋白质的分离纯化可根据其分子大小、溶解度、解离性质和配基特异性进行,SDS-PAGE、凝胶色谱等方法可测定蛋白质的分子量,生物质谱可精确测定其分子量。常见的蛋白质含量测定的方法有凯氏定氮法、福林 - 酚试剂法、双缩脲法、紫外分光光度法、BCA 法和 Bradford 法。

练习题

1. 蛋白质有哪些分类方法?

2. 某氨基酸溶于 pH 为 7 的水中,其溶液 pH 为 6,此氨基酸的等电点大于 6,小于 6,还是等于 6?

3. 根据氨基酸的等电点,判断在 pH 分别为 3、7、9 时,缬氨酸、精氨酸、丙氨酸、谷氨酸所带电荷。

4. 已知某氨基酸混合物中包括谷氨酸、丙氨酸和赖氨酸三种,在 pH 2 条件下经过钠型阳离子交换柱,并依次用 pH 为 4、7、9 的缓冲溶液洗脱,洗脱下来的氨基酸顺序是什么?并解释。

5. 阿片肽能结合阿片类药物如吗啡等结合的受体(阿片受体),因此阿片肽可以模拟阿片类的某些特性。利用以下信息,确定亮氨酸脑啡肽的氨基酸序列。已知它的分子量为 555.6Da。

(1)用浓 HCl 完全水解肽链,氨基酸组成分析发现:Gly、Leu、Phe、Tyr 的摩尔比为 2∶1∶1∶1。

(2)用 DNFB 处理小肽,再完全水解,色谱分离后证明存在酪氨酸 2,4- 二硝基苯衍生物,没有发现自由的酪氨酸。

（3）用胃蛋白酶完全消化小肽，经色谱分离获得含 Phe 和 Leu 的二肽，以及比例为 1：2 的 Tyr 和 Gly 组成的三肽（胃蛋白酶主要水解由芳香族氨基酸的氨基形成的肽键）。

6. 请简述蛋白质的一级结构，并说明它与功能的关系。

7. 什么是蛋白质的别构效应？蛋白质的构象与功能有何关系？

8. 分析蛋白质 N 端氨基酸的方法有哪些？各有什么特点？

9. 蛋白质的二级结构有哪些种类？各有什么特点？

10. 蛋白质的分离纯化方法是依据蛋白质的哪些性质？针对各种性质各有哪些方法？

（卞筱泓）

第二章同步练习

第三章
核酸的结构与功能

ER0301

第三章课件

1869 年,F. Miescher 从脓细胞中提取到一种富含磷元素的酸性化合物,因为是从细胞核分离获得,又具有酸性,故名核酸。几乎一切生物都含有核酸,即使是最简单的生物体病毒也含有核酸。核酸是遗传的物质基础,指导蛋白质合成,支配着生命从诞生到死亡的全过程。核酸研究经历了 150 余年的历史,极大地推动了整个生命科学的发展,是现代生物化学、分子生物学与医药学研究的重要领域。

第一节 核酸的生物学功能

核酸在细胞内通常以核蛋白的形式存在。天然的核酸分为两大类,即脱氧核糖核酸(deoxyribonucleic acid,DNA)和核糖核酸(ribonucleic acid,RNA)。DNA 主要分布在细胞核中,RNA 存在于细胞质和细胞核中。DNA 是生物遗传变异的物质基础,RNA 在细胞中的含量比 DNA 高。原核细胞和真核细胞都含有 3 种主要 RNA:信使 RNA(messenger RNA,mRNA)、核糖体 RNA(ribosomal RNA,rRNA)和转运 RNA(transfer RNA,tRNA)。真核细胞还含有核不均一 RNA(heterogeneous nuclear RNA,hnRNA)和核内小 RNA(small nuclear RNA,snRNA)。hnRNA 是 mRNA 的前体,snRNA 参与 RNA 的修饰加工和对细胞与基因行为的调控,是一类新的核酸调控分子。研究发现小分子 RNA 揭示着一种新层次上的基因表达调控方式。干扰小 RNA(small interfering RNA,siRNA)和微 RNA(microRNA,miRNA)是两种序列特异的转录后基因表达的调节因子,是小分子 RNA 的主要组成部分。

1. 核酸是生物遗传信息的载体 生物遗传信息贮存在 DNA 分子上,但生物性状并不由 DNA 直接表现,而是通过各种蛋白质的生物功能表现出来。蛋白质的结构是由 DNA 决定的,也就是说遗传信息是由 DNA 传向蛋白质的。遗传信息的这种传递不是直接的,而是通过中间信使,即 mRNA 来传递,即 DNA 把自己的信息先传给 mRNA,然后再由 mRNA 传给蛋白质。所以蛋白质的生物合成和生物性状的表现(如新陈代谢、生长发育、组织分化等)都直接与核酸紧密相关。

2. 核酸是遗传变异的物质基础 遗传与变异是最重要、最本质的生命现象。遗传是相对的,有了遗传特征才能保持物种的相对稳定性。变异是绝对的,有变异才有物种的进化和生物发展的可能。生物遗传特征的延续与生物进化都是由基因决定的。基因特征是由 DNA 分子中的特定核苷酸种类、数目和排列顺序所决定的,一个基因(gene)系指含有能指导合成一个功能性生物分子(蛋白质或 RNA)所需信息的一个特定 DNA(或 RNA)片段,所以说核酸是遗传变异的物质基础。利用 DNA 人工重组技术,可以使一种生物的 DNA 或片段(基因)引入另一种生物体内,而后者则能表现前者的生物性状,从而实现超越生物种间的基因转移。

3. 核酸与医药　由于 DNA 是遗传信息的载体,因此,DNA 分子结构的改变,必将导致生物功能的改变。如病毒的致病作用、恶性肿瘤、放射病、遗传性疾病、代谢病、辐射损伤等都与核酸功能的变化密切相关。病毒主要是由蛋白质和核酸组成的,因此核苷或核酸类衍生物可开发成抗病毒药物,如碘苷(5- 碘脱氧嘧啶核苷)、阿糖腺苷(腺嘌呤阿拉伯糖苷)等。还有多种双股多聚核苷酸,如聚肌胞(聚肌苷酸 - 聚胞苷酸,poly I:C),可诱导体内产生干扰素,保护细胞免受病毒感染,具有防治病毒性疾病的疗效。许多抗肿瘤药物属于核苷或核酸类衍生物,如治疗消化道恶性肿瘤的氟尿嘧啶、治疗白血病的巯嘌呤等。

抗肿瘤和抗病毒药物的作用是抑制病原核酸与蛋白质的合成,从而抑制肿瘤细胞与病毒的进一步增殖,因此抗肿瘤、抗病毒药物的作用机制与新药合成研究都与核酸化学关系密切。

基因工程技术正在改变医药工业的传统生产方式,已有许多基因工程药物研制成功并投入临床应用,如人胰岛素、人生长素、α 干扰素、乙型肝炎疫苗、人白介素 -2 等,这不仅满足了医疗需要,而且将对医药产品结构的更新换代产生重大影响。此外,应用基因技术,还可能把遗传病患者所缺乏的基因导入体内,使其体细胞重新具有所缺陷的基因,表达所需要的蛋白质进行基因治疗。应用反义技术,如反义核酸和小 RNA 抑制基因表达的机制,可能为肿瘤治疗与多种病毒性疾病和基因疾病寻找新的药物提供设计途径和突破口。

应用转基因技术构建转基因动物,成为生物制药的一种新的生产手段。因此核酸的研究与应用对医疗卫生和工农业生产极为重要,是战胜疾病、开发新药、创造新物种与新品种的有效手段。

第二节　核苷酸的结构与性质

核酸是由多个单核苷酸聚合而成的多核苷酸(polynucleotide),单核苷酸(mononucleotide)是组成核酸的基本结构单位。核酸的元素组成主要包括 C、H、O、N、P。

单核苷酸可以分解成核苷(nucleoside)和磷酸。核苷进一步分解成碱基(base)(嘌呤碱与嘧啶碱)和戊糖(pentose)。戊糖有两种:D- 核糖(D-ribose)和 D-2- 脱氧核糖(D-2-deoxyribose),因此将核酸分为核糖核酸和脱氧核糖核酸。

一、碱基

(一)嘧啶碱基

嘧啶(pyrimidine)碱基含有一个嘧啶环,核酸中常见的嘧啶碱有 3 类:胞嘧啶(cytosine,C)、尿嘧啶(uracil,U)和胸腺嘧啶(thymine,T)。DNA 中含胞嘧啶和胸腺嘧啶,RNA 含有尿嘧啶和胞嘧啶。

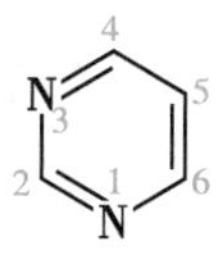

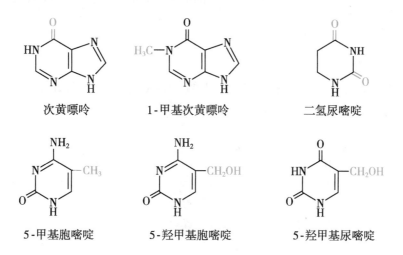

嘧啶 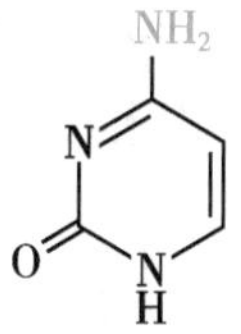　　　胞嘧啶 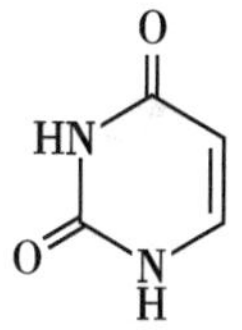　　　尿嘧啶 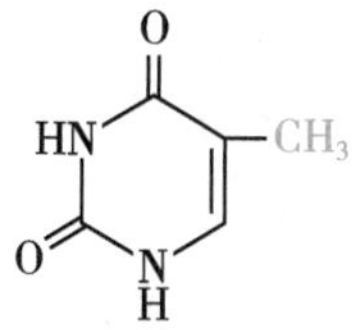　　　胸腺嘧啶

（二）嘌呤碱基

核酸中所含的嘌呤（purine）碱基主要有腺嘌呤（adenine，A）和鸟嘌呤（guanine，G），在 DNA 和 RNA 中均有。

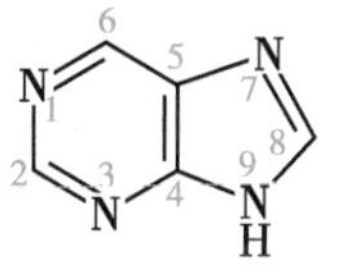

嘌呤 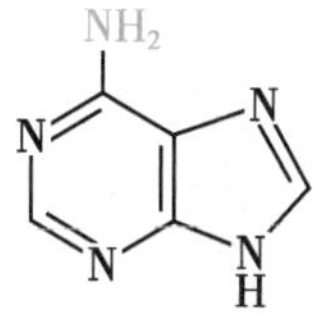　　　腺嘌呤 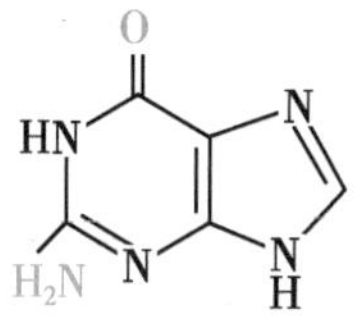　　　鸟嘌呤

（三）稀有碱基

除 5 种基本碱基外，核酸中还有一些含量较少的碱基，称为稀有碱基。很多稀有碱基是基本碱基的甲基化或其他修饰产物，如次黄嘌呤、1-甲基次黄嘌呤、二氢尿嘧啶、5-甲基胞嘧啶、5-羟甲基胞嘧啶和5-羟甲基尿嘧啶等。

次黄嘌呤　　　1-甲基次黄嘌呤　　　二氢尿嘧啶

5-甲基胞嘧啶　　　5-羟甲基胞嘧啶　　　5-羟甲基尿嘧啶

（四）碱基的性质

1. 溶解性和酸碱性　由于嘧啶环和嘌呤环均为非极性杂环化合物，几乎不溶于水，嘌呤或嘧啶都是弱碱性的。碱基上有可解离的基团，但 pK_a 不同（表 3-1）。嘌呤和嘧啶之间的氢键配对是 DNA 双螺旋结构形成的基础。各基团的 pK_a 决定了在中性 pH 下氢原子是否与环上的 N 原子结合，而结合与否又决定了这些 N 原子是作为氢键的受体还是供体。

表 3-1　核苷酸的解离性质

核苷酸	碱基 N 的 pK_a	磷酸基团 pK_1	磷酸基团 pK_2
5′-AMP	3.8（N_1）	0.9	6.1
5′-GMP	9.4（N_1）	0.7	6.1
	2.4（N_7）		
5′-CMP	4.5（N_3）	0.8	6.3
5′-UMP	9.5（N_3）	1.0	6.4

2. 互变异构性　碱基中的芳香族杂环以及环上富电子的取代基团使得它们在溶液中能发生酮式 - 烯醇式或氨基式 - 亚氨基式的互变异构(图 3-1)。酮式又称为内酰胺(lactam),烯醇式又称内酰亚胺(lactim)。在体内,酮式与氨基式为主要形式。

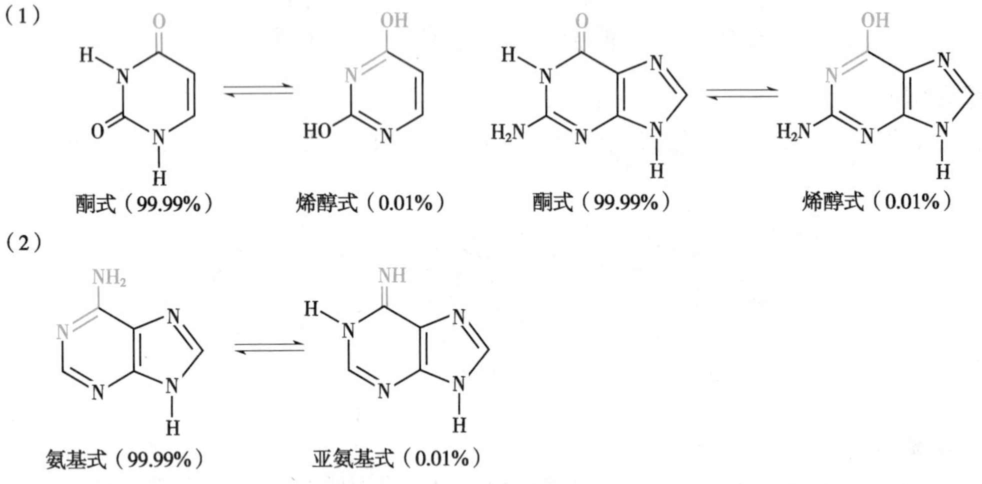

(1)

酮式（99.99%）　　烯醇式（0.01%）　　酮式（99.99%）　　烯醇式（0.01%）

(2)

氨基式（99.99%）　　亚氨基式（0.01%）

图 3-1　碱基互变异构

3. 紫外吸收　由于嘌呤和嘧啶是高度的共轭分子,因此其吸收紫外线的能力很强,最大吸收波长为 260nm。

二、核糖与脱氧核糖

RNA 和 DNA 两类核酸是按所含戊糖不同而分类的。RNA 含 β-D- 核糖,DNA 含 β-D-2- 脱氧核糖。某些 RNA 中含有少量 β-D-2-O- 甲基核糖。核酸分子中的戊糖都是 β-D 型。

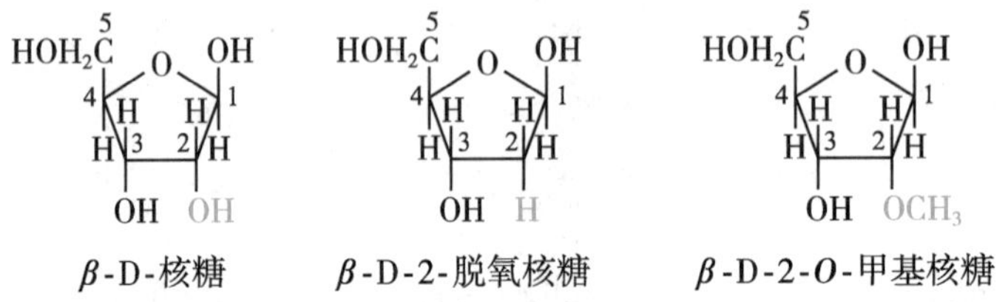

β-D-核糖　　　β-D-2-脱氧核糖　　　β-D-2-O-甲基核糖

三、核苷

(一) 核苷的结构

核苷(nucleoside)由戊糖和碱基缩合而成。戊糖和碱基之间的连接是戊糖的第一位碳原子(C_1)与嘧啶碱的第一位氮原子(N_1)或嘌呤碱的第九位氮原子(N_9)相连接。戊糖和碱基之间的连接键是 N—C 键,称为 N- 糖苷键。

核苷中的 D- 核糖和 D-2- 脱氧核糖都是呋喃环结构。糖环中的 C_1 是不对称碳原子,所以有 α 和 β 两种构型。核酸分子中的糖苷键均为 β- 糖苷键。

在核苷的编号中,糖的编号数字上加一撇,以便与碱基编号区别。对核苷进行命名时,先冠以碱基的名称,如腺嘌呤核苷、胸腺嘧啶脱氧核苷等。

根据核苷中所含戊糖不同,将核苷分为核糖核苷和脱氧核糖核苷两类。

1. 核糖核苷　RNA 中为核糖核苷,有 4 种:腺嘌呤核苷(adenosine,A)、鸟嘌呤核苷(guanosine,G)、胞嘧啶核苷(cytidine,C)和尿嘧啶核苷(uridine,U),其结构式如下:

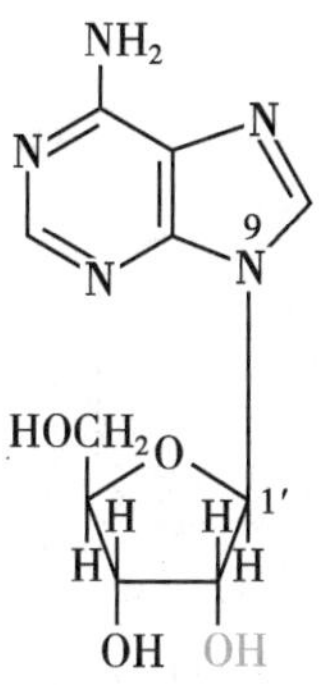

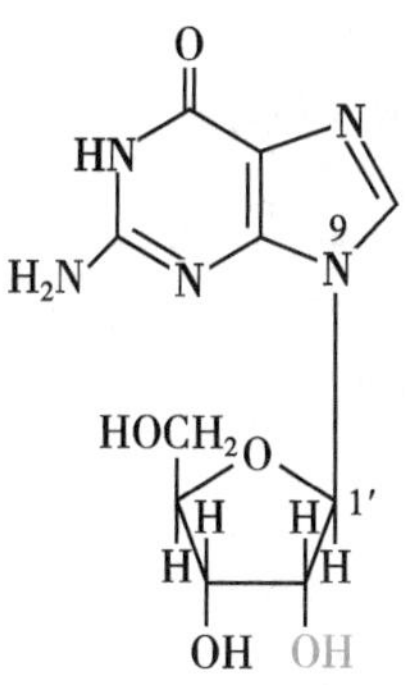

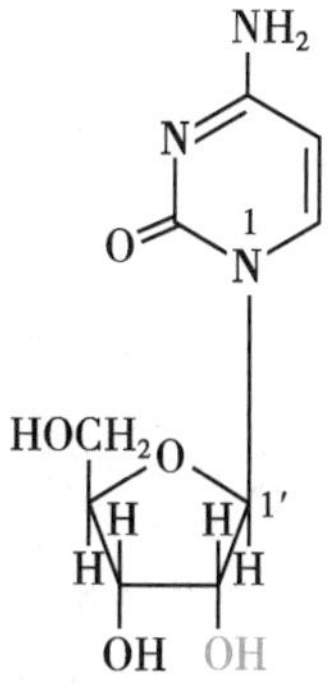

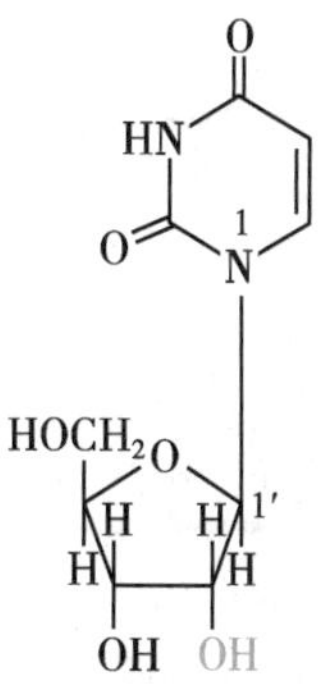

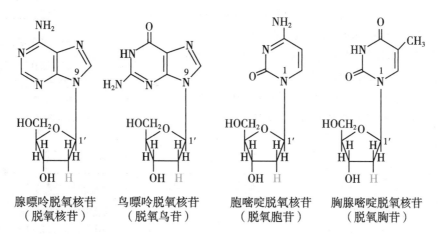

腺嘌呤核苷　　　鸟嘌呤核苷　　　胞嘧啶核苷　　　尿嘧啶核苷
（腺苷）　　　　（鸟苷）　　　　（胞苷）　　　　（尿苷）

tRNA 中含有较多稀有碱基组成的核苷,如假尿嘧啶核苷(pseudouridine),其结构比较特殊,它的核糖不是与尿嘧啶的 N_1 相连接,而是与 C_5 连接,其结构式如下:

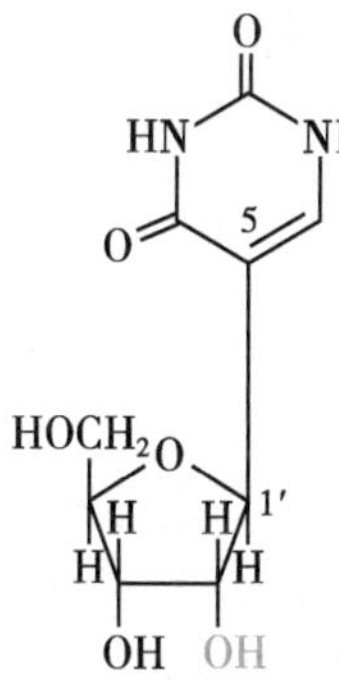

假尿嘧啶核苷

2. 脱氧核糖核苷　DNA 中为脱氧核糖核苷,也有 4 种:腺嘌呤脱氧核苷(deoxyadenosine,dA)、鸟嘌呤脱氧核苷(deoxyguanosine,dG)、胞嘧啶脱氧核苷(deoxycytidine,dC)、胸腺嘧啶脱氧核苷(deoxythymidine,dT),其结构式如下:

腺嘌呤脱氧核苷　　　鸟嘌呤脱氧核苷　　　胞嘧啶脱氧核苷　　　胸腺嘧啶脱氧核苷
（脱氧腺苷）　　　　（脱氧鸟苷）　　　　（脱氧胞苷）　　　　（脱氧胸苷）

(二) 核苷的性质

1. 溶解性　核苷在水中的溶解性比碱基大得多,因为核糖高度亲水。

2. 构象互变　核苷中碱基在糖苷键上的旋转受到空间位阻的限制,使核苷和核苷酸都只能以两种形式存在:顺式(*syn*)和反式(*anti*),如图 3-2 所示。顺式核苷的碱基与糖环在同一个方向,反式则在相反方向。

由于嘧啶环的 O-2 和糖环 C-5′ 之间的空间位阻,嘧啶核苷通常为反式构象。嘌呤核苷可以采取两种构象,无论哪种构象碱基与糖环都不是共平面的,而是近似相互垂直。自由的嘌呤核苷更易形成顺式构象,但在 DNA 与 RNA 的螺旋中嘌呤核苷主要为反式构象。

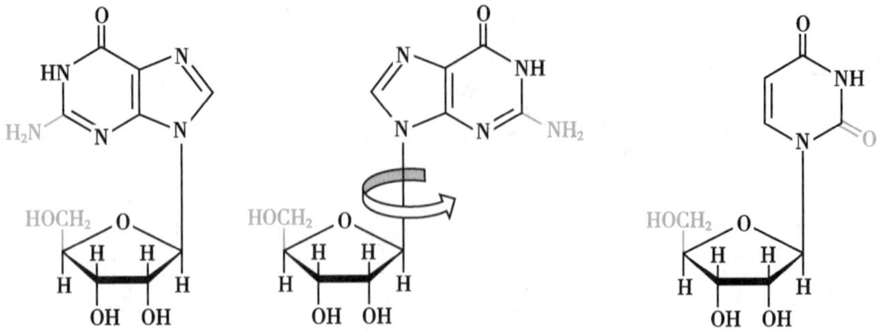

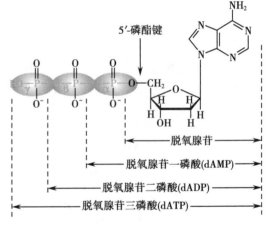

顺式（*syn*）鸟苷　　　　　　反式（*anti*）鸟苷　　　　　反式（*anti*）尿苷

图 3-2 核苷构象（顺式和反式）

思考题 3-1：请比较顺反（*cis*-、*trans*-）和顺反（*syn*、*anti*-）的区别。

四、核苷酸

（一）核苷酸的结构

核苷中戊糖的羟基与磷酸基团成酯形成核苷酸（nucleotide）。根据戊糖不同，核苷酸可分为两大类：核糖核苷酸和脱氧核糖核苷酸。

核糖中所有游离的羟基（2'、3' 和 5'）都可与磷酸成酯，因此核糖核苷酸有 2'- 核苷酸、3'- 核苷酸和 5'- 核苷酸 3 种。而脱氧核糖只有 3' 和 5' 两个游离羟基可被酯化，因此只能形成 3'- 脱氧核苷酸和 5'- 脱氧核苷酸。自然界存在的游离核苷酸绝大数为 5'- 核苷酸。

根据脱氧核糖核苷 5' 位连接的磷酸基团数目不同，脱氧核糖核苷酸可分为脱氧核苷一磷酸（deoxynucleoside 5'-monophosphate，dNMP）、脱氧核苷二磷酸（deoxynucleoside 5'-diphosphate，dNDP）和脱氧核苷三磷酸（deoxynucleoside 5'-triphosphate，dNTP）。核糖核苷酸也是如此，可形成 NMP、NDP 和 NTP。将与戊糖连接的磷酸称为 α- 磷酸基团，其余外推为 β- 磷酸基团和 γ- 磷酸基团（图 3-3）。

核苷酸通过 3',5'- 磷酸二酯键逐个连接形成核酸，核苷酸是构成 RNA 和 DNA 的基本结构单位，见表 3-2。

图 3-3 脱氧核糖核苷酸的化学结构

表 3-2 RNA 和 DNA 的基本结构单位

RNA 的基本结构单位	DNA 的基本结构单位
腺嘌呤核苷酸 （adenosine monophosphate，AMP）	腺嘌呤脱氧核苷酸 （deoxyadenosine monophosphate，dAMP）
鸟嘌呤核苷酸 （guanosine monophosphate，GMP）	鸟嘌呤脱氧核苷酸 （deoxyguanosine monophosphate，dGMP）
胞嘧啶核苷酸 （cytidine monophosphate，CMP）	胞嘧啶脱氧苷酸 （deoxycytidine monophosphate，dCMP）
尿嘧啶核苷酸 （uridine monophosphate，UMP）	胸腺嘧啶脱氧核苷酸 （deoxythymidine monophosphate，dTMP）

环核苷酸如环腺苷酸和环鸟苷酸普遍存在于动植物和微生物细胞中,结构如下:

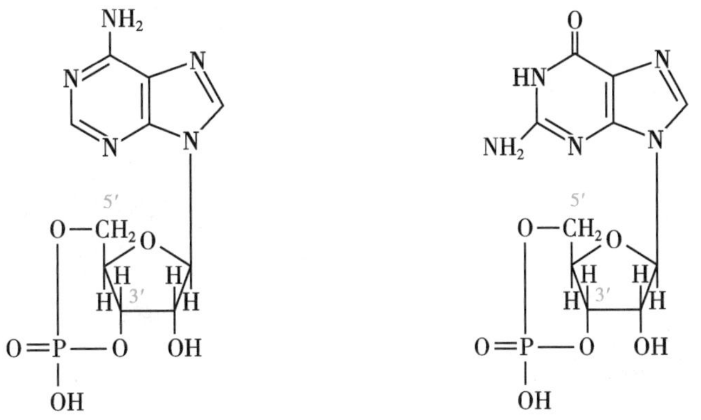

3′,5′-环腺苷酸   3′,5′-环鸟苷酸

3′,5′- 环腺苷酸(3′,5′-cyclic adenylic acid,cAMP)或称环磷腺苷。3′,5′- 环鸟苷酸(3′,5′-cyclic guanylic acid,cGMP)或称环磷鸟苷。

环核苷酸参与调节细胞生理生化过程,控制生物的生长、分化和细胞对激素的效应。cAMP 和 cGMP 参与激素细胞内信号转导过程,因此称为激素的第二信使。cAMP 还参与大肠埃希菌中乳糖操纵子的转录调控。外源 cAMP 不易通过细胞膜,cAMP 的衍生物二丁酰 cAMP 可通过细胞膜,现已应用于临床,对心绞痛、心肌梗死等有一定疗效。

(二) 核苷酸的性质

1. 溶解性　由于核苷酸中含有亲水性的核糖、脱氧核糖与磷酸基团,核苷酸易溶于水。

2. 酸碱性　核苷酸具有两性解离的性质,因为其碱基部分带有弱碱性而磷酸基团呈酸性。在低 pH 条件下,碱基部分解离,核苷酸会带净正电荷;高 pH 下,磷酸基团解离,带净负电荷。当核苷酸的净电荷为零,这时的 pH 即为核苷酸的等电点(pI),不同核苷酸具有不同的 pI。在一定的 pH 条件下,各种核苷酸所带净电荷不同,可以利用电泳或离子交换色谱法分离核苷酸及衍生物。

3. 核苷酸制备与分离　核苷酸的制备方法主要有:①酶解法,常用酵母为原料分离提取 RNA,经酶解制备 4 种 5′- 核苷酸;②微生物发酵,主要是利用微生物的生物合成途径合成核苷酸,目前多用芽孢杆菌和产氨棒杆菌生产嘌呤核苷酸;③化学合成法,主要是对核苷进行磷酸化,在其 5′ 位加上一个磷酸基团,磷酸化试剂主要为磷酸或焦磷酸的活性衍生物。

核苷酸的分离方法主要是利用其电离性质,采用凝胶电泳 / 毛细管电泳、高效液相色谱及离子交换色谱分离核苷酸。离子交换色谱法分辨率较高,大多数企业采用此法分离核苷酸。

思考题 3-2:请根据核苷酸性质,设计从酵母 RNA 制备 4 种 NMP 的实验方法。

第三节　DNA 的结构与功能

一、DNA 的一级结构

(一) DNA 一级结构特点

DNA 的一级结构是 DNA 分子中 A、G、C、T 4 种碱基的排列顺序和连接方式。DNA 是由数量极其庞大的 4 种脱氧核糖核苷酸,通过 3′,5′- 磷酸二酯键彼此连接起来的直线形或环形分子,DNA 没有侧链。直线型 DNA 具有游离 5′- 端和 3′- 端,环形 DNA 则没有末端。图 3-4 表示 DNA 多核苷链的一个小片段。

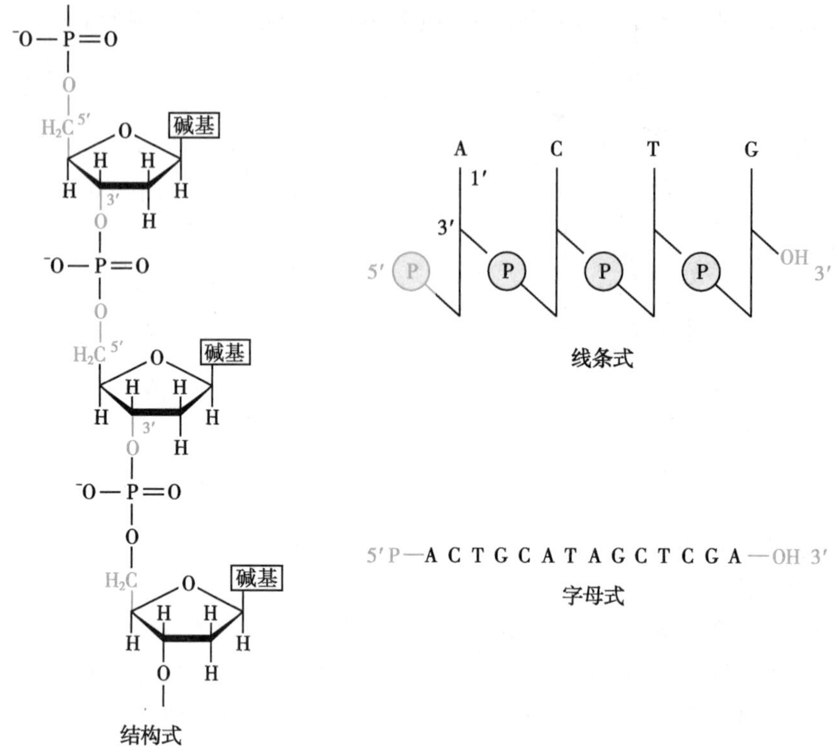

图 3-4 DNA 分子中多核苷酸链的一个小片段及缩写方式

图 3-4 的右侧是多核苷酸的两种缩写法。一为线条式缩写,竖线表示核糖的碳链,A、C、T、G 表示不同的碱基,P 和斜线代表磷酸基团和 3′,5′-磷酸二酯键。字母式(文字式)缩写中 P 表示磷酸基团,当 P 写在碱基符号左边时,表示 P 在 C_5' 上,而 P 写在碱基符号右边时,则表示 P 与 C_3' 相连,有时 P 也被省略,如写成 pACTG 或 ACTG。各种简化式的方向是从左到右,表示的碱基序列是从 5′ 到 3′。

(二) DNA 一级结构(序列)测定

1. DNA 测序原理 DNA 测序主要是基于 F. Sanger 提出双脱氧链末端终止法(dideoxynucleotide chain termination),并已实现自动化。Sanger 由于发明此方法第二次获得了诺贝尔化学奖。双脱氧链末端终止法的关键是采用了 4 种双脱氧核苷酸(ddNTP)以终止 DNA 链的合成。ddNTP 不同于常规的 dNTP,是由 2′,3′-双脱氧核糖参与形成的核苷酸(图 3-5),这种双脱氧核苷酸能够被 DNA 聚合酶利用加入到新合成的 DNA 链中,但它缺少 3′-OH,因而不能连接下一个核苷酸残基,使 DNA 链的延伸终止。

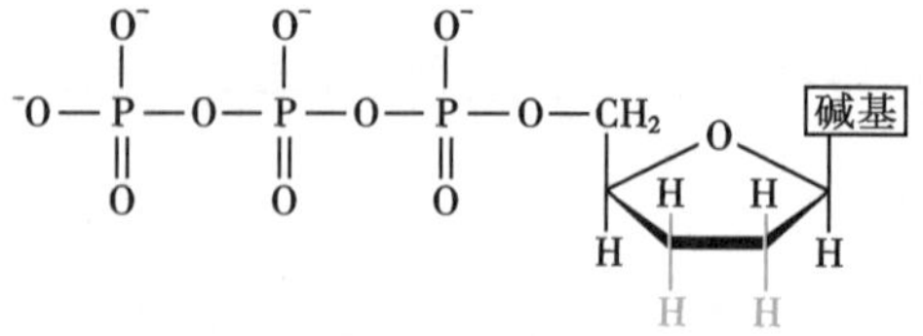

图 3-5 2′,3′-双脱氧核苷酸

DNA 测序反应体系包括模板 DNA、4 种正常 dTNP(其中有一种核苷酸用放射性 ^{32}P 或 ^{35}S 标记)、DNA 聚合酶和引物。4 个平行反应同时进行,每一个反应体系中除含有相同的 4 种 dNTP 外,还分别添加 4 种 ddNTP 中的某一种,且添加 ddNTP 的量与正常 dNTP 量相比极少,以保证链的终止随机发生在任一可能的碱基处,因此将会产生不同大小的 DNA 片段,甚至仅相差一个碱基。这些 DNA 片段具有相同的 5′-端和不同的 3′-端,可以经凝胶电泳分离,同位素标记的产物发出射线使底片感光,经曝光和冲洗得到放射自显影图。DNA 序列可以从放射自显影图中读取。

迄今为止,全世界只有5个人曾经两次获得过诺贝尔奖,英国科学家弗雷德里克·桑格(Frederick Sanger,1918—2013)就是其中之一。1958年,因成功测定了蛋白质的分子结构和氨基酸序列,桑格获得了自己的首个诺贝尔化学奖;1980年,桑格又因为发明了快速测定DNA序列的"双脱氧链末端终止法",第二次获得诺贝尔化学奖,这样的成就在生命科学史上罕见。所以,科学界将桑格称为"生命天书的解密者"。

2. 自动测序 自动DNA测序技术的基本原理与双脱氧链末端终止法相似,采用4种不同颜色的荧光染料分别标记的4种ddNTP,让Sanger测序中的4个随机终止反应体系在同一个试管中发生,采用毛细管电泳技术使反应产物在同一根毛细管内电泳,电泳结果可通过激光探测器检测并记录不同颜色的荧光信号。自动测序技术使DNA序列分析的精确度大大提高。

以上测序的基本原理均基于双脱氧链末端终止法,称为第一代测序技术。随着大规模基因组学研究的兴起,第一代测序技术的速度已不能满足需要,因此出现了下一代测序(next generation sequencing,NGS)技术。

双脱氧链末端
终止法测序
原理

DNA自动
测序原理

二、DNA 的二级结构

(一) DNA 双螺旋结构的提出

1953年,Watson和Crick提出了DNA双螺旋结构模型,由此开启了分子生物学研究新时代。根据此模型,结晶的B型DNA是由两条反向平行的多核苷酸链围绕同一个中心轴构成的双螺旋结构(图3-6)。

DNA 测序
技术

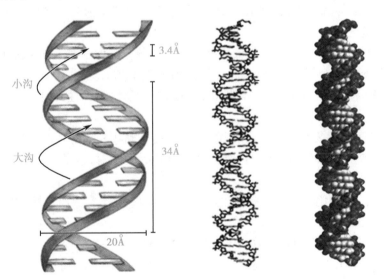

DNA 结构
(微课)

图 3-6 DNA 双螺旋结构

翻转课堂:

目标:通过课前自主学习,掌握DNA的结构与功能和相关历史里程碑事件。

课前:每位学生认真观看本节微课,把握老师在课前提出的具体要求。自由组队,每组4~6人,组长负责组织分工,包括但不限于查阅文献,制作PPT或视频。

课中:课堂上老师随机抽取 1~2 组,进行 PPT 演讲;老师和学生均可提问,随后学生相互讨论和交流,并随机挑选学生回答问题,考查学习情况。

课后:学生完成老师布置的作业,并对"DNA 双螺旋提出的历史""DNA 疫苗在预防病毒感染方面的作用"等问题,开展深入学习和讨论(课堂上也可提出多个课后讨论问题)。

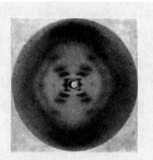

Francis Harry Compton Crick　　James Dewey Watson　　Maurice Hugh Frederick Wilkins　　Photo 51　　Rosalind Franklin

DNA 结构的双螺旋模型于 1953 年由 Watson 和 Crick 首次发表在《自然》杂志上,Franklin 和她的学生 Gosling 拍摄的称为"Photo 51"的 DNA X 射线衍射图也是重要的依据之一。认识到 DNA 的结构是双螺旋结构,阐明了遗传信息在生物体中存储和复制的碱基配对机制,是 20 世纪最重要的科学发现之一。Crick、Wilkins 和 Watson 获得了 1962 年诺贝尔生理学或医学奖,以表彰他们对这一发现的贡献。

R. Franklin 的 X 射线衍射数据和 Chargaff 规则,对 Watson 和 Crick 提出 DNA 双螺旋模型发挥了重要作用。由于 Franklin 英年早逝,未能分享诺贝尔奖。

1. X 射线衍射数据　Franklin 和 Wilkins 对 B 型 DNA 进行的 X 射线衍射分析(51 号照片),表明 DNA 具有简单、有规则的重复结构。

2. Chargaff 规则　1950 年,Erwin Chargaff 用纸色谱法与紫外分光光度法对不同来源生物的 DNA 碱基组成进行了定量测定,发现了一个规律:A 和 G 的含量分别等于 T 和 C,且 A+G=C+T。这个规则称为 Chargaff 规则。此外还发现碱基组成具有种属特异性,但没有组织和器官特异性,而且与年龄、营养状况、环境无关。

3. 碱基互变异构　碱基配对中氢键起了重要作用,但碱基具有酮式和烯醇式的互变,两种形式下碱基在氢键的供体和受体有所变化,GC 和 AT 配对正是碱基在酮式时的配对,也是 DNA 正确的配对,因为体内的碱基主要形式为酮式。

4. 其他　还有一些已知的核酸化学结构,核苷酸的键长、键角的数据也是提出双螺旋模型的基础。

(二) 双螺旋结构的特点(B 型 DNA)

1. DNA 分子由两条脱氧多核苷酸链构成,这两条链反向平行(即一条为 5′→3′,另一条为 3′→5′,围绕同一个中心轴构成双螺旋结构),均为右手螺旋。链之间的螺旋形成一条大沟和一条小沟。多核苷酸链的方向取决于核苷酸间的磷酸二酯链的走向。

2. 磷酸基和脱氧核糖在外侧,彼此之间通过磷酸二酯链相连接,形成 DNA 的骨架。碱基连接在糖环的内侧。糖环平面与碱基平面相互垂直。

3. 双螺旋的直径为 2nm。顺轴方向,每隔 0.34nm 有一个核苷酸,两个相邻核苷酸之间的夹角为 36°。每一圈双螺旋有 10 对核苷酸,每圈高度为 3.4nm。

4. 两条链由碱基间的氢键相连,而且碱基间形成氢键有一定规律。碱基符合互补配对规则(图 3-7)。

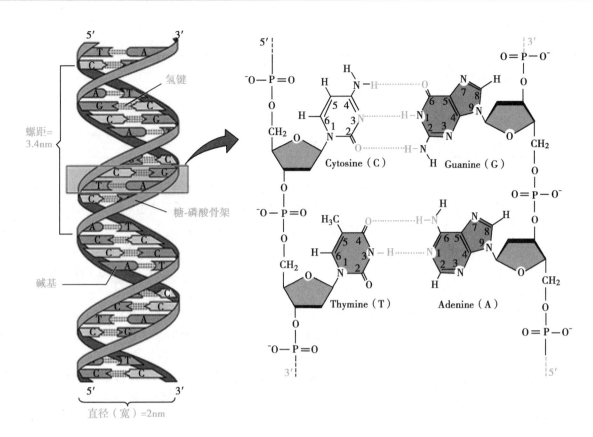

图 3-7 DNA 双螺旋和分子中的 A═T,G≡C

因此,当一条多核苷酸链的碱基序列已确定,就可推知另一条互补核苷酸链的碱基序列。每种生物的 DNA 都有其自己特异的碱基序列。

5. 沿螺旋轴方向观察,配对的碱基并不充满双螺旋的全部空间。由于碱基对的方向性,使得碱基对占据的空间不对称,因此在双螺旋的表面形成两个凹槽,分别称为大沟(major groove)和小沟(minor groove)。双螺旋表面的沟对 DNA 和蛋白质相互识别是很重要的。

DNA 双螺旋结构是很稳定的,主要有三种作用力维持其稳定。

(1)氢键:互补碱基之间的氢键,氢键的键能虽小,但 DNA 双螺旋结构中的氢键数目很多,因此氢键是稳定 DNA 双螺旋结构的主要作用力之一。

(2)碱基堆积力:碱基堆积力是由于碱基的 π 电子之间相互作用引起的。DNA 中碱基层层堆积,在分子内部形成一个疏水核心。疏水核心内几乎没有游离的水分子,这有利于互补碱基间形成氢键。因此,碱基堆积力是稳定 DNA 双螺旋结构最主要的作用力。

(3)离子键:DNA 分子中的磷酸基团的负电荷与介质中的阳离子之间形成离子键,这样可以减少相邻磷酸基团间导致的静电斥力,因而对 DNA 双螺旋结构也有一定的稳定作用。可与 DNA 结合的阳离子有 Na^+、K^+、Mg^{2+} 等。此外,真核细胞中的 DNA 一般与组蛋白结合。组蛋白富含有碱性氨基酸赖氨酸和精氨酸,它们在细胞核中带正电荷,使组蛋白易与带负电荷的 DNA 结合,从而稳定 DNA 双螺旋结构。而在原核细胞中 DNA 常与带正电荷的精胺或亚精胺结合。

(三)DNA 双螺旋结构的多样性

1. 天然 DNA 在不同湿度、不同盐溶液中结晶,其 X 射线衍射所得数据不一样,因而 Wilkins 等将 DNA 的二级结构分为 A、B、C 三种不同的类型(表 3-3)。Watson 和 Crick 提出的结构为 B 型,溶液和细胞中天然状态的 DNA 可能主要为 B 型。

表 3-3　DNA 的类型

类型	结晶状态	螺距 /nm	堆积距离 /nm	每圈螺旋碱基对数	碱基夹角
A	75% 相对湿度,钠盐	2.8	0.256	11	32.7°
B	92% 相对湿度,钠盐	3.4	0.34	10	36°
C	66% 相对湿度,锂盐	3.1	0.332	9.3	38°

因 DNA 纤维的含水量不同,形成 3 种不同的 DNA 构象。A 型 DNA 是相对湿度为 75% 时的 DNA 钠盐纤维,也是右手螺旋。它与 B 型 DNA 不同之处是碱基不与纵轴相垂直,而呈 20° 倾角,所以螺距与每圈螺旋的碱基数目发生了改变。A 型 DNA 的螺距是 2.8nm,每圈螺旋含有 11 个碱基对。当 DNA 纤维中的水分再减少时,就出现 C 型,C 型 DNA 可能存在于染色体和某些病毒的 DNA 中。

2. 左手螺旋 DNA　1979 年,麻省理工学院的 A. Rich 等从一个脱氧六核苷酸 d(CGCGCG)的 X 射线衍射结果中发现,该片段以左手螺旋存在于晶体中,于是提出了左手螺旋的 Z-DNA 模型。

Watson-Crick 模型是平滑旋转的梯形右手螺旋结构,而新发现的左手螺旋 DNA,虽也是双股螺旋,但旋转方向与它相反,主链中磷原子连接线呈锯齿形(zigzag),因此称为 Z-DNA。Z-DNA 直径约 1.8nm,螺距 4.5nm,每一圈螺旋含 12 个碱基对,整个分子比较细长而伸展。Z-DNA 的碱基对偏离中心轴并靠近螺旋外侧,螺旋的表面只有小沟没有大沟。此外,许多数据均与 B-DNA 不同(表 3-4)。左旋 DNA 也是天然 DNA 的一种构象,而且在一定条件下右旋 DNA 可转变为左旋,DNA 的左旋化可能与致癌、突变及基因表达的调控等重要生物功能有关。

表 3-4　B-DNA 与 Z-DNA 的比较

类型	旋转方向	每圈残基数	直径 /nm	碱基堆积距离 /nm	螺距 /nm	每个碱基旋转角度
B-DNA	右旋	10	2.0	0.34	3.40	36°
Z-DNA	左旋	12	1.8	0.37	4.44	−60°

另外,在实验中还发现有三股螺旋 DNA 的结构存在,可能在 DNA 重组复制和转录以及 DNA 修复过程中出现。三链 DNA(triple helix DNA)是由三条脱氧核苷酸链按一定的规律绕成的螺旋状结构,是在 Watson-Crick 双螺旋基础上形成的,其中大沟中容纳第三条链形成三股螺旋(图 3-8)。在三链 DNA 中,原来两股链的走向是反平行的,其碱基通过 Watson-Crick 方式配对,位于大沟中的多聚嘧啶链则与双链 DNA 中的多聚嘌呤链呈平行走向,碱基配对形成 TAT、CGC 三联体,在后一配对方式(Hoogsteen base pairing)中,多聚嘧啶链中的胞嘧啶残基必须先与 H^+ 结合(质子化)才能与鸟嘌呤配对。这也就三螺旋 DNA 被称为 H-DNA 的原因。H-DNA 存在于基因调控区和其他重要区域,显示出重要的生物学意义。如当合成多聚 A 和多聚脱氧 U 的多核苷酸链时就会形成 DNA 三股螺旋结构,其中一链由嘧啶碱基(T、C)构成,与另一由嘌呤碱基(A、G)构成的链结合,在此双链结构中再伴入多聚嘧啶第三链。现在,已经在基因的调节区和染色体重组热点中分离到能在离体条件下形成三链 DNA 的序列,这表明它们可能在基因表达中起作用。

三、DNA 的三级结构

在 DNA 双螺旋结构基础上,双螺旋的扭曲或再次螺旋构成了 DNA 的三级结构。超螺旋(supercoil)是 DNA 三级结构的一种形式。超螺旋的形成与分子能量状态有关。

在 DNA 双螺旋中,每 10 个核苷酸旋转一圈,这时双螺旋处于最低的能量状态。如果使正常的双螺旋 DNA 分子额外地多转几圈或少转几圈,这就会使双螺旋内的原子偏离正常位置。对应在双螺旋分子中就

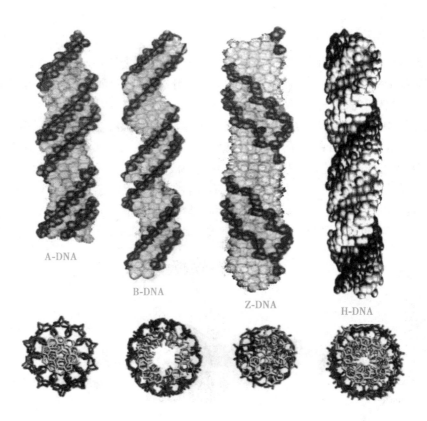

图 3-8 各种 DNA 结构模型（上方是侧视图，下方是俯视图）

存在额外张力。如果双螺旋末端是开放的，这种张力可以通过链的转动而释放出来，DNA 将恢复到正常的双螺旋状态。如果 DNA 两端是以某种方式固定的，或是成环状 DNA 分子，这些额外的张力不能释放到分子之外，而只能在 DNA 内部使原子的位置重排，这样 DNA 本身就会扭曲，这种扭曲称为超螺旋。环状 DNA 都是超螺旋。如果将这种超螺旋用 DNA 内切酶使其切断一条链，螺旋反转将张力释放，超螺旋则能恢复到低能的松弛状态。超螺旋 DNA 的体积比环状松弛 DNA 更紧缩（图 3-9）。

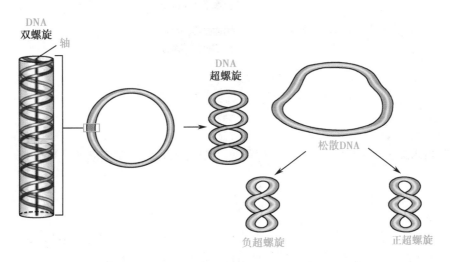

图 3-9 环状 DNA 的超螺旋结构

超螺旋分为两种形式：正超螺旋（positive supercoil）和负超螺旋（negative supercoil）。正超螺旋盘绕方向与双螺旋方向相同，此种结构使分子内部张力加大，旋得更紧。负超螺旋盘绕方向与双螺旋方向相反，这种结构可使其二级结构处于松弛状态，使分子内部张力减少，有利于 DNA 复制、转录和基因重组。自然界中，生物体内的超螺旋都以负超螺旋形式存在。

四、染色质和染色体

真核生物细胞内具有三级结构的 DNA 在细胞核内与组蛋白紧密结合形成染色质(chromatin)结构,有时也被称为真核生物 DNA 的四级结构。当细胞准备有丝分裂时,染色质凝集,并组装成形状特异的染色体(chromosome)。染色体是细胞有丝分裂期间染色质的凝集物。

真核细胞染色质中,双链 DNA 是线状长链,以核小体(nucleosome)的形式串联存在。核小体是由组蛋白(histone)H_{2A}、H_{2B}、H_3 和 H_4 各两分子组成的八聚体,外绕 DNA,长约 145 个碱基对,形成核心颗粒。核小体间通过一段 DNA(10~60bp)连接,且组蛋白 H_1 与这一段 DNA 结合,最终形成串珠状染色质丝。核小体是染色质的基本结构单位,每 6 个核小体为 1 圈,H_1 组蛋白在内侧相互接触,形成直径为 30nm 的螺旋管(直径 30nm)结构。螺线管再进一步螺旋化形成筒状结构称超螺管,组成染色质纤维。在形成染色单体时,螺旋筒再进一步卷曲、折叠成染色体。DNA 最终被压缩了 8 400 多倍而储存于细胞核中(图 3-10)。

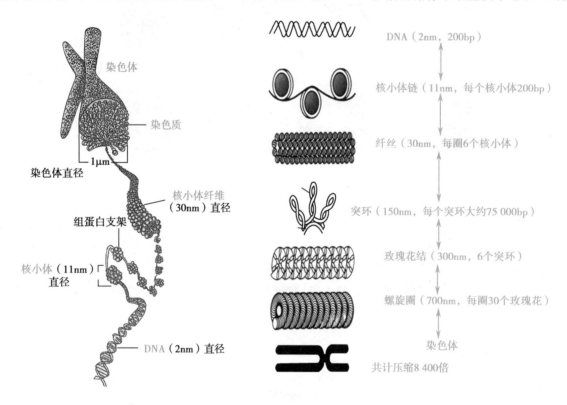

图 3-10　真核生物染色体不同层次的结构包装模式

> 思考题 3-3:人类基因组含有 3×10^9 bp,请计算每个细胞核中所含 DNA 的总长度和总质量。

五、DNA 的功能

DNA 主要分布在细胞核中,其主要功能是作为遗传信息的载体。生物遗传信息贮存在 DNA 分子上,但生物性状并不由 DNA 直接表现,而是通过各种蛋白质的生物功能表现出来。

一条染色体就是一个双链 DNA 分子,DNA 分子中的全部核苷酸序列分别构成了基因和各种结构单元。基因是染色体上一段特定序列的 DNA 片段,一条染色体上有很多基因。基因编码的蛋白质产物决定某一性状,并可因突变而失去功能。基因不仅是传递遗传信息的载体,同时又具有调控其他基因表达活性的功能。基因间相互作用构成了一套基因功能调节控制系统。分析基因组内多种 DNA 序列的结构特征,有助于解读这些 DNA 序列中包含的遗传信息,认识其生物学功能,最终认识所有生物的遗传本质。

第四节 RNA 的结构与功能

根据结构和功能不同,RNA 主要分为 mRNA 和非编码 RNA(non-coding RNA,ncRNA)。细胞内 ncRNA 的种类包括 rRNA、tRNA、snRNA、snoRNA(核仁小 RNA,small nucleolar RNA)、miRNA 和 lncRNA(长链非编码 RNA,long non-coding RNA)等。长度大于 200nt 的非编码 RNA 被称为 lncRNA,长度小于 200nt 的非编码 RNA 称为非编码小 RNA(small non-coding RNA,sncRNA),它们的主要功能是参与细胞内基因表达调控和 RNA 的修饰与加工。

一、RNA 的一级结构与功能

RNA 的一级结构与 DNA 的一级结构相似,是指核糖核苷酸之间通过 3′,5′- 磷酸二酯键连接形成具有特定序列的多核苷酸链。多核苷酸链中核苷酸的组成及排列顺序是 RNA 一级结构研究的主要内容。

RNA 的基本组成单位是核糖核苷酸——AMP、GMP、CMP 及 UMP。一般含有较多种类的稀有碱基核苷酸,如假尿嘧啶核苷酸及带有甲基化碱基的多种核苷酸等。RNA 与 DNA 对碱的稳定性不同,RNA 易被碱水解,而 DNA 无 2′- 羟基,不易被碱水解。

tRNA 由 70~90 个核苷酸组成,含有较多的稀有碱基核苷酸,3′- 末端为 -C-C-A-OH,沉降系数都在 4S 左右。

mRNA 功能是蛋白质生物合成的模板,传递 DNA 的遗传信息并指导蛋白质合成的一类 RNA 分子。mRNA 分子携带一段 DNA 编码列,在细胞中被翻译成一条或多条多肽链。其代谢活跃,更新迅速,半衰期一般较短。

真核 mRNA 的 5′ 末端有一特殊结构:7- 甲基鸟嘌呤核苷三磷酸 m7G5′ppp5′Np-,称为帽子结构(图 3-11)。3′ 末端有一段长 20~200 个碱基的多聚腺苷酸[poly(A)],称为 3′ 尾巴。此特殊的结构与 mRNA 的稳定性和蛋白质生物合成的起始有关。

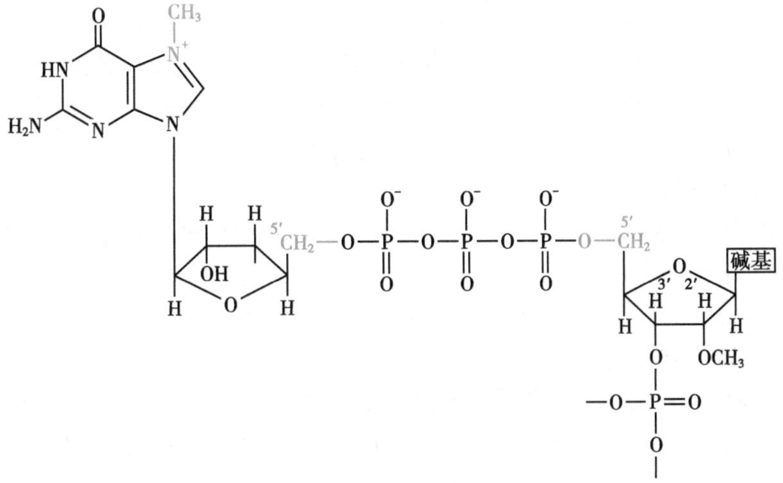

图 3-11 7- 甲基鸟嘌呤核苷三磷酸的帽子结构

rRNA 分子大小不均一。原核细胞的 rRNA 有 3 种,沉降系数分别为 23S、16S 和 5S。真核细胞的 rRNA 有 4 种,沉降系数分别为 28S、5.8S、5S 和 18S。它们与多种蛋白质结合而存在于核糖体的大、小两个亚基中。

二、RNA 的二级结构与功能

RNA 主要是单链结构,但局部区域可卷曲形成双链螺旋结构,或称发夹结构(hairpin structure)。双链部位的碱基一般也彼此形成氢键而互相配对,即 A-U 及 G-C,双链区有些不参与配对的碱基往往被排斥在双链外,形成环状突起(图 3-12)。

（一）tRNA 的二级结构与功能

根据碱基排列模式,tRNA 的二级结构呈三叶草形(clover leaf)。双链区构成三叶草的叶柄,突环(loop)好像叶片。大致分为氨基酸臂、二氢尿嘧啶环(DHU 环)、反密码环、额外环和 TψC 环等 5 部分(图 3-13)。

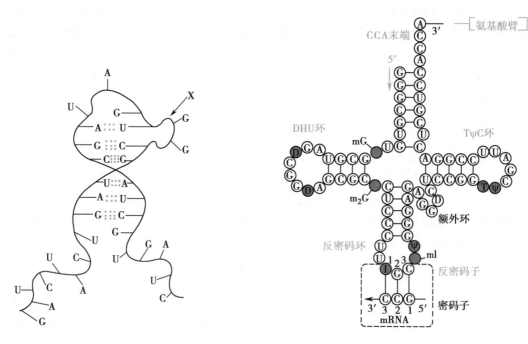

图 3-12　RNA 的二级结构　　　　　图 3-13　酵母 tRNA^Ala 的核苷酸序列

tRNA 的功能是携带和转运氨基酸,其分子中的氨基酸臂:由 7 对碱基组成,富含鸟嘌呤,末端为 -CCA 是在蛋白质生物合成时用于连接活化的相应氨基酸;二氢尿嘧啶环:由 8~12 个核苷酸组成,含有二氢尿嘧啶,故称二氢尿嘧啶环;反密码环:由 7 个核苷酸组成,环的中间是由 3 个碱基组成的反密码子(anticodon),次黄嘌呤核苷酸常出现于反密码子中;额外环(extra loop):由 3~18 个核苷酸组成,不同的 tRNA,额外环大小不一,是 tRNA 分类的指标;TψC 环:由 7 个核苷酸组成,环中含有 T-ψ-C 碱基序列。

（二）mRNA 的二级结构与功能

mRNA 种类繁多,其二级结构的研究并不多。由于编码多肽是它的一级结构,因此人们往往更加关心它的一级结构而不是二级结构,mRNA 最多的二级结构是茎 - 环结构,某些 mRNA 借助末端特殊二级结构对基因表达进行调控,mRNA 二级结构尤其是两端的结构对翻译有很大的影响。

（三）rRNA 的二级结构与功能

rRNA 的生物功能是与核糖体蛋白结合形成有功能的核糖体。5S rRNA 与 tRNA 相似,具有类似三叶草形的二级结构。其他 rRNA,如 16S rRNA,23S rRNA 是由部分双螺旋结构和部分突环相间排列组成的。

三、RNA 的三级结构与功能

具有二级结构的 RNA 进一步折叠形成 RNA 分子的三级结构(图 3-14)。构成 RNA 三级结构的主要元件有假节结构、"吻式"发夹结构和发夹环突触结构。

（一）tRNA 的三级结构与功能

酵母 tRNA^Phe 呈倒 L 形的三级结构,其他 tRNA 也类似。氨基酸臂与 TψC 环形成一个连续的双螺旋区(图 3-15),构成字母 L 下面的一横,二氢尿嘧啶环与反密码环及反密码子共同构成 L 的一竖。二氢尿嘧啶环中的某些碱基与 TψC 环及额外环中的某些碱基之间可形成一些额外的碱基对,维持了 tRNA 的三级结构。大肠埃希菌的起始 tRNA^Met、tRNA^Arg 及酵母 tRNA^Asp 都与此类似,但 L 两臂夹角有些差别。

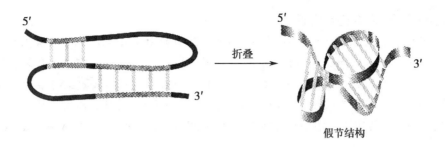

图 3-14 RNA 的三级结构

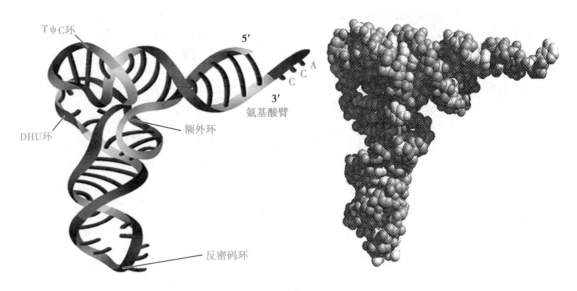

图 3-15 tRNA^{Phe} 的三级结构

(二) rRNA 三级结构与功能

rRNA 三级结构较复杂,近年来随着结构生物学的发展,正在加强此项研究。它们在核糖体中与核糖体蛋白质一起,对蛋白质的翻译发挥重要的调控作用。图 3-16 为大肠埃希菌和酵母 16S rRNA。

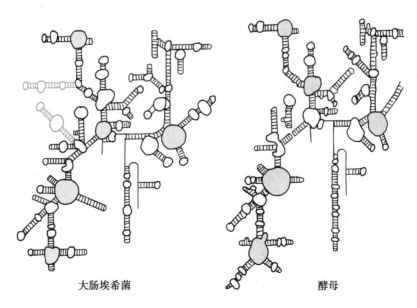

图 3-16 大肠埃希菌与酿酒酵母 16S rRNA 的结构

（三）其他小分子 RNA 结构与功能

除上述三类 RNA 以外，细胞内还存在多种 ncRNA，其组成由十几至几百个核苷酸长度不等，它们有着各自的结构与功能。siRNA、miRNA 可通过 RNA 干扰（RNA interference，RNAi）诱发基因表达沉默。而 snRNA 则可参与 hnRNA 加工为成熟的 mRNA，胞质小 RNA（small cytoplasmic RNA，scRNA）对蛋白质定位在内质网上起作用，snoRNA 主要指导 rRNA 前体的加工和一些 RNA 的核苷修饰。核酶（ribozyme）是指具有生物催化活性的 RNA，其功能为切割和剪接 RNA。目前研究较多的是 miRNA 和 siRNA，已成为药物研发热点。

> **案例分析：**
>
> 　　年龄相关性黄斑变性（age-related macular degeneration，AMD）是发达国家老年人失明的主要原因，由视网膜黄斑萎缩引起。萎缩的结果是中心视力丧失，可能导致无法阅读，甚至不能识别亲人的面孔。最严重的 AMD（湿型），是由于视网膜脉络膜中的血管（新生血管）过度生长导致视力丧失，如果不治疗，黄斑下的血液和蛋白质会渗漏，最终引起疤痕和对光感受器的不可逆损伤。
>
> 　　新生血管形成的机制之一是视网膜中促血管生成的血管内皮生长因子（VEGF）异常表达。治疗 AMD 的一种方法是将抗 VEGF 抗体［雷尼单抗（Lucentis）或贝伐单抗（Avastin）］直接注射到玻璃体中，这些抗体与 VEGF 结合并使其失活，从而减少血管生成并延长视力。
>
> 　　而 siRNA 药物理论上可以通过下调 VEGF 的 mRNA，直接抑制 VEGF 的表达来治疗 AMD。Bevasiranib 是全球首个进入临床试验的 siRNA 药物，但临床试验以失败告终。目前部分 siRNA 药物技术难题已被攻克，截至 2023 年，全球已有 6 款 siRNA 药物上市。
>
> 　　问题：
>
> 　　1. 请根据 siRNA 的作用特点，分析此类药物治疗 AMD 的生物化学机制。
>
> 　　2. 从 RNAi 现象的发现到第一个 siRNA 药物上市，经过了 20 年时间，你认为此类药物的优势是什么？阻碍其研发的因素又是什么？

第五节　核酸的理化性质

一、核酸的分子大小

采用电子显微镜照相及放射自显影等技术，可以测定许多完整 DNA 的分子量。如噬菌体 T_2 DNA 的电镜像显示整个分子是一条连续的细线，直径为 2nm，长度为 (49 ± 4) μm，由此计算其分子量约为 1×10^8 Da。大肠埃希菌染色体 DNA 的放射自显影像为一环状结构，其分子量约为 2×10^9 Da。真核细胞染色体中的 DNA 分子量更大。果蝇巨染色体只有一条线形 DNA，长达 4.0cm，分子量约为 8×10^{10} Da，为大肠埃希菌 DNA 的 40 倍。RNA 分子比 DNA 短得多，其分子量只有 $(2.3 \sim 11) \times 10^5$ Da。

二、核酸的溶解度与黏度

RNA 和 DNA 都是极性大分子化合物，微溶于水，而不溶于乙醇、乙醚、三氯甲烷等有机溶剂。它们的钠盐比自由酸易溶于水，RNA 钠盐在水中溶解度可达 4%。在分离核酸时，加入乙醇即可使之从溶液中沉淀出来。

高分子溶液比普通溶液黏度要大得多，不规则线团分子比球形分子的黏度大，而线性分子的黏度更大。由于天然 DNA 具有双螺旋结构，分子长度可达几厘米，而分子直径只有 2nm，分子极为细长，因此，即使是极稀的 DNA 溶液，黏度也极大。RNA 分子比 DNA 分子短得多，且无定形，不像 DNA 那样呈纤维状，RNA 溶液的黏度比 DNA 小。当 DNA 溶液加热，或在其他因素作用下发生螺旋→线团转变时，黏度降低，所以黏度可作为 DNA 变性的指标。

三、核酸的酸碱性

多核苷酸中两个单核苷酸之间的磷酸基的解离具有较低的 pK 值（pK=1.5），所以当溶液的 pH 高于 4 时，全部解离，呈多阴离子状态。因此，可以把核酸看成是多元酸，具有较强的酸性。核酸的等电点较低，酵母 RNA（游离状态）的等电点为 pH 2.0~2.8。多阴离子状态的核酸可以与金属离子结合成盐。一价阳离子如 Na^+、K^+，二价阳离子如 Mg^{2+}、Mn^{2+} 等都可与核酸形成盐。核酸盐的溶解度比游离酸要大得多。多阴离子状态的核酸也能与碱性蛋白质如组蛋白等结合。病毒与细菌中的 DNA 常与精胺、亚精胺等多阳离子胺类结合，使 DNA 分子具有更强的稳定性与柔韧性。

由于碱基对之间氢键的性质与其解离状态有关，而碱基的解离状态又与 pH 有关，所以溶液的 pH 直接影响核酸双螺旋结构中碱基对之间氢键的稳定性。对 DNA 来说碱基对在 pH 4.0~11.0 最为稳定，超过此范围，DNA 就会变性。

四、核酸的紫外吸收

由于核酸的组成成分嘌呤及嘧啶具有强烈的紫外吸收，所以核酸也有强烈的紫外吸收，最大吸收值在 260nm 处（图 3-17）。利用核酸的紫外吸收特性，可以对核酸进行定量测定。利用 A_{260}/A_{280} 比值可以鉴别核酸样品的纯度。当此比值大于 1.8 时，可认为核酸样品较纯，蛋白质含量低。

天然的 DNA 在发生变性时，氢键断裂，双链发生解离，碱基外露，共轭双键更充分暴露，故变性的 DNA 在 260nm 时，紫外吸收值显著增加，该现象称为 DNA 的增色效应（hyperchromic effect）。在一定条件下，变性核酸可以复性，此时紫外吸收值又恢复至原来水平，这一现象为减色效应（hypochromic effect）。减色效应是由于 DNA 双螺旋结构中堆积的碱基之间的电子相互作用，而降低了对紫外线的吸收。因此紫外吸收值可作为核酸变性和复性的指标。

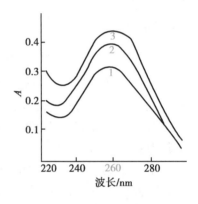

1. 天然 DNA；2. 变性 DNA；
3. 核苷酸总吸收值

图 3-17　DNA 的紫外吸收光谱

五、核酸的变性、复性和杂交

（一）变性

核酸分子具有一定的空间结构，维持这种空间结构的作用力主要是氢键和碱基堆积力。有些理化因素会破坏氢键和碱基堆积力，使核酸分子的空间结构改变，从而引起核酸理化性质和生物学功能改变，这种现象称为核酸的变性（denaturation）。核酸变性时，其双螺旋结构解开，但并不涉及核苷酸间共价键的断裂。多核苷酸链的磷酸二酯键的断裂称为降解，降解伴随核酸分子量的降低。

多种因素可引起核酸变性，如加热、过高或过低的 pH、有机溶剂和尿素等。加热引起 DNA 的变性称为热变性。将 DNA 的稀盐溶液加热到 80~100℃ 几分钟，双螺旋结构即被破坏，氢键断裂，两条链彼此分开，形成无规则线团。这一变化称为螺旋→线团转变（图 3-18）。随着 DNA 空间结构的改变，引起一系列性质变化，如黏度降低，某些颜色反应增强，尤其是 260nm 紫外吸收增加，DNA 完全变性后，紫外吸收能力增加 25%~40%。

DNA 热变性的过程不是一种"渐变"，而是一种"跃变"过程，即变性作用不是随温度的升高缓慢发生，而是在一个很狭窄的临界温度范围内突然引起并很快完成，就像固体的结晶物质在其熔点时突然熔化一样。加热使核酸分子达到一半变性时的温度称为"熔点"或解链温度（melting temperature），用符号 T_m 表示。DNA 的 T_m 值一般在 70~85℃（图 3-19）。

DNA 的 T_m 值与其分子中的 G-C 含量成正比，G-C 含量越高，T_m 值就越高，这是因为 G-C 碱基对之间有三个氢键，所以含 G-C 多的 DNA 分子更为稳定。因此测定 T_m 可推算 DNA 分子中 G-C 对含量，其经验公式为：

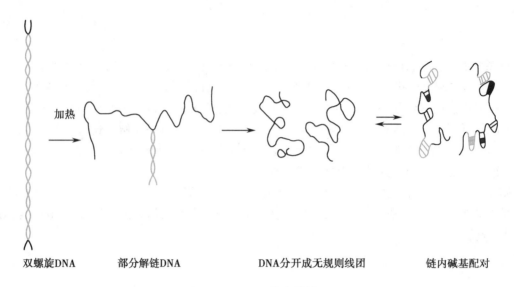

双螺旋DNA　　　　部分解链DNA　　　　DNA分开成无规则线团　　　链内碱基配对

图 3-18　DNA 的变性过程

$$(G+C)\%=(T_m-69.3)\times 2.44$$

T_m 值还受介质中离子强度的影响,一般来说,在离子强度较低的介质中,DNA 的 T_m 值较低,而离子强度较高时,DNA 的 T_m 值也较高。所以 DNA 制品不应保存在稀的电解质溶液中,一般在 1mol/L 氯化钠溶液中保存较为稳定。

RNA 也具有螺旋→线团的转变,但由于 RNA 只有局部的双螺旋区,所以这种转变不如 DNA 那样明显,变性曲线不那么陡,T_m 值较低。tRNA 有较多的双螺旋区,所以具有较高的 T_m 值,变性曲线也较陡。RNA 变性后紫外吸收值约增加 1%。

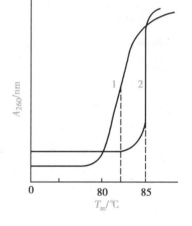

1. 细菌 DNA;2. 病毒 DNA

图 3-19　DNA 的 T_m

思考题 3-4：如何用简单方法区分单双链 DNA？

(二) 核酸的复性

变性 DNA 在适当条件下,可使两条彼此分开的链重新由氢键连接而形成双螺旋结构,这一过程称为复性(renaturation)。复性后 DNA 的一系列物理化学性质得到恢复,紫外吸收降低,黏度增高,生物活性恢复。通常以紫外吸收改变作为复性的指标。将热变性 DNA 骤然冷却至低温时,DNA 不会复性,而在缓慢冷却时才可以复性,这种复性也称为退火。

(三) 核酸的杂交

将不同来源的 DNA 经热变性、冷却,使其复性,在复性时,如这些异源 DNA 之间在某些区域有相同的序列,则会形成杂交 DNA 分子。DNA 与互补的 RNA 之间也会发生杂交。核酸杂交(hybridization)可以在液相或固相载体上进行。应用核酸杂交技术,可以分析含量极少的目的基因,是研究核酸结构与功能的一个极其有用的工具。

英国分子生物学家 E. M. Southern 创立的 DNA 印迹法(Southern blotting)就是将凝胶电泳分离的 DNA 片段转移至硝酸纤维素膜上后,再进行杂交,以检测特定的核苷酸序列。将 RNA 经电泳变性后转移至纤维素膜上再进行杂交的方法称 RNA 印迹法(Northern blotting)。根据抗体与抗原可以结合的原理,用类似方法也可以分析蛋白质,这种方法称蛋白质印迹法(Western blotting)。

第六节 核酸的提取与含量测定

一、核酸提取（酚抽提法）

提取核酸的一般原则是先破碎细胞。由于核酸在细胞内与蛋白质结合形成核蛋白,需用蛋白质变性剂如苯酚或去垢剂 SDS,或用蛋白酶处理除去蛋白质,最后所获得的核酸溶液用乙醇等沉淀。

在提取、分离、纯化过程中应特别注意防止核酸的降解。为获得天然状态的核酸,在提取过程中,应防止核酸酶、化学因素和物理因素所引起的降解。为了防止内源性核酸酶对核酸的降解,在提取核酸时,应尽量降低核酸酶的活性,通常加入核酸酶抑制剂。核酸(特别是 DNA)是大分子,高温、机械作用力等物理因素均可破坏核酸分子的完整性。因此核酸的提取过程应在低温(0℃左右)以及避免剧烈搅拌等条件下进行。

(一) 苯酚 - 三氯甲烷法提取 DNA

组织细胞破碎后,加入 Tris 饱和苯酚溶液反复振摇,使核酸蛋白复合体(DNP)解离,DNA 溶于上层水相中,离心分离取上层,加入 Tris 饱和苯酚 - 三氯甲烷 - 异戊醇(25:24:1)反复振摇,除去水相中残余蛋白质和苯酚,离心收集上清,加入 2 倍体积的冷无水乙醇,离心可得 DNA。

(二) Trizol 法提取总 RNA

Trizol 试剂内含异硫氰酸胍等物质,能迅速破碎细胞,同时抑制细胞释放出的核酸酶。此法适用于人类、动物、植物、微生物的组织或细胞中快速分离 RNA,样品量从几十毫克至几克。目前实验室常用 Trizol 法提取 RNA,分离的总 RNA 无蛋白质和 DNA 污染,可用于 RT-PCR 等分子生物学实验研究。

二、核酸分离

(一) 凝胶电泳

凝胶电泳是一种常用的核酸分离鉴定方法。在凝胶电泳中,凝胶作为一种无反应性稳定支持介质。电泳速率与电场强度、分子所带的净电荷数成正比,与分子在介质中的摩擦系数成反比,摩擦系数与分子的大小、构型及介质的黏度有关。因此可在同一凝胶中、一定电场强度下、根据电泳速率的不同分离出不同分子量大小或相同分子量但构型有差异的核酸分子。常用琼脂糖凝胶电泳分离和鉴定核酸。

琼脂糖凝胶电泳(agarose gel electrophoresis)使用琼脂糖作为支持介质。琼脂糖是由琼脂分离制备的链状多糖,结构单元是 D- 半乳糖和 3,6- 脱水 -L- 半乳糖。许多琼脂糖链依靠氢键及其他作用力使其互相盘绕形成绳状琼脂糖束,构成大网孔型凝胶,本身不带有电荷。以 DNA 分子为例,在电泳中会有以下两种效应:①电荷效应:在 pH 为 8.0~8.3 时,DNA 分子在高于其等电点的溶液中,核酸分子碱基几乎不解离,磷酸全部解离,核酸分子带负电,在电泳时向正极移动。②分子筛效应:在一定的电场强度下,DNA 分子的迁移速度取决于分子本身的大小和构型。分子量较小的 DNA 分子,比分子量较大的 DNA 分子向正极移动迁移率要快。相同分子量但不同构型的核酸分子迁移速率表现为:超螺旋>线型>开环。

双链 DNA 分子迁移的速率与其碱基对数目的常用对数近似成反比,因此,琼脂糖凝胶电泳后,DNA 经溴化乙锭(EB)或 SYBR Gold 等核酸染料染色后,可在紫外灯下检查样品中核酸的分子量大小、含量及纯度。

(二) 离心法

天然的 DNA 分子有的呈线性,有的呈环形。不同构型的核酸(线形、开环、超螺旋结构)与蛋白质及其他杂质,在超离心机的强大引力场中,沉降速率有很大差异,所以可以用超速离心法纯化核酸或将不同构型的核酸进行分离,也可以测定核酸的沉降常数与分子量。因此,应用氯化铯密度梯度离心,能将不同构型的 DNA、RNA 及蛋白质相互分离纯化。

(三) 色谱法

羟基磷灰石和甲基清蛋白硅藻土柱色谱也是常用的纯化 DNA 的方法。甲基清蛋白硅藻土柱、羟基磷灰石柱、各种纤维素柱等常用来分级分离各种类型的 RNA。寡聚 dT- 纤维素柱用于分离 mRNA,效果很好。

三、核酸含量测定

(一)紫外吸收法

利用核酸组分嘌呤环、嘧啶环具有紫外吸收的特性。用这种方法测定核酸含量时,通常规定在260nm,测得样品 DNA 或 RNA 溶液的 A_{260} 值(OD_{260})即可计算出样品中核酸的含量。对于 DNA 样品,$1OD_{260}=50\mu g/ml$,对于 RNA 样品,$1OD_{260}=35\mu g/ml$。

(二)定磷法

RNA 和 DNA 中都含有磷酸,根据元素分析得知 RNA 的平均含磷量为 9.4%,DNA 的平均含磷量为9.9%。因此,可从样品中测得的含磷量来计算 RNA 或 DNA 的含量。

用强酸(如 10mol/L 硫酸)处理核酸样品,使核酸分子中的有机磷转变为无机磷,无机磷与钼酸反应生成磷钼酸,磷钼酸在还原剂(如维生素 C、氯化亚锡等)作用下还原成钼蓝。可用比色法测定样品中的含磷量。

(三)定糖法

RNA 含有核糖,DNA 含有脱氧核糖,根据这两种糖的颜色反应可对 RNA 和 DNA 进行定量测定。

1. 核糖的测定　RNA 分子中的核糖和浓盐酸或浓硫酸作用脱水生成糠醛。糠醛与某些酚类化合物缩合而生成有色化合物。如糠醛与地衣酚(3,5- 二羟甲苯)反应产生深绿色化合物,当有高铁离子存在时,则反应更灵敏。反应产物在 660nm 有最大吸收,并且与 RNA 的浓度成正比。

2. 脱氧核糖的测定　DNA 分子中的脱氧核糖和浓硫酸作用,脱水生成 ω- 羟基 -γ- 酮基戊醛,与二苯胺反应生成蓝色化合物。反应产物在 595nm 有最大吸收,并且与 DNA 浓度成正比。

小　结

核酸是由核苷酸组成的线性多聚生物大分子,分为 DNA 和 RNA 两大类,它是构成和表达基因的物质基础。

核苷酸由磷酸和核苷组成,而核苷由核糖和碱基组成。碱基分为嘧啶(C、T、U)和嘌呤(A、G),还有一些稀有碱基。DNA 中有 A、T、C、G;RNA 中有 A、U、C、G。碱基不溶于水,具有弱碱性,有互变异构体,具有紫外吸收,吸收峰为 260nm。DNA 中的糖为脱氧核糖,RNA 中为核糖,都是 β-D- 型。核苷有核糖核苷和脱氧核糖核苷,具有顺式和反式异构体,比碱基易溶于水。嘧啶核苷常为反式构象,在 DNA 和 RNA 中嘌呤核苷也常为反式构象。核糖核苷酸和脱氧核糖核苷酸都有单磷酸、二磷酸和三磷酸的结构,它们具有不同的作用。环化核苷酸参与调节细胞生理生化过程,控制生物的生长、分化和细胞对激素的效应。核苷酸在水中的溶解性较好,由于具有磷酸基团和碱基,核苷酸具有两性解离的性质。核苷酸的制备方法目前有化学合成法、微生物发酵法、微生物催化法和酶解法。分离方法主要依据其解离性质。

DNA 的一级结构为脱氧核苷酸的排列顺序。核苷酸之间以 3′,5′- 磷酸二酯键相互连接,有线条式和文字式两种缩写法。真核生物和原核生物的 DNA 一级结构有着自己的特点。DNA 的双螺旋结构是由 Waston 和 Crick 提出的,是一种由两条反向平行的脱氧多核苷酸链组成的右手螺旋。碱基互补配对规则是指在一条 DNA 内碱基 A 的数目等于 T;C 的数目等于 G。双螺旋结构具有一些特点,如两条链反向平行,均为右手螺旋;磷酸和核糖在外侧;一圈双螺旋有 10 对脱氧核苷酸;碱基以氢键相连。DNA 双螺旋结构有 A、B、C 等右手螺旋类型,此外还有左手螺旋 Z 型和三股多脱氧核苷酸链组成的三链 DNA。DNA 的三级结构主要是一种超螺旋结构。DNA 的功能主要是储存遗传信息。

RNA 种类较多,主要有 mRNA、tRNA、rRNA 和另外一些非编码 RNA。

RNA 的一级结构中有较多的稀有碱基,相比 DNA,RNA 易被碱水解,核苷酸间也是由 3′,5′- 磷酸二酯键连接,多为单链,有少数环状突起和发夹结构。真核和原核 mRNA 具有不同的特点。RNA 的二级结构不像 DNA 那样有规律。tRNA 的二级结构类似三叶草形。不同 rRNA 有不同的二级结构。tRNA 具有倒 L 形的三级结构。

其他的小分子 RNA 分别具有各自的功能。siRNA 和 miRNA 可以有效地抑制靶基因的表达。snRNA 加工前体 mRNA，scRNA 对蛋白质定位在内质网上起作用，snoRNA 主要指导 rRNA 前体的加工和一些 RNA 的核苷修饰。核酶则是一种具有生物催化活性的 RNA，功能为切割和剪接 RNA。

核酸具有多种重要的理化性质。其分子大小不一，微溶于水，钠盐易溶于水。核酸可以看成是多元酸，具有较强的酸性，等电点较低。核酸有强烈的紫外吸收，在 260nm 处有吸收峰，变性 DNA 紫外吸收增强，这一现象为增色效应。核酸空间结构改变引起理化性质和生物活性的改变为变性。加热可使 DNA 分子变性，这是一个"突变"的过程，T_m 为临界值。变性 DNA 在适当条件下，可使两条彼此分开的链重新由氢键连接而形成双螺旋结构，这一过程称为复性。将不同来源的核酸杂交，可形成杂交分子。这一技术已应用于核酸结构与功能研究的各个方面。利用核酸的理化性质，可以采用酚抽提法提取核酸，色谱法和离心法分离纯化核酸，凝胶电泳法进行检测。

核酸的含量测定有紫外吸收法、定磷法和定糖法等，定糖法中测定 RNA 的试剂是地衣酚，测定 DNA 的试剂是二苯胺。

练习题

1. 请写出次黄苷、7- 甲基鸟苷、二氢尿苷、脱氧胸苷的化学结构。

2. 请用简单的方法区分 RNA 与 DNA。

3. 对一条双链 DNA，其一条链（A+G）/（C+T）= 0.7，那么整个双链中（A+G）/（C+T）= ？若是（A+T）/（C+G）= 0.7，那双链中（A+T）/（C+G）= ？

4. RNA 分为哪几类？　RNA 的结构特征有哪些？

5. DNA 双螺旋有几种？　最常见的一种有何结构特点？

6. 请简述稳定 DNA 双螺旋结构的因素。

（卞筱泓）

第三章同步练习

第四章
维生素与无机盐

在维生素被发现之前,食疗法治病早已被人们所知晓。我国唐代医学家孙思邈曾使用动物肝脏治疗夜盲症,用谷皮熬粥防治脚气病。直到 20 世纪,人们才知道这些食物中真正起治疗作用的成分是维生素。例如,动物肝脏中含有丰富的维生素 A,而谷皮中含有丰富的维生素 B_1,它们分别是治疗夜盲症和脚气病的特效药。

第一节 概 述

一、维生素的定义

维生素(vitamin)是维持机体正常生理功能所必需,但在体内含量极微、不能合成或合成量很少,必须由食物供给的一组低分子量有机物质。

这类化合物天然存在于食物中,在物质代谢过程中发挥各自特有的生理功能。维生素既不是构成机体组织的成分,也不是体内供能物质。但机体缺乏某种维生素时,可发生物质代谢障碍并出现相应的维生素缺乏症。

二、维生素的命名与分类

(一) 命名

维生素有 3 种命名系统:一是按其被发现的先后顺序,以英文字母命名,如维生素 A、B、C、D、E、K 等;二是根据其化学结构特点命名,如视黄醇、硫胺素、核黄素等;三是根据其生理功能和治疗作用命名,如抗干眼病维生素、抗癞皮病维生素、抗坏血病维生素等。有些维生素在最初发现时认为是一种,后经证明是多种维生素混合存在,命名时便在其原英文字母下方标注 1、2、3 等数字加以区别,如维生素 B_1、B_2、B_6、B_{12} 等。

(二) 分类

维生素种类很多,化学结构差异很大。分类时按其溶解性分为脂溶性维生素(lipid-soluble vitamin)和水溶性维生素(water-soluble vitamin)两大类。脂溶性维生素包括维生素 A、D、E、K 四种,水溶性维生素包括 B 族维生素和维生素 C 两类。B 族维生素又包括维生素 B_1、B_2、B_6、B_{12},维生素 PP、泛酸、叶酸、生物素等。

（三）需要量

人体维生素需要量（vitamin requirement）的确定可通过人群调查验证和实验研究两种形式完成。人体每日对维生素的需要量较少，一般为毫克或微克水平。对临床上有明显营养缺乏症的人，通过食物补充，使其营养状况得以恢复，以此估计人体需要量。维生素 A 人体生理需要量的确定即是通过此方式完成。水溶性维生素需要量的确定往往通过饱和实验为依据，以人体饱和量作为需要量。

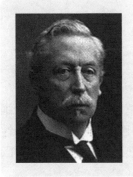

1886 年，Christian Eijkman 曾试图从死于脚气病的患者体内提取致病微生物，却一直没有成功。后饲养鸡时，发现只喂精米的鸡才得病。如果给鸡喂精米，再添加米糠，它们就不得病。直到 1926 年，维生素 B_1 或称硫胺素被纯化，并证明就是抗脚气病因子（anti-beriberi factor）。1929 年，Eijkman 获诺贝尔生理学或医学奖，以表彰他对维生素研究领域的杰出贡献。

第二节　水溶性维生素

ER0402

水溶性维生素（微课）

翻转课堂（4-1）：

目标：要求学生通过课前观看微课、讨论、查阅资料等自主学习方式，能陈述水溶性维生素的概念及主要品种，并了解各种水溶性维生素的生理功能，从而能指导健康生活。

课前：要求学生 4~5 人为一组，认真观看微课视频，查阅文献、分组讨论、分工协作，完成一份 PPT 并按时上交。

课中：老师选取 1~2 组汇报小组研讨结果，进行组间交流提问，采用师生评价、组间评价等多种评价方式，成绩计入平时成绩。

水溶性维生素包括 B 族维生素和维生素 C。水溶性维生素与脂溶性维生素在化学结构上差别很大，它们在体内无储存，当血中浓度超过肾阈值时，即从尿中排出。因此必须从膳食中不断供应，也少有中毒现象出现。

水溶性维生素是酶的辅酶或辅基的组成成分，参与代谢和造血过程的许多生化反应。以辅酶或辅基的形式参与代谢的维生素有维生素 B_1、维生素 B_2、维生素 PP、维生素 B_6、泛酸及生物素等。这些维生素缺乏时可造成机体生长障碍，常影响到神经组织的功能，可导致不同类型的贫血。

一、维生素 B_1

（一）化学本质及性质

维生素 B_1 称抗神经炎或抗脚气病维生素，是维生素中最早被发现的。由于它是由含有硫的噻唑环和含氨基的嘧啶环通过甲烯基连接而成，故名硫胺素（thiamine）。其纯品多以盐酸盐形式存在，为白色晶体，耐热，在酸溶液中稳定，碱性条件中加热易破坏。焦磷酸硫胺素（thiaminepyrophosphate，TPP）为其体内的活性形式（图 4-1）。

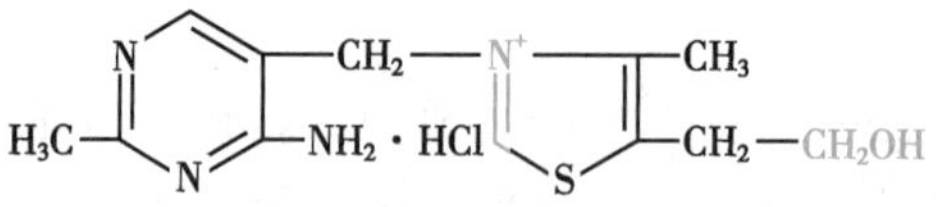

硫胺素

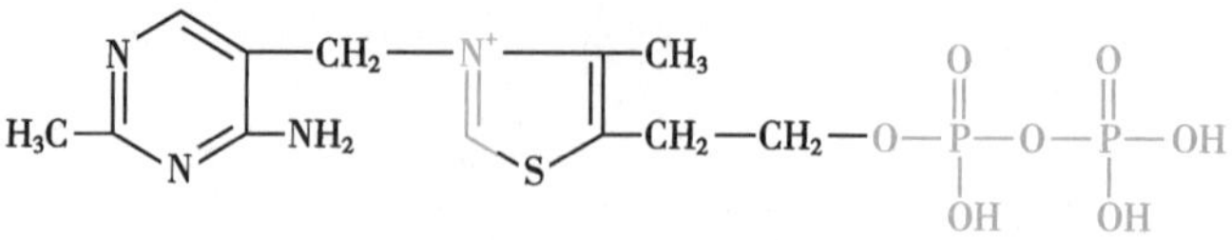

焦磷酸硫胺素

图 4-1　维生素 B_1 的结构

维生素 B_1 在植物中广泛分布于谷类、豆类的种皮中,如米糠中含量很丰富。精白米和精白面粉中维生素 B_1 远不及标准米、标准面粉中的含量高,酵母中含量尤多。因维生素 B_1 在酸性溶液中较稳定,中性或碱性溶液中易被破坏,因此在烹调时不宜加碱。维生素 B_1 耐热,在 pH 3.5 以下加热到 120℃亦不被破坏,极易溶于水,故淘米时不宜多洗,以免损失维生素 B_1。

(二) 生化作用及缺乏症

1. TPP 是 α- 酮酸氧化脱羧酶系的辅酶,如丙酮酸脱氢酶系、α- 酮戊二酸脱氢酶系等。当维生素 B_1 缺乏时,影响 α- 酮酸的氧化供能,以至影响细胞的正常功能,尤其是神经组织。

2. TPP 是转酮醇酶的辅酶,参与磷酸戊糖途径。磷酸戊糖途径是合成核糖的唯一来源,因此维生素 B_1 缺乏使体内核苷酸合成及神经髓鞘中的鞘磷脂的合成受影响,可导致末梢神经炎和其他神经病变。

3. 维生素 B_1 在神经传导中起作用。这可能是由于其可逆地抑制了胆碱酯酶,使乙酰胆碱的分解速度降低,从而保证神经兴奋过程的正常传导所致。当维生素 B_1 缺乏时,乙酰胆碱的分解加强,使神经传导受影响,主要表现为食欲缺乏、消化不良等,这是因为消化液分泌减少和胃肠道蠕动减慢所致。

由于维生素 B_1 和糖代谢关系密切,当维生素 B_1 缺乏时,糖代谢受阻,丙酮酸积累,使血、尿和脑组织中丙酮酸含量升高,出现多发性神经炎、心力衰竭、四肢无力、肌肉萎缩、水肿等症状,临床上称为脚气病。

思考题 4-1 :脚气和脚气病的区别是什么? 如何治疗?

二、维生素 B_2

(一) 化学本质及性质

维生素 B_2 又名核黄素(riboflavin),它的化学本质是核糖醇和 7,8- 二甲基异咯嗪的缩合物。在 N_1 位和 N_{10} 位之间有两个活泼的双键,易起氧化还原作用。因此维生素 B_2 有氧化型和还原型两种形式,在生物体内的氧化还原过程中起传递氢的作用。维生素 B_2 分布很广,从食物中被吸收后在小肠黏膜的黄素激酶的作用下可转变成黄素单核苷酸(flavin mononucleotide,FMN),在体细胞内还可以进一步在焦磷酸化酶的催化下生成黄素腺嘌呤二核苷酸(flavin adenine dinucleotide,FAD),FMN 及 FAD 为其活性型(图 4-2)。

维生素 B_2 耐热,在酸性环境中较为稳定,但遇光易破坏。在碱性溶液中不耐热,且对光极为敏感,所以在烹调食物时不宜加碱。维生素 B_2 的水溶液具绿色荧光,利用这一性质可作定量分析。

(二) 生化作用及缺乏症

FMN 及 FAD 是体内氧化还原酶的辅基,如琥珀酸脱氢酶、黄嘌呤氧化酶及 NADH 脱氢酶等,主要起递氢体的作用。

维生素 B_2 广泛参与体内的各种氧化还原反应,能促进糖、脂肪和蛋白质的代谢。它对维持皮肤、黏膜和视觉的正常功能均有一定作用。人类缺乏维生素 B_2 时,可引起口角炎、唇炎、阴囊炎、眼睑炎等。

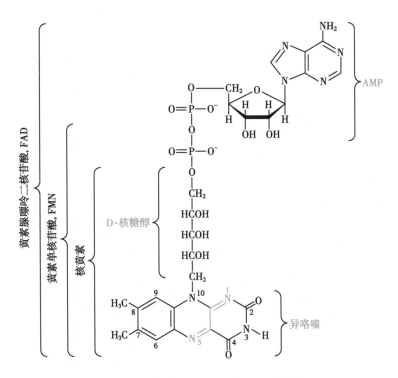

图 4-2　维生素 B_2、FMN 和 FAD 的结构

三、维生素 PP

(一) 化学本质及性质

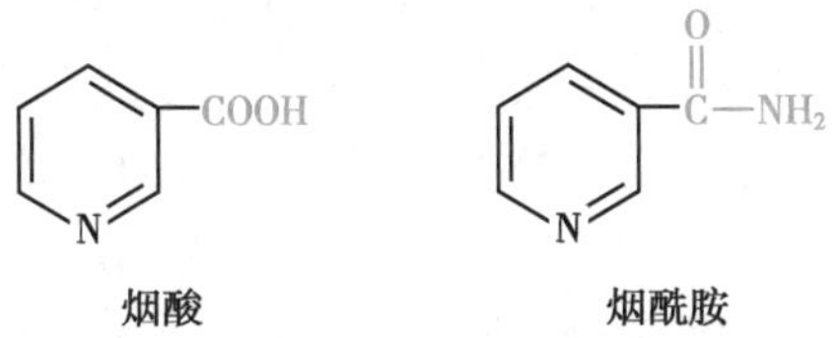

维生素 PP 又名抗癞皮病因子,包括烟酸(nicotinic acid,又称尼克酸)及烟酰胺(nicotinamide,又称尼克酰胺),两者均属吡啶衍生物,在体内可相互转化。维生素 PP 广泛存在于自然界,色氨酸在肝内能转变成维生素 PP,但转变率较低,为 1/60,即 60mg 色氨酸仅能转变成 1mg 烟酸。因色氨酸为必需氨基酸,所以人体的维生素 PP 主要从食物中摄取。维生素 PP 的结构如图 4-3 所示。

图 4-3　维生素 PP 的结构

在体内烟酰胺可经几步连续的酶促反应与核糖、磷酸、腺嘌呤组成脱氢酶的辅酶,主要包括烟酰胺腺嘌呤二核苷酸(nicotinamide adenine dinucleotide,NAD^+)和烟酰胺腺嘌呤二核苷酸磷酸(nicotinamide adenine dinucleotide phosphate,$NADP^+$),它们也是维生素 PP 在体内的活性型(图 4-4)。

NAD^+ 和 $NADP^+$ 的功能基团是烟酰胺,分子中的吡啶氮原子为五价带正电荷,能够可逆接受电子变成三价,而对侧的碳原子性质活泼,能可逆地加氢和脱氢。故烟酰胺每次可接受一个氢原子和一个电子,而另一个质子游离于介质中。

(二) 生化作用及缺乏症

NAD^+ 和 $NADP^+$ 在体内是多种不需氧脱氢酶的辅酶,分子中的烟酰胺部分具有可逆地加氢及脱氢的特性。

人类维生素 PP 缺乏症称为癞皮病(pellagra),主要表现是皮炎、腹泻及痴呆。皮炎常呈对称性,并出现于暴露部位,痴呆是神经组织变性的结果。

服用过量烟酸时(每日 2~4g),会很快引起血管扩张、脸颊潮红、痤疮及胃肠不适等症状,而且长期大量服用可能对肝有损害。抗结核药物异烟肼的结构与维生素 PP 十分相似,两者有拮抗作用,长期服药可能引起维生素 PP 缺乏。

最近,临床上将烟酸作为降胆固醇药使用。烟酸能抑制脂肪组织的脂肪分解,从而抑制游离脂肪酸(FFA)的动员,可使肝中极低密度脂蛋白(VLDL)的合成下降,起到降低胆固醇的作用。

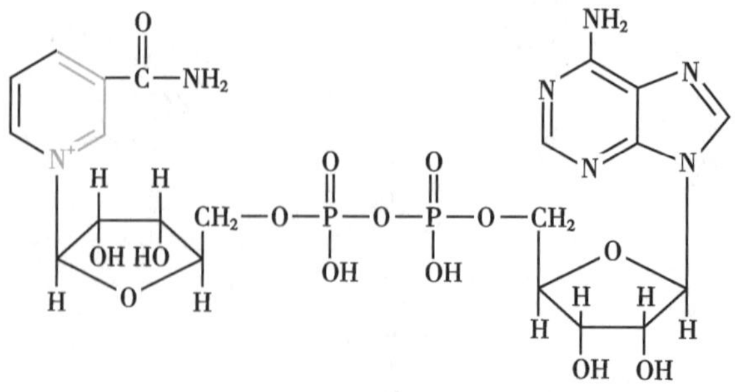

NAD⁺的结构

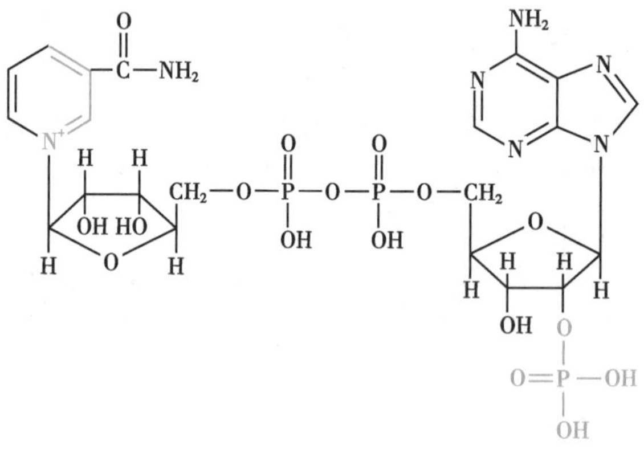

NADP⁺的结构

图 4-4 NAD^+ 及 $NADP^+$ 的结构

　　烟酸及烟酰胺广泛存在于食物中。植物性食物中存在的主要是烟酸,动物性食物中以烟酰胺为主。烟酸和烟酰胺在肝、肾、瘦畜肉、鱼以及坚果中含量丰富;乳、蛋中的含量虽然不高,但色氨酸较多,可转化为烟酸。谷类中的烟酸 80%~90% 存在于它们种皮中,故谷类加工的影响较大。

> 思考题 4-2 :维生素 B_2 和维生素 PP 是生物催化反应中氢的传递体,请指出结构上相应的功能基团。

四、维生素 B_6

(一) 化学本质及性质

　　维生素 B_6 包括吡哆醇(pyridoxine)、吡哆醛(pyridoxal)及吡哆胺(pyridoxamine),在体内以磷酸酯的形式存在。磷酸吡哆醛和磷酸吡哆胺可相互转变,均为活性型(图 4-5)。

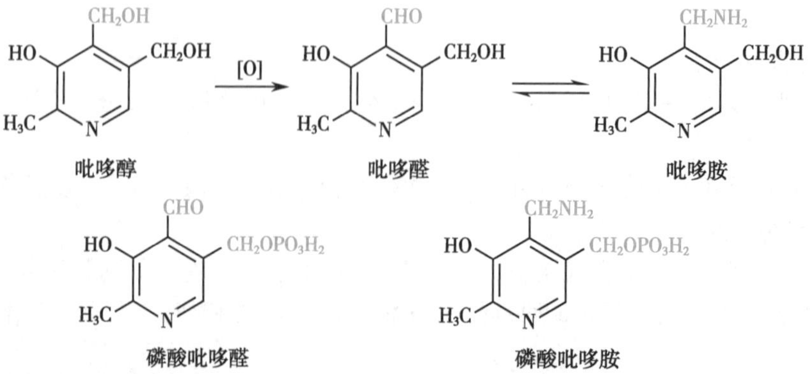

图 4-5 三种维生素 B_6 的转化及磷酸酯

(二) 生化作用及缺乏症

维生素 B_6 在氨基酸的转氨基作用和脱羧作用中起辅酶作用,与氨基酸代谢密切相关。

磷酸吡哆醛是氨基酸代谢中的转氨酶及脱羧酶的辅酶,能促进谷氨酸脱羧,增进 γ- 氨基丁酸的生成,γ- 氨基丁酸是一种抑制性神经递质。临床上常用维生素 B_6 治疗小儿惊厥及妊娠呕吐。

磷酸吡哆醛还是 δ- 氨基 -γ- 酮戊酸(ALA)合酶的辅酶,而 ALA 合酶是血红素合成的限速酶。所以,维生素 B_6 缺乏时有可能造成小细胞低色素性贫血和血清铁增高。

磷酸吡哆醛作为糖原磷酸化酶的重要组成部分,参与糖原分解为葡萄糖 -1- 磷酸的过程。肌肉磷酸化酶所含的维生素 B_6 占全身维生素 B_6 的 70%~80%。

人类未发现维生素 B_6 缺乏的典型病例。由于异烟肼与吡哆醛结合形成腙而从尿中排出,可引起维生素 B_6 缺乏症,故维生素 B_6 也可用于防治因大剂量服用异烟肼导致的中枢神经兴奋、周围神经炎和小细胞低色素性贫血等。

五、泛酸

(一) 化学本质及性质

泛酸(pantothenic acid)又称遍多酸。泛酸在肠内被吸收进入人体后,经磷酸化并获得巯基乙胺而生成 4- 磷酸泛酰巯基乙胺。4- 磷酸泛酰巯基乙胺是辅酶 A(CoA)、酰基载体蛋白质(acyl carrier protein,ACP)的组成部分,所以 CoA 及 ACP 为泛酸在体内的活性型(图 4-6)

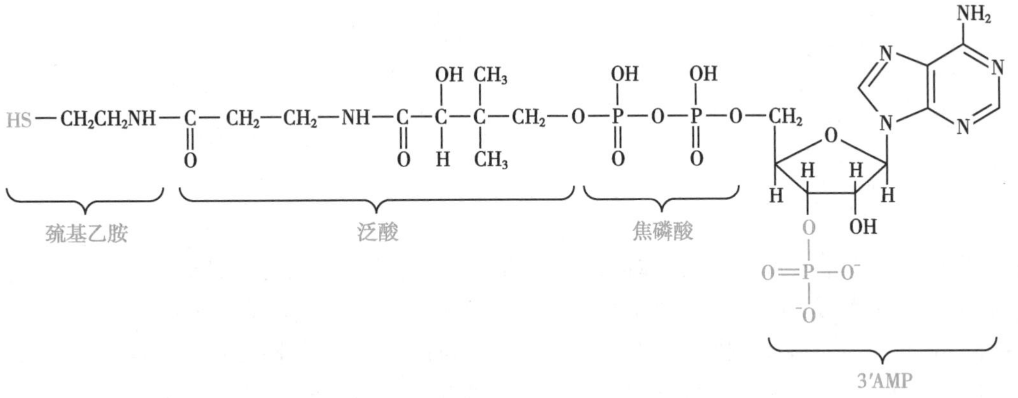

图 4-6　辅酶 A 的结构

(二) 生化作用及缺乏症

在体内 CoA 及 ACP 构成酰基转移酶的辅酶,广泛参与糖、脂类、蛋白质代谢及肝的生物转化作用,约有 70 多种酶需 CoA 及 ACP。因泛酸广泛存在于生物界,所以很少见泛酸缺乏症,但在第二次世界大战时曾有"脚灼热综合征",可能为泛酸缺乏所致。

六、生物素

(一) 化学本质及性质

生物素(biotin)是由噻吩环和尿素结合而形成的一个双环化合物,侧链有一戊酸(图 4-7)。生物素为无色针状结晶体,耐酸而不耐碱,氧化剂及高温可使其失活。

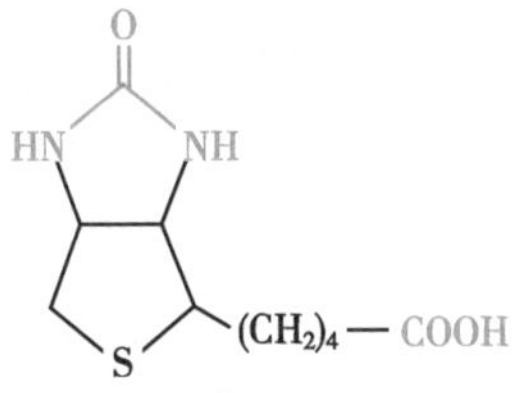

(二) 生化作用及缺乏症

在生物素的分子侧链中,戊酸的羧基与酶蛋白分子中的赖氨酸残基上的 ε- 氨基通过酰胺键牢固结合,形成羧基生物素 - 酶复合物,又称生物胞素(biocytin)。生物素是酶促反应中的羧基传递体,是体内多种羧化酶的辅酶,如丙酮酸羧化酶等,

图 4-7　生物素的结构

参与 CO_2 的羧化过程,羧基结合在生物素的氮原子上,此反应需要 ATP 供能。

生物素在动植物界分布广泛,如肝、肾、蛋黄、酵母、蔬菜、谷类中含量丰富。人肠道细菌也能合成生物素,故很少出现缺乏症。新鲜鸡蛋中有一种抗生物素蛋白(avidin),它能与生物素结合使其失去活性并不被吸收,蛋清加热后这种蛋白质便被破坏,也就不再妨碍生物素的吸收。长期使用抗生素可抑制肠道细菌生长,也可能造成生物素的缺乏,主要症状是疲乏、恶心、呕吐、食欲缺乏、皮炎及脱屑性红皮病。

> 思考题 4-3:生物素作为非同位素标记法,常用于核酸和蛋白质分析,其原理是什么?

七、叶酸

(一) 化学本质及性质

叶酸(folic acid)由 2- 氨基 -4- 羟基 -6- 甲基蝶啶(pteridine)、对氨基苯甲酸(p-aminobenzoic acid,PABA)和 L- 谷氨酸三部分组成(图 4-8)。叶酸因绿叶中含量十分丰富而得名。植物中的叶酸含 7 个谷氨酸残基,谷氨酸残基间通过 γ- 肽键连接。食物中的叶酸在小肠中被水解为单谷氨酸型叶酸,后者易被肠道吸收。

叶酸为黄色晶体,在酸性溶液中不稳定,在中性溶液及碱性溶液中耐热,对光照敏感。

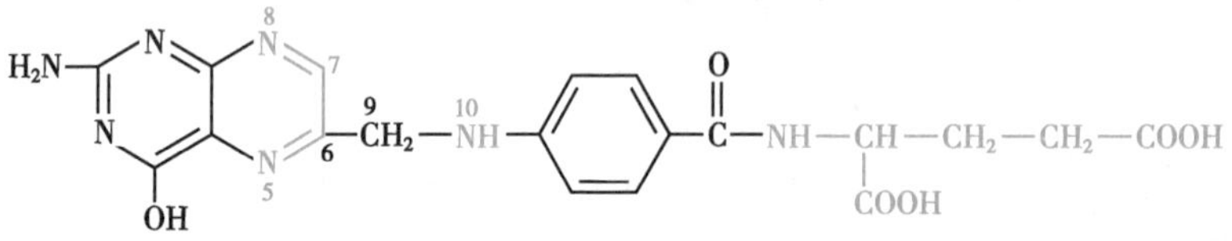

图 4-8　叶酸的分子结构

叶酸为某些微生物生长所必需,人体虽然不能合成,但因肠道细菌可以合成,故一般不易患缺乏症。叶酸广泛存在于各种动、植物食物中。在体内叶酸被二氢叶酸还原酶还原为二氢叶酸,再进一步还原为四氢叶酸(tetrahydrofolic acid,THF 或 FH_4),反应过程需要 NADPH 和维生素 C 参与。四氢叶酸是叶酸的活性形式。FH_4 是一碳单位的载体,其分子中 N_5 位和 N_{10} 位是结合、携带一碳单位的部位。

(二) 生化作用及缺乏症

FH_4 是体内一碳单位转移酶的辅酶,体内许多重要物质,如嘌呤、嘧啶、核苷酸、丝氨酸、甲硫氨酸等的合成过程中,FH_4 作为一碳单位的载体提供一碳单位。当叶酸缺乏时,DNA 合成必然受到抑制,骨髓幼红细胞 DNA 合成减少,细胞分裂速度降低,细胞体积变大,造成巨幼细胞贫血(megaloblastic anemia)。

叶酸在肉、水果、蔬菜中含量较多,肠道的细菌也能合成,所以一般不发生缺乏症。孕妇及哺乳期妇女因细胞增殖加速或因生乳而致代谢较旺盛,应适量补充叶酸。口服避孕药或抗惊厥药能干扰叶酸的吸收及代谢,如长期服用此类药物应考虑补充叶酸。

抗肿瘤药物甲氨蝶呤因结构与叶酸相似,能抑制二氢叶酸还原酶的活性,使四氢叶酸合成减少,从而抑制肿瘤细胞内胸腺嘧啶核苷酸的合成,因此有抗肿瘤作用。

> 思考题 4-4:请描述蝶啶、蝶呤、蝶酸和叶酸的分子结构差异。

八、维生素 B_{12}

(一) 化学本质及性质

维生素 B_{12} 又称钴胺素(cobalamin),是结构中含有一个金属钴离子的维生素。维生素 B_{12} 在体内因结合的基团不同,可有多种存在形式,如氰钴胺素、羟钴胺素、甲钴胺素和 5′- 脱氧腺苷钴胺素,后两者是维生素 B_{12} 的活性型,也是血液中主要的存在形式,多存在于动物的肝脏中。羟钴胺素的性质比较稳定,是药用维生素 B_{12} 的常用形式,且疗效优于氰钴胺素。甲钴胺素和 5′- 脱氧腺苷钴胺素具有辅酶的功能,又称辅酶 B_{12}。

维生素 B_{12} 结构式

肝、肾、瘦肉、鱼及蛋类食物中的维生素 B_{12} 含量较高。人和动物的肠道细菌均能合成,所以一般情况下人体不会缺乏维生素 B_{12}。但维生素 B_{12} 的吸收需要一种由胃壁细胞分泌的高度特异的糖蛋白,称为内因子(intrinsic factor,IF),它和维生素 B_{12} 结合后才能被吸收。故内因子产生不足或胃酸分泌减少可影响维生素 B_{12} 的吸收。内因子为一种糖蛋白,分子量为 50kD,每分子能结合一分子的维生素 B_{12},维生素 B_{12} 与内因子的结合物通过小肠黏膜时,维生素 B_{12} 与内因子分开,再与一种称为转钴胺素 II(transcobalamin II,TC II)的蛋白质结合存在于血液中。维生素 B_{12}-TC II 复合物需与细胞表面受体结合,才能进入细胞,在细胞内转变成羟钴胺素、甲钴胺素或进入线粒体转变成 5′- 脱氧腺苷钴胺素。肝内还有一种转钴胺素 I(transcobalamin I,TC I),维生素 B_{12} 与 TC I 结合后而贮存于肝内。

(二)生化作用及缺乏症

1. 体内的同型半胱氨酸甲基化可生成甲硫氨酸,催化这一反应的甲硫氨酸合成酶(又称甲基转移酶)的辅基是维生素 B_{12},参与甲基的转移。维生素 B_{12} 缺乏时,N^5-CH_3FH_4 上的甲基不能转移,不利于甲硫氨酸的生成,同时也影响四氢叶酸的再生,使组织中游离的四氢叶酸含量减少,不能重新利用它来转运其他的一碳单位,影响嘌呤、嘧啶的合成,最终导致核酸合成障碍,影响细胞分裂,结果产生巨幼细胞贫血,即恶性贫血。同型半胱氨酸的堆积可造成同型半胱氨酸尿症。

2. 5′- 脱氧腺苷钴胺素是 L- 甲基丙二酰 CoA 变位酶的辅酶,催化琥珀酰 4- 磷酸泛酰巯基乙胺 CoA 的生成。当维生素 B_{12} 缺乏时,L- 甲基丙二酰 CoA 大量堆积,因 L- 甲基丙二酰 CoA 的结构与脂肪酸合成的中间产物丙二酰 CoA 相似,所以影响脂肪酸的正常合成。维生素 B_{12} 缺乏所致的神经疾患是由于脂肪酸的合成异常,导致髓鞘质变性退化,造成进行性脱髓鞘。

维生素 B_{12} 广泛存在于动物食品中,正常膳食者很难发生缺乏,但偶见于有严重吸收障碍疾患的患者及长期素食者。萎缩性胃炎、胃全切患者易出现维生素 B_{12} 缺乏症。

九、α- 硫辛酸

(一)化学本质及性质

α- 硫辛酸(α-lipoic acid)的结构是 6,8- 硫辛酸,以闭环二硫化物形式和开链还原形式两种结构存在,能还原为二氢硫辛酸(图 4-9),这两种形式通过氧化 - 还原反应可相互转换。

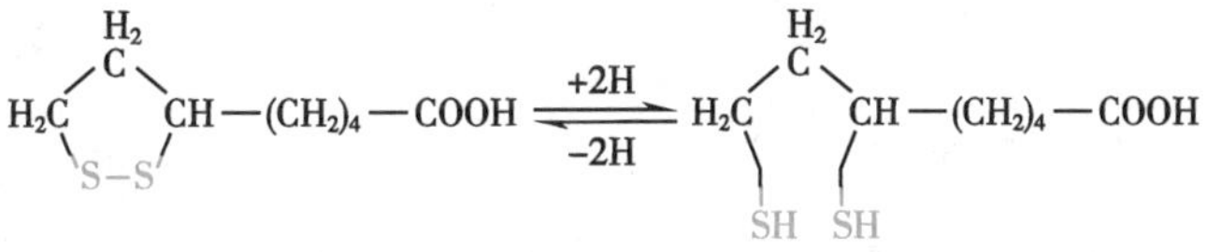

$$H_2C\!-\!\overset{\overset{\displaystyle H_2}{C}}{}\!-\!CH\!-\!(CH_2)_4\!-\!COOH \underset{-2H}{\overset{+2H}{\rightleftharpoons}} H_2C\!-\!\overset{\overset{\displaystyle H_2}{C}}{}\!-\!CH\!-\!(CH_2)_4\!-\!COOH$$

硫辛酸(lipoic acid)　　　　　二氢硫辛酸

图 4-9 硫辛酸的氧化与还原型结构

(二)生化作用及缺乏症

像生物素一样,硫辛酸常常不游离存在,而是同酶分子中赖氨酸残基的 ε-NH_2 以酰胺键共价结合。硫辛酸是一种酰基载体,为硫辛酸乙酰转移酶的辅酶。α- 硫辛酸有抗脂肪肝和降低血胆固醇的作用。另外,它很容易进行氧化还原反应,故可保护巯基酶免受重金属离子毒害。硫辛酸在自然界广泛分布,肝和酵母中含量尤为丰富,在食物中硫辛酸常和维生素 B_1 同时存在。目前,尚未发现人类有硫辛酸的缺乏症。

十、维生素 C

(一) 化学本质及性质

维生素 C 又称 L- 抗坏血酸(ascorbic acid),是含有 6 个碳原子的不饱和多羟基化合物,以内酯形式存在(图 4-10)。分子中 C_2 及 C_3 位上的两个相邻的烯醇式羟基极易分解释放 H^+,因而呈酸性。又因其为烯醇式结构,C_2 及 C_3 位羟基上的 2 个氢原子可以全部脱去而生成脱氢抗坏血酸。后者在有供氢体存在时,又能接受 2 个氢原子,转变为抗坏血酸。

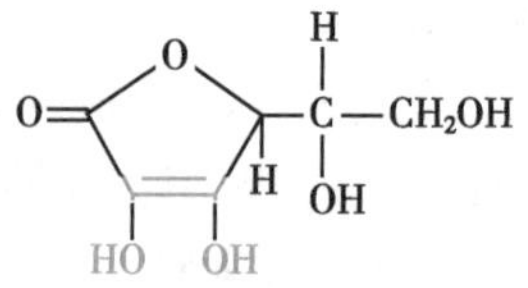

图 4-10　维生素 C 的结构

L- 抗坏血酸为天然生理活性型。L- 脱氢抗坏血酸虽然也具有生理意义,但在血液中以前者为主,后者仅为前者的 1/15。维生素 C 为无色片状晶体,有酸味。因其具有很强的还原性,故极不稳定,容易因加热或氧化剂而被破坏,在中性或碱性溶液中尤甚。在低于 pH 5.5 的酸性溶液中,维生素 C 较为稳定。

人体不能合成维生素 C,维生素 C 广泛存在于新鲜蔬菜及水果中,植物中含有的抗坏血酸氧化酶能将维生素 C 氧化为无活性的 L- 酮古洛糖酸,所以储存时间长的水果、蔬菜中的维生素 C 的含量会大量减少。干种子中虽然不含有维生素 C,但一发芽便可合成,所以豆芽中的维生素 C 含量丰富。

(二) 生化作用及缺乏症

1. 促进胶原蛋白的合成　维生素 C 是维持胶原脯氨酸羟化酶及胶原赖氨酸羟化酶活性所必需的辅助因子,参与羟化反应,促进胶原蛋白的合成。体内的结缔组织、骨及毛细血管都含有胶原,结缔组织的生成也是创伤愈合的前提。所以维生素 C 可影响血管的通透性,增强对感染的抵抗力。维生素 C 缺乏会导致牙齿松动、毛细血管破裂及创伤不易愈合等。

2. 参与胆固醇的转化　正常时体内的胆固醇有 80% 转变成胆汁酸。维生素 C 是胆汁酸合成的限速酶——7α- 羟化酶的辅酶。此外,肾上腺皮质激素合成中的羟化也需要维生素 C。维生素 C 的缺乏直接影响胆固醇转化,可能引起体内胆固醇增多。

3. 参与芳香族氨基酸的代谢　在苯丙氨酸转变为酪氨酸,酪氨酸转变为对羟苯丙酮酸及尿黑酸的反应中,都需维生素 C。维生素 C 缺乏时,尿中大量出现对羟苯丙酮酸。维生素 C 还参与酪氨酸转变为儿茶酚胺,色氨酸转变为 5- 羟色胺等反应。

4. 参与体内氧化还原反应

(1)维生素 C 能起到保护巯基的作用,它能使巯基酶的 -SH 维持还原状态。维生素 C 也可在谷胱甘肽还原酶作用下,促使氧化型谷胱甘肽(G-S-S-G)转变为还原型(G-SH)(图 4-11)。还原型谷胱甘肽能使细胞膜的脂质过氧化物还原,起保护细胞膜的作用。

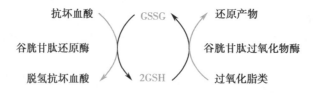

图 4-11　维生素 C 保护谷胱甘肽的巯基功能

(2)维生素 C 能使红细胞中的高铁血红蛋白(MHb)还原为血红蛋白(Hb),使其恢复对氧的运输能力。维生素 C 还能将 Fe^{3+} 还原成 Fe^{2+},因而可使食物中的铁易于吸收,体内的铁重新利用,促进造血功能。

(3)维生素 C 能保护维生素 A、E 及维生素 B 免遭氧化,还能促使叶酸转变成为有活性的四氢叶酸。

5. 抗病毒作用　维生素 C 能增加淋巴细胞的生成,提高吞噬细胞的吞噬能力,促进免疫球蛋白的合成,因此能提高机体免疫力。临床上用于心血管疾病、病毒性疾病等的支持性治疗。

第三节　脂溶性维生素

脂溶性维生素
（微课）

翻转课堂(4-2)：

目标：要求学生通过课前讨论、查阅资料,能陈述脂溶性维生素的概念及主要品种,并通过查阅资料和小组讨论了解各种脂溶性维生素的生理功能,从而指导健康生活。

课前：要求学生 4~5 人为一组,认真观看微课视频,查阅文献、分组讨论、分工协作,完成一份PPT并按时上交。

课中：老师选取 1~2 组汇报小组研讨结果,进行组间交流提问,采用师生评价、组间评价等多种评价方式,成绩计入平时成绩。

脂溶性维生素包括维生素 A、D、E、K。它们不溶于水,而溶于脂类及多数有机溶剂。在食物中常与脂类共同存在,因此在肠道随脂类一同吸收。在脂质吸收不良时,脂溶性维生素的吸收大为减少,甚至引起缺乏症。吸收后的脂溶性维生素在血液中与脂蛋白及某些特殊的结合蛋白特异地结合而运输。当膳食摄入量超过机体需要量时,可在以肝为主的器官储存,如长期摄入量过多,可因体内蓄积而引起相应的中毒症状。

一、维生素 A

(一) 化学本质及性质

维生素 A 又称抗干眼病维生素,又叫视黄醇(retinol),是一个具有 β- 白芷酮环的不饱和一元醇,通常以视黄醇酯(retinol ester)的形式存在,醛的形式称为视黄醛(retinal)。天然的维生素 A 有 A_1 及 A_2 两种形式,A_1 存在于哺乳动物及咸水鱼的肝脏中,又称视黄醇;A_2 又称 3- 脱氢视黄醇,存在于淡水鱼的肝脏中。维生素 A 在体内的活性形式包括视黄醇、视黄醛和视黄酸(retinoic acid)。食物中视黄醇多以脂肪酸酯的形式存在,在小肠水解为视黄醇,被吸收后又重新合成视黄醇酯,以脂蛋白的形式储存于脂肪细胞(adipocyte)内。

植物中不存在维生素 A,但有多种胡萝卜素,其中以 β- 胡萝卜素(β-carotene)最为重要。它在小肠黏膜处由 β- 胡萝卜素加氧酶作用,加氧断裂,生成 2 分子视黄醇,所以通常将 β- 胡萝卜素称为维生素 A 原。

(二) 生化作用及缺乏症

1. 构成视觉细胞感光物质　在视觉细胞内由 11- 顺视黄醛与不同的视蛋白(opsin)组成视色素。在感受强光的锥状细胞内有视红质、视青质及视蓝质,杆状细胞内有感受弱光或暗光的视紫红质。当视紫红质感光时,其中的 11- 顺视黄醛在光异构作用下转变成全反视黄醛,并与视蛋白分离而失色,光异构变化的同时可引起杆状细胞膜的 Ca^{2+} 通道开放,Ca^{2+} 迅速流入细胞并激发神经冲动,经传导到大脑后产生视觉。视网膜内经上述过程产生的全反视黄醛,虽少部分可经异构酶作用缓慢地重新异构化成为 11- 顺视黄醛,但大部分被还原成全反视黄醇,经血流至肝脏再转变成11- 顺视黄醇,进一步合成视紫红质。其他视色素的感光过程与视紫红质相同(图 4-12)。

2. 参与糖蛋白的合成,维持皮肤黏膜的完整性　当维生素 A缺乏时,可导致糖蛋白合成的中间体异常,低分子量的多糖 - 脂堆积。维生素 A 为组织的发育和分化所必需,若维生素 A 缺乏,可引起上皮组织干燥、增生和角化等。最早受影响的是眼睛的结膜

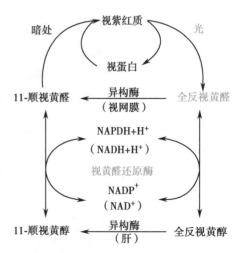

图 4-12　视紫红质的合成、分解与视黄醛的关系

和角膜,表现为结膜或角膜干燥、软化甚至穿孔,以及泪腺分泌减少。皮肤改变则为毛囊角化,皮脂腺、汗腺萎缩等。

3. 其他作用　人体上皮细胞的正常分化与视黄酸直接相关。流行病学调查表明,维生素 A 的摄入与癌症的发生呈负相关,动物实验也表明摄入维生素 A 可减轻致癌物质的作用。β- 胡萝卜素是抗氧化剂,在氧分压较低的条件下,能直接清除自由基,而自由基是引起肿瘤和许多疾病的重要因素。大量研究表明,视黄酸能诱导 HL-60 细胞及急性早幼粒细胞白血病的分化。

4. 缺乏症及毒性　在维生素 A 缺乏时,必然引起 11- 顺视黄醛的补充不足,视紫红质合成减少,对弱光敏感性降低,日光适应能力减弱,严重时会发生"夜盲症"。长期过量(超过需要量的 10~20 倍)摄入可因过剩引起中毒症状。研究表明,过多的维生素 A 可引起头痛、恶心腹泻、肝脾肿大等。孕妇摄取过多,易发生胎儿畸形,因而应当适量摄取。

> ・・・・・ **案例分析:** ・・・・
>
> 　　患儿,女,4 岁,因眼部不适数月,从亮处到暗处时视物不清半月余来诊。患儿数月来不明原因经常眨眼,诉眼痒不适,常用手揉擦,眼泪少。曾用过多种眼药水滴眼无效。近半月上述症状加重,并且出现从亮处到暗处时视物不清,常跌倒,有时怕光。该患儿系头胎,足月顺产。生后母乳喂养,6 个月改为牛奶、稀饭、面条喂养,未添加其他辅食。2 岁后以大米为主,平素偏食,吃菜少,尤其不喜荤食。经常患"腹泻""感冒"等。
>
> 　　体格检查:体温、呼吸、脉搏正常,消瘦,体重 14kg。全身皮肤干燥,双下肢触之有粗糙感。眼部检查:在球结膜处可见毕脱(Bitots)斑,角膜干燥,视力正常,暗适应延长。指甲脆,易断。
>
> 　　初步诊断:夜盲症。
>
> 　　问题:
>
> 　　1. 请分析疾病症状产生的生化机制是什么?
>
> 　　2. 请查阅资料了解该疾病的临床治疗方案。

二、维生素 D

(一) 化学本质及性质

维生素 D 又称为抗佝偻病维生素,是类固醇衍生物,含有环戊烷多氢菲结构,其中维生素 D_2 和维生素 D_3 活性较强,维生素 D_2 又称麦角钙化醇(ergocalciferol),维生素 D_3 又称胆钙化醇(cholecalciferol)。维生素 D_2 和维生素 D_3 的结构十分相似(图 4-13)。

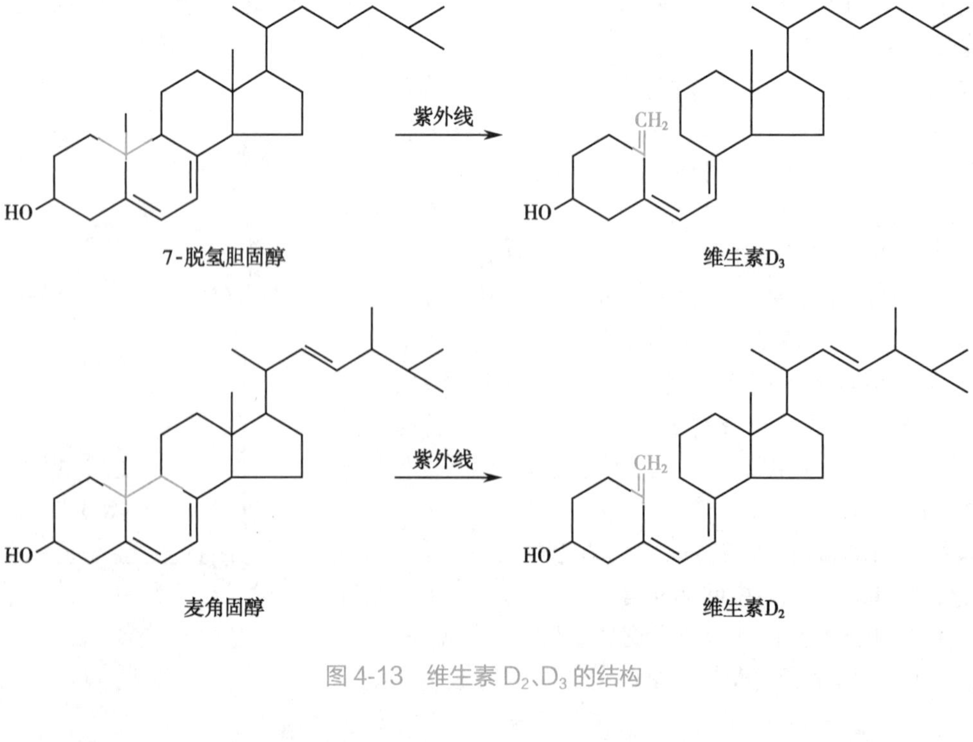

图 4-13　维生素 D_2、D_3 的结构

人体内胆固醇可先转变为 7- 脱氢胆固醇,储存在皮下,在紫外线作用下转变成维生素 D_3,是人体维生素 D 的主要来源。因而称 7- 脱氢胆固醇为维生素 D 原。在酵母和植物油中有不能被人体吸收的麦角固醇,在紫外线照射下可转变为能被人体吸收的维生素 D_2。

食物中的维生素 D 在小肠被吸收后,掺入人乳糜微粒经淋巴入血,在血液中主要与一种特异载体蛋白——维生素 D 结合蛋白(DBP)结合后被运输至肝,在 25- 羟化酶催化下 C_{25} 加氧成为 25-(OH)-D_3。25-(OH)-D_3 经肾小管上皮细胞线粒体内 1α- 羟化酶的作用生成维生素 D_3 的活性形式 $1,25$-$(OH)_2$-D_3,再进一步转化成 $1,24,25$-$(OH)_3$-D_3。但 $1,24,25$-$(OH)_3$-D_3 的生物活性远不及 $1,25$-$(OH)_2$-D_3。上述几种维生素 D_3 中,25-(OH)-D_3 是肝内储存及血液中运输的形式,在肝内可与葡糖醛酸或硫酸结合,随胆汁排出体外(图 4-14)。

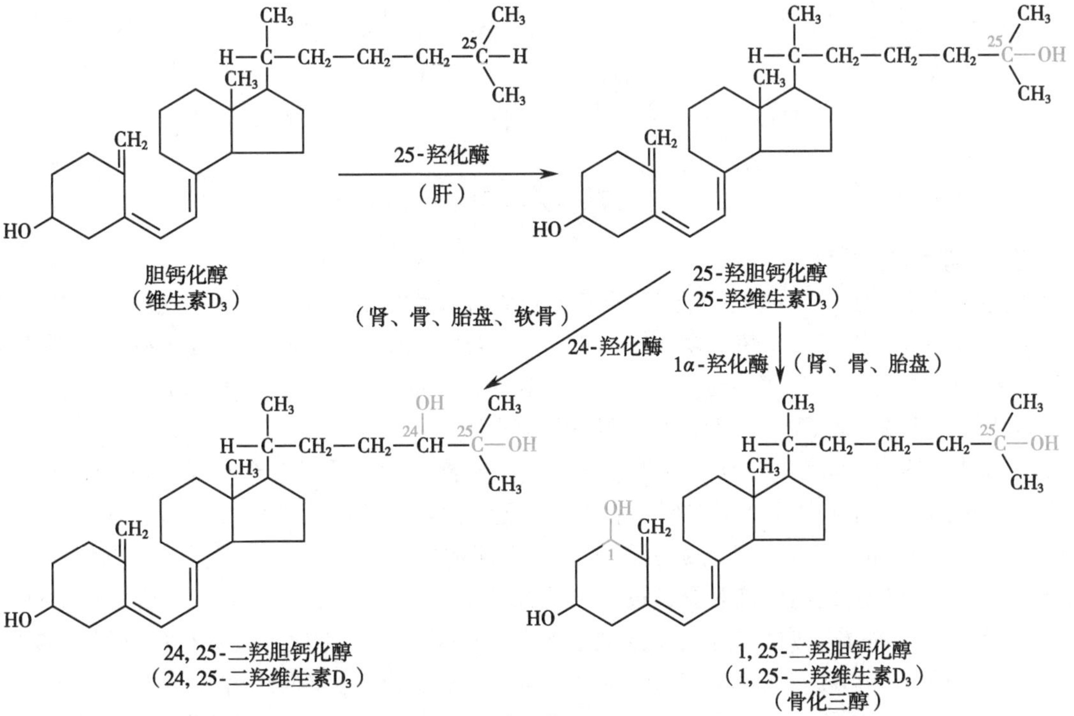

图 4-14　维生素 D_3 的代谢

(二) 生化作用及缺乏症

维生素 D 在转化为活性形式 $1,25$-$(OH)_2$-D_3 后,可促进肠道黏膜合成钙结合蛋白,使小肠对钙、磷的吸收增加,同时 $1,25$-$(OH)_2$-D_3 可促进肾小管对钙、磷的重吸收,从而维持血浆中钙、磷浓度的正常水平,这是成骨作用的必要条件。维生素 D 还具有促进成骨细胞形成和促进钙在骨质中沉积成磷酸钙、碳酸钙等骨盐的作用,有助于骨骼和牙齿的形成。因此 $1,25$-$(OH)_2$-D_3 的生理效应是提高钙、磷的浓度,有利于新骨的生成与钙化。在人体内维生素 D、甲状旁腺激素及降钙素共同调节并维持机体的钙、磷平衡。

缺乏维生素 D 的婴儿,肠道钙、磷的吸收发生障碍,使血液中钙、磷含量下降,骨骼、牙齿不能正常发育,临床表现为手足搐搦,严重者出现佝偻病。成人则发生骨软化症。

维生素 D 可防治佝偻病、软骨病和手足搐搦症等,但在使用维生素 D 时应先补钙。大剂量久用可引起维生素 D 过多症,表现为食欲缺乏、恶心、呕吐、血钙过高、骨破坏、异位钙化等。

思考题 4-5 :骨质疏松症患者服用钙制剂有效吗? 请给出合理的建议。

三、维生素 E

(一) 化学本质及性质

维生素 E 主要分为生育酚(tocopherol)及生育三烯酚(tocotrienol)两大类。它们均为苯并二氢吡喃的衍生物。每类又可根据甲基的数目、位置不同分为 α、β、γ 和 δ 四种(图 4-15)。维生素 E 中以 α- 生育酚生理活性最高,若以它为基准(100),β 及 γ- 生育酚和 α- 生育三烯酚生理活性分别为 40、8 及 20,其余活性甚微。但就抗氧化作用而论,δ- 生育酚作用最强,α- 生育酚作用最弱。

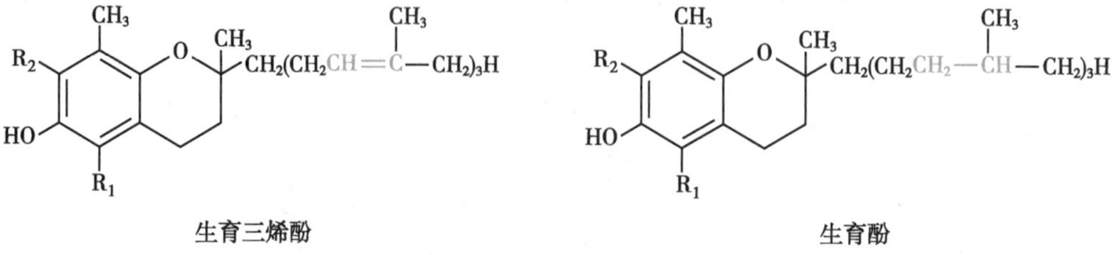

图 4-15 生育酚、生育三烯酚的结构

(二) 生化作用及缺乏症

1. 维生素 E 是体内最重要的抗氧化剂,能避免脂质过氧化物的产生,保护生物膜的结构与功能。机体内的自由基具有强氧化性,如超氧阴离子(O_2^-)、过氧化物(ROO^-)及羟自由基(OH^-)等。维生素 E 的作用在于捕捉自由基形成生育酚自由基,生育酚自由基又可进一步与另一自由基反应生成非自由基产物——生育醌。维生素 E 与硒协同氧化过程共同发挥作用。

2. 维生素 E 俗称生育酚,动物缺乏维生素 E 时其生殖器官发育受损甚至不育,但人类尚未发现因维生素 E 缺乏所致的不育症。临床上常用维生素 E 治疗先兆流产及习惯性流产。

3. 促进血红素代谢。新生儿缺乏维生素 E 时可引起贫血,这可能与血红蛋白合成减少及红细胞寿命缩短有关。维生素 E 能提高血红素合成过程中的关键酶 δ- 氨基 -γ- 酮戊酸(ALA)合酶的活性,促进血红素合成。所以孕妇、哺乳期妇女及新生儿应注意补充维生素 E。正常成人每日对维生素 E 的需要量为 8~12 α- 生育酚当量(α-tocophenol equivalents,α-TE,1 α-TE = 1mg α- 生育酚)。维生素 E 一般不易缺乏,在某些脂肪吸收障碍疾病时可引起缺乏,表现为红细胞数量减少,寿命缩短,体外实验可见红细胞脆性增加等贫血症状,偶可引起神经障碍。

四、维生素 K

(一) 化学本质及性质

维生素 K 是具有异戊烯类侧链的萘醌化合物,在自然界中主要以维生素 K_1 和 K_2 两种形式存在(图 4-16),其化学结构都是 2- 甲基 -1,4- 萘醌的衍生物,区别仅在于 R 基团。维生素 K_1 存在于绿叶蔬菜中,称为叶绿甲基萘醌(phytylmenaquinone)。维生素 K_2 是人体肠道细菌的代谢产物,又称多异戊烯甲基萘醌(multiprenylmenaquinoe)。缺乏维生素 K 使凝血时间延长,故维生素 K 又称凝血维生素。因维生素 K 的凝血活性主要集中在 2- 甲基萘醌这一基本结构中,故将人工合成的 2- 甲基萘醌(menaquinone)称为维生素 K_3,其活性高于同重量的维生素 K_1 和 K_2,作为水溶性维生素 K 代用品在临床上应用,用于治疗维生素 K 缺乏引起的凝血障碍性疾病。

维生素 K 的吸收主要在小肠,经淋巴入血,在血液中随 β- 脂蛋白转运至肝储存。

(二) 生化作用及缺乏症

维生素 K 的主要生化作用是维持体内第 Ⅱ、Ⅶ、Ⅸ、Ⅹ 凝血因子的正常水平。这些凝血因子由无活性型向活性型转变时,需要将分子中的谷氨酸残基(Glu)经羧化作用转变为 γ- 羧基谷氨酸(Gla)。催化这一反应的酶是 γ- 谷氨酰羧化酶,维生素 K 为该酶的辅助因子。Gla 具有很强的整合 Ca^{2+} 能力,因而使其转变为活性型。

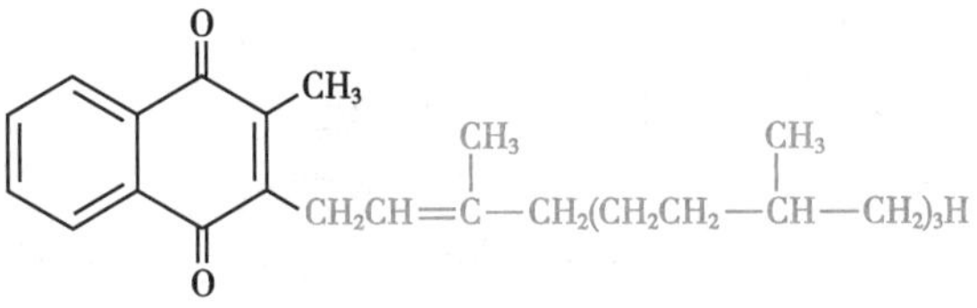

图 4-16　维生素 K 的结构

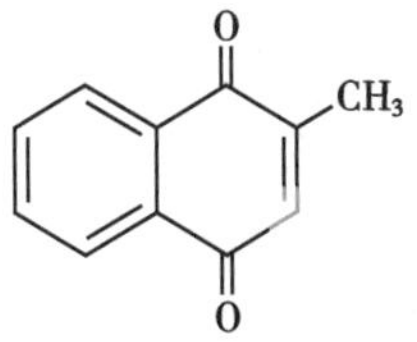

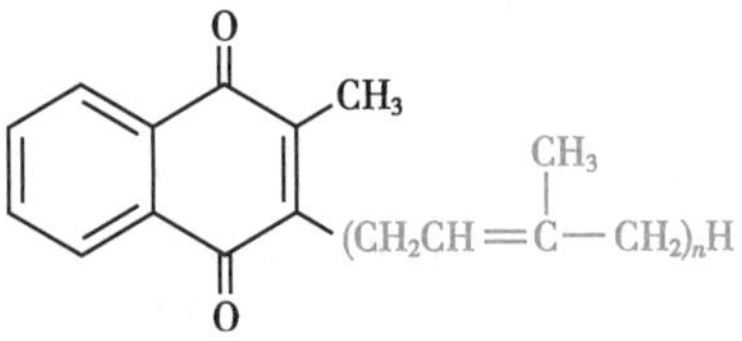

一般情况下人体不会缺乏维生素 K，因为维生素 K 在自然界绿色植物中含量丰富，另一方面人和哺乳动物的肠道中大肠埃希菌可以产生维生素 K。只有当长期口服抗生素使肠道菌群生长受抑制，或因脂肪吸收受阻，或因食物中缺乏绿色蔬菜，才会引起维生素 K 缺乏症。引起缺乏的原因不外乎胰腺疾病、胆管疾病及小肠黏膜萎缩或脂肪便等。新生儿由于肠道中缺乏细菌及吸收不良可能引起维生素 K 的缺乏。在正常小儿血液中的维生素 K 含量也可能稍低，但正常进食即可使其恢复正常。维生素 K 缺乏的主要症状是易出血。

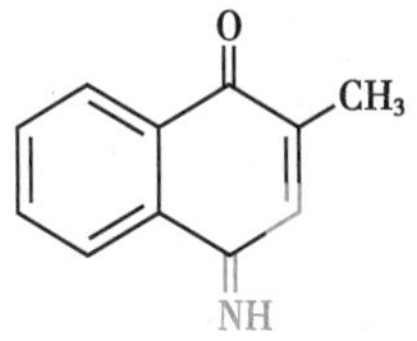

第四节　微　量　元　素

微量元素（microelement）是指人体每日的需要量在 100mg 以下的元素，主要包括有铁、碘、铜、锌、锰、硒、氟、钼、钴、铬等。虽然所需甚微，但生理作用十分重要。

一、铁

铁（iron）在微量元素中是体内含量最多的一种，约占体重的 0.005 7%，成年男性平均含铁量约为每千克体重 50mg，而女性略低，约为每千克体重 30mg。体内的铁约 75% 存在于铁卟啉化合物中，约 25% 存在于非铁卟啉类含铁化合物中，主要有含铁的黄素蛋白、铁硫蛋白、运铁蛋白等。成年男性及绝经后的妇女每日约需铁 1mg，经期妇女每日失铁约 1mg，孕妇每日需要量约为 3.6mg。

铁的吸收部位主要在十二指肠及空肠上段。无机铁以 Fe^{2+} 形式吸收，Fe^{3+} 很难吸收。络合物中铁的吸收大于无机铁，凡能将 Fe^{3+} 还原为 Fe^{2+} 的物质如谷胱甘肽、维生素 C 及能与铁离子络合的物质（如氨基酸、柠檬酸、苹果酸等）均有利于铁的吸收。因而，临床上常用硫酸亚铁、枸橼酸铁铵、富马酸铁（Fe^{2+} 与延胡索酸的络合物）等作为口服补铁剂。

在血液中铁与运铁蛋白（transferrin，Tf）结合而运输，而在肝内有铁的特殊载体。与 Tf 结合的是 Fe^{3+}，正常人血清 Tf 的浓度为 200~300mg/dl。

铁是血红蛋白、肌红蛋白、细胞色素系统、呼吸链的主要复合物、过氧化物酶及过氧化氢酶等的重要组成部分，铁缺乏时可导致贫血。

二、碘

成人体内含碘（iodine）20~50mg，其中大部分（15mg）集中在甲状腺内，合成甲状腺激素。按国际上推荐的标准，成人每日需碘 100~300mg，儿童则按每日每千克体重 1μg 计算。碘的吸收部位主要是小肠，吸收后的碘 70%~80% 被摄入甲状腺细胞内贮存、利用。机体在碘的利用、更新的同时，每日约有相当于肠道吸收量的碘排出,主要排出途径为尿碘,约占总排泄量的 85%,其他经汗腺排出。

碘在人体内的主要作用是参与甲状腺激素的组成,因适量的甲状腺激素有促进蛋白质合成、加速机体生长发育、调节能量的转换、利用和稳定中枢神经系统的结构和功能等重要作用,故碘对人体的功能极其重要。缺碘可引起地方性甲状腺肿,严重可致发育停滞、痴呆,如胎儿期缺碘可致呆小病;若摄入碘过多又可致高碘性甲状腺肿,表现为甲状腺功能亢进及一些中毒症状。

三、铜

铜(copper)在成人体内含量为 100~150mg,肌肉中约占 50%,10% 存在于肝脏。肝中铜的含量可反映体内的营养及平衡状况。按国际上的推荐量,成人每日每千克体重需 0.5~2.0mg,婴儿和儿童每日每千克体重需铜 0.5~1.0mg,孕妇和成长期的青少年需要量可略有增加。

铜主要在十二指肠吸收,铜的吸收受血浆铜蓝蛋白(ceruloplasmin)的调控,血浆铜蓝蛋白减少时,吸收增加。血液中约 60% 的铜与铜蓝蛋白紧密结合,其余的与清蛋白疏松结合或与组氨酸形成复合物。铜主要随胆汁排泄。

铜是体内多种酶的辅基,如细胞色素氧化酶、单胺氧化酶、酪氨酸酶、超氧化物歧化酶等。铜离子在电子传递给氧的过程中是不可缺少的,含铜的酶多以氧分子或氧的衍生物为底物。铜蓝蛋白可催化 Fe^{2+} 氧化成 Fe^{3+},在血浆中转化为运铁蛋白。铜缺乏时,会影响一些酶的活性,如细胞色素氧化酶活性下降可导致能量代谢障碍,表现出一些神经症状。铜缺乏也可导致 Hb 合成障碍,引起贫血。铜可通过增强血管生成素(angiopoietin)对内皮细胞的亲和力,增强血管内皮生长因子(VEGF)和相关细胞因子的表达与分泌,促进血管生成。故铜的络合剂有助于恶性肿瘤的治疗。

铜虽是体内不可缺少的元素,但摄入过多也会引起中毒现象,如蓝绿粪便以及唾液、行动障碍等。

四、锌

锌(zinc)在人体内的含量仅次于铁,为 2~3g,成人每日需锌 15~20mg。锌主要在小肠吸收,入血后与清蛋白或运铁蛋白结合而运输。小肠内有金属结合蛋白类物质能与锌结合,调节锌的吸收。某些地区的谷物中含有较多的 6- 磷酸肌醇,该物能与锌形成不溶性复合物,影响锌的吸收。体内储存的锌主要与金属硫蛋白结合,血锌浓度为 0.1~0.15mmol/L。体内的锌主要经粪、尿、汗液、乳汁等排泄。

锌是体内含锌金属酶的组成成分,与 80 多种酶的活性有关,如碳酸酐酶、醇脱氢酶、DNA 聚合酶、RNA 聚合酶等。许多蛋白质如反式作用因子、类固醇激素及甲状腺激素受体的 DNA 结合区,都有锌参与形成的锌指结构,在转录调控中起重要的作用。故缺锌必然会引起机体代谢紊乱。"伊朗乡村病"就是因食物中含较多的 6- 磷酸肌醇,影响锌的吸收而导致的缺锌疾病。锌还是机体重要的免疫调节剂、生长辅助因子,在抗氧化、抗细胞凋亡和抗炎中均起重要作用,缺乏锌可引起皮肤炎、伤口愈合缓慢、脱发、神经精神障碍等。

五、钴

钴(cobalt)在体内主要以维生素 B_{12} 的形式发挥作用,正常成人每日摄取钴约 300μg。人体对钴的最小需要量为 1μg,从食物中摄入的钴必须在肠内经细菌合成维生素 B_{12} 后才能被吸收利用。WHO 推荐成年男性及青少年每日维生素 B_{12} 需要量为 2μg,哺乳期妇女为 2.5~3μg。钴主要在十二指肠及回肠末端吸收,主要经肾排泄。

钴的缺乏可使维生素 B_{12} 缺乏,维生素 B_{12} 缺乏可引起巨幼细胞贫血。由于人体排钴能力强,很少有钴蓄积的现象发生。

六、锰

锰(manganese)在人体内含量为 12~20mg。成人每日需 2.5~7.0mg,儿童每日每千克体重需锰 0.3μg。锰主要从小肠吸收,入血后大部分与血浆中 $β_1$ 球蛋白(运锰蛋白)结合而运输,少量与运铁蛋白结合。锰在体内主要储存于骨、肝、胰和肾。锰主要从胆汁排泄,少量随胰液排出。

体内锰主要为多种酶的组成成分及活性剂,锰金属酶主要有精氨酸酶、谷氨酰胺合成酶、RNA聚合酶、含锰超氧化物歧化酶等。体内正常免疫功能、血糖与细胞能量调节、生殖、消化、骨骼生长、抗自由基等需要锰,缺锰时生长发育会受到影响。过量摄入锰可引起中毒,锰可抑制呼吸链中复合物Ⅰ和ATP酶的活性,造成氧自由基的过量产生。锰干扰多巴胺的代谢,导致精神病和锰中毒性帕金森综合征。工业生产上引起的锰中毒也时有报道,且无有效治疗方法,应加以预防。

七、硒

硒(selenium)在人体内含量为14~21mg,成人每日需要30~50μg。硒在十二指肠吸收,入血后与α及β球蛋白结合,小部分与VLDL结合而运输,主要随尿及汗液排泄。

硒在体内以硒半胱氨酸的形式存在于近30种蛋白质中,称为硒蛋白,谷胱甘肽过氧化物酶(GSH-Px)、硒蛋白P(Se-P)、硫氧还蛋白还原酶(Trx R)、碘化甲腺原氨酸脱碘酶均属此类。谷胱甘肽过氧化物酶是重要的含硒抗氧化蛋白,硒是其活性中心的组成部分,每分子该酶可与4个硒原子结合,谷胱甘肽过氧化物酶通过氧化谷胱甘肽来降低细胞内H_2O_2的含量,使有毒的过氧化物还原成相对无毒的羟化物,保护细胞膜,并加强维生素E的抗氧化作用。硒蛋白P是硒的转运蛋白,也是内皮系统的抗氧化剂。硫氧还蛋白还原酶参与调节细胞内氧化还原过程,刺激正常和肿瘤细胞的增殖,并参与DNA合成的修复机制。碘化甲腺原氨酸脱碘酶可激活或去激活甲状腺激素,这是硒通过调节甲状腺激素水平来维持机体生长、发育与代谢的重要途径。硒还参与辅酶Q和辅酶A的合成。学者认为大骨节病及克山病可能与缺硒有关。缺硒可引发很多疾病,如糖尿病、心血管疾病、神经变性疾病及某些癌症等。硒摄入过多也会引起中毒症状。

八、氟

氟(fluorine)在人体内含量为2~6g,其中90%分布于骨骼、牙齿,少量存在于指甲、毛发及神经、肌肉中。氟的生理需要量每日为0.5~1.0mg。氟主要从胃肠和呼吸道吸收,入血后与球蛋白结合,小部分以氟化物形式运输,血中氟含量约为20μmol/L,主要从尿中排泄。

氟与骨、牙的形成及钙、磷代谢密切相关。氟可被羟基磷灰石吸附,生成氟磷灰石,从而加强对龋齿的抵抗作用。缺氟可致骨质疏松,易发生骨折,牙釉质受损易碎。氟过多可引起骨脱钙和白内障,并对肾上腺、生殖腺等多种器官的功能有影响。

第五节 钙、磷及其代谢

钙(calcium)是人体内含量最多的无机元素之一,正常成人含量约为30mol(1 200g/70kg体重),仅次于碳、氢、氧和氮。正常成人含磷(phosphorus)约19.4mol(600g/70kg体重)。

一、钙、磷在体内的分布及其功能

(一)钙既是骨的主要成分又具有重要的调节作用

人体内99%以上的钙分布于骨中,以羟基磷灰石[$Ca_{10}(PO_4)_6(OH)_2$]的形式存在。钙是构成骨骼和牙齿的主要成分,起着支持和保护作用。成人血浆(或血清)中的钙含量为2.25~2.75mmol/L(9~11mg/dl),不到人体总量的0.1%,约一半是游离的Ca^{2+},另一半为蛋白结合钙,主要与清蛋白结合,少量与球蛋白结合。游离钙与蛋白结合钙在血浆中呈动态平衡状态。血浆pH可影响它们的平衡,当血浆偏酸时,蛋白结合钙解离,血浆游离钙增多;当pH升高时,蛋白结合钙增多,而游离钙减少。血钙的正常水平对于维持骨骼内骨盐的含量、血液凝固过程和神经肌肉的兴奋性具有重要的作用。

分布于体液和其他组织中的钙不足总钙量的1%。细胞外液游离钙的浓度为1.12~1.23mmol/L;细胞内钙浓度极低,且90%以上储存于内质网和线粒体内,胞质钙浓度仅0.1~1.0μmol/L。胞质钙作为第二信使在信号转导中发挥重要的生理作用。钙可启动骨骼肌和心肌细胞的收缩。

（二）磷是体内许多重要生物分子的组成成分

正常成人的磷主要分布于骨（约占85.7%），其次为各组织细胞（约14%），仅少量（约0.03%）分布于体液。成人血浆中无机磷的含量为1.1~1.3mmol/L（3.5~4.0mg/dl）。

磷除了构成骨盐成分和参与成骨作用外，还是核酸、核苷酸、磷脂、辅酶等重要生物分子的组成成分，发挥重要的生理功能。许多生化反应和代谢调节过程都需要磷酸根的参与。无机磷酸盐还是机体中重要的缓冲体系成分。

正常人血液中钙和磷的浓度相当恒定，每100ml血液中钙与磷含量之积为一常数，即[Ca]×[P]=35~40。因此，血钙降低时，血磷会略有增加。

（三）钙、磷代谢紊乱可引发多种疾病

维生素D缺乏可引发钙吸收障碍，导致儿童佝偻病和成人骨软化症。骨基质丧失和进行性骨骼脱盐可导致中老年人骨质疏松（osteoporosis），尤其是绝经期后妇女。甲状旁腺功能亢进与维生素D中毒可引发高钙血症、尿路结石等。甲状旁腺功能减退症则可引发低钙血症。

高磷血症常见于慢性肾病患者，与冠状动脉、心瓣膜钙化等严重心血管并发症密切相关；高磷血症还是引发继发性甲状旁腺功能亢进、维生素D代谢障碍、肾性骨病等的重要因素。维生素D缺乏也可减少肠腔磷酸盐的吸收，是引发低磷血症的原因之一。

二、钙和磷的代谢

（一）钙和磷的吸收与排泄受多种因素影响

牛奶、豆类和叶类蔬菜是人体内钙的主要来源。十二指肠和空肠上段是钙吸收的主要部位。钙盐在酸性溶液中易溶解，凡使消化道内pH下降的食物均有利于钙的吸收。维生素D能促进钙和磷的吸收。碱性磷酸盐、草酸盐和植酸盐可与钙形成不溶解的钙盐，不利于钙的吸收。钙的吸收随年龄的增长而下降。

正常成人肾小球每日滤过约9g游离钙，肾小管对钙的重吸收量与血钙浓度相关。血钙浓度降低可增加肾小管对钙的重吸收率，而血钙高时吸收率下降。肾对钙的重吸收受甲状旁腺激素的严格调控。

成人每日进食1.0~1.5g磷，食物中的有机磷酸酯和磷脂在消化液中磷酸酶的作用下，水解生成无机磷酸盐并在小肠上段被吸收。钙、镁、铁可与磷酸根生成不溶性化合物而影响其吸收。

肾小管对血磷的重吸收也取决于血磷水平，血磷浓度降低可增高磷的重吸收率。血钙增加可降低磷的重吸收。pH降低可增加磷的重吸收。甲状旁腺激素抑制血磷的重吸收，增加磷的排泄。

（二）骨内钙和磷代谢是体内钙、磷代谢的主要组成

由于体内大部位钙和磷存在于骨中，所以骨内钙、磷的代谢成为体内钙、磷代谢的主要组成。血钙与骨钙的相互转化对维持血钙浓度的相对稳定具有重要意义。

骨的组成中水占10%；有机物质占20%，主要的有机基质是Ⅰ型胶原；无机盐占70%，主要是羟基磷灰石。骨形成初期，成骨细胞分泌胶原，胶原聚合成胶原纤维，从而形成骨的有机基质。钙盐沉积于其表面，逐渐形成羟基磷灰石骨盐结晶。少量无定形骨盐与羟基磷灰石结合疏松，可与细胞外液进行钙交换，与体液钙形成动态平衡。碱性磷酸酶可以分解磷酸酯和焦磷酸盐，使局部无机磷酸盐浓度升高，有利于骨化作用。因此，血液碱性磷酸酶活性增高可作为骨化作用或成骨细胞活动的指标。

三、钙和磷代谢的调节

调节钙代谢的主要激素有活性维生素D[1,25-$(OH)_2$-D_3]、甲状旁腺激素（parathyroid hormone，PTH）和降钙素（calcitonin，CT）。主要调节的靶器官有小肠、肾和骨。血钙与血磷在1,25-$(OH)_2$-D_3、PTH和CT的协同作用下维持其正常的动态平衡。

（一）降钙素是唯一降低血钙浓度的激素

降钙素是甲状腺C细胞合成的由32个氨基酸残基组成的多肽，其作用靶器官为骨和肾。CT通过抑制破骨细胞的活性和激活成骨细胞,促进骨盐沉积,从而降低血钙与血磷含量。CT 还抑制肾小管对钙、磷的重吸收。CT 的总体作用是降低血钙与血磷。

> **思考题 4-6**:为何临床上用鲑鱼降钙素治疗骨质疏松症?

(二) 甲状旁腺激素具有升高血钙和降低血磷的作用

甲状旁腺激素是甲状旁腺分泌的由 84 个氨基酸残基组成的蛋白质,其主要作用靶器官是骨和肾。PTH 刺激破骨细胞的活化,促进骨盐溶解,使血钙与血磷增高。PTH 促进肾小管对钙的重吸收,抑制对磷的重吸收。同时 PTH 还可刺激肾合成 $1,25\text{-}(OH)_2\text{-}D_3$,从而间接地促进小肠对钙、磷的吸收。PTH 的总体作用是使血钙升高。

(三) 维生素 D 促进小肠钙的吸收和骨盐沉积

$1,25\text{-}(OH)_2\text{-}D_3$ 对钙、磷代谢作用的主要靶器官是小肠和骨。$1,25\text{-}(OH)_2\text{-}D_3$ 与小肠黏膜细胞特异的胞质受体结合后,进入细胞核,刺激钙结合蛋白基因表达与蛋白质合成。钙结合蛋白作为载体蛋白促进小肠对钙的吸收。同时磷的吸收也随之增加。生理剂量的 $1,25\text{-}(OH)_2\text{-}D_3$ 可促进骨盐沉积,同时还可刺激成骨细胞分泌胶原,促进骨基质的成熟,有利于成骨。

小　结

维生素是机体维持正常生理功能所必需,但在体内含量极微、不能合成或合成量很少,必须由食物供给的一组低分子量有机物质。这类化合物天然存在于食物中,在物质代谢过程中发挥各自特有的生理功能。维生素种类多,可分为脂溶性维生素和水溶性维生素两大类。

水溶性维生素包括 B 族维生素和维生素 C 两类。B 族维生素又包括维生素 B_1、B_2、B_6、B_{12},以及维生素 PP、泛酸、叶酸、生物素等。维生素 B_1,其体内的活性形式为焦磷酸硫胺素(TPP),TPP 是 α-酮酸氧化脱羧酶系的辅酶。维生素 B_2 又名核黄素,FMN 及 FAD 为其活性型,它们是体内氧化还原酶的辅基。维生素 PP 的体内的活性型为 NAD^+ 和 $NADP^+$,它们是体内多种不需氧脱氢酶的辅酶。维生素 B_6 在氨基酸的转氨基作用和脱羧作用中起辅酶作用,与氨基酸代谢密切相关。泛酸又称遍多酸,CoA 及 ACP 为泛酸在体内的活性型,它们构成了酰基转移酶的辅酶。生物素是体内多种羧化酶的辅酶。四氢叶酸是体内一碳单位转移酶的辅酶。维生素 B_{12} 是含金属元素钴的维生素,参与体内甲基的转移反应。α-硫辛酸是一种酰基载体,为硫辛酸乙酰转移酶的辅酶。维生素 C 参与体内氧化还原反应,能使巯基酶的 -SH 维持还原状态。

脂溶性维生素包括维生素 A、D、E、K,它们不溶于水,而溶于脂类及多数有机溶剂。维生素 A 构成视觉细胞感光物质。维生素 D 的活性形式 $1,25\text{-}(OH)_2\text{-}D_3$ 可促进钙吸收,维持血浆中钙、磷浓度的正常水平。维生素 E 是体内重要的抗氧化剂,避免脂质过氧化物的产生,保护生物膜的结构与功能。维生素 K 为 γ-谷氨酰羧化酶的辅助因子,具有促凝血作用。

微量元素是指人体每日的需要量在 100mg 以下的元素,主要包括有铁、碘、铜、锌、锰、硒、氟、钼、钴、铬等。虽然所需甚微,但生理作用十分重要。钙和磷是人体内含量最多的无机元素之一。活性维生素 D、甲状旁腺激素和降钙素参与体内钙磷调节。

练习题

1. 简述所有 B 族维生素的活性形式和生物学功能。
2. 简述脂溶性维生素 A、D、E、K 的生物学功能。
3. 什么是微量元素? 举例说明微量元素发挥生物功能的作用机制。
4. 人体是如何调节钙、磷代谢? 举例说明治疗骨质疏松症药物的作用机制。

5. 试述维生素 E 作为抗氧化剂的作用机制。

6. 请指出哪几种维生素的活性形式属于核苷酸类衍生物,并掌握它们的结构和作用机制。

（刘　煜）

第四章同步练习

第五章
酶

ER0501
第五章课件

1926年,Sumner从刀豆中分离获得了脲酶(urease)结晶,并提出酶的化学本质是一种蛋白质。后来Northrop等得到了胃蛋白酶、胰蛋白酶和胰凝乳蛋白酶的结晶,进一步确认酶的蛋白质本质。现在已经发现生物体内存在的酶有数千种,其中数百种酶已得到了结晶。

生物体内一切化学反应,几乎都是在酶催化下进行的,只要有生命的地方就有酶在发挥作用,生命不能离开酶而存在。酶量与酶活性的改变都会引起代谢的异常乃至生命活动的停止。由于酶独特的催化功能,使它在工业、农业和医疗卫生等领域具有重大实用意义。酶的高效率和专一性及其反应条件温和的特性是普通化学催化反应所无法比拟的。其研究成果给催化理论、催化剂的设计、对药物的设计及其作用原理的了解、疾病的诊断和治疗以及遗传和变异等方面提供了理论依据和新概念。

第一节　酶是生物催化剂

一、酶的生物学功能

绝大多数酶的本质是蛋白质或蛋白质与辅酶的复合体,后发现生物体内有某些RNA分子也具有酶活性,这些化学本质为RNA的酶称为核酶,从而打破了所有酶的化学本质都是蛋白质的传统概念。因此,酶(enzyme)是生物体内一类具有催化活性和特定空间构象的生物大分子,包括蛋白质类酶和核酶。本章主要讨论蛋白质为主体的蛋白质类酶,即酶是由生物细胞产生,以蛋白质为主要成分的生物催化剂。

酶和一般催化剂一样,仅能催化或加速热力学上可能进行的反应,酶绝不能改变反应的平衡常数;酶本身在反应前后不发生变化。酶与一般的催化剂相比又表现出许多不同特点:①酶的主要成分是蛋白质,极易受外界条件的影响,如对热非常敏感,容易变性失去催化活性。所以酶作用一般都要求比较温和的条件,如常温、常压、接近中性的酸碱度。②酶的催化效率非常高,酶促反应比相应的非酶促反应要快$10^3 \sim 10^{17}$倍,如存在于血液中的碳酸酐酶的催化效率是每个酶分子在1秒内,可以使10^5个二氧化碳分子发生水合反应生成碳酸,比非酶反应快10^7倍。③酶具有高度的专一性,酶对所作用的物质(称为底物)有严格的选择性,通常一种酶只能作用于某一类或某一种特定的物质,这也说明酶对底物的化学结构和空间结构有严格要求。④酶的催化活性是受到调节和控制的,它的调控方式很多,包括反馈调节、抑制剂调节、共价修饰调节、变构调节、酶原激活及激素控制等。⑤酶可催化某些特异的化学反应,体内某些物质的合成只能由酶促反应完成。如某些蛋白质、多肽、核酸以及其他一些生物活性物质的合成都要通过酶促反应进行。

二、酶的分类与命名

(一) 酶的分类

依据国际酶学委员会(IEC)的规定,按催化反应的类型可分 7 大类。

1. 氧化还原酶(oxidoreductase)　催化底物进行氧化还原的酶类。如乳酸脱氢酶、琥珀酸脱氢酶、细胞色素氧化酶、过氧化氢酶、过氧化物酶等。

2. 转移酶(transferase)　催化某些特殊基团在不同底物分子之间进行转移或交换的酶类。如甲基转移酶、氨基转移酶、己糖激酶、磷酸化酶等。

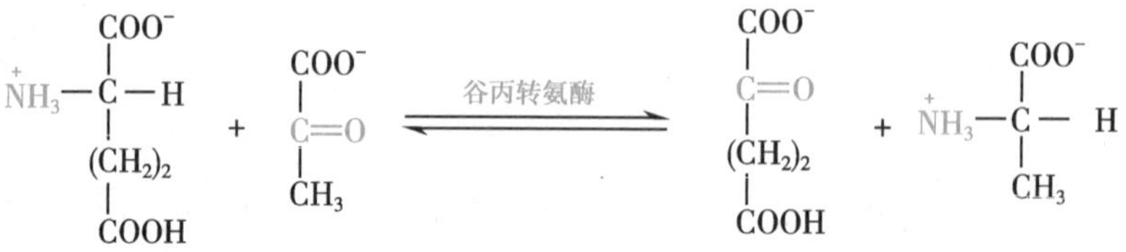

3. 水解酶(hydrolase)　催化底物发生水解反应的酶类,催化反应实际上需要水为底物,如淀粉酶、蛋白酶、脂肪酶、磷酸酶等。

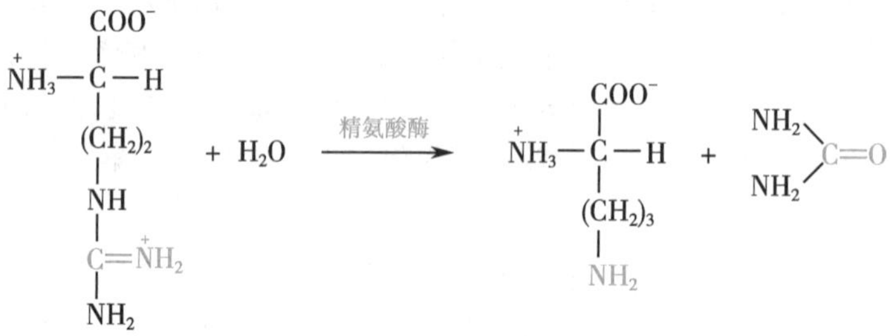

4. 裂合酶(lyase)　催化从底物分子移去某个基团或部分,并在产物分子中形成双键反应的酶类,如脱羧酶、碳酸酐酶、醛缩酶等。因裂合酶还能催化其逆反应即于双键上加上某一个基团,故又称合酶(synthase),它不同于第六类的合成酶,不需要 ATP 供能。

5. 异构酶(isomerase)　催化各种同分异构体之间相互转化的酶类,不涉及大基团在不同碳原子的转移,如磷酸丙糖异构酶、消旋酶等。

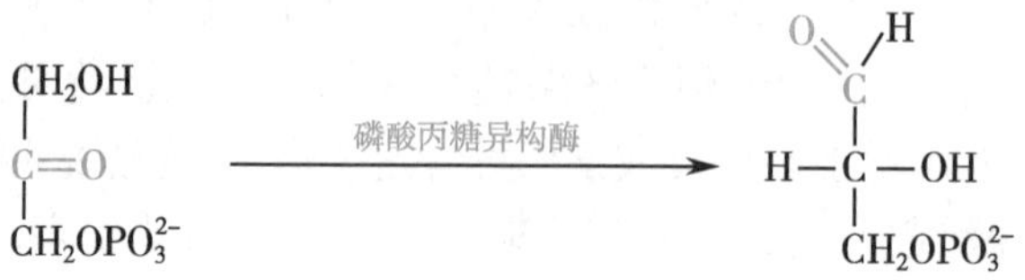

6. 合成酶(synthetase)或称连接酶(ligase) 催化两分子底物合成为一分子化合物,同时还常偶联有 ATP 参与的酶类,如谷氨酰胺合成酶等。

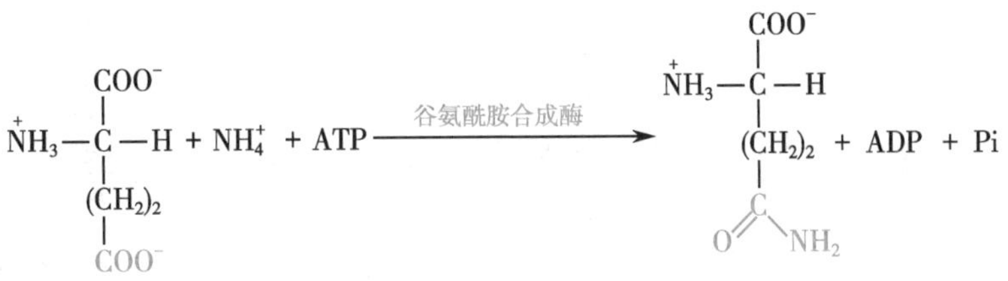

7. 易位酶(translocase) 2018 年国际生物化学与分子生物学联盟(IUBMB)下属的酶学委员会在酶的分类上,增加了第七类酶,即易位酶,许多参与跨膜转运的蛋白质属于此类酶,如位于线粒体内膜上腺苷酸易位酶(adenine nucleotide translocase,ANT)。

(二)酶的命名

1. 习惯命名法

(1)一般采用底物加反应类型而命名,如蛋白水解酶、乳酸脱氢酶、磷酸己糖异构酶等。

(2)对水解酶类,只用底物名称即可,如蔗糖酶、胆碱酯酶、蛋白酶等。

(3)有时在底物名称前冠以酶的来源,如血清谷氨酸丙酮酸转氨酶、唾液淀粉酶等。

2. 系统命名法 鉴于新种类酶的不断发现和过去文献中命名的混乱,国际酶学委员会规定了一套系统命名法,一种酶只有一个名称。它包括 4 个用阿拉伯数字分类的酶编号。编号中第一个数字表示该酶属于七大类中的哪一类;第二个数字表示该酶属于哪一个亚类;第三个数字表示亚亚类;第四个数字是该酶在亚亚类中的排序。例如,对催化下列反应的酶命名:

$$ATP+D\text{-葡萄糖} \longrightarrow ADP+D\text{-葡糖}\text{-6-磷酸}$$

该酶的习惯命名是 ATP 葡萄糖磷酸转移酶,催化从 ATP 中转移 1 个磷酸基团到葡萄糖分子上的反应。它的系统命名分类数字是:EC 2.7.1.1,EC 代表按国际酶学委员会(enzyme commission)的规定命名,第 1 个数字 2 代表酶的分类名称(转移酶类),第 2 个数字 7 代表亚类(磷酸转移酶类),第 3 个数字 1 代表亚亚类(以羟基作为受体的磷酸转移酶类),第 4 个数字 1 代表该酶在亚亚类中的排列序号。因此,每种酶的系统命名均由 4 个阿拉伯数字组成,数字前冠以酶学委员会缩写 EC,如表 5-1 所示。

表 5-1 代表酶的命名举例

编号	推荐名称	系统名称	催化反应
EC 1.1.1.1	乙醇脱氢酶	乙醇:NAD⁺ 氧化还原酶	乙醇 +NAD+ →乙醛 +NADH+H⁺
EC 2.6.1.2	谷丙转氨酶	Glu:丙酮酸转氨酶	Glu+ 丙酮酸→ Ala+α- 酮戊二酸
EC 3.1.1.7	乙酰胆碱酯酶	乙酰胆碱水解酶	乙酰胆碱 +H_2O →胆碱 + 乙酸
EC 4.2.1.2	延胡索酸酶	延胡索酸水化酶	延胡索酸 +H_2O →琥珀酸
EC 5.3.1.1	磷酸丙糖异构酶	磷酸丙糖异构酶	甘油醛 -3- 磷酸→磷酸二羟丙酮
EC 6.3.1.1	天冬酰胺合成酶	天冬氨酸:NH_3:ATP 合成酶	Asp+ATP+NH_3 → Asn+ADP+Pi

国际酶学委员会规定,在以酶作为主要论题的文章里,应该把它的系统命名和来源在第一次叙述时写出,以后可按习惯,采用习惯命名或系统命名的名称。

三、酶的专一性

ER0502

酶的专一性
（微课）

　　受酶催化的反应物称为该酶的底物(substrate)或作用物。一种酶只催化一种底物或一类底物转化生成产物。酶对底物的专一性(specificity)通常分为以下几种。

　　1. 立体化学专一性(stereospecificity)　立体化学专一性是从底物的立体化学性质来考虑的一种专一性,可分为两类。

　　(1)立体异构专一性:当底物具有立体异构体时,酶只能作用于其中一种。例如 L- 氨基酸氧化酶只催化 L- 氨基酸氧化,对 D- 氨基酸无作用。精氨酸酶只催化 L- 精氨酸水解,对 D- 精氨酸则无效。

　　底物分子没有不对称碳原子,而酶促反应产物含有不对称碳原子时,该底物受酶催化后,往往只得到一种立体异构体。如丙酮酸受乳酸脱氢酶催化还原时,只产生 L- 乳酸。再如氨酰 tRNA 合成酶只结合 L- 氨基酸,而不结合 D- 氨基酸,因此天然蛋白质分子中没有 D- 氨基酸。

$$
\begin{array}{ccc}
\text{CH}_3 & & \text{CH}_3 \\
| & & | \\
\text{C=O} \quad + \quad 2\text{H} \xrightarrow{\text{乳酸脱氢酶}} & & \text{HO—C—H} \\
| & & | \\
\text{COOH} & & \text{COOH} \\
\text{丙酮酸} & & \text{L-乳酸}
\end{array}
$$

　　酶的立体专一性在实践中很有意义,如有机合成的药物一般是混合构型产物,但某些药物只有某一种构型才有生理效应,这时可用酶进行不对称合成或不对称拆分。如用乙酰化酶制备 L- 氨基酸时,将有机合成的 D,L- 氨基酸经乙酰化后,再用乙酰化酶处理,这时只有乙酰 -L- 氨基酸被水解,便可将 L- 氨基酸与乙酰 -D- 氨基酸分开。

　　(2)几何异构专一性:有些酶只能作用于顺反异构体中的一种,这种作用称为几何异构专一性。例如,延胡索酸酶只催化延胡索酸(反丁烯二酸)加水生成 L- 苹果酸,对顺丁烯二酸(马来酸)则无作用。

$$
\begin{array}{ccc}
\text{HOOC—C—H} & & \text{COOH} \\
\| \quad\quad\quad + \quad \text{H}_2\text{O} \xrightarrow{\text{延胡索酸酶}} & & | \\
\text{H—C—COOH} & & \text{HO—C—H} \\
& & | \\
& & \text{CH}_2 \\
& & | \\
& & \text{COOH} \\
\text{延胡索酸(反丁烯二酸)} & & \text{L-苹果酸}
\end{array}
$$

　　2. 非立体化学专一性　如果一种酶不具有立体化学专一性,则可从底物的化学键及组成该键的基团来考虑其专一性。非立体化学专一性可分为三类。

　　(1)键专一性:在键专一性中,对酶来说,重要的是连接 A 和 B 的键必须"正确"。例如,酯酶作用的键必须是酯键,而对构成酯键的有机酸和醇(或酚)则无严格要求。

(2)基团专一性:具有基团专一性的酶除了需要有"正确"的化学键以外,还需要基团 A 和 B 中的一侧必须"正确"。如胰蛋白酶作用于蛋白质的肽键,此肽键的羧基必须由赖氨酸或精氨酸提供,而对肽键的氨基部分不严格要求。胰蛋白酶作用如下式:

$$\begin{array}{ccccccc} & H & O & & H & O & \\ & | & \| & & | & \| & \\ -N-C-C-N-C-C- \\ & | & | & & | & | \\ & H & R' & & H & R \end{array}$$

赖氨酸
或
精氨酸　水解部位

(3)绝对专一性(absolute specificity):如以 A-B 为底物,可认为它是由 3 部分所组成,即 A、B 与连接它们的键。具有绝对专一性的酶要求底物的键和 A、B 都必须是严格的"正确",否则无作用。如脲酶只催化尿素的水解,对其他尿素的衍生物,如硫脲,都不起催化作用。

为解释酶作用的专一性,科学家提出了以下三种主要假说。

(1)Fischer 曾提出"锁钥学说",认为酶与底物之间在结构上就像一把钥匙插入到一把锁中去一样有严格的互补关系,底物是专一的,这一学说可用于解释绝对专一性。

(2)Koshland 提出的诱导契合学说(induced fit theory),认为酶分子与底物的结合是动态的契合,当酶分子与底物分子接近时,酶蛋白受底物分子的诱导,其构象发生有利于同底物结合的变化,酶与底物在此基础上互补契合进行反应(图 5-1)。

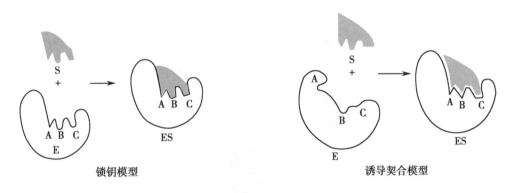

锁钥模型　　　　　　　　　　诱导契合模型

图 5-1　酶作用专一性学说

近年来 X 射线衍射分析的实验结果支持这一学说,证明了酶与底物结合时,确有显著的构象改变。以 X 射线衍射分析发现未结合底物的自由羧肽酶与结合了甘氨酰酪氨酸底物的羧肽酶在构象上有很大的区别。溶菌酶和弹性蛋白酶的 X 射线衍射分析也得到类似的结果。这些都是"诱导契合"学说的有力证明。又例如,己糖激酶催化 ATP 分子中的 γ- 磷酸基团转移给葡萄糖分子的 6 位羟基,生成葡糖 - 6 - 磷酸。但是水和葡萄糖分子都有羟基,都可以进入己糖激酶的活性中心,但转移给葡萄糖的效率是给水分子的 10^5 倍,该现象无法用锁钥学说解释,但可以用诱导契合学说解释。

β-D-葡萄糖　　　　　　Mg·ATP → Mg·ADP，己糖激酶　　　　　　葡糖-6-磷酸

因为只有葡萄糖分子进入活性中心后才能诱导活性中心构象变化,使两叶相向移动,活性中心的裂缝闭合,这样就为底物创造了更为疏水的环境。除了葡萄糖的 6 位羟基外,其他都被疏水氨基酸残基的侧链所包围,有利于 ATP 的转移。其次,通过构象改变赶走了占据活性中心的水分子,防止酶将磷酸基团误交给水分子而导致 ATP 水解副反应的产生(图 5-2)。

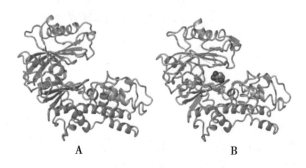

A. 结合底物前;B. 结合底物后

图 5-2　己糖激酶的空间构象

(3)三点附着学说:该学说认为,底物在活性中心的结合有 3 个结合点,只有当这 3 个结合点都匹配的时候,酶才会催化相应的反应。该学说可解释酶的立体专一性,比如对映异构体的一个基团就不能匹配,所以酶只能催化其中一种构型的底物。如顺乌头酸酶催化柠檬酸生成异柠檬酸反应中,柠檬酸分子中的3 个基团要与酶分子活性中心上的 3 个结合点相匹配,才能生成相应的异柠檬酸产物(图 5-3)。

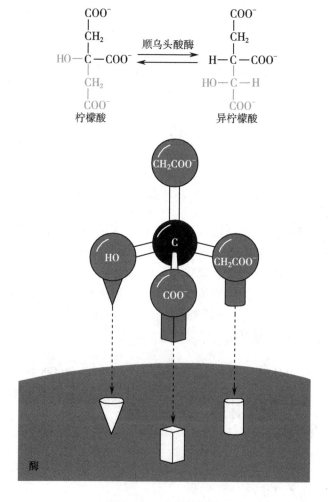

图 5-3　三点附着学说

第二节　酶的组成与结构

一、酶的化学本质是蛋白质

目前发现,除了核酶外,几乎所有酶都是蛋白质。酶和其他蛋白质一样,按其分子组成可分为简单蛋白质和结合蛋白质两类。酶的催化活性取决于其蛋白质空间构象的完整性。

有些酶的活性仅仅决定于它的蛋白质结构,如水解酶类(淀粉酶、蛋白酶、脂肪酶、纤维素酶、脲酶等),这些酶的结构由简单蛋白质构成,故称为单纯酶;另一些酶,其结构中除含有蛋白质外,还含有非蛋白质部分,如大多数氧化还原酶类,这些酶称为结合酶(conjugated enzyme)。在结合酶中,蛋白质部分称为酶蛋白(apoenzyme),非蛋白质部分统称为辅因子(cofactor)。辅因子又可分成辅酶(coenzyme)和辅基(prosthetic group)两类。酶蛋白与辅因子结合成的完整分子称为全酶(holoenzyme),即全酶 = 酶蛋白 + 辅因子(辅酶或辅基)。只有全酶才有催化活性,将酶蛋白和辅因子分开后均无催化作用。

根据酶蛋白的特点和分子大小又把酶分成三类。

1. 单体酶(monomeric enzyme)　单体酶只有一条多肽链。属于这类的酶很少,大多是催化水解反应的酶,它们的分子量较小,为 13 000~35 000Da。这类酶有核糖核酸酶、胰蛋白酶、溶菌酶等。

2. 寡聚酶(oligomeric enzyme)　这类酶由几条至几十条多肽链亚基组成,这些多肽链可以相同或不同。多肽链之间不是共价结合,彼此很容易分开。寡聚酶分子量可从 35 000 至几百万道尔顿。己糖激酶、甘油醛 -3- 磷酸脱氢酶等都属于这类酶。

3. 多酶体系(multienzyme system)　多酶体系是由几种酶彼此嵌合形成的复合体,这有利于一系列反应的连续进行,如丙酮酸脱氢酶系。这类多酶复合体的分子量很高,一般都在几百万道尔顿以上。

二、酶蛋白与活性中心

酶的分子结构是酶功能的物质基础,各种酶的生物学活性之所以有专一性和高效性,都是由其分子结构的特殊性决定的。酶的催化活性不仅与酶分子的一级结构有关,而且与其高级构象有关。如果酶蛋白变性或解离成亚基,则酶的催化活性通常会丧失,如果酶蛋白分解成其组成的氨基酸,则其催化活性会完全丧失。所以酶具有完整的一、二、三和四级结构是维持其催化活性所必需的。

实验证明,酶的催化活性只集中表现在少数几个特异氨基酸残基所形成的某一区域。例如,木瓜蛋白酶由 212 个氨基酸残基组成,当用氨基肽酶从 N 端水解掉分子中的 2/3 肽链后,剩下的 1/3 肽链仍保持活性的 99%,说明木瓜蛋白酶的生物活性集中在肽链 C 端的少数氨基酸残基及其所构成的空间结构区域。这些特异氨基酸残基比较集中并构成一定构象,此结构区域与酶活性直接相关,称为酶的活性中心(active center)。酶的活性中心是酶与底物结合并发挥催化作用的部位,一般处于酶分子的表面或裂隙中。活性中心的化学基团,实际上是某些氨基酸残基的侧链或肽链的末端氨基和羧基,这些基团一般不集中在肽链的某一区域,更不互相毗邻,往往在一级结构相距较远,甚至可分散在不同肽链上。主要依靠酶分子的二级和三级结构的形成(即肽链的盘曲和折叠)才使这些在一级结构上互相远离的基团靠近,集中于分子表面的某一空间区域,故 "活性中心" 又称活性部位(active site)。如 α- 糜蛋白酶其一级结构中含 5 对二硫键,活性中心内含 His[57]、Asp[102] 和 Ser[195] 这 3 种在一级结构中位置相距较远的氨基酸残基(图 5-4A),当形成空间结构时,活性中心的关键氨基酸残基即相互靠近,集中于特定空间区域起催化作用(图 5-4B)。对于需要辅酶或辅基的酶,其辅助因子也是活性中心的重要组成部分。

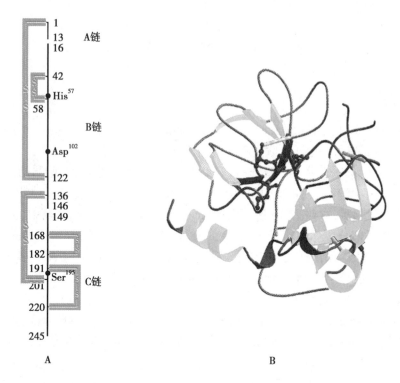

A.α-糜蛋白酶的一级结构；B.α-糜蛋白酶的空间结构与活性中心

图 5-4　α-糜蛋白酶的一级结构与空间结构

　　酶的活性中心内的一些化学基团,是酶与底物直接作用发挥催化作用的有效基团,故称为活性中心内的必需基团(essential group)。但酶活性中心外还有一些基团虽然不与底物直接作用,却与维持整个分子的空间构象有关,这些基团可使活性中心的各个有关基团保持最适的空间位置,间接地对酶的催化作用发挥其必不可少的作用,这些基团称为活性中心外的必需基团。

　　就功能而论,活性部位内的几个氨基酸侧链基团,又可分为底物结合部位和催化部位。底物结合部位是与底物特异结合的部位,因此也称特异性决定部位。催化部位直接参与催化反应,底物的敏感键在此部位被切断、形成新键,并生成产物(图 5-5)。

图 5-5　胰凝乳蛋白酶活性部位示意图

　　催化部位和底物结合部位并不是各自独立存在的,而是相互关联的整体。往往催化效率能否充分发挥,在很大程度上,取决于底物结合的位置是否合适。也就是说,底物结合部位的作用,不单单是固定底物,而且要使底物处于被催化的最优位置。酶的催化部位与底物结合部位之间的相对位置很重要。酶的活性中心与酶蛋白的空间构象的完整性是辩证统一的关系,当外界物理化学因素破坏了酶的结构时,首先就可能影响活性中心的特定构象,结果就必然影响酶活力。

　　综上所述,酶的结合部位、催化部位和必需基团,在酶的催化作用上都是重要的,它们之间的关系如下。

$$\text{必需基团}\begin{cases}\text{活性中心或活性部位}\begin{cases}\text{底物结合部位}\\\text{催化部位}\end{cases}\\\text{活性中心外的必需基团}\end{cases}$$

　　具有相似催化作用的酶往往具有相似的活性中心。如多种蛋白质水解酶的活性中心均含有丝氨酸和组氨酸残基,处于这两个氨基酸附近的氨基酸残基顺序也十分相似。有些酶在一条酶蛋白肽链上可以形成多种催化活性中心,完成多种催化反应,称为多功能酶(multifunctional enzyme),如大肠埃希菌 DNA 聚合酶 I 一条多肽链上具有催化 DNA 链合成、3′-5′ 核酸外切酶和 5′-3′ 核酸外切酶的活性中心。

三、酶的辅助因子与功能

酶的辅助因子包括辅酶和辅基。与酶蛋白结合比较疏松（一般为非共价结合），可用透析方法除去的称为辅酶；与酶蛋白结合牢固（一般以共价键结合），不能用透析方法除去的称为辅基。

辅酶及辅基从其化学本质来看可分为两类：一类为无机金属元素，如铜、锌、镁、锰、铁等（表 5-2）；另一类为小分子的有机物，如维生素、铁卟啉等（表 5-3）。

表 5-2 酶分子中含有或需要的无机元素举例

无机元素	酶	无机元素	酶
Fe^{2+} 或 Fe^{3+}	细胞色素	Ca^{2+}	α- 淀粉酶（也需 Cl^-）
Cu^{2+}	细胞色素氧化酶	K^+	丙酮酸激酶（也需 Mn^{2+} 或 Mg^{2+}）
Zn^{2+}	羧基肽酶	Na^+	质膜 ATP 酶（也需 K^+ 或 Mg^{2+}）
Mg^{2+}	己糖激酶	Mo^{3+}	黄嘌呤氧化酶
Mn^{2+}	精氨酸酶	Se	谷胱甘肽过氧化物酶

表 5-3 B 族维生素及其辅助因子形式

B 族维生素	酶	辅助因子的形式	辅助因子的作用
维生素 B_1（硫胺素）	α- 酮酸脱羧酶	焦磷酸硫胺素（TPP）	醛基转移和 α- 酮酸氧化脱羧作用
硫辛酸	α- 酮酸脱氢酶复合体	二硫辛酸（$L\big\langle\begin{smallmatrix}S\\\|\\S\end{smallmatrix}$）	α- 酮酸氧化脱羧
泛酸	乙酰化酶等	辅酶 A（CoA）	转移酰基
维生素 B_2（核黄素）	各种黄酶	黄素单核苷酸（FMN）黄素腺嘌呤二核苷酸（FAD）	传递氢原子
维生素 PP（烟酸和烟酰胺）	多种脱氢酶	烟酰腺嘌呤二核苷酸（NAD^+）烟酰腺嘌呤二核苷酸磷酸（$NADP^+$）	传递氢原子
生物素	羧化酶	生物素	传递 CO_2
叶酸	甲基转移酶	四氢叶酸（THF）	"一碳基团"转移
维生素 B_{12}（钴胺素）	甲基转移酶	5- 甲基钴胺素、5- 脱氧腺苷钴胺素	甲基转移
维生素 B_6（吡哆醛）	转氨酶	磷酸吡哆醛	转氨、脱羧、消旋反应

（一）无机离子作为辅助因子的功能

有些金属离子与酶蛋白结合牢固，即为辅基，如黄嘌呤氧化酶中含 Cu^{2+}、Mo^{3+}；有些酶本身不含金属离子，必须加入金属离子才有活性，此种金属离子常被称为激活剂（activator），可称为辅酶，如 Mg^{2+} 可活化多种酶。无机离子在酶分子中的作用有以下几方面。

1. 无机离子维持酶分子活性构象，甚至参与活性中心，如羧基肽酶 A 中的 Zn^{2+}。

2. 无机离子在酶分子中通过本身的氧化还原而传递电子，如各种细胞色素中的 Fe^{3+} 与 Cu^{2+}。

3. 无机离子在酶与底物之间起桥梁作用，将酶与底物连接起来，如各种激酶依赖 Mg^{2+} 与 ATP 结合，再发挥作用。

4. 利用离子的电荷影响酶的活性，如中和电荷等。α- 淀粉酶利用 Cl^- 中和电荷，以利其与淀粉结合。

（二）维生素作为辅助因子的功能

在水溶性维生素中，除维生素 C 外，总称为 B 族维生素。几乎所有的 B 族维生素均可作为辅助因子（辅基或辅酶），是许多酶发挥其催化活性所必需的重要组成部分，对酶所催化的反应发挥多种生物学功能（表 5-3）。某种 B 族维生素缺乏往往会导致各种酶促反应的障碍，以致代谢反应失常。

维生素作为辅酶和辅基在酶促反应中主要起着传递氢、传递电子或转移某些化学基团的作用。体内酶的种类很多,而辅酶(或辅基)的种类却相对较少。通常一种酶蛋白只能与一种辅助因子结合形成全酶。但一种辅因子往往能与多种不同的酶蛋白结合,如 NAD^+ 和 $NADP^+$ 可与多种脱氢酶结合,发挥递氢作用。可见决定酶催化反应对底物的专一性和高效性的是酶蛋白部分,而辅基或辅酶则决定酶催化反应的类型,如脱氢反应和基团转移反应等。

蛋白质类辅酶

四、酶的结构与功能

(一) 酶的活性中心与酶作用的专一性

酶作用的专一性主要取决于酶活性中心的结构特异性。如胰蛋白酶催化碱性氨基酸(Lys 和 Arg)的羧基所形成的肽键水解,而胰凝乳蛋白酶则催化芳香族氨基酸(Phe、Tyr 和 Trp)的羧基所形成的肽键水解。X 射线衍射结果显示胰蛋白酶分子的活性中心丝氨酸残基附近有一凹陷,其中含有 189 位带负电荷的天冬氨酸侧链(为结合基团),故易与底物蛋白质中带正电荷的碱性氨基酸侧链形成离子键而结合成中间产物;而胰凝乳蛋白酶活性中心凹陷中则有非极性氨基酸侧链,可供芳香族侧链或其他大的非极性脂肪族侧链伸入,通过疏水作用而结合,故这两种蛋白酶有不同的底物专一性(图 5-6)。

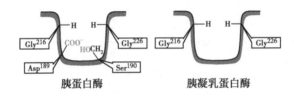

胰蛋白酶　　　　　　胰凝乳蛋白酶

图 5-6　胰蛋白酶与胰凝乳蛋白酶活性中心的结构特异性

(二) 空间结构与催化活性

酶的活性不仅与一级结构有关,并且与其空间构象紧密相关,在酶活性的表现上,有时空间构象比一级结构更为重要。因为活性中心需借助于一定的空间结构才得以维持,有时只要酶活性中心各基团的空间位置得以维持就能保持全酶的活性,而一级结构的轻微改变并不影响酶活性。如牛胰核糖核酸酶由 124 个氨基酸残基组成,其活性中心为 His^{12} 及 His^{119},当用枯草杆菌蛋白酶(舒替兰酶)将其中的 Ala^{20}-Ser^{21} 的肽键水解后,得到 N 端 20 肽(1~20)和另一个 104 肽(21~124)两个片段,前者称 S 肽,后者称 S 蛋白。S 肽含有 His^{12},而 S 蛋白含有 His^{119},两者单独存在时均无活力,但在 pH 为 7.0 的介质中,使两者按 1:1 重组时,两个肽段之间的肽键并未恢复,但酶活性却能恢复。这是 S 肽通过氢键及疏水键与 S 蛋白结合,使 His^{12}又与 His^{119} 互相靠近,恢复了表现酶活力的空间构象的缘故(图 5-7)。由此可见,保持活性中心的空间结构是维持酶活性所必需的。

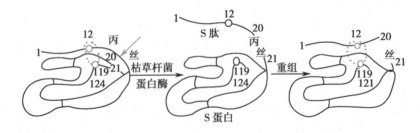

图 5-7　牛胰核糖核酸酶分子的切断与重组

(三) 酶原激活

某些酶在细胞内合成或初分泌时没有活性,这些无活性的酶前体称为酶原(zymogen),使酶原转变为有活性酶的过程称为酶原激活(zymogen activation)。酶原的激活机制主要是分子内肽链的一处或多处断裂,使分子构象发生一定程度的改变,从而形成酶活性中心所必需的构象。如由胰腺细胞分泌的胰蛋白酶原进入小肠后,在有 Ca^{2+} 存在的环境中受到肠激酶的激活,Lys^6-Ile^7 之间的肽键被打断,氨基端失去一个六肽,断裂后的 N 端肽链的其余部分解脱张力的束缚,使它能像一个放松的弹簧一样卷起来,使酶蛋白的构象发生变化,并把与催化有关的 His^{46}、Asp^{90} 带至 Ser^{183} 附近,形成一个合适的排列,自动产生了活性中心。激活胰蛋白酶原的蛋白水解酶是肠激酶,而胰蛋白酶一旦生成后,不仅可自身激活,还可激活胰凝乳蛋白酶原、弹性蛋白酶原及羧肽酶原,是所有胰腺蛋白酶原的共同激活剂。胰蛋白酶原的激活过程见图 5-8。

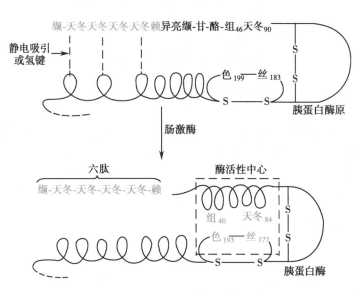

图 5-8 胰蛋白酶的激活过程示意图

除消化道的蛋白酶外,血液中有关凝血和纤维蛋白溶解的酶类,也都以酶原的形式存在。酶原激活的生理意义在于避免细胞产生的蛋白酶对细胞进行自身消化,并使酶在特定的部位和环境中发挥作用,保护机体自身,保证体内代谢的正常进行。

第三节　酶的作用机制

一、酶能显著降低反应活化能

在任何化学反应中,只有那些能量达到或超过一定限度的"活化分子"才能发生变化,形成产物。能引起反应的最低的能量水平称反应能阈(energy threshold)。分子由常态转变为活化状态所需的能量称为活化能(activation energy),是指在一定温度下,1mol 反应物达到活化状态所需要的自由能,单位是焦耳/摩尔(J/mol)。化学反应速度与反应体系中活化分子的浓度成正比。反应所需活化能愈少,能达到活化状态的分子就愈多,其反应速度必然愈大。催化剂的作用是降低反应所需的活化能,因此相同的能量能使更多的分子活化,从而加速反应的进行。

酶能显著地降低活化能,故能表现为高度的催化效率(图5-9)。如 H_2O_2 的分解,在无催化剂时,活化能为 75kJ/mol,用胶状钯作催化剂时,只需活化能 50kJ/mol,当有过氧化氢酶催化时,活化能下降到 8kJ/mol。

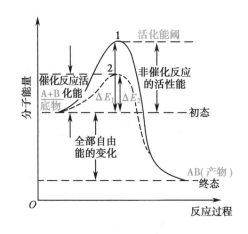

A. 无酶催化反应的活化能;B. 有酶催化反应的活化能

图 5-9 非催化反应与催化反应的自由能变化

二、中间复合物学说和酶作用的过渡态

大量资料证明,在酶促反应中,酶(E)总是先与底物(S)形成不稳定的酶-底物复合物(ES),再分解成酶(E)和产物(P),E又可与底物S结合,继续发挥其催化功能,所以少量酶可催化大量底物。

$$E + S \rightleftharpoons ES \longrightarrow E + P$$
$$\text{酶　底物　　中间产物　　　酶　产物}$$

由于E与S结合,形成ES,致使S分子内的某些化学键发生极化呈现不稳定状态或称过渡态(transition state),大大降低了S的活化能,使反应加速进行。在双底物反应中,其进程如下式:

$$S_1 + E \longrightarrow ES_1 \xrightarrow{S_2} P_1 + P_2 + E$$

酶的活性中心不仅与底物结合,而且与过渡态中间物结合,其结合作用比底物与活性中心的结合更紧,当形成过渡态中间复合物时,要释放一部分结合能,使过渡态中间物处于更低的能级,因此整个反应的活化能进一步降低,反应大大加速。

底物同酶结合成中间复合物是一种非共价结合,依靠氢键、离子键、范德瓦耳斯力等次级键来维系。

三、酶作用的高效率机制

不同的酶可有不同的高效率作用机制,并可有多种机制共同作用。

(一) 底物的"趋近"和"定向"效应

趋近效应(proximity effect)系指A和B两个底物分子结合在酶分子表面的某一狭小的局部区域,其反应基团互相靠近,从而使分子间更容易发生化学反应,这种效应称为"趋近"效应。显然,"趋近"效应大大增加了底物的有效浓度。由于化学反应速度与反应物的浓度成正比,在这种局部的高浓度下,反应速度将会提高。

酶催化反应的"趋近"效应,使得酶表面某一局部范围的底物有效浓度远远大于溶液中的浓度,曾测到过某底物在溶液中的浓度为0.001mol/L,而在某酶表面局部范围的浓度高达100mol/L,比溶液浓度高10^5倍左右。

酶不仅能使反应物在其表面某一局部范围互相接近,而且还可使反应物在其表面对着特定的基团呈几何定向排列,即具有定向效应(orientation effect)(图5-10)。因而反应物就可以用一种"正确的方式"互相碰撞而发生反应。

不适合的定位　　　　　适合的靠近　　　　　适合的靠近
不适合的靠近　　　　　不适合的定位　　　　　适合的定位

图 5-10　底物的趋近效应和定向效应示意图

另外,酶的活性中心多形成疏水性"口袋",底物与活性中心结合时发生脱溶剂化(desolvation),即在生物体内去水化膜,这将排除大量水分子对底物分子和酶反应的干扰作用,有利于底物与酶活性中心的结合,从而提高催化反应速率,这种现象称为表面效应(surface effect)。

从化学反应规律来看,分子间反应转为分子内反应时可加快反应速度。这一规律也可以加深理解上述有关酶催化反应的"趋近""定向"和"表面"效应。例如,乙酸苯酯的催化水解以叔胺为催化剂,由分子

间反应转为分子内反应,反应速度可提高 1 000 倍。

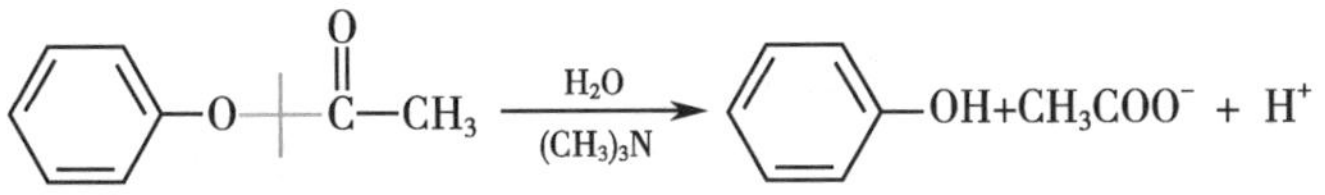

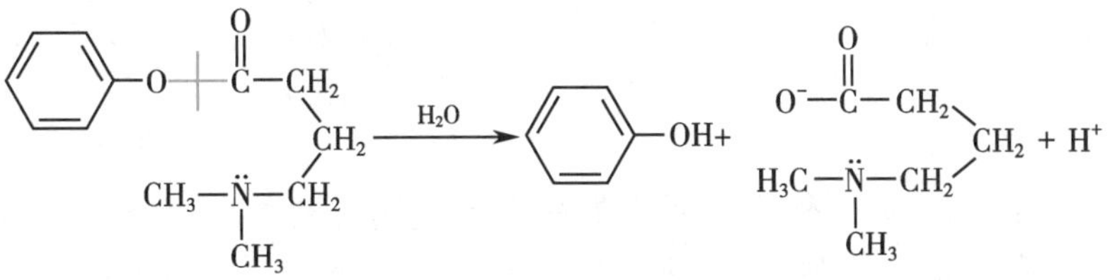

总之,酶可以通过"趋近""定向"和"表面"效应使一种分子间的反应转变成类似于分子内的反应,使反应得以高速进行。

（二）底物变形与张力作用

酶与底物结合后,使底物的某些敏感键发生变形(distortion),从而使底物分子接近于过渡态,降低了反应的活化能。同时,由于底物的诱导,酶分子的构象也会发生变化,并对底物产生张力作用(strain)使底物扭曲,促进 ES 进入过渡状态(图 5-11)。

图 5-11　酶的张力作用使底物分子扭曲

（三）共价催化作用

某些酶与底物结合形成一个反应活性很高的共价中间产物,这个中间产物有很大概率转变为过渡状态,因此反应的活化能大大降低,底物可以越过较低的能阈而形成产物。共价催化(covalent catalysis)作用可分为亲核催化作用和亲电子催化作用两大类。

1. 亲核催化作用　亲核催化(nucleophilic catalysis)是指酶分子具有一个非共用电子对的基团或原子,攻击底物分子中缺少电子、具有部分正电性的原子,并利用非共用电子对形成共价键的催化反应。酶分子中具有催化功能的亲核基团主要是组氨酸的咪唑基、丝氨酸的羟基及半胱氨酸的巯基。此外,许多辅酶也具有亲核中心。

亲核催化作用中的最重要一类是有关酰基转移的亲核催化作用。这类酶分子中的亲核基团能首先接受含酰基的底物如酯类分子中的酰基,形成酰化酶中间产物,接着酰基从中间产物转移到最后的酰基受体分子上,酰基受体可能是某种醇或水分子。在亲核催化反应进行时,底物的酰基转移给酶[见下列反应(2)]的速度比直接转给最终酰基受体[反应(1)]快得多,酰化酶与最终酰基受体起反应[反应(3)]的速度也较反应(1)快。酶促催化两步反应的总速度要比非催化反应大得多。因此形成不稳定的共价中间产物,可以大大加速反应。

非催化反应:

$$RX + H_2O \xrightarrow{慢} ROH + HX \tag{1}$$
含酰基的反应物　　最终酰基受体　产物

含亲核基团的酶催化的反应:

$$RX + E{-}OH \xrightarrow{快} ROE + HX \tag{2}$$
　（含羟基的酶）　酰化了的酶

$$ROE+H_2O \xrightarrow{\text{快}} ROH + E\text{—}OH \qquad (3)$$

$$总反应RX + H_2O \xrightarrow{\text{酶(快)}} ROH + HX \qquad (4)$$

2. 亲电子催化(electrophilic catalysis)作用　在亲电子催化作用中,催化剂和底物的作用与亲核催化相反,是亲电子催化剂从底物中吸取一个电子对。酶分子的亲电子基团有亲核碱基被质子化的共轭酸如 $-NH_3^+$,还有酶中非蛋白质组成的辅因子,其中金属阳离子是很重要的一类。

(四) 酸碱催化作用

酸碱催化(acid-base catalysis)作用中所用的酸碱催化剂有两种:一是狭义的酸碱催化剂,即 H^+ 与 OH^-。由于酶反应的最适 pH 一般接近于中性,因此 H^+ 及 OH^- 的催化作用在酶促反应中的重要性比较有限。二是广义的酸碱催化剂作用,即质子受体与质子供体的催化在酶促反应中较重要。细胞内许多有机反应均属广义酸碱催化作用,这些反应包括羰基的加水、羧酸酯和磷酸酯的水解、双键的脱水反应、各种分子的重排及取代反应等。已知酶分子中含有几种功能基团,可以起广义酸碱催化作用,如氨基、羧基、巯基、酚羟基及咪唑基等。

影响酸碱催化反应速度的因素有两个。

第一个因素是酸碱的强度。在这些功能基团中咪唑基是催化中最有效、最活泼的一个催化功能基团。组氨酸咪唑基的 pK' 约为 6.0,这意味着由咪唑基上解离下来的质子的浓度与水中的氢离子浓度相近,因此它在接近生物体液 pH 的条件下(即在中性条件下),有一半以酸形式存在,另一半以碱形式存在。也就是说,咪唑基既可以作为质子供体,又可以作为质子受体在酶促反应中发挥催化作用,具有酸碱缓冲能力。

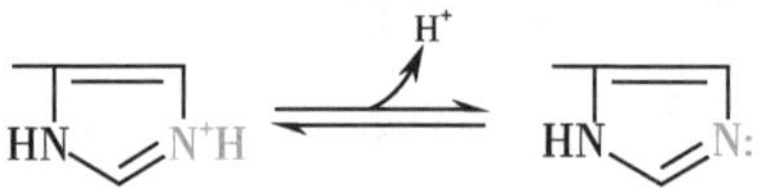

第二个因素是这些功能基团供出质子或接受质子的速度。在这方面,咪唑基也有其优越性,它供出或接受质子的速度十分迅速,其半衰期小于 10^{-10} 秒,且供出质子或接受质子的速度几乎相等。由于咪唑基有如此优点,所以,组氨酸在大多数蛋白质中虽然含量很少,但很重要。

第四节　酶促反应动力学

酶反应动力学
(微课)

翻转课堂(5-2):

目标:要求学生通过课前讨论、查阅资料,能陈述酶促反应动力学的影响因素,分析不同影响因素对酶促反应的影响,并通过查阅资料和小组讨论各种酶促反应影响因素在药学研究中的实际应用。

课前:要求学生 4~5 人为一组,认真观看微课视频,查阅文献,分组讨论、分工协作,完成一份 PPT 并按时上交。

课中:老师选取 1~2 组汇报小组研讨结果,进行组间交流提问,采用师生评价、组间评价、生生评价等多种评价方式,成绩计入平时成绩。

酶促反应动力学(kinetics)是讨论酶催化反应中各种影响因素对酶促反应速度的影响,对研究酶的作用机制具有重要意义。影响酶促反应速度的因素很多,如温度、pH、底物浓度、酶浓度、抑制剂和激活剂等。

一、底物浓度对酶反应速度的影响

根据 Henri 的"酶 - 底物中间复合体"学说,酶促反应中,酶先与底物形成中间复合物,再转变成产物,并重新释放出游离的酶。

$$S + E \xrightleftharpoons{\qquad} ES \longrightarrow E + P$$

在酶浓度恒定的条件下,当底物浓度很小时,酶未被底物饱和,这时反应速度取决于底物浓度,底物浓度越大,单位时间内 ES 生成也越多,而反应速度取决于 ES 的浓度,故反应速度也随之增加。当底物浓度加大后,酶逐渐被底物饱和,反应速度的增加和底物的浓度不成正比,继而底物增加至极大值,所有酶分子均被底物饱和,所有的 E 均转变成 ES,此时的反应速度达到最大反应速度。因此,当[S]对 V 作图时,就形成一条双曲线(图 5-12)。

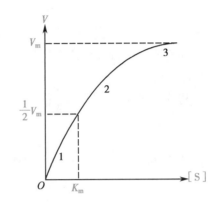

图 5-12　底物浓度和酶促反应速度的关系

图 5-12 的曲线可分为 3 段:

第一段:反应速度与底物浓度成正比关系,表现为一级反应。

第二段:为介于零级及一级之间的混合级反应。

第三段:已接近于零级反应,当底物浓度远远超过酶浓度([S]≫[E])时,反应速度也达极限值即 $V=V_{max}$(最大反应速度)。

(一)米氏方程及其推导

根据中间复合物理论,Michaelis 和 Menten 对图 5-12 的曲线加以数学处理,提出酶促反应动力学的基本原理,即米氏方程:

$$V = \frac{V_{max}[S]}{K_m + [S]}$$

米氏方程反映了底物浓度与酶促反应速度间的定量关系,式中 V_{max} 为最大反应速度,[S]为底物浓度,K_m 为米氏常数(michaelis constant),V 为底物浓度不足以产生最大速度时的反应速度。

根据上述理论,单底物酶促反应可按下式进行:

$$E+S \underset{k_{-1}}{\overset{k_1}{\rightleftharpoons}} ES \xrightarrow{k_2} E+P \qquad\qquad 式(5\text{-}1)$$

式中,k_1、k_{-1} 分别为 E+S 形成 ES 正逆反应两方向的速度常数,k_2 为 ES 形成 P+E 的速度常数。由于反应处于初速度阶段时,S 的消耗很少,产物 P 的量极少,故由 P+E 逆行而重新生成 ES 的反应可不予考虑,此时反应速度取决于 ES 浓度:

$$V=k_2[ES] \qquad\qquad 式(5\text{-}2)$$

从式(5-1)可知,ES 的生成和解离速度各为:

$$ES 的生成速度 =k_1[E][S] \qquad\qquad 式(5\text{-}3)$$

$$ES 的解离速度 = (k_{-1}+k_2)[ES] \qquad\qquad 式(5\text{-}4)$$

当处于恒定状态时,ES 复合物的生成速度与分解速度相等,即得下式:

$$k_1[E][S]=(k_{-1}+k_2)[ES] \qquad\qquad 式(5\text{-}5)$$

将式(5-5)重排,得

$$[\,ES\,]=\frac{[\,E\,]\,[\,S\,]}{(k_2+k_{-1})/k_1} \qquad\qquad 式(5\text{-}6)$$

将 $(k_2+k_{-1})/k_1$ 复合常数用 K_m(米氏常数)来表示,则式(5-6)成为:

$$[\,ES\,]=[\,E\,]\,[\,S\,]/K_m \qquad\qquad 式(5\text{-}7)$$

如 E 的总浓度(total enzyme concentration)为 $[\,E_t\,]$,也可称为酶的起始浓度 $[\,E_0\,]$,恒定状态时

$$[\,E\,]=[\,E_t\,]-[\,ES\,] \qquad\qquad 式(5\text{-}8)$$

通常底物浓度比酶浓度过量得多,即 $[\,S\,]\gg[\,E\,]$,所以 ES 的形成不会明显降低 $[\,S\,]$。故而 $[\,S\,]$ 的降低可忽略不计。

将式(5-8)代入(5-7)式,得,

$$[\,ES\,]=([\,E_t\,]-[\,ES\,])\,[\,S\,]/K_m \qquad\qquad 式(5\text{-}9)$$

从式(5-9)中求解 $[\,ES\,]$。

$$[\,ES\,]=[\,E_t\,]\frac{[\,S\,]/K_m}{1+[\,S\,]/K_m} \qquad\qquad 式(5\text{-}10)$$

或 $$[\,ES\,]=\frac{[\,E_t\,]\,[\,S\,]}{K_m+[\,S\,]} \qquad\qquad 式(5\text{-}11)$$

将式(5-11)代入式(5-2),得

$$V=k_2\frac{[\,E_t\,]\,[\,S\,]}{K_m+[\,S\,]} \qquad\qquad 式(5\text{-}12)$$

当 $[\,S\,]$ 为极大时,全部 E 均转为 ES,$[\,ES\,]=[\,E_t\,]$,此时 V 即为最大速度 V_{max},亦即 $V=V_{max}$。

故 $$V_{max}=K_2[\,E_t\,] \qquad [\,E_t\,]=V_{max}/K_2 \qquad\qquad 式(5\text{-}13)$$

将式(5-13)代入式(5-12),得

$$V=\frac{V_{max}[\,S\,]}{K_m+[\,S\,]} \qquad\qquad 式(5\text{-}14)$$

式(5-14)就是米氏方程,它表明了底物浓度与反应速度间的定量关系。若将该式移项、加项及整理可得:

$$VK_m+V[\,S\,]=V_{max}[\,S\,] \qquad\qquad 式(5\text{-}15)$$

$$VK_m+V[\,S\,]-V_{max}[\,S\,]-V_{max}K_m=-V_{max}K_m \qquad\qquad 式(5\text{-}16)$$

$$(V-V_{max})([\,S\,]+K_m)=-V_{max}K_m \qquad\qquad 式(5\text{-}17)$$

因 V_{max} 和 K_m 均为常数,而 V 及 $[\,S\,]$ 为变数,故式(5-17)实际上可写成 $(x-a)(y+b)=K$,这是典型的双曲线方程,可见米氏方程与实际结果是相符的。

当 $[\,S\,]$ 和 K_m 相比如果小得多时,则式(5-14)分母中 $[\,S\,]$ 可略去不计,而得到:$V=V_{max}/K_m[\,S\,]$。这说明反应对底物为一级反应,其速度与 $[\,S\,]$ 成正比,即图 5-12 曲线的第一段。反之,当 $[\,S\,]$ 和 K_m 相比要大得多时,式(5-14)分母中 K_m 可略去不计,而得到 $V=V_{max}[\,S\,]/[\,S\,]=V_{max}$,说明此时反应速度达最大的恒定值,与

底物的浓度无关,反应为零级反应,即图 5-12 曲线的第三段。

(二) 米氏常数(K_m)的意义和应用

当酶促反应处于 $V=1/2V_{max}$ 时,依据米氏方程:

$$V_{max}/2=\frac{V_{max}\cdot[\text{S}]}{K_m+[\text{S}]}$$

$K_m+[\text{S}]=2[\text{S}]$,故 $K_m=[\text{S}]$。这就是说,米氏常数 K_m 为酶促反应速度达到最大反应速度一半时的底物浓度,单位是 mol/L,是酶的特征性常数。当 pH、温度和离子强度等因素不变时,K_m 是恒定的。K_m 值的范围一般为 $10^{-7}\sim10^{-1}$mol/L。

米氏常数在酶学和代谢研究中均为重要特征常数。

1. 如果同一种酶有不同的几种底物,就有几个 K_m,其中 K_m 值最小的底物一般称为该酶的最适底物或天然底物。不同的底物有不同的 K_m 值,这说明同一种酶对不同底物的亲和力不同。一般可用 $1/K_m$ 近似地表示酶对底物亲和力的大小,$1/K_m$ 愈大,表示酶对该底物的亲和力愈大,酶促反应更易于进行。

2. 已知某个酶的 K_m,可计算出在某一底物浓度时,某反应速度相当于 V_{max} 的百分率。例如当 $[\text{S}]=3K_m$ 时,代入式(5-14):

$$V=\frac{V_{max}\cdot3K_m}{K_m+3K_m}=3/4V_{max}=75\%V_{max}$$

3. 在测定酶活性时,如果要使测得的初速度基本上接近 V_{max} 值,而过量的底物又不至于抑制酶活性时,一般要求 $[\text{S}]$ 值须为 K_m 值的 10 倍以上。

4. 催化可逆反应的酶,对正逆两向底物的 K_m 往往是不同的。测定这些 K_m 值的差别以及细胞内正逆两向底物的浓度,可以大致推测该酶催化正逆两向反应的效率,这对了解酶在细胞内的主要催化方向及生理功能有重要意义。

5. 当一系列不同的酶催化一个代谢过程的连锁反应时,如能确定各种酶的 K_m 及其相应底物的浓度,还有助于寻找代谢过程的限速步骤。例如酶 1、2、3 分别催化 A → B → C → D 三步连锁反应,它们对应的底物 A、B、C 的 K_m 分别为 10^{-2}、10^{-3}、10^{-4}mol/L,而细胞内 A、B、C 的浓度均接近 10^{-4}mol,则可推知限速反应是 A → B 这一步。

6. 了解酶的 K_m 值及其底物在细胞内的浓度,还可以推知该酶在细胞内是否受到底物浓度的调节。如某酶的 K_m 远低于细胞内的底物浓度(低 10 倍以上),说明该酶经常处于底物饱和状态,底物浓度的稍许变化不会引起反应速度有意义的改变。反之,如某酶的 K_m 大于底物浓度,则反应速度对底物浓度的变化十分敏感。

7. 测定不同抑制剂对某个酶 K_m 及 V_{max} 的影响,可以区别该抑制剂是竞争性抑制剂还是非竞争性抑制剂。

(三) 米氏常数(K_m)的求法

理论上,从酶的 V-$[\text{S}]$图上可以得到 V_{max},再从 $\frac{1}{2}V_{max}$ 可求得相应的$[\text{S}]$即为 K_m 值。但实际上用这个方法来求 K_m 值是行不通的,因为即使用很大的底物浓度,也只能得到趋近于 V_{max} 的反应速度,而达不到真正的 V_{max},因此测不到准确的 K_m 值。为了得到准确的 K_m 值,可以把米氏方程加以变形,使它成为相当于 $y=ax+b$ 的直线方程,然后用外推法求出 K_m 值。

1. Lineweaver Burk 方程(双倒数作图法) 将米氏方程两边取倒数:

$$\frac{1}{V}=\frac{K_m+[\text{S}]}{V_{max}\cdot[\text{S}]}\quad\text{即}\quad\frac{1}{V}=\frac{K_m}{V_{max}}\left(\frac{1}{[\text{S}]}\right)+\frac{1}{V_{max}}\qquad\text{式(5-18)}$$

右式即称为 Lineweaver Burk 方程。这一线性方程,用 $\frac{1}{V}$ 对 $\frac{1}{[S]}$ 作图即得到一条直线(图 5-13),直线的斜率为 K_m/V_{max},纵轴的截距为 $1/V_{max}$,当 $1/V=0$ 时,横轴的截距为 $-\frac{1}{K_m}$,取负倒数即为 K_m 值。

$$0=\frac{K_m}{V_{max}}\left(\frac{1}{[S]}\right)+\frac{1}{V_{max}}$$

因此,
$$\frac{1}{[S]}=\frac{-(1/V_{max})}{K_m/V_{max}}=-\frac{1}{K_m}$$

2. Hanes 作图法　式(5-18)的两侧均乘以[S],可得

$$[S]/V=[S]/V_{max}+K_m/V_{max} \tag{式(5-19)}$$

式(5-19)也是直线方程式,称为 Hanes 方程式。用[S]/V 对[S]作图(图 5-14),所得直线的斜率为 $1/V_{max}$,[S]/V 轴上的截距为 K_m/V_{max},而[S]轴上的截距为 $-K_m$(因为[S]/V=0 时,[S]/V_{max}=-K_m/V_{max},故[S]=-K_m)。Hanes 法的优点是,数据点在坐标图中的分布较平坦,但因[S]/V 包含两个变数,这就增大了误差,且统计处理也复杂得多。

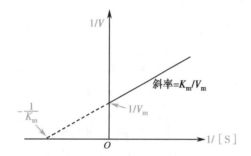

图 5-13　双倒数(Lineweaver Burk)作图法

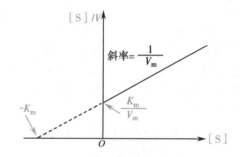

图 5-14　Hanes 作图法

二、pH 的影响

大多数酶的活性受 pH 影响较大。在一定 pH 下,酶表现最大活力,高于或低于此 pH,活力均降低。酶表现最大活力时的 pH 称为酶的最适 pH(optimum pH)。pH 对不同酶的活性影响不同(图 5-15)。典型的最适 pH 曲线是钟罩形曲线。

各种酶在一定条件下都有一定的最适 pH。大多数酶的最适 pH 在 5~8,植物和微生物来源的酶的最适 pH 多在 4.5~6.5,动物体内的酶的最适 pH 在 6.5~8.0。但也有例外,如胃蛋白酶最适 pH 是 1.5,肝中精氨酸酶的最适 pH 是 9.8。

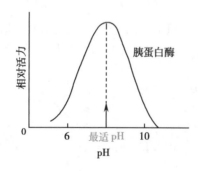
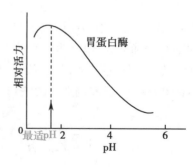

图 5-15　pH 对酶活性的影响

pH 之所以对酶反应速度有影响,原因主要有以下方面。

1. 影响酶和底物的解离　酶的活性基团的解离受 pH 的影响,有的酶必须处于解离状态方能很好地与底物结合,在这种情况下,酶和底物解离最大的 pH 有利于酶促反应的加速。如胃蛋白酶与带正电荷的蛋白质分子相结合最为敏感,乙酰胆碱酯酶也只有底物(乙酰胆碱)带正电荷时,酶与底物最易结合。相反,有的酶(如蔗糖酶、木瓜蛋白酶)则要求底物处于兼性离子时最易结合,因此这些酶的最适 pH 在底物的等电点附近。

2. 影响酶分子的构象　过高或过低的 pH 会改变酶活性中心的构象,甚至会改变整个酶分子的结构使其变性失活。

> 思考题 5-1：根据图 5-15,请推测胃蛋白酶在 pH 大于 6 的环境条件下能不能恢复较高的酶活性? 并证明你的推测。

三、温度的影响

化学反应的速度随温度增高而加快,一般来说,温度每升高 10℃,反应速度大约增加 1 倍。但酶是蛋白质,随着温度的升高其变性风险亦增加。在温度较低时,前一影响较大,反应速度随温度的升高而加快。但温度超过一定数值后,酶受热变性的因素占优势,反应速度反而随温度上升而减慢,形成倒 U 形曲线。在达到此曲线顶点所代表的温度时,反应速度最大,称为酶的最适温度(optimum temperature)(图 5-16)。

能在较高温度中生存的生物,细胞内酶的最适温度亦较高。如 PCR 中所用的 Taq DNA 聚合酶的最适温度为 72℃,95℃时该酶的半衰期长达 40 分钟,因为该酶是从一种能在 70~75℃温泉中生长的栖热水生菌(*Thermus aquaticus*)中提取获得的。

酶的最适温度不是酶的特征常数,它与反应时间、介质 pH 和离子强度等许多因素有关。酶在低温时活性降低,随着温度的回升,酶的活性逐渐恢复。生物学研究中常用低温保存生物酶、细胞等生物制品就是利用了酶的这一特性。

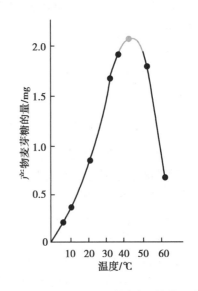

图 5-16　温度对唾液淀粉酶活性的影响

> 思考题 5-2：手术时采用低温麻醉的原理是什么? 人体能通过低温保存后再复苏吗?

四、酶浓度的影响

在一定条件下,酶的浓度与反应初速度成正比。因为酶催化反应时,先要与底物形成中间复合物,当底物浓度大大超过酶浓度时,反应达到最大速度。这时增加酶浓度可增加反应速度,反应速度与酶浓度成正比,这种正比关系可由米氏方程推导得出:

$$V=V_{max}[S]/(K_m+[S])$$

又因为 $V_{max}=k_2[E_t]$

所以　$V=k_2[E_t][S]/(K_m+[S])=\dfrac{k_2[S]}{K_m+[S]}[E_t]$

如果初始底物浓度固定,则 $k_2[S]/(K_m+[S])$ 是常数,并用 K' 表示,故 $V=K'[E_t]$。V-$[E_t]$ 作图为一直线(图 5-17)。这是酶活力测定的依据。

五、激活剂的影响

凡能提高酶的活性,加速酶促反应进行的物质都称为激活剂(activator)。酶的激活剂可以是一些简单的无机离子,无机阳离子如 Na^+、K^+、Ca^{2+}、Mg^{2+}、Cu^{2+}、Zn^{2+}、Co^{2+}、Cr^{3+}、Fe^{2+} 等,无机阴离子如 Cl^-、Br^-、I^-、CN^-、NO_3^-、PO_4^{3-} 等。Cl^- 是唾液淀粉酶最强的激活剂,RNA 酶需 Mg^{2+},脱羧酶需要 Mg^{2+}、Mn^{2+}、Co^{2+} 为激活剂。激活作用可能有这几方面的机制:①与酶分子中的氨基酸侧链基团结合,稳定酶催化作用所需的空间结构;②作为底物(或辅酶)与酶蛋白之间联系的桥梁;③作为辅酶或辅基的一个组成部分协助酶的催化作用。

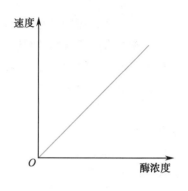

图 5-17　酶浓度与反应速度的关系

一些小分子的有机物如维生素 C、半胱氨酸、还原型谷胱甘肽等,对某些含巯基的酶具有激活作用,这是由于这些酶需要其分子中的巯基处于还原状态才具催化作用。如木瓜蛋白酶及 3- 磷酸甘油醛脱氢酶在分离提取过程中,其分子上的巯基较易氧化成二硫键而使活力降低,当加入上述任何一种化合物后,能使二硫键还原成巯基从而提高酶活力。还有些酶的催化作用易受某些抑制剂的影响,凡能除去抑制剂的物质也可称为激活剂,如乙二胺四乙酸(EDTA),它是金属螯合剂,能除去重金属杂质,从而解除重金属对酶的抑制作用。

激活剂的作用是相对的,一种酶的激活剂对另一种酶来说,也可能是一种抑制剂。不同浓度的激活剂对酶活性的影响也不相同。

六、抑制剂的影响

酶分子中的必需基团(主要是指酶活性中心上的一些基团)的性质受到某种化学物质的影响而发生改变,导致酶活性的降低或丧失称为抑制作用。能对酶活性起抑制作用的物质称为酶抑制剂(inhibitor)。抑制剂通常对酶有一定的选择性,一种抑制剂只能引起某一类或某几类酶的抑制。抑制作用不同于失活作用,通常酶蛋白受到一些物理因素或化学试剂的影响,破坏了次级键,部分或全部改变了酶的空间构象,从而引起酶活性的降低或丧失,这是酶蛋白变性的结果。凡是使酶变性失活的因素如强酸、强碱等,其作用对酶没有选择性,不属于抑制剂。

很多药物是酶的抑制剂,通过对病原体内某些酶的抑制作用或改变体内某些酶的活性而发挥其治疗功效,了解酶的抑制作用是阐明药物作用机制和设计研究新药的重要途径。

(一) 不可逆抑制

不可逆抑制(irreversible inhibition)是指抑制剂与酶的必需基团以共价键结合而引起酶活性丧失,不能用透析、超滤等物理方法除去抑制剂而恢复酶活力。抑制作用随着抑制剂浓度的增加而逐渐增加,当抑制剂的量大到足以和所有的酶结合,则酶的活性就完全被抑制。

1. 非专一性不可逆抑制　抑制剂与酶分子中一类或几类基团作用,不论是必需基团与否,皆进行共价结合。由于酶的必需基团也被抑制剂作用,故可使酶失活。

某些重金属离子(Pb^{2+}、Cu^{2+}、Hg^{2+})、有机砷化合物及对氯汞苯甲酸等,能与酶分子的巯基进行不可逆结合,许多以巯基为必需基团的酶(称为巯基酶),会因此而被抑制,用二巯丙醇(british anti-lewiste,BAL)和二巯丁二钠等含巯基的化合物可使酶复活。

$$\text{酶}\begin{array}{l} SH \\ SH \end{array} + Pb^{2+} \ (Hg^{2+}或Cu^{2+}) \longrightarrow \text{酶}\begin{array}{l} S \\ S \end{array}Pb \ (或Hg^{2+}、Cu^{2+})+2H$$

$$\text{酶}\begin{array}{l} S \\ S \end{array}Pb + \begin{array}{l} COONa \\ | \\ CH-SH \\ | \\ CH-SH \\ | \\ COONa \end{array} \longrightarrow \text{酶}\begin{array}{l} SH \\ SH \end{array} + \begin{array}{l} COONa \\ | \\ CH-S \\ | \quad\quad Pb \\ CH-S \\ | \\ COONa \end{array}$$

2. 专一性不可逆抑制剂 抑制剂专一作用于酶的活性中心或其必需基团,进行共价结合,从而抑制酶的活性。有机磷杀虫剂专一作用于胆碱酯酶活性中心的丝氨酸残基,使其磷酰化而产生不可逆抑制。有机磷杀虫剂的结构与底物愈近似,其抑制愈快,有人称其为假底物(pseudosubstrate)。当胆碱酯酶被有机磷杀虫剂抑制后,乙酰胆碱不能及时分解,导致乙酰胆碱过多而产生一系列胆碱能神经过度兴奋症状。解磷定等药物可与有机磷杀虫剂结合,使酶与有机磷杀虫剂分离而复活。

有些专一性不可逆抑制剂在与酶作用时,通过酶的催化作用,其中某一基团被活化,使抑制剂与酶发生共价结合从而抑制了酶活性,如同酶的自杀,此类抑制剂称为自杀底物(suicide substrate)。如新斯的明(neostigmine)的化学结构与胆碱酯酶的正常底物乙酰胆碱结构相似,它可以先结合到胆碱酯酶的活性中心,然后被胆碱酯酶水解,所产生的二甲氨基甲酰基可结合到酶活性中心的丝氨酸羟基而抑制胆碱酯酶活性,故有缩瞳作用。

(二) 可逆抑制

可逆抑制(reversible inhibition)是指抑制剂与酶以非共价键结合而引起酶活性的降低或丧失,可用透析等物理方法除去抑制剂,恢复酶的活性。通常分为三种类型。

1. 竞争性抑制(competitive inhibition) 竞争性抑制是较常见而重要的可逆抑制。它是指抑制剂(I)和底物(S)对游离酶(E)的结合有竞争作用,互相排斥,酶分子结合 S 就不能结合 I,结合 I 就不能结合 S。这种情况往往是抑制剂和底物争夺同一酶结合位置(图 5-18B)。此外,还有些因素也可以造成底物和抑制剂与酶的结合互相排斥。比如,两者的结合位置虽然不同,但由于 I 与酶结合后,酶的构象发生改变,导致 S 不能结合到酶分子上(图 5-18C),故不可能形成 IES 三联复合体。可用下式表示:

$$E + S \xrightleftharpoons{K_s} ES \xrightarrow{K_0} E + P$$
$$+ \quad\quad$$
$$I \xrightleftharpoons{K_i} EI$$

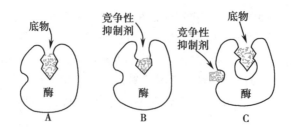

A. 酶-底物复合物;B. 竞争性抑制剂阻止底物与酶结合;
C. 竞争性抑制剂与酶结合阻止底物与酶结合

图 5-18　竞争性抑制剂作用机制示意图

K_s 及 K_i 分别代表 ES 复合体和 EI 复合体的解离常数。在此反应体系中,当加入 I 时,可破坏 E 和 ES 的平衡,使 ES → E → EI。此时再增加 S 的浓度,又可逆转而使 EI → E → ES,故在酶量恒定的条件下,反应速度与[S]和[I]的比值有关。

根据平衡学说,可表示如下:

$$K_s=[E][S]/[ES],故[ES]=[E][S]/K_s \qquad\qquad 式(5-20)$$

$$K_i=[E][I]/[EI],故[EI]=[E][I]/K_i \qquad\qquad 式(5-21)$$

前已述及,反应的初速度 V 与 ES 的浓度成正比,而最大反应速度 V_{max} 与酶的总浓度[E_t]成正比。

即

$$V=K_0[ES] \quad V_{max}=K_0[E_t] \qquad\qquad 式(5-22)$$

故

$$V/V_{max}=[ES]/[E_t] \qquad\qquad 式(5-23)$$

而酶的总浓度

$$[E_t]=[E]+[ES]+[EI] \qquad\qquad 式(5-24)$$

将式(5-24)代入式(5-23),再将式(5-20)和式(5-21)中的[ES][EI]值代入式(5-24),得

$$\frac{V}{V_{max}}=\frac{[ES]}{[E]+[ES]+[EI]}=\frac{[E][S]/K_s}{[E]+[E][S]/K_s+[E][I]/K_i}$$

$$=\frac{[S]/K_s}{1+[S]/K_s+[I]/K_i}=\frac{[S]}{K_s+[S]+K_s[I]/K_i} \qquad\qquad 式(5-25)$$

$$V=\frac{V_{max}[S]}{K_s(1+[I]/K_i)+[S]} \qquad\qquad 式(5-26)$$

如以米氏常数 K_m 代替 K_s,则

$$V=\frac{V_{max}[S]}{K_m(1+[I]/K_i)+[S]} \qquad\qquad 式(5-27)$$

用 Lineweaver-Burk 法将式(5-27)做双倒数处理,可得

$$\frac{1}{V}=\frac{K_m}{V_{max}}\left(1+\frac{[I]}{K_i}\right)\cdot\frac{1}{[S]}+\frac{1}{V_{max}} \qquad\qquad 式(5-28)$$

式(5-27)和式(5-28)是竞争性抑制作用的反应速度公式。当[S]为无限大时,式(5-27)分母中 $K_m(1+[I]/K_i)$ 一项可略去不计,$V=V_{max}$,故当[S]对 V 作图时(图 5-19A),有 I 时的曲线虽较无 I 时的曲线向右下方移动,

但在[S]为无穷大时可与无I时的曲线相交。若以$1/[S]$对$1/V$作图(图5-19B),可见有I存在时的直线斜率高于无I时的斜率,增加了$(1+[I]/K_i)$倍。当有I时,其在横轴上的截距为$-\dfrac{1}{K_m(1+[I]/K_i)}$,也即$K_m$变为$K_m(1+[I]/K_i)$,可见有竞争性抑制剂存在时,$K_m$增大,且$K_m$随$[I]$的增加而增加,称为表观$K_m$(apparent K_m),以K_m^{app}表示。无I与有I时的两条动力学曲线在纵轴上相交,其截距为$1/V_{max}$,即V_{max}的数值不变。

竞争性抑制动力学特点总结为:①当有I存在时,K_m增大而V_{max}不变,故K_m/V_{max}也增大;②K_m^{app}随$[I]$的增加而增大;③抑制程度与$[I]$成正比,而与$[S]$成反比,故当底物浓度极大时,同样可达到最大反应速度,即抑制作用可以通过增大底物浓度而解除。

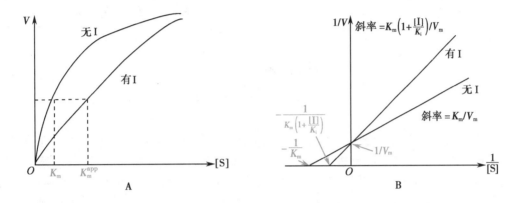

A. [S]对V作图;B. Lineweaver-Burk 双倒数作图

图 5-19 竞争性抑制动力学图

竞争性抑制的经典例子是丙二酸对琥珀酸脱氢酶的抑制。若增加底物琥珀酸的浓度,抑制作用即降低,甚至解除。

人们利用酶竞争性抑制原理成功研制了大批药物,磺胺类药物就是典型的竞争性抑制剂。对磺胺敏感的细菌在生长和繁殖时不能利用现成的叶酸,只能利用对氨基苯甲酸合成二氢叶酸,二氢叶酸可再还原为四氢叶酸,后者是合成核酸所必需的。磺胺类药物与对氨基苯甲酸结构相似,可与对氨基苯甲酸竞争结合细菌体内二氢叶酸合成酶,从而抑制细菌生长所必需的二氢叶酸的合成,细菌核酸的合成受阻,抑制了细菌的生长和繁殖(图5-20)。人体能从食物中直接吸收利用叶酸,故其代谢不受磺胺药物影响,不良反应较小。

抗菌增效剂甲氧苄啶(TMP)可增强磺胺药的药效,因为它的结构与二氢叶酸相似,是细菌二氢叶酸还原酶的强烈抑制剂,它与磺胺药配合使用,可使细菌的四氢叶酸合成受到双重阻遏,因而严重影响细菌的核酸及蛋白质合成。

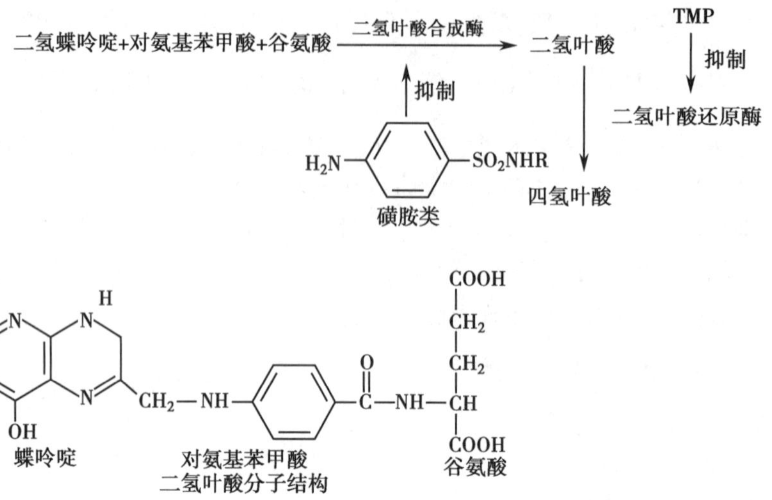

二氢蝶呤啶+对氨基苯甲酸+谷氨酸 —二氢叶酸合成酶→ 二氢叶酸

TMP

↓抑制

二氢叶酸还原酶

↓

四氢叶酸

磺胺类

H₂N——SO₂NHR

↑抑制

蝶呤啶

对氨基苯甲酸

二氢叶酸分子结构

谷氨酸

图 5-20　磺胺药物的作用原理

其他药物还有抗肿瘤药氟尿嘧啶、抗病毒药阿糖胞苷和抗高血压药卡托普利等,竞争性抑制原理已成为药物设计的重要理论基础之一。20 世纪 80 年代,当人类面临人类免疫缺陷病毒(HIV)感染所致的艾滋病治疗难题时,药学家们充分利用此原理,成功设计了针对 HIV 自身的蛋白酶抑制剂(protease inhibitor),并通过与其他药物联合使用,有效控制了 HIV 感染患者的死亡率。HIV 蛋白酶是一类天冬酰蛋白酶,酶活性中心有必需基团天冬氨酸残基。HIV 蛋白酶能水解病毒的多结构域蛋白质前体(无活性)成为有活性的病毒蛋白质,这些蛋白质在病毒感染后期的子代病毒包装过程中发挥重要作用,因此,HIV 蛋白酶成为重要的抗 HIV 药物研究靶点。人们首先分析了该酶的蛋白质结构,发现它是由 2 个相同亚基组成,每个亚基由 99 个氨基酸残基组成,两个亚基结合位的中心形成一个底物"结合口袋"(binding pocket)。根据该酶蛋白质的三维结构信息,科学家借助计算机通过结构辅助药物设计(structure-based drug design),以及化学合成及药理与药代研究,成功开发了 HIV 蛋白酶抑制剂茚地那韦(indinavir),结构辅助药物设计已成为药物设计的有力工具。借助此法目前已有多个茚地那韦类似药物在临床上得到使用。茚地那韦为拟肽类药物,与 HIV 蛋白酶的天然底物多肽结构相似,可竞争性抑制 HIV 蛋白酶(图 5-21)。

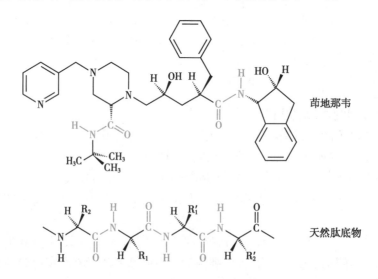

茚地那韦

天然肽底物

图 5-21　抗 HIV 蛋白酶抑制剂茚地那韦与天然肽底物

新型冠状病毒(SARS-CoV-2)中亦存在多种蛋白酶,其中 3CL 蛋白酶(3C-like protease)是新型冠状病毒自身编码中剪切和加工 RNA 的主要蛋白酶。治疗新型冠状病毒感染的药物 paxlovid(简称 P 药)是奈玛特韦/利托那韦(nirmatrelvir/ritonavir)两种药物的组合,其中奈玛特韦是一种3CL蛋白酶抑制剂,可以直接与新型冠状病毒3CL蛋白酶活性位点结合,抑制新型冠状病毒3CL蛋白酶的活性,从而阻止病毒的复制。而利托那韦为抗HIV蛋白酶抑制剂,对新型冠状病毒中的蛋白酶没有抑制作用,但它对肝脏中的多种代谢酶均有较高的抑制作用,可以使与其一起服用的其他药物代谢减慢。两药合用可增加奈玛特韦的药效。

思考题5-3:病毒变异快,新型冠状病毒蛋白酶基因突变率高,会使奈玛特韦出现耐药性问题,请你提出解决此问题的方法。

2. 非竞争性抑制 非竞争性抑制(noncompetitive inhibition)是指底物S和抑制剂I与酶的结合互不相关,既不排斥,也不促进,S可与游离E结合,也可和EI复合体结合。同样I可和游离E结合,也可和ES复合体结合,但IES不能释放出产物(图5-18)。

$$E + S \underset{}{\overset{K_s}{\rightleftharpoons}} ES \overset{K_0}{\longrightarrow} E + P$$

其中,K_s 及 K_s' 分别为ES及IES解离出S的解离常数,而 K_i 及 K_i' 分别为IE及IES解离出I的解离常数,当反应体系中加入I,既可使E和IE的平衡倾向IE,又可使ES与IES的平衡倾向IES,并且 $K_i = K_i'$,故实际上并不改变E和ES的平衡,也不改变E和S的亲和力。同样在E和I的混合物中加入S,因 $K_s = K_s'$,也不改变E和IE的平衡,不改变E和I的亲和力。同样根据平稳学说,得:

$$[ES] = [E][S]/K_s \text{ 且 } [IE] = [E][I]/K_i \qquad \text{式(5-29)}$$

$$[IES] = [ES][I]/K_i' = [E][S][I]/K_s K_i' \qquad \text{式(5-30)}$$

或 $$[IES] = [IE][S]/K_s' = [E][I][S]/K_i K_s' \qquad \text{式(5-31)}$$

而 $$[E_t] = [E] + [ES] + [IE] + [IES] \qquad \text{式(5-32)}$$

根据式(5-23) $\dfrac{V}{V_{max}} = \dfrac{[ES]}{[E_t]}$

将以上各式代入式(5-23),再经推导后得

$$V = \frac{V_{max}[S]}{K_m\left(1 + \dfrac{[I]}{K_i}\right) + [S]\left(1 + \dfrac{[I]}{K_i}\right)} \qquad \text{式(5-33)}$$

将式(5-33)做双倒数处理,得

$$\frac{1}{V} = \frac{K_m}{V_{max}}\left(1 + \frac{[I]}{K_i}\right)\frac{1}{[S]} + \frac{1}{V_{max}}\left(1 + \frac{[I]}{K_i}\right) \qquad \text{式(5-34)}$$

式(5-33)、式(5-34)为非竞争性抑制作用的动力学公式。当[S]为无限大时,式(5-34)式简化成

$\dfrac{1}{V} = \dfrac{1}{V_{max}}\left(1 + \dfrac{[I]}{K_i}\right)$ 或 $V = \dfrac{V_{max}}{(1 + [I]/K_i)}$,即 V 恒小于 V_{max}。以[S]对 V 作图(图5-22A),有I时的曲线低于无I时的曲线而不能相交。若以 $\dfrac{1}{V}$ 对 $\dfrac{1}{[S]}$ 作图(图5-22B),可见有I时的直线斜率和竞争性抑制一样,也为

$\dfrac{K_m}{V_{max}}\left(1+\dfrac{[I]}{K_i}\right)$，高于无 I 时的直线的斜率，有 I 时在纵轴上的截距为 $\dfrac{1}{V_{max}}\left(1+\dfrac{[I]}{K_i}\right)$，高于无 I 时的截距。说

明有 I 时的最大速度随 [I] 增加而减小，称为表观 V_{max}（V_{max}^{app}）即 $V_{max}^{app}=\dfrac{V_{max}}{1+[I]/K_i}$。但有 I 时在横轴上的截

距仍为 $-\dfrac{1}{K_m}$，和无 I 时的一样，即 K_m 的数值不变，或 $K_m^{app}=K_m$。这是因为：当 $\dfrac{1}{V}=0$ 时，$\dfrac{K_m}{V_{max}}\left(1+\dfrac{[I]}{K_i}\right)\dfrac{1}{[S]}=$

$-\dfrac{1}{V_{max}}\left(1+\dfrac{[I]}{K_i}\right)$ 简化为 $K_m\dfrac{1}{[S]}=-1$，故 $\dfrac{1}{[S]}=-\dfrac{1}{K_m}$。

非竞争性抑制的动力学特点为：①当有 I 存在时，K_m 不变而 V_{max} 减小，K_m/V_{max} 增大；②V_{max}^{app} 随 [I] 的加大而减小；③抑制程度只与 [I] 成正比，而与 [S] 无关。

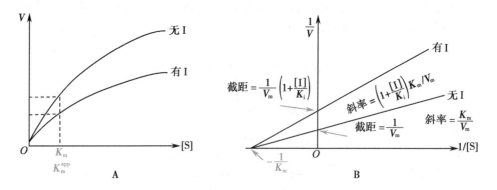

A. [S] 对 V 作图；B. Lineweaver-Burk 双倒数作图

图 5-22 非竞争性抑制动力学图

3. 反竞争性抑制作用 反竞争性抑制（uncompetitive inhibition）为抑制剂 I 不与游离酶 E 结合，却和 ES 中间复合体结合成 IES，但 IES 不能释出产物。表示如下：

$$E + S \underset{}{\overset{K_s}{\rightleftharpoons}} ES \xrightarrow{K_o} E + P$$

K_s 和 K_i 分别为 ES 及 EIS 的解离常数，当反应体系中加入 I 时，可使 E+S 和 ES 的平衡倾向 ES 的形成，因此 I 的存在反而增加 S 和 E 的亲和力。这种情况恰巧和竞争性抑制剂相反，故称为反竞争性抑制。根据平衡学说推导如下：

$$[ES]=[E][S]/K_s \qquad\qquad 式(5-35)$$

$$[EIS]=[ES][I]/K_i=[E][S][I]/K_sK_i \qquad\qquad 式(5-36)$$

$$[E_0]=[E]+[ES]+[EIS] \qquad\qquad 式(5-37)$$

将以上各式代入式(5-23) $\dfrac{V}{V_{max}}=\dfrac{[ES]}{[E_t]}$，再经推导后，得到下式：

$$V=\dfrac{V_{max}[S]}{K_m+[S]\left(1+\dfrac{[I]}{K_i}\right)} \qquad\qquad 式(5-38)$$

用 Lineweaver-Burk 法将式(5-38)做双倒数处理,可得:

$$\frac{1}{V} = \frac{K_m}{V_{max}} \cdot \frac{1}{[S]} + \frac{1}{V_{max}}\left(1 + \frac{[I]}{K_i}\right)$$

式(5-39)

式(5-38)、式(5-39)是反竞争性抑制作用的反应速度公式。当[S]为无限大时,式(5-39)简化为 $\frac{1}{V} = \frac{1}{V_{max}}\left(1 + \frac{[I]}{K_i}\right)$,故和非竞争性抑制相似,$V$ 也恒小于 V_{max}。以[S]对 V 作图(图 5-23A),有 I 时的曲线低于无 I 时的曲线而不能相交。若以 $\frac{1}{[S]}$ 对 $\frac{1}{V}$ 作图(图 5-23B),可见有 I 时直线斜率与无 I 时相同,呈平行,斜率均为 $\frac{K_m}{V_{max}}$。有 I 时在纵轴上的截距为 $\frac{1}{V_{max}}\left(1 + \frac{[I]}{K_i}\right)$,即 $V_{max}^{app} = \frac{V_{max}}{1 + [I]/K_i}$,数值随[I]的增加而减少。有 I 时在横轴上的截距为 $-\frac{1}{K_m}\left(1 + \frac{[I]}{K_i}\right)$,即 $K_m^{app} = \frac{K_m}{1 + [I]/K_i}$,可见 K_m^{app} 也随[I]增加而减少。

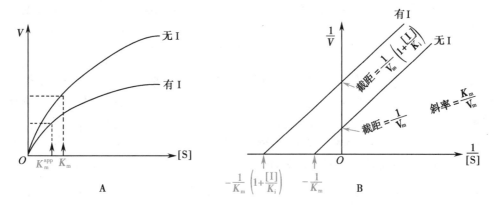

A. [S]对 V 作图;B. Lineweaver-Burk 双倒数作图

图 5-23　反竞争性抑制动力学图

反竞争性抑制的动力学特点为:①当 I 存在时,K_m 和 V_{max} 都减小,而 K_m/V_{max} 不变;②有 I 时,K_m^{app} 都随[I]的增加而减小;③抑制程度既与[I]成正比,也和[S]成正比(表 5-4)。

表 5-4　三类抑制作用的动力学比较

抑制种类	Lineweaver-Burk 作图法				表观 V_{max} (V_{max}^{app})	表观 K_m (K_m^{app})
	斜率	纵轴截距	横轴截距	直线交点		
无	$\frac{K_m}{V_{max}}$	$\frac{1}{V_{max}}$	$-\frac{1}{K_m}$		V_{max}	K_m
竞争性抑制作用	$\frac{K_m}{V_{max}}\left(1 + \frac{[I]}{K_i}\right)$ (增大)	$\frac{1}{V_{max}}$ (不变)	$-\dfrac{1}{K_m\left(1 + \frac{[I]}{K_i}\right)}$ (增大)	纵轴	V_{max} (不变)	$K_m\left(1 + \frac{[I]}{K_i}\right)$ (增大)
非竞争性抑制作用	$\frac{K_m}{V_{max}}\left(1 + \frac{[I]}{K_i}\right)$ (增大)	$\frac{1}{V_{max}}\left(1 + \frac{[I]}{K_i}\right)$ (增大)	$-\frac{1}{K_m}$ (不变)	横轴	$\frac{V_{max}}{1 + [I]/K_i}$ (减小)	K_m (不变)
反竞争性抑制作用	$\frac{K_m}{V_{max}}$ (不变)	$\frac{1}{V_{max}}\left(1 + \frac{[I]}{K_i}\right)$ (增大)	$-\frac{1}{K_m}\left(1 + \frac{[I]}{K_i}\right)$ (减小)	无交点平行	$\frac{V_{max}}{1 + [I]/K_i}$ (减小)	$\frac{K_m}{1 + [I]/K_i}$ (减小)

(三) 过渡态类似物与自杀底物

Linus Pauling 提出,某种类似于一个酶促反应中底物的过渡态的物质是酶的有效抑制剂,这种物质称为过渡态类似物。例如,在脯氨酸外消旋酶催化 L- 脯氨酸异构化为 D- 脯氨酸,发生外消旋作用时需通过一个过渡态,在此过渡态中,脯氨酸的 α- 碳原子丢失一个质子而成为三角形构型(trigonal),三个键都在一个平面上,α- 碳原子带一个负电荷,该负碳离子在一侧重新质子化,形成 L- 异构体,或在另一侧重新质子化形成 D- 异构体(图 5-24)。吡咯 -2- 羧酸的 α- 碳原子像脯氨酸的外消旋作用的过渡态一样形成三角形构型,也带有一个负电荷,比脯氨酸与外消旋酶的结合更紧,因此,吡咯 -2- 羧酸是脯氨酸发生外消旋酶促作用的一种过渡态类似物,是脯氨酸外消旋酶的有效抑制剂。

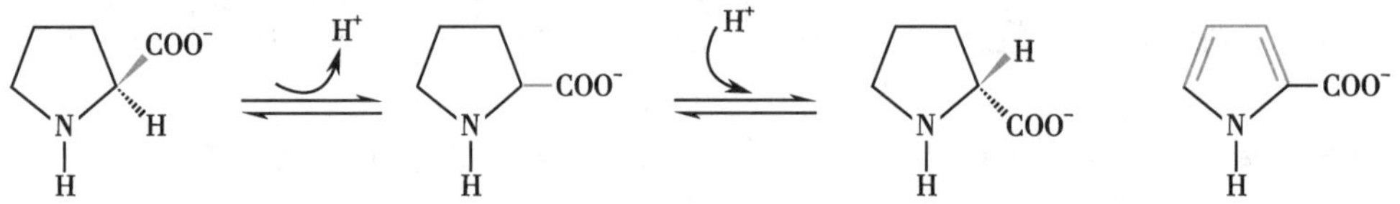

图 5-24　脯氨酸外消旋酶的催化作用

酶的自杀底物是一类酶的天然底物的衍生物或类似物,在它们的结构中含有一种化学活性基团,当酶把它们作为底物来结合时,其潜在的化学基团能被解开或激活,并与酶的活性部位发生共价结合,使结合物停留在某种状态,从而不能分解成产物,酶因而到"死",此过程称为酶的自杀,这类底物称为自杀底物(suicide substrate)。每一种自杀底物都有其专一作用的靶酶,因此自杀底物是专一性很高的不可逆抑制剂或失活剂。自杀底物与天然底物一样对人体无毒或毒性较少,因此有重要的药用价值。

> **案例分析:**
>
> 　　患者,女,46 岁,因与家人发生口角,赌气服用敌百虫约 100ml。服毒后自觉头晕、恶心并伴有呕吐,呕吐物有刺鼻农药味。患者服毒后即被家属送往当地医院就诊,洗胃 10 000ml 后,阿托品 5ml 静脉注射,碘解磷定 2g 肌内注射后,病情无好转,渐出现神志不清,呼之不应,于服药 5 小时后转入某医学院附属医院,立即予以催吐洗胃,硫酸镁导泻,阿托品、碘解磷定静脉注射,反复给药补液、利尿等对症支持治疗。
>
> 　　问题:
> 　　1. 有机磷中毒的生化机制是什么?
> 　　2. 碘解磷定解毒的生化机制是什么?
> 　　3. 硫酸镁导泻,阿托品、碘解磷定静脉注射,反复给药补液、利尿等对症支持治疗的根据是什么?

第五节　酶的分离纯化、活性测定与活性调节

一、酶的分离纯化

生物细胞产生的酶有两类:一类由细胞内产生后分泌到细胞外发挥作用的酶,称为细胞外酶。这类酶大都是水解酶,如胃蛋白酶、胰蛋白酶就是由胃黏膜细胞和胰腺细胞所分泌的。这类酶含量较高,结构稳定,容易得到。另一类酶在细胞内产生后并不分泌到细胞外,而在细胞内起催化作用,称为细胞内酶。这类酶在细胞内往往与细胞结构结合,有一定的分布区域,催化的反应具有一定的顺序性,使许多反应能有条不紊地进行。如氧化还原酶在线粒体上,蛋白质合成的酶存于微粒体上。

酶来源于动物、植物和微生物。生物细胞内产生的总酶量是很高的,但每一种酶的含量却很低。如胰腺中起消化作用的水解酶种类虽多,但各种酶的含量差别很大。如 1 000g 湿胰腺中含胰蛋白酶 0.65g,含 DNA 酶仅有 0.000 5g。因此,在提取某一种酶时,首先应当根据需要,选择含此酶最丰富的材料。由于从

动物或植物中提取酶制剂会受到原料限制,目前工业上大多采用微生物发酵的方法来获得大量的酶。

由于在生物组织细胞中,除了所需要的某一种酶之外,往往还有许多其他酶和一般蛋白质以及其他杂质,因此制取酶制剂时,必须经过分离和纯化的过程。

酶是蛋白质,故蛋白质分离纯化的方法也是分离、纯化酶的常用方法。蛋白质容易变性,所以在酶提纯过程中,应避免使用强酸、强碱,并保持在较低的温度下操作。

酶是具有催化活性的蛋白质,通过测定催化活性,可以比较容易地追踪酶在分离提纯过程中的去向,同时也可以作为选择分离纯化方法和操作条件是否合适的评判指标。因此在酶的分离纯化过程的每一步骤,都要测定酶的总活力和比活力,这样才能知道经过某一步骤回收多少酶、纯度提高了多少倍,从而决定这一步骤的取舍。

(一) 酶的抽提

1. 破碎细胞膜 对细胞外酶只要用水或缓冲液浸泡,滤去不溶物,就可得到粗抽提液。对于细胞内酶,则必须先使细胞膜破裂后才能将酶释放出来。动物细胞较易破碎,通过一般的研磨器、匀浆器、捣碎机等就可达到目的。细菌细胞具有较厚的细胞壁,较难破碎,需要用超声波、溶菌酶、某些化学试剂(去氧胆酸钠)在适宜的 pH 和温度下保温一定时间,使菌体自溶或冻融等方式加以破碎。

2. 抽提 由于大多数酶属于清蛋白或球蛋白类,因此一般的酶都可以用稀盐、稀酸或稀碱的水溶液抽提出来,抽提液和抽提条件的选择取决于酶的溶解度、稳定性等。

抽提液的 pH 选择应在该酶的 pH 稳定范围内,并且最好能远离其等电点。关于盐的选择,由于大多数蛋白质在低浓度的盐溶液中较易溶解,故一般用等渗盐溶液,最常用的有 0.02~0.05mol/L 磷酸缓冲液、0.15mol/L 氯化钠和柠檬酸缓冲液等。抽提温度通常都控制在 0~4℃。

(二) 纯化

抽提液中除了含有所需要的酶以外,还杂有其他小分子和大分子物质。小分子物质在纯化过程中会自然地除去,大分子物质包括核酸、糖胺聚糖和杂蛋白等往往干扰纯化。核酸一般可用鱼精蛋白或氯化锰使之沉淀去除,糖胺聚糖可用醋酸铅处理,剩下的就是杂蛋白,因此纯化的主要工作是将酶从杂蛋白中分离出来。

分离纯化的方法很多,常用的有盐析法、有机溶剂沉淀法、等电点沉淀法及吸附分离法等。

根据酶和杂蛋白带电性质的差异进行分离的方法有离子交换法和电泳法,前者用于大体积制备,应用很广,电泳法主要作为分析鉴定的工具或用于少量分离。

选择性变性法在酶的纯化工作中是常用的简便而有效的方法,主要是根据酶和杂蛋白在某些条件下热稳定性的差别,使某些杂蛋白变性而目的蛋白不受影响,从而达到除去大量杂蛋白的目的,常用的除选择性热变性外,还有酸碱变性等。有些酶相当耐热,如胰蛋白酶、RNA 酶,加热到 90℃ 也不破坏,因此在一定条件下将酶液迅速升温到一定温度(50~70℃),经一定时间后(5~15 分钟)迅速冷却,可使大多数杂蛋白变性沉淀,应用得当,酶纯度可得到大幅提高。

酶是生物催化剂,在提纯时必须尽量减少酶活力的损失,因此全部操作需在低温下进行。一般在 0~5℃进行,用有机溶剂分级分离时必须在 –15℃ 进行。为防止重金属使酶失活,有时需在抽提溶剂中加入少量金属螯合剂 EDTA。有时为了防止酶蛋白中的巯基被氧化失活,需要在抽提溶剂中加少量巯基乙醇。在整个分离提纯过程中不能过度搅拌,以免产生大量泡沫而使酶变性。

为了达到比较理想的纯化结果,往往需要几种方法配合使用,主要根据酶的性质来决定所选择的方法。

提纯的目的,不仅在于得到一定量的酶,而且要求得到不含或尽量少含其他杂蛋白的酶制品。在纯化过程中,除了要测定一定体积或一定重量的制剂中含有多少活力单位外,还要测定酶制剂的纯度。

二、酶的活力测定

(一) 酶活力测定

酶活力(enzyme activity),也称酶活性,就是酶催化特定化学反应的能力。酶活力大小,可以用在一定条件下它所催化的某一化学反应的速度来表示。酶催化的反应速度愈大,则酶活力也愈大。所以测定酶的活力就是测定酶促反应的速度。

酶活力实际也是酶的定量测定。检查酶的含量及存在,不能直接用重量或体积来表示,而用酶的活力来表示,酶活力的高低是研究酶的特性,进行酶的生产及应用时的一项必不可少的指标。

按米氏方程可知,当$[S] \gg [E]$时,反应初速度与酶浓度成正比,即$V=K'[E_0]$。这是定量测定酶浓度的理论基础,酶反应速度可用单位时间内,单位体积中底物的减少量或产物的增加量来表示,通常测定产物的增加量,所以反应速度的单位是:浓度 / 单位时间。

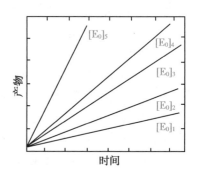

图 5-25 当$[S_0] \geq 100K_m$,在不同的酶浓度下产物形成量与时间的关系

在实验中必须确保所测定的是初速度,即底物消耗的百分比很低,此时产物浓度 - 时间(p-t)呈直线关系(图 5-25)。否则,由于底物的消耗,反应速度变慢或者由于产物的积累产生的逆反应会明显地影响正向反应速度,使得p-t作图逐渐偏离直线,所以测定酶浓度首先要确定p-t的直线范围。在酶催化反应中如果其他条件选择好后,决定p-t关系的主要因素是底物浓度、酶浓度和反应时间。一般采用高底物浓度$[S] \geq 100K_m$(零级反应)测定反应初速度以定量酶活力。

酶活力的高低以酶活力单位(active unit,U)表示。酶活力单位的含义是指酶在最适条件下,单位时间内,酶催化底物的减少量或产物的生成量。1961 年国际酶学会议规定:1 个酶活力国际单位(international unit,IU)指在特定条件下,1 分钟内生成 1 微摩尔(1μmol)产物的酶量(或转化 1 个微摩尔底物的酶量)。1972 年国际酶学委员会又推荐一个新的酶活力国际单位,即 Katal(Kat)单位,1Kat 单位定义为"在最适条件下,每秒钟可使 1 摩尔(1mol)底物转化的酶量"。$1Kat=6 \times 10^7 IU$。

在实验室和生产上还常用习惯单位表示酶活力,如用每小时催化 1ml 2% 可溶性淀粉液化所需的酶量,作为 α- 淀粉酶的 1 个活力单位。又如 α- 糜蛋白酶在 37℃、pH 7.5 时作用于酪蛋白,每分钟产生相当 1μg 酪氨酸所需的酶量称为 1 个活力单位。酶的习惯活力单位使用方便,已广泛采用,但表示方法不够严谨,同一种酶常用多种不同酶单位表示,不便于对酶活力进行比较。

酶的转换数(turnover number)(K_{cat})是指单位时间内每一个催化中心所转换的底物分子数。因为$V_{max}=k_2[E_t]$,故转换数可表示如下:

$$转换数(K_{cat})=k_2=\frac{V_{max}}{[E_t]}$$

所以在数值上,$K_{cat}=k_2$,是 ES 形成产物的速度常数。碳酸酐酶是红细胞内的主要蛋白质之一,其重要性地位和含量仅次于血红蛋白。10^{-6}mol/L 浓度的碳酸酐酶,每秒钟催化生成 0.6mol/L 碳酸,则其$K_{cat}=6 \times 10^5$/s,即每秒碳酸酐酶可催化 6×10^5 分子的二氧化碳与水反应生成碳酸分子。它的转换数是目前文献报道中较高的一种酶。生物体内的其他酶在生理条件下的转换数一般在 1~10^4 范围内。

思考题 5-4:请分析反映酶特性的转换数 K_{cat} 和 K_m 两者间的关系。

(二) 酶的比活力测定

酶的比活力(specific activity)是指每毫克蛋白(或每毫克蛋白氮)所含的酶活力单位数,酶的纯度可用比活力表示。

比活力(纯度)= 活力单位数 / 毫克蛋白(氮)

在酶的纯化工作中还要计算纯化倍数和产率(即回收率)。

$$\text{纯化倍数} = \frac{\text{每次比活力}}{\text{第一次比活力}} \quad \text{产率} = \frac{\text{每次总活力}}{\text{第一次总活力}} \times \%$$

一个酶的纯化过程,常常需要经过多个步骤,若每一步平均使酶纯度增加 1~2 倍,总纯度可高达数百倍,但产率为百分之几到十几。以天冬酰胺酶纯化过程为例说明,见表 5-5。

表 5-5　从 *E. coli* 中分离纯化天冬酰胺酶

纯化步骤	总蛋白/mg	总活力/IU	比活力/(IU/mg)	回收率/%	纯化倍数	纯化步骤	总蛋白/mg	总活力/IU	比活力/(IU/mg)	回收率/%	纯化倍数
匀浆液	1.4×10^6	2.8×10^6	2	100	1	DEAE柱色谱	8×10^3	1×10^6	125	36	62.5
等电点沉淀	4×10^4	1.4×10^6	35	50	17.5	CM柱色谱	5×10^3	9×10^5	180	32	90

由表 5-5 可见,通过 4 个主要步骤,总蛋白逐渐减少,总活力也减少,但相比起来杂蛋白去除更多,而酶除去较少,因此纯度提高,比活力由 2 上升到 180,纯化倍数为 90 倍。但酶在纯化时也损失不少,原来总活力为 2.8×10^6,最后为 9×10^5,回收率为 32%。

三、酶的活性调节

(一) 共价修饰

这是指调节剂通过共价键与酶分子结合,以可逆地增、减酶分子上的基团,从而调节酶的活性状态与非活性状态的相互转化。如动物组织中的糖原磷酸化酶即为典型的共价调节酶。糖原磷酸化酶有活力强的磷酸化酶 a 与活力弱的磷酸化酶 b 两种形式,前者多肽链上丝氨酸残基的—OH 与磷酸基共价连接形成具有最大活力的磷酸化酶 a,而磷酸化酶磷酸酶能水解去掉磷酸基使磷酸化酶 a 转变为活力低的磷酸化酶 b。

$$\text{磷酸化酶a} + \text{H}_2\text{O} \xrightarrow{\text{磷酸化酶磷酸酶}} \text{磷酸化酶b} + \text{H}_3\text{PO}_4$$

磷酸化酶 b 经磷酸化酶激酶催化又可同 ATP 作用转变为磷酸化酶 a。

$$\text{ATP} + \text{磷酸化酶b} \xrightarrow{\text{磷酸化酶激酶}} \text{磷酸化酶a} + \text{ADP}$$

通过酶分子上磷酸基团的共价连接与去除,使磷酸化酶的活力得到调节。

由于这种调节的生理意义广泛,反应灵敏,节约能量,机制多样,在体内显得十分灵活,加之常受激素甚至神经的指令,导致级联式放大反应,所以日益引人注目。迄今已发现有 100 多种酶在其被翻译后要进行化学修饰,以调节酶活力。主要的共价修饰类型有 6 种:①磷酸化 / 去磷酸化;②乙酰化 / 去乙酰化;③腺苷酰化 / 去腺苷酰化;④尿苷酰化 / 去尿苷酰化;⑤甲基化 / 去甲基化;⑥ S-S/-SH。

(二) 别构调节

酶分子的非催化部位与某些化合物可逆地非共价结合后发生构象的改变,进而改变酶活性状态,称为酶的别构调节(allosteric regulation)。具有这种调节作用的酶称为别构酶(allosteric enzyme)。调节物与酶分子中的变构中心结合引起酶蛋白构象的变化,使酶活性中心对底物的结合与催化作用受到影响,从而调节酶的反应速度,此效应称为酶的别构效应(亦称变构效应)。凡能使酶分子发生别构作用的物质都称为效应物(effector)或别构剂,通常为小分子代谢物或辅因子。如酶产生别构效应后,导致酶的激活即称为别构激活作用,反之称为别构抑制作用。分别将导致别构激活及别构抑制作用的调节物称为别构激活剂(allosteric activator)及别构抑制剂(allosteric inhibitor)。

协同效应也是多亚基别构酶的一个特征。所谓协同效应是指当一个配体(调节物分子或底物分子)与酶蛋白结合后,可以影响另一配体和酶的结合,根据影响是促进还是减慢以及第二个结合的配体和第一个配体是否相同,可把协同效应分为以下几类。

1. 同种效应和异种效应 同种效应就是一分子的配体结合在蛋白质的一个部位影响另一分子的同样配体在另一部位的结合。异种效应是一分子的配体在一部位的结合会影响另一分子的不同配体在另一部位的结合。

2. 正协同效应和负协同效应 正协同效应或正协同性是指一分子配体与蛋白质结合后,可促进下一分子配体的结合。或者说当一分子配体与酶蛋白的一个催化部位或调节部位结合后,分别可使另一催化部位(一般在不同亚基上)或调节部位(也在不同亚基上)对配体的亲和力增高,即酶愈饱和,对配体的结合愈容易。反之,负协同效应或负协同性是指一分子配体与蛋白质或酶结合后,可使蛋白质或酶对下一分子配体的亲和力降低,即酶愈饱和,对配体的结合愈困难。如一分子 O_2 与 Hb 的一个亚基结合后,可促进另一分子 O_2 结合在 Hb 的另一亚基上,这就是同种正协同效应。同种效应一般都是正协同效应,但也有例外。而异种效应可以是正协同性也可以是负协同性。如别构激活剂可增加底物和酶的亲和力,是一种异种正协同效应,而别构抑制剂可减少底物和酶的亲和力,是一种异种负协同效应。

(三) 酶含量的调节

除通过改变酶分子的结构来调节细胞内原有酶的活性外,生物体还可通过改变酶的合成或降解速度以控制酶的绝对含量来调节代谢。要升高或降低某种酶的浓度,除调节酶蛋白合成的诱导和阻遏过程外,还必须同时控制酶降解的速度。

1. 酶蛋白合成的诱导和阻遏 酶的底物或产物、激素以及药物等都可以影响酶的合成。一般将加强酶合成的化合物称为诱导物(inducer),减少酶合成的化合物称为阻遏物(repressor)。诱导物和阻遏物可在转录水平或翻译水平影响蛋白质的合成,但以影响转录过程较为常见。这种调节作用要通过一系列蛋白质生物合成的环节,故调节效应出现较迟缓。但一旦酶被诱导合成,即使除去诱导物,酶仍能保持活性,直至酶蛋白降解完毕。因此,这种调节的效应持续时间较长。

(1)底物对酶合成的诱导作用:受酶催化的底物常常可以诱导该酶的合成,此现象在生物界普遍存在。高等动物体内,因有激素的调节作用,底物诱导作用不如微生物重要,但是,某些代谢途径中的关键酶也可受底物的诱导调节。例如,若鼠的饲料中酪蛋白含量从 8% 增至 70%,则鼠肝中的精氨酸酶的活性可增加 2 倍。在食物消化吸收后,血中多种氨基酸的浓度增加,氨基酸浓度的增加又可以诱导氨基酸分解酶体系中的关键酶,如苏氨酸脱水酶和酪氨酸转氨酶等酶的合成,这种诱导作用对于维持体内游离氨基酸浓度的相对恒定有一定的生理意义。

(2)产物对酶合成的阻遏:代谢反应的终产物不但可通过别构调节直接抑制酶体系中的关键酶或催化起始反应作用的酶,有时还可阻遏这些酶的合成。例如,在胆固醇的生物合成中,羟甲基戊二酸单酰辅酶 A(HMG-CoA)还原酶是关键酶,它受胆固醇的反馈阻遏。但这种反馈阻遏只在肝脏和骨髓中发生,肠黏膜中胆固醇的合成似乎不受这种反馈调节的影响。因此摄食大量胆固醇后,血浆胆固醇仍有升高的危险。此外,如 δ- 氨基 -γ- 酮戊酸(ALA)合成酶是血红素合成酶系中的起始酶,受血红素的反馈阻遏。

(3)激素对酶合成的诱导作用:激素是高等动物体内影响酶合成的最重要的调节因素。糖皮质激素能诱导一些氨基酸分解代谢中催化起始反应的酶和糖异生途径中关键酶的合成,而胰岛素则能诱导糖酵解和脂肪酸合成途径中关键酶的合成。

(4)药物对酶合成的诱导作用:很多药物和毒物可促进肝细胞微粒体中单加氧酶(或称混合功能氧化酶)或其他一些药物代谢酶的诱导合成,从而促进药物本身或其他药物的氧化失活,这对防止药物或毒物的中毒和累积有着重要的意义。其作用的本质,也属于底物对酶合成的诱导作用。另一方面,它也会因此而出现耐药现象。如长期服用苯巴比妥的患者,会因苯巴比妥诱导生成过多的单加氧酶使苯巴比妥药效降低。氨甲蝶呤治疗肿瘤时,也可因诱导叶酸还原酶的合成而使原来剂量的氨甲蝶呤不足,出现药物失效现象。

2. 酶分子降解的调节 细胞内酶的含量也可通过改变酶分子的降解速度来调节。饥饿情况下,精氨酸酶的活性增加,主要是由于酶蛋白降解的速度减慢所致。饥饿也可使乙酰辅酶 A 羧化酶浓度降低,这除了与酶蛋白合成减少有关外,还与酶分子的降解速度加快有关。苯巴比妥等药物可使细胞色素 b5 和 NADPH- 细胞色素 P450 还原酶降解减少,这也是这类药物使单加氧酶活性增强的一个原因。

酶蛋白受细胞内溶酶体中的蛋白水解酶的催化而降解,因此,凡能改变蛋白水解酶活性或蛋白水解酶在溶酶体内的分布,都可间接地影响酶蛋白的降解速度。

第六节 重要的酶类及应用

一、重要的酶类

(一) 寡聚酶

寡聚酶(oligomeric enzyme)的分子量为 35 000 至几百万道尔顿,它们含有 2 个以上的亚基,多的可含 60 个亚基,巧妙地组装成具有催化活性的寡聚酶。寡聚酶可分为含有相同亚基的寡聚酶和含有不同亚基的寡聚酶两大类。

1. 含相同亚基的寡聚酶 许多参与体内物质代谢的酶不是简单的单体蛋白质,而是由不同数目亚基所组成的寡聚蛋白质,而且它们所含的亚基的一级结构都是相同的。现已证实单体酶(如胃蛋白酶、胰蛋白酶等蛋白水解酶)为数不多,而寡聚酶则是普遍存在。如鼠肝苹果酸脱氢酶含 2 个亚基,酵母己糖激酶含 4 个亚基,大肠埃希菌谷氨酰胺合成酶含 12 个亚基。

2. 含不同亚基的寡聚酶

(1)双功能寡聚酶:色氨酸合成酶是由两分子蛋白质 A 和一分子蛋白质 B 所构成的。蛋白质 A 的分子量为 29 500Da,含一个 α 亚基;蛋白质 B 的分子量为 90 000Da,含两个 β 亚基。蛋白质 A 和蛋白质 B 有不同的催化功能,可以分别催化下列反应:

$$吲哚甘油磷酸 \xrightleftharpoons{\text{蛋白A}} 吲哚+3-磷酸甘油醛 \tag{1}$$

$$吲哚+L-丝氨酸 \xrightleftharpoons{\text{蛋白B}} L-色氨酸 \tag{2}$$

当蛋白质 A 和蛋白质 B 结合成色氨酸合成酶时,可以催化下列反应:

$$吲哚甘油磷酸+L-丝氨酸 \xrightarrow{\text{色氨酸合成酶}} L-色氨酸+3-磷酸甘油醛 \tag{3}$$

反应(3)是反应(1)和反应(2)偶联的总反应。通过蛋白质 A 和蛋白质 B 的相互作用,不仅可以使反应(1)和反应(2)紧密地偶联起来,还可以使每个蛋白质的酶活性提高 30~100 倍。同时中间产物吲哚并不从酶复合物释放出来。因此,这个酶只有当它的两种功能性亚基以复合物形式存在,联合起作用时,才能完成色氨酸的合成。

(2)含有底物载体亚基的寡聚酶:大肠埃希菌的乙酰辅酶 A 羧化酶,由 3 个蛋白质部分组成:两个具有催化活性的蛋白质——生物素羧化酶和转羧基酶,以及一个具有专一性的生物素羧基载体蛋白亚基(BCCP)。这个载体亚基专一性地运载底物 CO_2。这三部分联结起来催化的反应分两步进行。

$$BCCP+CO_2+ATP \xrightleftharpoons{\text{生物素羧化酶}} CO_2{\sim}BCCP+ADP+Pi$$

$$CO_2{\sim}BCCP+RH \xrightleftharpoons{\text{转羧基酶}} BCCP+RCOOH$$

3. 寡聚酶的意义　由于寡聚酶的多重亚基结构,所以在机体代谢活动中具有重要作用。如某些酶反应必须由具有不同酶功能的亚基互相连接、协调配合才能完成。在某些酶反应中,又必须有起底物载体作用的亚基,才能专一性地运载底物,使底物受到具有酶活性的蛋白质部分的催化而生成产物。

含有亚基的酶分子的聚合与解聚是代谢调节的重要方式之一。因为酶与一些调节因子的结合会引起酶的聚合和解聚,实现酶的活性与无活性状态间的相互转化。如谷氨酸脱氢酶含 6 个亚基,每 3 个亚基构成一个三面体,6 个亚基连成一个双层三面体,前者为 y 型,催化谷氨酸脱氢,后者为 x 型,主要催化丙氨酸脱氢,而对谷氨酸的脱氢活力下降。若三面体层数进一步增加形成多聚体,呈长纤维状,则失去酶活性。

(二) 同工酶

同工酶(isoenzyme)是指能催化相同的化学反应,但分子结构不同的一类酶,它不仅存在于同一机体的不同组织中,也存在于同一细胞的不同亚细胞结构中,它们在生理上、免疫上、理化性质上都存在很多差异。

同工酶是由两个以上的亚基聚合而成,其分子结构的不同处主要是所含亚基组合情况不同,在非活性中心部分组成不同,但它们与酶活性有关的结构部分均相同,已发现的同工酶有数百种。其中研究最多的是乳酸脱氢酶(LDH),存在于哺乳动物中的乳酸脱氢酶同工酶有 5 种,它们都催化同样的反应。

$$CH_3-CHOH-COOH+NAD^+ \underset{}{\overset{LDH}{\rightleftharpoons}} CH_3-\overset{\overset{\displaystyle O}{\|}}{C}-COOH+NADH+H^+$$

　　　　　　　乳酸　　　　　　　　　　　　　　　丙酮酸

它们的分子量相近,大约为 140 000Da,由 4 个亚基组成,每个亚基分子量约 35 000Da。4 个亚基有两种类型,分别为 H 亚基和 M 亚基。5 种同工酶的亚基组成分别为 HHHH(心肌中以此为主)、HHHM、HHMM、HMMM 及 MMMM(骨骼肌中以此为主)。有 5 种不同形式的 LDH,LDH-1 或 LDH-A(即 H4),LDH-2(即 H_3M),LDH-3(即 H_2M_2),LDH-4(即 HM_3),LDH-5 或 LDH-B(即 M_4)。两种类型亚基在许多方面有所差别,最重要的差别是氨基酸组成及 K_m 等动力学性质不同。因氨基酸组成不同,则带电情况不同,所以可用电泳法将不同类型的 LDH 分开,电泳图谱见图 5-26。两种类型亚基对底物的米氏常数显著不同,骨骼肌 LDH 对底物丙酮酸的 K_m 值高,因此,当丙酮酸浓度增加时,酶反应速度增大。而心肌 LDH 对丙酮酸底物的 K_m 值低,丙酮酸浓度增大时,酶很快饱和,反应速度不能随着底物浓度的增加而增大,而且在高浓度丙酮酸时活力被抑制。由于骨骼肌中 LDH-5 较多,而心、脑中则以 LDH-1 为主,因此,骨骼肌中可产生大量的乳酸,心、脑则不行。在高浓度丙酮酸条件下,心肌中的丙酮酸不能转变为乳酸,被迫进入三羧酸循环,氧化供给能量(见第七章)。说明不同器官存在的同工酶与各器官的代谢环境相适应,起着不同的生理功能。

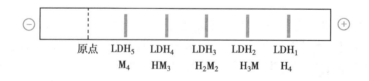

图 5-26　LDH 同工酶电泳图

近年来同工酶的研究已应用于疾病的诊断。正常情况下,血清中 LDH 活力很低,多半是由红细胞渗出的。当某一器官或组织病变时,LDH 同工酶释放到血液中,血清的 LDH 同工酶电泳图谱就会发生一定变化。例如冠心病及冠状动脉血栓引起的心肌受损患者血清中的 LDH-1 与 LDH-2 含量增高,而肝细胞受损患者血清中 LDH-5 增高,这种分布异常可用于疾病诊断。

(三) 诱导酶

诱导酶(inducible enzyme)是指当细胞中加入特定诱导物质而诱导产生的酶。它的含量在诱导物存在下显著增高,这种诱导物往往是该酶底物的类似物或底物本身。诱导酶在微生物中较多见。例如大肠埃希菌平时一般只利用葡萄糖,当培养基不含葡萄糖,只含乳糖时,开始代谢强度非常低,继续培养一段时间后,代谢强度逐步提高,最后达到与含葡萄糖时一样,因为这时大肠埃希菌中已产生了属于诱导酶的半乳糖苷酶,可以充分利用乳糖。

许多药物能加强体内药物代谢酶的合成,因而能加速其本身或其他药物的代谢转化。研究药物代谢酶的诱导生成对于阐明许多药物的耐药性是重要的。如长期服用苯巴比妥催眠药的人,会因药物代谢酶的诱导生成而使苯巴比妥逐渐失效。

(四) 别构酶

迄今已知的别构酶都是寡聚酶,含有两个及两个以上的亚基。分子中除了有可以结合底物的活性中心外,还有可以结合调节物(或称别构剂)的别构中心,这两个中心可位于不同的亚基上,也可位于同一个亚基的不同部位上。别构酶的活性中心与底物结合,起催化作用,而别构中心则调节酶反应速度。

1. 别构酶的动力学特点 大部分别构酶的初速度 - 底物浓度的关系不符合典型的米氏方程,即不呈一般的 V-[S]双曲线,许多别构酶尤其是同种效应别构酶类,其 V-[S]关系呈现 S 形曲线(图 5-27)。这种 S 形曲线表明,当酶结合了 1 分子底物(或调节物)后,酶的构象发生了变化,这种新构象大大有利于后面底物与酶的结合,这种别构酶称为具有正协同效应的别构酶。

别构酶的 S 形动力学关系非常有利于对反应速度的调节。现将别构酶的 S 形曲线与非调节酶的曲线表示于图 5-27 中。从图可看出,在非调节酶曲线中,当[S]=0.11K_m 时,V 达到 V_{max} 的 10%,当[S]=9K_m 时,V 达到 V_{max} 的 90%,达到这两种速度的底物浓度之比为 $81\left(\dfrac{9}{0.11}\right)$;而在 S 形曲线中,达到同样两种速度的底物浓度比仅为 $3\left(\dfrac{9}{3}=3\right)$。这表明当底物浓度略有变化时,如[S]上升 3 倍,别构酶的酶促反应速度可从 10%V_{max} 突然上升到 90%V_{max},而在典型的米氏类型的酶中,速度若发生同样的变化,则要求底物浓度上升 81 倍才行。这就说明对于别构酶来说,酶反应速度对底物浓度的变化极为敏感。因此在完整细胞中,在较低的底物浓度下这种 S 形反应就体现为当底物浓度发生较小的变化时,别构酶可以极大程度地控制着反应速度,这就是别构酶可以灵敏地调节酶反应速度的原因所在。

另一类为具有负协同效应的别构酶,这类酶的动力学曲线与双曲线有些相似(图 5-28),故也被称为表观双曲线。它表示随着底物浓度的增高,曲线的斜率愈来愈低,即速度的增加愈来愈小,也就是说负协同效应可使酶的反应速度对外界环境中底物浓度的变化不敏感。

2. 别构模型 为了解释别构酶协同效应的机制,曾提出多种酶分子模型,其中最重要的有两种。

(1)协同模型或对称模型(concerted or symmetry model,也称 WMC 模型):该模型于 1965 年由 Monod、Wyman 和 Changeux 最早提出,模型要点如下。

1)别构酶是由确定数目的亚基组成的寡聚酶,各亚基占有相等的地位,因此每个别构酶都有一个对称轴。

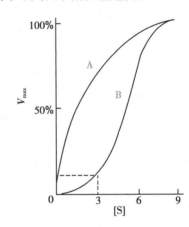

A. 非别构酶的曲线;B. 别构酶的 S 形曲线

图 5-27 底物浓度对两种催化反应速度的影响

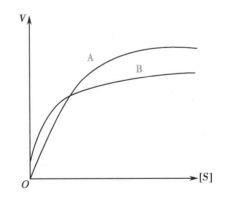

A. 非别构酶的曲线;B. 负协同别构酶的曲线

图 5-28 负协同别构酶与非别构酶动力学曲线

2)每一个亚基与一种配体(或调节物)只有一个结合位点。

3)每种亚基有两种构象状态,一种为有利于结合底物的松弛型构象(relaxed state,R-form),另一种为不利于底物结合的紧张型构象(tensed state,T-form)。这两种构象型式在三级和四级结构及催化活力上都有所不同,可以互变。但互变的条件既取决于外界条件,也取决于亚基间的相互作用。按此模式,构象的转变采取齐变方式,即各亚基在同一时间内均处于相同的构象状态。当蛋白质构象变化时,其分子对称性保持不变,故又称对称模式。

(2)序变模型(sequential model,也称 KNF 模型):这是 Koshland、Nemethyl 和 Filmer 于 1966 年提出的模型。是血红蛋白氧结合模型与诱导契合学说在别构酶研究上的一种发展,模型要点如下。

1)当配体不存在时,别构酶只有一种构象状态存在(T),而不是处于 R/T 互变的平衡状态,只有当配体与之结合后才诱导 T 态向 R 态转变。

2)别构酶的构象是以序变方式进行的,而不是齐变。当配体与一个亚基结合后,可引起该亚基构象发生变化,并使邻近亚基易于发生同样的构象变化,即影响对下一个配体的亲和力。当第二个配体结合后,又可导致第三个亚基的类似变化,如此顺序传递,直至最后所有亚基都处于同样的构象。

这些模型从不同角度对别构酶的协同性和别构调节机制作了解释,并为进一步探讨别构酶的生理意义提供了基础和借鉴。不过这些模型都有一定的局限性,别构酶作用的真正机制可能更为复杂。

(五)核酶与抗体酶

1. 核酶 核酶(ribozyme)又称催化 RNA、核糖酶、类酶、酶性 RNA,另有建议称"酸"(音同"海")。核酶是具有生物催化活性的 RNA,其功能是切割和剪接 RNA,核酶的底物是 RNA 分子。其作用特点是:切割效率低,易被 RNase 破坏,核酶作用于 RNA,包括催化转核苷酰反应、水解反应(RNA 限制性内切酶的反应)和连接反应(聚合酶活性)等。还可能具有氨基酸酯酶、氨基酰 tRNA 合成酶和肽基转移酶活性,表明核酶在翻译过程和核糖体发挥功能中起着重要作用。核酶催化的 RNA 剪接反应如图 5-29所示。

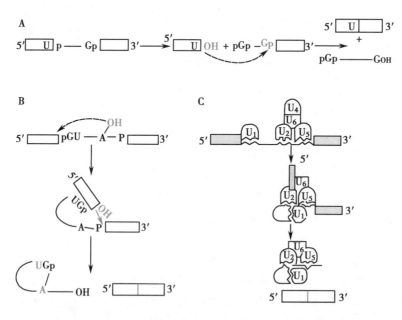

A. 第一类内含子的自我剪接反应;B. 第二类内含子的自我剪接反应;
C. 核 mRNA 前体的剪接反应,方框表示外显子,直线表示内含子

图 5-29　RNA 催化的剪接反应

核酶在阻断基因表达和抗病毒方面有应用前景,用核酶药物治疗疾病的原理是:核酶可以选择性地裂解癌细胞或病毒的 RNA,从而阻断它们合成蛋白质。如针对 HIV 的 RNA 序列,设计出专门裂解 HIV 的 RNA 的核酶,而这种核酶对正常细胞 RNA 则没有影响。核酶是催化剂,可以反复作用,因此与反义 RNA

相比,核酶药物使用剂量较低,毒性也较小,而且核酶对病毒作用的靶向序列是专一的,因此病毒较难产生耐受性。

Cech 和 Altman 分别发现了 RNA 具催化功能,Cech 是在研究 DNA 转录成 RNA 后内含子的剪切中发现的,Altman 则是在研究 tRNA 时发现的。这一开创性研究打破了酶是蛋白质的传统观念。他们共同获得 1989 年诺贝尔化学奖。正如 Cech 所说:"如果你是一个不为常识所束缚的人,那么,你有可能获得诺贝尔奖。"

2. 抗体酶　抗体酶也称催化抗体(catalytic antibody),是一类新的模拟酶。根据酶与底物作用的过渡态结构设计合成一些类似物——半抗原,用人工合成的半抗原免疫动物,以杂交瘤细胞技术生产针对人工合成半抗原的单克隆抗体,这种抗体既具有与半抗原特异结合的抗体特性,又具有催化半抗原进行化学反应的酶活性,将这种既有酶活性又有抗体活性的模拟酶称抗体酶。抗体酶能催化某些特殊反应。

(1)酰基转移反应:在蛋白质生物合成中,氨基酸的活化反应称酰基化反应。以中性磷酸二酯作为反应过渡态的稳定类似物所制备的单抗可以催化带丙氨酰酯的胸腺嘧啶 3′-OH 基团的氨酰化反应,酰基转移抗体酶的研究有利于改进蛋白质的人工合成方法,合成新型 tRNA。

(2)水解反应:主要有酯水解和酰胺水解两类。蛋白质水解都是酰胺水解,如 1989 年 Iverson 等用 Co Ⅲ - 三乙烯酰胺 - 肽复合物作为半抗原,得到能专一切割 Gly-Phe 肽键的抗体酶。酯酶水解酯类是酯的羧基碳原子受到亲核攻击,形成四面体过渡态,过渡态最终断裂形成水解产物。以四面体过渡态磷酸酯类似物为半抗原,所得到的抗体酶能催化酯的水解。

$$F_3C-\overset{\overset{O}{\|}}{C}--CH_2-\overset{\overset{O}{\|}}{C}-O--\overset{\overset{O}{\|}}{C}-CH_3 \quad 酯$$

$$F_3C-\overset{\overset{O}{\|}}{C}--CH_2-\overset{\overset{O^-}{|}}{\underset{X}{C}}-O--\overset{\overset{O}{\|}}{C}-CH_3 \quad 四面体的过渡态$$

$$F_3C-\overset{\overset{O}{\|}}{C}--CH_2-\overset{\overset{O^-}{|}}{\underset{O}{P}}-O--\overset{\overset{O}{\|}}{C}-CH_3 \quad 磷酸酯类似物$$

迄今,已开发出近百种抗体酶,除了上述列举的反应外,尚有多种催化反应类型的抗体酶正在研发中。抗体酶具有较高的催化活力和较好的专一性,能够根据人们的意愿设计出天然蛋白酶所不能催化的反应,用以催化在结构上有差异的底物,为研究开发特异性强的治疗药物开辟了广阔前景。

除了研究新型抗体酶外,科学家对已有的酶进行定向进化,以获得新型高效催化剂,满足不同研究和应用领域的需求。2018 年诺贝尔化学奖的 1/2 授予 Frances H. Arnold,表彰她细化了酶的定向改造方法,并将其成功地用于开发新型催化剂,从而实现化学物质的环境友好制造,例如药物的合成及更环保的可再生燃料的生产。

酶的定向进化

二、酶在医药学上的应用

(一)酶在疾病诊断上的应用

血清中有很多酶是血清蛋白的重要组成部分,来自血细胞和各种组织。除少数血清酶在血中发挥重要催化功能外,大多数血清酶的活性很低。但当体内某些器官或组织发生病变时,往往会影响一些血清酶的活性,因此,测定血清酶活力在疾病诊断上具有重要意义。

血清酶活力测定已广泛用于诊断肝胆疾病、心肌梗死、肿瘤、骨骼疾病等。

1. 血清酶测定应用于肝胆疾病的诊断　当肝脏病变时,可引起血清中很多酶活力的变化,主要有以下几种。

(1)转氨酶:包括血清谷草转氨酶(sGOT)与血清谷丙转氨酶(sGPT),血清转氨酶是急性黄疸性肝炎前期最早出现的异常指标,是肝细胞损伤最敏感的指标之一。

(2)卵磷脂 - 胆固醇酰基转移酶(LCAT):该酶由肝脏合成而分泌入血,催化卵磷脂和游离胆固醇之间的转脂肪酰基作用而生成溶血卵磷脂及胆固醇酯。患肝病时,血清中的酶活力降低。

(3)γ- 谷氨酰转移酶(γ-GT):该酶催化下述反应。

$$\text{谷氨酰—半胱氨酰—甘氨酸+L-氨基酸} \xrightarrow{\gamma\text{-GT}} \gamma\text{-谷氨酰–L-氨基酸+半胱氨酰+甘氨酸}$$
$$(\text{GSH})$$

活动性肝病患者血清中 γ-GT 升高,故 γ-GT 是活动性肝病的诊断指标。

2. 血清酶测定应用于急性心肌梗死的诊断　应用于心肌梗死的血清酶主要有血清谷草转氨酶(sGOT)、乳酸脱氢酶(LDH)和肌酸激酶(CK),其中 LDH 与 CK 具有较高阳性率与特异性。

(1)LDH 同工酶:LDH-1 在心肌中含量最高,心肌梗死时,释放 LDH-1 明显高于其他同工酶,因而患者血清中 LDH-1/LDH-2 比值明显升高。

(2)CK 同工酶:CK-MB(M 及 B 表示亚基)同工酶是诊断心肌梗死的最好指标,心肌梗死时,血清中 CK-MB 可增高 6 倍。

3. 血清酶的测定应用于诊断肿瘤

(1)γ-GT:γ-GT 可作为活动性肝病的诊断指标,对肝癌的诊断也有一定意义。实验证明,原发性或继发性肝癌时,血清 γ-GT 均见升高。

(2)半乳糖基转移酶(Gal T)同工酶:该酶有 Ⅰ、Ⅱ 两种同工酶。正常人血清中只有 Gal T-Ⅰ,而癌症患者血清中的 Gal T-Ⅰ 虽仅略高于正常人,但同时可出现 Gal T-Ⅱ,阳性率为 73%~83%,所以 Gal T-Ⅱ 是一个较明确的癌症诊断指标。

(二) 酶在治疗上的应用

用于治疗疾病的酶类药物主要有以下几类。

1. 助消化酶　该类药物中有胃蛋白酶、胰酶、纤维素酶及淀粉酶等。

2. 消炎酶　有胰蛋白酶、凝乳蛋白酶、溶菌酶、菠萝蛋白酶、木瓜蛋白酶、枯草杆菌蛋白酶、胶原蛋白酶、黑曲霉蛋白酶等。这些酶能水解炎症部位纤维蛋白及脓液中黏蛋白,适用于消炎、消肿、清疮、排脓与促进伤口愈合。

3. 防治冠心病用酶　胰弹性蛋白酶具有 β- 脂蛋白酶的作用,能降低血脂,防治动脉粥样硬化。激肽释放酶(血管舒缓素)有舒张血管的作用,临床上用于治疗高血压和动脉粥样硬化。

4. 止血酶和抗血栓酶　止血酶有凝血酶和凝血酶激活酶。抗血栓酶有纤溶酶、葡激酶、尿激酶与链激酶,但后两者的作用是使无活性的纤溶酶原转化为有活性的纤溶酶,使血液中纤维蛋白溶解,防止血栓形成。

蛇毒降纤酶、蚓激酶、组织型纤溶酶原激活物(t-PA)也是近期研究成功的有效抗栓剂。

5. 抗肿瘤酶类　L- 天冬酰胺酶能水解破坏肿瘤细胞生长所需的 L- 天冬酰胺,临床上用于治疗淋巴肉瘤和白血病。谷氨酰胺酶也有类似作用。

6. 其他酶类药物　细胞色素 c 是呼吸链电子传递体,可用于治疗组织缺氧。超氧化物歧化酶用于治疗类风湿关节炎和放射病,青霉素酶治疗青霉素过敏,透明质酸酶用作药物扩散剂并治疗青光眼。

三、固定化酶及其应用

(一) 固定化酶的概念和优点

固定化酶(immobilized enzyme)是借助于物理和化学的方法把酶束缚在一定固体的空间内,并仍具有催化活性的酶制剂,是近代酶工程技术的主要研究领域。

酶在水溶液中不稳定,一般不宜反复使用,也不易与产物分离,不利于产品的纯化。固定化酶可以弥补这些缺点,它在催化反应中具有许多优点:①酶经固定化后,稳定性有了提高;②可反复使用,提高了使用效率,降低了成本;③有一定机械强度,可进行柱式反应或分批反应,使反应连续化、自动化,适合于现代化规模的工业生产;④极易与产物分离,酶不混入产物中,简化了产品的纯化工艺。

(二) 固定化酶的制备方法

1. 吸附法 使酶分子吸附于水不溶性的载体上,有物理吸附法及离子交换剂吸附法。用于物理吸附法的载体有高岭土、磷酸钙凝胶、多孔玻璃、氧化铝、硅胶、羟基磷灰石、纤维素、胶原、淀粉等。用于离子吸附法的载体有 CM- 纤维素、DEAE- 纤维素、DEAE-Sephadex,以及合成的大孔阳离子和阴离子交换树脂等。

2. 共价结合法 将酶与载体通过共价键连接的方法,是固定化酶研究中最活跃的一类方法。以重氮法为例:

$$R{-}NH_2 \xrightarrow[\text{HCl}]{\text{NaNO}_2} R{-}N{\equiv}N^+Cl^- \xrightarrow{E} R{-}N{=}N{=}E$$

（具有芳香氨基的水不溶性载体）

3. 交联法 它是用多功能试剂与酶蛋白分子进行交联的一种方法。基本原理为酶分子中游离氨基、酚基及咪唑基均可和多功能试剂之间形成共价键,得到三向的交联网状结构,如戊二醛和酶蛋白的交联如下:

$$OHC{-}(CH_2)_3{-}CHO+E \longrightarrow CH{=}N{-}E{-}N{=}CH(CH_2)_3CH{=}N{-}E{-}N\cdots\cdots$$

$$\begin{array}{cc} | & | \\ N & N \\ \| & \| \\ CH & CH \end{array}$$

4. 包埋法 是将酶物理包埋于高聚物内的方法。可将酶包埋在凝胶格子中或半透膜微型胶囊中。

> 思考题 5-5 :请根据酶的"骄、娇"二气特性,指出固定化酶制备中的注意事项。

(三) 固定化酶的应用

固定化酶在工业、医药学及基础研究等方面均有广泛用途,现仅介绍与医药有关的几个方面。

1. 药物生产中的应用 医药工业是固定化酶用得比较成功的一个领域,并已显示巨大的优越性。如酶法水解 RNA 制取 5′- 核苷酸,5′- 磷酸二酯酶制成固定化酶用于水解 RNA 制备 5′- 核苷酸,活性比用液相酶提高 15 倍。此外,青霉素酰化酶、谷氨酸脱羧酶、延胡索酸酶、L- 天冬氨酸酶、L- 天冬氨酸 -β- 脱羧酶等都已制成固定化酶用于药物生产。也可将产酶的微生物直接制成固定化细胞,用于生物转化法制备所需化合物。例如,工业上将高产延胡索酸酶和 L- 天冬氨酸酶的微生物细胞分别固定化,两者可将相同底物延胡索酸分别转化为 L- 苹果酸和 L- 天冬氨酸。

2. 医疗上的应用 制造新型的人工肾,这种人工肾是由微胶囊的脲酶和微胶囊的离子交换树脂的吸附剂组成。前者水解尿素产生氨,后者吸附除去产生的氨,以降低患者血液中过高的非蛋白氮。

小　结

生物体内的各种化学变化都是在酶催化下进行的。酶是由生物细胞产生的,受多种因素调节控制的具有催化能力的生物催化剂。与一般催化剂相比有其共同性,但又有显著的特点,酶的催化效率高,具有高度的专一性,酶的活性受多种因素调节控制,酶作用条件温和,但不够稳定。

根据各种酶所催化反应的类型,把酶分为 7 大类,即氧化还原酶、转移酶、水解酶、裂合酶、异构酶、连接酶和易位酶。按规定每种酶都有一个习惯名称和国际系统名称,并且有一个编号。

酶对催化的底物有高度的选择性,即专一性。酶往往只能催化一种或一类反应,作用于一种或一类物质。酶的专一性可分为立体异构专一性和非立体异构专一性两种类型。可用锁钥学说、诱导契合学说、三点附着学说解释酶的专一性。

酶的化学本质除有催化活性的 RNA 分子之外都是蛋白质。根据酶的化学组成可分为单纯蛋白质和结合蛋白质两类。结合蛋白质是由不表现酶活力的酶蛋白及辅因子(包括辅酶、辅基及某些金属离子)两部分组成。酶蛋白部分决定酶催化的专一性,而辅酶(或辅基)在酶催化作用中通常起传递电子、原子或某些化学基团的作用。

酶是催化效率很高的生物催化剂,与酶催化效率有关的因素包括降低反应活化能、底物和酶的趋近定向效应、底物变性与诱导契合、酸碱催化、共价催化等。但这些因素不是同时在一个酶中起作用,对于某一种酶来说,可能分别主要受一种或几种因素的影响。

酶促反应动力学研究酶促反应的速度及其影响因素。它是以化学动力学为基础,讨论底物浓度、抑制剂、pH、温度及激活剂等因素对酶反应速度的影响。Michaelis-Menten 根据中间产物学说的理论,推导出酶反应动力学方程式,即米氏方程,阐明了底物浓度与反应速度的关系。米氏常数 K_m 是酶的一个特征常数,以浓度为单位,有多种用途和意义,可通过双倒数作图法得到 K_m 及 V_{max}。

酶促反应速度常受抑制剂影响,根据抑制剂与酶的作用方式及抑制作用是否可逆,将抑制作用分为可逆抑制和不可逆抑制。根据可逆抑制剂与底物的关系分为竞争性抑制、非竞争性抑制及反竞争性抑制三类,动力学常数变化情况如下:竞争性抑制 K_m 变大,V_{max} 不变;非竞争性抑制 K_m 不变,V_{max} 变小;反竞争性抑制 K_m 及 V_{max} 均变小。如磺胺类药物即是一类典型的竞争性抑制剂。过渡态类似物及自杀底物是一类特殊的抑制剂。此外,温度、pH、激活剂都会对酶促反应速度产生重要影响,在研究酶促反应速度及测定酶的活力时,都应选择酶的最适反应条件。除以上影响因素外,酶活性调节方式还有酶原激活、共价修饰、别构调节和酶含量的调节。

酶的分离纯化是酶学研究的基础。已知大多数酶的本质是蛋白质,因此可用分离纯化蛋白质的方法纯化酶,不过要注意选择合适的材料,操作条件要温和。在酶的制备过程中,每一步都要测定酶的活力和比活力,以了解酶的回收率及提纯倍数,以便判断提纯的效果。酶活力是指在一定条件下酶催化某一化学反应的能力,可用反应初速度来表示。测定酶活力即测定酶反应的初速度。酶活力大小表示酶含量的多少,通常用酶的国际单位数表示。每毫克蛋白质所含酶的活力单位数,称为酶的比活力,代表酶的纯度。

重要的酶类主要有寡聚酶、同工酶、诱导酶、别构酶、核酶和抗体酶。

酶是一种重要的生物催化剂,在疾病的诊断、治疗及药物的生产、研发中具有重要的作用。

练习题

1. 简述酶作为生物催化剂与一般化学催化剂的共性及其个性。

2. 什么是米氏方程? 米氏常数 K_m 的意义是什么? 试求酶反应速度达到最大反应速度的 99% 时,所需的底物浓度(用 K_m 表示)。

3. 测定酶活性时,应注意哪些方面?

4. 对于某个酶有两个底物 A 和 B,如何用实验判断哪一个是该酶的最适底物? 请说明判断的原理和实验设计。

5. 什么是酶的可逆抑制剂? 简述三种可逆抑制剂的作用特点及其表观 K_m、表观 V_{max} 变化。

6. 请举例说明酶的竞争性抑制剂在药物研究中的应用。

7. 试述酶具有催化高效性的分子机制。

8. 简述固定化酶的制备方法及应用。

（刘　煜）

第五章同步练习

物质代谢与调节

第六章
生物氧化

物质在生物体内的氧化作用称为生物氧化（biological oxidation）。生物氧化有两大类：一类是在线粒体内进行的生物氧化，该过程与氧化磷酸化的 ATP 生成密切相关；另一类是非线粒体氧化体系的生物氧化，与生成 ATP 无关。由于线粒体中的生物氧化是在组织细胞中进行的，消耗氧并产生二氧化碳，故又称为组织呼吸（tissue respiration）或细胞呼吸（cellular respiration）。非线粒体氧化体系，如微粒体（microsome）氧化体系，主要在滑面内质网中进行，其主要功能是机体对非营养物质（药物、毒物和其他中间代谢物）进行生物转化。此外，还有过氧化物酶体（peroxisome）氧化体系。

第一节　生物氧化概述

一、生物氧化的特点

生物氧化和物质在体外的氧化（如燃烧）从化学本质上均遵循氧化还原反应的一般规律，在氧化时所消耗的氧量、最终产物和释放能量相同，但两者所进行的方式和过程大不相同。

生物氧化是一系列的酶促反应，反应在体温和近中性 pH 环境中进行；广泛的加水脱氢反应使反应物能间接获得氧，并增加脱氢的机会，生物氧化中脱下的氢与氧结合生成 H_2O，CO_2 由有机酸脱羧产生。反应过程中能量逐步释放，且释放的部分能量是以化学能的方式储存在高能磷酸化合物 ATP 中。而体外氧化条件剧烈，产生 CO_2、H_2O 由物质中的碳和氢直接与氧结合生成，能量以光和热的形式瞬间释放。由于细胞内生物大分子的空间结构通过弱化学键维系，瞬间释放大量的化学能会破坏它们的空间结构，从而使其功能受损，故生物氧化反应必须分阶段进行，逐步释放能量。

人体每天从食物中摄入糖、脂类和蛋白质等营养物质，它们贮存了光合作用所赋予的大量化学能。线粒体可将营养物质所储存的化学能转变为人体可利用的化学能，以高能磷酸化合物 ATP 贮存。生物体内的糖、脂类和蛋白质首先分解为其基本组成单位——葡萄糖、脂肪酸和甘油及氨基酸，此阶段释放能量较少，且多以热能的形式散失。葡萄糖、脂肪酸、甘油及氨基酸在细胞内各经一系列反应生成活泼的乙酰 CoA（$CH_3CO\sim CoA$）。乙酰 CoA 在线粒体中进入三羧酸循环经脱羧反应生成 CO_2，并经多次脱氢，脱下的氢经呼吸链（又称电子传递链）传递，最后与氧结合生成水，同时释放出大量能量，其中相当一部分能量转变为机体可利用的化学能（ATP 贮存）。线粒体中进行的三羧酸循环是糖、脂类和蛋白质分解代谢最终的共同通路（图 6-1）。

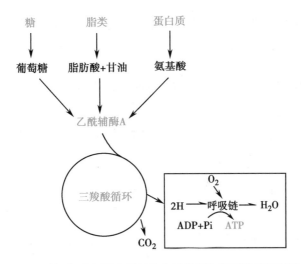

图 6-1 糖、脂类和蛋白质氧化分解代谢和能量转换示意图

二、生物氧化反应类型

生物体内氧化反应与体外直接的氧化反应化学本质上均为加氧、脱氢或失电子。但生物体内的氧化反应是在一系列酶的催化下进行的。催化生物氧化的酶有氧化酶类、脱氢酶类、加氧酶类和过氧化物酶类等。后两种酶主要参与非线粒体体系的生物氧化过程,如微粒体的药物代谢酶系。本章主要讨论线粒体内的生物氧化反应。

生物氧化反应中一种物质脱下的氢原子或电子总由另一种物质接受,因而体内的氧化反应和还原反应总是偶联进行的,称氧化还原反应(redox reaction)。其中,失去电子或氢原子的物质称为供电子体(electron donor)或供氢体(hydrogen donor),接受电子或氢原子的物质称为受电子体(electron acceptor)或受氢体(hydrogen acceptor)。

(一) 加氧反应

加氧反应即反应物分子中直接加入氧原子的反应(图 6-2)。

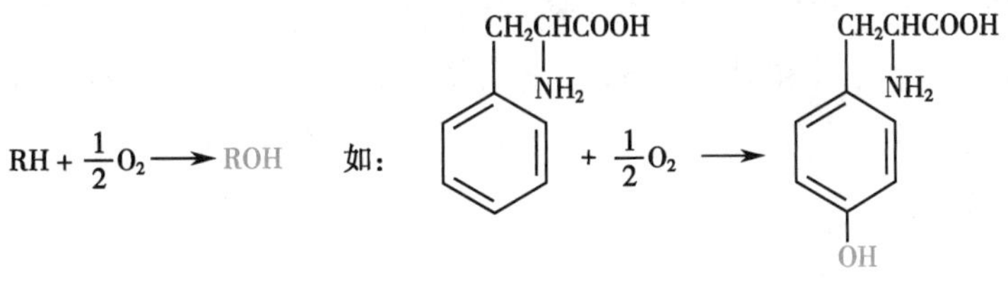

$$RH + \frac{1}{2}O_2 \longrightarrow ROH$$

图 6-2 反应物的加氧反应

(二) 脱氢反应

从反应物分子脱去成对氢的反应为脱氢反应,脱下的氢由受氢体接受(图 6-3)。因一对氢原子是由一对质子($2H^+$)和一对电子($2e$)组成,故脱氢反应也包括失电子反应。

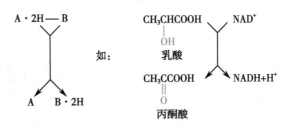

图 6-3 反应物的脱氢反应

脱氢反应的另一类型是"加水脱氢",即反应物先与水结合,然后脱去两个氢原子,结果是反应物分子加上一个氧原子(图6-4)。

(三) 失电子反应

反应物(A)在反应过程中失去电子,电子由受电子体(B)接受(图6-5)。

参与生物氧化的酶分类

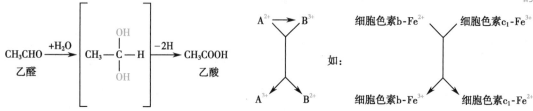

图6-4　反应物的加水脱氢反应　　　　图6-5　反应物的失电子反应

第二节　线粒体生物氧化体系

呼吸链(微课)

翻转课堂(6-1):

目标:要求学生通过课前自主学习,掌握呼吸链的各组分的基本结构、分布和作用。

课前:要求每位学生认真观看本节微课,把握老师课前提出的具体要求。自由组队,每组4~6人,组长负责组织大家开展讨论,并制作PPT或视频,用于课堂交流。

课中:老师随机抽取1~2组,作全班公开PPT演讲;老师提出问题,让学生相互讨论和交流,并随机挑选学生回答,考查学生的学习情况。

课后:学生完成老师布置的作业,并对各类组成成分的电子传递顺序的确定方法拓展学习和讨论。

线粒体是细胞内的"动力工厂"。糖类、脂类及蛋白质分解代谢的最后阶段都在线粒体内经过三羧酸循环及呼吸链彻底氧化,产生 CO_2 和 H_2O,并释放出能量,能量中相当一部分以ATP形式保存下来,另一部分则以热的形式释放。

一、线粒体结构与特征

1948年,Eugene Kennedy 和 Albert Lehninger 发现真核生物氧化磷酸化的场所是线粒体,呼吸链和氧化磷酸化的相关部分位于线粒体内膜,线粒体内膜是真核生物能量转换的主要部位。由于原核生物没有线粒体结构,所以原核生物的能量转换是在细胞膜上进行的。

在电镜下,线粒体是由两层单位膜组成的封闭囊状结构。主要由外膜、内膜、膜间隙及基质四部分组成(图6-6)。外膜上有排列整齐的孔蛋白,允许分子量 1×10^4Da 以下的物质通过,所以外膜通透性高,仅少量酶分布其上。内膜位于外膜内侧,其上含有大量的心磷脂,从而导致内膜的通透性极低,能严格地控制分子与离子的通过。内膜的这种低通透性在ATP的生成过程中有着重要作用。内膜向内折叠形成很多嵴,嵴的存在使得内膜的表面积大大增加,在嵴上有很多球状颗粒,即为ATP合酶(F_1F_0-ATP合酶)。内膜含有大量的蛋白质,包括了呼吸链和氧化磷酸化相关的组分,线粒体功能的行使主要在此进行。在内、外膜之间的封闭腔隙即为膜间隙,内含许多可溶性酶、底物以及辅助因子。线粒体的内腔充

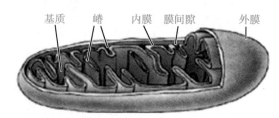

图6-6　线粒体的结构剖面示意图

满半流动的基质(matrix),呈匀质状,具有一定的 pH 和渗透压,其中包含大量的酶类以及线粒体 DNA 和核糖体,糖代谢、脂代谢和氨基酸代谢的众多酶类均在其中。线粒体 DNA(mtDNA)为双链环状分子,仅能编码约 20 种蛋白质,其中包括细胞色素氧化酶、细胞色素 b 和 F_0 疏水亚基等。而组成线粒体各部分的其他蛋白质由核 DNA 编码,它们在细胞质的核糖体上合成后,运送到线粒体各自的功能位点上。正因为如此,线粒体的遗传系统有赖于细胞核的遗传系统,所以线粒体是一种半自主性的细胞器(semiautonomous organelle)。

二、呼吸链

线粒体上有两条呼吸链:NADH 呼吸链和 $FADH_2$ 呼吸链。线粒体内膜呼吸链由 4 个大分子量跨膜蛋白 / 酶复合物(复合体 I、II、III、IV)以及泛醌(CoQ)和细胞色素 c(Cyt c)组成。

1. NADH 呼吸链 电子传递顺序是:NADH →复合物 I → CoQ →复合物III→复合体IV→ O_2。即从 NADH 开始到还原 O_2 生成 H_2O(图 6-7)。

2. $FADH_2$ 呼吸链 电子传递顺序是:琥珀酸→复合体 II → CoQ →复合体III→复合体IV→ O_2。习惯称琥珀酸呼吸链,即底物脱下 2H 直接(琥珀酸脱下 2H)或间接转给 FAD 生成 $FADH_2$,再经泛醌到还原 O_2 生成 H_2O(图 6-7)。

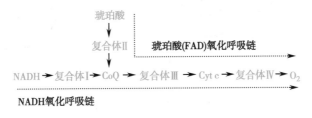

图 6-7　线粒体氧化呼吸链排列顺序图

呼吸链中各组分的排列顺序是根据呼吸链各组分的自由能状态,由高到低排列,保证电子从能量相对高的 NADH 或 $FADH_2$ 向能量相对低的氧传递(图 6-8)。

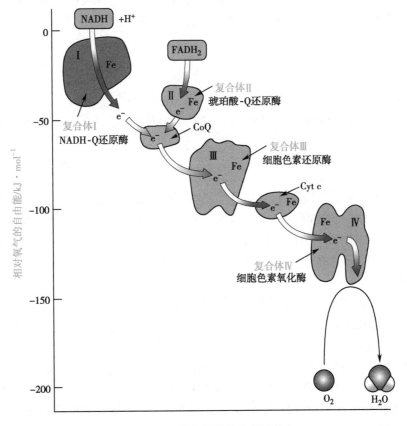

图 6-8　呼吸链各组分的自由能状态

三、呼吸链的主要组成物质

(一) 铁硫蛋白

铁硫蛋白(iron-sulfur protein)又称非血红素蛋白(nonheme iron protein),含非卟啉和不耐酸的硫,其作用是借助铁的变价进行电子传递。

$$Fe^{3+} + e \longleftrightarrow Fe^{2+}$$

铁硫蛋白最重要的特征是在磷酸化时释放 H_2S(酸不稳定的硫)。其络合物中的铁、硫一般以等摩尔存在,通常构成铁硫中心 Fe_2S_2 和 Fe_4S_4,然后再与蛋白质中的半胱氨酸连接(图6-9)。某些铁硫蛋白只含一个铁原子,它以四面体的形式与蛋白质中四个半胱氨酸的巯基络合。

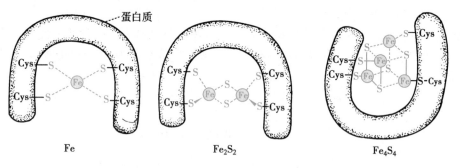

图6-9 铁硫蛋白示意图

铁硫蛋白最早从厌氧菌中发现,后来发现其在生物界中广泛存在。在线粒体内膜上通常与黄素酶或细胞色素结合。虽然铁硫蛋白的作用与电子传递有关,但目前对其具体作用机制尚不十分清楚。

(二) 泛醌

辅酶Q(CoQ)广泛存在于生物界,所以又称泛醌(ubiquinone),是呼吸链中唯一的非蛋白质组分,是一种脂溶性的醌类化合物,具有三种不同的氧化还原状态,即氧化态Q、还原态 QH_2 以及介于两者之间的半醌·QH。

由于辅酶Q含有很长的脂肪族侧链,所以容易结合到膜上或与膜脂混溶。不同来源的辅酶Q,其侧链长度也是不同的。其异戊二烯的 n 值在6~10。辅酶Q是一种中间传递体,它通过醌/酚结构互变传递氢。但是辅酶Q在呼吸链中的顺序尚有异议,有人认为在细胞色素b之前,也有人认为在细胞色素b和c之间。辅酶Q还参与植物光合作用的电子传递,在其中也起着重要作用。

(三) 细胞色素

细胞色素(cytochrome)是一类以铁卟啉为辅基的色素蛋白,铁原子处于卟啉结构的中心,构成血红素(heme)。细胞色素都以血红素为辅基,而使这类蛋白质具有红色,通过辅基中的铁离子价态($Fe^{3+} + e \longleftrightarrow Fe^{2+}$)可逆性变化进行电子传递。

呼吸链中的细胞色素根据其在可见光区特征的吸收光谱如 α、β 和 γ 三条吸收带可分为 a、b、c 三类。其中细胞色素c是唯一的可溶性细胞色素,也是目前了解最透彻的细胞色素类蛋白质,其氨基酸序列已被广泛测定,可作为生物系统进化关系的一个判断指标。在线粒体的呼吸链中至少含有5种不同的细胞色素,分别为细胞色素b、c_1、c、a 和 a_3,其中细胞色素c为线粒体内膜的周边蛋白,其余均为内膜的整合跨膜蛋白。细胞色素 b、c_1、c 的辅基都是血红素,而细胞色素 a、a_3 以血红素 A 为辅基。血红素 A 与血红素的区别在于卟啉环上第 2 位以一个长的疏水链代替乙烯基,在第 8 位以一个甲酰基代替甲基(图 6-10)。

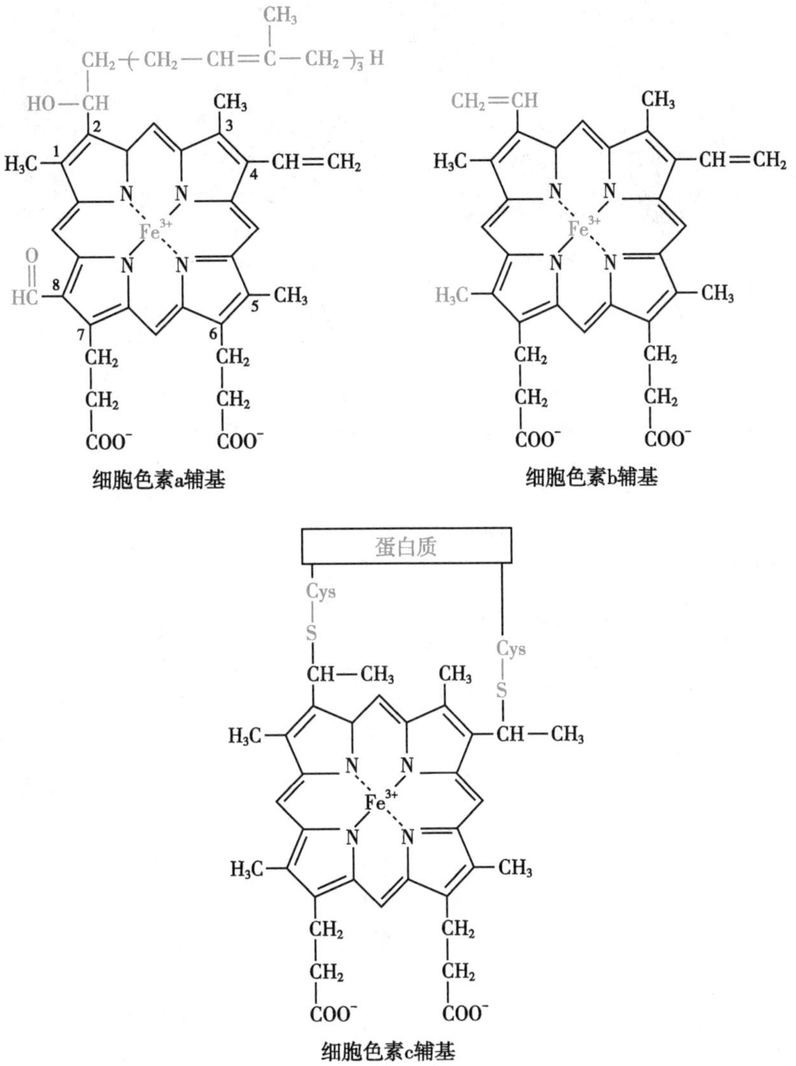

图 6-10　细胞色素体系

细胞色素 aa_3 以复合物形式存在,称为细胞色素氧化酶(cytochromeoxidase),其辅基除血红素 A 外,还含有两个必需的铜离子。铜在氧化还原反应中也发生价态变化($Cu^+ \leftrightarrow Cu^{2+} + e$),由此进行电子传递。除细胞色素 aa_3 外,其余的细胞色素中的铁原子均与卟啉环和蛋白质形成六个共价键或配位键(其中,与卟啉环形成四个配位键外,与蛋白质上的组氨酸和甲硫氨酸侧链相连接形成两个共价键),因此不能再与 O_2、CO、CN^- 等结合。而细胞色素 aa_3 的铁原子与卟啉环和蛋白质只形成了五个配位键,所以剩余一个配位键位置,可与 O_2、CO、CN^- 等结合。在典型的线粒体呼吸链中,细胞色素的传递顺序是:b → c_1 → c → aa_3 → O_2。

(四) 线粒体复合体

用毛地黄皂苷、胆酸盐、脱氧胆酸等去垢剂处理线粒体,可溶解其外膜,并首先将呼吸链拆成四种功能复合体(Ⅰ、Ⅱ、Ⅲ、Ⅳ)以及辅酶 Q(CoQ)和细胞色素 c,四种复合体基本包埋在线粒体内膜中,辅酶 Q 和细胞色素 c 是呼吸链中可流动的递氢体和递电子体(图 6-11)。

线粒体内膜上呼吸链复合体(Ⅰ、Ⅱ、Ⅲ、Ⅳ)的组成、定位与功能见表 6-1。

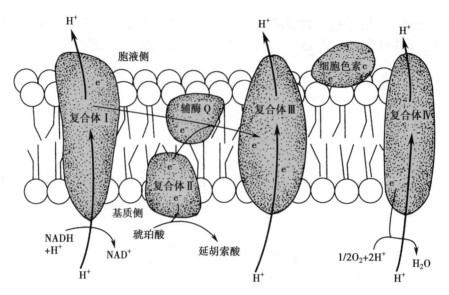

图 6-11 复合体（Ⅰ～Ⅳ）在线粒体内膜上的位置示意图
（泛醌和细胞色素 c 是可移动的电子载体）

表 6-1 呼吸链中 4 种酶复合体的功能、组成与定位

酶复合体	分子量/kD	多肽链数	辅基	结合部位位置		
				线粒体基质侧	脂质核心	细胞质侧
复合体 Ⅰ,NADH-Q 还原酶	880	≥40	FMN Fe-S	NADH	Q	
复合体 Ⅱ,琥珀酸-Q 还原酶	140	4	FAD Fe-S	琥珀酸	Q	
复合体 Ⅲ,细胞色素 还原酶	280	≥11	血红素 b-562 血红素 b-566 血红素 c_1 Fe-S		Q	细胞色素 c
复合体 Ⅳ,细胞色素 氧化酶	200	13	血红素 a 血红素 a_3 Cu_A 和 Cu_B			细胞色素 c

1. 复合体 Ⅰ（NADH-CoQ 还原酶） 又称 NADH 脱氢酶,由 40 条以上的多肽链组成,总的分子量约 8.5×10^5 Da,以二聚体的形式存在。每个单体含有一个 FMN 为辅基的黄素蛋白和至少 7 个铁硫蛋白。它是呼吸链中最大、结构最复杂的酶复合体,其功能是催化 NADH 上的 2 个电子传递给辅酶 Q,同时发生质子的跨膜输送,所以复合物 Ⅰ 既是电子传递体,又是质子移位体。

2. 复合体 Ⅱ（琥珀酸-CoQ 还原酶） 又称琥珀酸脱氢酶,由 4 条多肽链组成,总的分子量约 1.4×10^5 Da,含有一个以 FAD 为辅基的黄素蛋白、2 个铁硫蛋白和一个细胞色素 b。其作用是催化电子从琥珀酸通过 FAD 和铁硫蛋白传递到辅酶 Q。所以复合体 Ⅱ 只能传递电子,而不能使质子跨膜输送。

3. 复合体 Ⅲ（CoQ-细胞色素 c 还原酶） 由多于 11 条多肽链组成,总的分子量约 2.5×10^5 Da,以二聚体形式存在。每个单体包括 2 个细胞色素 b（b_{562},b_{566}）、一个细胞色素 c_1 和一个铁硫蛋白。其作用是催化电子从还原型辅酶 Q 转移给细胞色素 c,同时发生质子的跨膜移位。所以复合体 Ⅲ 既是电子传递体,又是质子移位体。

4. 复合体Ⅳ(细胞色素氧化酶)　由多于 10 条多肽链组成,总的分子量约 $2.0 \times 10^5 Da$,以二聚体形式存在。每个单体包括细胞色素 aa_3 和含铜蛋白。其作用是催化电子从还原型细胞色素 c 传递给氧分子,同时发生质子的跨膜移位。复合体Ⅳ既是电子传递体,又是质子移位体。

第三节　线粒体的氧化磷酸化——ATP 生成

一、氧化磷酸化生成 ATP

(一) 定义

氧化磷酸化(oxidative phosphorylation)指代谢物脱氢经呼吸链传递给氧生成水的同时,释放能量用以使 ADP 磷酸化生成 ATP,由于是代谢物的氧化反应与 ADP 的磷酸化反应偶联发生,故称为氧化磷酸化。

(二) 氧化磷酸化的偶联部位

1. P/O 比值　P/O 比值是指物质氧化时,每消耗 1mol 氧原子所需消耗的无机磷原子的摩尔数。在氧化磷酸化过程中,由于无机磷酸是用于 ADP 磷酸化生成 ATP,所以无机磷酸的原子数的减少量可间接反映 ATP 的生成数。通过测定离体线粒体内几种不同物质氧化时的 P/O 比值,可大体推测出可产生的 ATP 数目和氧化磷酸化偶联部位。已知 β- 羟丁酸的氧化是通过 NADH 进入呼吸链,测得 P/O 比值接近于 2.5,即 2H 通过 NADH 呼吸链可生成 2.5 分子 ATP。而琥珀酸氧化时,测得 P/O 比值接近于 1.5,即 2H 通过 $FADH_2$ 呼吸链可生成 1.5 分子 ATP。后者与前者不同在于,琥珀酸氧化脱下的 2 个氢原子(2H)直接经黄素蛋白(辅基为 FAD)传递给辅酶 Q,因此表明在 NADH 至辅酶 Q 之间存在偶联部位。

近年来根据实验和电化学计算发现,合成 1 分子 ATP 需要消耗 4 个 H^+ 的跨膜势能,即经氧化呼吸链平均每泵出 4 个 H^+ 才能生成 1 个 ATP。研究发现 NADH 呼吸链每传递 2 个氢原子(2H),最后与氧结合生成水,仅泵出 10 个 H^+,因此只能生成 2.5 个 ATP;而 $FADH_2$ 呼吸链每传递 2 个氢原子(2H),最后与氧结合生成水,仅泵出 6 个 H^+,因此只能生成 1.5 个 ATP。

2. 自由能变化　在氧化还原反应或电子传递反应中,自由能变化($\Delta G^{0'}$)与电位变化($\Delta E^{0'}$)之间有如下关系:

$$\Delta G^{0'} = -nF\Delta E^{0'}$$

$$n = 传递电子数;F = 96.5kJ/(mol \cdot V)$$

电位越低则自由能越高,两者正好相反。标准氧化还原电位($E^{0'}$)是指在特定条件下,反映参与氧化还原反应各组分对电子亲和力的大小。电位低的组分,自由能高,则倾向于给出电子,相反,电位高的组分,自由能低,则对电子的亲和力强,易接受电子。这些计算所得的结果与图 6-12 所示的顺序相一致。呼吸链中各种氧化还原对的标准氧化还原电位如表 6-2 所示。

表 6-2　呼吸链中各种氧化还原对的标准氧化还原电位

氧化还原对	$E^{0'}/V$	氧化还原对	$E^{0'}/V$
$NAD^+/NADH+H^+$	−0.32	Cyt c_1 Fe^{3+}/Fe^{2+}	0.22
$FMN/FMNH_2$	−0.22	Cyt c Fe^{3+}/Fe^{2+}	0.25
$FAD/FADH_2$	−0.22	Cyt a Fe^{3+}/Fe^{2+}	0.29
Cyt $b_L (b_H)$ Fe^{3+}/Fe^{2+}	0.05(0.10)	Cyt a_3 Fe^{3+}/Fe^{2+}	0.35
$Q_{10}/Q_{10}H_2$	0.06	$1/2O_2/H_2O$	0.82

从 NAD^+ 到辅酶 Q 段测得的电位差约 0.38V,从辅酶 Q 到 Cyt c 的电位差约为 0.35V,而 Cyt aa_3 到分

子氧为 0.53V。根据公式的计算结果，它们相应的 $\Delta G^{0'}$ 分别为 73.3、67.6、102.3kJ/mol，而生成 ATP 需要能量约 30.5kJ/mol，可见 $NAD^+ \rightarrow CoQ$、$CoQ \rightarrow Cyt\ c$、$Cyt\ aa_3 \rightarrow Q_2$ 三处均有足够提供合成 1mol ATP 所需能量，因此可成为偶联部位（图 6-12）。

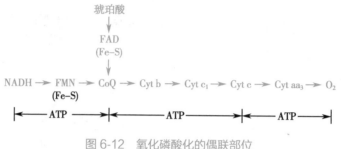

图 6-12　氧化磷酸化的偶联部位

化学渗透学说
（微课）

二、氧化磷酸化偶联机制

翻转课堂(6-2):

目标：要求学生通过课前自主学习，掌握化学渗透学说的核心内容及解偶联蛋白的作用机制。

课前：要求每位学生认真观看本节微课，把握老师课前提出的具体要求。自由组队，每组 4~6 人，组长负责组织大家开展讨论，并制作 PPT 或视频，用于课堂交流。

课中：老师随机抽取 1~2 组，作全班公开 PPT 演讲；老师提出问题，让学生相互讨论和交流，并随机挑选学生作答，考查学生的学习情况。

课后：学生完成老师布置的作业及思考题，并对生物体内类似的偶联作用进行类比联系和讨论（也可提出多个课后讨论问题）。

1. 化学渗透学说　化学渗透学说认为，电子经呼吸链传递所释放的能量，可将基质中的 H^+ 经线粒体内膜泵到膜间隙，产生膜间隙与基质间的质子电化学梯度差。由于线粒体内膜不允许质子自由回流，质子只能顺梯度经 ATP 合酶 F_0 回流到基质，此过程会将质子跨膜梯度差中所蕴藏的能量通过 ATP 合酶（F_0F_1 复合体）催化 ADP 和 Pi 生成 ATP（图 6-13）。

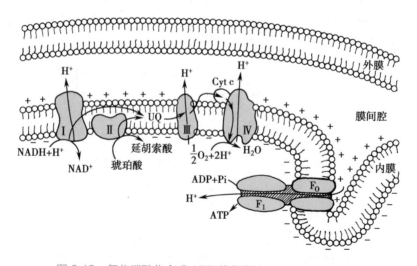

图 6-13　氧化磷酸化合成 ATP 的化学渗透学说机制示意图

(1)呼吸链中,复合物Ⅰ、Ⅲ和Ⅳ中的递氢体具有质子泵的作用,即递氢体在接受线粒体内底物的2个氢原子(2H)后,将其中的电子(2e)传递给随后的电子传递体,而将两个H^+释放到线粒体内膜外侧,所以电子传递系统是一个主动运输质子的体系,三种复合物都是由电子传递驱动的质子泵。

(2)完整的线粒体内膜具有选择性,H^+不能自由通过。由于泵到膜间隙的H^+不能自由返回,致使电子传递过程中,在线粒体内膜两侧建立起质子浓度梯度差,从而产生质子浓度梯度势能。此外,质子为带正电荷的氢离子,质子传递到膜间隙还伴随着线粒体基质转变为负电荷状态,使内膜两侧产生正负电位差势能。以上两种势能成为推动ATP合成的原动力,也称为质子推动力(proton motive force)。

(3)在线粒体内膜上嵌有ATP合酶(ATP synthase)复合体,当质子穿过此复合体的质子通道返回基质时,产生的质子推动力将驱动ATP合酶催化ADP与Pi结合形成ATP。

化学渗透学说最有力的实验证据是1960年Efraim Racker等所做的线粒体重组实验。采用超声波破碎线粒体,使线粒体原来朝向基质一侧的内膜外翻形成亚线粒体小泡;用胰蛋白酶或尿素处理亚线粒体小泡,可使ATP合酶中的F_1球状体从小泡上解离下来,F_0单元仍留在小泡膜内。此时小泡能进行电子传递,但不能使ADP磷酸化,而解离下来的F_1球状体却具有催化ATP水解的功能。当把F_1球状体重新组装到只有F_0的小泡上时,该小泡又恢复电子传递和磷酸化相偶联的能力。

Peter Mitchell在1961年提出化学渗透假说,由于该假说提出后逐渐被越来越多的实验证明,因而成为目前解释氧化磷酸化偶联机制最为公认的一种学说,他由此获得了1978年诺贝尔化学奖。

2. ATP合酶 ATP合酶存在于所有的传导膜中,包括线粒体膜、叶绿体膜和细菌的质膜。线粒体的电子显微图显示,内膜的基质侧有ATP合酶的球形结构突起。这些球形单位可通过相对温和的处理,如胰蛋白酶或尿素的处理而与内膜分离开。ATP合酶由F_0和F_1两部分组成。F_0为内膜蛋白复合物,由a、b、c三种蛋白质组成,其中c蛋白含有8~12条多肽链,它们共同构成了一条质子跨膜通道。F_1结构部分由5种亚基组成($\alpha_3\beta_3\gamma\delta\epsilon$),各亚基分子量分别为α 56kD、β 53kD、γ 33kD、δ 14kD、ε 6kD,主要功能是催化ATP合成。其中头部由3个α亚基和3个β亚基组成。α亚基上有ADP的结合位点;β亚基有ATP的结合位点,并具有催化活性,称为催化亚基。γ亚基穿过α亚基,起连接F_1单元头部和F_0单元c蛋白的作用,并且它可以调节质子从F_0结构部分向F_1流动的速率,起阀门的作用。δ和ε亚基的确切位置和功能尚未确定。F_0和F_1之间由一个大约5nm的形似柄的结构相连,柄由两种蛋白质构成:一种称为寡霉素敏感蛋白(oligomycin-sensitivity-conferring protein,OSCP),因这种蛋白质对寡霉素的敏感性而得名。寡霉素(oligomycin)是一种抗生素,可干扰对质子梯度的利用从而抑制ATP合成。柄的另一种蛋白质称为耦合因子6(coupling factor 6,F_6)(图6-14)。

由F_0复合物的质子传递以及ATP合酶的X射线晶体分析,得出ATP合酶的β亚基最可能的催化作用机制。三个β亚基以三种独立的状态存在:紧密(T)状态与ATP紧密连接;松弛(L)状态可与ADP及无机磷酸连接;开放(O)状态释放出ATP。一旦ADP和Pi结合到L状态β亚基上,由质子传递引起的构象变化将使其从L状态转换为T状态,生成ATP。同时,相邻的T状态转换成为O状态,使生成的ATP释放。第三个β亚基又从O状态转换为L状态,使ADP得以结合,以便进行下一轮的ATP合成(图6-15)。

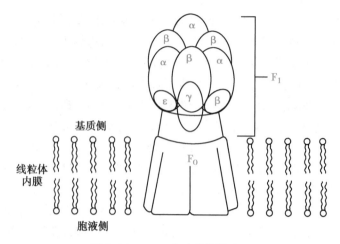

图 6-14　ATP 合酶结构模式图

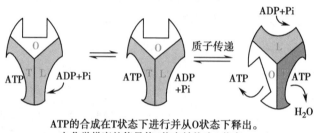

ATP的合成在T状态下进行并从O状态下释出。
电化学梯度的能量使T状态转换为O状态。
L状态可结合ADP。

图 6-15　ATP 合酶的作用机制

Paul Delos Boyer 破解了 ATP 合酶的催化分子机制,获得 1997 年诺贝尔化学奖。膜结合的 ATP 合酶存在于各种生物中,高度保守。Boyer 等研究者应用化学法、构象探针、^{18}O 交换和定位突变等创新性实验技术,证明 ATP 合成是可逆的"结合变构"机制(the binding change mechanism):质子流能量主要促进酶紧密结合的 ATP 释放,酶复合体结构中的小亚基旋转驱动强制外周 3 个 β 催化亚基依次结合变构。有趣的是,ATP 合酶是催化伴随亚基旋转的分子水平小马达,荧光蛋白标记 ATP 合酶的旋转已经被实验直接显示证明。

思考题 6-1:试比较细胞内氧化磷酸化能量转换机制与葛洲坝水力发电原理的异同点。原核生物细胞没有线粒体,它们又是如何进行能量转换的?

三、氧化磷酸化抑制剂

1. 呼吸链抑制剂　能阻断氧化磷酸化的电子传递过程的化合物称呼吸链抑制剂。此类抑制剂能在特异部位阻断氧化呼吸链中电子传递。例如,鱼藤酮(rotenone)、粉蝶霉素 A(piericidin A)及异戊巴比妥(amobarbital)等可阻断复合体 I 从铁硫中心到泛醌的电子传递。萎锈灵(carboxin)是复合体 II 的抑制剂。抗霉素 A(antimycin A)阻断复合体 III 中 Cyt b_H 到泛醌(Q_N)间电子传递,黏噻唑菌醇则作用于 Q_p 位点,也是复合体 III 的抑制剂。CN^-、N_3^- 可紧密结合复合体 IV 中氧化型 Cyt a_3,阻断电子由 Cyt a 到 Cu_B-Cyt a_3 间传递。CO 与还原型 Cyt a_3 结合,阻断电子传递给 O_2。目前发生的城市火灾中,由于装饰材料中的 N 和 C 经高温可形成 HCN,因此伤员除因燃烧不完全造成 CO 中毒外,还存在 CN^- 中毒。此类抑制剂可使细胞内呼吸系统停止,引起与此相关的细胞生命活动停止,机体迅速死亡(图 6-16)。

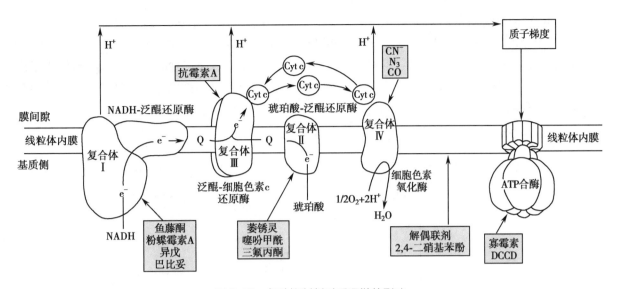

图 6-16　各种抑制剂对呼吸链的影响

案例分析：

　　患者,女,56岁,因食用地瓜子约半小时后出现恶心、呕吐伴腹泻1天,神志不清4小时余。根据查体及血气分析结果初步诊断:鱼藤酮中毒,中毒性休克,代谢性酸中毒。主要处理治疗方案:洗胃、导泻、利尿,进行置换剂促进毒物解离,根据病情机械通气,静脉输液维生素C等保护细胞以及对症治疗等。地瓜子为豆科植物豆薯的种子。豆薯南方栽培,滋润而甜,可食用,而其种子含类鱼藤酮成分,外形很像普通豆荚,被误食而中毒。鱼藤酮来源广泛、高效低毒,作为杀虫剂使用已有100多年历史。预防中毒的手段:加强科普宣传教育,禁止食用,施药过程中做好防护和提醒。而在我国民间方药集中有记载:地瓜子研末调敷可"治疥癣,痈肿",忌内服。近年来鱼藤酮被用于诱导构建帕金森病动物模型。鱼藤酮的不同用途取决于其使用方式(内服、外用)和不同作用对象以及剂量。类似地,药物也是一把双刃剑,治病也能致病。医药专业的学生应具备全面而扎实的安全合理用药的理论,用辩证和发展的眼光理解:药物既可以作为治疗疾病的工具挽救生命,也可能危害健康。

　　问题:

　　1. 请解释鱼藤酮致中毒的机制。

　　2. 请了解鱼藤酮用于构建帕金森病动物模型的机制。

　　3. 请设想以鱼藤酮的作用为基础设计抗肿瘤药物的可能。

　　2. 解偶联剂　破坏电子传递建立的跨膜质子电化学梯度的化合物称解偶联剂(uncoupler),它可使氧化与磷酸化的偶联相互分离,基本作用机制是破坏电子传递过程建立的跨内膜的质子电化学梯度,使电化学梯度储存的能量以热能形式释放,ATP的生成受到抑制。如二硝基苯酚(dinitrophenol,DNP)为脂溶性物质,在线粒体内膜中可自由移动,进入基质侧时释放出 H^+,因而可破坏电化学梯度。机体存在内源性解偶联剂,如解偶联蛋白(uncoupling protein,UCP),位于棕色脂肪组织的线粒体内膜。UCP是由2个32kD亚基组成的二聚体,在内膜上形成易化质子通道, H^+ 可经过此通道返回线粒体基质中,从而使氧化与磷酸化解偶联而释放热能,因此棕色脂肪组织是产热御寒组织,对新生儿尤其重要。新生儿硬肿症则是由于棕色脂肪组织缺乏,正常体温不能维持而使皮下脂肪凝固所致。此外,体内游离脂肪酸也可促进质子经解偶联蛋白反流至线粒体基质侧。

　　思考题 6-2 :2,4二硝基苯酚解偶联剂曾被用作减肥处方药,这种物质能作为减肥辅助剂的原理是什么?但有些患者服用后导致死亡,因此这种解偶联剂很快就从处方上消失。为什么摄入解偶联剂会致死?

3. ATP 合酶抑制剂 同时抑制电子传递和 ATP 生成的化合物称为 ATP 合酶抑制剂。这类抑制剂对电子传递及 ADP 磷酸化均有抑制作用。例如寡霉素可结合 F_0 单位,二环己基碳二亚胺(dicyclohexylcarbodiimide, DCC)共价结合 F_0 单位 c 亚基的谷氨酸残基,阻断质子从 F_0 质子通道回流,抑制 ATP 合酶活性;由于线粒体内膜两侧质子电化学梯度增高影响呼吸链复合体的质子泵功能,继而抑制电子传递过程。各种抑制剂对离体线粒体耗氧的影响如图 6-17 所示。

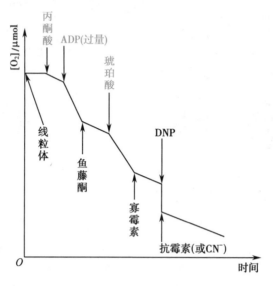

CO 中毒症与
线粒体呼吸链

图 6-17　不同底物和抑制剂对线粒体氧耗的影响

> 思考题 6-3:请根据前面所学知识,解释图 6-17 的实验结果。即向离体线粒体中分别加入底物丙酮酸、ADP 和琥珀酸,再分别添加不同抑制剂鱼藤酮、寡霉素、DNP 和抗霉素(或 CN⁻),利用溶氧电极测定线粒体氧浓度,间接反映线粒体的氧化耗氧量。

第四节　ATP 储存、转换与利用

一、ATP 为主要的高能化合物

生物体不能直接利用营养物质的化学能,而需要使之转变成生物体可利用的能量形式,即 ATP 等有机高能磷酸化合物。当机体需要时,再由这些高能磷酸化合物直接为生理活动供能。所谓高能磷酸化合物是指那些水解时能释放较大自由能的磷酸化合物。一般将 $\Delta G^{0'}$ 大于 21kJ/mol 的磷酸化合物称为高能磷酸化合物,将这些水解时释放能量较多的磷酸酯键称为高能磷酸键,常用"~P"表示。实际上,高能磷酸键水解时释放的能量是整个高能磷酸化合物分子释放的能量,并不存在单独的键能特别高的化学键,因此又称高能化合物。生物体内常见的高能化合物包括高能磷酸化合物和含有辅酶 A 的高能硫酸化合物等(表 6-3)。

ATP 是最重要的高能磷酸化合物,是细胞可以直接利用的最主要能量形式。营养物分解产生的大约 40% 的能量被转化为 ATP。在体内能量代谢中,以 ATP 末端的磷酸酯键最为重要,该键水解释放的能量处于各种磷酸化合物释放能量的中间位置。这样它既可以从其他更高能化合物中转移能量生成 ATP,又可直接利用 ATP 水解反应偶联以驱动那些需要输入能量的反应。ATP 在生物能学上最重要的意义在于,通过其释放大量自由能的水解反应和各种耗能生命过程偶联,使偶联反应"净过程"成为热力学有利的过程,使这些反应在生理条件下可以进行。ATP 的末端磷酸基及相应自由能可被分解或转移。在标准状态下

ATP 水解释放自由能为 –30.5kJ/mol（–7.3kcal/mol）。但在活细胞中，ATP、ADP 和无机磷浓度比标准状态低得多，而 pH 比标准状态 7.0 高，在各种因素影响下，ATP 水解释放自由能可达到 –52.3kJ/mol（–12.5kcal/mol）。

表 6-3 一些重要有机高能化合物水解释放的标准自由能

化合物	$\Delta G^{0'}$	
	kJ/mol	kcal/mol
磷酸烯醇丙酮酸	–61.9	–14.8
氨甲酰磷酸	–51.4	–12.3
甘油酸 -1,3- 二磷酸	–49.3	–11.8
磷酸肌酸	–43.1	–10.3
ATP ⟶ ADP+Pi	–30.5	–7.3
乙酰辅酶 A	–31.5	–7.5
ADP ⟶ AMP+Pi	–27.6	–6.6
焦磷酸	–27.6	–6.6
葡糖 -1- 磷酸	–20.9	–5.0

二、底物水平磷酸化

ATP 在体内能量捕获、转移、储存和利用过程中处于中心位置。细胞中存在腺苷酸激酶（adenylate kinase）可催化 ATP、ADP、AMP 间互变。

$$ATP+AMP \longleftrightarrow 2ADP$$

当体内 ATP 消耗过多（如肌肉剧烈收缩）时，ADP 累积，在腺苷酸激酶催化下由 ADP 转变成 ATP 被利用。当 ATP 需要量降低时，AMP 从 ATP 中获得 ~P 生成 ADP。

UTP、CTP、GTP 可分别为糖原、磷脂、蛋白质等合成提供能量，但它们一般不能从物质氧化过程中直接生成，只能在核苷二磷酸激酶的催化下，从 ATP 中获得 ~P 产生，反应如下。

$$ATP+UDP \longleftrightarrow ADP+UTP$$

$$ATP+CDP \longleftrightarrow ADP+CTP$$

$$ATP+GDP \longleftrightarrow ADP+GTP$$

磷酸肌酸（creatine phosphate，CP）作为能量储存形式，存在于需能较多的骨骼肌、心肌和脑组织。ATP 充足时，通过转移末端 ~Pi 给肌酸，生成磷酸肌酸，后者可直接将 ADP 磷酸化生成 ATP（图 6-18）。

生物体内能量的生成和利用都以 ATP 为中心。ATP 作为能量载体分子，在分解代谢中产生，又在合成代谢等耗能过程中被利用。在细胞中，ATP 和 ADP 的全部磷酸基团都处于解离状态，为 ATP^{4-} 和 ADP^{3-} 的多电子负离子形式，并与细胞内 Mg^{2+} 形成复合物，使 ATP 分子性质稳定，但它不能在细胞中储存，寿命仅数分钟，

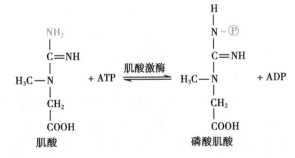

图 6-18 高能磷酸基团在 ATP 和磷酸肌酸之间的转移

不断进行 ADP-ATP 循环，伴随自由能的释放和获得，完成不同生命过程间能量的穿梭转换，因此称为"能量货币"。ATP 为生物合成、肌肉收缩和信号转导等生命过程提供能量（图 6-19）。在人体内 ATP 含量虽然不多，但每天 ATP/ADP 相互转变的量十分可观。

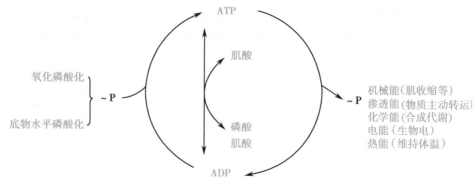

图 6-19 ATP 的生成、储存和利用

思考题 6-4：人体生成 ATP 的方式有哪几种？请叙述其过程。

三、线粒体内膜的物质转运

（一）线粒体内膜转运蛋白

线粒体基质与细胞质之间有线粒体内、外膜相隔，外膜对物质的通透性高、选择性低，线粒体内膜有与代谢物转运相关的转运蛋白体系，对各种物质进行选择性转运，以保证线粒体基质内旺盛的物质代谢过程顺利进行（表 6-4）。

表 6-4 线粒体内膜的某些转运蛋白对代谢物的转运

转运蛋白	进入线粒体	出线粒体
ATP-ADP 转位酶	ADP^{3-}	ATP^{4-}
磷酸盐转运蛋白	$H_2PO_4^- + H^+$	
二羧酸转运蛋白	HPO_4^{2-}	苹果酸
α- 酮戊二酸转运蛋白	苹果酸	α- 酮戊二酸
天冬氨酸 - 谷氨酸转运蛋白	谷氨酸	天冬氨酸
单羧酸转运蛋白	丙酮酸	OH^-
三羧酸转运蛋白	苹果酸	柠檬酸
碱性氨基酸转运蛋白	鸟氨酸	瓜氨酸
肉碱转运蛋白	脂酰肉碱	肉碱

（二）ATP-ADP 转运

ATP-ADP 转位酶（ATP-ADP translocase）又称腺苷酸移位酶，富含于线粒体内膜，可占内膜蛋白总量的 14%。它是由 2 个 30kD 亚基组成的二聚体，含一个腺苷酸结合位点，催化经内膜的 ADP^{3-} 进入和 ATP^{4-} 移出紧密偶联，维持线粒体腺苷酸水平基本平衡。此时，细胞质中的 $H_2PO_4^-$ 经磷酸盐转运蛋白与 H^+ 同向转运到线粒体基质（图 6-20）。

心肌和骨骼肌等耗能较多的组织线粒体膜间隙中存在一种肌酸激酶同工酶，它催化经 ATP-ADP 转位酶运到膜间隙中的 ATP 与肌酸之间 ~P 转移，生成的磷酸肌酸经线粒体外膜中的孔蛋白进入细胞质中。进入细胞质中的磷酸肌酸在细胞需能部位由相应的肌酸激酶同工酶催化，将 ~P 转移给 ADP 生成 ATP，供细胞利用。

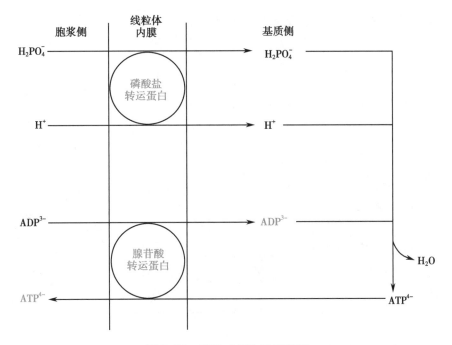

图 6-20　ATP、ADP、Pi 的转运

(三) 细胞质 NADH 的转运

线粒体内生成的 NADH 可直接参加氧化磷酸化过程,但在细胞质中生成的 NADH 须通过穿梭机制才能进入线粒体,然后再进入呼吸链进行氧化磷酸化。

1. α- 磷酸甘油穿梭　α- 磷酸甘油穿梭机制主要存在于脑和骨骼肌中(图 6-21)。细胞质中的 $NADH+H^+$ 在磷酸甘油脱氢酶催化下,使磷酸二羟丙酮还原生成 α- 磷酸甘油,后者通过线粒体外膜,再经位于线粒体内膜的膜间隙侧含 FAD 辅基的磷酸甘油脱氢酶催化氧化生成磷酸二羟丙酮,并生成 $FADH_2$,$FADH_2$ 直接将 2H 传递给泛醌进入氧化呼吸链,将生成 1.5 个 ATP。

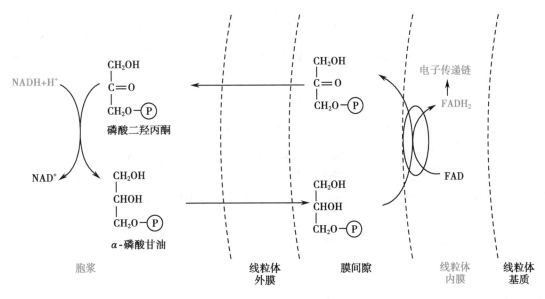

图 6-21　α- 磷酸甘油穿梭

2. 苹果酸 - 天冬氨酸穿梭　苹果酸 - 天冬氨酸穿梭机制主要存在于肝和心肌中,该穿梭涉及 2 种内膜转运蛋白和 4 种酶协同参与。细胞质中的 $NADH+H^+$ 脱氢,使草酰乙酸还原成苹果酸,苹果酸进入线粒体后重新生成草酰乙酸和 $NADH+H^+$。$NADH+H^+$ 进入 NADH 氧化呼吸链,生成 2.5 个 ATP(图 6-22)。以

上两种穿梭机制进入呼吸链方式不同,使细胞质中 NADH+H⁺ 生成不同量的 ATP 分子。

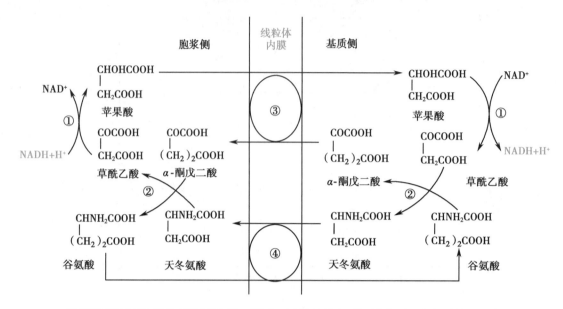

①苹果酸脱氢酶;②谷草转氨酶;③α- 酮戊二酸转运蛋白;④天冬氨酸 - 谷氨酸转运蛋白

图 6-22 苹果酸 - 天冬氨酸穿梭

第五节 其他氧化酶体系

一、微粒体氧化酶

细胞微粒体中存在加氧酶类,加氧酶类可分为单加氧酶(monooxygenase)和双加氧酶(dioxygenase)。

(一) 单加氧酶

人微粒体细胞色素 P450 单加氧酶(cytochrome P450 monooxygenase,CYP)催化氧分子的一个氧原子加到底物分子上(羟化),另一个氧原子被氢(来自底物 NADPH+H⁺)还原成水,故又称混合功能氧化酶(mixed function oxidase,MFO)或羟化酶(hydroxylase)。微粒体细胞色素 P450 单加氧酶催化的底物分子羟基化,参与类固醇激素、胆汁酸及胆色素等的生成以及药物和毒物的生物转化过程。此酶是含量最丰富、反应最复杂的加氧酶类,催化的反应式如下:

$$RH+NADPH+H^++O_2 \longrightarrow ROH+NADP^++H_2O$$

上述反应需要细胞色素 P450(cytochrome P450,Cyt P450)参与。Cyt P450 属于 Cyt b 类,还原型 Cyt P450 与 CO 结合后在波长 450nm 处出现最大吸收峰。Cyt P450 在生物中广泛分布,哺乳类动物 Cyt P450 分属 10 个基因家族。人 Cyt P450 有数百种同工酶,对催化羟化的底物各有其特异性。某些组织的线粒体内膜上也存在单加氧酶。

单加氧酶催化的反应过程涉及 NADPH、黄素蛋白等的递电子作用。以 Fe-S 为辅基的铁氧还蛋白和 Cyt P450 反应机制见图 6-23。

(二) 双加氧酶

双加氧酶催化向底物双键中加入两个氧原子。双加氧酶中部分酶以铁为辅基,如肝中尿黑酸双加氧酶可催化尿黑酸氧化成丁烯二酰乙酰乙酸。3- 羟基邻氨基苯甲酸双加氧酶可促进 3- 羟基邻氨基苯甲酸氧化,再转化为烟酸。也有部分酶的辅基为血红素,如肝中色氨酸吡咯酶(色氨酸加氧酶),催化色氨酸氧化成甲酰犬尿酸原(图 6-24)。

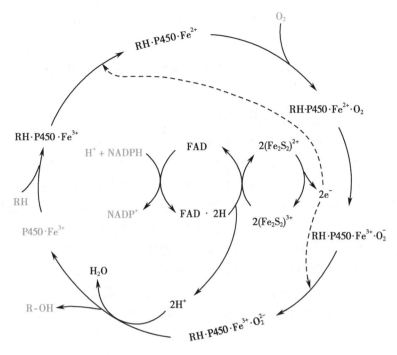

图 6-23　微粒体 Cyt P450 单加氧酶催化反应机制

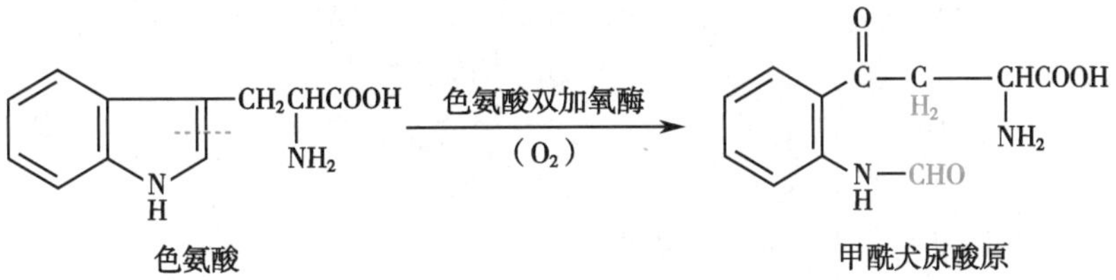

图 6-24　色氨酸吡咯酶催化色氨酸的双加氧反应

色氨酸　　　　　　　　　甲酰犬尿酸原

二、活性氧消除酶系

活性氧（reactive oxygen species，ROS）主要指 O_2 的单电子还原产物,包括超氧阴离子（$O_2^-·$）、羟自由基（·OH）和过氧化氢（H_2O_2）及其衍生的 HO_2 和单线态氧（$^1O_2$）等。O_2 得到单个电子产生超氧阴离子（$O_2^-·$），超氧阴离子部分还原生成 H_2O_2,H_2O_2 可再经还原反应生成羟自由基（·OH）。

$$O_2 \xrightarrow{e^-} O_2^-· \xrightarrow{e^-+2H^+} H_2O_2 \xrightarrow[H_2O]{e^-+H^+} ·OH \xrightarrow{e^-+H^+} H_2O$$

活性氧性质活泼,是一类强氧化剂,可造成蛋白质、DNA 和磷脂等多种生物分子氧化损伤。机体通过抗氧化酶体系（过氧化氢酶、过氧化物酶、谷胱甘肽过氧化物酶和超氧化物歧化酶）以及小分子抗氧化剂维生素 C、维生素 E、β-胡萝卜素等清除活性氧。

（一）过氧化氢酶

动物组织中过氧化氢酶（catalase）主要存在于细胞过氧化酶体中,有 4 个亚基,各含 1 个血红素辅基,催化活性极强。其催化反应如下:

$$2H_2O_2 \longrightarrow 2H_2O+O_2$$

（二）过氧化物酶

过氧化物酶（peroxidase）存在于动物组织的红细胞、白细胞和乳汁,辅基为血红素,可催化 H_2O_2 直接氧化酚类和胺类等底物,催化反应如下。

$$R+H_2O_2 \longrightarrow RO+H_2O \text{ 或 } RH_2+H_2O_2 \longrightarrow R+2H_2O$$

(三) 超氧化物歧化酶

超氧化物歧化酶(superoxide dismutase, SOD)可同时催化一分子 $O_2^-\cdot$ 氧化生成 O_2，另一分子 $O_2^-\cdot$ 还原生成 H_2O_2：

$$2O_2^-\cdot + 2H^+ \longrightarrow H_2O_2 + O_2$$

哺乳动物细胞有 3 种 SOD 同工酶：在细胞外、细胞质存在活性中心含 Cu^{2+}/Zn^{2+} 的 Cu/Zn-SOD；线粒体 SOD 活性中心含 Mn^{2+}，称 Mn-SOD；SOD 催化反应生成的 H_2O_2 再被活性极强的过氧化氢酶分解。SOD 的酶活性极强，是人体防御内、外环境中超氧离子损伤的重要酶，在正常细胞内可使 $O_2^-\cdot$ 的浓度迅速降低 4~5 个数量级。Cu/Zn-SOD 基因缺陷使 $O_2^-\cdot$ 不能及时清除而损伤神经元，可引起肌萎缩性侧索硬化症。另外，去除线粒体内 Mn-SOD 基因的小鼠出生后 10 天内即死亡，但去除细胞质中 Cu/Zn-SOD 基因的小鼠则存活，提示线粒体抗氧化体系对解除细胞内源性产生的 $O_2^-\cdot$ 等的毒害具有重要作用。

线粒体的主要功能是进行氧化磷酸化，为机体提供 ATP。但电子在线粒体呼吸链传递过程中很容易发生电子渗漏，使线粒体基质中的氧获得电子而转变为 $O_2^-\cdot$。因此，正常细胞线粒体内存在清除 ROS 的多种酶(图 6-25)，使 ROS 产生和清除过程处于动态平衡，以维持细胞内正常低水平的 $O_2^-\cdot$。

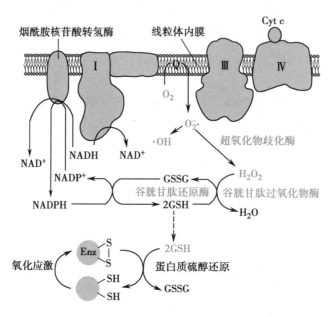

图 6-25　线粒体内活性氧产生和防御机制

小　结

糖、脂类、蛋白质等营养物质在体内经过氧化分解生成 CO_2 和 H_2O 的过程中释放能量，其中相当一部分能量用于驱动 ADP 磷酸化生成 ATP。ATP 是能被体内各种代谢过程直接利用的主要能量形式，是机体能量代谢的核心。其余能量主要以热能形式释放，用于维持体温等。营养物质等在生物体内进行的氧化即生物氧化。

生物氧化的方式有加氧、脱氢、失电子等。氧化过程需在一系列酶催化下逐步进行，氧化时产生的能量逐步释放，有利于机体捕获能量。线粒体是重要的细胞器，其主要功能是进行氧化磷酸化并合成 ATP，为生命活动提供能量。线粒体内膜中几种具有电子传递功能的酶复合体排列、组成呼吸链。呼吸链酶复合体的辅酶或辅基，可作为氢/电子传递体。

线粒体内膜 4 种酶复合体是呼吸链的天然存在形式，参与电子传递过程，同时驱动产生跨线粒体内膜的质子梯度。体内有两条呼吸链,NADH 呼吸链电子传递顺序模式是:NADH →复合体 I → CoQ →复合体 III →复合体 IV → O_2,生成 2.5 分子 ATP;$FADH_2$ 呼吸链电子传递顺序模式是:琥珀酸→复合体 II → CoQ →复合体 III →复合体 IV → O_2,生成 1.5 分子 ATP。

　　呼吸链复合体 I、III 和 IV 有质子泵功能,在完成一对电子传递过程中,分别向内膜的膜间隙侧泵出 $4H^+$、$4H^+$ 和 $2H^+$,产生跨线粒体内膜的质子电化学梯度,储存电子传递释放的能量。跨内膜质子梯度势能是 ATP 合酶生成、释出 ATP 的基本驱动力。ATP 在体内能量捕获、转移、储存和利用过程处于中心位置。细胞质中生成的 NADH 须通过 α- 磷酸甘油穿梭或苹果酸 - 天冬氨酸穿梭机制进入线粒体,然后再进入呼吸链进行氧化磷酸化。

　　正常机体氧化磷酸化速率受 ADP/ATP 调节。三类氧化磷酸化抑制剂有不同作用机制。线粒体基因和相关细胞核基因突变造成线粒体功能障碍,可引起线粒体病。微粒体中的细胞色素 P450 单加氧酶催化的氧化反应,是将氧原子加在底物分子上使其羟基化。线粒体内膜呼吸链是体内反应活性氧类的主要来源。机体存在抗氧化酶类及抗氧化物体系及时清除活性氧,保护正常人体功能。

练习题

1. 试述生物氧化的特点。
2. 为什么说机体能量的生成、储存、利用都是以 ATP 为核心的?
3. 何谓氧化磷酸化? 试述氧化磷酸化的机制化学渗透假说。
4. 常见的呼吸链电子传递抑制剂有哪些? CO 中毒可致呼吸停止,机制是什么?
5. 糖酵解途径产生的 $NADH+H^+$ 是如何通过线粒体氧化呼吸链进行氧化的?
6. 试述体内两条主要的呼吸链的组成及其各组分的特点和作用。
7. 简述线粒体产生和防御 ROS 的机制。

(顾取良)

第六章同步练习

第七章
糖 代 谢

糖是生物界中分布极广、含量较多的一类有机物质,几乎所有动物、植物、微生物体内都含有糖。糖是人和动物的主要能源物质,通过氧化而释放出大量能量,以保证机体的一切活动。糖还具有结构功能,如植物茎秆中的纤维素和细胞间质中的糖胺聚糖等作为结构性物质。糖具有复杂和多样性的生物学功能,一些糖类药物在临床上得到应用,如果糖-1,6-二磷酸可治疗急性心肌缺血性休克,香菇多糖、猪苓多糖、胎盘脂多糖、肝素、透明质酸和右旋糖酐(葡聚糖)等可用于抗肿瘤、调节免疫功能、抗凝血和其他疾病的治疗。

第一节 糖 的 化 学

糖(saccharide)又称碳水化合物(carbohydrate)。一般将糖定义为多羟基酮或多羟基醛类化合物的总称。糖根据其分子中所含糖单位的数目分为单糖、寡糖和多糖。生物体内常见的单糖是戊糖(pentose)和己糖(hexose),如 D-核糖(D-ribose)、D-2-脱氧核糖(D-2-deoxyribose)、D-葡萄糖(D-glucose)、D-半乳糖(D-galactose)和 D-果糖(D-fructose)等。寡糖(oligosaccharide)是指由 2~6 个单糖缩合而成的低聚糖,如蔗糖(sucrose)、麦芽糖(maltose)和乳糖(lactose)等。多糖(polysaccharide)是由多个单糖分子缩合而成的多聚糖,广泛存在于动植物中。仅由一种类型单糖缩合而成的多糖称为同多糖(homopolysaccharide);由不同类型的单糖缩合而成的多糖则称为杂多糖(heteropolysaccharide)。

> 思考题 7-1:请运用有机化学知识,写出 D-葡萄糖和 D-2-脱氧核糖的 Fischer 和 Haworth 结构式。

一、淀粉

淀粉(starch)是高等植物细胞中的储存多糖,在种子、块茎、块根和果实中含量最多,大米、麦粒和玉米中淀粉含量在 70% 以上。淀粉是供给人体能量的主要营养物质。

天然淀粉由直链淀粉(amylose)和支链淀粉(amylopectin)两种成分组成。它们都是由 α-D-葡萄糖缩合而成的同多糖。直链淀粉是由 α-1,4-糖苷键相连而成的直链结构,平均分子量为 100~2 000kD(600~12 000 个葡萄糖残基)。其空间结构为空心螺旋状,螺旋每一圈含 6 个葡萄糖残基(图 7-1)。

支链淀粉的分子量比直链淀粉大,平均为 1 000~6 000kD(6 000~37 000 个葡萄糖残基),它由多个较短的

α-1,4- 糖苷键直链(通常 24~30 个葡萄糖残基)结合而成。每两个短直链之间的连接为 α-1,6- 糖苷键(图 7-2)。

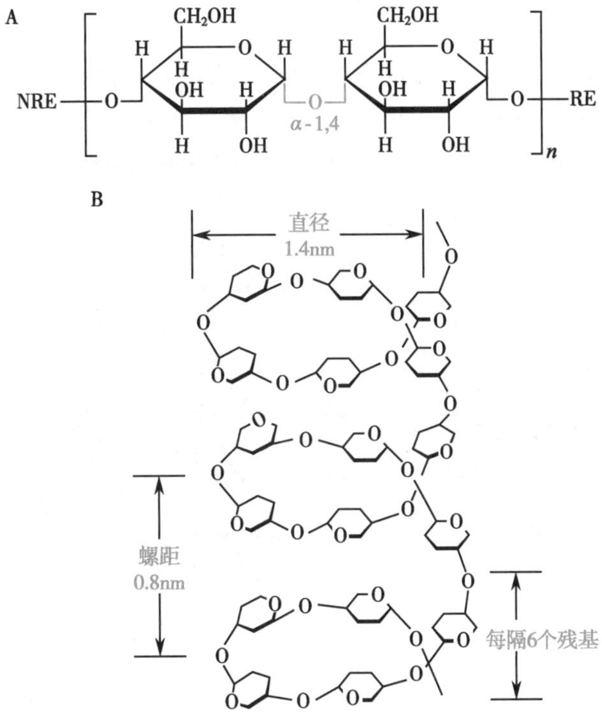

A. 一级结构;B. 螺旋结构(RE:还原端;NRE:非还原端)

图 7-1 直链淀粉的结构

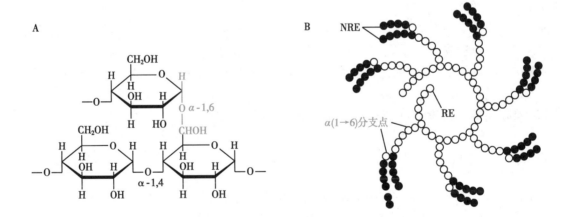

A. 一级结构;B. 空间结构示意图

图 7-2 支链淀粉的结构

二、糖原

糖原(glycogen)又称动物淀粉,是动物体内的储存多糖,主要存在于肝和肌肉中。在细胞内以颗粒(直径 10~40nm)的形式存在于胞质内。

糖原也是由 α-D- 葡萄糖缩合而成的同多糖,分子量为 270~3 500kD。其结构与支链淀粉相似,也是带有 α-1,6 分支点的 α-1,4- 葡萄糖多聚物,但分支程度比支链淀粉高,分支链比支链淀粉短(含 8~10 个葡萄糖残基)(图 7-3)。糖原遇碘呈红色,彻底水解后生

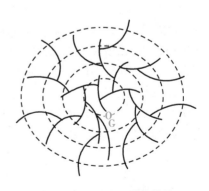

G:糖原生成蛋白;O:葡萄糖残基

图 7-3 糖原分子的结构

成 D- 葡萄糖。

三、纤维素

纤维素（cellulose）是生物中最丰富的有机物质，其含量占植物界含碳量的一半以上。纤维素是植物的结构多糖，是构成植物细胞壁的重要成分。纤维素是由许多 β-D- 葡萄糖通过 β-1,4- 糖苷键连接而成的直链同多糖，若干条链聚集成紧密的分子束，多条分子束平行排列成微纤维（图 7-4）。

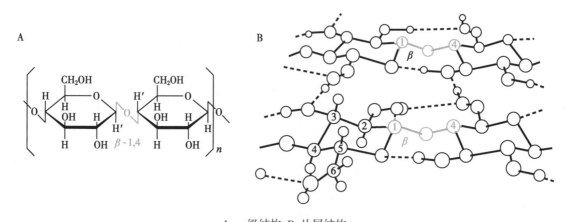

A. 一级结构；B. 片层结构

图 7-4　纤维素的结构

纤维素不溶于水、稀酸、稀碱及多种其他溶剂。人和哺乳动物的消化道中缺乏能水解 β-1,4- 糖苷键的酶，因而不能消化纤维素。食物中纤维素虽然不能被人体消化吸收，但纤维素能促进肠蠕动，起通便排毒的作用。某些反刍动物（牛、羊）胃中共生着能产生纤维素酶的微生物，可将纤维素水解成 D- 葡萄糖，因此这些动物能利用纤维素提供能量。

纤维素结构中的每一个葡萄糖残基含有 3 个自由羟基，能够与酸形成酯。纤维素与乙酸结合生成的醋酸纤维素可用于制造胶片和薄膜，醋酸纤维素薄膜在生物化学实验中用作电泳支持物。羧甲纤维素和微晶纤维素在食品及制药工业中可用作增稠剂和填充剂，在生物化学和分析实验中用作色谱介质。

> 思考题 7-2：请设计实验，利用纤维素来解决人类面临的粮食短缺问题。

四、几丁质

几丁质（chitin）又称甲壳素或壳聚糖，是虾、蟹和昆虫甲壳的主要成分。几丁质是由 N- 乙酰氨基葡萄糖通过 β-1,4- 糖苷键连接起来的同多糖（图 7-5）。高等植物的细胞壁等也含有几丁质，其量仅次于纤维素。几丁质与纤维素结构相似，纤维素的单体为葡萄糖，而几丁质的单体为 N- 乙酰氨基葡萄糖。几丁质在医药、化工及食品行业具有较为广泛的用途，如作为药用辅料、贵重金属回收吸附剂、高能射线辐射防护材料等。N- 乙酰氨基葡萄糖是关节软骨的主要成分，因此，几丁质的水解产物 N- 乙酰氨基葡萄糖（N-acetylglucosamine，GlcNAc）可用于骨关节炎的辅助治疗。

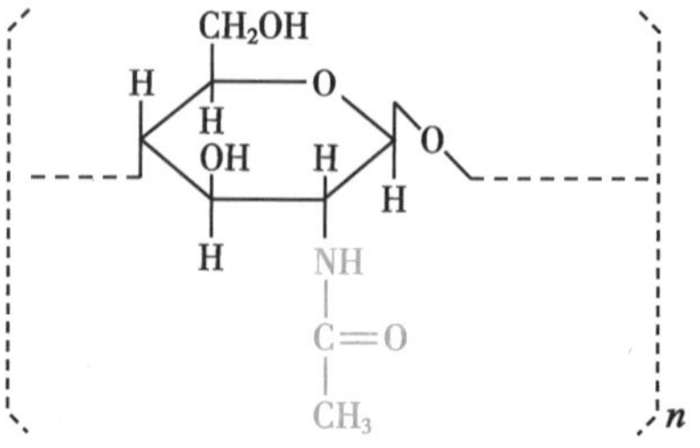

图 7-5　几丁质的结构

五、琼胶

琼胶（agar）又称琼脂，是一些海藻所含的多糖。其单糖组成为 L- 半乳糖及 D- 半乳糖。它的化学结构是 D- 半乳糖以 α-1,3- 糖苷键连接成短链（含 9 个 D- 半乳糖单位）再与 L- 半乳糖以 α-1,4- 糖苷键相连，

L- 半乳糖 C_6 结合一硫酸基(图 7-6)。

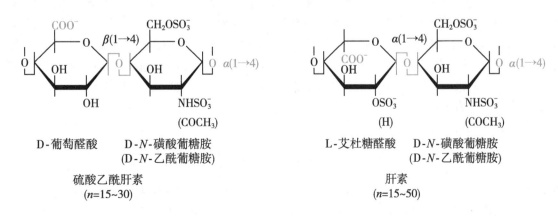

图 7-6　琼胶结构示意图

琼胶能吸水膨胀,不溶于冷水,但可溶于热水成溶胶,冷却后成凝胶。琼胶不易被细菌分解,所以被用作细菌培养基的凝固剂。

六、细菌多糖

1. 肽聚糖　肽聚糖(peptidoglycan)是构成细菌细胞壁基本骨架的主要成分。它是一种多糖与氨基酸链相连的多糖复合物,此复合物中氨基酸链不像蛋白质中那么长,故称为肽聚糖。肽聚糖结构中含有的 D- 氨基酸有抵抗肽水解酶的作用,故对细菌细胞有保护作用。溶菌酶能水解肽聚糖结构中 N- 乙酰胞壁酸和 N- 乙酰葡萄糖胺之间 β-1,4- 糖苷键,而导致革兰氏阳性菌细胞壁破裂,发生溶菌作用。

2. 脂多糖　革兰氏阴性菌的细胞壁除含有低于 10% 的肽聚糖外,尚含有十分复杂的脂多糖(lipopolysaccharide,LPS)。脂多糖一般由外层低聚糖链、核心多糖和脂质三部分组成。细菌脂多糖的外层低聚糖是其致病成分,其单糖组分随菌株而不相同,各种菌的核心多糖链均相似。

七、聚糖

细胞中存在种类各异的含糖的复合大分子,如糖蛋白、蛋白聚糖和糖脂等,统称为复合糖类(complex carbohydrate),又称为糖复合物(glycoconjugate)。组成复合糖类中的糖组分(除单个糖基外)被称为聚糖(glycan)。糖蛋白(glycoprotein)中蛋白质的重量百分比大于聚糖,其含糖量有的高达 20%,有的在 5% 以下。而蛋白聚糖(proteoglycan)中聚糖所占重量在一半以上,甚至高达 95%,以至大多数蛋白聚糖中仅聚糖分子量就高达 10 万 Da 以上。

糖胺聚糖(glycosaminoglycan,GAG)是共价连接于蛋白聚糖分子中的一种聚糖,其化学组成通式为(己糖醛酸→己糖胺),二糖单位中至少有一个单糖残基带有硫酸基或羧基,是细胞外基质的重要组成成分,常与核心蛋白共价结合成蛋白聚糖发挥作用。

1. 肝素　肝素(heparin)二糖单位由葡糖醛酸或艾杜糖醛酸和葡糖胺组成。糖链在生物合成过程中,一部分 N- 乙酰基被除去,并磺化形成 N- 磺酸葡糖胺。N- 磺化(硫酸化)的程度是区别硫酸肝素和肝素的重要标志。前者 N- 磺化不到 50%,后者高于 70%。

肝素主要存在于肥大细胞中,有抗凝血作用。硫酸乙酰肝素是细胞膜的成分,突出于细胞外,也有抗凝血活性,但比肝素低得多。肝素在临床上用于术后防止血栓形成和作为输血抗凝剂。

2. 硫酸软骨素 硫酸软骨素(chondroitin sulfate)为软骨的主要成分。它的非硫酸化骨架(软骨素)结构与透明质酸类似,但以 N-乙酰半乳糖胺代替 N-乙酰葡糖胺。最常见的硫酸化部位是 N-乙酰半乳糖残基的 C_4 或 C_6,其聚糖链分别称为 4-硫酸软骨素或 6-硫酸软骨素。较常见的是一条聚糖中既含有 C_4 位硫酸化二糖单位,又含 C_6 位硫酸化二糖单位的共聚物。更为复杂的是一条链中还存在非硫酸化的和/或 C_4、C_6 位均硫酸化的二糖单位。

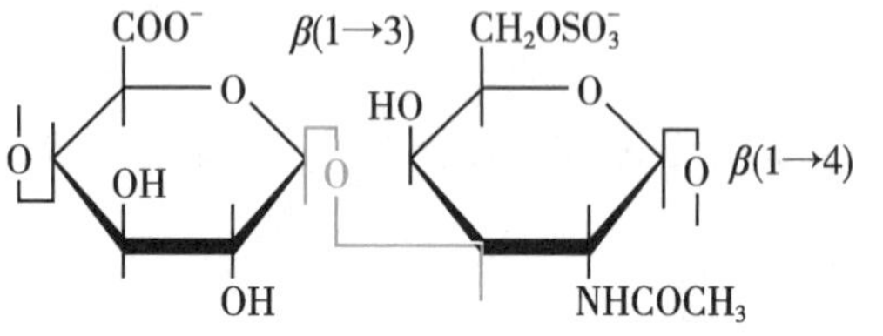

D-葡萄醛酸　　D-乙酰半乳糖胺
6-硫酸软骨素
(n=30~60)

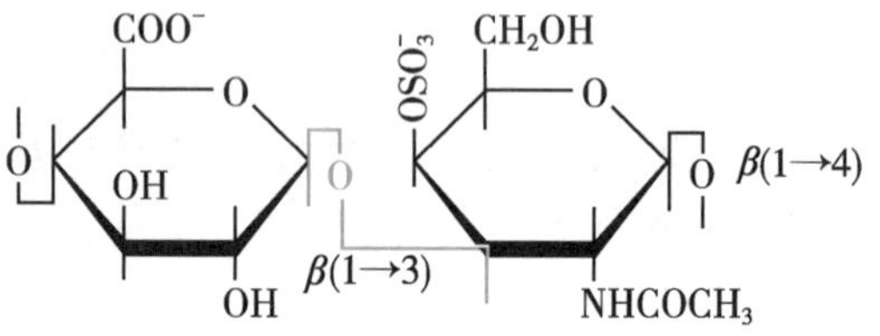

D-葡萄醛酸　　D-N-乙酰半乳糖胺
4-硫酸软骨素
(n=30~60)

3. 透明质酸 透明质酸(hyaluronic acid)存在于关节滑液、眼的玻璃体及疏松的结缔组织中。因其具有很强的吸水性,在水中能形成胶状液起润滑、防震和保护细胞的作用。存在于某种细菌及蜂毒中的透明质酸酶能水解组织中的透明质酸,使其失去黏性便于异物入侵。临床上利用透明质酸酶水解感染部位黏稠脓液中的透明质酸,使脓液黏度降低,利于抗菌药物扩散以提高治疗效果。

透明质酸的二糖单位内 D-葡糖醛酸与 N-乙酰葡糖胺以 β-1,3-糖苷键相连,二糖单位间以 β-1,4-糖苷键连接。与其他糖胺聚糖不同,透明质酸不被硫酸化,不与蛋白质共价结合,而以游离形式或非共价复合体形式存在。

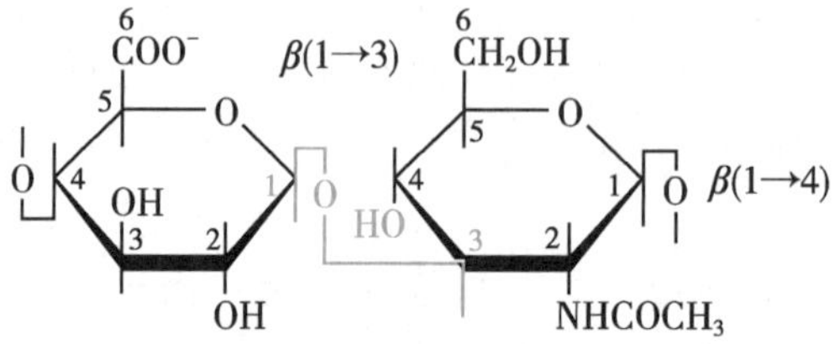

D-葡糖醛酸　　D-N-乙酰葡糖胺
透明质酸
(n=250~25 000)

生物体内聚糖种类繁多、结构复杂、功能多样,为此人们提出了糖组学(glycomics)。糖组(glycome)是指一种细胞或一个生物体中全部聚糖种类,而糖组学则包括聚糖种类、结构鉴定、糖基化位点分析、蛋白质糖基化的机制与功能等研究内容,是对蛋白质和聚糖间的相互作用和功能的全面分析。糖基化工程(glycosylation engineering)是指通过人为的操作(包括增加、删除或调整)使蛋白质上的寡糖链发生改变,使之产生合适的糖型,从而有目的地改变糖蛋白的生物学功效。在深入研究糖蛋白中糖链结构、功能以及两者关系基础上发展起来的糖基化工程,成为继基因工程和蛋白质工程之后,人类研制和开发具有应用价值的蛋白质类药物的有力工具。

第二节　糖的消化与吸收

正常人体所需能量的 50%~70% 由糖的分解代谢提供,糖是人体能量的主要来源,每克糖完全氧化可提供 17kJ(约 4.1kcal)能量。可被人体利用的食物中的糖主要是淀粉。人体内主要的糖是葡萄糖和糖原。

糖原是体内糖的储存形式。葡萄糖在体内可转变成多种非糖物质,一些非糖物质又可转变为葡萄糖或糖原。

一、糖的消化

唾液中含有 α- 淀粉酶(最适 pH 6~7),可催化淀粉中 α-1,4- 糖苷键水解。此酶对淀粉的催化作用与食物在口腔中被咀嚼的程度和停留时间有关。一般来说,食物在口腔中停留时间较短,食糜进入胃后,由于酸性的胃液(pH 1~2)和胃蛋白酶的水解作用,唾液中的 α- 淀粉酶很快失活。淀粉主要消化部位在小肠。肠液中含有胰腺分泌的 α- 淀粉酶,此酶能催化淀粉中的 α-1,4- 糖苷键水解,生成麦芽糖(α-D- 吡喃葡糖基 -1,4-α-D- 吡喃葡糖)、异麦芽糖(α-D- 吡喃葡糖基 -1,6-α-D- 吡喃葡糖)、麦芽三糖、麦芽寡糖(由 4~9 个葡萄糖通过 α-1,4- 糖苷键聚合而成)和 α- 极限糊精(limit dextrin)(含有 α-1,6- 糖苷键支链的寡糖)。糖的进一步消化在小肠黏膜刷状缘进行。麦芽糖酶水解没有分支的麦芽糖,α-1,4- 葡糖苷酶水解麦芽三糖和麦芽寡糖;α- 极限糊精酶水解含有 α-1,4- 糖苷键和 α-1,6- 糖苷键的 α- 极限糊精,最终生成葡萄糖。

小肠黏膜刷状缘还存在蔗糖酶和乳糖酶等,分别水解蔗糖和乳糖。一些成人由于缺乏乳糖酶导致乳糖不耐受症,即牛奶中的乳糖不能被机体正常水解而在肠中积聚,经细菌作用后产生 H_2O、CH_4 和乳酸等,引起腹胀、腹泻等症状。人体内因无 β- 糖苷酶,故不能消化食物中的纤维素,但纤维素能促进肠道蠕动,起通便排毒作用。

二、糖的吸收

糖被消化成单糖后才能在小肠中被吸收。吸收部位主要在小肠上段,小肠上皮细胞刷状缘细胞膜存在钠 - 葡萄糖耦联转运体(sodium-glucose linked transporter,SGLT)。该转运蛋白上存在 Na^+ 和葡萄糖的结合部位,可与 Na^+ 和葡萄糖结合。当 Na^+ 顺浓度梯度由肠腔进入上皮细胞时,将葡萄糖协同转运入细胞内。细胞内过多的 Na^+ 通过钠泵(Na^+,K^+-ATP 酶)利用 ATP 提供能量,从小肠上皮细胞的基底侧被泵出细胞外,葡萄糖则顺浓度梯度进入血液经门静脉入肝。这种葡萄糖的主动吸收过程是一种间接耗能的过程。

三、糖向细胞内的转运

细胞膜上存在葡萄糖转运蛋白(glucose transporter,GLUT),血液中葡萄糖通过 GLUT 转运进入细胞内。目前发现 5 种主要的葡萄糖转运蛋白(GLUT 1~5),它们均有 12 个跨膜结构域,分布在不同组织的细胞膜上,发挥不同生物功能。如 GLUT5 主要分布于小肠黏膜上皮细胞,能转运果糖进入细胞。

ER0702

第三节 糖的无氧分解

糖酵解(微课)

翻转课堂(7-1):

目标:要求学生通过课前自主学习,掌握本节有关糖酵解的基本过程、关键酶、能量生成方式和数量及其生理意义。

课前:要求每位学生认真观看本节微课,把握老师课前提出的具体要求。自由组队,每组 4~6 人,组长负责组织大家开展讨论,并制作 PPT 或视频,用于课堂交流。

课中:老师随机抽取 1~2 组,作全班公开 PPT 演讲;老师提出问题,让学生相互讨论和交流,并随机挑选学生回答,考查学生的学习情况。

课后:学生完成老师布置的作业,并对"底物水平磷酸化在糖酵解过程的能量生成中的作用"进行讨论。

糖的无氧分解是指机体相对缺氧时,葡萄糖或糖原分解生成乳酸(lactic acid)并产生能量的过程。因其与酵母菌的生醇发酵的过程基本相同,故又被称为糖酵解(glycolysis)。糖酵解在生物界(除蓝藻外)普遍存在,是生物在长期进化过程中保留下来的最古老的糖代谢途径。糖酵解的全部代谢反应过程均在细胞质中进行。

糖酵解根据其反应特点,整个过程可分为两大阶段:第一大阶段为葡萄糖或糖原转变生成丙酮酸的过程,称为糖酵解途径(glycolytic pathway)。此途径根据 ATP 的消耗与产生情况又分为两个小阶段:在第一小阶段,磷酸己糖裂解为磷酸丙糖,是消耗 ATP 的过程;在第二小阶段,磷酸丙糖转变为丙酮酸,是产生 ATP 的过程。第二大阶段为丙酮酸被还原为乳酸的过程。

一、葡萄糖或糖原转变生成甘油醛 -3- 磷酸(耗能阶段)

1. 葡萄糖或糖原转变生成葡糖 -6- 磷酸　进入细胞内的葡萄糖首先在第 6 位碳上被磷酸化生成葡糖 -6- 磷酸(glucose-6-phosphate,G-6-P),磷酸基团由 ATP 供给。这一过程不仅活化了葡萄糖,有利于它进一步参与合成和分解代谢,同时还能使细胞内的葡萄糖不再逸出细胞。

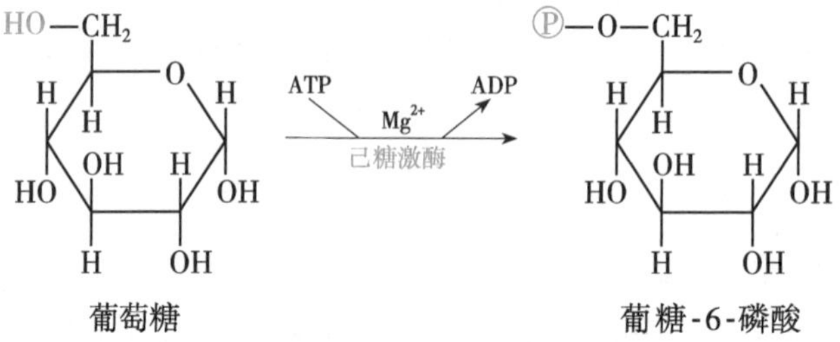

葡萄糖　　　　　　　　　　　葡糖 -6- 磷酸

催化此反应的是己糖激酶(hexokinase,HK)。此酶是糖酵解过程的第一个关键酶。己糖激酶催化的反应不可逆,反应过程需要 ATP 提供磷酸基团,并以 Mg^{2+}-ATP 复合物的形式参与反应,Mg^{2+} 是此酶促反应的必需激活剂。产物葡糖 -6- 磷酸是 HK 的反馈抑制物。

哺乳动物体内有四种己糖激酶同工酶,分别为 I ~ IV 型。其中 IV 型亦称葡糖激酶(glucokinase,GK)。I ~ III 型己糖激酶分布于全身各组织,对底物亲和力较高,K_m 在 0.1mmol/L 左右,但对底物的特异性不高,除能催化葡萄糖,也能催化其他己糖的磷酸化反应,生成相应的 6- 磷酸酯。而葡糖激酶主要存在于肝,对葡萄糖的 K_m 为 10mmol/L,故需要较高的葡萄糖浓度才能发挥作用,该酶对葡萄糖具有较高专一性。当血糖浓度升高时,GK 活性增加。葡萄糖和胰岛素能诱导肝合成 GK。HK 与 GK 两者区别见表7-1。

表 7-1　己糖激酶(HK)和葡糖激酶(GK)的区别

	HK	GK
组织分布	绝大多数组织	肝脏
K_m	低	高
葡糖 -6 磷酸的抑制作用	有	无

从糖原开始的糖酵解,在糖原磷酸化酶的作用下,先生成葡糖 -1- 磷酸,再变位为葡糖 -6- 磷酸,此过程不消耗 ATP。

$$糖原 \xrightarrow{磷酸化酶} 葡糖-1-磷酸 \xrightarrow{变位酶} 葡糖-6-磷酸$$

2. 葡糖 -6- 磷酸异构生成果糖 -6- 磷酸　葡糖 -6- 磷酸在磷酸己糖异构酶(phosphohexose isomerase)催化下,转变生成果糖 -6- 磷酸(fructose-6-phosphate),此反应可逆,反应的方向由底物与产物含量水平来控制。

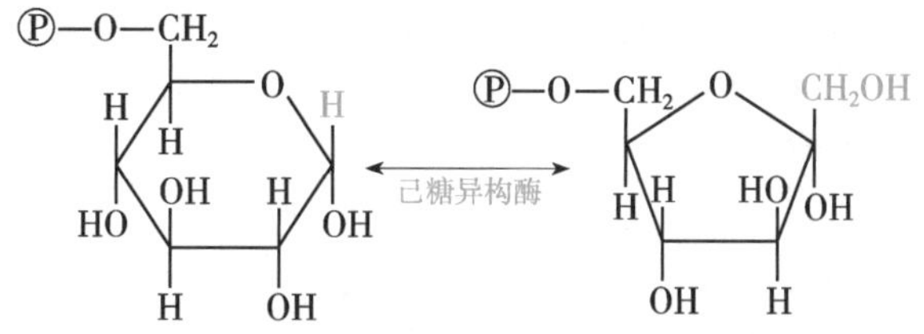

葡糖-6-磷酸   果糖-6-磷酸

3. 果糖 -6- 磷酸转变生成果糖 -1,6- 二磷酸　在磷酸果糖激酶 -1（phosphofructokinase 1，PFK1）的催化下果糖 -6- 磷酸第一位上的 C 进一步磷酸化生成果糖 -1,6- 二磷酸（fructose-1,6-biphosphate，F-1,6-BP，FBP），磷酸基团由 ATP 供给，反应不可逆。该反应是糖酵解中的第二步关键步骤，催化此反应的磷酸果糖激酶 -1 是糖酵解过程的第二个关键酶。

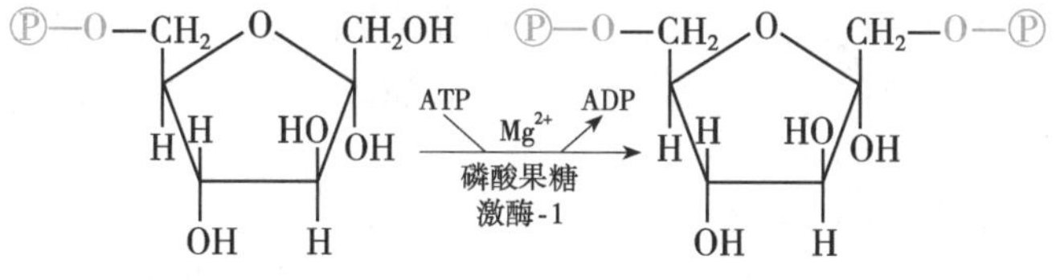

果糖-6-磷酸   果糖-1,6-二磷酸

4. 果糖 -1,6- 二磷酸转变生成 2 分子磷酸丙糖　果糖 -1,6- 二磷酸在醛缩酶（aldolase）的催化下裂解生成磷酸二羟丙酮（dihydroxyacetone phosphate）和甘油醛 -3- 磷酸（glyceraldehyde-3-phosphate）。此反应为醇醛缩合反应，标准自由能 $\Delta G^{0\prime}$ 很大，倾向于果糖 -1,6- 二磷酸的合成。但是正常生理条件下，细胞内进行糖酵解的时候，甘油醛 -3- 磷酸不断被消耗，从而使反应向裂解方向进行。

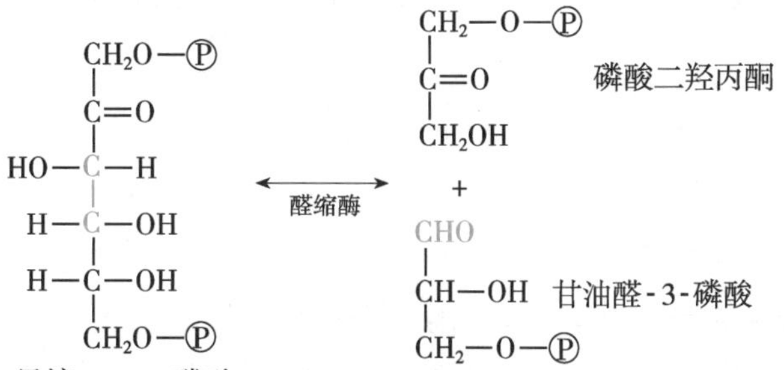

果糖-1,6-二磷酸

5. 磷酸二羟丙酮和甘油醛 -3- 磷酸的异构互变　磷酸二羟丙酮和甘油醛 -3- 磷酸在丙糖磷酸异构酶（triose-phosphate isomerase）的催化下相互转变。由于反应中甘油醛 -3- 磷酸不断移去，使磷酸二羟丙酮迅速转变为甘油醛 -3- 磷酸，以利于代谢继续进行，这样 1 分子果糖 -1,6- 二磷酸相当于生成 2 分子甘油醛 -3- 磷酸。

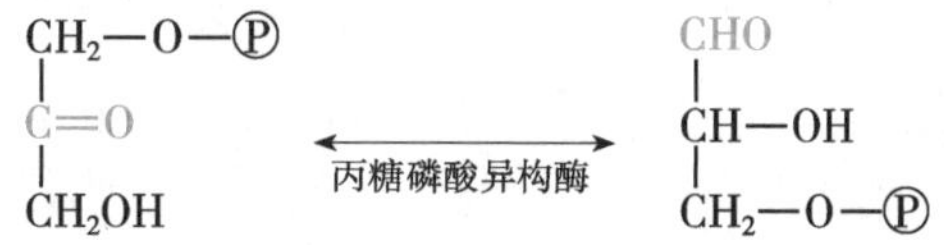

磷酸二羟丙酮   甘油醛-3-磷酸

葡萄糖或糖原经过上述反应，消耗 ATP 生成 2 分子磷酸丙糖，为消耗能量的阶段。其中由葡萄糖转变生成 2 分子甘油醛 -3- 磷酸消耗 2 分子 ATP，而从糖原开始则消耗 1 分子 ATP。

二、甘油醛 -3- 磷酸转变为丙酮酸（产能阶段）

1. 甘油醛 -3- 磷酸氧化为甘油酸 -1,3 二磷酸　甘油醛 -3- 磷酸在甘油醛 -3- 磷酸脱氢酶（glyceraldehyde-3-phosphate dehydrogenase）的催化下氧化脱氢并磷酸化，生成含有 1 个高能磷酸键的甘油

酸 -1,3- 二磷酸。反应脱下的氢和电子转给甘油醛 -3- 磷酸脱氢酶的辅酶 NAD^+ 生成 $NADH+H^+$,磷酸基团来自无机磷酸。

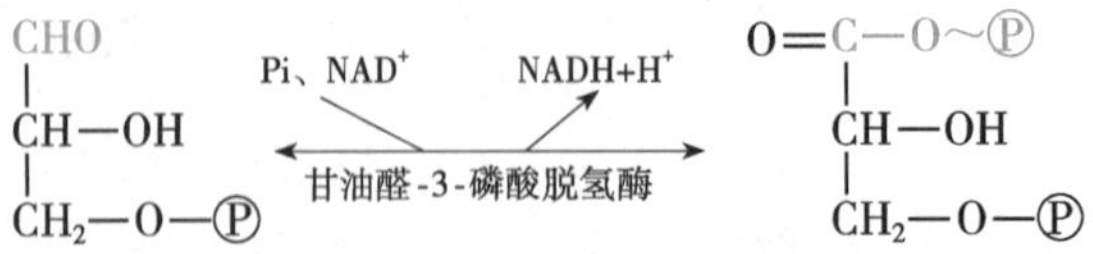

甘油醛 -3- 磷酸　　甘油酸 -1,3- 二磷酸

本反应是糖酵解中的第一个高能键化合物形成步骤,也是糖酵解途径中唯一的氧化还原反应。催化反应的甘油醛 -3- 磷酸脱氢酶是由四个相同亚基组成的四聚体,以 NAD^+ 为受氢体。

2. 甘油酸 -1,3- 二磷酸转变成甘油酸 -3- 磷酸　甘油酸 -1,3- 二磷酸在磷酸甘油酸激酶(phosphoglycerate kinase,PGK)催化下,生成甘油酸 -3- 磷酸,C_1 上的高能磷酸基团转移给 ADP 生成 ATP。

这是糖酵解过程中第一次产生 ATP 的反应,这种底物氧化过程中产生的能量直接使 ADP 磷酸化生成 ATP 的过程,称为底物水平磷酸化(substrate level phosphorylation)。此激酶催化的反应可逆。

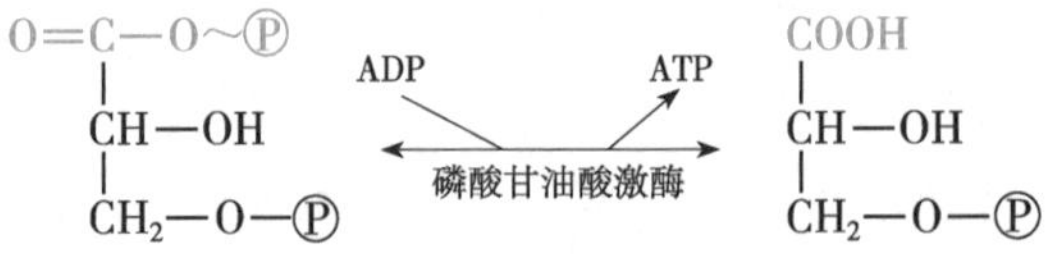

甘油酸 -1,3- 二磷酸　　　　甘油酸 -3- 磷酸

甘油酸 -1,3 二磷酸的另一代谢途径是通过磷酸甘油酸变位酶催化,生成甘油酸 -2,3- 二磷酸(2,3-BPG)。人红细胞中 2,3-BPG 含量高,在调节血红蛋白结合与释放氧的过程中起十分重要的作用。

3. 甘油酸 -3- 磷酸变位转变成甘油酸 -2- 磷酸　在磷酸甘油酸变位酶(phosphoglycerate mutase)催化下,甘油酸 -3- 磷酸 C_3 位上的磷酸基团转变到 C_2 位上生成甘油酸 -2- 磷酸,此反应常需 2,3-BPG 作为辅助因子,反应可逆。

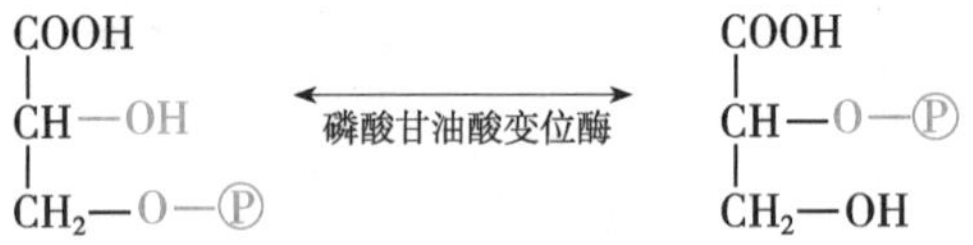

甘油酸 -3- 磷酸　　　　　甘油酸 -2- 磷酸

4. 甘油酸 -2- 磷酸脱水生成磷酸烯醇式丙酮酸　此反应由烯醇化酶(enolase)催化,甘油酸 -2- 磷酸脱水的同时,能量重新分配生成含高能磷酸键的磷酸烯醇式丙酮酸(phosphoenolpyruvate,PEP),此反应可逆。

甘油酸 -2- 磷酸　　　　磷酸烯醇丙酮酸

5. 磷酸烯醇式丙酮酸转变成丙酮酸　在丙酮酸激酶(pyruvate kinase,PK)催化下,磷酸烯醇式丙酮酸上的高能磷酸基团转移至 ADP 生成 ATP,而磷酸烯醇式丙酮酸转变为烯醇式丙酮酸,后者不稳定,可自发转变成稳定的丙酮酸。

这是糖酵解过程中第二次底物水平磷酸化。此反应不可逆,需 K^+、Mg^{2+} 或 Mn^{2+} 参加。催化此反应的丙酮酸激酶是糖酵解过程中的第三个关键酶。

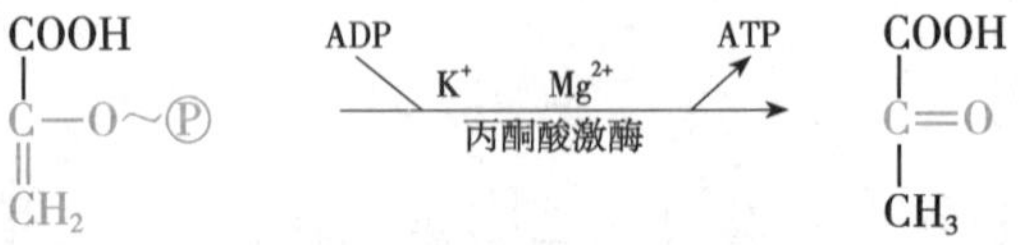

磷酸烯醇式丙酮酸　　　　　丙酮酸

1 分子葡萄糖分解成 2 分子丙酮酸的过程可用下列反应式来表示：

$$\text{葡萄糖} + 2NAD^+ + 2ADP + 2Pi \longrightarrow 2\,\text{丙酮酸} + 2ATP + 2NADH + 2H^+ + 2H_2O$$

从反应式可以看出 1 分子葡萄糖降解成 2 分子丙酮酸的过程中，净生成 2 分子 ATP（表 7-2）。

表 7-2　糖酵解过程中 ATP 的消耗和产生

消耗或产生 ATP 的反应	每步反应 ATP 的消耗或增加量
葡萄糖→葡糖 -6- 磷酸	–1ATP
果糖 -6- 磷酸→果糖 -1,6- 二磷酸	–1ATP
2× 甘油酸 -1,3- 二磷酸→ 2× 甘油酸 -3- 磷酸	+2ATP
2× 磷酸烯醇式丙酮酸→ 2× 丙酮酸	+2ATP
总计	+2ATP

三、丙酮酸转变为乳酸

在无氧条件下，丙酮酸被还原为乳酸，此反应由乳酸脱氢酶（LDH）催化，其辅酶为 NADH+H^+，由甘油醛 -3- 磷酸脱氢时产生。NADH+H^+ 脱氢后成为 NAD^+，再作为甘油醛 -3- 磷酸脱氢酶的辅酶。在无氧酵解过程中，NAD^+ 来回穿梭，起着递氢体的作用，从而使无氧酵解过程持续进行。

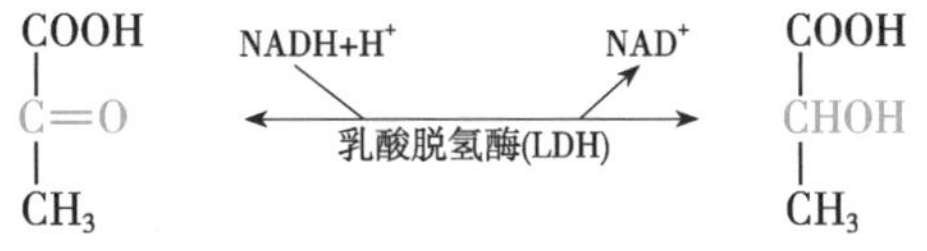

葡萄糖酵解的总反应式：葡萄糖 + 2Pi + 2ADP ⟶ 2 乳酸 + 2ATP + 2H_2O
从葡萄糖开始的糖酵解的反应见图 7-7。

四、糖酵解的生理意义

1. 从糖酵解的全过程来看，1 分子葡萄糖经过糖酵解只能产生 2 分子 ATP，产生的能量非常少，不是正常生理条件下的主要供能方式，但在缺氧情况下，如短跑百米冲刺等剧烈运动时，瞬间消耗大量的氧，处于相对缺氧状态，此时机体能量主要通过糖酵解获得。此外，成熟红细胞、睾丸、视网膜等即使在有氧的条件下仍然依靠糖酵解供给能量。

2. 糖酵解是厌氧或兼性微生物在无氧条件下获得能量、维持生命活动的一种主要代谢方式，如炭疽杆菌、肉毒杆菌及酵母菌等。

3. 糖酵解产物丙酮酸和乳酸可在肝脏中经糖异生途径转变为葡萄糖。

思考题 7-3：比较剧烈活动中（正在逃跑的野兔）和长时间运动中（正在迁徙的野鸭）骨骼肌糖酵解过程的调节有何不同？

五、糖酵解的调节

糖酵解中大多数反应是可逆的。这些可逆反应的方向、速度由底物和产物浓度控制。催化这些可逆反应的酶，其活性可改变，但不能决定反应的方向和总速度。糖酵解途径中有 3 个非平衡反应：己糖激酶 / 葡糖激酶、磷酸果糖激酶 -1 和丙酮酸激酶催化的反应。这 3 个反应基本上是不可逆的，是糖酵解途径流量的 3 个调节点，分别受别构效应物和激素的调节。

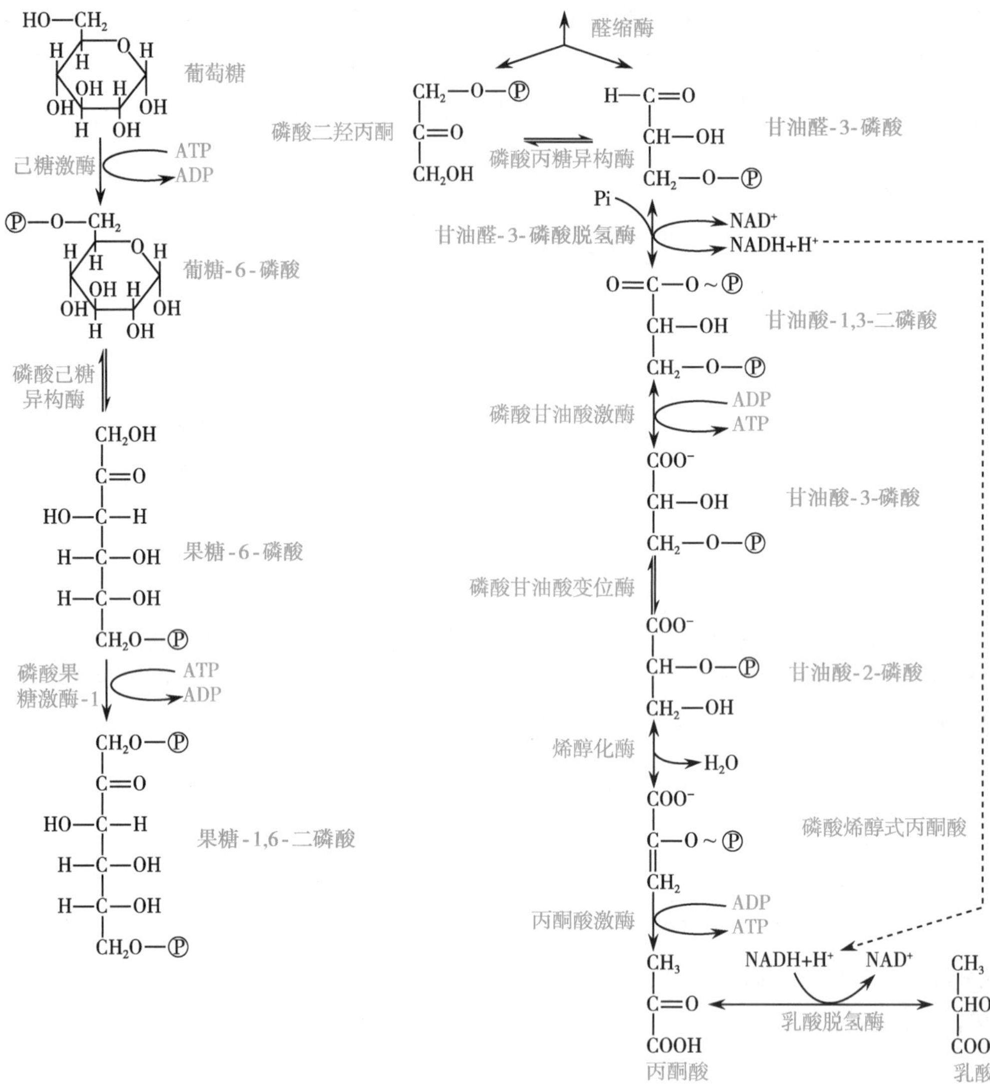

图 7-7 糖酵解的代谢途径

(一) 关键酶的别构调节

1. 己糖激酶受到反馈抑制调节 己糖激酶受其反应产物葡糖 -6- 磷酸的反馈抑制,葡糖激酶分子内不存在葡糖 -6- 磷酸的别构部位,故不受葡糖 -6- 磷酸的影响。长链脂酰 CoA 对已糖激酶有别构抑制作用,这对饥饿时减少肝和其他组织摄取葡萄糖有一定意义。胰岛素可诱导葡糖激酶基因的转录,促进酶的合成。

糖无氧氧化是体内葡萄糖分解供能的一条重要途径。对于绝大多数组织,特别是骨骼肌,调节糖流量是为适应这些组织对能量的需求。当消耗能量多,细胞内 ATP/AMP 比例降低时,磷酸果糖激酶 -1 和丙酮酸激酶均被激活,加速葡萄糖的分解。反之,细胞内 ATP 的储备丰富时,通过糖无氧氧化分解的葡萄糖就减少。肝的情况不同,正常进食时,肝仅氧化少量葡萄糖,主要由氧化脂肪酸获得能量;进食后,胰高血糖素分泌减少,胰岛素分泌增加,果糖 -2,6- 二磷酸(fructose-2,6-bisphosphate,F-2,6-BP)合成增加,加速糖通过糖酵解途径分解,主要是生成乙酰 CoA 以合成脂肪酸;饥饿时胰高血糖素分泌增加,抑制 F-2,6-BP 的合成及丙酮酸激酶的活性,即抑制糖酵解,这样才能有效地进行糖异生,维持血糖水平(图 7-8)。

2. 磷酸果糖激酶 -1 对调节酵解速率最重要 调节酵解途径流量最重要的是磷酸果糖激酶 -1 的活性。磷酸果糖激酶 -1(PFK1)是一个四聚体蛋白质,受多种别构效应剂的影响。ATP 和柠檬酸是 FPK1 的别构抑制剂。PFK1 有 2 个 ATP 的结合位点:一个是活性中心内的催化部位,ATP 作为底物结合;另一个是活性中心以外的别构结合部位,与 ATP 的亲和力较低,因而相对地需要较高浓度 ATP 才能与之结合,此位点结合 ATP 使酶丧失活性。而 AMP、ADP、F-1,6-BP、F-2,6-BP 是 PFK1 的别构激活剂。AMP 和 ADP 可与 ATP 竞争别构结合部位,抵消 ATP 的抑制作用。F-1,6-BP 是 PFK1 的反应产物,同时又是其正反馈激活剂,有利于糖的分解。其中,F-2,6-BP 是 PFK1 的最强别构激活剂,可有效地调控酵解速率。

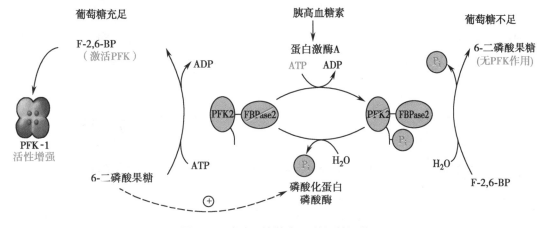

图 7-8　磷酸果糖激酶 -1 的活性调节

磷酸果糖激酶 -2/ 果糖 -1,6- 二磷酸酶 -2(PFK2/FBPase2)是由 470 个氨基酸残基组成的单链蛋白,具有激酶结构域(kinase domain)和磷酸酶结构域(phosphatase domain),分别行使 PFK2/FBPase2 酶功能,即 PFK2 催化 F-6-P 生成 F-2,6-BP,而 FBPase2 催化 F-2,6-BP 水解生成 F-6-P。PFK2/FBPase2 作为一种多功能酶(multifunctional enzyme),自身通过磷酸化作用共价调控 PFK2/FBPase2 各自活性,实现对 F-2,6-BP 和 F-6-P 平衡调节。例如饥饿条件下,血糖降低,胰高血糖素分泌增加,通过信号转导通路激活细胞内 cAMP 依赖性蛋白激酶(PKA),使 PFK2 磷酸化而使激酶活性减弱,同时升高磷酸酶活性,催化 F-2,6-BP 水解生成 F-6-P,使糖酵解过程受到抑制,从而有利于糖异生。相反当进食后,葡萄糖充足,F-6-P 浓度升高,激活磷蛋白磷酸酶(phosphoprotein phosphatase)将磷酸化 PFK2 去磷酸,恢复其酶活性,同时减弱 FBPase2 的酶活性,催化 F-6-P 转化为 F-2,6-BP,进一步激活 PFK1,从而加速糖酵解过程(图 7-8)。

3. 丙酮酸激酶是糖酵解第二个调节重点　果糖 -1,6- 二磷酸是丙酮酸激酶的别构激活剂,而 ATP 则有抑制作用。此外,在肝内丙氨酸也有别构抑制作用。丙酮酸激酶还受共价修饰调节。cAMP 依赖性蛋白激酶和 Ca^{2+}- 钙调蛋白依赖性蛋白激酶均可使其磷酸化而失活。胰高血糖素可通过 cAMP 抑制丙酮酸激酶活性。

(二) 激素调节

胰岛素能诱导体内葡糖激酶、磷酸果糖激酶 -1、丙酮酸激酶的合成,同时,在胰岛素作用早期还有直接促进这些酶活性的作用。一般来说,激素的调节比关键酶的别构调节或共价修饰调节慢,但作用比较持久。

第四节　糖的有氧氧化

三羧酸循环(微课)

翻转课堂(7-2):

　　目标:要求学生通过课前自主学习,掌握本节有关三羧酸循环的基本过程、关键酶调节、能量生成方式及生理意义。

　　课前:要求每位学生认真观看本节微课,把握老师课前提出的具体要求。自由组队,每组4~6人,组长负责组织大家开展讨论,并制作 PPT 或视频,用于课堂交流。

　　课中:老师随机抽取 1~2 组,作全班公开 PPT 演讲;老师提出问题,让同学们相互讨论和交流,并随机挑选学生回答,考查学生的学习情况。

> 课后：学生完成老师布置的作业，并对"三羧酸循环是糖、脂肪、氨基酸代谢联系的枢纽"这一生理意义深入理解、讨论。

葡萄糖或糖原在有氧条件下彻底氧化分解生成二氧化碳和水并释放大量能量的过程称为糖的有氧氧化（aerobic oxidation）。有氧氧化是糖分解代谢的主要方式，机体大多数组织通过有氧氧化获取能量（图 7-9）。

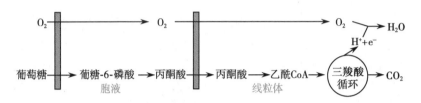

图 7-9　糖的有氧氧化概况

糖的有氧氧化可分为四个阶段。第一阶段：由葡萄糖或糖原在细胞质中循糖酵解途径生成丙酮酸；第二阶段：丙酮酸进入线粒体，被氧化脱羧生成乙酰 CoA；第三阶段：乙酰 CoA 进入三羧酸循环，通过氧化脱羧生成 CO_2、$NADH+H^+$ 和 $FADH_2$ 等；第四阶段：$NADH+H^+$ 和 $FADH_2$ 中的氢经呼吸链传递与氧结合生成 H_2O 的同时伴有 ADP 磷酸化生成 ATP。在此主要介绍丙酮酸的氧化脱羧和三羧酸循环的反应过程。

一、葡萄糖分解为丙酮酸

葡萄糖或糖原在细胞质中循糖酵解途径生成丙酮酸。

二、丙酮酸氧化脱羧生成乙酰 CoA

葡萄糖或糖原在细胞质中循糖酵解途径生成丙酮酸，丙酮酸在线粒体经过 5 步反应氧化脱羧生成乙酰 CoA（acetyl-CoA），总反应式为：

$$丙酮酸 +NAD^++HS\text{-}CoA \longrightarrow 乙酰 CoA+NADH+H^++CO_2$$

此反应由丙酮酸脱氢酶复合体（pyruvate dehydrogenase complex）催化。在真核细胞中，该复合体存在于线粒体中，是由丙酮酸脱氢酶（E_1）、二氢硫辛酰胺转乙酰酶（E_2）和二氢硫辛酰胺脱氢酶（E_3）三种酶按一定比例组合成多酶复合体，其组合比例随生物体不同而异。在哺乳类动物细胞中，酶复合体由 60 个转乙酰酶组成核心，周围排列着 12 个丙酮酸脱氢酶和 6 个二氢硫辛酰胺脱氢酶。参与反应的辅酶有硫胺素焦磷酸酯（TPP）、硫辛酸、FAD、NAD^+ 及 CoA。其中硫辛酸是带有二硫键的八碳羧酸，通过与转乙酰酶的赖氨酸残基的 ε- 氨基相连，形成与酶结合的硫辛酰胺而成为酶的柔性长臂，可将乙酰基从酶复合体的一个活性部位转移到另一个活性部位。丙酮酸脱氢酶的辅酶是 TPP，二氢硫辛酰胺脱氢酶的辅酶是 FAD、NAD^+。

丙酮酸脱氢酶复合体催化的反应可分为 5 步描述，如图 7-10 所示。

1. 丙酮酸脱羧形成羟乙基 -TPP，TPP 噻唑环上的 N 与 S 之间活泼的碳原子可释放出 H^+，形成负碳离子，与丙酮酸的羧基作用，产生 CO_2，同时形成羟乙基 -TPP。

2. 二氢硫辛酰胺转乙酰酶（E_2）催化羟乙基 -TPP-E_1 上的羟乙基被氧化成乙酰基，同时转移给硫辛酰胺，形成乙酰硫辛酰胺 -E_2。

3. 二氢硫辛酰胺转乙酰酶（E_2）催化乙酰硫辛酰胺上的乙酰基转移给 CoA 生成乙酰 CoA 后，离开酶复合体，同时氧化过程中的 2 个电子使硫辛酰胺的二硫键还原为 2 个巯基。

4. 二氢硫辛酰胺脱氢酶（E_3）使还原的二氢硫辛酰胺脱氢重新生成硫辛酰胺，以进行下一轮反应。同时将氢传递给 FAD，生成 $FADH_2$。

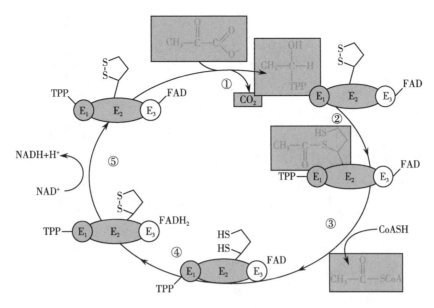

图 7-10　丙酮酸脱氢酶复合体作用机制

5. 由二氢硫辛酰胺脱氢酶（E_3）继续催化，将 $FADH_2$ 上的 2H 转移给 NAD^+，形成 $NADH+H^+$。

在整个反应过程中，中间产物并不离开酶复合体，使得上述各步反应得以迅速完成，而且因没有游离的中间产物，所以不会发生副反应。丙酮酸氧化脱羧反应的 $\triangle G^{0'}$ =-33.5kJ/mol（-8.0kcal/mol），故反应是不可逆的。

三、三羧酸循环

（一）整个反应过程

乙酰 CoA 进入由一连串反应构成的循环体系，被氧化生成 H_2O 和 CO_2。反应从乙酰 CoA 与草酰乙酸（oxaloacetic acid）缩合生成含有三个羧基的柠檬酸（citric acid）开始，因此称为三羧酸循环（tricarboxylic acid cycle，TAC）或柠檬酸循环（citric acid cycle），再经过 4 次脱氢、2 次脱羧，生成 4 对还原当量（reducing equivalent，一般是以氢原子或氢离子形式存在的一个电子或一个电子当量）和 2 分子 CO_2 后，又重新生成草酰乙酸，继续下一轮循环。该循环反应由 Krebs 正式提出，故又称为 Krebs 循环（Krebs cycle），1953 年他为此荣获诺贝尔生理学或医学奖。整个三羧酸循环在线粒体中进行。

（二）草酰乙酸至 α- 酮戊二酸

1. 乙酰 CoA 与草酰乙酸缩合生成柠檬酸　乙酰 CoA 与草酰乙酸在柠檬酸合酶（citrate synthase）的催化下缩合生成柠檬酸，反应所需的能量来源于乙酰 CoA 中高能硫酯键的水解，由于硫酯键水解时释放较多自由能，$\triangle G^{0'}$ 为 -31.4kJ/mol（-7.5kcal/mol），因此反应不可逆。而且柠檬酸合酶对草酰乙酸的 K_m 很低，所以即使线粒体内草酰乙酸浓度很低（约 10mmol/L），反应也可以顺利进行。

$$O=C-COOH \atop CH_2 \atop COOH \quad + \quad {O \atop C-CH_3} \atop SCoA \quad + H_2O \longrightarrow HO-C-COO^- + HSCoA + H^+$$

草酰乙酸　　　　乙酰CoA　　　　　　　柠檬酸　　　辅酶A

2. 柠檬酸脱水后经顺乌头酸加水转变为异柠檬酸　柠檬酸与异柠檬酸（isocitric acid）的异构化可逆互变反应由顺乌头酸酶催化。原来在 C_3 上的羟基转到 C_2 上，反应的中间产物顺乌头酸与酶结合在一起，以复合物形式存在。

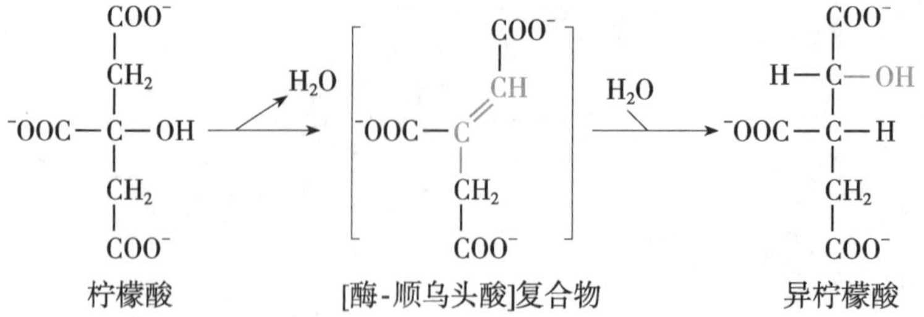

柠檬酸　　　　　　　[酶-顺乌头酸]复合物　　　　　异柠檬酸

3. 异柠檬酸氧化脱羧转变为 α- 酮戊二酸　　异柠檬酸在异柠檬酸脱氢酶（isocitrate dehydrogenase）催化下氧化脱羧产生 CO_2，余下的碳链骨架部分转变为 α- 酮戊二酸（α-ketoglutarate），脱下的氢由 NAD^+ 接受，生成 $NADH+H^+$。这是 TAC 中的第一次氧化脱羧，释出的 CO_2 可被视为乙酰 CoA 的 1 个碳原子氧化产物。

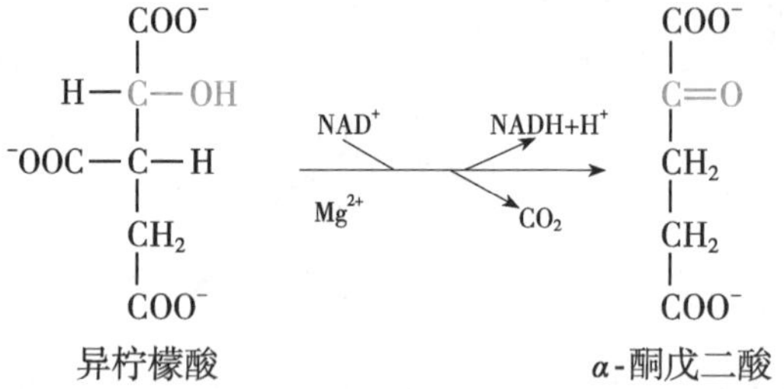

异柠檬酸　　　　　　　　　　　　　　　α-酮戊二酸

（三）α- 酮戊二酸至琥珀酸

1. α- 酮戊二酸氧化脱羧生成琥珀酰 CoA　　TAC 中发生的第二次氧化脱羧反应是 α- 酮戊二酸氧化脱羧生成琥珀酰 CoA（succinyl-CoA）。α- 酮戊二酸氧化脱羧时释放出的自由能很多，足以形成高能硫酯键。这样，一部分能量可以高能硫酯键形式储存在琥珀酰 CoA 中。催化 α- 酮戊二酸氧化脱羧的酶是 α- 酮戊二酸脱氢酶复合体（α-ketoglutarate dehydrogenase complex），其组成和催化反应过程与丙酮酸脱氢酶复合体类似，这就使得 α- 酮戊二酸的脱羧、脱氢、形成高能硫酯键等反应可迅速完成。

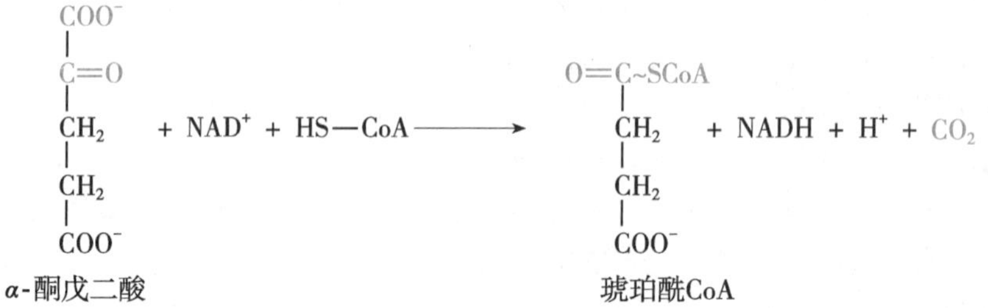

α-酮戊二酸　　　　　　　　　　　　　　琥珀酰CoA

2. 琥珀酰 CoA 合成酶催化底物水平磷酸化反应　　这步反应产物是琥珀酸。当琥珀酰 CoA 的高能硫酯键水解时，$\triangle G^{0'}$ 约 -33.4kJ/mol（-7.98kcal/mol）。它与 GDP 或 ADP 的磷酸化偶联，生成高能磷酸键，反应是可逆的，由琥珀酰 CoA 合成酶（succinyl-CoA synthetase）催化。这是底物水平磷酸化的又一个例子，是 TAC 中唯一直接生成高能磷酸键的反应。

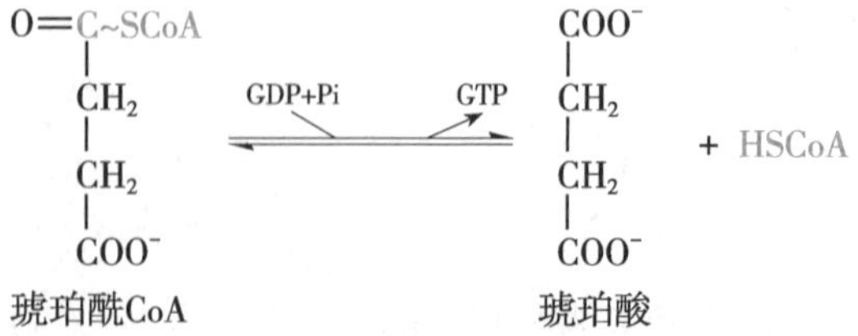

琥珀酰CoA　　　　　　　　琥珀酸

（四）琥珀酸至草酰乙酸

1. 琥珀酸脱氢生成延胡索酸　　反应由琥珀酸脱氢酶（succinate dehydrogenase）催化。该酶结合在线粒体内膜上，是 TAC 中唯一与内膜结合的酶。其辅酶是 FAD，还含有铁硫中心。来自琥珀酸的电子通过 FAD 和铁硫中心，经呼吸链被氧化，生成 1.5 分子 ATP。

2. 延胡索酸加水生成苹果酸　延胡索酸酶（fumarate hydratase）催化此可逆反应。

3. 苹果酸脱氢生成草酰乙酸　TAC 的最后反应由苹果酸脱氢酶（malate dehydrogenase）催化。苹果酸脱氢生成草酰乙酸,脱下的氢由 NAD^+ 接受,生成 $NADH+H^+$。在细胞内草酰乙酸不断地用于柠檬酸合成,故这一可逆反应向生成草酰乙酸的方向进行。

三羧酸循环的反应过程如图 7-11 所示。

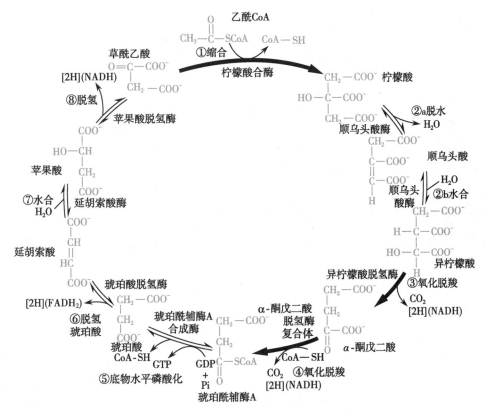

图 7-11　三羧酸循环

在 TAC 过程中,从 2 个碳原子的乙酰 CoA 与 4 个碳原子的草酰乙酸缩合成 6 个碳原子的柠檬酸开始,反复地脱氢氧化。羟基氧化成羧基后,通过脱羧方式生成 CO_2。二碳单位进入 TAC 后,生成 2 分子 CO_2,这是体内 CO_2 的主要来源。脱氢反应共有 4 次,其中 3 次脱氢(3 对氢或 6 个电子)由 NAD^+ 接受,1 次(1 对氢或 2 个电子)由 FAD 接受。这些电子传递体将电子传给氧时才能生成 ATP。TAC 本身每循环一次只能以底物水平磷酸化生成 1 个 GTP 或 ATP。

TAC 的总反应为:

$$CH_3CO{\sim}SCoA + 3NAD^+ + FAD + GDP + Pi + 2H_2O \longrightarrow 2CO_2 + 3NADH + 3H^+ + FADH_2 + HS{\sim}CoA + GTP$$

在 TAC 中,从量上来说一个 2 碳化合物被氧化成 2 分子 CO_2。但用 ^{14}C 标记乙酰 CoA 进行的实验发现,CO_2 的碳原子来自草酰乙酸而不是乙酰 CoA。这是由于中间反应过程中碳原子置换所致。但 TAC 运转一周的净结果仍是氧化了一分子乙酰 CoA。

此外,TAC 的中间产物包括草酰乙酸在内起类似于催化的作用,本身并无量的变化。不可能通过 TAC 单独从乙酰 CoA 合成草酰乙酸或 TAC 中的其他中间产物;同样,这些中间产物也不可能直接在 TAC 中被氧化成 CO_2 和 H_2O。TAC 中的草酰乙酸主要来自丙酮酸的直接羧化,也可通过苹果酸脱氢生成。无论何种直接来源,其最终来源是葡萄糖。

(五) TAC 生理意义

1. TAC 是三大营养物质的最终代谢通路 糖、脂肪、蛋白质在体内进行生物氧化都将产生乙酰 CoA,然后进入 TAC 进行降解,TAC 中只有一个底物水平磷酸化反应生成高能磷酸键。循环本身并不是释放能量、生成 ATP 的主要环节。其作用在于通过 4 次脱氢,为氧化磷酸化反应生成 ATP 提供还原当量。

2. TAC 是糖、脂肪、氨基酸代谢联系的枢纽 以糖转变成脂肪的情况为例,在能量充足的情况下,从食物摄取的糖相当一部分转变成脂肪储存。葡萄糖分解成丙酮酸后进入线粒体内氧化脱羧生成乙酰 CoA,乙酰 CoA 必须再转移到细胞质以合成脂肪酸。由于乙酰 CoA 不能通过线粒体膜,于是先与草酰乙酸缩合成柠檬酸,柠檬酸再通过相应载体转运至细胞质,在柠檬酸裂解酶(citrate lyase)作用下裂解成乙酰 CoA 及草酰乙酸,然后乙酰 CoA 即可用于合成脂肪酸。许多氨基酸的碳架是 TAC 的中间产物,通过草酰乙酸可转变为葡萄糖。反之,由葡萄糖提供的丙酮酸转变成的草酰乙酸及 TAC 中的其他二羧酸则可用于合成一些非必需氨基酸,如天冬氨酸、谷氨酸等。此外,琥珀酰 CoA 可用以与甘氨酸合成血红素;乙酰 CoA 又是合成胆固醇的原料。因此,TAC 在提供生物合成的前体中起重要作用。

Hans Adolf Krebs 1937 年利用鸽子胸肌的组织悬液,测定了在不同的有机酸作用下丙酮酸氧化过程中的耗氧率,首次提出动物组织中丙酮酸氧化途径的假说,并提出环状氧化途径概念。后来发现这一途径在动物、植物和微生物中普遍存在,不仅是糖分解代谢的主要途径,也是脂肪、蛋白质分解代谢的最终途径,具有重要的生理意义。1953 年 Krebs 获得诺贝尔生理学或医学奖,被称为 ATP 循环之父,这一途径又被称为 Krebs 循环或柠檬酸循环。文章被拒也许是科学家经常遇到的事情。*The Scientist* 就爆出一个秘密,1953 年诺奖得主 Krebs 在 1937 年曾向 *Nature* 投稿遭拒。1988 年,当 Krebs 已辞世 7 年,*Nature* 杂志一位编辑在一篇匿名公开信中指出,拒绝 Krebs 的文章是 *Nature* 杂志有史以来所犯的最大错误。

四、糖有氧氧化的生理意义

三羧酸循环中 4 次脱氢反应产生的 NADH 和 $FADH_2$ 可传递给呼吸链产生 ATP。除三羧酸循环外,其他代谢途径中生成的 NADH 或 $FADH_2$,也可经呼吸链产生 ATP。例如,糖酵解途径中甘油醛 -3- 磷酸脱氢生成甘油酸 -3- 磷酸时生成的 NADH,在氧供应充足时进入呼吸链,而不是用以还原丙酮酸成乳酸。NADH 的氢传递给氧时,可生成 2.5 分子 ATP,$FADH_2$ 的氢被氧化时只能生成 1.5 分子 ATP。加上底物水平磷酸化生成的 1 分子 ATP,乙酰 CoA 经三羧酸循环彻底氧化分解共生成 10 分子 ATP。若从丙酮酸脱氢开始计算,共生成 12.5 分子 ATP。1 分子葡萄糖彻底氧化生成 CO_2 和 H_2O,可净生成 30 或 32 分子 ATP(表 7-3)。

表 7-3 葡萄糖有氧氧化生成的 ATP

	反应	辅因子	生成 ATP 数目
第一阶段	葡萄糖→葡糖 -6- 磷酸		-1
	果糖 -6- 磷酸→果糖 -1,6- 二磷酸		-1
	2× 甘油醛 -3- 磷酸→2× 甘油酸 -1,3- 二磷酸	2NADH(细胞质)	$2 \times 1.5^{*}$(或 $2 \times 2.5^{*}$)
	2× 甘油酸 -1,3- 二磷酸→2× 甘油酸 -3- 磷酸		2×1
	2× 磷酸烯醇丙酮酸→2× 丙酮酸		2×1
第二阶段	2× 丙酮酸→2× 乙酰 CoA	2NADH(线粒体)	2×2.5
第三阶段	2× 异柠檬酸→2×α- 酮戊二酸	2NADH(线粒体)	2×2.5
	2×α- 酮戊二酸→2× 琥珀酰 CoA	2NADH	2×2.5
	2× 琥珀酰 CoA →2× 琥珀酸		2×1
	2× 琥珀酸→2× 延胡索酸	2FADH$_2$	2×1.5
	2× 苹果酸→2× 草酰乙酸	2NADH	2×2.5
净生成 ATP			30(或 32)

注:* 糖酵解途径产生的 NADH+H⁺,获得 ATP 的数量取决于其进入线粒体的穿梭机制。若经苹果酸 - 天冬氨酸穿梭机制进入线粒体内氧化,1 分子 NADH+H⁺ 产生 2.5 分子 ATP;若经 α- 磷酸甘油穿梭机制进入线粒体内氧化,则产生 1.5 分子 ATP。

五、糖有氧氧化的调节

糖的有氧氧化是机体获得能量的主要方式。机体对能量的需求变动很大,因此有氧氧化的速率必须加以调节。在有氧氧化的 3 个阶段中,糖酵解途径的调节已讲述,这里主要介绍丙酮酸脱氢酶复合体的调节以及三羧酸循环的调节。

(一)丙酮酸脱氢酶复合体的调节

丙酮酸脱氢酶复合体可通过别构调节和共价修饰调节两种方式进行快速调节。丙酮酸脱氢酶复合体的反应产物乙酰 CoA 及 NADH+H⁺ 对酶有反馈抑制作用,当乙酰 CoA/CoA 比例升高时,酶活性被抑制。NADH/NAD⁺ 比例升高可能也有同样作用。这两种情况见于饥饿状态脂肪动员时,此时大多数组织器官利用脂肪酸作为能量来源,糖的有氧氧化被抑制,以确保脑等对葡萄糖的需要。ATP 对丙酮酸脱氢酶复合体有抑制作用,AMP 则能使其激活。丙酮酸脱氢酶复合体可被丙酮酸脱氢酶激酶催化发生磷酸化,酶蛋白构象改变而失去活性;丙酮酸脱氢酶磷酸酶则使其去磷酸化而恢复活性。乙酰 CoA 和 NADH+H⁺ 除对酶有直接抑制作用外,还可间接通过增强丙酮酸脱氢酶激酶的活性而使其失活(图 7-12)。丙酮酸脱氢酶复合体中脱氢酶组分的丝氨酸残基的羟基还可在蛋白激酶作用下磷酸化,磷酸化后酶复合体构象改变,失去活性。磷蛋白磷酸酶能去除丝氨酸残基上的磷酸基团,使之恢复活性。

(二)三羧酸循环关键酶的调节

三羧酸循环的速率和流量受多种因素的调控。在三羧酸循环中有三个不可逆反应,分别是柠檬酸合酶、异柠檬酸脱氢酶和 α- 酮戊二酸脱氢酶复合体催化的反应。柠檬酸合酶活性可决定乙酰 CoA 进入三羧酸循环的速率,曾被认为是三羧酸循环主要的调节点。但是,柠檬酸可转移至细胞质,分解成乙酰 CoA,用于合成脂肪酸,所以其活性升高并不一定加速三羧酸循环的运转。目前一般认为异柠檬酸脱氢酶和 α- 酮戊二酸脱氢酶复合体才是三羧酸循环的调节点。异柠檬酸脱氢酶和 α- 酮戊二酸脱氢酶复合体在 NADH/ NAD$^+$、ATP/ADP 比例高时被反馈抑制。ADP 还是异柠檬酸脱氢酶的别构激活剂。

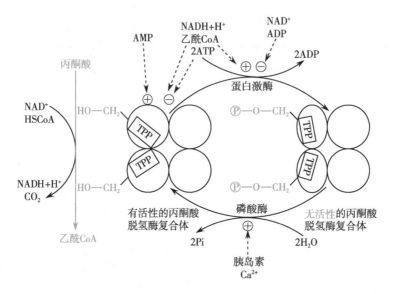

图 7-12　丙酮酸脱氢酶复合体的调节

另外，当线粒体内 Ca^{2+} 浓度升高时，Ca^{2+} 不仅可直接与异柠檬酸脱氢酶以及 α- 酮戊二酸脱氢酶复合体结合，降低其对底物的 K_m 而使酶激活，也可激活丙酮酸脱氢酶复合体，从而推动三羧酸循环和有氧氧化的进行。

氧化磷酸化的速率对三羧酸循环的运转也起着非常重要的作用。三羧酸循环中有 4 次脱氢反应，从代谢物脱下的氢分别被 NAD$^+$ 及 FAD 接受，然后 H$^+$ 及 e 通过呼吸链进行氧化磷酸化。如不能有效进行氧化磷酸化，NADH+H$^+$ 及 FADH$_2$ 仍保持还原状态，则三羧酸循环中的脱氢反应都将无法继续进行。三羧酸循环的调节见图 7-13。

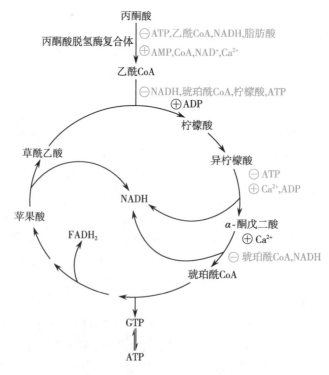

图 7-13　三羧酸循环的调控

六、巴斯德效应与瓦尔堡效应

(一)巴斯德效应

法国科学家巴斯德(Pasteur)发现酵母菌在无氧时进行生醇发酵。将其转移到有氧氧化环境,生醇发酵即被抑制,有氧氧化抑制生醇发酵(或糖酵解)的现象称为巴斯德效应(Pasteur effect)。肌肉组织也有这种效应。缺氧时,丙酮酸不能进入三羧酸循环,而是在细胞质中转变成乳酸。通过糖无氧氧化消耗的葡萄糖为有氧时的 7 倍。丙酮酸的代谢去向由 NADH 去路决定。有氧时 NADH 可进入线粒体内氧化,丙酮酸就进行有氧氧化而不生成乳酸。缺氧时 NADH 以丙酮酸作为氢接受体,使后者还原生成乳酸。所以有氧抑制了糖的无氧氧化。缺氧时通过糖无氧氧化途径分解的葡萄糖增加,是由于缺氧时氧化磷酸化受阻,ADP 与 Pi 不能合成 ATP,ADP/ATP 比例升高,此影响体现在细胞质中的结果则是磷酸果糖激酶 -1 及丙酮酸激酶活性增强。

(二)瓦尔堡效应

肿瘤具有独特的代谢规律。以糖代谢为例,肿瘤细胞消耗的葡萄糖远远多于正常细胞,更重要的是,即使在有氧时,肿瘤细胞中葡萄糖也不被彻底氧化,而是被分解生成乳酸,这种现象由德国化学家 Otto Heinrich Warburg 发现,故称瓦尔堡效应(Warburg effect)。肿瘤细胞为何偏爱这种低产能的代谢方式? 研究认为,瓦尔堡效应使肿瘤细胞获得生存优势,至少体现在两个方面:一是提供大量碳源,用以合成蛋白质、脂类、核酸,满足肿瘤快速生长对生物大分子的需要;二是关闭有氧氧化通路,避免产生自由基,从而逃避细胞凋亡。肿瘤选择瓦尔堡效应的根本机制在于对关键酶的调节。例如,肿瘤组织中往往过量表达 M2 型丙酮酸激酶(PKM2),并且其二聚体形式占主体,能够诱发瓦尔堡效应。异柠檬酸脱氢酶 1/2(IDH1/2)在神经胶质瘤中常发生基因突变,突变后促进体内产生 2- 羟戊二酸(2-HG),该产物积累与肿瘤发生发展密切相关。此外,肿瘤组织中磷酸戊糖途径比正常组织更为活跃,有利于进行生物合成代谢,目前认为一部分原因是肿瘤抑制基因 *P53* 发生突变,从而失去了对葡糖 -6- 磷酸脱氢酶的抑制作用。肿瘤代谢的瓦尔堡效应已成为肿瘤诊断中常用的正电子发射体层成像(positron emission tomography,PET)技术的理论基础。

Otto Heinrich Warburg 因发现线粒体呼吸链酶的性质和作用方式而获 1931 年诺贝尔生理学或医学奖。他发现的肿瘤细胞糖代谢特性(瓦尔堡效应),当初并没有受到人们的重视,而如今该效应在生物医学中应用很广,如肿瘤诊断中 PET 技术就利用了此效应,PET 技术为很多肿瘤的早期诊断提供了无创伤简易方法。此外,人们也正在利用此原理研发新的抗肿瘤药物。

第五节 磷酸戊糖途径

磷酸戊糖途径(pentose phosphate pathway,PPP)是葡萄糖在体内氧化分解的另一条重要途径,该途径不产生 ATP,而是产生细胞所需的具有重要生理作用的特殊物质,如 NADPH+H$^+$ 和核糖 -5- 磷酸。该途径存在于肝、脂肪组织、甲状腺皮质、性腺、骨髓和红细胞等组织细胞。磷酸戊糖途径的代谢反应在细胞质中进行,其过程可分为两个阶段:第一阶段是氧化反应,生成磷酸戊糖、NADPH 及 CO$_2$;第二阶段则是非氧化反应,包括一系列基团转移。

一、磷酸戊糖的生成

首先葡糖 -6- 磷酸由葡糖 -6- 磷酸脱氢酶催化脱氢生成葡糖 -6- 磷酸内酯,在此反应中 NADP$^+$ 为电子受体,平衡趋向于生成 NADPH,需要 Mg^{2+} 参与。葡糖 -6- 磷酸脱氢酶活性决定葡糖 -6- 磷酸进入此途径的流量,是磷酸戊糖途径的关键酶。葡糖 -6- 磷酸内酯在内酯酶(lactonase)的作用下水解为葡糖酸 -6- 磷酸,后者在葡糖酸 -6- 磷酸脱氢酶作用下再次脱氢并自发脱羧而转变核酮糖 -5- 磷酸,同时生成 NADPH 及 CO_2。核酮糖 -5- 磷酸在异构酶作用下转变为核糖 -5- 磷酸,或者在差向异构酶作用下,转变为木酮糖 -5- 磷酸。在第一阶段,葡糖 -6- 磷酸生成核糖 -5- 磷酸的过程中,同时生成 2 分子 NADPH 及 1 分子 CO_2。

二、基团转移反应

在第一阶段共生成 1 分子磷酸戊糖和 2 分子 NADPH。前者用以合成核苷酸,后者用于许多化合物的合成代谢。但细胞中合成代谢消耗的 NADPH 远比核糖需要量大,因此,葡萄糖经此途径生成了大量核糖。第二阶段反应的意义在于通过一系列基团转移反应,将核糖转变成果糖 -6- 磷酸和甘油醛 -3- 磷酸而进入糖酵解途径。因此磷酸戊糖途径也称戊糖磷酸旁路(pentose phosphate shunt)。

基团转移的结果可概括为:3 分子磷酸戊糖转变成 2 分子磷酸己糖和 1 分子磷酸丙糖。这些基团转移反应可分为两类:一类是转酮醇酶(transketolase)反应,转移含 1 个酮基、1 个醇基的二碳基团;另一个是转醛醇酶(transaldolase)反应,转移三碳单位。基团的接受体都是醛糖。

首先由转酮醇酶催化从木酮糖 -5- 磷酸转移一个二碳单位(羟乙醛)给核糖 -5- 磷酸,产生景天糖 -7- 磷酸和甘油醛 -3- 磷酸,反应需 TPP 作为辅酶并需 Mg^{2+}。

接着由转醛醇酶从景天糖 -7- 磷酸转移三碳单位即二羟丙酮基给甘油醛 -3- 磷酸,生成赤藓糖 -4- 磷酸和果糖 -6- 磷酸。

最后赤藓糖 -4- 磷酸在转酮醇酶催化下可接受来自木酮糖 -5- 磷酸的羟乙醛基,生成果糖 -6- 磷酸和甘油醛 -3- 磷酸。后者可进入糖酵解途径,从而完成代谢旁路。

磷酸戊糖之间的互相转变由相应的异构酶、差向异构酶催化,这些反应均为可逆反应。磷酸戊糖途径的反应见图 7-14。磷酸戊糖途径的总反应为:

$$3 \times 葡糖 -6- 磷酸 + 6NADP^+ \longrightarrow 2 \times 果糖 -6- 磷酸 + 甘油醛 -3- 磷酸 + 6NADPH + 6H^+ + 3CO_2$$

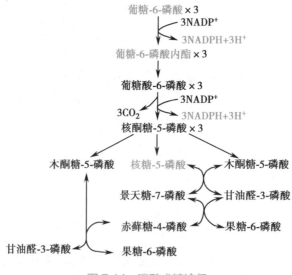

图 7-14　磷酸戊糖途径

三、磷酸戊糖途径的生理意义

磷酸戊糖途径的主要意义在于为机体提供磷酸核糖和 NADPH。

(一) 为核苷酸合成提供核糖

核糖是核酸和游离核苷酸的组成成分。体内的核糖并不依赖从食物摄入,可以从葡萄糖通过磷酸戊糖途径生成。葡萄糖可经过葡糖 -6- 磷酸脱氢、脱羧的氧化反应产生磷酸戊糖,也可通过酵解途径的中间产物甘油醛 -3- 磷酸和果糖 -6- 磷酸经过前述的基团转移反应而生成磷酸核糖。这两种的相对重要性因动物而异。人类主要通过氧化反应生成核糖。肌肉组织缺乏葡糖 -6- 磷酸脱氢酶,磷酸核糖靠基团转移反应进行。

(二) 提供 NADPH 作为供氢体参与多种代谢反应

NADPH 与 NADH 不同,它携带的氢不是通过呼吸链氧化以释放出能量,而是参与许多代谢反应,发挥不同的功能。

1. NADPH 作为供氢体,参与体内许多合成代谢,如从乙酰 CoA 合成脂肪酸、胆固醇;机体合成非必需氨基酸(不依赖从食物输入的氨基酸)时,先由 α- 酮戊二酸与 NADPH 及 NH_3 生成谷氨酸,谷氨酸可与其他 α- 酮酸进行转氨基反应而生成相应的氨基酸。

2. NADPH 参与体内羟化反应 有些羟化反应与生物合成相关,如鲨烯合成胆固醇,从胆固醇合成胆汁酸、类固醇激素等。有些羟化反应则与生物转化(biotransformation)有关。

3. NADPH 是谷胱甘肽还原酶的辅酶 NADPH 对维持还原型谷胱甘肽(GSH)正常含量起重要作用,GSH 能保护某些蛋白质或酶,如血红蛋白的疏基(-SH)免受氧化,因此有些红细胞内缺乏葡糖 -6- 磷酸脱氢酶的人,因缺乏 $NADPH+H^+$,GSH 含量低,红细胞易于破坏而发生溶血性贫血,经常在食用蚕豆后诱发,故称蚕豆病。

PPP 与
蚕豆病

4. $NADPH+H^+$ 参与体内中性粒细胞和巨噬细胞产生离子态氧的反应,因而有杀菌作用。

四、磷酸戊糖途径的调节

葡糖 -6- 磷酸可进入多条代谢途径。葡糖 -6- 磷酸脱氢酶是磷酸戊糖途径的关键酶,其活性决定葡糖 -6- 磷酸进入此途径的流量。早就发现摄取高碳水化合物饮食,尤其在饥饿后大量进食(暴食)时,肝内此酶含量明显增加,以适应脂肪酸合成时对 $NADPH+H^+$ 的需要。至于其活性快速调节主要受 $NADPH/NADP^+$ 比例的影响,比例升高,磷酸戊糖途径被抑制,比例降低时被激活。NADPH 对该酶有强烈抑制作用。因此,磷酸戊糖途径的流量取决于 NADPH 的需求。

第六节 糖 异 生

体内糖原储备有限,正常人每小时可由肝释放出葡萄糖210mg/kg体重,照此计算,如果没有外源补充,10 小时左右肝糖原被耗尽,血糖来源断绝。但事实上即使禁食 24 小时,血糖仍可维持在正常范围。这时除了周围组织减少对葡萄糖的利用外,主要还是依赖肝将氨基酸、乳酸等转变成葡萄糖,不断补充血糖。这种从非糖化合物(乳酸、甘油、生糖氨基酸等)转变为葡萄糖或糖原的过程称为糖异生(gluconeogenesis)。能够生糖的糖异生原料主要有生糖氨基酸(20 种氨基酸中除亮氨酸、赖氨酸外,其余均可生为糖,其中以甘氨酸、丙氨酸、苏氨酸、丝氨酸活力最强)、有机酸(乳酸、丙酮酸及三羧酸循环的中间产物)和甘油等。各种糖异生原料转变为糖的速度不同。

肝是糖异生的主要器官,但长期饥饿和酸中毒时,肾的糖异生作用将大大加强。糖异生途径基本是糖酵解的逆过程。糖酵解途径中大多数的酶促反应是可逆的,但由己糖激酶、磷酸果糖激酶 -1 和丙酮酸激酶三个关键酶催化的三个反应都伴有能量释放或能量转移,这些反应的逆过程需要吸收相当量的能量,因而构成了糖异生途径的三个"能障"而不可逆。为越过障碍,实现糖异生,可以由另外不同的酶来催化其逆过程,并消耗相当量的能量。这种由不同酶催化的单向反应,形成两个作用互变的循环称为底物循环(substrate cycle)。催化这三个不可逆反应的酶正是糖异生途径的关键酶。糖异生总途径见图 7-15。

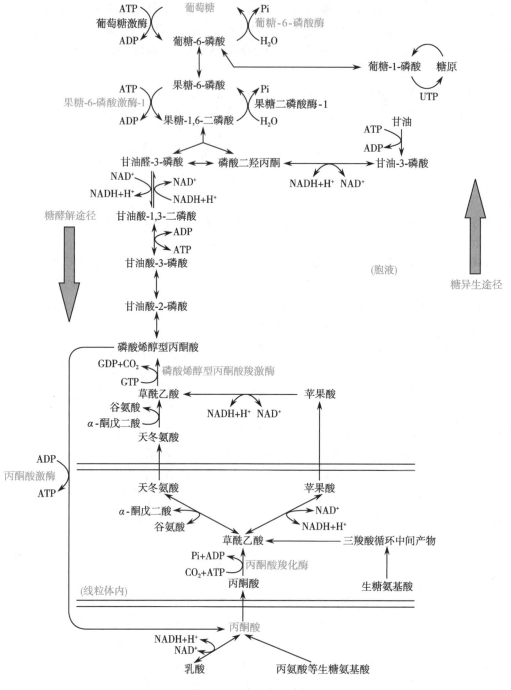

图 7-15 糖异生总途径

一、丙酮酸转变为磷酸烯醇式丙酮酸

糖酵解途径中最后磷酸烯醇式丙酮酸由丙酮酸激酶催化生成丙酮酸。在糖异生途径中其逆过程由 2 个反应组成。

催化第一个反应的是丙酮酸羧化酶（pyruvate carboxylase），其辅酶是生物素。反应分两步：CO_2 先与生物素结合，需消耗 ATP；然后活化的 CO_2 再转移给丙酮酸生成草酰乙酸。第二个反应由磷酸烯醇丙酮酸羧化酶催化草酰乙酸转变成磷酸烯醇式丙酮酸，消耗一个高能磷酸键，同时脱羧。上述两步反应共消耗 2 个 ATP。

由于丙酮酸羧化酶仅存在于线粒体，故细胞质中的丙酮酸必须进入线粒体，才能羧化生成草酰乙酸。而磷酸烯醇丙酮酸羧化酶在线粒体和细胞质中都存在，因此草酰乙酸可在线粒体中直接转变成为磷酸烯醇式丙酮酸再进入细胞质，也可以先在细胞质中被转变成为磷酸烯醇式丙酮酸。但是，草酰乙酸不能直接透过线粒体膜，需借助两种方式将其转运入细胞质：一种方式是经苹果酸脱氢酶作用，将其还原成苹果酸，然后通过线粒体膜进入细胞质，再由细胞质中苹果酸脱氢酶将苹果酸脱氢氧化为草酰乙酸而进入糖异生反应途径；另一种方式是经谷草转氨酶的作用，生成天冬氨酸后再逸出线粒体，进入细胞质中的天冬氨酸再经细胞质中谷草转氨酶的催化作用而恢复生成草酰乙酸。

糖异生途径随后在细胞质的反应阶段中，甘油酸 -1,3- 二磷酸还原成甘油醛 -3- 磷酸，需 NADH 供氢。当以乳酸为原料生成糖时，其脱氢生成丙酮酸时在细胞质中产生的 NADH 可供利用；而以丙酮酸或生糖氨基酸为原料进行糖异生时，NADH 必须由线粒体提供，这些 NADH 可来自脂肪酸 β 氧化或三羧酸循环，但 NADH 需经不同途径转移至细胞质。有实验表明，以丙酮酸或能通过丙酮酸转变的某些生糖氨基酸作为原料异生糖时，以苹果酸形式运出线粒体时伴随 NADH 转运至细胞质以供利用。由于细胞质内草酰乙酸回至线粒体的路线较复杂，这里不作详述。

丙酮酸羧化酶是别构酶，乙酰 CoA 是其别构激活剂，脂酰 CoA 对此酶也有激活作用。细胞内 ATP/ADP 的比值升高促进羧化作用。草酰乙酸既是糖异生途径的中间产物，又是三羧酸循环的中间产物，高含量的乙酰 CoA 使草酰乙酸大量合成。若细胞内 ATP 含量高，则三羧酸循环速度降低，糖异生作用加强。丙酮酸羧化酶联系着三羧酸循环和糖异生作用。

二、果糖 -1,6- 二磷酸转变为果糖 -6- 磷酸

反应是由果糖二磷酸酶（fructose biphosphatase）-1 催化的水解反应：

$$果糖 -1,6- 二磷酸 + H_2O \longrightarrow 果糖 -6- 磷酸 + Pi$$

果糖二磷酸酶 -1 是一种别构酶，被 AMP、果糖 -2,6- 二磷酸强烈抑制；ATP、柠檬酸、甘油酸 -3- 磷酸是其别构激活剂。

三、葡糖 -6- 磷酸转变为葡萄糖

此反应由葡糖 -6- 磷酸酶催化。与果糖 -1,6- 二磷酸转变为果糖 -6- 磷酸类似，由葡糖 -6- 磷酸转变为葡萄糖也是磷酸酯水解反应，而不是葡糖激酶催化反应的逆反应，热力学上是可行的。

因为有丙酮酸羧化酶、磷酸烯醇丙酮酸羧化酶、果糖二磷酸酶 -1 及葡糖 -6- 磷酸酶分别催化的反应代替了酵解途径中 3 个不可逆反应，从而使整个反应途径可以逆向进行，所以乳酸、丙氨酸等生糖氨基酸可通过丙酮酸异生为葡萄糖。

四、糖异生的生理意义

（一）保持血糖浓度的相对恒定
血糖的正常浓度为 3.89~6.11mmol/L，即使禁食数周，血糖浓度仍可保持在 3.40mmol/L 左右，这对保证某些主要依赖葡萄糖供能的组织的正常功能具有重要意义。

（二）协助氨基酸代谢
实验证实，进食蛋白质后，肝中糖原含量增加；禁食、晚期糖尿病或皮质醇过多时，由于组织蛋白质分解，血浆氨基酸增多，糖异生作用增强，因而氨基酸异生成糖可能是氨基酸代谢的主要途径。

（三）促进肾小管泌氨，调节酸碱平衡
长期禁食后，肾的糖异生作用明显增强。发生这一变化的原因可能是饥饿造成代谢性酸中毒，体液

pH 降低可以促进肾小管中磷酸烯醇丙酮酸羧化酶的合成,使糖异生作用增强。当肾中 α- 酮戊二酸经糖异生加速成糖而减少后,可促进谷氨酰胺脱氨生成谷氨酸以及谷氨酸的脱氨反应,肾小管细胞随之将 NH_3 分泌管腔中,与原尿中的 H^+ 结合,降低原尿的 H^+ 浓度,有利于排 H^+ 保 Na^+ 作用的进行,对于防止酸中毒有重要作用。

(四) 促进乳酸的再利用

体内的乳酸大部分在肌肉组织和红细胞中经糖酵解生成,由于乳酸分子很容易透过肌细胞膜,在强烈的肌肉活动时,所产生的大量乳酸迅速扩散到血液,并且转运入肝。高浓度的乳酸在肝细胞中可转变成丙酮酸继而代谢生成葡萄糖。

五、乳酸循环

肌肉糖酵解产生的乳酸,经血液转运入肝,肝又将乳酸通过糖异生补充血糖,可再被肌肉利用的现象被称为乳酸循环(lactic acid cycle)或 Cori 循环(Cori cycle)(图 7-16)。Cori 夫妇(Carl Cori 和 Gerty Cori)由于研究磷酸化葡萄糖在糖代谢中的作用及发现乳酸循环而获 1947 年诺贝尔生理学或医学奖,被人们赞誉为生物化学领域的“居里夫妇”。

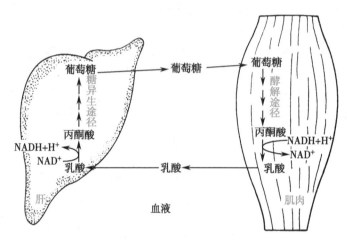

图 7-16 乳酸循环

在安静状态下产生乳酸的量甚少,此途径意义不大。但在某些生理或病理情况下,如在剧烈运动时,肌肉糖酵解生成大量乳酸,后者经血液运到肝可合成肝糖原和葡萄糖,从而使不能直接产生葡萄糖的肌糖原间接变成血糖,并且有利于回收乳酸分子中的能量,更新肌糖原,防止乳酸酸中毒的发生。

乳酸循环的形成是由于肝和肌肉组织中有关糖代谢酶的作用特点及分布不同所致。肝内糖异生活跃,又有葡糖 -6- 磷酸酶可水解葡糖 -6- 磷酸,释出葡萄糖。肌肉除糖异生活性低外,又没有葡糖 -6- 磷酸酶,因而生成的乳酸既不能异生成糖类,更不能释放出葡萄糖。乳酸循环是一个耗能的过程,2 分子乳酸异生成葡萄糖需消耗 6 分子 ATP。乳酸循环的生理意义在于既要避免损失乳酸,又要防止因乳酸堆积引起酸中毒。

Gerty Cori(左)是首位获得诺贝尔生理学或医学奖的女性。她与丈夫 Carl Cori(右)因发现糖原催化转化过程,共享 1947 年诺贝尔生理学或医学奖。他们对人体如何利用能量很感兴趣,通过大量实验研究,于 1936 年发现活化的中间代谢物葡糖 1- 磷酸,1942 年他们分离提纯了催化糖原合成的糖原合酶,并用它于 1943 年在试管内合成糖原,并提出“Cori 循环”的假设。Cori 夫妇共同发现了葡萄糖的磷酸酯形式,为后人研究磷酸化作用在生命过程中的重要意义奠定了基础。他们还曾研究激素影响动物体内糖代谢的方式,了解激素能影响生物体内糖与糖原互变过程。

思考题 7-4：百米短跑时,骨骼肌收缩产生大量乳酸,试述该乳酸的主要代谢去向。不同组织中的乳酸代谢具有不同特点,这取决于什么生化机制?

六、糖异生的调节

糖异生的调节通过对两个底物循环的调节与糖酵解调节彼此协调,糖酵解途径和糖异生途径是两个方向相反的两条代谢途径。如从丙酮酸进行有效的糖异生,就必须抑制糖酵解途径,以防止葡萄糖又重新分解成丙酮酸,反之亦然。这种协调主要依赖于对这两种途径中的两个底物循环进行调节。

(一) 第一个底物循环在果糖 -6- 磷酸与果糖 -1,6- 二磷酸之间进行

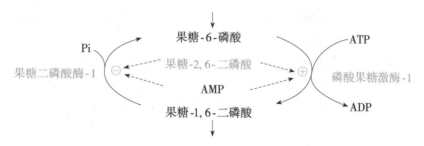

一方面果糖 -6- 磷酸被磷酸化生成果糖 -1,6- 二磷酸,另一方面果糖 -1,6- 二磷酸去磷酸化而生成果糖 -6- 磷酸,这样,磷酸化与去磷酸化构成了一个底物循环。如不加调节,净结果是消耗了 ATP 而又不能推进代谢。实际上在细胞内催化这两个反应的酶活性常呈相反的变化。果糖 -2,6- 二磷酸和 AMP 激活磷酸果糖激酶 -1 的同时,抑制果糖二磷酸酶 -1 的活性,使反应向糖酵解方向进行,同时抑制糖异生。胰高血糖素通过 cAMP 和依赖 cAMP 的蛋白激酶,使磷酸果糖激酶 -2 磷酸化而失活,降低肝细胞内果糖 -2,6- 二磷酸水平,从而促进糖异生而抑制糖的分解。胰岛素则有相反的作用。目前认为果糖 -2,6- 二磷酸的水平是肝内调节糖的分解或糖异生反应方向的主要信号。进食后,胰高血糖素 / 胰岛素比例降低,果糖 -2,6- 二磷酸水平升高,糖异生被抑制,糖的分解加强,为合成脂肪酸提供乙酰 CoA。饥饿时胰高血糖素分泌增加,果糖 -2,6- 二磷酸水平降低,从糖的分解转向糖异生。维持底物循环虽然要损失一些 ATP,但可使代谢调节更为灵敏、精细。

(二) 在磷酸烯醇式丙酮酸和丙酮酸之间进行第二个底物循环

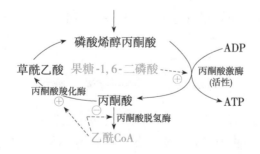

果糖 -1,6- 二磷酸是丙酮酸激酶的别构激活剂,通过果糖 -1,6- 二磷酸可将两个底物循环相互联系和协调。胰高血糖素可抑制果糖 -2,6- 二磷酸合成,从而减少果糖 -1,6- 二磷酸的生成,这可降低丙酮酸激酶的活性。胰高血糖素还通过 cAMP 使丙酮酸激酶磷酸化而失去活性,于是糖异生加强而糖酵解被抑制。肝内丙酮酸激酶可被丙酮酸抑制,而在饥饿时丙酮酸是主要的糖异生原料,因此丙酮酸的这种抑制作用有利于丙酮酸异生成糖。

丙酮酸羧化酶必须有乙酰 CoA 存在才有活性,而乙酰 CoA 对丙酮酸脱氢酶有反馈抑制作用。如饥饿时大量脂酰 CoA 在线粒体内 β 氧化,生成大量的乙酰 CoA。这一方面抑制丙酮酸脱氢酶,阻止丙酮酸继续氧化,另一方面又激活丙酮酸羧化酶,使其转变为草酰乙酸,从而加速糖异生。

胰高血糖素可通过 cAMP 快速诱导磷酸烯醇丙酮酸羧化酶基因的表达,增加酶的合成。胰岛素则显著降低烯醇丙酮酸羧化酶 mRNA 水平,而且对 cAMP 有对抗作用,说明胰岛素对该酶有重要的调节作用。

第七节　糖原合成与分解

ER0705

糖原合成(微课)

翻转课堂(7-3):

目标:要求学生通过课前自主学习,掌握本节有关糖原合成的基本过程、关键酶调节及生理意义。

课前:要求每位学生认真观看本节微课,把握老师课前提出的具体要求。自由组队,每组 4~6 人,组长负责组织大家开展讨论,并制作 PPT 或视频,用于课堂交流。

课中:老师随机抽取 1~2 组,作全班公开 PPT 演讲;老师提出问题,让学生相互讨论和交流,并随机挑选学生回答,考查学生的学习情况。

课后:学生完成老师布置的作业,并对各类糖原贮积病的发病机制拓展学习和讨论。

糖原是动物体内糖的储存形式。摄入的糖类除满足供能外,大部分转变成脂肪(甘油三酯)储存于脂肪组织内,只有一小部分以糖原形式储存。

一、糖原的合成

由葡萄糖合成糖原的过程称为糖原合成(glycogenesis),反应在肝、肌肉组织的细胞质中进行,需要消耗 ATP 和 UTP。

1. 葡糖 -6- 磷酸的生成　在葡糖激酶(GK,肝)或己糖激酶(HK,肌肉组织)的作用下,葡萄糖磷酸化生成葡糖 -6- 磷酸(G-6-P)。反应式如下:

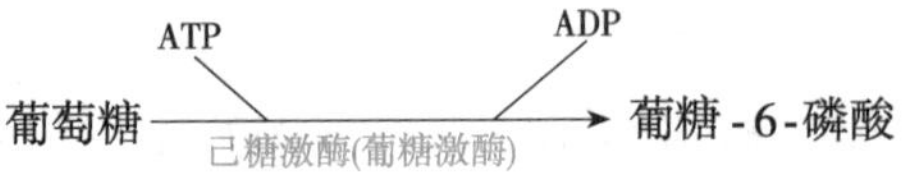

$$\text{葡萄糖} \xrightarrow[\text{己糖激酶(葡糖激酶)}]{\text{ATP} \quad \text{ADP}} \text{葡糖 -6- 磷酸}$$

2. 葡糖 -1- 磷酸的生成　G-6-P 在磷酸葡萄糖变位酶作用下,经过 1,6- 二磷酸中间产物生成葡糖 -1-磷酸(G-1-P),反应可逆。

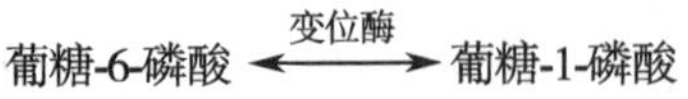

$$\text{葡糖-6-磷酸} \xleftrightarrow{\text{变位酶}} \text{葡糖-1-磷酸}$$

3. 尿苷二磷酸葡糖的生成　葡糖 -1- 磷酸与尿苷三磷酸(UTP)反应生成尿苷二磷酸葡糖(uridine diphosphate glucose,UDPG)。反应由 UDPG 焦磷酸化酶(UDPG pyrophosphorylase)催化。因焦磷酸迅速被水解,从而促进 UDPG 的形成。

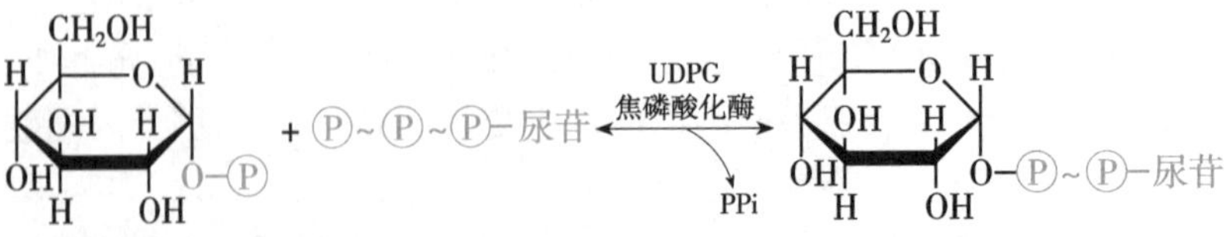

4. 糖链的延长　UDPG 在体内作为葡萄糖的供体,在糖原合酶(glycogen synthase)作用下,葡糖基

转移到较小糖原分子(糖原引物)的非还原末端形成 α-1,4- 糖苷键,上述反应反复进行可使糖链不断延长。

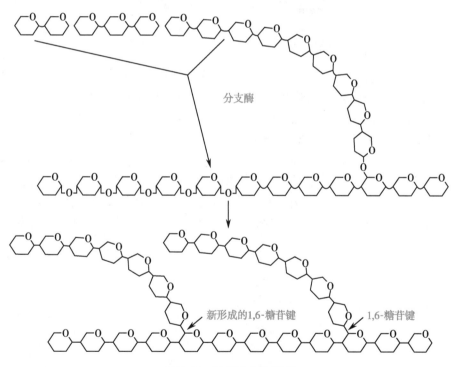

5. 糖原分支的形成 糖原合酶只能催化生成 α-1,4- 糖苷键形成直链的多糖分子。当糖链长度达到 12~18 个葡糖基时,由分支酶(branching enzyme)催化,将 5~8 个葡萄糖残基寡糖直链转移到另一链的葡糖基的 C_6,以 α-1,6- 糖苷键相连,生成分支糖链。糖原分支的形成不仅使其水溶性增加有利于储存,而且在糖原合成或分解时可从多个非还原末端同时开始,以提高合成和分解速度(图 7-17)。

图 7-17 糖原分支的形成

二、糖原的分解

糖原分解(glycogenolysis)一般指肝糖原分解为游离葡萄糖的过程。有时广义的糖原分解也包括肌糖原分解为葡糖 -6- 磷酸的过程。糖原分解反应在细胞质中进行,但并不是糖原合成的逆反应。

1. 葡糖 -1- 磷酸的生成 糖原的降解从糖原的非还原末端开始,在糖原磷酸化酶(glycogen phosphorylase)催化下,连接葡萄糖残基的 α-1,4- 糖苷键被水解,生成葡糖 -1- 磷酸(G-1-P)和少 1 个葡萄糖残基的糖原分子。

G_n → Pi → G-1-P + G_{n-1}

2. 葡糖-6-磷酸的生成 G-1-P 在磷酸葡萄糖变位酶的作用下,转变生成葡糖-6-磷酸(G-6-P)。

葡糖-1-磷酸 ⇌ 葡糖-6-磷酸

3. 游离葡萄糖的生成 G-6-P 在葡糖-6-磷酸酶的作用下被水解成葡萄糖,进入血液循环。

葡糖-6-磷酸 → (+H_2O) → 葡萄糖 + Pi

经过上述反应将糖原中的 1 个糖基转变为 1 分子葡萄糖,但是磷酸化酶只作用于糖原上的 α-1,4-糖苷键,并且催化至距 α-1,6-糖苷键 4 个葡萄糖残基时由于位阻效应,不能继续起作用,这时需要有脱支酶(debranching enzyme)的参与才可将糖原完全分解。

4. 糖原脱支反应 脱支酶是一种双功能酶,催化糖原脱支的两个反应。它的第一种功能是激活 4-α-D-葡聚糖基转移酶(4-α-D-glucanotransferase)活性,即将糖原上四葡聚糖分支链上的三葡聚糖基转移到酶蛋白上,然后再交给同一糖原分子或相邻糖原分子末端具有自由 4-羟基的葡萄糖残基上,并以 α-1,4-糖苷键相连。剩下分支处以 α-1,6-糖苷键相连的 1 个葡萄糖残基,在脱支酶另一种功能 α-1,6-葡萄糖苷酶的催化下,被水解脱下成为游离的葡萄糖,在磷酸化酶与脱支酶的协同和反复作用下,糖原可以被完全水解(图 7-18)。

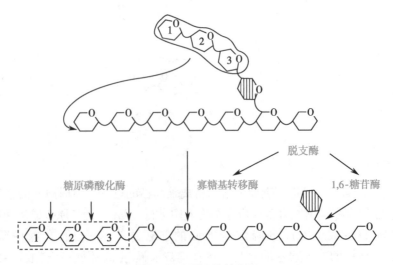

图 7-18 脱支酶的作用

三、糖原合成与分解的生理意义

糖原作为葡萄糖储备的生物学意义在于当机体需要葡萄糖时,它可以迅速被动用以供急需,而脂肪则不能。肝和骨骼肌是储存糖原的主要器官,但肝糖原和肌糖原的生理意义不同。肌糖原主要供肌肉收缩的急需能量,肝糖原则是血糖的重要来源,后者对于一些依赖葡萄糖作为能量来源的组织如脑、红细胞等尤为重要。

四、糖原合成与分解的调节

糖原的合成与分解不是简单可逆反应,而是分别通过两条不同途径进行的,这样才能进行精细的调节。当糖原合成途径活跃时,分解途径则被抑制,才能有效地合成糖原,反之亦然。这种合成与分解两条不同途径进行的现象,是生物体内的普遍现象。

糖原合成途径中的糖原合酶和糖原分解途径中的磷酸化酶都是催化不可逆反应的关键酶。这两种酶分别是两条代谢途径的调节酶,其活性决定不同途径的代谢速率,从而影响糖原代谢的方向。糖原合酶和磷酸化酶的快速调节有共价修饰调节和别构调节两种方式。

(一)糖原磷酸化酶是糖原分解的关键酶

肝糖原磷酸化酶有磷酸化和去磷酸化两种形式。当该酶第 14 位丝氨酸残基被磷酸化时,活性很低的磷酸化酶(称为磷酸化酶 b)就转变为活性强的磷酸型磷酸化酶(称为磷酸化酶 a),这种磷酸化过程由磷酸化酶 b 激酶催化。磷酸化酶 b 激酶也有两种形式,去磷酸化的磷酸化酶 b 激酶没有活性。在依赖 cAMP 的蛋白激酶作用下转变为磷酸化的具有活性的磷酸化酶 b 激酶,其去磷酸化则由磷蛋白磷酸酶 -1 催化。

cAMP 依赖性蛋白激酶(cAMP-dependent protein kinase,PKA)也有活性及无活性两种形式,其活性受 cAMP 调节。ATP 在腺苷酸环化酶作用下生产 cAMP,而腺苷酸环化酶的活性受激素调节。cAMP 在体内很快被磷酸二酯酶水解成 AMP,蛋白激酶随即转变为无活性型,相关调节方式请参见第十九章微课和图 19-7。这种通过一系列酶促反应将激素信号放大的连锁反应称为级联放大系统(cascade system),与酶含量调节相比(一般以几小时或以天计),反应快、效率高,而且各级联反应都存在各自可被调节的方式。

此外,磷酸化酶还受别构调节,葡萄糖是其别构调节剂。当血糖升高时,葡萄糖进入肝细胞,与磷酸化酶 a 的别构调节部位结合,引起构象改变,暴露出磷酸化的第 14 位丝氨酸残基,然后在磷蛋白磷酸酶 -1 催化下去磷酸化而失活。因此,当血糖浓度升高时,可降低肝糖原的分解。这种别构调节速度更快,仅需几毫秒。

(二)糖原合酶是糖原合成的关键酶

糖原合酶亦分为 a、b 两种形式。糖原合酶 a 有活性,磷酸化成糖原合酶 b 后即失去活性。催化其磷酸化的也是依赖 cAMP 的蛋白激酶,可磷酸化其多个丝氨酸残基。此外,磷酸化酶 b 激酶也可磷酸化其中 1 个丝氨酸残基,使糖原合酶失活。

综上,磷酸化酶和糖原合酶的活性受磷酸化和去磷酸化的共价修饰调节。两种酶磷酸化和去磷酸化的方式相似,但效果不同,磷酸化酶去磷酸化后活性降低,而糖原合酶的去磷酸化形式则是有活性的。这种精细的调控,避免了由于分解、合成两个途径同时进行所造成的 ATP 浪费。

使磷酸化酶 a、糖原合酶和磷酸化酶 b 激酶去磷酸化的磷蛋白磷酸酶 -1 的活性也受到精细调节。磷蛋白磷酸酶抑制物是细胞内的一种蛋白质,和磷蛋白磷酸酶结合后可抑制其活性。此抑制物本身具有活性的磷酸化形式也是由 cAMP 依赖性蛋白激酶调控的。共价修饰调节过程如图 7-19 所示。

糖原合成与分解的生理性调节主要靠胰岛素和胰高血糖素。胰岛素抑制糖原分解,促进糖原合成,但其机制还未完全确定。胰高血糖素可诱导生成 cAMP,促进糖原分解。肾上腺素也可通过 cAMP 促进糖原分解,但可能仅在应激状态下发挥作用。

肌糖原代谢的两个关键酶的调节与肝糖原不同。这是因为肌糖原的生理功能不同于肝糖原,肌糖原不能补充血糖,而仅仅是为肌肉活动提供能量。因此,在糖原分解代谢时,肝糖原主要受胰高血糖素的调节,而肌糖原主要受肾上腺素调节。肌肉内糖原合酶及磷酸化酶的别构效应物主要是 AMP、ATP 及葡糖 -6-

磷酸。AMP 可激活磷酸化酶 b,而 ATP、葡糖 -6- 磷酸可抑制磷酸化酶 b,但对糖原合酶有激活作用,使肌糖原的合成和分解受细胞内能量状态的控制。当肌肉收缩、ATP 被消耗时,AMP 浓度升高,而葡糖 -6- 磷酸水平亦低,这就使得肌糖原分解加快,合成被抑制。而当静息时,肌内 ATP 及葡糖 -6- 磷酸水平较高,有利于糖原合成。

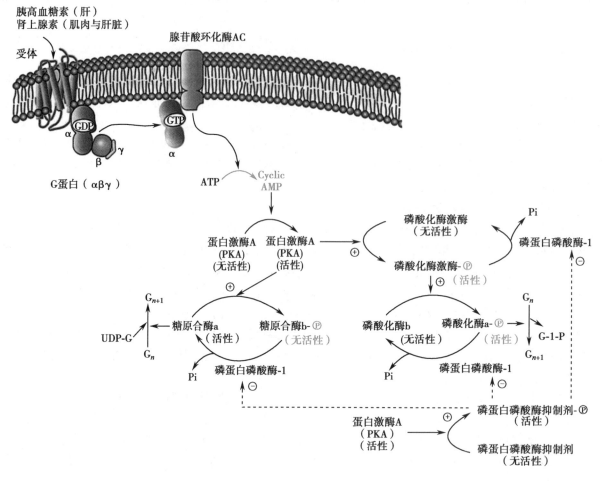

图 7-19　糖原合成与分解的共价修饰调节

Ca^{2+} 的升高可引起肌糖原分解增加。当神经冲动引起细胞质内 Ca^{2+} 升高时,因为磷酸化酶 b 激酶的 δ 亚基就是钙调蛋白(calmodulin,CaM),Ca^{2+} 与其结合,即可激活磷酸化酶 b 激酶,促进磷酸化酶 b 磷酸化成磷酸化酶 a,加速糖原分解。这样,在神经冲动引起肌肉收缩的同时,即加速糖原分解,以获得肌肉收缩所需能量。

五、糖原贮积病

糖原贮积病(glycogen storage disease)是一组由于遗传代谢缺陷所致的糖原在组织中大量蓄积的疾病,其病因是先天性缺乏糖原代谢相关的酶类。糖原代谢中不同酶的缺陷引起不同的病理反应。糖原贮积病分型见表 7-4。

表 7-4　糖原贮积病分型

类型及病名	受累器官	缺陷的酶	受损器官中的糖原	临床特征
Ⅰ 型 Glerke 病	肝脏、肾脏	葡糖 -6- 磷酸酶	含量增加,结构正常	肝肿大,生长发育停滞,严重低血糖,酮症, 高尿酸血症,高脂血症

续表

类型及病名	受累器官	缺陷的酶	受损器官中的糖原	临床特征
Ⅱ型 Pompe 病	各种器官	溶酶体 α-1,4-葡萄糖苷酶	含量极度增加,结构正常	通常两岁前因心力衰竭、呼吸衰竭而死亡
Ⅲ型 Con 病	肌肉、肝脏	脱支酶	含量增加,分子外周分支较短	与Ⅰ型相似,但较轻
Ⅳ型 Anderson 病	肝脏、脾脏	分支酶	含量正常,分子外周分支变长	进行性肝硬化,通常两岁前因肝衰竭死亡
Ⅴ型 McArdle 肌病	肌肉	磷酸化酶	含量中等程度增加,结构正常	由于疼痛性肌病痉挛而使强烈运动受限,另一些患者无此现象且发育正常
Ⅵ型 Hers 病	肝脏	磷酸化酶	含量增加	与Ⅰ型相似,但较轻
Ⅶ型	肌肉	磷酸果糖激酶	含量增加,结构正常	与Ⅴ型相同
Ⅷ型	肝脏	磷酸化酶 b 激酶	含量增加,结构正常	中等程度肝肿大,中等程度低血糖

第八节 血糖与血糖异常

一、血糖的来源和去路

血糖(blood glucose)是指血中的葡萄糖。血糖水平相当恒定,维持在 4.4~5.6mmol/L,这是进入和移出血液的葡萄糖平衡的结果。血糖的来源为肠道吸收、肝糖原分解和肝糖异生葡萄糖释入血液内。血糖的去路则为周围组织以及肝的摄取利用。这些组织中摄取的葡萄糖利用、代谢方式各异:某些组织利用其氧化供能;肝、肌肉用其合成糖原;脂肪组织和肝将其转变为甘油三酯等。

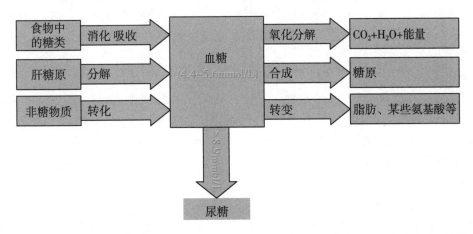

以上这些代谢过程在机体不断地进行,但是在不同状态下有很大的差异,这与机体能量来源、消耗等有关。糖代谢的调节不是孤立的,它还涉及脂肪代谢及氨基酸代谢。血糖水平保持恒定是糖、脂肪、氨基酸代谢协调的结果,也是肝、肌肉、脂肪组织等各器官组织代谢协调的结果。

二、血糖调节

调节血糖水平的激素主要有胰岛素、胰高血糖素、肾上腺素和糖皮质激素等。血糖水平的恒定是这些激素联合作用的结果。

(一) 胰岛素

胰岛素(insulin)是体内唯一的降低血糖的激素,也是唯一同时促进糖原、脂肪、蛋白质合成的激素。胰岛素的分泌受血糖控制,血糖升高立即引起胰岛素分泌;血糖降低,分泌即减少。胰岛素降血糖是多方面作用的结果:①促进肌肉、脂肪组织等的细胞膜葡萄糖载体将葡萄糖转运入细胞。②通过增强磷酸二酯酶活性,降低 cAMP 水平,从而使糖原合酶活性增强、磷酸化酶活性降低,加速糖原合成,抑制糖原分解。③通过激活丙酮酸脱氢酶磷酸酶而使丙酮酸脱氢酶激活,加速丙酮酸氧化为乙酰 CoA,从而加快糖的有氧氧化。④抑制肝内糖异生,这是通过抑制磷酸烯醇丙酮酸羧化酶的合成以及促进氨基酸进入肌肉组织并合成蛋白质,减少肝糖异生的原料。⑤通过抑制脂肪组织的激素敏感性脂肪酶,可减缓脂肪动员的速率。若脂肪酸大量动员至肝、肌肉、心肌,这些组织内葡萄糖的氧化可被抑制。因此,胰岛素减少脂肪动员,就可促进上述组织利用葡萄糖。

(二) 胰高血糖素

胰高血糖素(glucagon)是体内升高血糖的主要激素。血糖降低或血液氨基酸浓度升高刺激胰高血糖素的分泌。其升高血糖的机制包括:①经肝细胞膜受体激活 cAMP 依赖性蛋白激酶,从而抑制糖原合酶和激活磷酸化酶,迅速使肝糖原分解,血糖升高。②通过抑制磷酸果糖激酶 -2,激活果糖二磷酸酶 -2,从而减少果糖 -2,6- 二磷酸的合成,后者是磷酸果糖激酶 -1 的最强的别构激活剂,又是果糖二磷酸酶 -1 的抑制剂。于是糖酵解被抑制,糖异生则加速。③促进磷酸烯醇丙酮酸羧化酶的合成,抑制肝 L 型丙酮酸激酶,加速肝摄取血中的氨基酸,从而增强糖异生。④通过激活脂肪组织内激素敏感性脂肪酶,加速脂肪动员。这与胰岛素作用相反,从而间接升高血糖水平。

胰岛素和胰高血糖素是调节血糖,实际上也是调节三大营养物质代谢最主要的两种激素。机体内糖、脂肪、氨基酸代谢的变化主要取决于这两种激素的比例,而不同情况下这两种激素的分泌是相反的。引起胰岛素分泌的信号(如血糖升高)可抑制胰高血糖素分泌;反之,使胰岛素分泌减少的信号可促进胰高血糖素分泌。

(三) 糖皮质激素

糖皮质激素可引起血糖升高,其作用机制可能有两个方面:①促进肌肉蛋白质分解,分解产生的氨基酸转移到肝进行糖异生,这时,糖异生途径的关键酶之一磷酸烯醇丙酮酸羧化酶的合成常增强;②抑制肝外组织摄取和利用葡萄糖,抑制点为丙酮酸的氧化脱羧。此外,在糖皮质激素存在时,其他促进脂肪动员的激素才能发挥最大的效果。这种协助促进脂肪动员的作用,可使血中游离脂肪酸升高,也可间接抑制周围组织摄取葡萄糖。

(四) 肾上腺素

肾上腺素能强有力地升高血糖。给动物注射肾上腺素后,血糖水平迅速升高,可持续几个小时,同时血乳酸水平也升高。肾上腺素的作用机制是通过肝和肌肉的细胞膜受体、cAMP、蛋白激酶级联激活磷酸化酶,加速糖原分解。在肝内糖原分解为葡萄糖,在肌肉则经糖酵解生成乳酸,并通过乳酸循环间接升高血糖水平。肾上腺素主要在应激状态下发挥调节作用,对于其他状态,尤其是进食情况引起的血糖波动没有生理意义。

> 思考题 7-5: 营养不良的人饮酒,或者剧烈运动后饮酒,常出现低血糖。试分析乙醇干扰了体内糖代谢的哪些环节?

三、血糖异常

(一) 高血糖及糖尿病

临床上将空腹血糖浓度超过 7.2~7.8mmol/L 称为高血糖(hyperglycemia)。当血糖浓度达到 8.9~10.0mmol/L,超过了肾小球的重吸收能力,则可出现糖尿,这一血糖水平称为肾糖阈。持续性高血糖和糖尿,特别是空腹血糖和糖耐量曲线高于正常范围,主要见于糖尿病(diabetes mellitus)。某些慢性肾炎、肾病综合征等引起肾对糖的重吸收障碍也可出现糖尿,但血糖及糖耐量曲线均正常。生理性高血糖和糖尿可因情绪激动,交感神经兴奋,肾上腺素分泌增加,从而使得肝糖原大量分解所致。临床上静脉滴注葡萄糖速度过快,也可使血糖升高并出现糖尿。

(二)降血糖药

当糖尿病患者经饮食治疗、运动治疗及糖尿病保健教育后,血糖控制仍不能达到治疗目标时,需采用药物治疗。降血糖药可分为中药类降血糖药和西药类降血糖药,其中西药类降血糖药可大致分为口服降血糖药和注射降血糖药(以胰岛素及其类似物为主)。目前国内常用的口服降血糖药以非胰岛素类为主,按作用机制大致分为双胍类、胰岛素促泌剂类、α-糖苷酶抑制剂类、胰岛素增敏剂类等。新型糖尿病治疗药物包括胰高血糖素样肽-1(glucagon-like peptide-1,GLP-1)受体激动剂类、二肽基肽酶-4(dipeptidyl peptidase-4,DPP-4)抑制剂类、SGLT-2抑制剂类等。

糖尿病与糖尿病治疗药物

(三)低血糖

空腹血糖浓度低于3.3~3.9mmol/L称为低血糖(hypoglycemia)。可进一步细分,Ⅰ级低血糖:血糖<3.9mmol/L且≥3.0mmol/L;Ⅱ级低血糖:血糖<3.0mmol/L;Ⅲ级低血糖:没有特定血糖界限,伴有意识和/或躯体改变的严重事件,需要他人帮助的低血糖。因为脑细胞所需要的能量主要来自葡萄糖的氧化,血糖水平过低时,将影响脑细胞的功能,出现头晕、倦怠无力、心悸等,严重时出现昏迷,称为低血糖休克。如不及时给患者静脉补充葡萄糖,可导致死亡。出现低血糖的病因有:①胰性(胰岛β细胞功能亢进、胰岛α细胞功能减退等);②肝性(肝癌、糖原贮积病等);③内分泌异常(垂体功能减退、肾上腺皮质功能减退等);④肿瘤(胃癌等);⑤饥饿或不能进食者等。

案例分析:

患者,男,67岁,20余年前发现血糖高,诊断为"T2DM(2型糖尿病)",生活方式治疗。14年前开始口服降血糖药,10年前开始联合甘精胰岛素。体格检查:身高170cm,体重75kg,体重指数(BMI)26kg/m²,血压(卧位)135/70mmHg。2个月前体检发现HbA1c 9.7%,空腹血糖(FPG)10.09mmol/L,2小时餐后血糖(PPG)18.9mmol/L;饮食运动规律,自觉无四肢麻木,无视物模糊,无双下肢水肿。既往病史:高血压病史8年,血脂异常,否认糖尿病家族史,否认其他特殊疾病史。患者用药情况:基础胰岛素,甘精胰岛素22IU q.d.;口服降血糖药,恩格列净10mg q.d.,二甲双胍1.0g b.i.d.,西格列汀100mg q.d.;其他药物,厄贝沙坦75mg q.d.,阿托伐他汀20mg q.d.。考虑到治疗需求和方便性,为该患者转换应用降血糖治疗方案:德谷胰岛素利拉鲁肽注射液16IU q.d.起始治疗,二甲双胍1.0g b.i.d.,恩格列净10mg q.d,停用DPP-4抑制剂(西格列汀)。治疗期间,治疗方案及剂量未作调整,2小时PPG降至7.2mmol/L,FPG降至5.5mmol/L;无低血糖发生,体重未增长。治疗初始存在胃肠道反应,后胃肠道反应消失,未见其他不良反应发生。

对糖尿病的治疗提倡综合治疗方式,即饮食治疗、运动治疗、糖尿病教育、药物治疗及自我血糖监测五大基本治疗原则,又称为"五驾马车"。我国第一个提出糖尿病治疗"五驾马车"概念的专家是蒋国彦,他提出的是心理治疗、教育、饮食、运动、药物。现在公认的"五驾马车"是向红丁教授1995年提出的,增加了"糖尿病监测"。最近有新"五驾马车"的概念,即在原有"五驾马车"的基础之上,又提出了需要降血压、降血脂、减轻体重、抗血小板聚集和控制血糖。新"五驾马车"是对老"五驾马车"的补充和完善,对控制糖尿病具有更加全面的指导意义。政府《健康中国行动(2019—2030年)》提出,我国推动居民健康素养水平至2030年提升至30%,希望个人是自己健康第一责任人的这个理念能够牢牢地树立在人们的心里,倡议推进健康中国建设,每个人都要行动起来,从我做起,人人参与,共建共享。

问题:

1. 请分别解释甘精胰岛素、恩格列净、二甲双胍、西格列汀的降血糖机制。

2. 请解释德谷胰岛素和利拉鲁肽联合制剂具有高效作用的生化机制。

3. 请了解甘精胰岛素和德谷胰岛素的分子结构并分析其结构与功能之间的关系。

4. 请了解采用基因工程法制备胰岛素制剂的基本原理和生产过程。

小　结

　　糖类化合物是多羟基酮或多羟基醛类化合物的总称。糖类根据其分子中所含糖单位的数目分为单糖、寡糖和多糖。糖类消化后主要以单糖形式在小肠被吸收。细胞摄取糖需要葡萄糖转运蛋白。葡萄糖的分解代谢主要包括无氧氧化、有氧氧化和磷酸戊糖途径。糖无氧氧化是指机体不利用氧分解葡萄糖生成乳酸的过程,在细胞质中进行,净生成 2 分子 ATP,是辅助产能途径。分两阶段:葡萄糖分解为丙酮酸,称为糖酵解途径;丙酮酸还原生成乳酸。关键酶是磷酸果糖激酶 -1、丙酮酸激酶、己糖激酶。糖的有氧氧化是指机体利用氧分解氧化葡萄糖生成 H_2O、CO_2 的过程,在细胞质和线粒体中进行,净生成 30 或 32 分子ATP,是主要产能途径。分三阶段:糖酵解途径、丙酮酸生成乙酰 CoA、三羧酸循环及氧化磷酸化。关键酶分别是磷酸果糖激酶 -1、丙酮酸激酶、己糖激酶、丙酮酸脱氢酶复合体、异柠檬酸脱氢酶、α- 酮戊二酸脱氢酶复合体、柠檬酸合酶。磷酸戊糖途径产生磷酸核糖和 NADPH,关键酶是葡糖 -6- 磷酸脱氢酶。

　　肝糖原和肌糖原是体内糖的储存形式。肝糖原在饥饿时补充血糖,肌糖原通过无氧氧化为肌肉收缩提供能量。糖原合成与分解的关键酶分别是糖原合酶、糖原磷酸化酶。糖异生是指非糖物质在肝和肾转变为葡萄糖或糖原的过程,饥饿时补充血糖。关键酶是丙酮酸羧化酶、磷酸烯醇丙酮酸羧化酶、果糖二磷酸酶 -1、葡糖 -6- 磷酸酶。血糖受多种激素调控,相对恒定,糖代谢紊乱可导致高血糖或低血糖。

练习题

1. 简述糖类物质的生理功能。
2. 举例说明糖胺聚糖类药物的应用。
3. 简述糖酵解和糖异生的反应过程及生理意义。
4. 简述三羧酸循环过程、关键酶及生理意义。
5. 简述磷酸戊糖途径的生理意义。
6. 简述糖原合成与糖原分解的调节方式。
7. 正常人空腹血糖水平是多少? 低血糖、高血糖分别是多少? 可能发生的机制分别是什么?
8. 列举几种临床上治疗糖尿病的药物,并了解其降血糖作用的机制。

（李　荷）

第七章同步练习

第八章
脂质代谢

脂质又称脂类(lipid),是脂肪(fat)及类脂(lipoid)的总称。脂肪为甘油三酯,类脂则包括磷脂(phospholipid)、糖脂(glycolipid)、胆固醇(cholesterol)和胆固醇酯(cholesterol ester)等。脂质种类多、结构复杂,决定了它们在生物体内功能的多样性和复杂性。甘油三酯是机体重要的供能和储能物质,每克甘油三酯完全氧化可提供38kJ(约9.1kcal)的能量。磷脂是细胞膜的重要结构成分和信号分子的前体,胆固醇是细胞膜的重要成分和固醇类物质的前体,不饱和脂肪酸可转变为多种具有特殊生理活性的脂肪酸衍生物。很多生命现象和疾病与脂质和脂质代谢密切相关,近年来脂质代谢研究再次成为生命科学研究的热点。

第一节 脂质的化学结构和生物功能

脂质的化学本质为脂肪酸(通常是14~20个碳原子的长链羧酸)和醇类(包括甘油、高级一元醇、鞘氨醇和固醇类)等所组成的酯及其衍生物。脂质主要由碳、氢、氧、磷和氮等元素组成。脂质难溶于水而易溶于乙醚、丙酮、三氯甲烷和苯等非极性有机溶剂。脂质在体内必须与不同的载脂蛋白(apolipoprotein,Apo)结合形成不同的血浆脂蛋白(lipoprotein),才能通过血液在全身各组织间进行转运。

一、脂肪和必需脂肪酸

(一)脂肪的结构与功能

脂肪是甘油的3个醇羟基与脂肪酸通过酯化反应所形成的化合物,因而得名甘油三酯(triglyceride,TG),或三酰甘油(triacylglycerol,TAG)。体内也有少量甘油一酯(monoglyceride,MG)和甘油二酯(diglyceride,DG),或称单酰甘油(monoacylglycerol,MAG)和二酰甘油(diacylglycerol,DAG),结构如下。

$$
\begin{array}{cccc}
\text{CH}_2\text{—OH} & \text{CH}_2\text{—O—}\overset{\displaystyle \text{O}}{\overset{\|}{\text{C}}}\text{—R}_1 & \text{CH}_2\text{—O—}\overset{\displaystyle \text{O}}{\overset{\|}{\text{C}}}\text{—R}_1 & \text{CH}_2\text{—O—}\overset{\displaystyle \text{O}}{\overset{\|}{\text{C}}}\text{—R}_1 \\
\text{CH—OH} & \text{CH—OH} & \text{CH—O—}\overset{\displaystyle \text{O}}{\overset{\|}{\text{C}}}\text{—R}_2 & \text{CH—O—}\overset{\displaystyle \text{O}}{\overset{\|}{\text{C}}}\text{—R}_2 \\
\text{CH}_2\text{—OH} & \text{CH}_2\text{—OH} & \text{CH}_2\text{—OH} & \text{CH}_2\text{—O—}\overset{\displaystyle \text{O}}{\overset{\|}{\text{C}}}\text{—R}_3 \\
\text{甘油} & \text{甘油一酯} & \text{甘油二酯} & \text{甘油三酯}
\end{array}
$$

其中 R_1、R_2、R_3 代表脂肪酸的烃基,它们可以相同也可以不同。如果相同,称为简单甘油三酯;如果不同,则称为混合甘油三酯。动物源性的甘油三酯因为不饱和脂肪酸含量较少,在常温下为固态,俗称为脂(肪);而植物来源的甘油三酯含有不饱和脂肪酸较多,在常温下为液态,俗称为油。两者统称为油脂。

脂肪是人体储存能量的主要形式。1g 甘油三酯彻底氧化分解可释放约 38kJ 的能量,是 1g 糖类或 1g 蛋白质彻底氧化分解所释放能量(约 17kJ)的两倍多。此外,脂肪组织较为柔软,存在于器官组织之间,可以减小器官之间的摩擦,对器官起保护作用;脂肪不易导热,分布于皮下的脂肪可防止过多的热量散失而保持体温。

(二) 脂肪酸与必需脂肪酸

脂肪酸(fatty acid,FA)是由长链脂肪烃基和一个末端羧基所组成的羧酸。烃链多数是线形的,结构通式为 $CH_3(CH_2)_nCOOH$。目前,已经从生物体中分离出来百余种脂肪酸,它们绝大多数以酯的形式,如甘油三酯、磷脂、糖脂等存在,仅有少量脂肪酸以游离状态存在于组织和细胞中。高等生物中脂肪酸的碳链长度一般在 14~20,且多数为偶碳。

烃链不含双键的称为饱和脂肪酸(saturated fatty acid),如软脂酸。含有双键的则为不饱和脂肪酸(unsaturated fatty acid);含一个双键的脂肪酸称为单不饱和脂肪酸(monounsaturated fatty acid,MUFA),如油酸;含两个或两个以上双键的则称多不饱和脂肪酸(polyunsaturated fatty acid,PUFA),如亚油酸。绝大多数的天然不饱和脂肪酸中的双键为顺式构型(cis,c)。双键为顺式构型的脂肪酸的熔点比双键为反式构型($trans,t$)的脂肪酸的熔点低。反式脂肪酸对人体无益,反而会增加心血管疾病的发生概率,因此应少食或不食含有反式脂肪酸的食品。不同脂肪酸之间的主要区别在于烃链的长度(碳原子数目)、双键的数目和位置(表 8-1)。

表 8-1　常见脂肪酸表

惯名	系统名	碳原子数和双键数	簇	分子式
饱和脂肪酸				
月桂酸(lauric acid)	十二烷酸	12:0		$CH_3(CH_2)_{10}COOH$
豆蔻酸(myristic acid)	十四烷酸	14:0		$CH_3(CH_2)_{12}COOH$
软脂酸(palmitic acid)	十六烷酸	16:0		$CH_3(CH_2)_{14}COOH$
硬脂酸(stearic acid)	十八烷酸	18:0		$CH_3(CH_2)_{16}COOH$
花生酸(arachidic acid)	二十烷酸	20:0		$CH_3(CH_2)_{18}COOH$
不饱和脂肪酸				
棕榈(软)油酸(palmitoleic acid)	9-十六碳一烯酸	16:1	ω-7	$CH_3(CH_2)_5CH{=}CH(CH_2)_7COOH$
油酸(oleic acid)	9-十八碳一烯酸	18:1	ω-9	$CH_3(CH_2)_7CH{=}CH(CH_2)_7COOH$
异油酸(vaccenic acid)	反式11-十八碳一烯酸	18:1	ω-7	$CH_3(CH_2)_5CH{=}CH(CH_2)_9COOH$
亚油酸(linoleic acid)	9,12-十八碳二烯酸	18:2	ω-6	$CH_3(CH_2)_4(CH{=}CHCH_2)_2(CH_2)_6COOH$
α-亚麻酸(α-linolenic acid)	9,12,15-十八碳三烯酸	18:3	ω-3	$CH_3CH_2(CH{=}CHCH_2)_3(CH_2)_6COOH$
γ-亚麻酸(α-linolenic acid)	6,9,12-十八碳三烯酸	18:3	ω-6	$CH_3(CH_2)_4(CH{=}CHCH_2)_3(CH_2)_3COOH$
花生四烯酸(arachidonic acid)	5,8,11,14-二十碳四烯酸	20:4	ω-6	$CH_3(CH_2)_4(CH{=}CHCH_2)_4(CH_2)_2COOH$
二十碳五烯酸(eicosapentaenoic acid,EPA)	5,8,11,14,17-二十碳五烯酸	20:5	ω-3	$CH_3CH_2(CH{=}CHCH_2)_5(CH_2)_2COOH$
二十二碳五烯酸(docosahentaenoic acid,DPA)	7,10,13,16,19-二十二碳五烯酸	22:5	ω-3	$CH_3CH_2(CH{=}CHCH_2)_5(CH_2)_4COOH$
二十二碳六烯酸(docosahexaenoic acid,DHA)	4,7,10,13,16,19-二十二碳六烯酸	22:6	ω-3	$CH_3CH_2(CH{=}CHCH_2)_6CH_2COOH$

思考题 8-1：请解释常温下天然植物油为液态，而食品工业中的人工氢化油则为固态的原因？

许多脂肪酸有习惯名，而系统命名则遵循有机酸命名的原则，将包括羧基碳原子在内的最长直链碳链作为主链，从羧基端碳原子开始编号，并将双键位置写在其前面。例如，习惯名称的 α- 亚麻酸（linolenic acid）为十八碳三烯多不饱和脂肪酸，其双键位置分别为 9、12、15，因此其系统名为 9，12，15- 十八碳三烯酸（图 8-1）。为简便书写脂肪酸，其原则是先写出碳原子数目，再写出双键的数目，并用希腊字母 Δ 标注双键位置，如 α- 亚麻酸可简写为 $18:3\Delta^{9,12,15}$。脂肪酸的 ω 命名规则是将离羧基碳原子最远的碳原子称为 ω 碳原子（C_ω），依次编为 ω-1、ω-2、ω-3 等。因此，亚麻酸即归类于 ω-3 不饱和脂肪酸，写成 18：3，ω-3（图 8-1）。此外，ω 编码体系也将离羧基最近的碳原子（C_2）称为 α 碳原子，向左碳原子依次为 β、γ、δ 和 ε 碳原子（图 8-1）。

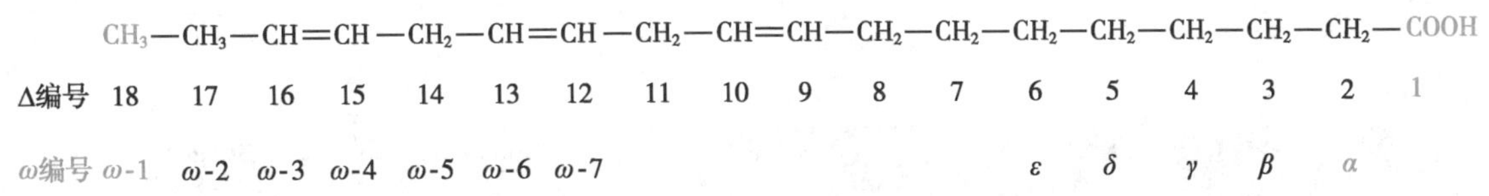

图 8-1 脂肪酸碳原子的编号

哺乳动物含有 Δ^4、Δ^5、Δ^8 和 Δ^9 去饱和酶（desaturase），因此可以合成软油酸和油酸这两种单不饱和脂肪酸。但是缺乏 Δ^9 以上的去饱和酶，因此无法合成亚油酸（linoleic acid，$18:2\Delta^{9,12}$）、α- 亚麻酸（$18:3\Delta^{9,12,15}$）和花生四烯酸（$20:4\Delta^{5,8,11,14}$）等多不饱和脂肪酸。因为这类脂肪酸对于维持人类正常生理功能是必不可少的，但人体自身又不能合成，必须从膳食（主要是植物源性食物）中获取，因此称为必需脂肪酸（essential fatty acid）。ω-3 和 ω-6 簇长链不饱和脂肪酸多为人体必需脂肪酸，海洋鱼油中富含的二十碳五烯酸（EPA，$20:5\omega^{3,6,9,12,15}$ 或 $20:5\Delta^{5,8,11,14,17}$）和二十二碳六烯酸（DHA，$22:5\omega^{3,6,9,12,15,18}$ 或 $22:5\Delta^{4,7,10,13,16,19}$）为 ω-3 簇不饱和脂肪酸，植物油中富含的 γ- 亚麻酸（$18:3\omega^{6,9,12}$ 或 $18:3\Delta^{6,9,12}$）和花生四烯酸（$20:4\omega^{6,9,12,15}$）为 ω-6 簇不饱和脂肪酸。临床研究表明，ω-6 簇长链不饱和脂肪酸能显著降低血清胆固醇水平，而 ω-3 簇长链不饱和脂肪酸则能显著地降低甘油三酯水平，但相关机制仍不清楚。

大多数人可以从膳食植物油中获取足够的 ω-6 簇不饱和脂肪酸，但可能缺乏海洋动物中富含的 ω-3 簇不饱和脂肪酸。体内许多组织含有这些重要的 ω-3 簇不饱和脂肪酸，DHA 在眼的视网膜和大脑皮质中特别活跃。大脑中约一半 DHA 是出生前积累的，一半是出生后积累的，这表明脂质的吸收补充在妊娠期和哺乳期都十分重要。植物油中少量含有的 α- 亚麻酸（$18:3\omega^{3,6,9}$）是 ω-3 簇不饱和脂肪酸的母体，哺乳动物可以在体内经代谢转化反应将其转变成 ω-3 簇不饱和脂肪酸的其他成员。

（三）多不饱和脂肪酸衍生物

1930 年，瑞典科学家 Ulf von Euler 等发现人、猴、羊的精液中存在一种使平滑肌兴奋和血压降低的物质，推测其可能由前列腺所分泌，故命名为前列腺素（prostaglandin，PG）。前列腺素来源广泛，种类繁多，但均为二十碳多不饱和脂肪酸（主要是花生四烯酸）的衍生物。1973 年，M. Hamberg 和 B. Samulesson 从血小板中提取了血栓素（thromboxane，TX），证明其也是花生四烯酸的衍生物。1979 年 B. Samulesson 等又从白细胞分离出一类活性物质，具有三个共轭双键，也是从花生四烯酸衍生而来，称为白三烯（leukotriene，LT）。前列腺素、血栓素和白三烯类代表性化合物的结构如下。

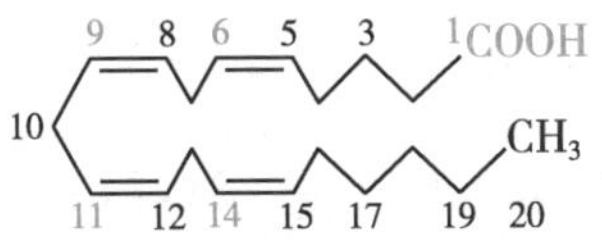

花生四烯酸
（$20:4\Delta^{5,8,11,14}$）

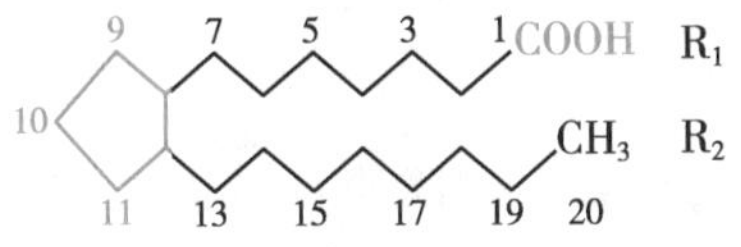

前列腺酸

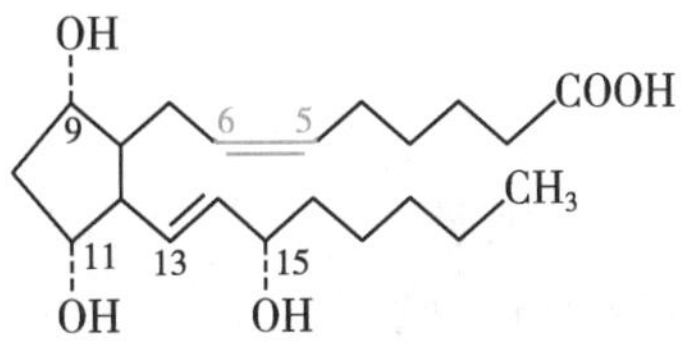

$PGF_{2\alpha}$

PGF$_{1\alpha}$　　　　　　　　血栓素A$_2$　　　　　　　白三烯A$_4$(LTA$_4$)

　　前列腺素、血栓素和白三烯在细胞内含量很少,仅仅为 1×10^{-11}mol/L,但具有很强的生理活性。它们与炎症、免疫、过敏和心血管疾病等重要的病理生理过程密切相关,在调节细胞代谢活动中具有重要作用。因此,它们也是临床药物研究的靶点。

> 思考题 8-2:试推测阿司匹林等药物抗炎的可能分子机制。

Sune Bergström(左)、Bengt Samuelsson(中)和 John Vane(右)凭借前列腺素和相关生物活性物质的研究获得了 1982 年诺贝尔生理学或医学奖。Bergström 分离纯化了数种前列腺素并鉴定了其结构,证实了前列腺素是由不饱和脂肪酸转变而来的。

Samuelsson 详细阐明了花生四烯酸和前列腺素的代谢转变关系,发现了血栓素类和白三烯类化合物。Vane 发现了前列腺环素并深入研究其结构及生物学功能,他还发现了阿司匹林通过阻断前列腺素和血栓素类的合成,发挥抗炎作用的机制。

二、磷脂

　　磷脂(phospholipid)主要由甘油或鞘氨醇(sphingosine)与脂肪酸、磷酸和含氮化合物等组成。根据其组成主要可以分为甘油磷脂(glycerophosphatide)和鞘磷脂(sphingomyelin)两大类。

(一) 甘油磷脂

　　甘油磷脂又称磷酸甘油酯(phosphoglyceride),其结构特点是甘油的两个羟基被脂肪酸酯化,3 位羟基被磷酸酯化成为磷脂酸(phosphatidic acid,PA),其中 1 位羟基常被饱和脂肪酸酯化,2 位羟基常被长链(16~20C)不饱和脂肪酸如花生四烯酸酯化。磷脂酸的磷酸羟基再被氨基醇(如胆碱、乙醇胺和丝氨酸)或肌醇等取代,形成不同类型的甘油磷脂(表 8-2)。每一类磷脂又因所含脂肪酸的不同而可分为若干种。磷脂酸和甘油磷脂的结构通式如下(其中 X 代表不同的取代基团):

磷脂酸　　　　　　　　　　　甘油磷脂

　　细胞膜中几乎存在所有类型的磷脂,其中卵磷脂(lecithin)、脑磷脂(cephalin)、磷脂酰丝氨酸(phosphatidylserine)含量最高。磷脂酰肌醇(phosphatidylinositol)的 4、5 位羟基被磷酸化生成的磷脂酰肌醇 -4,5- 二磷酸(phohosphatidylinositol 4,5-bisphosphate,PIP$_2$)是细胞膜磷脂的重要成分,主要存在于细胞膜内层。

表 8-2 体内重要的甘油磷脂

HO-X	X 取代基团	甘油磷脂名称
水	—H	磷脂酸
胆碱	$-CH_2CH_2\overset{+}{N}(CH_3)_3$	磷脂酰胆碱(卵磷脂)
乙醇胺	$-CH_2CH_2\overset{+}{N}H_3$	磷脂酰乙醇胺(脑磷脂)
丝氨酸	$\overset{\overset{+}{N}H_3}{-CH_2\overset{\shortmid}{C}H-COO^-}$	磷脂酰丝氨酸
肌醇	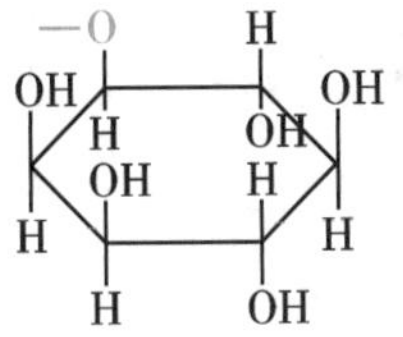	磷脂酰肌醇
甘油	$-CH_2CHOHCH_2OH$	磷脂酰甘油
磷脂酰甘油	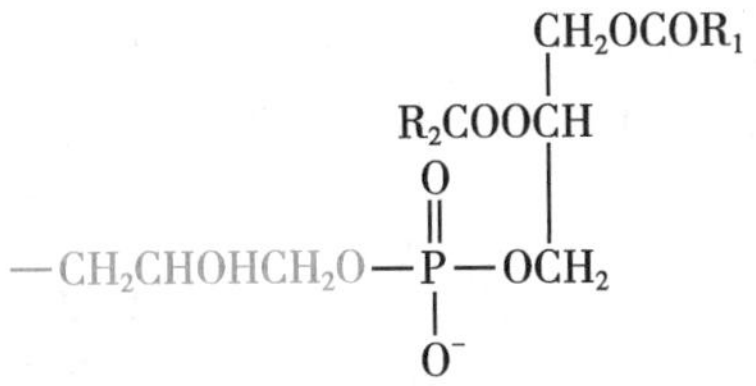	二磷脂酰甘油(心磷脂)

在激素等信号刺激下,PIP_2 可被磷脂酰肌醇特异的磷脂酶 C(PI-PLC)水解为二酰甘油和三磷酸肌醇(inositol triphosphate,IP_3),两者均为胞内重要的第二信使。

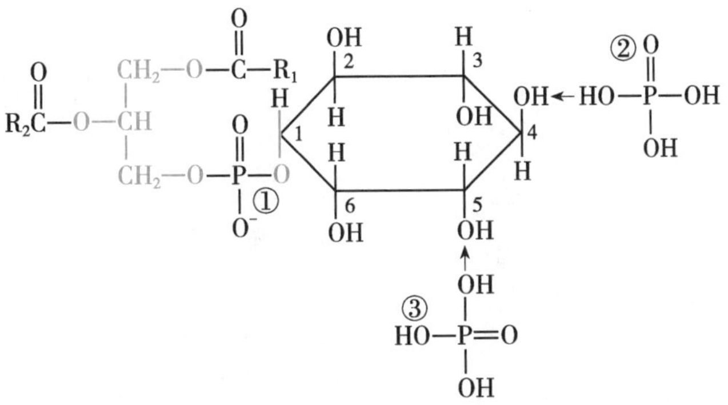

磷脂酰肌醇的4、5位羟基的磷酸化

(二) 鞘磷脂

鞘氨醇磷脂简称鞘磷脂,由鞘氨醇、脂肪酸、磷酸及胆碱(少数是乙醇胺)各 1 分子所组成,是一种不含甘油的磷脂。它的脂肪酸并非与醇羟基相连,而是通过酰胺键与鞘氨醇分子中的氨基结合,鞘氨醇与神经鞘磷脂的结构如下。

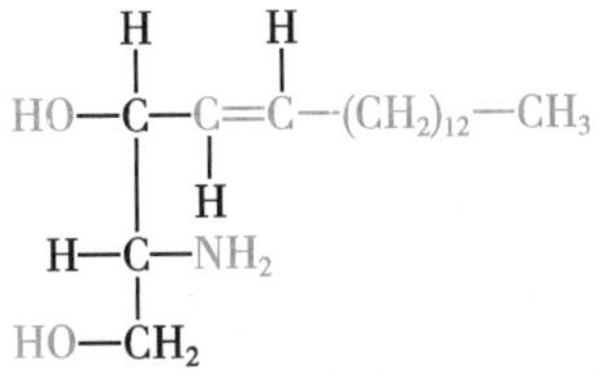

(神经)鞘氨醇
(sphingosine=D-4-sphingenine)

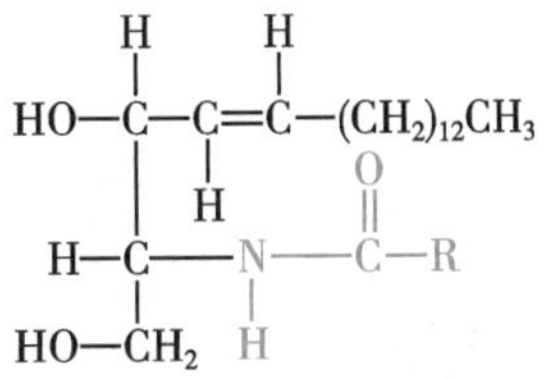

神经酰胺(ceramide)的典型结构

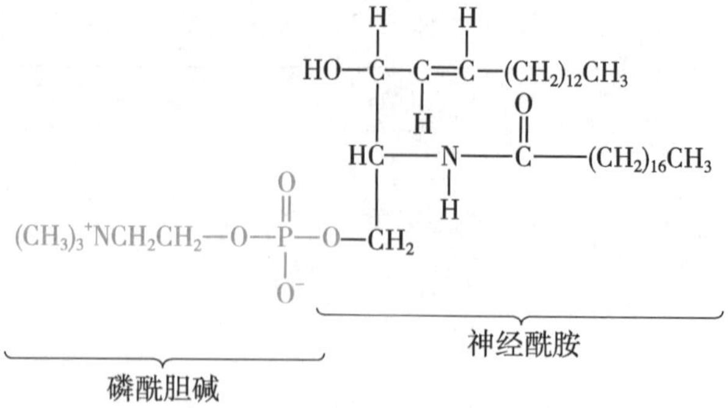

神经鞘磷脂

磷酸胆碱为鞘氨醇磷脂的极性头部,脂肪酸和鞘氨醇的长碳链为非极性尾部,即鞘氨醇磷脂也是两性脂质。神经鞘磷脂在脑和神经组织中含量较多,也存在于脾、肺及血液中,是高等动物组织中含量最丰富的鞘脂。

三、糖脂

糖脂(glycolipid)是一类含有糖成分的复脂。根据脂质不同,糖脂可以分为甘油糖脂(glyceroglycolipid)、鞘糖脂和类固醇衍生糖脂。甘油糖脂和鞘糖脂也是构成细胞膜的成分,具有重要的生理功能。

(一)鞘糖脂

与鞘磷脂相似,仅是神经酰胺 1 位羟基相连的取代基 X 为糖类,通过糖苷键相连。鞘糖脂分子中单糖主要为 D- 葡萄糖、D- 半乳糖、N- 乙酰葡糖胺、N- 乙酰半乳糖胺、岩藻糖和唾液酸(即 N- 乙酰神经氨酸)等。根据分子中是否含有唾液酸(sialic acid)或硫酸基,鞘糖脂可分为中性鞘糖脂和酸性鞘糖脂两类。常见的鞘糖脂包括脑苷脂(cerebroside)、硫苷脂(sulfatide)和神经节苷脂(ganglioside)。它们的分子结构如下:

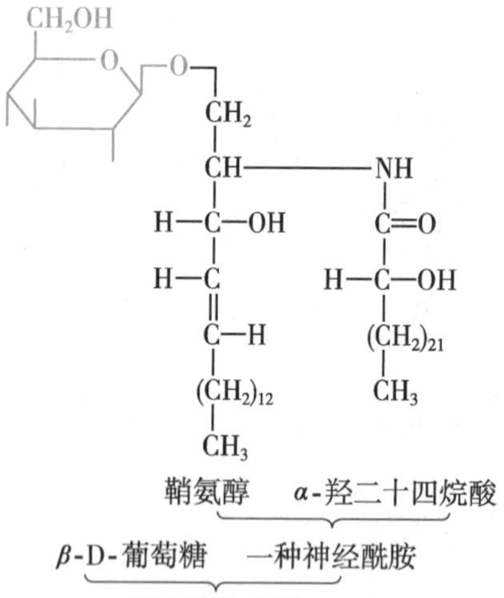

β-D-葡萄糖　一种神经酰胺
葡萄糖脑苷脂

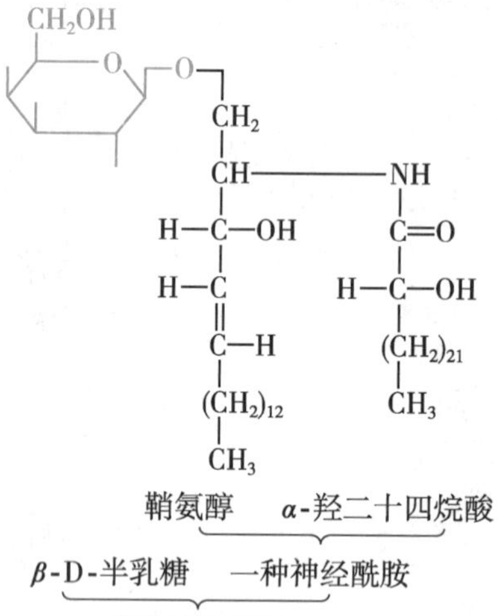

β-D-半乳糖　一种神经酰胺
半乳糖脑苷脂

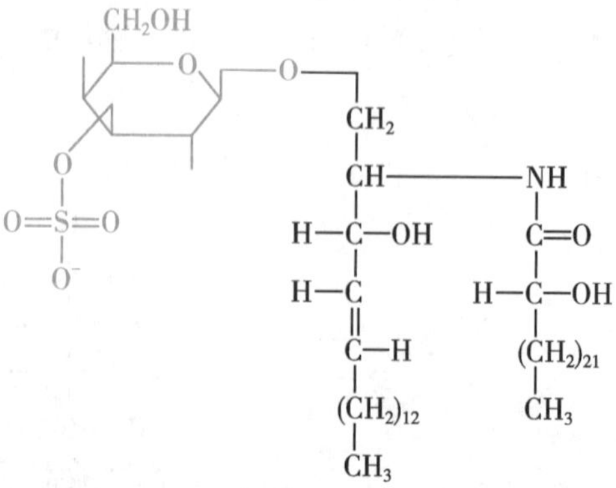

硫酸脑苷脂

神经节苷脂是一类最复杂的糖鞘脂质,因最初在神经节细胞中被发现而得名。它还存在于脾和红细胞中,它与血型的专一性、组织器官的专一性有关。几乎所有的神经节苷脂都是由多糖链与神经酰胺以糖苷键相连,组成多糖链的单糖有葡萄糖、半乳糖、岩藻糖、唾液酸、N-乙酰-D-半乳糖胺和 N-乙酰-D-葡糖胺等。神经节苷脂的组成示意图如下。

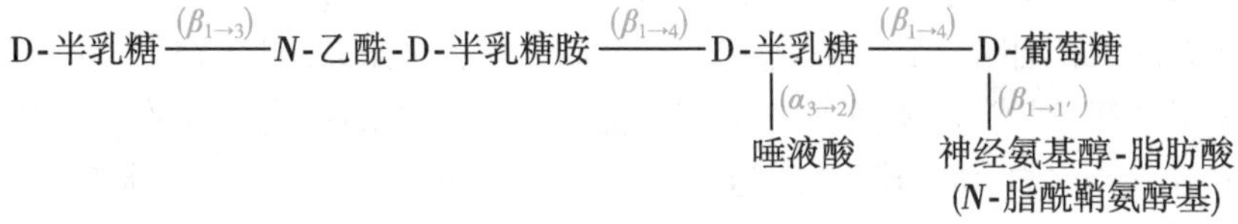

$$D-半乳糖 \xrightarrow{(\beta_{1\to3})} N-乙酰-D-半乳糖胺 \xrightarrow{(\beta_{1\to4})} D-半乳糖 \xrightarrow{(\beta_{1\to4})} D-葡萄糖$$

$$\begin{array}{cc} |(\alpha_{3\to2}) & |(\beta_{1\to1'}) \\ 唾液酸 & 神经氨基醇-脂肪酸 \\ & (N-脂酰鞘氨醇基) \end{array}$$

糖脂主要分布于脑及神经组织中,亦是动物细胞膜的重要成分。糖脂的非极性尾部可伸入细胞膜的双分子层结构,而其极性头部露出膜表面,且不对称地朝向细胞外侧定位。它在神经末梢中含量较丰富,在神经突触的传导中起着重要的作用。它还与组织免疫、细胞与细胞间的识别以及细胞的恶性癌变等都有关系。

红细胞膜表面的糖脂使血液有不同的血型,红细胞质膜上的糖鞘脂是 ABO 血型系统的血型抗原,血型免疫活性特异性的分子基础是糖链的糖基组成。A、B、O 三种血型抗原的核心糖链结构(H 抗原)相同,只是糖链末端的糖基有所不同。A 型血的糖链末端为 N-乙酰半乳糖,B 型血为半乳糖,AB 型两种糖基都有,O 型血则缺少这两种糖基。现在已经有人用 α-半乳糖苷酶处理 B 型血使其转变成 O 型血。

(二)甘油糖脂

甘油糖脂又名糖基甘油酯,是由甘油二酯的 3 位羟基与一分子或两分子己糖(主要为半乳糖或甘露糖)以糖苷键结合而成的化合物。人体内的甘油糖脂主要分布在睾丸和精子的质膜以及中枢神经系统的髓鞘中。常见的甘油糖脂有半乳糖甘油二酯和二甘露糖甘油二酯,其结构如下。

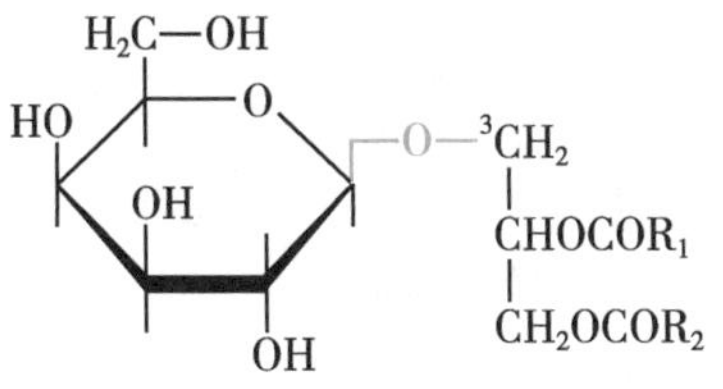

半乳糖甘油二酯 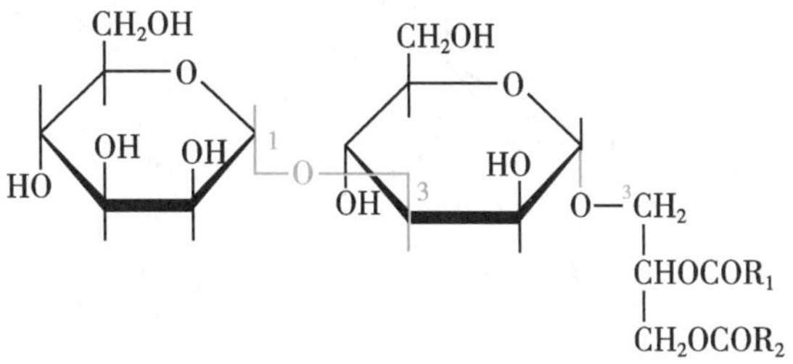　　　　　　　　　　二甘露糖甘油二酯

四、胆固醇与胆汁酸

(一)胆固醇

胆固醇因其最早是从动物胆石中分离而得名,属环戊烷多氢菲(cyclopentanoperhydrophenanthrene)的衍生物,它仅存在于动物体内。胆固醇(cholesterol)是细胞膜的重要组成部分,是固醇类激素和胆汁酸的前体,对生命有非常重要的作用,然而它在动脉沉积会引发血管疾病及脑卒中,是导致人类死亡的两大祸首之一。胆固醇的结构式如下:

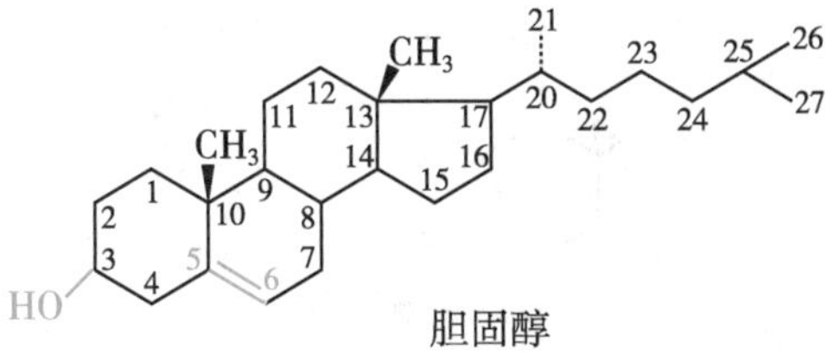

胆固醇

胆固醇在甾核的 C_3 上有一个羟基,该羟基有 α 及 β 两型。当 C_3 上的羟基位置与 C_{10} 上甲基的位置相反者(即在平面下)称 α 型,可用虚线连接;而与 C_{10} 上甲基位置相同者(在平面上)称 β 型,以实线连接。

天然胆固醇的 3 位羟基以 β 型为主。胆固醇大多以脂肪酸酯的形式存在,是高等动物细胞的重要组成部分,在神经组织和肾上腺中含量特别丰富,约占脑组织固体物质的 17%。

(二) 胆汁酸

胆汁酸按照来源也可以分为初级胆汁酸(primary bile acid)和次级胆汁酸(secondary bile acid)两类。在人体肝细胞内以胆固醇为原料直接合成的胆汁酸称为初级胆汁酸,包括胆酸和鹅脱氧胆酸及其与甘氨酸或牛磺酸的结合产物。肝细胞合成的初级胆汁酸随胆汁一起分泌入肠道,在肠道细菌酶的作用下,初级胆汁酸转变为次级胆汁酸。胆汁酸最重要的生理功能是促进脂质的消化和吸收。胆汁酸是水溶性物质,大部分胆汁酸形成钾盐或钠盐,称为胆盐。胆盐是一种乳化剂,分子内既含亲水基团(如羧基、羟基等),又含疏水基团(甲基、烃基等),而且两类不同性质的基团分别位于环戊烷多氢菲的两侧,因此胆汁酸的立体构型具有亲水和疏水两个侧面(图 8-2)。胆汁酸是较强的乳化剂,具有较强的界面活性,能降低脂 - 水界面的表面张力,将脂质乳化成细小微滴,扩大脂质和脂肪酶的接触面,激活脂肪酶,促进脂肪的消化和吸收。

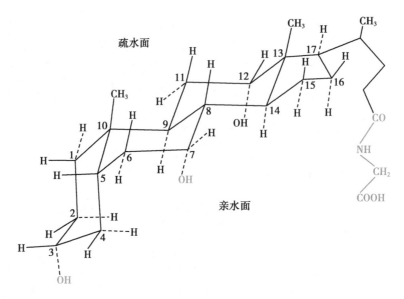

图 8-2　甘氨胆酸的立体构型

胆汁酸的另一个重要功能是帮助胆固醇的排出。人体约 99% 的胆固醇(其中 1/3 以胆汁酸形式,2/3以胆固醇或胆固醇酯的形式存在)随胆汁从肠道排出体外。胆固醇(酯)难溶于水,必须与胆汁酸和卵磷脂结合形成可溶性的微团,才能经胆道排出体外。如果肝脏合成胆汁酸或卵磷脂过少,胆汁酸排泄过多,肠肝循环中肝摄取胆汁酸过少或排入胆汁中的胆固醇过多(如胆固醇血症),都会造成胆汁酸、卵磷脂和胆固醇的比值降低(低于 10∶1),易引起胆固醇从胆汁中析出,形成胆囊结石(gallstone)。利胆药去氢胆酸(dehydrocholic acid)能促进胆汁引流,有利于胆道和胆囊内细菌、炎症性产物、毒素、胆砂和小结石的排出,发挥冲洗清洁胆道的作用,其结构如下。

去氢胆酸

第二节 脂质的消化、吸收和贮存

一、脂质的消化

ER0802

脂质的消化、
吸收和贮存
（微课）

食物中的脂质主要为脂肪,此外还有少量磷脂、胆固醇等。因唾液中无消化脂肪的酶,故脂肪在口腔里不被消化。胃液中虽含有少量从肠液中回流的胰脂肪酶,但成人胃液的 pH 为 1~2,不适于脂肪酶的作用,所以,脂肪在成人胃中不能被消化。婴儿的胃液 pH 在 5 左右,而且乳汁中的脂肪已经乳化,故脂肪在婴儿胃中可少量被消化。

胃的酸性食糜运至十二指肠时,刺激促胰液素(secretin)分泌,引起胰腺分泌 HCO_3^- 至小肠,脂肪和氨基酸可刺激十二指肠分泌胆囊收缩素(cholecystokinin),促使胆囊收缩,引起胆汁分泌,同时促使胰腺分泌各种水解酶酶原(包括胰脂肪酶、辅脂酶、磷脂酶 A_2 和胆固醇酯酶等酶的酶原)。在十二指肠,进来的胃液被胰液中的碳酸氢盐中和,使小肠液的酸碱度接近中性,有利于消化酶的作用;碳酸氢盐遇酸分解,产生二氧化碳气泡,促使食糜与消化液很好地混合,并协助乳化剂胆盐发挥作用,形成分散的细小微团(micelle),增加消化酶与脂质的接触面,以利于脂肪和类脂的消化和吸收。因此,小肠上端是脂质消化的主要场所。

胰脂肪酶(pancreatic lipase)必须吸附在乳化脂肪微团的表面,才能催化水解甘油三酯 1 位和 3 位上的酯键,生成 2- 甘油一酯和 2 分子脂肪酸。辅脂酶(colipase)本身没有酶活性,但其具有特异结构域,一方面以疏水键与甘油三酯结合,另一方面以氢键与胰脂肪酶结合。辅脂酶借此将胰脂肪酶锚定在乳化脂滴的表面,增加接触面,促进脂肪的水解。辅脂酶还可防止胰脂肪酶在脂 - 水界面的变性失活。因此,辅脂酶是胰脂肪酶消化脂肪必不可少的辅助因子。胰磷脂酶 A_2 催化食物中的磷脂 2 位酯键水解生成溶血磷脂和脂肪酸。胆固醇酯酶促进胆固醇酯水解生成胆固醇及脂肪酸。

食物中的脂质经各种酶作用后,生成的甘油一酯、脂肪酸、胆固醇及溶血磷脂等产物可与胆盐乳化成更小的混合微团。这种微团体积更小,极性更强,易于肠黏膜细胞吸收。

二、脂质的吸收

脂质的吸收主要在十二指肠下段及空肠上段。脂质中含有少量由中短链脂肪酸构成的脂肪,经胆盐乳化后可被肠黏膜细胞直接吸收,接着在胞内脂肪酶作用下,水解为脂肪酸和甘油,通过门静脉进入血液。长链脂肪酸、2- 甘油一酯、胆固醇及溶血磷脂等其他消化产物随微团吸收入小肠黏膜细胞。长链脂肪酸在胞内脂酰 CoA 合成酶催化下,首先转变成脂酰 CoA,再在滑面内质网脂酰基转移酶催化下,由 ATP 供能,转移至 2- 甘油一酯、胆固醇及溶血磷脂的羟基上,重新生成甘油三酯、胆固醇酯和磷脂。这些产物再与粗面内质网上合成的载脂蛋白 ApoB48、ApoC、ApoA Ⅰ 和 ApoA Ⅳ 等共同组装成乳糜微粒(chylomicron,CM),经淋巴入血,完成脂质的吸收。

胆固醇作为脂溶性物质,需借助胆盐的乳化作用才能在肠内被吸收。吸收后的胆固醇约有三分之二在肠黏膜细胞内,经酶的催化又重新酯化成胆固醇酯,然后进入淋巴管。因此,淋巴液和血液循环中的胆固醇,大部分以胆固醇酯的形式存在。

未被吸收的类脂进入大肠,被肠道微生物分解成各种组分,并被微生物利用。胆固醇被还原生成粪固醇而排出体外。

三、脂质的贮存

消化吸收后的脂质,大部分经淋巴进入血液,少量也可直接经门静脉进入肝脏,再转运至全身各组织器官。血液中的脂质均以血浆脂蛋白的形式运输,其中脂肪可被各组织氧化利用,也可储存于脂肪组织。除了由食物经消化吸收的脂肪可储存于脂肪组织外,机体还能利用糖和蛋白质等的降解产物为原料合成脂肪。如果食物中仅有少量的脂肪,但有大量过剩的糖类,同样也会使人体肥胖。脂肪组织是储存脂肪的主要场所,以皮下、肾周围、肠系膜等处储存最多,称为脂库。脂肪的储存对人及动物的供能(特别是在不能进食时)具有重要意义。

体内脂质贮存过多,尤其是饱和脂肪酸、胆固醇过多,容易导致肥胖症、高脂血症、动脉粥样硬化、2型糖尿病、高血压和肿瘤等多种代谢性疾病。小肠被认为是介于机体内外脂质转移的选择性屏障。吸收过多会导致脂质在体内的蓄积,从而导致上述疾病的发生。小肠脂质消化吸收能力调节的分子机制可能涉及小肠特殊的分泌物质或特异的基因表达产物,这是当前的研究热点,可能为预防体脂蓄积、开发新药物、治疗相关疾病提供新靶标。

> 思考题 8-3:请通过网络搜索小肠脂质消化吸收能力调节可能涉及哪些小肠特殊的蛋白质或其他化学物质?

ER0803

脂肪的分解
代谢(微课)

第三节 脂肪的分解代谢

翻转课堂:

目标:要求学生通过课前自主学习掌握本节有关脂肪动员、甘油和脂肪酸的氧化分解、酮体的生成和利用的理论知识。

课前:要求每位学生认真阅读本节教材内容,观看本节微课。学生自由组队,每组4~6人,设组长1名,负责组织大家开展学习讨论,选定部分内容制作PPT或视频,用于课堂交流。

课中:老师随机抽取1~2组,向全班汇报演讲。汇报后引导学生讨论和交流,最后由老师或学生提出问题,并随机挑选学生作答,考查学生的学习情况。

课后:学生完成老师布置的相关作业,并对"糖尿病晚期患者容易出现酮症酸中毒的原因及机制"问题,开展深入讨论和学习。

一、脂肪的动员

脂肪动员(fat mobilization)是指储存在脂肪细胞中的脂肪在脂肪酶的作用下,逐步水解为游离脂肪酸与甘油并释放入血,游离脂肪酸通过与血浆清蛋白结合后,被转运至其他各组织氧化利用的过程(图8-3)。

脂肪动员是由多种内外因素触发的激素调控的脂肪分解过程,需要多种酶和蛋白质的参与。当禁食、饥饿或交感神经兴奋时,胰高血糖素、肾上腺素和去甲肾上腺素等激素分泌增加,作用于脂肪细胞膜上相应受体,通过G蛋白激活腺苷酸环化酶,将ATP转变为cAMP,cAMP能够激活cAMP依赖性蛋白激酶(PKA),PKA可以使细胞质内的激素敏感性甘油三酯脂肪酶(hormone-sensitive triglyceride lipase,HSL)和脂滴包被蛋白-1(perilipin-1)磷酸化。磷酸化的脂滴包被蛋白-1首先可以激活脂肪组织甘油三酯脂肪酶(adipose triglyceride lipase,ATGL),并由ATGL催化水解甘油三酯生成甘油二酯和脂肪酸;然后磷酸化的脂滴包被蛋白-1还可以促进因磷酸化而活化的HSL从细胞质转移到脂滴表面,继而催化水解甘油二酯生成甘油一酯和脂肪酸;最后,甘油一酯脂肪酶(monoglyceride lipase,MGL)催化水解甘油一酯生成甘油和脂肪酸,释放入血。甘油溶于水,可直接由血液转运至肝、肾和肠等组织进行利用。长链脂肪酸不溶于水,必须与清蛋白结合(每分子清蛋白可以结合10分子脂肪酸)后,才能经血液转运到其他组织(主要是心、肝和骨骼肌)进行利用。

因此,胰高血糖素、肾上腺素和去甲肾上腺素等这些能够促进脂肪动员的激素称为脂解激素;而胰岛素和PGE$_2$等激素能够拮抗脂解激素的作用,抑制脂肪动员,称为抗脂解激素。

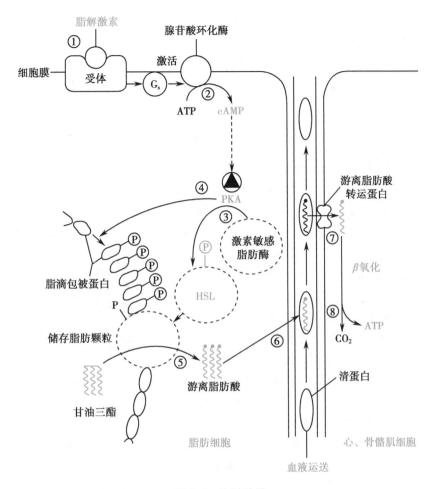

图 8-3 脂肪动员

二、甘油的氧化分解

在脂肪细胞中,因为甘油激酶活性很低,所以不能直接利用脂肪水解所产生的甘油。只有通过血液循环转运至肝脏,甘油才能被磷酸化生成磷酸甘油,再脱氢生成磷酸二羟丙酮;最后进入糖代谢途径进行分解或异生为糖。

甘油　　　　　　　　　甘油-3-磷酸　　　　　　　　　磷酸二羟丙酮

除了肝外,肾、小肠黏膜和哺乳期的乳腺亦富含甘油激酶。但在肌肉和脂肪组织中,甘油激酶的活性很低,所以,这两种组织摄取和利用甘油极其有限。

三、脂肪酸的 β 氧化

脂肪酸是人和哺乳类动物的主要能源物质。在氧气充足的条件下,脂肪酸可在体内分解成 CO_2 和 H_2O 并释放出大量能量,以 ATP 形式供机体利用。除脑组织外,大多数组织均能氧化利用脂肪酸,但以肝脏、心肌和骨骼肌最为活跃。

1904 年,F. Knoop 根据实验提出脂肪酸在体内氧化分解是从羧基端 β 碳原子开始,每次断裂两个碳原子,即"β 氧化学说",这是脂肪酸进行氧化分解代谢的最主要途径。脂肪酸的氧化可以分为脂肪酸活化、脂酰基进入线粒体、β 氧化和三羧酸循环四个阶段,最终转变为 CO_2 和 H_2O,并释放出大量 ATP,供机体

利用。

（一）脂肪酸的活化——脂酰 CoA 的生成

脂肪酸氧化前必须先活化，由内质网、线粒体外膜上的脂酰 CoA 合成酶（acyl-CoA synthetase）催化生成脂酰 CoA，需 ATP、CoA-SH 及 Mg^{2+} 的参与。

$$脂肪酸+CoA–SH \xrightarrow[\underset{ATP \quad Mg^{2+} \quad AMP}{}]{脂酰CoA合成酶} 脂酰CoA+PPi$$

脂肪酸活化生成的脂酰 CoA 是高能硫酯化合物，不但能提高反应活性，而且增加了脂酰基的水溶性。活化反应生成的焦磷酸，立即被细胞内的焦磷酸酶水解，阻止了逆向反应的进行。

（二）脂酰基转运入线粒体

脂肪酸活化是在线粒体外进行的，而催化脂肪酸氧化的酶系定位于线粒体基质，因此脂酰 CoA 必须进入线粒体内才能进行氧化代谢。长链脂酰 CoA 不能直接通过线粒体内膜，需要肉碱（carnitine）（系统名：L-β- 羟 -γ- 三甲氨基丁酸）协助转运，才能进入线粒体。首先由定位于线粒体外膜的肉碱脂酰转移酶 I（carnitine acyl transferase I，CAT I）将脂酰 CoA 的脂酰基转移至肉碱的羟基上，生成脂酰肉碱（acyl carnitine）。后者在线粒体内膜上的肉碱 - 脂酰肉碱转位酶（carnitine-acyl carnitine translocase）作用下，通过线粒体内膜进入基质，同时将等分子的肉碱转运出线粒体。进入线粒体的脂酰肉碱，再由肉碱脂酰转移酶 II（carnitine acyl transferase II，CAT II）催化将脂酰基转移至 CoA-SH 的巯基重新生成脂酰 CoA 并释放出肉碱。肉碱转运脂酰基的过程如图 8-4 所示。

脂酰基转运进入线粒体是脂肪酸氧化的限速步骤，肉碱脂酰转移酶 I 是脂肪酸氧化的限速酶。当饥饿、高脂低糖膳食或糖尿病时，机体没有充足的糖供应，或不能有效利用糖，需脂肪酸分解供能，肉碱脂酰转移酶 I 活性增加，脂肪酸氧化加强。相反，饱食后脂肪酸合成加强，丙二酸单酰 CoA 含量增加，抑制肉碱脂酰转移酶 I 活性，抑制脂肪酸氧化。

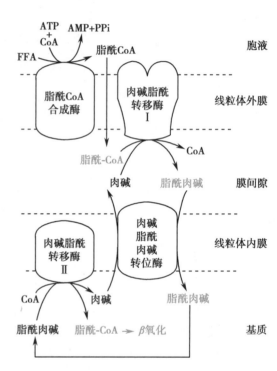

图 8-4　肉碱转运脂酰基进入线粒体

（三）脂酰 CoA 的 β 氧化

脂酰 CoA 进入线粒体基质后，在线粒体基质中疏松结合的脂肪酸 β 氧化酶系顺序催化下，从脂酰 CoA 的 β 碳原子开始，进行脱氢、加水、再脱氢和硫解 4 步反应（图 8-5），完成 1 次 β 氧化（β oxidation），在原脂酰 CoA 的 α、β 碳原子间被断开，释放出 1 分子乙酰 CoA 和 1 分子比原脂酰 CoA 少两个碳原子的新脂酰 CoA。脂酰 CoA β 氧化的过程如下：

（1）脱氢：在脂酰 CoA 脱氢酶的催化下，脂酰 CoA 的 α 和 β 碳原子上各脱下一个氢原子，生成反 Δ^2 烯脂酰 CoA。脱下的 2H 由 FAD 接受生成 $FADH_2$。

（2）加水：反 Δ^2 烯脂酰 CoA，在反 Δ^2 烯脂酰 CoA 水化酶的催化下，在其双键上加水生成 L(+)-β- 羟脂酰 CoA。

（3）再脱氢：L(+)-β- 羟脂酰 CoA 在 β- 羟脂酰 CoA 脱氢酶的催化下，脱去 β 碳原子以及羟基上的氢原子，生成 β- 酮脂酰 CoA。脱下的 2H 由 NAD^+ 接受生成 $NADH+H^+$。β- 羟脂酰 CoA 脱氢酶具有绝对专一性，只催化 L(+)-β- 羟脂酰 CoA 的脱氢。

（4）硫解：β- 酮脂酰 CoA 在 β- 酮脂酰 CoA 硫解酶催化下，需 1 分子 CoASH 参与，硫解产生 1 分子乙酰 CoA 和 1 分子比原来少 2 个碳原子的脂酰 CoA。

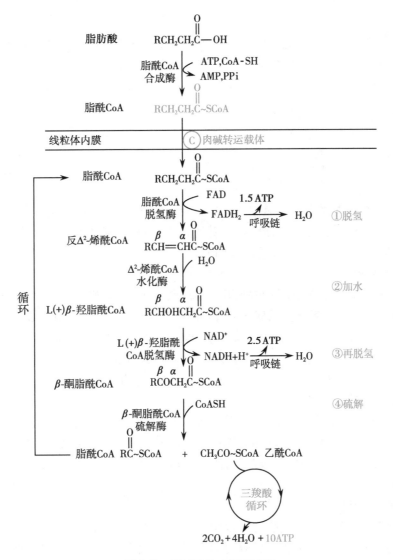

图 8-5 脂肪酸的 β 氧化过程

因此,通过 1 次 β 氧化,可生成 $FADH_2$、$NADH+H^+$、乙酰 CoA 和少 2 个碳原子的脂酰 CoA 各 1 分子。新生成的脂酰 CoA,可继续重复脱氢、加水、再脱氢和硫解 4 步反应。如此反复进行,直至生成丁酰 CoA,再进行一次 β 氧化,生成 2 分子乙酰 CoA。

脂肪酸 β 氧化产生大量乙酰 CoA,在肝外组织直接进入三羧酸循环彻底氧化,在肝脏组织,除了进入三羧酸循环,部分还可缩合形成酮体,通过血液转运至肝外组织氧化利用。

脂肪酸彻底氧化分解,可以产生大量 ATP,是机体 ATP 的重要来源。以 16C 的软脂酸为例,软脂酸需经 7 次 β 氧化循环,共产生 8 分子乙酰 CoA。一次 β 氧化有两步脱氢反应,分别产生 1 分子 $FADH_2$ 和 1 分子 $NADH+H^+$。1 分子乙酰 CoA 进入 TAC,可产生 3 分子 $NADH+H^+$、1 分子 $FADH_2$ 和 1 分子 GTP(相当于 1 分子 ATP)。在标准条件下,1 分子 $NADH+H^+$ 进入呼吸链可以生成 2.5 分子 ATP,1 分子 $FADH_2$ 进入呼吸链可以生成 1.5 分子 ATP,故 1 分子软脂酸彻底氧化分解可生成 $7 \times (2.5+1.5)+8 \times (3 \times 2.5+1 \times 1.5+1)=7 \times 4+8 \times 10=108$ 分子 ATP。脂肪酸活化生成脂酰 CoA 时,1 分子 ATP 被转变成 1 分子 AMP,可视为消耗了 2 分子 ATP 的能量,因此,1 分子软脂酸彻底氧化分解可净生成 $108-2=106$ 分子 ATP。

同理,n 个碳原子的偶碳脂肪酸需经 $(n/2)-1$ 次 β 氧化,生成 $n/2$ 分子乙酰 CoA,故共生成 $(n/2-1) \times 4+n/2 \times 10=7n-4$ 分子 ATP,再减去活化消耗的 2 个 ATP,故 n 碳脂肪酸彻底氧化分解净生成 $7n-6$ 分子 ATP。

思考题 8-4：试计算 1 分子三软脂酰甘油在肝脏彻底氧化分解为 CO_2 和 H_2O，能够净生成多少分子 ATP？

四、脂肪酸的其他氧化形式

(一) 脂肪酸的 α 氧化

除了进行 β 氧化作用外，还有少量脂肪酸可进行其他方式氧化，如 α 氧化 (α oxidation) 和 ω 氧化 (ω oxidation) 等。

α 氧化作用是在哺乳动物的肝脏和脑组织中进行，由微粒体氧化酶系催化，使游离的长链脂肪酸的 α 碳原子上的氢被氧化成羟基，生成 α- 羟脂酸。长链的 α- 羟脂酸，是脑组织中脑苷脂的重要成分。α- 羟脂酸可以继续氧化脱羧，就形成少一个碳原子的脂肪酸。

(二) 脂肪酸的 ω 氧化

脂肪酸，通常是十二碳以下的短链脂肪酸，从甲基端碳原子 (即 ω 碳原子) 开始氧化，称为 ω 氧化。这是由定位于肝肾内质网上的 ω- 氧化酶系催化的，需要 NAD^+ 和细胞色素 P450 (cytochrome P450, Cyt P450) 的参与。在 ω- 氧化酶系催化下，脂肪酸 ω 碳原子上的氢被氧化成羟基，生成 ω- 羟脂酸，再氧化成 ω- 醛基脂肪酸，最后氧化成 α,ω- 二羧酸。α,ω- 二羧酸可被转运入线粒体，从分子的任何一端活化并进行 β 氧化，最后生成乙酰 CoA 和琥珀酰 CoA，均可通过进入 TAC，彻底氧化分解生成二氧化碳和水。

(三) 奇数碳原子脂肪酸的氧化

人体含有极少量奇数碳原子脂肪酸，一些植物和海洋生物也可合成奇数碳原子脂肪酸。奇数碳原子脂肪酸经 β 氧化后，除了生成乙酰 CoA 外，最后还可以得到丙酰 CoA。丙酰 CoA 经丙酰 CoA 羧化酶、异构酶以及甲基丙二酸单酰 CoA 变位酶催化，转变为琥珀酰 CoA，通过 TAC 被彻底氧化。此外，支链氨基酸氧化亦可产生丙酰 CoA。

(四) 不饱和脂肪酸的氧化

机体中脂肪酸约有一半是不饱和脂肪酸。其与饱和脂肪酸的氧化途径基本相似，在胞质中活化，通过肉碱转运入线粒体后进行 β 氧化。但还需要另外两个酶，即异构酶和差向异构酶。如油脂酰 CoA 为 Δ^9 顺式，通过三次 β 氧化循环后形成 Δ^3 顺式十二碳烯脂酰 CoA，此产物不能被 β 氧化过程中的水化酶识别催化，需通过 Δ^3 顺 -Δ^2 反烯脂酰 CoA 异构酶的作用，将其 Δ^3 顺式结构转变为水化酶能够识别催化的 Δ^2 反式结构，β 氧化才能继续进行。对于多不饱和脂肪酸，如亚油酸、亚麻酸等，除上述异构酶外，还需要 D(-)-β- 羟脂酰 CoA 差向异构酶，使氧化过程中所生成的 D(-)-β- 羟脂酰 CoA 转变为 L(+)-β- 羟脂酰 CoA，β 氧化才能继续进行。

思考题 8-5："脂肪酸的 β 氧化即为脂肪酸的分解" 这种认识对吗？为什么？

五、酮体的生成和利用

在骨骼肌、心肌等肝外组织中，脂肪酸 β 氧化产生的乙酰 CoA 直接进入三羧酸循环彻底氧化生成二氧化碳和水。而在肝细胞中，脂肪酸 β 氧化产生的乙酰 CoA 仅有部分进入三羧酸循环，其余部分则在线粒体中转变成酮体 (ketone body)，作为肝脏输出能源的一种方式。酮体是脂肪酸在肝脏氧化分解特有的中间代谢物，包括约 30% 的乙酰乙酸 (acetoacetic acid)、约 70% 的 β- 羟丁酸 (β-hydroxybutyric acid) 和微量丙酮 (acetone)。

(一) 酮体的生成

酮体生成以脂肪酸在线粒体中经 β 氧化生成的大量乙酰 CoA 为原料，在肝脏线粒体酮体合成酶系催化下完成。合成过程包括下列几个步骤 (图 8-6)。

(1) 2 分子乙酰 CoA 在肝脏线粒体乙酰乙酰 CoA 硫解酶 (thiolase) 的催化下，缩合成乙酰乙酰 CoA，并释出 1 分子 CoASH。

(2) 乙酰乙酰 CoA 在羟甲基戊二酸单酰 CoA (3-hydroxy-3-methyl glutaryl CoA，HMG-CoA) 合酶的催化下，再与 1 分子乙酰 CoA 缩合，生成 HMG-CoA，并释放出 1 分子 CoASH。

(3) HMG-CoA 在 HMG-CoA 裂解酶的作用下，裂解生成乙酰乙酸和乙酰 CoA。

(4) 乙酰乙酸在线粒体内膜 β- 羟丁酸脱氢酶的催化下，由 NADH+H$^+$ 供氢，还原生成 β- 羟丁酸。

(5) 少量乙酰乙酸在乙酰乙酸脱羧酶的催化下，脱羧生成丙酮；乙酰乙酸也可缓慢地自发脱羧生成丙酮。

(二) 酮体的利用

肝脏线粒体含有活性较强的酮体合成酶系，但肝脏氧化利用酮体的酶系活性很差。肝外许多组织线粒体中具有活性很强的利用酮体的酶系，能将酮体重新转变成乙酰 CoA，并进入三羧酸循环彻底氧化分解。因此，肝内生成的酮体需经血液运输到肝外组织氧化利用。

心、肾、脑及骨骼肌的线粒体，具有较高的琥珀酰 CoA 转硫酶活性，在有琥珀酰 CoA 存在时，此酶催化乙酰乙酸活化生成乙酰乙酰 CoA 和琥珀酸。肾、心和脑的线粒体中还含有乙酰乙酸硫激酶，可直接由 ATP 供能，活化乙酰乙酸生成乙酰乙酰 CoA。乙酰乙酰 CoA 再由乙酰乙酰 CoA 硫解酶催化生成 2 分子乙酰 CoA，进入三羧酸循环彻底氧化（图 8-7）。

β- 羟丁酸在 β- 羟丁酸脱氢酶的作用下，脱氢生成乙酰乙酸，再转变成乙酰 CoA 而被氧化（图 8-7）。

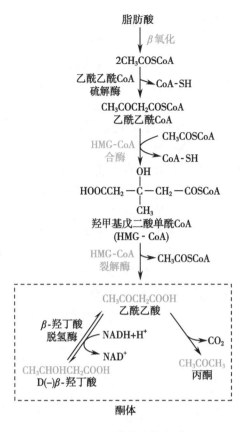

图 8-6 酮体的生物合成

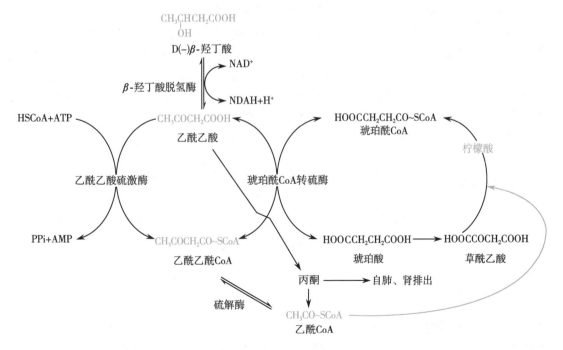

图 8-7 酮体的氧化利用

正常情况下，丙酮生成量很少，易挥发，可经肺排出。部分丙酮可在一系列酶作用下，转变成丙酮酸或乳酸，进而异生成糖。这是脂肪酸的碳原子转变成糖的一个途径，但量极少。

总之，肝脏是生成酮体的器官，但不能利用酮体；肝外组织不能生成酮体，却可以利用酮体。亦即"肝内生酮,肝外利用"。

(三) 酮体生成的生理意义

酮体是脂肪酸在肝脏氧化分解特有的中间代谢物,其分子量小,水溶性大,易于通过血脑屏障和肌肉组织毛细血管壁,是脑组织和肌肉组织的重要能源。心肌和肾皮质利用酮体的能力甚至强于利用葡萄糖的能力。因为脂肪酸无法透过血脑屏障,故脑组织无法利用脂肪酸,但能有效利用酮体。葡萄糖供应充足时,脑组织优先利用葡萄糖氧化供能,但在葡萄糖供应不足或利用障碍时,酮体可代替葡萄糖作为脑组织的主要能源物质。

酮体是体内脂肪(酸)氧化过程中组织(或器官)之间的一种协调关系,脂肪(酸)不溶于水,不易于在血液中运输,而利用肝脏中强活性的脂肪酸氧化酶系和酮体合成酶系,可将脂肪酸快速氧化分解为酮体,再转运到其他组织中加以利用。因而,酮体是肝脏输出能源的一种形式。

酮体利用增加还可减少葡萄糖的利用,有利于维持血糖水平的恒定,节省蛋白质的消耗。

正常情况下,血中仅含少量酮体,为 0.03~0.5mmol/L(0.3~5.0mg/dl)。在饥饿、高脂低糖膳食或糖尿病时,由于脂肪动员加强,酮体生成增加。大量酮体进入血液后,肝外组织来不及氧化利用过多的酮体,使血液中酮体浓度升高,称酮血症(ketonemia)。血液中酮体浓度超过肾阈值,在尿液中也有大量酮体出现,称酮尿症(ketonuria)。严重糖尿病患者血液中酮体浓度可高出正常值数十倍,此时,丙酮含量也大大增加,经呼吸道排出,产生特殊的烂水果味。

体内酮体过多的危害之一是引起酮症酸中毒(ketoacidosis),因为酮体中的两个主要成分——乙酰乙酸和 β- 羟丁酸都是较强的有机酸,若在体内蓄积过多,就会影响血液的酸碱平衡。因此,对于酮症酸中毒的处理,除了给予纠正酸碱平衡的药物外,还应针对其酮血症的病因,采取减少脂肪酸过多分解的措施。

(四) 酮体代谢调节

脂肪酸的氧化和酮体的生成受到多种因素的调节。首先,进食状态可以通过激素来调节酮体代谢。饱食后胰岛素分泌增加,脂解作用受抑制,脂肪动员减少,酮体生成必然减少。而饥饿时,胰高血糖素等脂解激素分泌增多,脂肪动员加强,脂肪酸 β 氧化增强,生成乙酰 CoA 增加,酮体生成增多。其次,糖代谢状况也会影响酮体的生成。餐后或糖供给充分时,糖分解代谢旺盛,供能充分,此时肝内脂肪酸氧化分解减少,其主要去路为合成甘油三酯和磷脂。相反,饥饿或糖代谢障碍(如糖尿病)时,脂肪酸氧化分解增强,生成乙酰 CoA 增加;同时因糖来源不足,或糖代谢障碍而导致草酰乙酸(来源于丙酮酸的羧化)减少,乙酰 CoA 进入三羧酸循环受阻,导致乙酰 CoA 大量蓄积,酮体生成增多。最后,糖代谢旺盛时,乙酰 CoA 及柠檬酸增多,别构激活脂肪酸合成的限速酶乙酰 CoA 羧化酶,促进乙酰 CoA 的活化形式丙二酸单酰 CoA 的合成,后者抑制 β 氧化的限速酶肉碱脂酰转移酶 I,阻止脂酰 CoA 进入线粒体进行 β 氧化。所以,丙二酸单酰 CoA 可以抑制酮体生成。

> 思考题 8-6 :糖尿病晚期患者为何容易出现酮症酸中毒?

第四节　脂肪的合成代谢

一、脂肪酸的生物合成

(一) 脂肪酸生物合成的部位和原料

脂肪酸合酶系存在于肝、肾、脑、肺、乳腺及脂肪等组织的细胞质中。这些组织均能合成脂肪酸,但以肝脏的脂肪酸合酶系活性最高(为脂肪组织的 8~9 倍),因而肝是人体合成脂肪酸的主要场所。虽然脂肪组织也能以葡萄糖代谢的中间产物为原料合成脂肪酸,但脂肪组织中脂肪酸的来源主要是小肠吸收的外源性脂肪酸和肝合成的内源性脂肪酸。人体首先合成的脂肪酸为十六碳的软脂酸。

乙酰 CoA 是合成脂肪酸的主要原料,主要来自葡萄糖的分解。细胞内的乙酰 CoA 全部在线粒体内生成,不能自由透过线粒体内膜扩散到胞质,而脂肪酸合酶系存在于胞质。乙酰 CoA 必须通过柠檬酸 - 丙酮酸循环(citrate pyruvate cycle)(图 8-8)进入胞质。在此循环中,乙酰 CoA 首先在线粒体内柠檬酸合成酶催化下,与草酰乙酸缩合生成柠檬酸;柠檬酸通过线粒体内膜载体蛋白(三羧酸转运蛋白)转运进入胞质后,再被 ATP- 柠檬酸裂解酶催化裂解,重新生成乙酰 CoA 及草酰乙酸。进入胞质的草酰乙酸在苹果酸脱氢酶催化下,由 $NADH+H^+$ 将其还原成苹果酸;苹果酸经线粒体内膜载体蛋白转运至线粒体内,再重新氧化生成草酰乙酸。大部分苹果酸在苹果酸酶作用下氧化脱羧,产生 CO_2、NADPH 和丙酮酸;丙酮酸可通过线粒体内膜上载体蛋白转运入线粒体,经丙酮酸羧化酶催化重新生成草酰乙酸,完成柠檬酸 - 丙酮酸循环。借此循环可将乙酰 CoA 从线粒体转运至胞质,用于软脂酸合成。

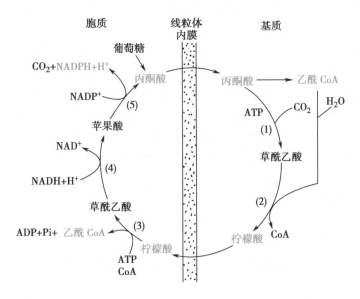

图 8-8 柠檬酸 - 丙酮酸循环

软脂酸合成除需乙酰 CoA 外,还需 ATP、NADPH、HCO_3^-(CO_2)及 Mn^{2+} 等原料。脂肪酸合成所需氢均由 NADPH 提供,而 NADPH 主要来自磷酸戊糖途径(pentose phosphate pathway)。在上述乙酰 CoA 转运过程中,细胞质苹果酸酶催化苹果酸氧化脱羧也可提供少量 NADPH。

(二) 丙二酸单酰 CoA 的合成

乙酰 CoA 羧化生成丙二酸单酰 CoA 是脂肪酸合成的第一步反应。此反应由乙酰 CoA 羧化酶(acetyl CoA carboxylase)所催化,这是一种别构酶,是脂肪酸合成的限速酶。该酶存在于胞质中,以 Mn^{2+} 为激活剂,以生物素为辅基,发挥固定 CO_2 并转移羧基的作用。该羧化反应为不可逆反应,过程如下:

$$酶 - 生物素 + HCO_3^- + ATP \Longleftrightarrow 酶 - 生物素 -COO^- + ADP + Pi$$

$$酶 - 生物素 -COO^- + 乙酰 CoA \longrightarrow 酶 - 生物素 + 丙二酸单酰 CoA$$

总反应:$乙酰 CoA + HCO_3^- + ATP \longrightarrow 丙二酸单酰 CoA + ADP + Pi$

乙酰 CoA 羧化酶活性受别构调节及化学修饰调节。该酶有两种存在形式。无活性单体形式分子量约 4 万 Da;有活性多聚体通常由 10~20 个单体线性排列而成,分子量 60 万 ~80 万 Da,活性为单体的 10~20 倍。柠檬酸、异柠檬酸可使此酶发生别构激活——由单体聚合成多聚体;软脂酰 CoA 及其他长链脂酰 CoA 可使多聚体解离成单体,别构抑制该酶活性。AMP 激活的蛋白激酶(AMP-activated protein kinase,AMPK)可催化乙酰 CoA 羧化酶的部分特定丝氨酸残基磷酸化从而使其失活。胰高血糖素能激活 AMPK,抑制乙酰 CoA 羧化酶活性;胰岛素能通过蛋白磷酸酶的去磷酸化作用,使磷酸化的乙酰 CoA 羧化酶脱磷酸恢复活性。高糖膳食可促进乙酰 CoA 羧化酶的表达,促进乙酰 CoA 羧化。

(三) 脂肪酸合酶系

E. coli 脂肪酸合酶系(fatty acid synthase)主要由 7 种独立的酶 / 蛋白质组成。这 7 种蛋白质包括酰基

载体蛋白质（acyl carrier protein，ACP）、乙酰 CoA-ACP 转酰基酶（acetyl-CoA-ACP transacylase，AT；以下简称乙酰基转移酶）、β- 酮脂酰 -ACP 合酶（β-ketoacyl-ACP synthase，KS；简称 β- 酮脂酰合成酶）、丙二酸单酰 CoA-ACP 转酰基酶（malonyl-CoA-ACP transacylase，MT；简称丙二酸单酰基转移酶）、β- 酮脂酰 -ACP 还原酶（β-ketoacyl-ACP reductase，KR；简称 β- 酮脂酰还原酶）、β- 羟脂酰 -ACP 脱水酶（β-hydroxyacyl-ACP dehydratase，HD；简称 β- 羟脂酰脱水酶）和烯脂酰 -ACP 还原酶（enoyl-ACP reductase，ER；简称烯脂酰还原酶）。细菌 ACP 是一种对热稳定的小分子蛋白质，分子量约 9kD，由 77 个氨基酸残基组成，在其 36 位的丝氨酸残基的羟基上，通过磷酸酯键与其辅基 4'- 磷酸泛酰巯基乙胺（也称 4'- 磷酸泛酰氨基乙硫醇）相连（图 8-9）。在脂肪酸合成过程中，ACP 通过其辅基的巯基连接荷载乙酰 CoA 的活化形式丙二酸单酰 CoA。

哺乳动物的脂肪酸合酶是由两个相同亚基（Mw：240kD）首尾相连所组成的同二聚体（Mw：480kD）。每个亚基都含有 3 个结构域。结构域 1 含有乙酰基转移酶（AT）、丙二酸单酰基转移酶（MT）及 β- 酮脂酰合成酶（KS），与底物的结合、缩合反应相关。结构域 2 含有 β- 酮脂酰还原酶（KR）、β- 羟脂酰脱水酶（HD）及烯脂酰还原酶（ER），催化还原反应；该结构域还含有一个肽段——酰基载体蛋白（ACP）。结构域 3 含有硫酯酶（thioesterase，TE），与脂肪酸的水解释放有关。3 个结构域之间由柔性的肽段连接，使结构域可以移动，利于几个酶之间的协调、连续作用。

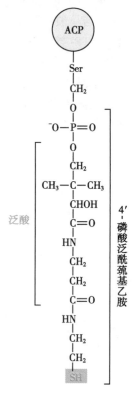

图 8-9 ACP 的结构

（四）软脂酸生物合成过程

细菌、哺乳动物的软脂酸合成过程基本相同，均在胞质中以丙二酸单酰 CoA 为基本原料，从乙酰 CoA 开始，经反复加成反应完成，每次循环经缩合 - 加氢（还原）- 脱水 - 再加氢（再还原）4 步反应延长 2 个碳原子。16 碳软脂酸合成需经 7 次循环反应。

细菌软脂酸合成过程（图 8-10）简述如下：首先，乙酰 CoA 的乙酰基在乙酰基转移酶（AT）作用下被转移至 β- 酮脂酰合成酶（KS）的半胱氨酸的 -SH 上，接着，丙二酸单酰 CoA 的丙二酸单酰基在丙二酸单酰基转移酶（MT）作用下被转移至 ACP 的 -SH，然后进入下述循环阶段。①缩合：在 β- 酮脂酰合成酶（KS）催化下，其上所连接的乙酰基（第二次循环时是丁酰基，第三次循环时是己酰基，每次循环增加两个碳原子，以下统称为脂酰基）与 ACP 上的丙二酸单酰基发生缩合反应，释出 CO_2，生成 β- 酮丁酰 ACP（β- 酮脂酰 ACP）；②加氢：由 NADPH 供氢，β- 酮丁酰 ACP（β- 酮脂酰 ACP）在 β- 酮脂酰还原酶（KR）作用下被还原成 β- 羟丁酰 ACP（β- 羟脂酰 ACP）；③脱水：β- 羟丁酰 ACP（β- 羟脂酰 ACP）在 β- 羟脂酰脱水酶（HD）催化下，脱水生成反式 -Δ^2- 烯丁酰 ACP（反式 -Δ^2- 烯脂酰 ACP）；④再加氢：同样由 NADPH 供氢，反式 -Δ^2- 烯丁酰 ACP（反式 -Δ^2- 烯脂酰 ACP）在烯脂酰还原酶（ER）作用下，再还原生成丁酰 ACP（脂酰 ACP）；⑤转位：丁酰 ACP（脂酰 ACP）的丁酰基（脂酰基）在乙酰基转移酶（AT）作用下从 ACP 的 -SH 上转移至 β- 酮脂酰合成酶（KS）的半胱氨酸的 -SH 上，ACP 的 -SH 空载，因而丙二酸单酰基转移酶（MT）又可转移另一分子丙二酸单酰 CoA 的丙二酸单酰基至 ACP 的 -SH，进入下一轮循环反应。

经过 7 次循环后，生成的软脂酰 ACP 在硫酯酶作用下，水解释放出软脂酸。软脂酸合成的总反应式为：

$$CH_3COSCoA + 7HOOCCH_2COSCoA + 14NADPH + 14H^+ \longrightarrow$$
$$CH_3(CH_2)_{14}COOH + 7CO_2 + 6H_2O + 8CoASH + 14NADP^+$$

软脂酸合成过程中，除了最初的 2 个碳原子，即软脂酸的 15、16 位碳原子直接来自乙酰 CoA，其余碳原子表观上均来自乙酰 CoA 的活化形式丙二酸单酰 CoA，但缩合反应所释放的 CO_2，就是乙酰 CoA 羧化形成丙二酸单酰 CoA 时所加入的 CO_2，因此，脂肪酸生物合成时，每次加入的二碳单位，仍是乙酰 CoA 的 2 个碳原子。所以，软脂酸合成的全部碳原子均来自乙酰 CoA 的乙酰基。

（五）软脂酸碳链的延长

胞质中的脂肪酸合酶系只能合成软脂酸，碳链的进一步延长需要在线粒体或内质网中完成。

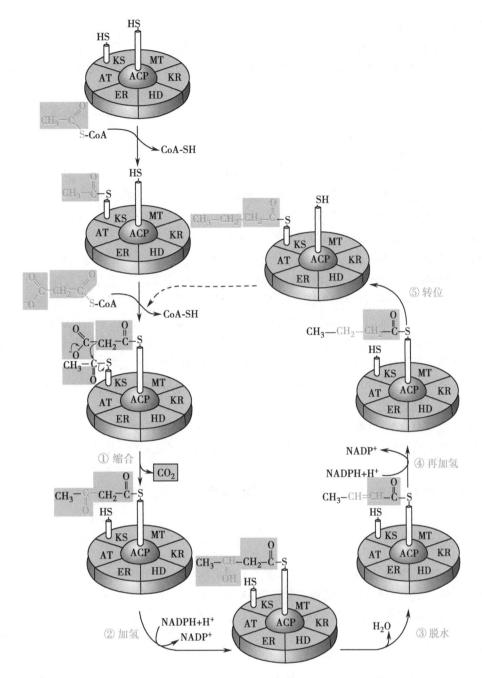

图 8-10　细菌软脂酸的合成过程示意图

1. 线粒体脂肪酸碳链延长酶系　在线粒体基质中，有催化脂肪酸碳链延长的酶系，其前三个酶与脂肪酸 β 氧化中的酶相同，因此，线粒体脂肪酸延长过程与 β 氧化逆反应相似，但需要 NADPH 作为辅助因子。首先，软脂酰 CoA 与乙酰 CoA 缩合生成 β- 酮硬脂酰 CoA，然后，由 NADPH 将其还原为 β- 羟硬脂酰 CoA，又经脱水生成 Δ^2- 硬脂烯酰 CoA，再由 NADPH 供氢还原为硬脂酰 CoA。线粒体脂肪酸延长过程直接以乙酰 CoA 为二碳单位供体，不需活化形成丙二酸单酰 CoA，也无需 ACP 酰基载体。每次循环可以增加 2 个碳原子，可延长到 24 或 26 个碳原子的饱和脂肪酸，但其中以硬脂酸为最多。这一体系也可延长不饱和脂肪酸的碳链。

2. 内质网脂肪酸碳链延长酶系　哺乳动物细胞的内质网膜的脂肪酸延长酶系能够延长饱和或不饱和脂肪酸的碳链。该酶系以丙二酸单酰 CoA 作为二碳单位的供体，NADPH 供氢，同样经过缩合、加氢、脱水和再加氢的循环反应从羧基末端逐次添加 2 个碳原子，反复进行可使碳链延长。延长过程与软脂酸合成相似，但无需 ACP 作为脂酰基载体，而是连接在 CoA-SH 上。该酶体系可将脂肪酸延长至 24 碳，仍以18 碳硬脂酸为主。

(六) 不饱和脂肪酸的合成

人体内含有的不饱和脂肪酸,主要有软油酸($16:1\Delta^9$)、油酸($18:1\Delta^9$)、亚油酸($18:2\Delta^{9,12}$)、α-亚麻酸($18:3\Delta^{9,12,15}$)和花生四烯酸($20:4\Delta^{5,8,11,14}$)。如前所述,哺乳动物含有 Δ^4、Δ^5、Δ^8 和 Δ^9 去饱和酶,因此可以合成软油酸和油酸这两种单不饱和脂肪酸。但是缺乏 Δ^9 以上的去饱和酶,因此无法合成亚油酸、亚麻酸和花生四烯酸等多不饱和脂肪酸,必须从膳食中获取。动物体内的去饱和酶是镶嵌在内质网上,其氧化脱氢过程需要线粒体外电子传递系统参与。

(七) 脂肪酸合成的调节

1. 代谢物的调节作用 高脂膳食或脂肪动员加强时,肝细胞内脂酰 CoA 增多,可别构抑制乙酰 CoA 羧化酶活性,抑制体内脂肪酸的合成。进食糖类食物后,糖代谢加强,脂肪酸合成原料乙酰 CoA、ATP 和 NADPH 供应增多,有利于脂肪酸的合成;而且 ATP 增多,可抑制异柠檬酸脱氢酶活性,造成异柠檬酸及柠檬酸在线粒体中的蓄积并渗至胞质,别构激活乙酰 CoA 羧化酶,使脂肪酸合成增加。

2. 激素的调节作用 胰岛素是调节脂肪合成的主要激素。它能诱导乙酰 CoA 羧化酶、脂肪酸合酶系、ATP-柠檬酸裂解酶等酶的合成,从而促进脂肪酸的合成。同时,胰岛素还能促进脂肪酸合成磷脂酸,从而增加脂肪酸的合成。胰岛素还可通过激活一种蛋白磷酸酶,使乙酰 CoA 羧化酶去磷酸化从而激活,促进脂肪酸合成。此外,胰岛素还能增加脂肪组织脂蛋白脂肪酶(lipoprotein lipase,LPL)活性,增加脂肪组织对血液中游离脂肪酸的摄取,加速合成脂肪而贮存。该过程长期持续,与脂肪动员之间失去平衡,易导致肥胖。

胰高血糖素能激活 AMPK,使乙酰 CoA 羧化酶磷酸化从而降低活性,抑制脂肪酸合成。胰高血糖素也能抑制甘油三酯合成,甚至减少肝细胞向血液释放脂肪。肾上腺素、生长激素也能抑制乙酰 CoA 羧化酶的活性,从而抑制脂肪酸的合成。

3. 脂肪酸合酶系可作为药物治疗的靶点 最近发现,脂肪酸合酶系的不少组分在很多肿瘤中呈高表达。动物研究证明,脂肪酸合酶抑制剂可明显减缓肿瘤生长,减轻体重,是极有潜力的抗肿瘤和抗肥胖的候选药物。

> 思考题 8-7:试在线搜索哪些脂肪酸合酶抑制剂可抑制肿瘤生长,并探讨其可能机制。

二、α-磷酸甘油的合成

α-磷酸甘油是合成甘油三酯的基本原料,主要由糖酵解代谢中间产物——磷酸二羟丙酮在磷酸甘油脱氢酶催化下还原而成。肝、肾等组织含有甘油激酶,因而能够利用游离甘油,使之磷酸化生成 α-磷酸甘油。脂肪细胞缺乏甘油激酶因而不能直接利用甘油合成脂肪。

三、脂肪的生物合成

(一) 脂肪合成的原料和部位

甘油(α-磷酸甘油)和脂肪酸是合成甘油三酯的基本原料,主要由葡萄糖代谢提供。哺乳动物即使完全不摄入脂肪,亦可使用糖代谢中间产物大量合成脂肪。食物脂肪消化吸收后以乳糜微粒(chylomicron,CM)形式进入血液循环,运送至脂肪组织或肝,其脂肪酸亦可用于脂肪的合成。

肝、脂肪组织及小肠是脂肪合成的主要场所,以肝合成能力为最强。甘油三酯合成在胞质中完成。肝脏是机体的主要代谢器官,既能分解葡萄糖产生 α-磷酸甘油,也能利用葡萄糖分解代谢中间产物乙酰 CoA 合成脂肪酸,因此,肝脏主要利用内源性的物质合成脂肪。肝细胞不能储存脂肪,故脂肪在肝细胞内质网合成后,将会与 ApoB100、ApoC 等载脂蛋白以及磷脂、胆固醇组装成极低密度脂蛋白(very low density lipoprotein,VLDL),分泌入血,运输至肝外组织。营养不良,中毒,必需脂肪酸、胆碱或蛋白质缺乏等都可能引起肝细胞合成的脂肪无法转变成 VLDL 进行转运,导致脂肪在肝细胞蓄积,发生脂肪肝。脂肪组织可水解食物源性 CM 中的脂肪和肝合成的 VLDL 中的脂肪,将释放的脂肪酸摄入脂肪细胞,用于合成甘油三酯;脂肪细胞也可利用葡萄糖分解代谢的中间产物为原料合成脂肪。脂肪细胞更重要的作用是储存脂肪。当机体需要能量时,储存在脂肪组织的脂肪通过脂肪动员,分解成游离脂肪酸及甘油,释放入血液,运输至全

身,以满足骨骼肌、肝、肾等组织或器官的能量需要,所以脂肪组织在脂肪代谢中具有重要作用。小肠是消化吸收器官,故小肠黏膜细胞主要利用摄取的脂肪消化产物重新合成脂肪,并与载脂蛋白、磷脂、胆固醇(酯)等组装成 CM,经淋巴管进入血液循环,运送至其他组织、器官利用。

(二) 脂肪合成途径

脂肪的生物合成有甘油一酯和甘油二酯两种不同的途径,不同的组织采用不同的合成途径。但无论哪条途径,脂肪酸都必须首先在内质网外膜上脂酰 CoA 合成酶催化下,由 ATP 供能,活化生成脂酰 CoA(此反应与脂肪酸氧化的第一步相同),才能参与脂肪合成。另外,用于合成甘油三酯的 3 分子脂肪酸可相同,也可以不同。

小肠黏膜细胞将食物脂肪的消化产物 2- 甘油一酯和脂肪酸吸收进入细胞后,首先脂肪酸被活化为脂酰 CoA,然后在滑面内质网脂酰 CoA 转移酶(acyl-CoA transferase)的催化下,使甘油一酯的游离羟基依次酯化,合成脂肪。小肠黏膜细胞中由甘油一酯合成脂肪的途径称为甘油一酯途径(图 8-11)。

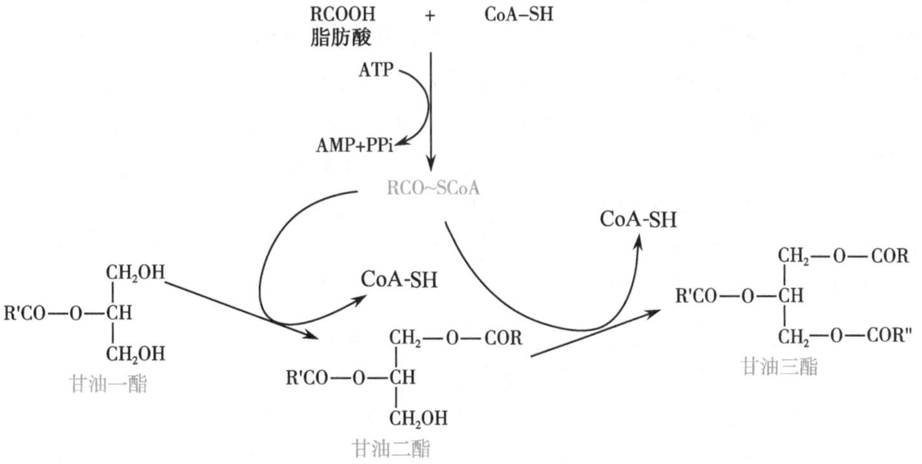

图 8-11 甘油一酯途径

肝和脂肪组织细胞以甘油二酯途径合成脂肪(图 8-12)。该途径以糖酵解途径生成的 α- 磷酸甘油为起始物,在脂酰 CoA 转移酶催化下,依次与 2 分子脂酰 CoA 反应,生成磷脂酸(phosphatidic acid)。后者在磷脂酸磷酸酶作用下,水解脱去磷酸生成甘油二酯;然后在脂酰 CoA 转移酶催化下,再加上 1 分子脂酰基即生成甘油三酯。

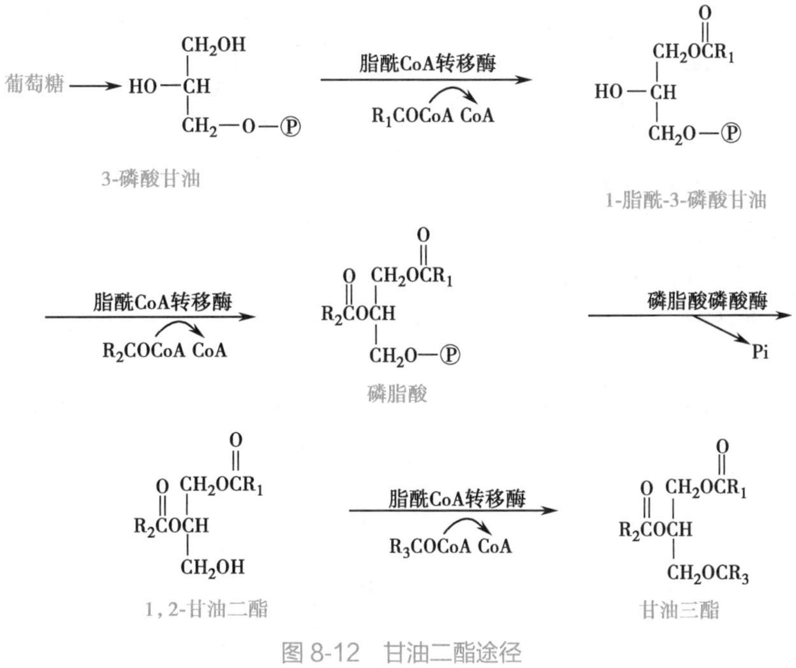

图 8-12 甘油二酯途径

思考题 8-8：血浆甘油三酯异常升高的患者是否需要控制淀粉类食物的摄入？为什么？

第五节 磷脂的代谢

磷脂是构成生物膜等的重要成分，其重要性已在其生理功能中叙述。在肝细胞中，卵磷脂的代谢更新较快，其半衰期小于 24 小时。但在脑组织中，脑磷脂的半衰期可长达几个月。

一、甘油磷脂的分解代谢

生物体内存在多种降解甘油磷脂的磷脂酶(phospholipase)，包括磷脂酶 A_1、A_2、B_1、B_2、C 和 D。它们分别作用于甘油磷脂分子中不同的酯键(图 8-13)，降解甘油磷脂。磷脂酶 A_1 和 A_2 分别水解甘油磷脂 1 位和 2 位的酯键，释放出 1 分子脂肪酸，同时分别生成溶血磷脂 2 和溶血磷脂 1。磷脂酶 B_1 水解溶血磷脂 1 的 1 位酯键，磷脂酶 B_2 水解溶血磷脂 2 的 2 位酯键，都生成 1 分子脂肪酸和 1 分子甘油磷酸取代基(如甘油磷酸胆碱)。磷脂酶 C 特异水解 3 位磷酸酯键，磷脂酶 D 则水解磷酸和取代基之间的酯键，生成磷脂酸。

磷脂酶 A_2 存在于动物各组织的细胞膜及线粒体膜上，需要 Ca^{2+} 作为激活剂，可使甘油磷脂水解为溶血磷脂 1。磷脂酶 A_1 存在于动物组织溶酶体中(蛇毒及某些微生物亦含有)，能水解磷脂生成溶血磷脂 2。溶血磷脂是一类具有较强表面活性的物质，能使红细胞膜或其他细胞膜破坏引起溶血或细胞坏死。急性胰腺炎的发病机制可能与胰腺磷脂酶 A_2 对胰腺细胞膜的损伤密切相关。溶血磷脂在细胞内磷脂酶 B_1 或 B_2 的作用下，脱下脂肪酸后的产物即失去破坏细胞膜的作用，后者能进一步被磷脂酶 D 水解。磷脂酶 C 存在于细胞膜及某些细菌中，能特异水解 3 位磷酸酯键，产物为甘油二酯及磷酸胆碱或磷酸乙醇胺等，在细胞信号转导中发挥重要作用。磷脂水解得到的胆碱、乙醇胺或磷酸胆碱、磷酸乙醇胺等，也可以参加磷脂的再合成。

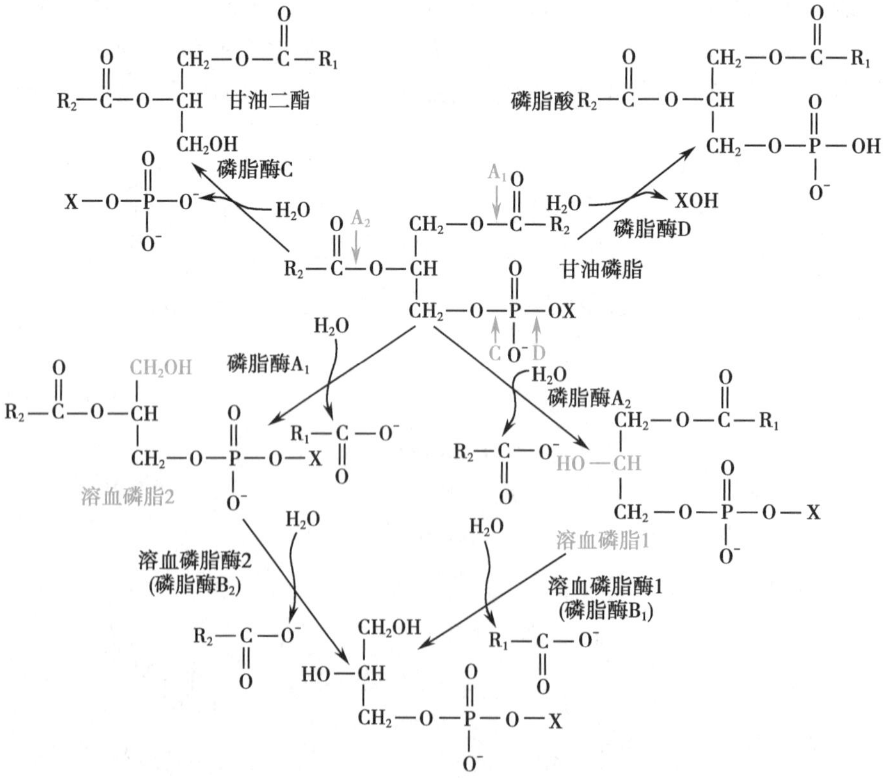

图 8-13 甘油磷脂的水解

二、甘油磷脂的合成代谢

（一）甘油磷脂合成的部位和原料

人体全身各组织细胞内质网均含有甘油磷脂合成酶系,均能合成甘油磷脂,但以肝、肾及肠等组织最为活跃。甘油磷脂合成的基本原料包括甘油、脂肪酸、磷酸盐、胆碱、丝氨酸、肌醇等。甘油和脂肪酸主要由葡萄糖转化而来,甘油磷脂 2 位的多不饱和脂肪酸为必需脂肪酸,只能从食物中摄取。胆碱可由食物供给,亦可以丝氨酸和甲硫氨酸为原料合成。丝氨酸是合成磷脂酰丝氨酸的原料,脱羧后生成乙醇胺又是合成磷脂酰乙醇胺的原料。乙醇胺由 S- 腺苷甲硫氨酸提供 3 个甲基即生成胆碱。甘油磷脂合成还需 ATP 和 CTP。ATP 供能,CTP 参与乙醇胺、胆碱和甘油二酯等的活化,形成 CDP- 乙醇胺、CDP- 胆碱和 CDP- 甘油二酯等活性中间产物。

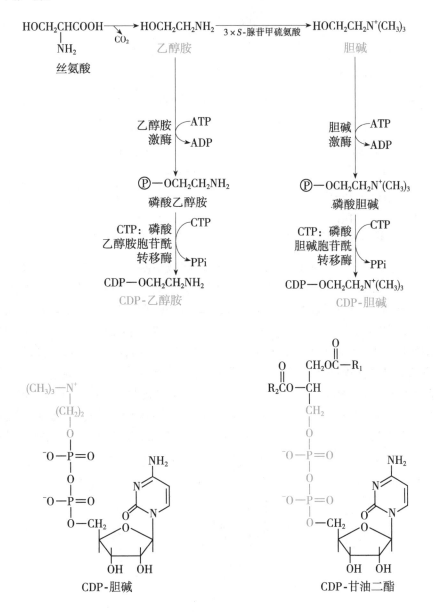

（二）甘油磷脂的合成途径

甘油磷脂的合成有两条途径,即甘油二酯合成途径和 CDP- 甘油二酯合成途径。不同的甘油磷脂采用不同的合成途径。

1. 甘油二酯合成途径　磷脂酰胆碱及磷脂酰乙醇胺主要通过此途径合成。这两类磷脂在体内含量最多,占组织及血液中磷脂的 75% 以上。甘油二酯是合成这两类磷脂的重要中间产物。胆碱和乙醇胺被活化为 CDP-胆碱和 CDP-乙醇胺后,与甘油二酯缩合后即可生成卵磷脂和脑磷脂。该途径与肝脏合成脂肪的甘油二酯途径高度相似,其合成过程如下。

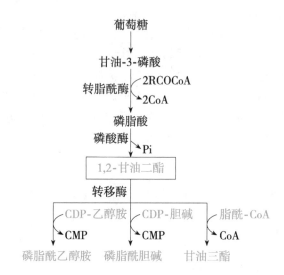

尽管磷脂酰胆碱也可由 SAM 提供甲基,使磷脂酰乙醇胺甲基化生成,但这种方式合成量仅占人磷脂酰胆碱合成总量的 10%~15%。哺乳动物细胞磷脂酰胆碱的合成主要通过甘油二酯途径完成。由于在该途径中,胆碱需先活化成 CDP-胆碱,所以该途径也被称为 CDP-胆碱途径(CDP-choline pathway)。CTP:磷酸胆碱胞苷转移酶(CTP:phosphocholine cytidylyltransferase,CCT)是 CDP-胆碱途径合成磷脂酰胆碱的关键酶,它催化磷酸胆碱与 CTP 缩合成 CDP-胆碱,继而与甘油二酯缩合生成磷脂酰胆碱。

2. CDP-甘油二酯合成途径 磷脂酰肌醇、磷脂酰丝氨酸和心磷脂通过此途径合成。由葡萄糖生成磷脂酸与甘油二酯合成途径完全相同。不同的是磷脂酸不被磷酸酶水解,而是由 CTP 提供能量,在磷脂酰胞苷转移酶的催化下,生成 CDP-甘油二酯。CDP-甘油二酯是合成这类磷脂的直接前体和重要中间产物,在相应合成酶的催化下,直接与丝氨酸、肌醇或磷脂酰甘油缩合,即生成磷脂酰丝氨酸、磷脂酰肌醇或心磷脂。

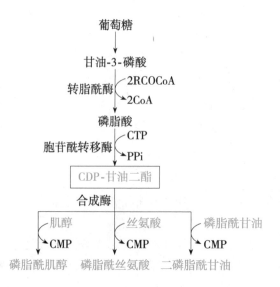

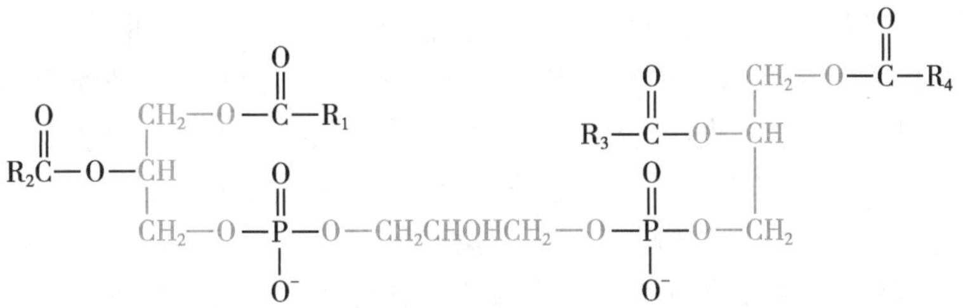

二磷脂酰甘油

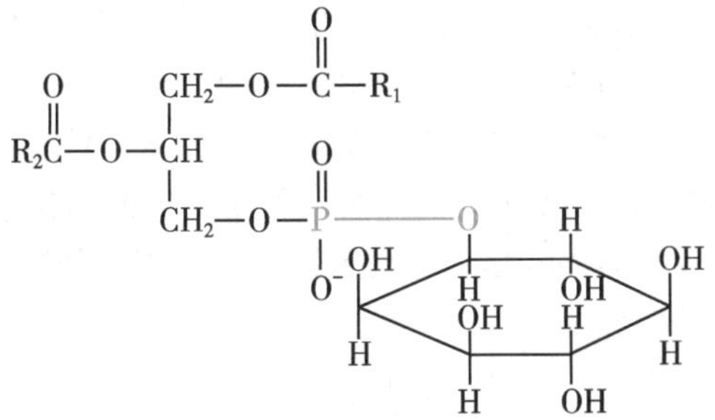

磷脂酰肌醇

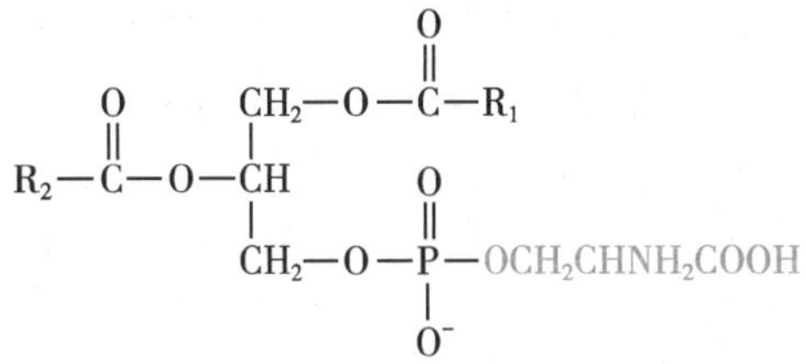

磷脂酰丝氨酸

磷脂酰丝氨酸也可由磷脂酰乙醇胺羧化或乙醇胺与丝氨酸交换生成。另外,磷脂酰丝氨酸也可以脱羧基从而转变成磷脂酰乙醇胺。

甘油磷脂合成在内质网膜外侧面进行。胞质存在一类促进磷脂在细胞内膜之间交换的蛋白质,称磷脂交换蛋白(phospholipid exchange protein),可以催化不同种类磷脂在膜之间交换,从而更新膜磷脂。例如在内质网合成的心磷脂可通过这种方式转至线粒体内膜,构成线粒体内膜特征性磷脂。

三、鞘磷脂的代谢

神经鞘磷脂是人体含量最多的鞘磷脂,由鞘氨醇、脂肪酸和磷酸胆碱所构成。人体各组织细胞内质网均存在合成鞘氨醇的酶系,但以脑组织活性最高。合成鞘氨醇的基本原料是软脂酰 CoA 和丝氨酸,此外还需磷酸吡哆醛、NADPH 及 FAD 等辅酶参加。首先由 3- 酮基二氢鞘氨醇合成酶催化,磷酸吡哆醛作为辅酶,软脂酰 CoA 与 L- 丝氨酸缩合并脱羧生成 3- 酮基二氢鞘氨醇,接着还原酶催化,NADPH 供氢,生成二氢鞘氨醇,最后由脱氢酶催化,FAD 接受氢原子,脱氢生成鞘氨醇。

在脂酰转移酶催化下,脂酰 CoA 的脂酰基转移到鞘氨醇的氨基上生成神经酰胺,再由 CDP- 胆碱提供磷酸胆碱即可生成神经鞘磷脂。

脑、肝、脾和肾等组织细胞溶酶体中,存在神经鞘磷脂酶(sphingomyelinase),属于磷脂酶 C,可以催化神经鞘磷脂降解生成磷酸胆碱和神经酰胺。若先天性缺乏此酶,则鞘磷脂不能降解,易在细胞内积存,引起肝脾肿大及痴呆等鞘磷脂沉积病。

第六节 胆固醇的代谢

一、胆固醇的生物合成

人体内的胆固醇,一部分来自动物性食物,称为外源性胆固醇,另一部分是由体内各组织细胞合成的,称为内源性胆固醇。

(一) 合成的部位和原料

除成年动物脑组织及成熟红细胞外,几乎全身各组织均可合成胆固醇,每天的合成量约 1g。肝脏是合成胆固醇的主要场所,体内胆固醇的 70%~80% 是由肝脏合成,10% 由小肠合成。胆固醇合成酶系存在于胞质及滑面内质网膜上,因此,胆固醇的合成主要在细胞的胞质及内质网中进行。

同位素标记实验证明,乙酰 CoA 是合成胆固醇的唯一碳源。乙酰 CoA 是葡萄糖、脂肪酸及氨基酸在线粒体内分解代谢的产物,同样需经柠檬酸 - 丙酮酸循环才能从线粒体转运至胞质,作为合成胆固醇的原料。每转运 1 分子乙酰 CoA,由柠檬酸裂解生成乙酰 CoA 时,需要消耗 1 分子 ATP。此外,在胆固醇合成时,还需 $NADPH+H^+$ 供氢,ATP 供能。每合成 1 分子胆固醇需消耗 18 分子乙酰 CoA、36 分子 ATP 及 16 分子 $NADPH+H^+$。乙酰 CoA 及 ATP 主要来自线粒体中糖的有氧氧化,而 $NADPH+H^+$ 主要来自磷酸戊糖通路。

（二）合成过程

胆固醇合成过程极其复杂,有近 30 步酶促反应,大致可分为三个阶段。

1. 甲羟戊酸的合成　在胞质中,2 分子乙酰 CoA,首先在乙酰乙酰 CoA 硫解酶催化下缩合生成乙酰乙酰 CoA,再在胞质中 HMG-CoA 合成酶催化下与另 1 分子乙酰 CoA 缩合生成 HMG-CoA。HMG-CoA 是合成胆固醇和酮体的重要中间产物。在线粒体中,3 分子乙酰 CoA 缩合成 HMG-CoA,裂解后生成酮体;而在胞质中生成的 HMG-CoA 则在内质网 HMG-CoA 还原酶(HMG-CoA reductase)的催化下,由 $NADPH+H^+$ 供氢,还原生成甲羟戊酸(mevalonic acid,MVA)或者称为甲戊羟二酸。HMG-CoA 还原酶是合成胆固醇的限速酶,该反应也是胆固醇生物合成的限速步骤。甲羟戊酸的合成过程如下:

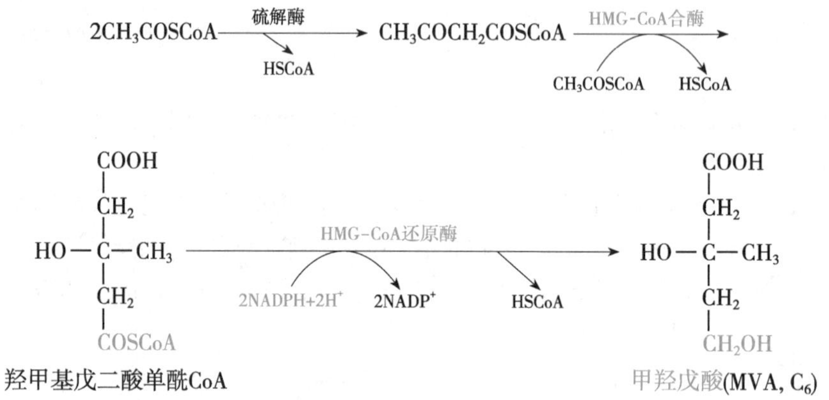

2. 鲨烯的合成　六碳化合物 MVA 经脱羧、磷酸化生成活泼的五碳化合物异戊烯焦磷酸(Δ^3-isopentenyl pyrophosphate,IPP)和二甲基丙烯焦磷酸(3,3-dimethylallyl pyrophosphate,DPP)。3 分子 5 碳焦磷酸化合物(IPP 及 DPP)缩合成 15 碳焦磷酸法尼酯(farnesyl pyrophosphate,FPP)。在内质网鲨烯合酶(squalene synthase)催化下,2 分子 15 碳焦磷酸法尼酯经再缩合、还原生成 30 碳多烯烃——鲨烯(squalene)。

3. 胆固醇的合成　鲨烯具有与固醇母核相近似的结构。鲨烯结合在胞质中固醇载体蛋白质(sterol carrier protein,SCP)上,经内质网单加氧酶、环化酶等作用,环化生成羊毛固醇。后者再经氧化、脱羧、还原等反应,以 CO_2 形式脱去 3 个碳原子,生成 27 个碳原子的胆固醇。合成途径见图 8-14。

（三）胆固醇合成的调节

在胆固醇生物合成过程中,HMG-CoA 还原酶是胆固醇合成的限速酶,对调节胆固醇的合成具有重要意义,各种因素对胆固醇合成的调节,主要是通过对 HMG-CoA 还原酶活性的影响来实现的。

HMG-CoA 还原酶存在于肝、肠及其他组织细胞的内质网,是由 887 个氨基酸残基组成的糖蛋白,分子量 97 000Da。其 N 端 35 000Da 的结构域含疏水氨基酸较多,借此固定在内质网膜上,C 端 62 000Da 的亲水结构域则位于胞质中,具有催化活性。动物实验发现,大鼠肝脏合成胆固醇具有昼夜节律性,午夜时合成最高,中午时合成最低。进一步研究发现,HMG-CoA 还原酶活性也具昼夜节律性,而且与胆固醇合成的周期节律相吻合。因此,胆固醇合成的周期节律性很可能就是 HMG-CoA 还原酶活性周期性改变的结果。胆固醇合成速率昼夜之间,可相差 4~5 倍。

HMG-CoA 还原酶活性受别构调节和化学修饰调节。胆固醇合成产物甲羟戊酸、胆固醇及胆固醇氧化产物 7β- 羟胆固醇、25- 羟胆固醇都是 HMG-CoA 还原酶的别构抑制剂。当摄入高胆固醇的食物后,肝脏中胆固醇含量升高时,可反馈性抑制 HMG-CoA 还原酶的活性,从而影响肝脏中胆固醇的合成速率。更为重要的是,胆固醇可以通过抑制 HMG-CoA 还原酶的合成来影响胆固醇合成。该酶在肝细胞的半衰期(half-life)约 4 小时,如果酶蛋白合成被阻断,酶蛋白含量在几小时内便降低,从而降低胆固醇的合成量。反之,如果肝细胞内胆固醇含量降低,对酶蛋白合成的抑制作用解除,胆固醇合成增加。

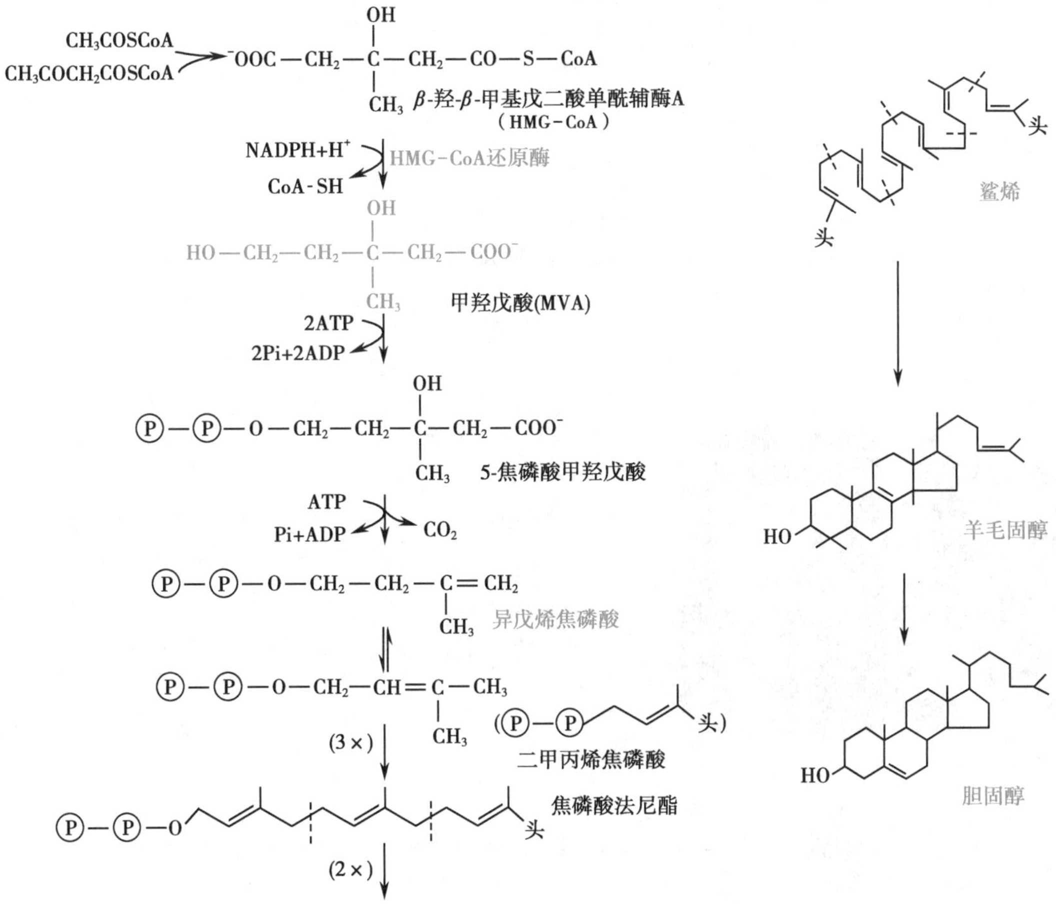

图 8-14 胆固醇的生物合成

HMG-CoA 还原酶具有特定的磷酸化位点,胞质 cAMP 依赖性蛋白激酶可使 HMG-CoA 还原酶磷酸化丧失活性,磷蛋白磷酸酶可催化磷酸化的 HMG-CoA 还原酶脱磷酸从而恢复酶活性。某些多肽激素如胰高血糖素能快速抑制 HMG-CoA 还原酶的活性而抑制胆固醇的合成,可能就是该酶磷酸化失活的结果。

餐食状态也可以影响胆固醇的合成。研究发现,大鼠禁食 48 小时,肝内胆固醇合成减少 11 倍,禁食 96 小时则减少 17 倍,但肝外组织的合成减少不多。禁食除使 HMG-CoA 还原酶活性降低外,乙酰 CoA、ATP、NADPH 等原料不足也是胆固醇合成减少的重要原因。相反,摄取高糖、高饱和脂肪膳食,肝 HMG-CoA 还原酶活性增加,原料充足,胆固醇合成增加。

胆固醇的生物合成速率,还受固醇载体蛋白质的控制,它可与鲨烯结合成水溶性中间产物,促进下一步酶催化反应的进行,从而有利于胆固醇的合成。

HMG-CoA 还原酶是降血脂药物设计的重要靶标,抑制该酶的活性,可以有效降低血浆总胆固醇水平,从而降低罹患心脑血管疾病的风险。目前已上市的降胆固醇药物有洛伐他汀(lovastatin)、普伐他汀(pravastatin)、辛伐他汀(simvastatin)等(图 8-15)。这些他汀(statin)药物分子中均有一个与甲羟戊酸相似的结构,这类药物是 HMG-CoA 还原酶的抑制剂,可以抑制内源性胆固醇的合成,从而降低患者体内胆固醇水平。有些患者对该药物的不良反应可以通过补充甲羟戊酸来缓解,表明他汀类药物对 HMG-CoA 还原酶具有高效的抑制作用。

甲羟戊酸（mevalonate）

| R₁=H | R₂=H | 康百汀（compactin） |

R₁=H	R₂=H	康百汀（compactin）
R₁=CH₃	R₂=CH₃	塞伐他汀（simvastatin）
R₁=H	R₂=OH	普伐他汀（pravastatin）
R₁=H	R₂=CH₃	洛伐他汀（lovastatin）

图 8-15　HMG-CoA 还原酶抑制剂结构

Konrad Bloch（左）和 Feodor Lynen（右）因从事有关胆固醇和脂肪酸代谢及其调节机制的研究，获得了 1964 年诺贝尔生理学或医学奖。他们发现了乙酰 CoA 是合成胆固醇的唯一碳源，阐明了胆固醇的合成过程。他们还发现了胆固醇是胆汁酸和性激素的前体分子。

思考题 8-9：血浆胆固醇升高的患者应怎样调整自己的膳食结构？理论根据是什么？

二、胆固醇的转化

胆固醇的母核——环戊烷多氢菲在体内不能被降解，但它的侧链可被氧化、还原或降解转变为其他具有环戊烷多氢菲母核的生理活性化合物，参与调节代谢或排出体外。

（一）胆固醇可转变为胆汁酸

胆固醇在体内代谢的主要去路是在肝细胞中转化成胆汁酸。正常人每天合成 1~1.5g 胆固醇，其中约 2/5 在肝中转化为胆汁酸，随胆汁经胆管排入十二指肠，具有促进脂质消化与吸收、抑制胆汁中胆固醇的析出等作用。

（二）胆固醇可转化为类固醇激素

胆固醇是类固醇激素的前体。体内一些内分泌腺，如肾上腺皮质、睾丸、卵巢等以储存在其胞内的胆固醇（酯）为原料合成和分泌相应的类固醇激素，在调节生理和导致病理过程中起着十分重要的作用。肾上腺皮质细胞储存有大量胆固醇酯，含量可达 2%~5%，90% 来自血液，10% 自身合成。肾上腺皮质球状带、束状带及网状带细胞以胆固醇为原料分别可合成醛固酮、皮质醇及雄激素。睾丸间质细胞可以胆固醇为原料合成睾酮，而卵泡内膜细胞和黄体则可以胆固醇为原料合成雌二醇及孕酮。

（三）胆固醇可转化为维生素 D₃

胆固醇在皮肤下被氧化生成 7- 脱氢胆固醇，即维生素 D₃ 前体，然后在紫外线照射下异构为维生素 D₃，也称胆钙化醇。维生素 D₃ 的主要生理功能是调节钙磷代谢。

Adolf Windaus 因研究胆固醇和维生素 D_3 的关系取得重要成果,而获得 1928 年诺贝尔化学奖。早在 1901 年即开始进行胆固醇结构的研究和测定工作,持续了约 30 年。1919 年他成功将胆固醇转化为胆酸,证明了胆汁酸与胆固醇密切相关。他还发现,胆固醇在紫外线照射下,可以经几个步骤后转化为维生素 D_3。

第七节 血浆脂蛋白代谢

一、血脂和血浆脂蛋白

血浆所含脂质统称为血脂,包括甘油三酯、磷脂、胆固醇及其酯,以及游离脂肪酸等。磷脂主要有卵磷脂(约 70%)、神经鞘磷脂(约 20%)和脑磷脂(约 10%)。血脂有两种来源,外源性脂质从食物摄取经消化吸收进入血液,内源性脂质由肝细胞、脂肪细胞及其他组织细胞合成后释放入血。血脂不如血糖恒定,受膳食、年龄、性别、职业以及代谢等影响,波动范围较大(表 8-3)。

表 8-3 正常成人空腹血脂的组成和含量

组成	血浆含量		空腹时主要来源
	mg/dl	mmol/L	
总脂	400~700(500)		
甘油三酯	10~150(100)	0.11~1.69(1.13)	肝
总胆固醇	100~250(200)	2.59~6.47(5.17)	肝
胆固醇酯	70~250(200)	1.81~5.17(3.75)	
游离胆固醇	40~70(55)	1.03~1.81(1.42)	
总磷脂	150~250(200)	48.44~80.73(64.58)	肝
卵磷脂	50~200(100)	16.1~64.6(32.3)	肝
神经鞘磷脂	50~130(70)	16.1~42.0(22.6)	肝
脑磷脂	15~35(20)	4.8~13.0(6.4)	肝
游离脂酸	5~20(15)		脂肪组织

脂质在体内的运输都是通过血液循环进行的。但脂质不溶于水,因此必须与载脂蛋白等结合形成可溶性的血浆脂蛋白,才能在血液中运输。从脂肪组织动员释放入血的游离脂肪酸,亦不溶于水,常与血浆中的清蛋白结合而运输,不列入血浆脂蛋白内。因此,血浆脂蛋白是脂质在血液中的存在形式,也是脂质在血液中的运输形式。

二、血浆脂蛋白的分类

各种血浆脂蛋白因所含脂质及蛋白质的不同,其理化性质如密度、颗粒大小、表面电荷、电泳行为,免疫学性质和生理功能均有不同。常用电泳法或超速离心法分别将血浆脂蛋白

ER0804

血浆脂蛋白的分类、性质、组成及功能

分为四类。

(一) 电泳法

电泳法主要根据不同脂蛋白的颗粒表面电荷和分子量不同,在电场中具有不同的迁移率。血浆脂蛋白经电泳分离后,用脂质染色剂染色,可分为四个染色区带:乳糜微粒(chylomicron,CM)、β- 脂蛋白(β-lipoprotein)、前β- 脂蛋白(pre-β-lipoprotein)、α- 脂蛋白(α-lipoprotein)(图 8-16)。一般常用滤纸、醋酸纤维素膜、琼脂糖或聚丙烯酰胺凝胶作为电泳支持物。乳糜微粒停留在原点(点样处)不移动,β- 脂蛋白相当于血浆蛋白β- 球蛋白的位置,前β- 脂蛋白位于β- 脂蛋白之前,相当于α_2- 球蛋白的位置,α- 脂蛋白泳动最快,相当于α_1- 球蛋白的位置。正常人电泳图谱上β- 脂蛋白多于α- 脂蛋白,而α- 脂蛋白又多于前β- 脂蛋白。前β- 脂蛋白含量少时,一般在电泳图谱上不明显。乳糜微粒仅在进食后才有,空腹时难以检出。

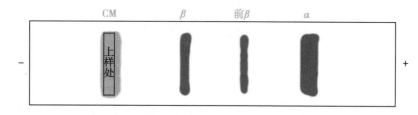

图 8-16　血浆脂蛋白的琼脂糖凝胶电泳谱图

思考题 8-10:乳糜微粒仅在进食后才有,空腹时难以检出。试推测其可能原因。

(二) 超速离心法

由于不同脂蛋白所含脂质和蛋白质的种类和数量不同,所以其密度各不相同。将血浆在一定密度的盐溶液中进行超速离心时,脂蛋白会因密度不同或漂浮或沉降。通常用 Svedberg 漂浮率(S)表示其上浮或下沉特性。血浆脂蛋白在密度为 1.063g/ml 的 NaCl 溶液中,26℃下,每秒每达因克离心力的力场下,每上浮 10^{-13}cm 即为 $1S$ 单位,即 $1S=10^{-13}$cm/(s·dyn·g)。根据 S 的不同,血浆脂蛋白可分为乳糜微粒(含脂最多,密度最小,<0.95g/ml,易于上浮而出现在离心管的上部)、极低密度脂蛋白、低密度脂蛋白(low density lipoprotein,LDL)和高密度脂蛋白(high density lipoprotein,HDL)这四类,分别相当于电泳分类中的 CM、前β- 脂蛋白、β- 脂蛋白和 α- 脂蛋白(图 8-17)。

除上述四类脂蛋白外,人血浆还有中密度脂蛋白(intermediate density lipoprotein,IDL)和脂蛋白(a)[lipoprotein(a),Lp(a)]。IDL 是 VLDL 在血浆中向 LDL 转化的中间产物,组成及密度介于 VLDL 及 LDL 之间,密度为 1.006~1.019g/ml。Lp(a)的脂质成分与 LDL 类似,蛋白质成分中,除含一分子载脂蛋白 B100 外,还含一分子载脂蛋白(a)[apolipoprotein(a)],是一类独立脂蛋白,由肝产生,不转化为其他脂蛋白。因蛋白质及脂质含量不同,HDL 还可分成亚类,主要有 HDL₂ 和 HDL₃,密度分别为 1.063~1.125g/ml 和 1.125~1.210g/ml。

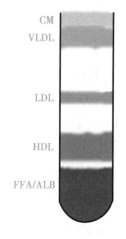

图 8-17　血浆脂蛋白超速离心分离示意图

三、血浆脂蛋白的结构

血浆脂蛋白主要由载脂蛋白和各种脂质(甘油三酯、磷脂和胆固醇及其酯)所组成。各类脂蛋白都含有这些成分,但载脂蛋白和脂质在不同脂蛋白的组成比例却大不相同。各种脂蛋白的密度大小与其组成中的蛋白质比例呈正相关。

迄今已从人血浆脂蛋白分离出 20 多种载脂蛋白,主要有 ApoA、B、C、D 及 E 等五大类。各种载脂蛋白在不同脂蛋白中的分布及含量也大不相同。如 ApoB48 是 CM 的特征性载脂蛋白,LDL 几乎只含 ApoB100,HDL 主要含 ApoA I 及 ApoA II。近年来的研究表明,载脂蛋

人血浆载脂蛋白的结构、分布、功能及含量

白不仅在结合和转运脂质及稳定脂蛋白的结构上发挥着重要作用,而且还可以调节脂蛋白代谢关键酶的活性,参与脂蛋白受体的识别,在脂蛋白代谢上发挥着极为重要的作用。

虽然血浆脂蛋白可以按照其电泳行为或密度分为 4 类,但它们却具有大致相似的基本结构(图 8-18)。它们都是以疏水性较强的甘油三酯和/或胆固醇酯为内核,而载脂蛋白、磷脂及游离胆固醇的单分子层覆盖于表面所形成的蛋白质脂质复合体。如前所述,磷脂和游离胆固醇均同时具备极性基团和非极性基团,可以借其非极性疏水基团与内部的疏水内核相连,而其极性基团朝外,与血浆直接接触。研究表明,大多数载脂蛋白如 Apo A I、ApoA II、ApoC I、ApoC II、ApoC III 和 ApoE 等均具双亲性 α 螺旋(amphipathic α-helix)结构。不带电荷的疏水性氨基酸残基构成 α 螺旋的非极性面,同样以疏水键与脂蛋白的疏水内核相连,而带电荷的亲水性氨基酸残基构成 α 螺旋的极性面,暴露于血浆之中,参与调节脂蛋白代谢关键酶的活性和脂蛋白受体的识别。载脂蛋白的这种双亲性 α 螺旋结构有利于载脂蛋白与脂质的结合并稳定脂蛋白的结构。CM 及 VLDL 主要以甘油三酯为内核,LDL 及 HDL 则主要以胆固醇酯为内核。HDL 的蛋白质含量最高,故大部分表面被蛋白质分子所覆盖,并与磷脂交错穿插。

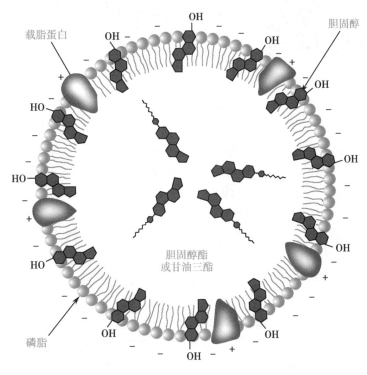

图 8-18 血浆脂蛋白结构示意图

四、血浆脂蛋白的功能及代谢途径

(一)乳糜微粒

CM 由小肠黏膜细胞合成,是外源性甘油三酯及胆固醇的主要运输形式。CM 的功能为运输外源性甘油三酯至骨骼肌、心肌、脂肪等组织,运输外源性胆固醇至肝。因此,其代谢途径也称为外源性脂质转运途径或外源性脂质代谢途径。

(二)极低密度脂蛋白和低密度脂蛋白

VLDL 主要由肝细胞合成,是运输内源性甘油三酯的主要形式;LDL 主要由 VLDL 在血浆中代谢转变而来,是转运肝合成的内源性胆固醇的主要形式。VLDL 及 LDL 代谢途径又称内源性脂质转运途径或内源性脂质代谢途径。

(三)高密度脂蛋白

HDL 主要由肝合成,小肠亦可合成部分。此外,在 CM 及 VLDL 代谢过程中,其表面的 ApoA I、ApoA II、

ApoA Ⅳ、ApoC 以及磷脂、胆固醇等脱离亦可形成新生 HDL。HDL 可按密度分为 HDL₁、HDL₂ 及 HDL₃。HDL₁ 也称为 HDLc，仅在摄取高胆固醇膳食后才在血中出现；正常人血浆主要含 HDL₂ 及 HDL₃。

血浆脂蛋白的
功能及代谢
途径

新生 HDL 的代谢过程实际上就是胆固醇的逆向转运（reverse cholesterol transport，RCT）过程，它将肝外组织细胞内的胆固醇，通过血液循环转运到肝，转化为胆汁酸排出，部分胆固醇也可直接随胆汁排入肠腔，血浆脂蛋白的具体代谢途径可参见二维码中的相关材料。

Michael Brown 和 Joseph Goldstein 因发现血液中的胆固醇（主要以 LDL 形式存在）通过细胞表面存在的 LDL 受体而被吸收从而获得了 1985 年诺贝尔生理学或医学奖。他们还发现如果细胞表面没有足够数量的 LDL 受体，将导致家族性高胆固醇血症等相关代谢病。他们的发现直接导致了他汀类药物的问世。

五、高脂血症与治疗

血浆脂质（胆固醇和 / 或甘油三酯）水平异常升高，超过正常范围上限称为高脂血症（hyperlipidemia）。由于血脂在血中以脂蛋白形式存在和运输，高脂血症也表现为不同类型的脂蛋白的升高。因此，高脂血症也可以认为是高脂蛋白血症（hyperlipoproteinemia）。正常人上限标准因地区、膳食、年龄、劳动状况、职业以及测定方法不同而有差异。一般以成人空腹 12~14 小时血甘油三酯超过 2.26mmol/L（200mg/dl），胆固醇超过 6.21mmol/L（240mg/dl），儿童胆固醇超过 4.14mmol/L（160mg/dl）为高脂血症标准。事实上，在高脂血症血浆中，一些脂蛋白脂质含量升高，而另外脂蛋白脂质含量可能降低。因此将高脂血症称为异常脂蛋白血症（dyslipoproteinemia）可能更为合理。1970 年世界卫生组织（WHO）建议将异常脂蛋白血症分为六型，其血浆脂蛋白及血脂的变化见表 8-4。

表 8-4　异常脂蛋白血症分型

分型	血浆脂蛋白变化	血脂变化	
Ⅰ	CM 增高	胆固醇 ↑	甘油三酯 ↑↑↑
Ⅱa	LDL 增加	胆固醇 ↑↑	
Ⅱb	VLDL 和 LDL 同时增加	胆固醇 ↑↑	甘油三酯 ↑↑
Ⅲ	IDL 增加（电泳时出现宽带）	胆固醇 ↑↑	甘油三酯 ↑↑
Ⅳ	LDL 增加		甘油三酯 ↑↑
Ⅴ	VLDL 和 CM 同时增加	胆固醇 ↑	甘油三酯 ↑↑↑

异常脂蛋白血症还可分为原发性和继发性两大类。原发性异常脂蛋白血症发病原因不明，已证明有些是遗传性缺陷。现已发现，参与脂蛋白代谢的调节酶如 LPL 及卵磷脂胆固醇酰基转移酶（LCAT），载脂蛋白如 ApoA Ⅰ、ApoB、ApoC Ⅱ、ApoC Ⅲ 和 ApoE，以及脂蛋白受体如 LDL 受体（LDLR）等的遗传性缺陷，都能导致血浆脂蛋白代谢异常，引起异常脂蛋白血症。已证实 LPL 缺陷可导致 Ⅰ 型或 Ⅴ 型异常脂蛋白血症；ApoC Ⅱ 基因缺陷而不能激活 LPL，可产生与 LPL 缺陷相似的脂蛋白异常血症；LCAT 缺陷导致胆固醇酯水平下降；ApoB 基因缺陷可导致血浆 VLDL、LDL 及 CM 含量降低；LDLR 缺陷可引起家族性高胆固醇血症等。其中 Brown 及 Goldstein 对 LDLR 的研究取得重大突破，他们不仅阐明了 LDLR 的结构和功能，而

且证明 LDLR 缺陷是引起家族性高胆固醇血症的重要原因,获得了 1985 年诺贝尔生理学或医学奖。LDLR 缺陷是常染色体显性遗传,纯合子细胞膜 LDLR 完全缺乏,杂合子 LDLR 数目减少一半,LDL 都不能正常代谢,血浆胆固醇分别高达 15.6~20.8mmol/L(600~800mg/dl)及 7.8~10.4mmol/L(300~400mg/dl);患者在 20 岁前就发生典型的冠心病症状。

继发性异常脂蛋白血症继发于其他疾病,如糖尿病、肾病和甲状腺功能减退等。当然,引起异常脂蛋白血症的原因很多,如大量食用糖类、动物油、含胆固醇多的食物等。但在同样高脂肪或高糖饮食的条件下,相较于体力劳动者,脑力劳动者的血浆胆固醇更容易增高。控制饮食(少食高胆固醇、高糖及动物油脂质食物)主要是减少外源性胆固醇,对内源性胆固醇和脂肪合成过多还应服用药物,如一些抑制脂质合成或促进脂质转化的药物进行治疗。对外源性脂质,也可用减少吸收或增加排泄的药物,以减少脂质在体内的蓄积,降血脂药物研究进展可参见二维码中的相关材料。

降血脂药物
研究进展

研究表明,血浆脂蛋白质与量的变化与动脉粥样硬化(atherosclerosis)的发生发展密切相关。其中血浆 LDL、VLDL 水平升高往往与动脉粥样硬化发病率呈正相关,而 HDL 则呈负相关。当血液中 LDL 含量升高时,其可在血管壁氧化形成 oxLDL。oxLDL 不能被 LDL 受体识别,但能被巨噬细胞和平滑肌细胞膜上的清道夫受体如 SR-A 和 CD36 等所识别结合而吞噬。oxLDL 能直接吸引循环中的单核细胞进入动脉壁。进入动脉壁的单核细胞在粒细胞 - 巨噬细胞集落刺激因子(granulocyte-macrophage colony-stimulating factor,GM-CSF)等诱导下分化为巨噬细胞,巨噬细胞通过清道夫受体迅速摄取 oxLDL,而清道夫受体不受细胞内胆固醇的下调作用,打破了巨噬细胞内胆固醇摄入与流出的动态平衡,导致巨噬细胞内胆固醇和胆固醇酯大量聚集而形成泡沫细胞,堆积于动脉分支或弯曲等处,促进动脉粥样硬化的发生。血浆 LDL 来自 VLDL 的降解,故 VLDL 水平升高可间接引起 LDL 的升高。此外,VLDL 可引起巨噬细胞内甘油三酯的堆积,因而对动脉粥样硬化的发生有促进作用。VLDL 残粒代谢受阻时,也可被巨噬细胞吞噬,从而促进泡沫细胞的形成。流行病学调查表明,血浆 HDL 浓度与动脉粥样硬化的发生呈负相关,其可能机制主要包括:HDL 可将肝外组织,包括动脉壁、巨噬细胞等组织细胞的胆固醇转运至肝,降低了动脉壁胆固醇含量,同时还具有抑制 LDL 氧化的作用等。

多不饱和脂肪酸如花生四烯酸、二十碳五烯酸(EPA)及二十二碳六烯酸(DHA)等都有显著的降低血清甘油三酯和总胆固醇的作用,用于治疗高脂血症,也适用于冠心病及脑血栓的防治。

近年来还发现,来自动物、植物、真菌等的多糖类物质具有降血脂及抗凝血作用。结缔组织的成分硫酸软骨素是酸性糖胺聚糖,它能增强脂蛋白脂肪酶的活性,使乳糜微粒中甘油三酯分解成脂肪酸,后者被氧化利用,使血中乳糜微粒减少而澄清,此外还具有抗凝血及抗血栓形成作用,对治疗动脉粥样硬化有一定效果。

案例分析:

患者,男,37 岁,体检时发现血脂升高。自述自幼发现身体有多处瘤状结节。无糖尿病及高血压史。体检发现其左肘关节处、双手手掌和右足跟腱处有黄色瘤。其母健在,血脂一直正常。其父 34 岁发现有高胆固醇血症,50 岁因急性心肌梗死去世。其兄现年 40 岁,35 岁时也发现有高胆固醇血症。实验室检查结果显示:血糖(GLU)5.88mmol/L,总甘油三酯(TG)2.3mmol/L,总胆固醇(TC)12.7mmol/L,HDL-C 1.32mmol/L,LDL-C 11.5mmol/L;GPT 30.1U/L,GOT 21.2U/L,血尿素氮(BUN)5.23mmol/L,肌酐(Cr)60.2μmol/L。

问题:

1. 根据上述材料,可以初步判定该患者患有何种疾病?

2. 该患者实验室检查各项指标意义何在? 其结果提示了什么?

3. 该患者后续可能会出现动脉粥样硬化、心肌梗死等心血管疾病,利用本章所学的知识,回答动脉粥样硬化可能与何种血浆脂蛋白代谢异常有关? 其代谢异常的具体表现及其可能致病机制是什么?

4. 利用本章所学的知识,推测该患者后续应该使用何种药物治疗? 除了药物治疗以外,患者在日常生活中还需要注意哪些方面?

小　　结

脂质是脂肪(甘油三酯)和类脂的总称。脂肪是人体含量最高的脂质,也是人体重要的营养素,主要功能是储能及供能。脂肪是由 3 分子脂肪酸和 1 分子甘油所构成的。脂肪酸是长链羧酸,通常含 14~20 个碳原子。根据是否具有双键可分为饱和脂肪酸和不饱和脂肪酸(包括含一个双键的单不饱和脂肪酸和含两个或两个以上双键的多不饱和脂肪酸)。脂肪酸主要存在于各种脂质中,很少以游离形式存在。前列腺素、血栓素和白三烯等生物活性物质都是多不饱和脂肪酸花生四烯酸的衍生物。

类脂包括磷脂、糖脂和胆固醇及其酯等。磷脂和糖脂均属于复合脂,都含有亲水头部和疏水尾部。甘油磷脂是含量最多的磷脂,两分子脂肪酸通过酯键与甘油相连,构成疏水尾部;含氮碱(如胆碱)通过磷酸二酯键与甘油第 3 个羟基相连,构成极性头部。鞘磷脂是由 1 分子长链脂肪酸,1 分子鞘氨醇或二氢鞘氨醇和 1 分子磷酸胆碱(或磷酸乙醇胺)所构成的磷脂。糖脂不含磷酸基团,含有糖基或寡糖链。磷脂是生物膜结构的主要成分,还参与细胞识别及信息传递(如磷脂酰肌醇)。胆固醇是动物体内的主要类固醇,是环戊烷多氢菲的衍生物,也是生物膜的重要组成成分,还是体内胆汁酸、类固醇激素乃至维生素的前体。

脂质消化主要在小肠上段,经各种脂酶及胆盐的共同作用,脂质被水解为甘油、脂肪酸及一些不完全水解产物,主要在空肠被吸收。吸收的甘油及中、短链脂肪酸,经门静脉进入血液循环;长链脂肪酸(12~26C)在小肠黏膜上皮细胞内再合成为脂肪,与 ApoB48、磷脂、胆固醇等形成 CM 后经淋巴进入血液循环。

储存在脂肪组织的脂肪经脂肪动员可水解生成甘油和脂肪酸。甘油在肝、肾、肠等组织经活化、脱氢生成磷酸二羟丙酮后,循糖代谢途径代谢。脂肪酸则主要在肝、肾、心肌、骨骼肌等组织代谢,释出大量能量,以 ATP 形式供机体利用。脂肪酸的分解需先活化,再通过肉碱转运脂酰基进入线粒体,经脱氢、加水、再脱氢及硫解 4 步反应的重复循环完成 β 氧化,生成乙酰 CoA,并最终彻底氧化。肝 β 氧化生成的乙酰 CoA 还能在线粒体中转化为酮体,但肝不能利用酮体,需经血液运至肝外组织氧化。长期饥饿时脑及肌组织主要靠酮体氧化供能。

甘油三酯是机体能量储存的主要形式。肝、脂肪组织及小肠是合成甘油三酯的主要场所。肝合成脂肪的能力最强,其以糖代谢中间产物为原料经甘油二酯途径合成脂肪。小肠黏膜细胞则以吸收的甘油一酯和脂肪酸为原料经甘油一酯途径合成脂肪。

人体脂肪酸合成的主要场所是肝。基本原料乙酰 CoA 需先经柠檬酸 - 丙酮酸循环转运出线粒体进入胞质,然后羧化为丙二酸单酰 CoA,再在胞质脂肪酸合酶系催化下,由 NADPH 供氢,通过缩合、还原、脱水、再还原 4 步反应的 7 次循环合成 16 碳软脂酸。更长碳链脂肪酸的合成需在肝细胞内质网和 / 或线粒体中通过对软脂酸的加工、延长完成。脂肪酸脱氢可生成不饱和脂肪酸,但人体不能合成亚油酸、亚麻酸、花生四烯酸等多不饱和脂肪酸,只能从食物摄取,因而称为必需脂肪酸。

甘油磷脂的合成以磷脂酸为重要中间产物,需 CTP 参与,有甘油二酯和 CDP- 甘油二酯两条途径。卵磷脂和脑磷脂主要经甘油二酯途径合成,而磷脂酰丝氨酸、磷脂酰肌醇和心磷脂主要经 CDP- 甘油二酯途径合成。甘油磷脂的降解由磷脂酶 A、B、C 和 D 催化完成。神经鞘磷脂的合成以软脂酰 CoA、丝氨酸和胆碱为基本原料,先合成鞘氨醇,再与脂酰 CoA、CDP- 胆碱合成神经鞘磷脂。

人体胆固醇的来源一是自身合成,二是从食物摄取。胆固醇合成以乙酰 CoA 为基本原料,先缩合生成 HMG-CoA,然后还原脱羧形成甲羟戊酸再磷酸化,进一步缩合成鲨烯,再环化转变为胆固醇。合成 1 分子胆固醇需 18 分子乙酰 CoA、16 分子 NADPH 及 36 分子 ATP。HMG-CoA 还原酶是胆固醇合成的调节酶。细胞内胆固醇含量是胆固醇合成的重要调节因素,无论是外源性还是自身合成,只要细胞内胆固醇含量升高,就能抑制胆固醇合成。胆固醇在体内可转化成胆汁酸、类固醇激素和维生素 D_3。

脂质不溶于水,以血浆脂蛋白形式运输。按超速离心法和电泳法可将血浆脂蛋白分为乳糜微粒、极低密度脂蛋白(前 β- 脂蛋白)、低密度脂蛋白(β- 脂蛋白)和高密度脂蛋白(α- 脂蛋白)。CM 主要转运外源性甘油三酯及胆固醇,VLDL 主要转运内源性甘油三酯,LDL 主要将肝合成的内源性胆固醇转运至肝外组织,而 HDL 则参与胆固醇的逆向转运。

血脂水平高于正常范围上限即为高脂血症,也可以认为是高脂蛋白血症。高脂血症可分为原发性和继发性两大类。继发性高脂血症是继发于其他疾病如糖尿病、肾病和甲状腺功能减退等。原发性高脂血症是原因不明的高脂血症,已证明有些是遗传性缺陷。研究表明,血浆脂蛋白质与量的变化与动脉粥样硬化的发生发展密切相关。其中,血浆 LDL、VLDL 水平升高往往与动脉粥样硬化发病率呈正相关,而 HDL 则呈负相关。

练习题

1. 简述脂肪酸 β 氧化的基本过程。
2. 在脂肪酸 β 氧化过程中,脂酰基是如何转运进入线粒体的?
3. 简述酮体生成的部位、亚细胞定位、原料以及酮体生成的生理意义。
4. 简述脂肪酸生物合成的原料、关键酶以及基本过程。
5. 脂肪酸合成原料乙酰 CoA 是如何从线粒体转运至胞质的?
6. 简述脂肪酸合成所受到的调节。
7. 肝、脂肪组织和小肠分别通过何种途径合成脂肪?
8. 简述不同甘油磷脂的生物合成途径。
9. 简述胆固醇生物合成的原料、关键酶以及基本过程。
10. 简述胆固醇在体内的代谢转变。
11. 何谓血浆脂蛋白? 简述其两种分类方法。
12. 简述各种血浆脂蛋白的主要生理功能。

(王学军)

第八章同步练习

第九章
蛋白质降解与氨基酸代谢

ER0901

第九章课件

蛋白质是生命活动的物质基础,是构成人体组织、器官的重要物质。人体内蛋白质合成的原料是氨基酸,体内氨基酸主要来源于食物蛋白质降解,此外还有体内组织蛋白质降解以及少量合成的氨基酸。氨基酸既可以用于合成核苷酸、激素、神经递质等多种重要含氮化合物,也可以脱掉氨基,转变成 α- 酮酸进入代谢网络,氨合成尿素排出体外。

第一节　蛋白质的营养作用

一、维持细胞组织的生长、发育与更新

蛋白质是细胞的主要成分,食物中的蛋白质主要作为营养物质,为人体提供氨基酸,用于维持组织生长、发育和更新作用。儿童必须摄入足量的蛋白质,才能保证身体正常生长发育,成人也必须摄入足量的蛋白质,才能维持组织蛋白质的更新,特别是组织损伤时,也需要从食物蛋白质获得修补的原料。体内酶、抗体、核酸、神经递质和多肽类激素等重要含氮化合物也不断更新,这些物质也是以食物蛋白质作为合成原料。

二、氧化供能

氨基酸不能够随尿液排出体外,体内也不能储存过多的氨基酸,因此当氨基酸过多的时候,氨基酸就会氧化分解产生能量。成人每天约有 18% 的能量来自氨基酸的氧化分解,蛋白质氧化供能的作用可以由糖或脂肪分解产能替代,因而氧化供能并不是蛋白质的主要营养作用,只是机体维持氮平衡的一种机制。

当机体处于饥饿状态的时候,会降解蛋白质释放氨基酸用于提供能量,每克蛋白质在体内氧化分解可释放 17kJ(约 4.1kcal)能量。这些氨基酸并不直接氧化供能,而是转变为葡萄糖或酮体,满足饥饿时对葡萄糖的需要或者由酮体进入能量代谢。

三、生理需要量

食物中蛋白质在维持组织生长、发育、更新,以及合成含氮化合物过程中发挥必不可少的作用,并且这些功能不能为糖和脂肪所替代,那么人体每日摄入多少蛋白质才能够满足需要,可以用氮平衡的方法

确定。

(一) 氮平衡

氮平衡(nitrogen balance)是指摄入蛋白质的含氮量与排泄物(主要为粪便和尿液)中含氮量之间的关系。它反映体内蛋白质合成与分解代谢的总结果,因此测定含氮量可以大概了解蛋白质在体内的代谢概况。氮平衡有总氮平衡、正氮平衡和负氮平衡 3 种关系。

1. 总氮平衡 摄入氮量等于排泄氮量,称为总氮平衡。表示体内蛋白质合成与分解相当,营养正常的成人表现总氮平衡状态。

2. 正氮平衡 摄入氮量大于排泄氮量,称为正氮平衡。表示体内蛋白质合成量大于分解量,儿童、孕妇及恢复期患者表现正氮平衡状态。

3. 负氮平衡 摄入氮量小于排泄氮量,称为负氮平衡。表示体内蛋白质合成量小于分解量,营养不良及消耗性疾病患者表现负氮平衡状态。

(二) 必需氨基酸

根据氮平衡实验技术,在不摄入蛋白质时,成人每天最少分解约 20g 蛋白质。然而摄入 20g 蛋白质却不能够补充体内分解的蛋白质。原因是食物蛋白质与人体蛋白质氨基酸组成的差异,人体需要摄入更多的食物蛋白质,才能够获得足够的营养必需氨基酸。

组成蛋白质的氨基酸有 20 种,从营养上分为必需氨基酸(essential amino acid)和非必需氨基酸(non-essential amino acid)两类。必需氨基酸是指机体需要,但是机体不能合成或合成量很少,不能满足需要,必须由食物供给的氨基酸。机体自身合成能够满足需要,不是必须由食物供给的氨基酸称为非必需氨基酸。不论必需氨基酸还是非必需氨基酸,都是生命活动必不可少的。不同动物的必需氨基酸的种类不同,人体必需氨基酸有赖氨酸、色氨酸、缬氨酸、苯丙氨酸、亮氨酸、异亮氨酸、苏氨酸和甲硫氨酸 8 种。目前认为组氨酸在人体内也是很难合成或合成量很少,因此也被称必需氨基酸或半必需氨基酸(His*)。

食物蛋白质在体内的利用率称为蛋白质的营养价值(nutrition value)。食物蛋白质营养价值的高低,主要取决于其必需氨基酸的种类和数量。不同食物蛋白质因其所含的必需氨基酸的种类和数量不同,其营养价值也高低各异。一般来说,动物蛋白质比植物蛋白质所含的必需氨基酸的种类和数量更接近人体蛋白质的组成,因此动物蛋白质的营养价值比植物蛋白质高。

(三) 食物蛋白质的互补作用

日常生活中,人们并不是只食用单一的蛋白质,而是摄入混合蛋白质,这样不同来源的蛋白质可以相互补充氨基酸的种类和数量,从而提高蛋白质在体内的利用率,称为蛋白质的互补作用。如谷类含赖氨酸较少,含色氨酸相对较多,而豆类含赖氨酸较多,相对含色氨酸较少。这两类食物如果单独食用,蛋白质的营养价值都不太高,如果混合食用就可以相互补充必需氨基酸,提高营养价值(表 9-1)。

表 9-1 蛋白质的营养价值和互补作用

食物蛋白质	营养价值	食物蛋白质	营养价值 单独用	混合用
鸡蛋	94	豆腐	65	77
牛奶	85	面筋	67	
猪肉	74	小麦	67	
红薯	72	小米	57	89
玉米	57	大豆	64	
白菜	76	牛肉	64	
面粉	47	面粉 + 赖氨酸		71

(四) 蛋白质的需要量

根据氮平衡实验计算,一个正常成人食用不含蛋白质的膳食,大约 8 天之后,每天排出的氮量逐渐趋于恒定,此时,每千克体重每日排出的氮量约为 53mg,故一位 60kg 体重的成人每日蛋白质的最低分解量约为 20g。由于食物蛋白质与人体蛋白质组成的差异,经消化、吸收的氨基酸不可能全部被利用,为了维持人体氮的总平衡,成人每日蛋白质的最低生理需要量为 30~50g。要长期保持总氮平衡,我国营养学会推荐成人每日蛋白质需要量为 80g。

第二节 蛋白质的消化、吸收与腐败

一、食物蛋白质的消化

食物中的蛋白质不能直接被机体吸收利用,需要经过消化过程。食物蛋白质消化的意义:①使大分子蛋白质转变成小分子,便于吸收利用;②消除食物蛋白质的抗原性,避免食物蛋白质引起过敏反应或毒性。

食物中蛋白质的消化过程是指蛋白质经过消化道中各种蛋白酶和肽酶的作用,水解成寡肽和氨基酸的过程。口腔中没有水解蛋白的酶类,食物蛋白质的消化从胃开始,主要消化过程是在小肠中,食物蛋白质的消化基本过程如下。

$$\text{食物蛋白质} \xrightarrow[\text{胃}]{\text{水解酶}} \text{腖及多肽} \xrightarrow[\text{肠}]{\text{水解酶}} \text{寡肽和氨基酸}$$

(一) 胃中的消化

食物蛋白质进入胃后经胃蛋白酶(pepsin)作用水解成多肽及少量氨基酸。胃蛋白酶由胃黏膜主细胞合成并分泌,以胃蛋白酶原(pepsinogen)形式分泌,在胃酸的作用下水解掉 N 端 42 个氨基酸残基,被激活成有活性的胃蛋白酶。已经激活的胃蛋白酶还能激活胃蛋白酶原转变为胃蛋白酶,称为自身激活作用(autocatalysis)。胃蛋白酶的最适 pH 为 1.5~2.5,在酸性胃液环境中,蛋白质变性暴露出肽键,有利于蛋白质的水解。胃蛋白酶对肽键的特异性较低,主要水解由芳香族氨基酸、甲硫氨酸或亮氨酸等残基所形成的肽键。胃蛋白酶对乳汁中的酪蛋白具有凝乳作用,可使乳汁中的酪蛋白(casein)与 Ca^{2+} 形成乳凝块,使乳汁在胃中的停留时间延长,有利于乳汁中蛋白质在婴幼儿胃中充分消化。

$$\text{胃蛋白酶原} \xrightarrow[\text{或胃蛋白酶}]{\text{HCl}} \text{胃蛋白酶}$$

(二) 小肠中的消化

蛋白质的消化主要在小肠进行,食物蛋白质在胃中停留的时间较短,消化很不完全。胃中消化不完全及未被消化的蛋白质进入小肠,在胰腺及肠黏膜细胞分泌的多种蛋白酶和肽酶的共同作用下,进一步水解成寡肽和氨基酸。

进入小肠的蛋白质消化主要由胰腺分泌的胰酶来完成。胰液中的蛋白酶基本上分为内肽酶(endopeptidase)和外肽酶(exopeptidase)两大类,这些酶的最适 pH 为 7.0 左右。内肽酶包括胰蛋白酶(trypsin)、糜蛋白酶(chymotrypsin)和弹性蛋白酶(elastase),可特异地水解蛋白质内部的一些肽键。外肽酶主要包括羧肽酶 A(carboxypeptidase A)和羧肽酶 B,它们自肽链的羧基末端的氨基酸开始,每次水解脱去一个氨基酸。

胰腺细胞最初分泌的各种蛋白水解酶,无论是内肽酶还是外肽酶,都是以酶原的形式进入十二指肠,之后胰蛋白酶原由十二指肠黏膜细胞分泌的肠激酶激活。肠激酶(enterokinase)也是一种蛋白水解酶,特异地作用于胰蛋白酶原,从其氨基末端水解掉 6 个氨基酸残基的六肽,生成有活性的胰蛋白酶。人体内胰蛋白酶的自身激活作用很弱,但能迅速激活糜蛋白酶原、弹性蛋白酶原和羧肽酶原。胰液中各种蛋白酶最初均以酶原的形式存在,同时胰液中还存在胰蛋白酶抑制剂,这样能保护胰腺组织避免受到蛋白酶的自身消化(图 9-1)。

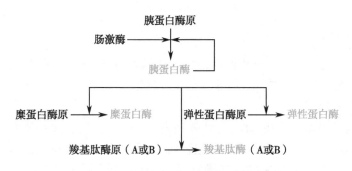

图 9-1　胰液中各种蛋白水解酶的激活

蛋白质经胃液和胰液中各种蛋白酶的消化，所得产物中仅有 1/3 为氨基酸，其余为寡肽，寡肽的水解主要在小肠黏膜细胞内进行。小肠黏膜细胞的刷状缘和胞质中存在两种寡肽酶（oligopeptidase）：氨基肽酶（aminopeptidase）和二肽酶（dipeptidase）。氨基肽酶从肽链的氨基末端逐个水解出氨基酸，最后生成二肽。二肽再经二肽酶水解，最终生成氨基酸。

（三）蛋白质水解酶作用的特异性

蛋白质水解酶对不同氨基酸组成的肽链有一定的专一性。如胰蛋白酶水解由赖氨酸和精氨酸等碱性氨基酸残基的羧基组成的肽键，糜蛋白酶水解由芳香族氨基酸残基的羧基组成的肽键。胃蛋白酶对肽键的特异性相对较差，主要水解由芳香族氨基酸以及其他疏水性氨基酸残基（如甲硫氨酸和亮氨酸等）的氨基形成的肽键。而弹性蛋白酶主要水解由脂肪族氨基酸残基的羧基组成的肽键。羧肽酶 A 主要水解除脯氨酸、精氨酸、赖氨酸以外的多种氨基酸组成的羧基末端肽键，而羧肽酶 B 主要水解由碱性氨基酸组成的羧基末端肽键（图 9-2）。

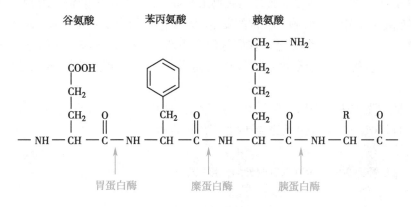

图 9-2　蛋白水解酶作用的特异性

食物中蛋白质在胃肠道经多种蛋白水解酶的共同作用，最后完全水解为氨基酸，蛋白质消化过程小结如下。

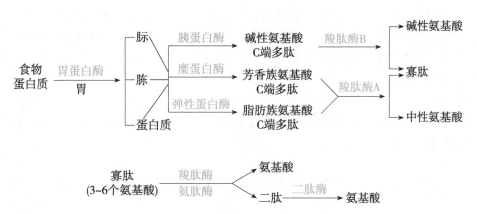

二、氨基酸的吸收

食物中蛋白质在胃肠道中经酶的催化作用,水解成氨基酸和寡肽。寡肽和氨基酸都可以被吸收,吸收机制尚未完全阐明。一般认为氨基酸的吸收主要为主动转运。

(一) 氨基酸的主动转运

氨基酸的主动转运过程需要消耗 ATP,并伴随钠离子的转运。肠黏膜细胞膜上具有转运氨基酸的载体,它们与氨基酸和钠离子形成复合体,转入细胞膜内,钠离子则由钠泵排出细胞外。不同侧链结构的氨基酸通过不同的载体转运吸收,小肠黏膜刷状缘转运蛋白包括中性氨基酸转运蛋白(分为极性氨基酸和疏水性氨基酸)、碱性氨基酸转运蛋白、酸性氨基酸转运蛋白、亚氨基酸转运蛋白、β- 氨基酸转运蛋白等。结构相似的氨基酸由同一载体转运,因此在吸收过程中相互竞争结合载体,含量多的氨基酸,转运的量就相对大一些。氨基酸的主动转运,不仅存在于小肠黏膜细胞,类似的作用也存在于肾小管细胞、肌细胞等细胞膜上,这对于细胞富集氨基酸具有重要的作用。

(二) 肽的吸收

肽的吸收机制与氨基酸完全不同,在动物体内寡肽(二肽和三肽)可能存在 3 种转运机制。

1. 依赖氢离子或钙离子浓度的主动转运　在兔、小鼠、猪和人的空肠上皮细胞刷状缘膜囊中存在肽的主动加速转运,Ca^{2+} 对这种逆 H^+ 梯度转运有一定的作用,可能与 Ca^{2+} 能激活 ATP 酶有关。这种方式需消耗 ATP,在缺氧和添加代谢抑制剂的情况下被抑制。

2. 依赖 pH 的氢离子或钠离子的交换转运　小肽转运的动力来源于质子的电化学梯度,不需消耗 ATP。位于小肠上皮细胞刷状缘顶端钠氢交换体(Na^+/H^+ exchanger, NHE)的活动引起质子活动。当小肽以易化扩散方式进入细胞,导致细胞内 pH 下降,从而使钠氢交换体活化而释放出氢离子,使细胞内 pH 恢复到原来的水平。当缺少氢离子时,小肽的吸收依靠膜外的底物浓度进行;当细胞外氢离子浓度高于细胞内时,则通过产电共转运系统逆底物浓度转运。细胞去极化的发生和静息电位的恢复主要由 Na^+/H^+ 交换系统完成。

3. 谷胱甘肽转运　谷胱甘肽在细胞内有抗氧化作用,因而这一转运系统可能具备独特的生理意义,但其机制目前并不十分清楚。目前认为谷胱甘肽转运系统与钠、钾、钙、锰离子的浓度梯度有关,而与氢离子的浓度无关。

而对于较大的肽的吸收机制提出的假设有:对亲水性肽利用细胞间隙或孔隙进行扩散;对疏水性肽利用细胞膜的脂质进行扩散,上皮细胞的胞饮或内吞作用进行吸收。

思考题 9-1:请解释蚓激酶口服制剂有效性的作用机制。

三、蛋白质的腐败

食物中的蛋白质,大约 95% 被消化吸收。未被消化的蛋白质及未被吸收的氨基酸,在大肠下部都会受肠道细菌分解。肠道细菌对肠道中未消化的蛋白质及未吸收的氨基酸的分解作用称为腐败作用(putrefaction)。实际上,腐败作用是肠道细菌本身的代谢过程,以无氧分解为主,包括脱羧基作用和脱氨基作用。腐败作用的产物,有些对人体具有一定的营养作用,如脂肪酸、维生素 K 和维生素 PP 等,可被机体吸收、利用。但大多数产物对人体是有害的,如胺类(amine)、氨(ammonia)、酚类(phenol)、吲哚(indole)、甲基吲哚、硫化氢、甲烷及二氧化碳等。

(一) 氨的生成

未被消化的蛋白质经肠道细菌蛋白酶水解生成氨基酸,在肠道细菌的作用下,通过脱氨基作用生成氨,这是肠道氨的重要来源之一。

$$R{-}\underset{\underset{NH_2}{|}}{CH}{-}COOH \xrightarrow[+2H]{肠菌} R{-}CH_2{-}COOH + NH_3$$

$$H_2N-CO-NH_2 \xrightarrow[\substack{+H_2O}]{肠菌} CO_2 + 2NH_3$$

（二）胺类的生成

肠道中氨基酸再经细菌氨基酸脱羧酶的作用,脱去羧基生成有毒的胺类物质,如组氨酸脱羧基生成组胺,赖氨酸脱羧基生成尸胺,色氨酸脱羧基生成色胺,酪氨酸脱羧基生成酪胺,苯丙氨酸脱羧基生成苯乙胺。这些腐败产物大多具有毒性,如尸胺和组胺具有降低血压的作用,色胺具有升高血压的作用。这些有毒物质通常经肝代谢转化为无毒形式排出体外。酪氨酸和苯丙氨酸脱羧基生成的酪胺和苯乙胺若不能在肝内及时转化,则易进入脑组织,在 β- 羟化酶作用下转化为 β- 多巴胺(羟酪胺)和苯乙醇胺。由于它们的化学结构类似于脑内的一类神经递质——儿茶酚胺,故称假神经递质(图 9-3)。

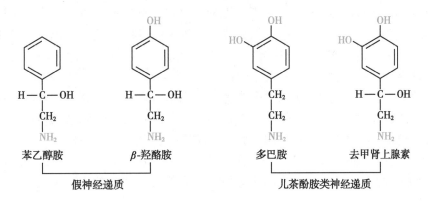

图 9-3　假神经递质与儿茶酚胺类神经递质结构比较

思考题 9-2 :假神经递质对人体有哪些可能的危害?

（三）其他有害物质的生成

除胺类和氨以外,通过腐败作用还可产生其他有害物质,如酪氨酸可产生苯酚;色氨酸可产生吲哚及甲基吲哚,导致粪便臭味;半胱氨酸可分解生成硫化氢,导致消化不良、腹胀等。正常情况下,腐败作用产生的上述有害物质大部分随粪便排出,只有小部分被吸收入血,经肝脏代谢转变而解毒,故不会发生中毒现象。但习惯性便秘、肠梗阻、食物中蛋白质过量或消化吸收障碍时,腐败产物吸收增加,严重时可产生中毒现象。

第三节　细胞内蛋白质的降解

机体虽然依靠食物蛋白质获取氨基酸,但机体的氨基酸代谢库中的游离氨基酸并非全部来自食物蛋白质。在人体的生命活动中,蛋白质被不断地降解和重新合成。因此,机体氨基酸代谢库亦包含由体内蛋白质降解所产生的氨基酸。

尽管细胞内存在与肠道消化食物蛋白质的酶相似的酶,如内肽酶、氨肽酶和羧肽酶。然而,这些酶并不能任意水解细胞内的蛋白质,否则细胞将被迅速破坏。细胞内蛋白质降解主要通过两条途径,即不依赖 ATP 的溶酶体降解途径和依赖 ATP 的泛素 - 蛋白酶体途径。

一、体内蛋白质的寿命

所有生命体的蛋白质都在不断更新。体内蛋白质的不断降解与合成的动态平衡,称为蛋白质转换。人体每日更新体内蛋白质总量的 1%~2%,其中主要是肌肉蛋白质。70%~80% 释放的氨基酸被重新利用,合成蛋白质,剩下的 20%~25% 被降解。

体内的任何一种蛋白质都不会长期存在而不被降解。换言之,体内的任何蛋白质都会被降解,只是不同蛋白质的降解速率不同,因而在细胞内有长寿蛋白质和短寿蛋白质。蛋白质降解速率是用半衰期(half-life,$t_{1/2}$)来表示的,半衰期是指将其浓度减少到开始值的 50% 所需要的时间。不同蛋白质的半衰期不同。例如,人肝中蛋白质的半衰期短的小于 30 分钟,长的大于 150 小时,肝中大部分蛋白质的半衰期为 1~8 天;血红蛋白、结缔组织中的一些蛋白质的半衰期可达 180 天以上。

二、溶酶体途径

细胞外和细胞内长寿蛋白质在溶酶体内通过 ATP 非依赖途径降解,细胞内的溶酶体(lysosome)的主要功能是进行细胞内消化,可降解从细胞外摄入的蛋白质、细胞膜蛋白和胞内长寿蛋白质。溶酶体含有多种蛋白酶,称为组织蛋白酶(cathepsin)。根据完成生理功能的不同阶段可将溶酶体分为初级溶酶体、次级溶酶体和残体。初级溶酶体由高尔基体分泌形成,含有多种水解酶原,只有当溶酶体破裂或其他物质进入,酶才被激活。初级溶酶体内的水解酶包括蛋白酶(组织蛋白酶)、核酸酶、脂酶、磷酸酶、硫酸酯酶、磷脂酶类等 60 余种,这些酶均属于酸性水解酶,反应的最适 pH 为 5 左右。初级溶酶体膜有质子泵,将 H^+ 泵入溶酶体,使其 pH 降低。次级溶酶体是正在进行或完成消化作用的消化泡,内含水解酶和相应底物,异噬溶酶体消化外源的物质,自噬溶酶体消化来自细胞本身的各种组分。残体又称后溶酶体,已失去酶活性,仅留未消化的残渣。残体可通过外排作用排出细胞,也可能留在细胞内逐年增多。

具有摄入胞外物质能力的细胞可通过内吞作用摄入胞外的蛋白质,由溶酶体的组织蛋白酶将其降解。溶酶体亦可清除细胞自身无用的生物大分子、衰老的细胞器等,即自体吞噬过程,并将所吞噬的蛋白质降解。

三、蛋白酶体途径

细胞内的异常蛋白质和短寿蛋白质主要通过依赖 ATP 的泛素 - 蛋白酶体途径降解。降解过程包括两个阶段:首先是泛素与被选择降解的蛋白质共价连接,然后是蛋白酶体(proteasome)识别被泛素标记的蛋白质并将其降解。

泛素(ubiquitin)是一个由 76 个氨基酸残基组成的多肽,因其广泛存在于真核细胞而得名。泛素与底物蛋白质的共价连接使蛋白质带上了泛素标记,称为泛素化。泛素化是通过 3 个酶促反应而完成的(图 9-4)。第一个反应是泛素 C 末端的羧基与泛素激活酶(E_1)的半胱氨酸通过硫酯键结合,这是一个需要 ATP 的反应,此反应将泛素分子激活。在第二个反应中,泛素分子被转移至泛素结合酶(E_2)的巯基上。随后,由泛素蛋白连接酶(E_3)识别待降解蛋白质,并将活化的泛素转移至蛋白质的赖氨酸的 ε- 氨基,形成异肽键。而此泛素分子中赖氨酸的 ε- 氨基又可被连接上下一个泛素,如此重复反应,可连接多个泛素分子,形成泛素链。

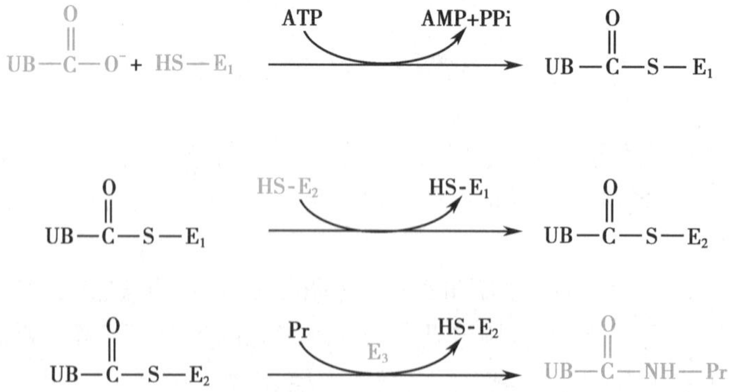

UB:泛素;E_1:泛素活化酶;E_2:泛素携带蛋白质;
E_3:泛素蛋白连接酶;Pr:被降解的蛋白质

图 9-4 蛋白质泛素化的 3 步级联反应

蛋白酶体是一个 26S 的蛋白质复合物,是存在于细胞核和细胞质内的 ATP 依赖性蛋白酶,由 20S 核心颗粒(core particle,CP)和 2 个 19S 调节颗粒(regulatory particle,RP)组成。核心颗粒(CP)是由 2 个 α 环和 2 个 β 环组成的圆柱体,中心形成一个空腔。β 环中有 3 个 β 亚基具有蛋白酶活性,可催化不同的蛋白质降解。2 个调节颗粒(RP)分别位于圆柱形核心颗粒的两端,形成空心圆柱的盖子,调节颗粒中的一些亚基可识别、结合待降解的泛素化蛋白,另一些亚基具有 ATP 酶活性,与蛋白质的去折叠、使蛋白质定位在核心颗粒有关。当泛素化的蛋白质与调节颗粒的泛素识别位点结合后,调节颗粒底部的 ATP 酶水解 ATP 获取能量,使蛋白质去折叠,去折叠的蛋白质被转位至核心颗粒的中心腔,β 亚基内表面的活性部位水解蛋白链的特异肽键,产生一些由 7~9 个氨基酸残基组成的肽链。多肽被进一步水解生成氨基酸。调节颗粒能释放泛素,因而泛素可重复使用(图 9-5)。

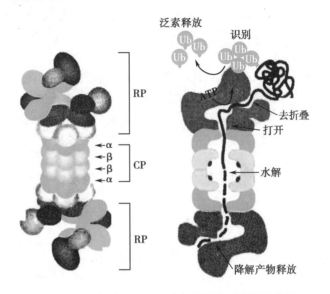

蛋白酶体抑制剂与抗肿瘤药物研究

图 9-5　蛋白酶体结构及泛素标记蛋白质降解示意图

以色列科学家 Aaron Ciechanover(左一),Avram Hershko(左二)和美国科学家 Irwin Rose(右一)因发现泛素调节的蛋白质降解被授予 2004 年诺贝尔化学奖。泛素控制的蛋白质降解具有重要的生理意义,不仅能清除错误的蛋白质,对细胞生长周期、DNA 复制以及染色体结构也都有重要的调控作用。

　　根据泛素 - 蛋白酶体系统对靶蛋白进行降解的原理,Crews 团队于 2001 年开发了蛋白质水解靶向嵌合体(proteolysis-targeting chimeras,PROTAC)技术。PROTAC 是一种双功能分子,由靶蛋白配体、E₃ 泛素连接酶配体以及连接两个配体的“连接链(Linker)”三部分组成。PROTAC 通过其两端的配体分别与靶蛋白和 E₃ 连接酶结合而形成稳定的三元复合物,将靶蛋白进行泛素标记,泛素化的靶蛋白被细胞内的蛋白酶体识别并降解。PROTAC 的分子设计,包括靶蛋白配体、E₃ 泛素连接酶、连接链种类及连接位点的选择和优化等。

　　PROTAC 技术极大程度上扩大了药物靶点的选择范围,并为解决传统小分子抑制剂无法解决的棘手问题提供了强有力的解决方案。迄今为止,针对 70 多个疾病靶标已经发现了大量降解剂,针对雌激素受体和雄激素受体的降解物已经进入Ⅲ期临床(ARV-471)。

　　其他新兴的靶向蛋白降解技术也借此得到了快速发展。例如溶酶体靶向嵌合体(LYTAC)、基于抗体的 PROTAC(AbTAC)、自噬靶向嵌合体(AUTAC)、自噬束缚化合物(ATTEC)、分子胶、光控 PROTAC 和疏水标记小分子,也被引入作为化学调节细胞内蛋白质稳态的重要补充。

第四节　氨基酸的一般代谢

一、体内氨基酸代谢库

通过消化食物蛋白质而吸收的氨基酸,称为外源性氨基酸。体内蛋白质降解产生的氨基酸以及少量在体内合成的氨基酸,称为内源性氨基酸。外源性氨基酸和内源性氨基酸混在一起,分布在体内参与代谢,称为氨基酸代谢库(amino acid metabolic pool),满足组织对氨基酸的需要。氨基酸的代谢去路包括合成机体组织蛋白质,转变为嘌呤、嘧啶、多肽类激素、神经递质等含氮化合物,氧化分解产生能量,或者转化为糖和脂肪等。

组成蛋白质的 20 种基本氨基酸在化学结构上都含有 α- 氨基(脯氨酸除外)和 α- 羧基,因此它们有共同的分解代谢规律。氨基酸脱掉氨基,形成 α- 酮酸。脱下的氨基合成尿素排出体外,或参与体内重要含氮化合物合成。氨基酸脱氨基后生成的 α- 酮酸可以再合成氨基酸或转变成糖、乙酰 CoA 和酮体等,也可能氧化成 CO_2 和 H_2O,并释放出能量,氨基酸在体内代谢过程如图 9-6 所示。

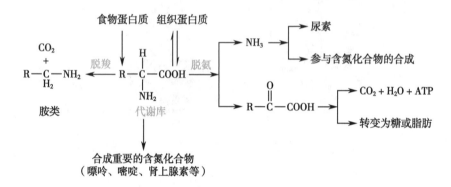

图 9-6　氨基酸在体内代谢过程

二、氨基酸的脱氨基作用

(一) 氧化脱氨

在酶的催化下,氨基酸脱氨生成酮酸,此过程伴有氧化反应,这种作用称为氧化脱氨。参与氧化脱氨作用的酶有氨基酸氧化酶、甘氨酸氧化酶和 L- 谷氨酸脱氢酶等。

1. 氨基酸氧化酶　氨基酸氧化酶有 L- 型和 D- 型两类。L- 氨基酸氧化酶催化 L- 氨基酸氧化脱氨基,反应分两步进行:先由 L- 氨基酸氧化酶催化 L- 氨基酸脱氢,产生亚氨基酸;亚氨基酸在水中不稳定,自发分解成 α- 酮酸和氨。L- 氨基酸氧化酶属脱氢酶,辅基是 FAD 或 FMN,两者接受氢后直接将氢传递给氧,产生过氧化氢。L- 氨基酸氧化酶在体内分布不广,活性较弱。D- 氨基酸氧化酶催化 D- 氨基酸脱氨,辅基是 FAD,主要存在于肾脏中。

$$\underset{\text{COOH}}{\overset{\text{R}}{|}}\text{HC}-\text{NH}_2 + H_2O \xrightarrow[O_2]{\text{氨基酸氧化酶}} \underset{\text{COOH}}{\overset{\text{R}}{|}}\text{C}=\text{O} + NH_3 + H_2O_2$$

2. 甘氨酸氧化酶　甘氨酸氧化酶只能催化甘氨酸脱氨,产生乙醛酸和氨,辅基是 FAD。

$$\underset{\text{COOH}}{|}H_2N-CH_2 + 1/2 O_2 \xrightarrow{\text{甘氨酸氧化酶}} \underset{\text{COOH}}{|}HC=O + NH_3$$
$$\text{甘氨酸} \qquad\qquad\qquad\qquad \text{乙醛酸}$$

3. L- 谷氨酸脱氢酶　L- 谷氨酸脱氢酶以 NAD^+ 或 $NADP^+$ 为辅酶，催化 L- 谷氨酸氧化脱氢，产生 α- 酮戊二酸和氨。反应可逆进行，平衡点偏向合成谷氨酸，这是工业发酵生产味精的主要原理。L- 谷氨酸脱氢酶分布广，活力强，但特异性很高，只能催化 L- 谷氨酸脱氨，不能催化其他氨基酸。

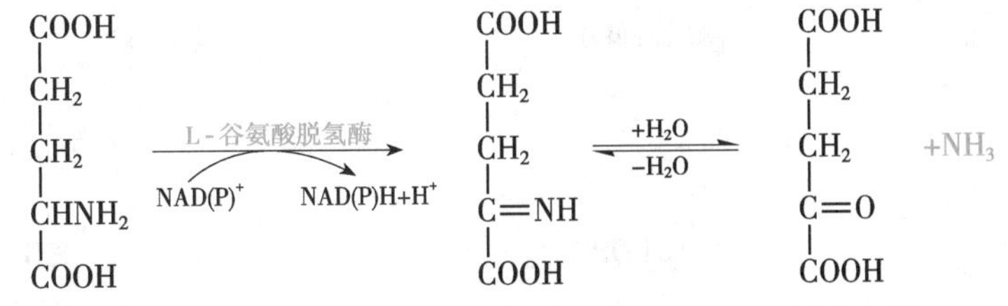

L-谷氨酸　　α-亚氨基戊二酸　　α-酮戊二酸

(二) 转氨作用

大多数氨基酸在肝水解的第一步都是通过转氨作用脱氨，即将其氨基转移给一个 α- 酮酸，产生与原氨基酸相应的酮酸和一个新的氨基酸。催化转氨作用的酶称为氨基转移酶（aminotransferase）或转氨酶（transaminase）。转氨酶的种类很多，不同的氨基酸各有特异的转氨酶催化转氨反应。除甘氨酸、赖氨酸和组氨酸外，其余 α- 氨基酸均可参加转氨作用，并各自有其特异的酶。转氨反应通式如下：

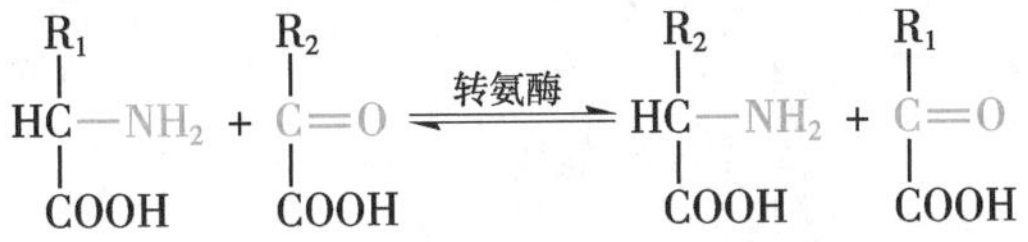

大多数转氨酶需要 α- 酮戊二酸作为氨基的受体，新生成的氨基酸是谷氨酸，这样通过转氨作用，大多数氨基酸中的氨基被转移到谷氨酸中了，谷氨酸作为氨基的供体排出体外或用于生物合成途径。最常见的转氨酶有两种：①丙氨酸可通过转氨，将氨基转移给 α- 酮戊二酸，生成谷氨酸，丙氨酸脱掉氨基生成丙酮酸，该酶称为谷丙转氨酶（glutamic-pyruvic transaminase，GPT），又称丙氨酸转氨酶（alanine aminotransferase，ALT）；②谷氨酸中的氨基还可以再经过第二个转氨反应转移给草酰乙酸，产生天冬氨酸，该酶称为谷草转氨酶（glutamic-oxaloacetic transaminase，GOT），又称天冬氨酸转氨酶（aspartate aminotransferase，AST）。

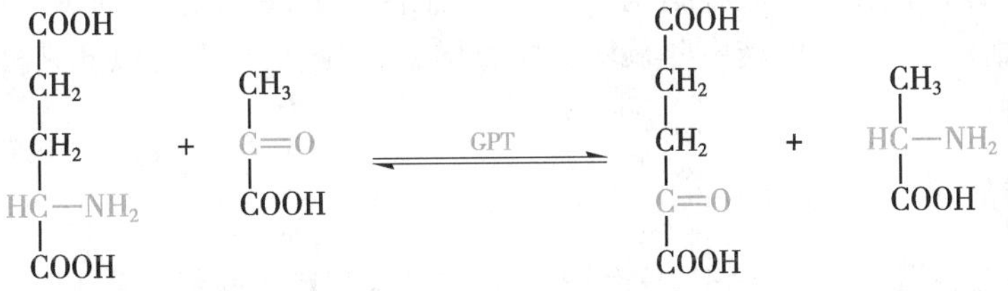

谷氨酸　　丙酮酸　　α-酮戊二酸　　丙氨酸

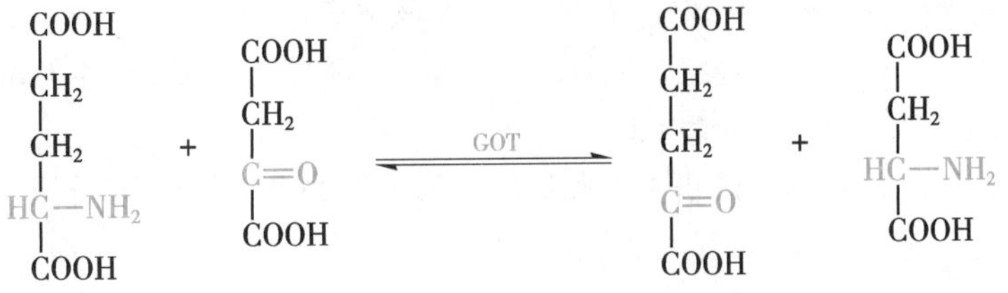

谷氨酸　　草酰乙酸　　α-酮戊二酸　　天冬氨酸

转氨酶需要辅酶磷酸吡哆醛（pyridoxal-5′-phosphate，PLP）。磷酸吡哆醛是维生素 B_6 的磷酸酯，磷酸吡哆醛接受氨基酸分子中的氨基转变成磷酸吡哆胺，氨基酸成为相应的 α- 酮酸。磷酸吡哆胺进一步将氨基转移给另一种 α- 酮酸生成新的氨基酸，同时磷酸吡哆胺又变回磷酸吡哆醛。磷酸吡哆醛是氨基酸分解和合成过程中的一种氨基转移体，转氨作用机制大致如下。

$$HOOC-\overset{\overset{\displaystyle H}{|}}{\underset{\underset{\displaystyle R_1}{|}}{C}}-NH_2 + O=C\text{（磷酸吡哆醛）} \underset{+H_2O}{\overset{-H_2O}{\rightleftharpoons}} HOOC-\overset{\overset{\displaystyle H}{|}}{\underset{\underset{\displaystyle R_1}{|}}{C}}-N=C\text{（Schiff碱）}$$

氨基酸　　　　　磷酸吡哆醛　　　　　　　　　Schiff碱

↕ 分子重排

$$HOOC-\overset{}{\underset{\underset{\displaystyle R_1}{|}}{C}}=O + H_2N-CH_2\text{（磷酸吡哆胺）} \underset{+H_2O}{\overset{-H_2O}{\rightleftharpoons}} HOOC-\overset{}{\underset{\underset{\displaystyle R_1}{|}}{C}}=N-CH_2\text{（Schiff碱异构体）}$$

α-酮酸　　　　　磷酸吡哆胺　　　　　　　　Schiff碱异构体

转氨反应的简化表达式为:

$$\underset{转氨酶}{\boxed{R_1\text{—}CH\text{—}NH_2/COOH \quad \text{（P）}-B_6\text{—}CHO \quad R_2\text{—}CH\text{—}NH_2/COOH}}$$

转氨酶

转氨反应是可逆反应,平衡常数在 1 左右,反应的方向取决于 4 种反应物的相对浓度。所以转氨作用既是氨基酸的分解代谢过程,也是体内某些非必需氨基酸合成的重要途径。

肝脏中谷丙转氨酶活力最高,当肝细胞病变时,如患急性肝炎,由于细胞通透性增加,谷丙转氨酶大量释放到血液中,于是血液中此酶活力明显增高,因此临床上常以此来推断肝功能是否正常。

ER0903

肝转氨酶及肝
损伤(微课)

> **翻转课堂:**
>
> 目标:要求学生通过课前自主学习,掌握本节有关肝转氨酶及肝损伤的理论知识。
>
> 课前:要求每位学生认真观看本节微课,把握老师课前提出的具体要求。自由组队,每组 4~6 人,组长负责组织大家开展讨论,并制作 PPT 或视频,用于课堂交流。
>
> 课中:老师随机抽取 1~2 组,作全班公开 PPT 演讲;老师提出问题,让学生相互讨论和交流,并随机挑选学生作答,考查学生的学习情况。
>
> 课后:学生完成老师布置的作业,并对"血清转氨酶升高的意义"问题,开展深入学习和讨论(也可提出多个课后讨论问题)。

(三) 联合脱氨

通过转氨作用只有氨基的转移,没有氨的释放,所以只是一种新的氨基酸代替原来的氨基酸。研究发现,体内氨基酸脱氨的主要方式是联合脱氨(transdeamination),即转氨作用和氧化脱氨的联合作用。

L-谷氨酸脱氢酶广泛存在于肝、肾和脑等组织中,属不需氧脱氢酶。转氨偶联氧化脱氨首先在氨基转移酶的作用下,氨基酸把氨基转给 α- 酮戊二酸生成 L- 谷氨酸。然后 L- 谷氨酸在 L- 谷氨酸脱氢酶 (L-glutamate dehydrogenase)的作用下氧化脱氨生成 NH_3,又重新变成 α- 酮戊二酸。在此过程中,α- 酮戊二酸起氨基传递体的作用,作用的结果是氨基酸脱去氨基变成相应的 α- 酮酸和氨。这个过程是可逆的,因此也是非必需氨基酸合成的重要途径。

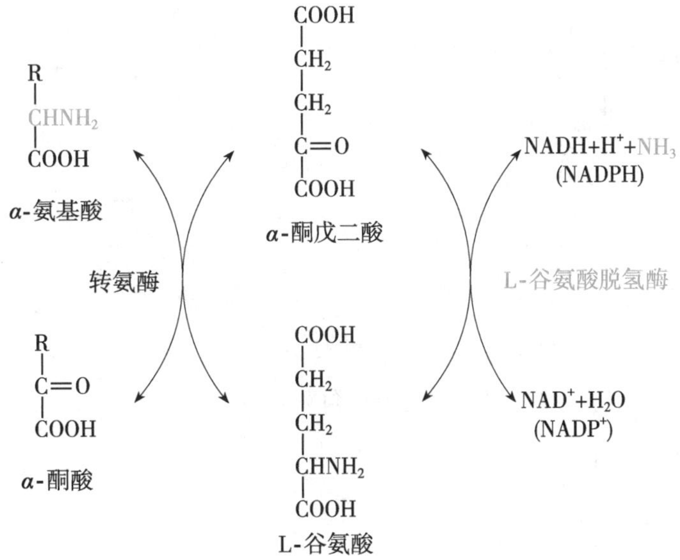

(四) 非氧化脱氨

某些氨基酸可进行非氧化脱氨基作用脱掉氨基,产生氨和 α- 酮酸。如丝氨酸在脱水酶的作用下脱水脱氨基生成丙酮酸和氨。半胱氨酸在脱硫化氢酶的催化下脱去 H_2S,然后水解生成丙酮酸和氨。天冬氨酸在天冬氨酸酶催化下,直接脱氨基生成延胡索酸和氨。

三、α- 酮酸的代谢

20 种基本氨基酸脱氨生成的 α- 酮酸(α-keto acid)可以再合成非必需氨基酸或转变成乙酰 CoA、α- 酮戊二酸、延胡索酸、草酰乙酸、丙酮酸 5 种产物,进入柠檬酸循环代谢途径(图 9-7)。在柠檬酸循环中,氨基酸脱氨生成的 α- 酮酸进入糖异生或酮体合成途径,或者是彻底氧化成 CO_2 和 H_2O,并且释放出能量。

(一) α- 酮酸通过氨基化生成营养非必需氨基酸

体内的一些营养非必需氨基酸一般可通过相应的 α- 酮酸经氨基化生成。例如,丙酮酸、草酰乙酸、α- 酮戊二酸经过氨基化分别转变成丙氨酸、天冬氨酸和谷氨酸。

(二) α- 酮酸可转变成糖和脂类化合物

有些氨基酸,如苯丙氨酸、酪氨酸、亮氨酸、色氨酸、赖氨酸,在分解过程中转变为乙酰乙酰 CoA,而乙酰乙酰 CoA 在肝脏中可以转变为乙酰乙酸和 β- 羟丁酸,因此这 5 种氨基酸称为生酮氨基酸(ketogenic amino acid)。糖尿病患者的肝脏中所产生的大量酮体,除来源于脂肪酸外,还来源于生酮氨基酸。凡是能够形成丙酮酸、α- 酮戊二酸、琥珀酸和草酰乙酸的氨基酸都称为生糖氨基酸(glycogenic amino acid),因为这些物质都能生成葡萄糖和糖原,如丙氨酸、甘氨酸、天冬氨酸、甲硫氨酸、谷氨酸等。有些氨基酸,如苯丙氨酸和酪氨酸,既可以生成酮体,又可以生成糖,因此称为生酮生糖氨基酸(ketogenic and glycogenic amino acid)(表 9-2)。

(三) α- 酮酸可被彻底氧化分解提供能量

氨基酸作为能源物质是其重要的生理功能之一。氨基酸脱氨基后生成的 α- 酮酸在体内可通过三羧酸循环及生物氧化体系彻底氧化生成 H_2O 和 CO_2,同时释放能量以供机体生理活动需要。可见,氨基酸也是一类能源物质,但此作用可以被糖和脂肪代替。

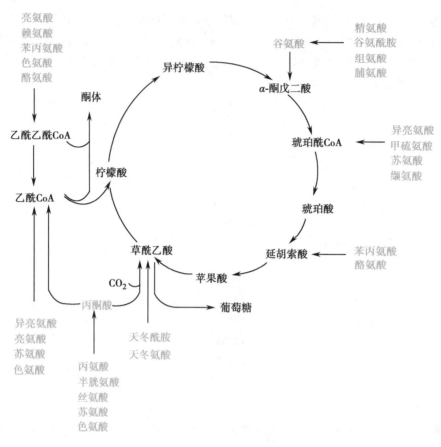

图 9-7　α- 酮酸的代谢

表 9-2　氨基酸生糖、生酮或两者兼生的分类

类别	氨基酸
生糖氨基酸	丙氨酸、精氨酸、天冬氨酸、半胱氨酸、谷氨酸、甘氨酸、脯氨酸、甲硫氨酸、丝氨酸、缬氨酸、组氨酸、天冬酰胺、谷氨酰胺
生酮氨基酸	亮氨酸、赖氨酸
生酮生糖氨基酸	异亮氨酸、苯丙氨酸、色氨酸、酪氨酸、苏氨酸

第五节　氨 的 代 谢

在包括脑在内的许多组织中,氨基酸降解等代谢过程会产生游离的氨,而氨对机体是有毒的。正常情况下,血氨浓度为 47~65µmol/L,某些原因引起血氨浓度升高,可导致神经组织,特别是脑组织功能障碍,称为氨中毒。人体内的氨,如谷氨酰胺和丙氨酸,经血液运输到肝合成尿素或者转运至肾以铵盐的形式排出体外。氨的代谢,实际上是对氨的解毒过程。

一、氨的来源

氨基酸脱氨基作用产生的氨,是体内氨的主要来源。体内氨有 3 个主要的来源,即各组织器官中氨基酸及胺类物质分解产生的氨、肠道吸收的氨以及肾小管上皮细胞谷氨酰胺分解产生的氨。

肠道产生氨的量较多,每天约 4g,肠道氨主要有两个来源:一是食物中未被消化的蛋白质和氨基酸在肠道细菌的作用下产生氨,这是肠道中氨的重要来源;二是肠道尿素经细菌尿素酶(urease)水解产生氨。

此外在服用胺类药物的时候,也会在肠道中分解产生氨。肠道内产生的氨主要在结肠吸收入血,经血液运输到肝脏合成尿素。肠道氨的吸收与 pH 有关,低 pH 时氨形成 NH_4^+ 不易穿过细胞膜吸收而以铵盐的形式排出体外,因此肠道 pH 偏碱时,氨的吸收增强。

肾小管上皮细胞中的谷氨酰胺在谷氨酰胺酶的催化下水解成谷氨酸和氨,这部分氨分泌至肾小管管腔中,与尿中的 H^+ 结合成 NH_4^+,以铵盐的形式由尿排出体外,这对调节机体的酸碱平衡起重要作用。酸性尿液有利于肾小管细胞中氨的扩散入尿,而碱性尿液则妨碍肾小管细胞中 NH_3 的分泌,这些氨被吸收入血,成为血氨的另一个来源。

> 思考题 9-3:为什么临床上肝硬化腹水的患者不宜使用碱性利尿药?

二、氨的转运

因为氨的毒性很强,各组织中产生的有毒的氨是以无毒的方式经血液运输到肝合成尿素,或运输到肾以铵盐的形式排出体外。氨在血液中主要是以丙氨酸及谷氨酰胺两种形式运输。

(一) 丙氨酸 - 葡萄糖循环

肌肉组织中的氨基酸经转氨基作用将氨基转移给丙酮酸生成丙氨酸,丙氨酸经血液运输到肝脏,通过联合脱氨作用生成丙酮酸和氨,有毒的氨在肝脏通过合成尿素排出体外,而丙酮酸则经糖异生作用生成葡萄糖,经血液循环运输到肌肉组织,沿糖酵解转变为丙酮酸,后者再接受氨基生成丙氨酸。丙氨酸和葡萄糖之间相互转变,完成了骨骼肌和肝脏之间氨的转运,这一过程被称为葡萄糖 - 丙氨酸循环(glucose-alanine cycle)(图 9-8)。

由于肌肉组织不具备糖异生和合成尿素的能力。骨骼肌剧烈收缩,无氧分解产生的丙酮酸和乳酸,以及蛋白质分解产生的氨,都必须运往肝脏,将丙酮酸和乳酸转变成葡萄糖运回肌肉,氨转变成尿素排出体外。利用葡萄糖 - 丙氨酸循环,肌肉中产生的 ATP 就可专注地为肌肉收缩提供能量。

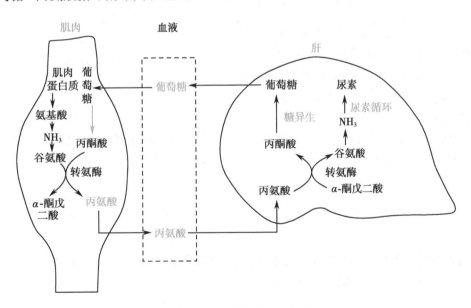

图 9-8　葡萄糖 - 丙氨酸循环

(二) 谷氨酰胺的运氨作用

组织中游离的氨与谷氨酸结合产生无毒的谷氨酰胺,催化这个反应的酶是谷氨酰胺合成酶(glutamine synthetase),谷氨酰胺合成酶在所有的组织中都广泛存在,反应需要 ATP 提供能量。在脑和骨骼肌等组织中生成的谷氨酰胺,通过血液循环运往肝和肾,再经谷氨酰胺酶(glutaminase)水解生成谷氨酸和氨,氨在肝脏中合成尿素后排出体外,在肾脏中则以铵盐排出。谷氨酰胺既是氨在体内的运输形式,也可以作为生物合成反应中氨基的供体。

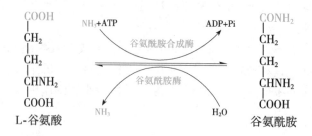

三、尿素合成

在氨基不用于合成新的氨基酸或其他含氮物质时，氨基转变为唯一的终产物尿素排出体外。Hans Krebs 于 1932 年发现，尿素合成的代谢途径是尿素循环（urea cycle）（图 9-9）。肝脏是人体内合成尿素的主要器官，尿素合成的原料是氨和 CO_2，循环过程是氨和 CO_2 先与 ATP 反应生成氨甲酰磷酸（carbamoyl phosphate），然后鸟氨酸（ornithine）接受氨甲酰磷酸中的氨甲酰基形成瓜氨酸（citrulline），瓜氨酸与天冬氨酸结合生成精氨酸代琥珀酸，接着精氨酸代琥珀酸分解为精氨酸和延胡索酸，最后精氨酸水解为尿素和鸟氨酸。这一循环也被称为鸟氨酸循环（ornithine cycle），每循环一次，生成 1 分子尿素，用去 2 分子的氨，消耗 3 分子 ATP（相当于 4 个 ATP 供能）。由于反应过程中的酶分布在不同的亚细胞结构，所以循环的中间步骤分别在线粒体和胞质两个不同的部位进行。

肝脏合成的尿素进入血液，运往肾脏，随尿液排出体外。部分尿素经血液渗入肠道后，受肠道细菌作用分解生成氨，氨又重吸收入血，通过血液转运回肝脏，合成尿素，再经血液排入肠道，形成尿素的肠肝循环。

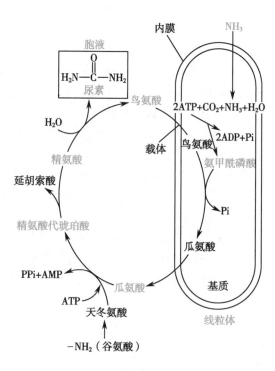

图 9-9　尿素合成过程

（一）尿素合成过程

1. 氨甲酰磷酸的生成　氨和 CO_2 先与 ATP 反应生成氨甲酰磷酸，此反应由线粒体中氨甲酰磷酸合成酶Ⅰ（carbamoyl phosphate synthetase-Ⅰ，CPS-Ⅰ）催化，此反应不可逆，为尿素循环的第一个限速步骤。

$$NH_3 + CO_2 + 2ATP \xrightarrow[Mg^{2+}]{\text{氨甲酰磷酸合成酶Ⅰ}} H_2N-\overset{\overset{\displaystyle O}{\|}}{C}-O-PO_3H_2 + 2ADP + Pi$$
氨甲酰磷酸

2. 瓜氨酸的生成　氨甲酰磷酸在鸟氨酸转氨甲酰酶催化下，将氨甲酰基转移给鸟氨酸（ornithine）形成瓜氨酸（citrulline），反应在肝细胞线粒体中进行。

3. 精氨酸的生成 肝细胞线粒体中合成的瓜氨酸经膜载体转运到细胞质中,在 ATP 和 Mg^{2+} 存在下,由精氨酸代琥珀酸合成酶催化和天冬氨酸缩合成精氨酸代琥珀酸(argininosuccinate)或称精氨琥珀酸,同时产生 AMP 和焦磷酸,天冬氨酸在此反应中作为氨基的供体。精氨酸代琥珀酸在精氨酸代琥珀酸酶的催化下,生成精氨酸和延胡索酸。

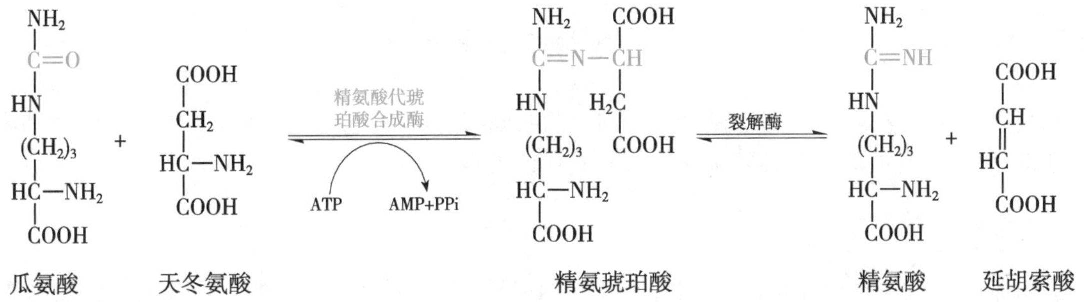

瓜氨酸   天冬氨酸   精氨琥珀酸   精氨酸   延胡索酸

> 思考题 9-4:延胡索酸可能的代谢去路是什么?

4. 尿素的生成 精氨酸在精氨酸酶(arginase)催化下,水解产生尿素和鸟氨酸。鸟氨酸经膜载体转运到线粒体,再参与尿素合成过程。

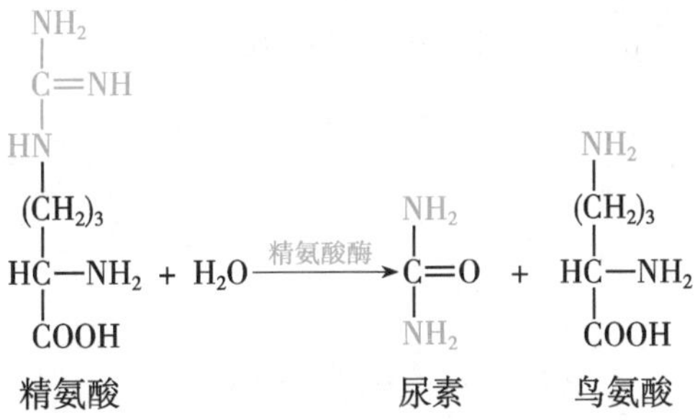

精氨酸   尿素   鸟氨酸

(二) 尿素循环的调节

正常情况下,机体通过合适的速度合成尿素,以便及时充分地解除氨的毒性。尿素合成的速度受体内多种因素的调节。

1. 膳食高蛋白质促进尿素合成 尿素合成受食物蛋白质的影响,正常人高蛋白质膳食时,尿素合成速度加快,在排出的非蛋白质含氮化合物中,尿素可占排出氮的 90%;反之,低蛋白质膳食时,尿素合成速度减慢,尿素约占排出氮的 60%。

2. N-乙酰谷氨酸变构激活关键酶氨甲酰磷酸合成酶Ⅰ 氨基甲酰磷酸的合成是尿素合成的重要步骤,氨甲酰磷酸合成酶Ⅰ是鸟氨酸循环启动的关键酶。N-乙酰谷氨酸是氨甲酰磷酸合成酶Ⅰ的变构激活剂,由乙酰 CoA 与谷氨酸通过 N-乙酰谷氨酸合成酶催化而生成。精氨酸是 N-乙酰谷氨酸合成酶的激活剂,当精氨酸浓度增高时,尿素合成增加。

3. 精氨酸代琥珀酸合成酶活性调节尿素合成 参与尿素合成的酶系中共有 5 种酶,各种酶的活性相差很大,其中精氨酸代琥珀酸合成酶的活性最低,是尿素合成启动后的限速酶,可调节尿素合成的速度。

正常生理情况下,血氨的来源与去路保持动态平衡,血氨的浓度处于较低水平。而肝脏合成尿素是维持这种平衡的关键。当肝功能严重损害或尿素合成的鸟氨酸循环中相关酶的遗传性缺陷时,都可导致尿素合成发生障碍,血氨浓度升高,称为高氨血症(hyperammonemia)。高氨血症引起的脑功能障碍称为肝性脑病。临床上常见的症状包括呕吐、厌食、间歇性共济失调、嗜睡甚至昏迷。高血氨的毒性作用机制尚不完全清楚。其生化机制可能是由于血氨增高时引起脑氨增加,使脑组织中 L-谷氨酸脱氢酶和谷氨酰胺合成酶活性增加,催化氨与脑中 α- 酮戊二酸结合生成谷氨酸,氨再和脑中的谷氨酸进一步结合生成谷氨酰胺。高氨血症时脑中氨的增加可使脑细胞中的 α- 酮戊二酸减少,导致三羧酸循环和氧化磷酸化减弱,从而使脑组织中 ATP 生成减少,导致大脑功能障碍,严重时可发生昏迷。另一种可能机制是谷氨酸和谷氨酰胺浓度增多,导致渗透压增大引起脑水肿。

第六节　个别氨基酸的代谢

组成蛋白质的 20 种基本氨基酸在化学结构上的共同特点使得它们有着共同的代谢规律,但是不同的氨基酸侧链 R 基团不同,因此每种氨基酸又各有其代谢特点。

一、氨基酸的脱羧作用

在生物体内,氨基酸分解代谢的主要途径是脱氨基作用,然而有些氨基酸也可以进行脱羧基作用,生成相应的 CO_2 和胺。肾上腺素、γ- 氨基丁酸及组胺等生理活性胺的生物合成,都涉及相应的前体氨基酸的脱羧。催化氨基酸脱羧反应的酶是氨基酸脱羧酶(decarboxylase),氨基酸脱羧酶的专一性很高,一般是一种氨基酸一种脱羧酶,而且只对 L- 氨基酸起作用。脱羧酶的辅酶是磷酸吡哆醛,氨基酸脱羧产生的胺在相应的胺氧化酶(amine oxidase)的作用下,氧化成醛,醛继续氧化产生酸,酸再氧化成 CO_2 和水。

(一) γ- 氨基丁酸

L- 谷氨酸在 L- 谷氨酸脱羧酶作用下脱去羧基生成 γ- 氨基丁酸(γ-aminobutyric acid,GABA),此酶在脑、肾组织中活性很高,所以 γ- 氨基丁酸在脑组织中的浓度较高。GABA 是一种抑制性神经递质,对中枢神经有抑制作用。

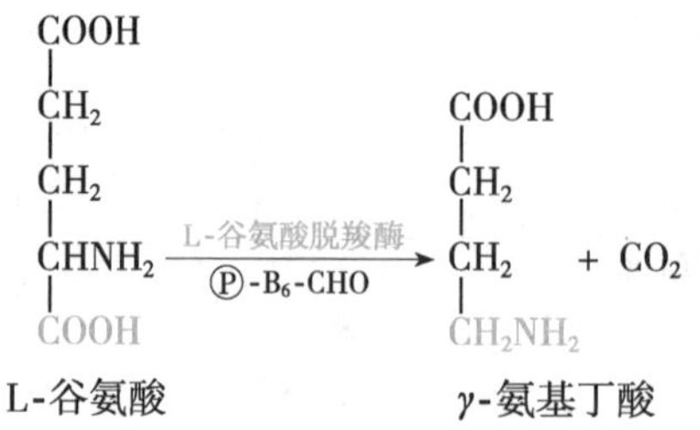

(二) 组胺

组氨酸脱羧生成组胺(histamine),组胺是一种强烈的血管舒张物质,创伤性休克或炎症病变部位都有组胺释放,它还有刺激胃黏膜分泌胃蛋白酶和胃酸的作用。在神经组织中组胺是感觉神经的一种递质,和周围神经的感觉与传递有密切关系。

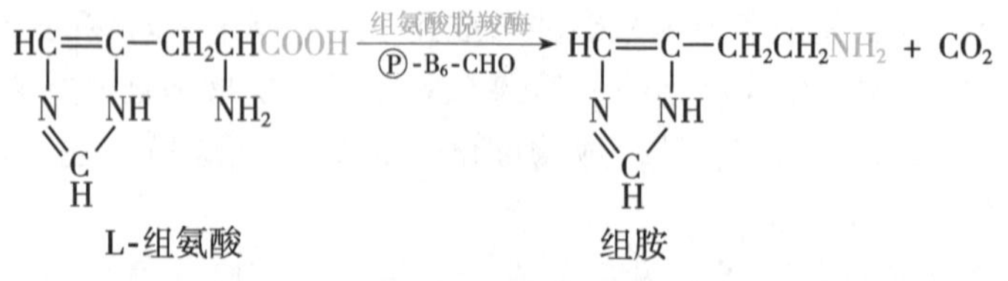

(三) 牛磺酸

牛磺酸(taurine)是半胱氨酸的代谢产物,体内半胱氨酸首先氧化成磺基丙氨酸,再经磺酸丙氨酸脱羧酶催化,脱去羧基生成牛磺酸。牛磺酸是结合胆汁酸的组成成分之一。人体内牛磺酸主要来自食物,由肾脏排出体外。近年来研究发现,脑组织中含有较多的牛磺酸,婴幼儿脑中含量尤高。牛磺酸具有促进婴幼儿脑组织细胞和功能的发育、提高神经传导和视觉功能等作用;它还可能是一种抑制性神经递质,具有调节中枢神经兴奋性的作用。

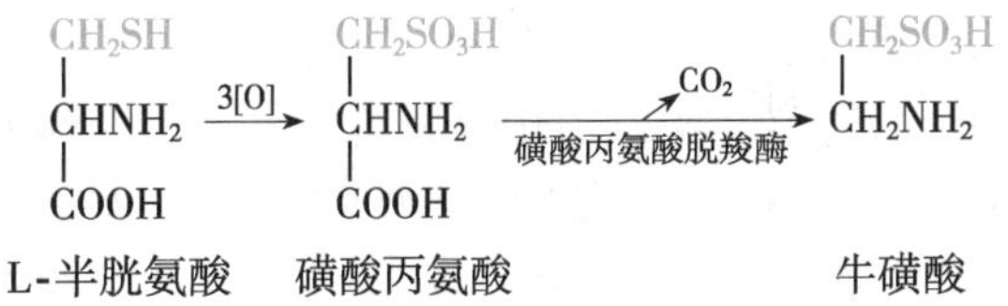

CH2SH
CHNH2
COOH
3[O]
CH2SO3H
CHNH2
COOH
CO2
磺酸丙氨酸脱羧酶
CH2SO3H
CH2NH2
L-半胱氨酸
磺酸丙氨酸
牛磺酸

(四) 5-羟色胺

色氨酸先通过色氨酸羟化酶的作用生成5-羟色氨酸(5-hydroxytryptophan),再经5-羟色氨酸脱羧酶的作用生成5-羟色胺(5-hydroxytryptamine,5-HT)。5-羟色胺是一种神经递质,与神经系统的兴奋与抑制有密切关系。脑中5-羟色胺与睡眠、镇痛和体温调节等有关,当5-羟色胺浓度降低时,可引起睡眠障碍、痛阈降低。此外,5-羟色胺可促进微血管收缩、血压升高和促进胃肠蠕动。

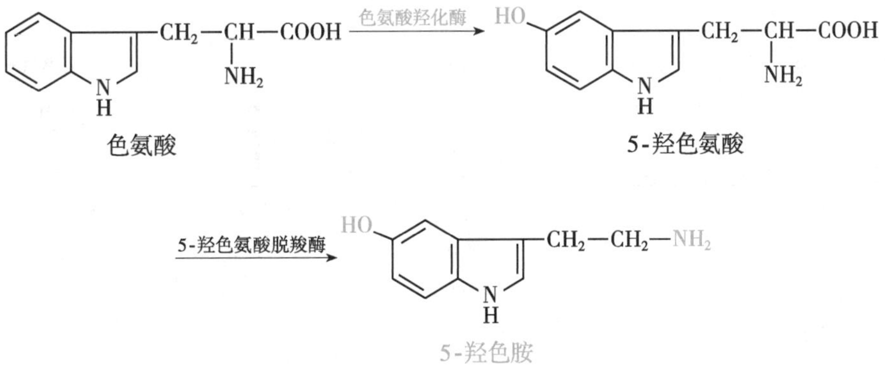

CH2—CH—COOH
NH2
N
H
色氨酸羟化酶
HO
5-羟色氨酸脱羧酶
CH2—CH2—NH2
色氨酸
5-羟色氨酸
5-羟色胺

二、芳香族氨基酸的代谢

芳香族氨基酸包括苯丙氨酸、酪氨酸和色氨酸,苯丙氨酸与色氨酸是营养必需氨基酸。苯丙氨酸在结构上和酪氨酸相似,苯丙氨酸可羟化生成酪氨酸,酪氨酸的摄入可减少苯丙氨酸的消耗,因此酪氨酸属于半必需氨基酸。色氨酸分解过程十分复杂,色氨酸的11个碳原子中的4个转变为乙酰乙酰CoA,另外两个转变为乙酰CoA,其余5个形成4分子CO_2和1分子甲酸。色氨酸还可以合成5-羟色胺、吲哚乙酸、烟酸等物质。

(一) 酪氨酸的生成

正常情况下,苯丙氨酸在体内的主要代谢途径是羟化作用生成酪氨酸,催化此反应的酶是苯丙氨酸羟化酶。苯丙氨酸羟化酶属于一种单加氧酶,辅酶是四氢生物蝶呤,主要存在于肝组织中,催化的反应不可逆,故酪氨酸不能转变成苯丙氨酸。

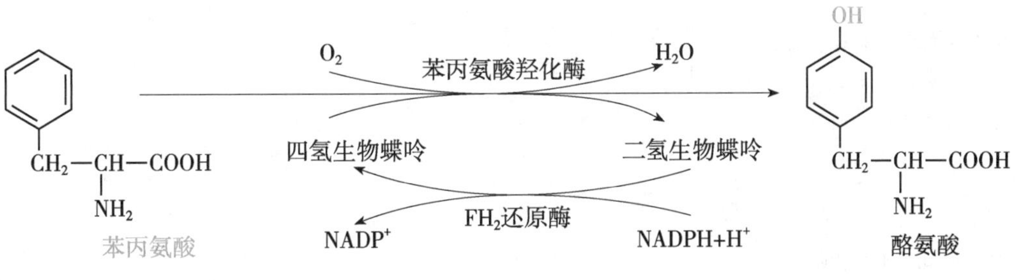

O2
苯丙氨酸羟化酶
H2O
OH
CH2—CH—COOH
NH2
四氢生物蝶呤
二氢生物蝶呤
FH2还原酶
NADP+
NADPH+H+
苯丙氨酸
酪氨酸

(二) 儿茶酚胺的生成

酪氨酸羟化生成儿茶酚胺,在不同的组织中,催化酪氨酸羟化的酶不同,在肾上腺髓质和神经组织中,酪氨酸经酪氨酸羟化酶催化,生成3,4-二羟苯丙氨酸(DOPA,简称多巴)。与苯丙氨酸羟化酶相似,酪氨酸羟化酶也是以四氢生物蝶呤为辅酶的单加氧酶。多巴再经多巴脱羧酶催化,脱去羧基生成多巴胺(dopamine)。多巴胺是一种重要的神经递质。帕金森病(Parkinson disease)患者因多巴胺生成减少导致神经系统功能障碍。在肾上腺髓质,多巴胺在多巴胺β-羟化酶催化下,侧链的β-碳原子再次被羟化,生成去甲肾上腺素(norepinephrine),后者在转甲基酶的催化下甲基化生成肾上腺素(epinephrine)。因多巴胺、去甲肾上腺素及肾上腺素分子中都含有邻苯二酚,因此将这 3 种物质统称为儿茶酚胺(catecholamine)。酪氨酸羟化酶(tyrosine hydroxylase)是儿茶酚胺合成的限速酶,受终产物的反馈调节。

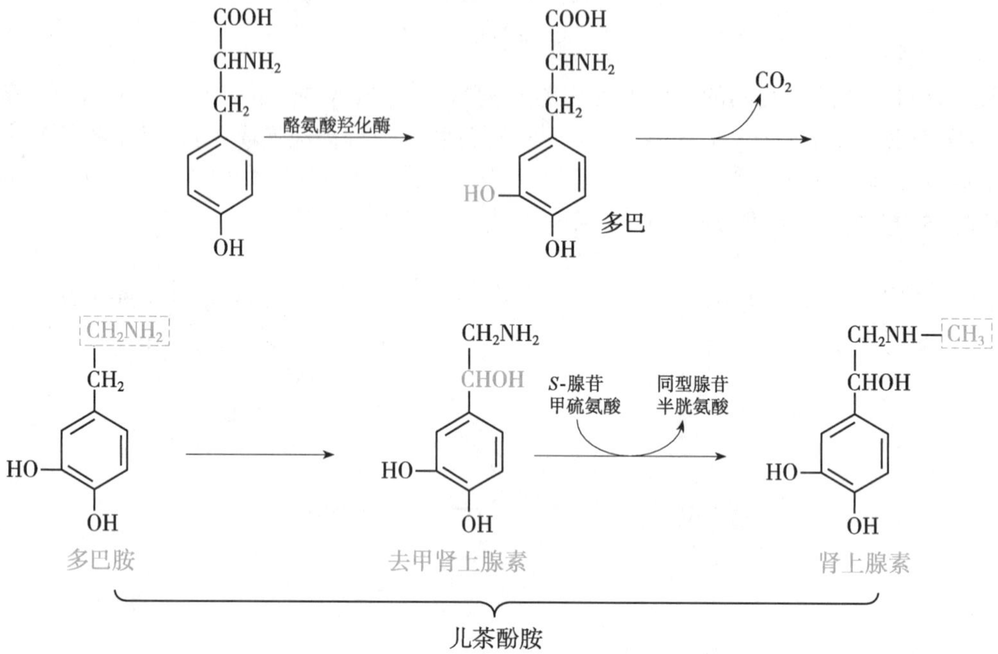

(三) 黑色素的生成

酪氨酸代谢的另一条途径是合成黑色素(melanin)。在皮肤黑色素细胞中,酪氨酸经酪氨酸酶(tyrosinase)作用羟化生成多巴,多巴经氧化、脱羧等反应转变成吲哚 -5,6- 醌,吲哚醌进一步聚合为黑色素。酪氨酸代谢可以生成黑色素,如果代谢途径中酪氨酸酶缺乏,表现为黑色素合成减少,称为白化病(albinism),临床症状为皮肤白化成粉色、头发白色等。

案例分析(9-1):

　　患者,男,皮肤、眉毛、头发及其他体毛都呈白色或黄白色,视网膜无色素,虹膜和瞳孔呈现淡粉色或浅灰。怕光,对光线高度敏感,日晒后易发生晒斑和各种光感性皮炎。常有畏光、流泪、眼球震颤及散光等症状。

　　问题:

　　1. 患者的可能诊断是什么?

　　2. 从生化角度阐明白化病的发病机制。

　　3. 简述黑色素的合成过程。

　　4. 白化病的治疗原则是什么?

(四) 苯丙酮酸的生成

苯丙氨酸除能转变为酪氨酸外,少量可经转氨基作用生成苯丙酮酸。先天性苯丙氨酸羟化酶缺陷的患者,不能将苯丙氨酸羟化为酪氨酸,过多的苯丙氨酸经转氨基作用生成大量的苯丙酮酸。大量的苯丙酮酸及其部分代谢产物(苯乳酸及苯乙酸等)由尿排出,尿中出现大量苯丙酮酸等代谢产物,称为苯丙酮尿症(phenylketonuria,PKU)。苯丙酮酸对中枢神经系统有毒性,使脑发育障碍,患者智力低下。治疗原则是早期发现,并在生活中严格控制膳食中苯丙氨酸的含量,可使症状缓解并能控制其发展。

ER0904

氨基酸代谢
缺陷症

患者,男,幼儿,皮肤和头发的颜色相比正常人较浅,有湿疹等皮肤疾病,诊断为"皮肤过敏"。经治疗后并无明显好转,一段时间过后,发现幼儿常有兴奋不安、多动和异常行为,且生长发育较为迟缓,智力明显低于同龄正常儿,身体还散发霉味或老鼠般的气味。随后去医院进行系统检查,发现脑电图异常,且血浆中苯丙氨酸含量高达 1.2mmol/L(正常人苯丙氨酸浓度为 0.06~0.18mmol/L)。

问题:

1. 患儿的可能诊断是什么?

2. 苯丙氨酸是如何代谢的?

3. 苯丙酮尿症的治疗原则是什么?

4. 如何预防苯丙酮尿症?

第七节　一 碳 单 位

一碳单位(one carbon unit)参与体内嘌呤和嘧啶的生物合成,嘌呤和嘧啶是合成核酸的基本成分,所以一碳单位的代谢与机体的生长、发育、繁殖和遗传等许多重要的生物学功能密切相关。体内有 50 多种化合物的合成需要 S- 腺苷甲硫氨酸提供甲基,其中许多化合物具有重要的生化功能,如肾上腺素、胆碱、肌酸、核酸中的稀有碱基等。一碳单位代谢主要以四氢叶酸(tetrahydrofolic acid,THF)为辅酶,若能影响叶酸的合成或影响叶酸转变为四氢叶酸,则可导致一碳单位代谢紊乱,影响正常的生命活动。磺胺类药物抗菌作用机制就是利用这一生化原理,目前据此发展了一类"抗叶酸代谢"的药物。

一、一碳单位的种类

某些氨基酸在分解代谢过程中所产生的含有一个碳原子的基团,称为一碳单位,又称一碳基团。生物体内一碳单位有许多形式,如甲基(—CH$_3$)、亚甲基(—CH$_2$—)、次甲基(—CH=)、羟甲基(—CH$_2$OH)、甲酰基(—CHO)及亚氨甲基(—CH=NH)。氨基酸代谢产生的一碳单位不能游离存在,常以四氢叶酸(tetrahydrofolic acid,THF)和 S- 腺苷甲硫氨酸(S-adenosyl methionine,SAM)为载体进行转运和参与代谢。体内一碳单位的主要来源于甘氨酸、色氨酸、丝氨酸和组氨酸的分解代谢。

二、四氢叶酸为载体的一碳单位

THF 是甲基蝶呤依次与对氨基苯甲酸和谷氨酸残基相连的衍生物,由二氢叶酸还原酶催化叶酸两次还原形成。哺乳动物不能合成叶酸,必须由食物中获得或由肠道微生物提供。一碳基团与 THF 在 N^5、N^{10}或 N^5 和 N^{10} 以共价键相连,如 N^5, N^{10}- 亚甲基 THF 可以简写成 THF-N^5,N^{10}-CH$_2$,化学结构和简式如下:

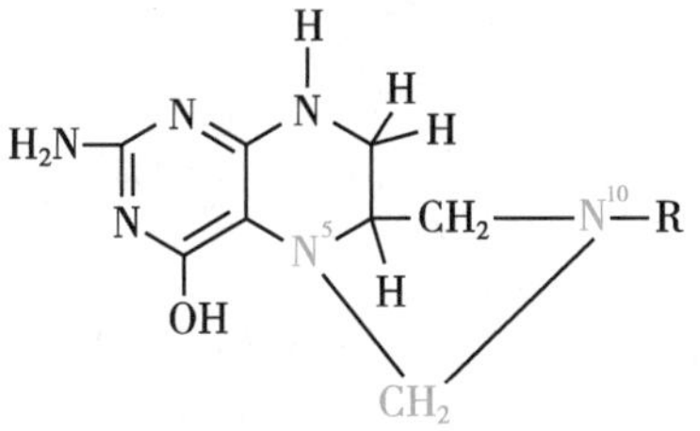

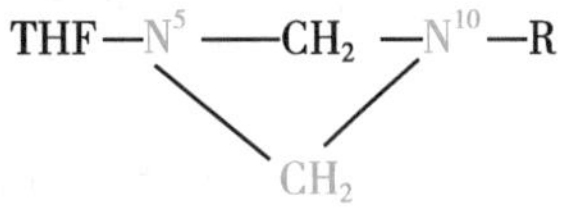

(一)甘氨酸与一碳单位的生成

甘氨酸氧化脱氨生成乙醛酸,再氧化成甲酸,甲酸和乙醛酸可分别与 THF 反应生成 N^{10}- 甲酰 THF 和 N^5, N^{10}- 次甲基 THF。凡是在代谢过程中产生甲酸的都可以通过这种方式产生一碳单位,如色氨酸等。苏氨酸可被分解为甘氨酸和乙醛,所以苏氨酸通过甘氨酸形成一碳基团。

$$H_2N-\underset{\underset{H}{|}}{CH}-COOH + O_2 \xrightarrow[-NH_3, -H_2O]{\text{甘氨酸氧化酶}} \underset{COOH}{\overset{CHO}{|}} \xrightarrow[-CO_2]{O_2} HCOOH$$

甘氨酸　　　　　　　　　　　　　　　　乙醛酸　　　甲酸

$$\underset{COOH}{\overset{CHO}{|}} + THF \xrightarrow{\text{次甲基THF合成酶}} THF-\overset{+}{N^5}=CH_2-N^{10}-R$$
$$CH$$

乙醛酸　　　　　　　　　　　　　　　　　　THF-N^5, N^{10}-CH

$$HCOOH + THF \xrightarrow{\text{甲酰THF合成酶}} THF-N^5-CH_2-\underset{\underset{CHO}{|}}{N^{10}}-R$$

甲酸　　　　　　　　　　　　　　　　THF-N^5, N^{10}-CHO

(二) 丝氨酸与一碳单位的生成

丝氨酸分子上的 β- 碳原子可以转移到 THF 上,同时脱去一分子水,生成 N^5, N^{10}- 亚甲基 THF。丝氨酸的 β- 碳原子转移后变为甘氨酸,因此丝氨酸既可以直接与 THF 作用生成一碳基团,也可以通过甘氨酸形成 N^5, N^{10}- 次甲基 THF。

$$\underset{COOH}{\overset{CH_2OH}{\underset{|}{\overset{|}{CH-NH_2}}}} + THF \xrightarrow{\text{丝氨酸羟甲基转移酶}} THF-N^5-CH_2-\underset{\underset{CH_2}{|}}{N^{10}}-R$$

丝氨酸

脱氢酶　　　　　　　　还原酶

$$THF-\overset{+}{N^5}=CH_2-N^{10}-R \qquad THF-N^5-CH_2-\underset{\underset{CH_3}{|}}{N^{10}}-R$$

THF-N^5, N^{10}-CH　　　　THF-N^5-CH₃ ~~→~~ THF-N^5-CH_3

(三) 组氨酸与一碳单位的生成

组氨酸在分解过程中产生亚氨甲基谷氨酸和甲酰谷氨酸,它们可以分别与 THF 作用,生成 N^5- 亚氨甲基 THF 和 N^5- 甲酰基 THF。

组氨酸　　　　　　亚氨甲基谷氨酸　　　　　甲酰谷氨酸

亚氨甲基转移酶　　　　　　　　甲酰转移酶

$$THF-N^5-CH_2-\underset{\underset{CH=NH}{|}}{N^{10}}-R \qquad THF-N^5-CH_2-\underset{\underset{CHO}{|}}{N^{10}}-R$$

环脱氨酶　　　　　　　　环脱水酶

$$THF-\overset{+}{N^5}=CH_2-\underset{\underset{CH}{|}}{N^{10}}-R$$

一碳基团的几种形式之间可以发生相互转变,如 N^5,N^{10}- 亚甲基 THF 脱氢生成 N^5,N^{10}- 次甲基 THF,加氢生成 N^5- 甲基 THF。但生成 N^5- 甲基 THF 的反应为不可逆反应。因此 N^5- 甲基 THF 在细胞内含量较高,是一碳基团在体内存在的主要形式。

$$THF-N^5-CH_2-N^{10}-R$$
$$CH_2$$
$$THF-N^5, N^{10}-CH_2$$

脱氢酶　　　　还原酶

$$THF-^+N^5-CH_2-N^{10}-R$$
$$CH$$
$$THF-N^5, N^{10}-CH$$

$$THF-N^5-CH_2-N^{10}-R$$
$$CH_3$$
$$THF-N^5-CH_3$$

环脱氨酶　　　　环脱水酶

$$THF-N^5-CH_2-N^{10}-R$$
$$CH=NH$$
$$THF-N^5-CH=NH$$

$$THF-N^5-CH_2-N^{10}-R$$
$$CHO$$
$$THF-N^5-CHO$$

三、S- 腺苷甲硫氨酸

甲硫氨酸活化为 S- 腺苷甲硫氨酸(S-adenosyl methionine,SAM),SAM 在甲基转移酶作用下,提供甲基参与合成胆碱、肌酸和肾上腺素等化合物,SAM 本身转变为 S- 腺苷同型半胱氨酸,后者水解为同型半胱氨酸(homocysteine)。同型半胱氨酸又可以从 THF 中接受甲基形成甲硫氨酸,并重复参与上述过程,称为甲硫氨酸循环(methionine cycle)(图 9-10)。

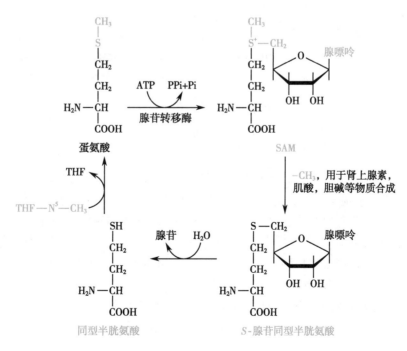

图 9-10　甲硫氨酸循环

四、一碳单位的功能

氨基酸分解代谢所产生的一碳单位可作为合成嘌呤、嘧啶的原料,故一碳单位在核酸的生物合成中具有重要作用。例如,N^{10}-CHO-THF 提供嘌呤碱合成时 C_2 与 C_8 的来源,N^5,N^{10}-CH_2-THF 为胸腺嘧啶核苷酸合成提供甲基,因此一碳单位将氨基酸代谢与核苷酸代谢密切联系起来。一碳单位代谢障碍或 THF 不足时,可引起巨幼细胞贫血等疾病。

五、一碳单位与药物研究

四氢叶酸是体内一碳单位的重要载体,为细胞内核苷酸合成提供原料。因此,叶酸的生物合成途径成为重要的药物作用靶点。叶酸由蝶呤、对氨基苯甲酸和 L- 谷氨酸(L-Glu)3 部分组成。二氢叶酸合成酶(dihydrofolate synthetase)催化二氢蝶呤、对氨基苯甲酸和 L- 谷氨酸生成二氢叶酸(dihydrofolate,FH_2),最后在二氢叶酸还原酶(dihydrofolate reductase)作用下生成四氢叶酸(图 9-11)。

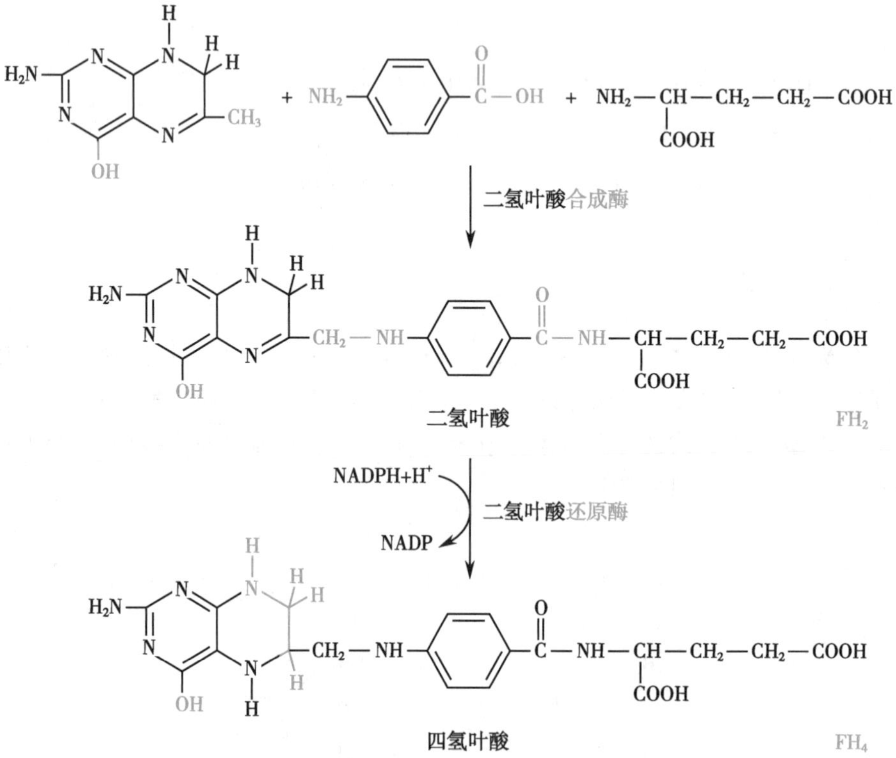

图 9-11　四氢叶酸的合成

由于磺胺(sulfonamide)类药物与对氨基苯甲酸结构相似(图 9-12),磺胺药物在细菌中可竞争性抑制二氢叶酸合成酶,从而阻止细菌生长。抗菌增效剂甲氧苄啶(trimethoprim,TMP)可增强磺胺药的药效,因为它的结构与二氢叶酸有类似之处,是细菌二氢叶酸还原酶的强烈抑制剂,它与磺胺药配合使用,可使细菌的四氢叶酸合成受到双重阻碍,因而严重影响细菌的核酸及蛋白质合成。人体可以利用外源性叶酸,故人体细胞可不受磺胺类药物影响。抗肿瘤药物氨基蝶呤(aminopterine)和甲氨蝶呤(methotrexate,MTX)的作用机制亦与一碳单位有关,它们的结构与二氢叶酸结构相似(图 9-12),与二氢叶酸还原酶的结合能力是天然底物的 1 000 倍,它能高效地竞争性抑制细胞内二氢叶酸还原酶的活性,减少四氢叶酸合成,进而减少细胞内的一碳单位,使核苷酸和核酸合成受阻,最终达到抗肿瘤作用。

磺胺类药物　　　　　　　　甲氧苄氨嘧啶

R＝H，氨基蝶呤
R＝CH₃，甲氨蝶呤

图 9-12　一碳单位相关药物的化学结构

小　结

　　人体内蛋白质合成的原料是氨基酸，体内氨基酸主要来源于食物蛋白质降解，此外还有体内组织细胞蛋白质降解以及少量合成的氨基酸。人体必需氨基酸有赖氨酸、色氨酸、缬氨酸、苯丙氨酸、亮氨酸、异亮氨酸、苏氨酸和甲硫氨酸 8 种。蛋白水解酶对不同氨基酸组成的肽链有一定的专一性。氨基酸的吸收主要通过主动转运，这种方式需 ATP。细胞内蛋白质降解主要通过两条途径，即不依赖 ATP 的溶酶体降解途径和依赖 ATP 的泛素 - 蛋白酶体途径。

　　氨基酸的代谢去路包括合成机体组织蛋白质，转变为嘌呤、嘧啶、多肽类激素、神经递质等含氮化合物，氧化分解产生能量，或者转化为糖和脂肪等。氨基酸降解等代谢过程会产生游离的氨，而氨对机体是有毒的。人体内的氨以谷氨酰胺和丙氨酸形式，经血液运输到肝脏合成尿素，或者运至肾脏以铵盐的形式排出体外。氨的代谢，实际上是对氨的解毒过程。

　　一碳单位参与体内嘌呤和嘧啶的生物合成，嘌呤和嘧啶是合成核酸的基本成分，若能影响叶酸的合成或影响叶酸转变为 THF，则可导致一碳单位代谢紊乱，影响正常的生命活动。磺胺类药物抗菌作用和甲氨蝶呤抗肿瘤作用就是利用这一生物化学原理。

练习题

1. 氨基酸脱氨基作用的方式有哪些？其中最主要的方式是什么？
2. 简述体内血氨的来源与去路。
3. 试述谷氨酰胺的生成及意义。
4. 试述一分子谷氨酸彻底氧化的途径，并计算净生成多少分子 ATP？
5. 试述天冬氨酸糖异生的途径。
6. 从生化角度阐明肝性脑病的发病机制。

（刘岩峰）

ER0905

第九章同步练习

第十章
核酸降解与核苷酸代谢

ER1001

第十章课件

核酸是遗传信息的载体,核酸的基本结构单位是核苷酸,核苷酸是核酸生物合成的重要原料,在体内具有重要的生物学功能。人体细胞可以通过简单原料自身合成核苷酸,因此核苷酸合成途径是药物研发的重要靶点。核苷酸除了组成核酸之外,生物体还有游离核苷酸存在,游离核苷酸在生命活动过程中亦发挥重要作用。例如,核苷酸可经分解代谢,为机体提供能量,可作为信号分子参与细胞内信号转导过程(如cAMP 和 cGMP 等),可作为辅酶组成成分(如 FAD、NAD$^+$ 和 CoA 等)和代谢中间体组成成分(如 UDP- 葡萄糖、CDP- 胆碱和 CDP- 甘油二酯等)。

ER1002

核酸的消化与吸收(微课)

第一节　核酸的消化与吸收

> **翻转课堂(10-1):**
>
> 目标:要求学生通过课前自主学习,掌握有关核酸消化吸收过程的理论知识。
>
> 课前:要求每位学生认真阅读本节教材内容,观看微课并结合相关资料。自由组队,每组4~6人,组长负责组织大家开展讨论,并制作 PPT 或视频,用于课堂交流。
>
> 课中:老师随机抽取 1~2 组,作全班公开 PPT 演讲;老师提出问题,让学生相互讨论和交流,并随机挑选学生作答,考查学生的学习情况。
>
> 课后:学生完成老师布置的作业,并对核酸的消化吸收过程开展深入的学习和讨论。

一、食物来源核酸的消化

膳食来源的核酸多与蛋白质结合为核蛋白,在胃中受胃酸的作用,或在消化道中受蛋白酶作用,分解为核酸和蛋白质。进入小肠后,核酸由胰液核酸酶降解为单核苷酸,后者再经肠液中核苷酸酶水解为核苷和磷酸,核苷经核苷磷酸化酶催化,磷酸解而生成含氮碱(嘌呤碱或嘧啶碱)与磷酸戊糖。磷酸戊糖可以进一步受磷酸酶催化,分解成戊糖与磷酸。核酸的消化过程如图 10-1 所示。

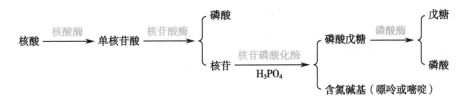

图 10-1　核酸的消化过程

二、核酸的吸收

核苷酸及其水解产物均可被细胞吸收,但它们的绝大部分在肠黏膜细胞中又被进一步分解。分解产生的戊糖被吸收而参加体内的戊糖代谢,嘌呤和嘧啶碱则主要被分解而排出体外,实际上食物来源的嘌呤和嘧啶碱很少被机体利用,因此核苷酸并非人体必需营养物质。

三、细胞内核酸的水解

体内核酸的分解代谢类似于食物中核酸的消化过程。核酸分解的第一步是水解核苷酸之间的磷酸二酯键,生成寡核苷酸和单核苷酸。水解磷酸二酯键的酶称为核酸酶(nuclease),只能水解 RNA 的核酸酶称为核糖核酸酶(ribonuclease,RNase),只能水解 DNA 的核酸酶称为脱氧核糖核酸酶(deoxyribonuclease,DNase)。根据核酸酶作用的位置不同,又可将核酸酶分为核酸外切酶和核酸内切酶。核酸外切酶能从 DNA 或 RNA 链的一端逐个水解下单核苷酸,核酸内切酶催化水解多核苷酸内部的磷酸二酯键。

第二节　核苷酸的分解代谢

一、嘌呤核苷酸的分解代谢

体内嘌呤核苷酸的分解主要在肝、小肠和肾脏中进行,嘌呤核苷酸在核苷酸酶的作用下水解成核苷和磷酸。鸟嘌呤核苷由核苷磷酸化酶催化生成鸟嘌呤和 1′- 磷酸核糖,鸟嘌呤脱氨生成黄嘌呤(xanthine),黄嘌呤氧化生成尿酸(uric acid)。人体内只有腺嘌呤核苷脱氨酶,没有腺嘌呤脱氨酶,所以腺嘌呤核苷需要在腺嘌呤核苷脱氨酶作用下,脱去氨基成为次黄嘌呤核苷,再受核苷磷酸化酶催化分解成 1′- 磷酸核糖和次黄嘌呤(hypoxanthine)。次黄嘌呤在黄嘌呤氧化酶的催化下,先氧化成黄嘌呤,再氧化成尿酸(图 10-2)。嘌呤在人及灵长类动物体内分解的终产物是尿酸,尿酸随尿液排出体外,尿酸仍然具有嘌呤环,只有取代基发生氧化。代谢产生的 1′- 磷酸核糖转变成 5′- 磷酸核糖,参与到磷酸戊糖途径中。

嘌呤与嘧啶核苷酸分解代谢(微课)

思考题 10-1 :其他生物体中,嘌呤代谢的终产物分别是什么?

二、嘧啶核苷酸的分解代谢

嘧啶核苷酸经过核苷酸酶和核苷磷酸化酶的作用,脱去磷酸和核糖,产生嘧啶碱。嘧啶分解主要在肝脏中进行,代谢过程中有脱氨基、氧化、还原及脱羧基等反应。嘧啶环经过分解代谢过程可以被打开,彻底分解为 NH_3、CO_2 和 H_2O。

(一)胞嘧啶和尿嘧啶的分解

胞嘧啶脱氨转变成尿嘧啶,在二氢嘧啶脱氢酶的催化下,由 NADPH+H⁺ 供氢,还原为二氢尿嘧啶。二氢嘧啶酶催化嘧啶环水解生成 β- 丙氨酸,β- 丙氨酸可继续分解可以生成乙酰 CoA(图 10-3)。

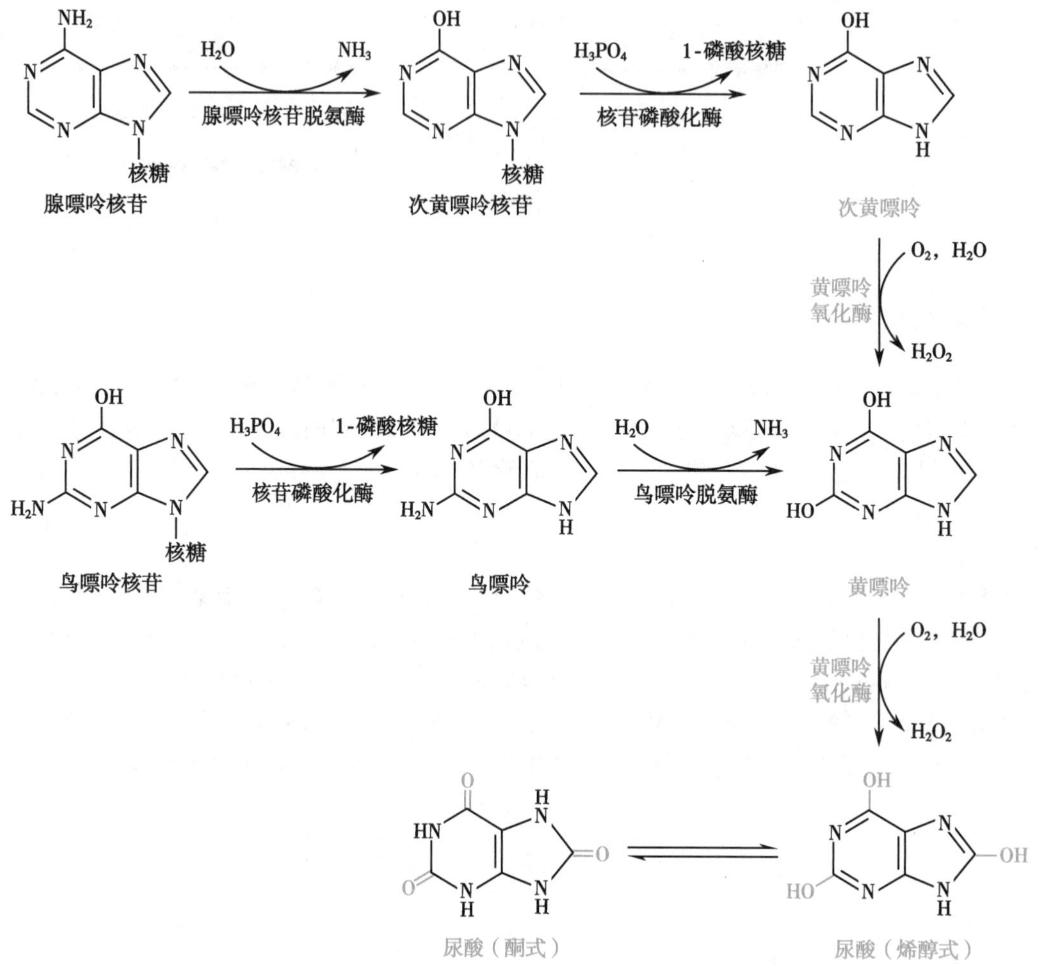

图 10-2　嘌呤的分解代谢过程

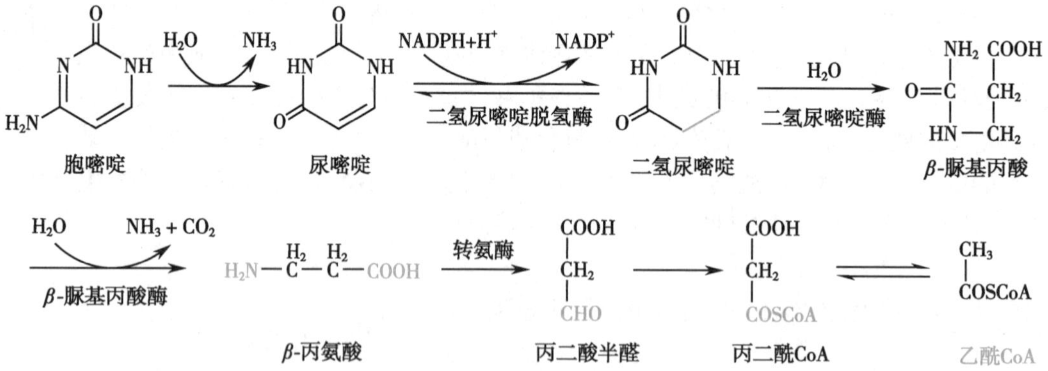

图 10-3　胞嘧啶和尿嘧啶的分解

(二) 胸腺嘧啶的分解

胸腺嘧啶加氢还原生成二氢胸腺嘧啶,然后水解开环生成 β-脲基异丁酸,再脱氨脱羧生成 β-氨基异丁酸(β-aminoisobutyric acid)。β-氨基异丁酸经过转氨酶催化脱氨,可以转变成琥珀酰 CoA(图 10-4)。β-氨基异丁酸亦可随尿排出体外。食入含 DNA 丰富的食物、经放射线治疗或化学治疗的患者,以及白血病患者,尿中 β-氨基异丁酸排出量增多。

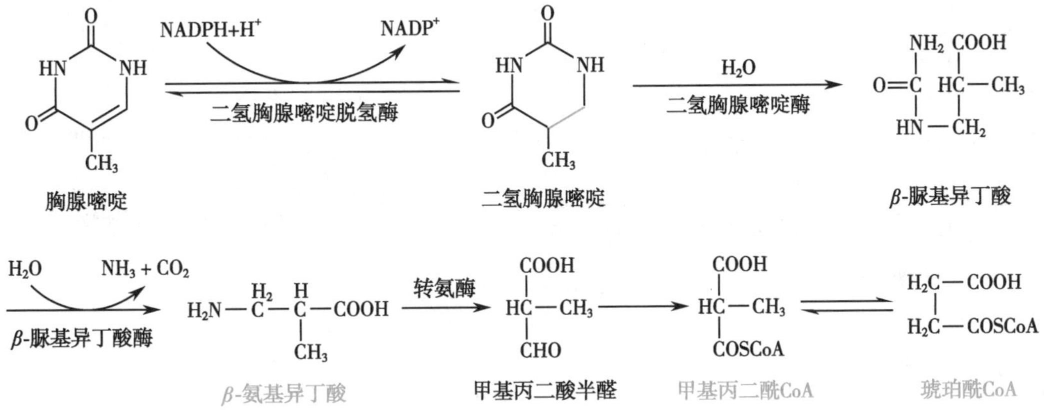
NADPH+H⁺
NADP⁺
二氢胸腺嘧啶脱氢酶
H₂O
二氢胸腺嘧啶酶
胸腺嘧啶
二氢胸腺嘧啶
β-脲基异丁酸
H₂O
NH₃ + CO₂
β-脲基异丁酸酶
转氨酶
β-氨基异丁酸
甲基丙二酸半醛
甲基丙二酰CoA
琥珀酰CoA

图 10-4　胸腺嘧啶的分解

第三节　嘌呤核苷酸的生物合成

ER1004

嘌呤核苷酸的生物合成（微课）

内源性合成是体内核苷酸的主要来源，因为核苷酸在体内储存较少，甚至不到细胞合成 DNA 时所需的 1%，所以在核酸合成过程中细胞必须持续合成核苷酸，以满足 DNA 合成的需要。核苷酸的合成有从头合成（de novo synthesis）和补救合成（salvage synthesis）两种途径。从头合成途径利用氨基酸、一碳单位和磷酸核糖等物质为原料，经过酶促反应合成核苷酸；而补救合成途径是利用核酸分解产生的核苷和碱基，合成核苷酸。脑和骨髓等组织缺乏有关合成酶，不能从头合成嘌呤核苷酸，必须依靠肝脏运来的嘌呤和核苷合成核苷酸，因此补救合成途径对于这些组织来说至关重要。

一、嘌呤核苷酸的从头合成

嘌呤核苷酸的从头合成主要在肝脏、小肠黏膜及胸腺中进行，反应的具体部位在细胞质。嘌呤核苷酸的合成过程比较复杂，可分为两个阶段：首先合成的是次黄嘌呤核苷酸（IMP），然后再由 IMP 分别转变生成腺嘌呤核苷酸（AMP）和鸟嘌呤核苷酸（GMP）。

（一）嘌呤环的合成原料

同位素示踪实验证明，甘氨酸、天冬氨酸、谷氨酰胺、一碳单位及二氧化碳是人体内合成嘌呤碱基的原料，戊糖及磷酸来源于磷酸戊糖途径产生的 5- 磷酸核糖，合成嘌呤环所需各元素的来源如图 10-5 所示。

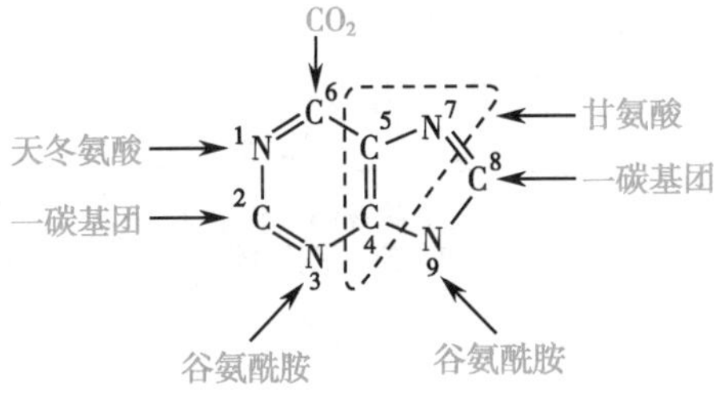
CO₂
甘氨酸
天冬氨酸
一碳基团
一碳基团
谷氨酰胺
谷氨酰胺

图 10-5　嘌呤环合成原料

（二）5- 磷酸核糖焦磷酸的生成

糖代谢磷酸戊糖途径产生的 5- 磷酸核糖在磷酸核糖焦磷酸激酶（亦称 PRPP 合成酶）催化下，与 ATP 反应生成 5- 磷酸核糖 -1- 焦磷酸（phosphoribosyl pyrophosphate，PRPP）。

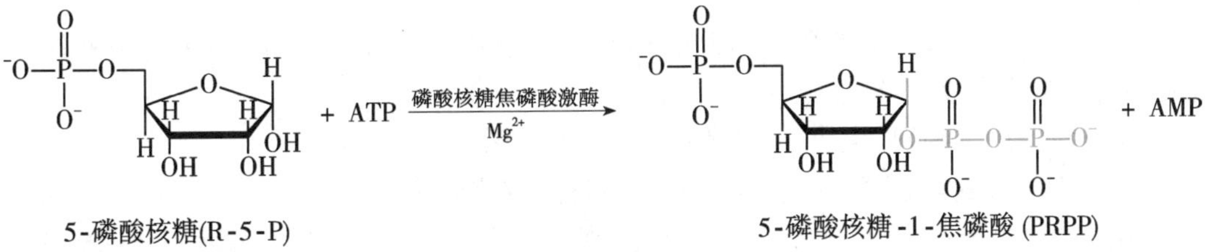
+ ATP
磷酸核糖焦磷酸激酶
Mg²⁺
+ AMP
5-磷酸核糖(R-5-P)
5-磷酸核糖-1-焦磷酸 (PRPP)

（三）次黄嘌呤核苷酸（IMP）的生物合成

在 PRPP 基础上，逐渐合成嘌呤环成为嘌呤核苷酸，反应过程主要包括以下步骤（图 10-6）。

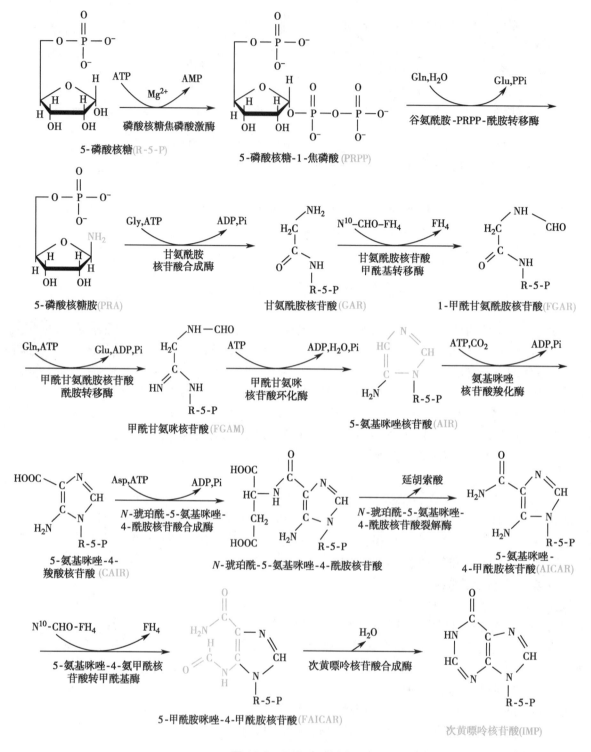

图 10-6 IMP 合成过程

1. 谷氨酰胺提供酰胺基取代焦磷酸生成 5- 磷酸核糖胺（PRA）。此反应由磷酸核糖酰胺转移酶催化，此酶是嘌呤核苷酸从头合成途径的关键酶。

2. 加入甘氨酸，与 PRA 反应生成甘氨酰胺核苷酸（GAR）。

3. N^{10}- 甲酰四氢叶酸提供甲酰基，生成 1- 甲酰甘氨酰胺核苷酸（FGAR）。

4. 谷氨酰胺提供酰胺氮，使 FGAR 转变为甲酰甘氨咪核苷酸（FGAM），后者脱水环化形成 5- 氨基咪唑核苷酸（AIR）。至此，合成了嘌呤碱基中的咪唑环部分。

5. CO_2 连接生成 5- 氨基咪唑 -4- 羧酸核苷酸（CAIR）。

6. 天冬氨酸提供氨基与 CAIR 缩合,然后脱去延胡索酸,形成 5- 氨基咪唑 -4- 甲酰胺核苷酸(AICAR)。

7. N[10]- 甲酰四氢叶酸提供甲酰基,AICAR 甲酰化生成 5- 甲酰胺基咪唑 -4- 甲酰胺核苷酸(FAICAR),后者再脱水环化生成 IMP。

(四) AMP 和 GMP 的合成

IMP 可进一步转变生成 AMP 和 GMP。天冬氨酸提供氨基可使 IMP 转变生成 AMP;IMP 也可以先脱氢氧化生成黄嘌呤核苷酸(XMP),然后接受谷氨酰胺的氨基生成 GMP(图 10-7)。AMP 与 GMP 在激酶催化下,可磷酸化分别生成 ATP 和 GTP。

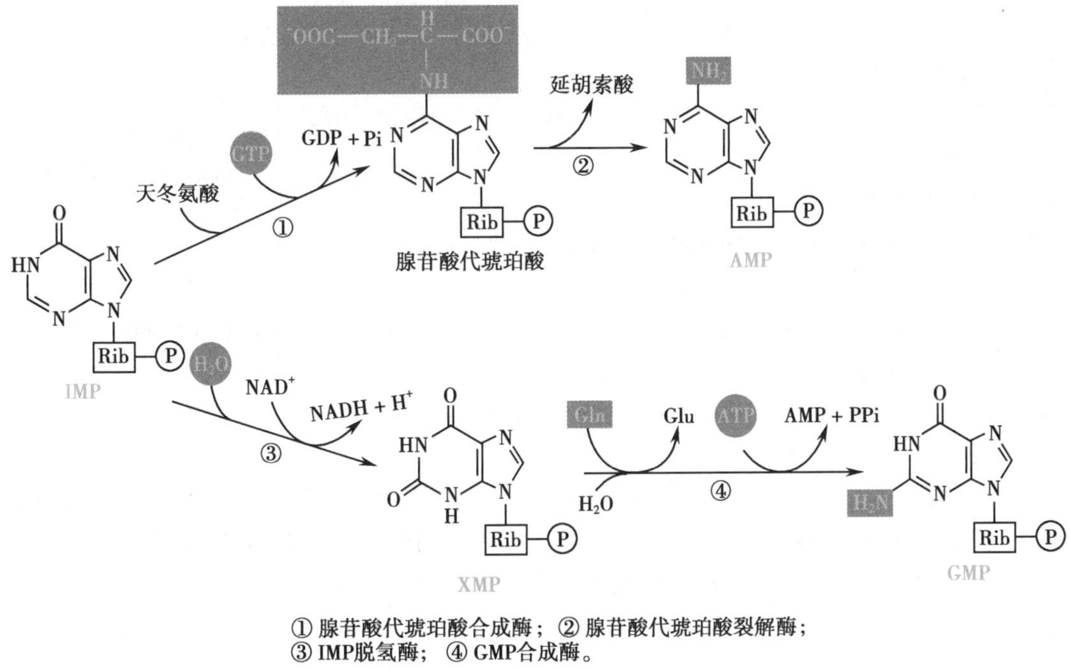

① 腺苷酸代琥珀酸合成酶; ② 腺苷酸代琥珀酸裂解酶;
③ IMP脱氢酶; ④ GMP合成酶。

图 10-7 由 IMP 转变为 AMP 和 GMP

二、嘌呤核苷酸的补救合成

骨髓和脑等组织由于缺乏嘌呤核苷酸合成的相关酶类,不能进行嘌呤核苷酸的从头合成,必须利用现有的嘌呤碱基或嘌呤核苷经补救合成途径获得嘌呤核苷酸。人体内催化嘌呤碱基与 PRPP 直接合成嘌呤核苷酸的酶有两种:腺嘌呤磷酸核糖基转移酶(adenine phosphoribosyl transferase,APRT)和次黄嘌呤 - 鸟嘌呤磷酸核糖基转移酶(hypoxanthine-guanine phosphoribosyl transferase,HGPRT),分别催化 AMP 和 IMP、GMP 的合成。自毁容貌症(Lesch-Nyhan syndrome)属于一种遗传性代谢疾病,其发病原因是 *HGPRT* 基因遗传性缺陷引起的。这类患儿在 2~3 岁即表现为自毁容貌症状,很难存活。腺嘌呤与 1- 磷酸核糖可以先生成腺苷,再经腺苷激酶催化生成 AMP。

$$腺嘌呤 + PRPP \xrightarrow{\text{APRT}} AMP + PPi$$

$$鸟嘌呤 + PRPP \xrightarrow{\text{HGPRT}} GMP + PPi$$

$$次黄嘌呤 + PRPP \xrightarrow{\text{HGPRT}} IMP + PPi$$

补救合成的生理意义在于:补救合成过程简单,可以减少从头合成所需氨基酸和能量的消耗;体内某些组织器官如脑、骨髓等缺乏从头合成的酶类,只能通过补救合成途径获得嘌呤核苷酸。

第四节　嘧啶核苷酸的生物合成

一、嘧啶核苷酸的从头合成

嘧啶核苷酸的从头合成也主要在肝细胞的细胞质中进行。嘧啶核苷酸与嘌呤核苷酸的合成方式不同，嘌呤核苷酸是在磷酸核糖分子上逐步合成嘌呤环；而嘧啶核苷酸是首先合成嘧啶环，然后再结合 5- 磷酸核糖。嘧啶核苷酸的从头合成也可分为两个阶段：首先合成的是尿嘧啶核苷酸（UMP），然后再由 UMP 转变生成三磷酸胞嘧啶核苷酸（CTP）与脱氧胸腺嘧啶核苷酸（dTMP）。

（一）嘧啶环的合成原料

合成原料包括 5- 磷酸核糖、谷氨酰胺、天冬氨酸和 CO_2。图 10-8 显示了嘧啶环合成所需各元素的来源。

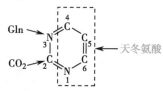

图 10-8　嘧啶环合成原料

（二）尿嘧啶核苷酸的合成

尿嘧啶核苷酸的合成起始于氨甲酰磷酸的生成，主要反应过程包括以下步骤（图 10-9）。

1. CO_2 和谷氨酰胺在氨甲酰磷酸合成酶Ⅱ（carbamoyl phosphate synthetase-Ⅱ，CPS-Ⅱ）的催化下，消耗 2 分子 ATP 合成氨甲酰磷酸。

2. 氨甲酰磷酸在天冬氨酸氨甲酰基转移酶（aspartate carbamoyltransferase）催化下再与天冬氨酸结合生成氨甲酰天冬氨酸。

3. 二氢乳清酸酶催化氨甲酰天冬氨酸脱水形成二氢乳清酸，后者脱氢转变成乳清酸（orotic acid）。

4. 在乳清酸磷酸核糖转移酶催化下，乳清酸与 PRPP 结合生成乳清酸核苷酸（OMP）。

5. OMP 经过乳清酸核苷酸脱羧酶催化，脱去羧基生成 UMP。

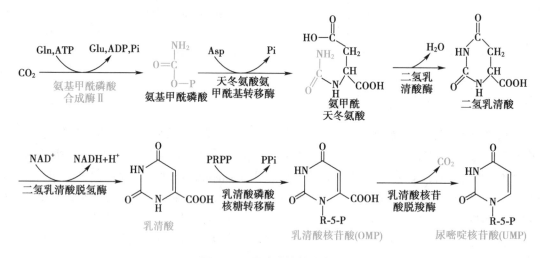

图 10-9　尿嘧啶核苷酸合成

（三）胞嘧啶核苷酸的合成

利用细胞内 ATP 的高能磷酸基团，在激酶的催化下可使 UMP 依次生成 UDP、UTP，再由谷氨酰胺提供氨基，CTP 合成酶催化，UTP 可转变成为 CTP。

$$UMP \xrightarrow[\text{尿苷酸激酶}]{ATP \quad ADP} UDP \xrightarrow[\text{二磷酸核苷激酶}]{ATP \quad ADP} UTP \xrightarrow[\text{CTP合成酶}]{Gln,ATP \quad Glu,ADP} CTP$$

二、嘧啶核苷酸的补救途径

嘧啶核苷酸的补救合成与嘌呤核苷酸的补救合成类似，嘧啶磷酸核糖转移酶能催化 PRPP 与嘧啶碱基生成嘧啶核苷酸,但该酶对胞嘧啶不起作用,主要催化尿嘧啶核苷酸的补救合成。此外,尿苷激酶可催化尿苷生成 UMP。

$$尿嘧啶 + PRPP \xrightarrow{嘧啶磷酸核糖转移酶} UMP + PPi$$

$$尿嘧啶 + 1\text{-}磷酸核糖 \underset{尿苷磷酸化酶}{\rightleftharpoons} 尿嘧啶核苷 + Pi$$

$$\xrightarrow[Mg^{2+}]{ATP \quad 尿苷激酶} UMP$$

思考题 10-2:人体需要通过营养保健品补充核苷酸吗?

第五节 脱氧核糖核苷酸的生物合成

脱氧核糖核苷酸是 DNA 的基本组成单位,包括嘌呤脱氧核糖核苷酸和嘧啶脱氧核糖核苷酸。同位素示踪实验证明,脱氧核糖核苷酸是通过相应的核糖核苷酸直接还原生成的。脱氧核糖核苷酸也能利用已有的碱基和核苷进行合成,4 种脱氧核糖核苷可以分别在特异的脱氧核糖核苷激酶和 ATP 的作用下,被磷酸化而形成相应的脱氧核糖核苷酸。

一、NDP 还原为 dNDP

核糖核苷酸向脱氧核糖核苷酸的转变发生在核糖核苷的二磷酸(NDP)水平上,由核糖核苷酸还原酶(ribonucleotide reductase)催化。此反应过程需要硫氧还蛋白(thioredoxin)参加,硫氧还蛋白有氧化型和还原型两种形式。还原型硫氧还蛋白的巯基在核糖核苷酸还原酶的作用下氧化为二硫键,转变成氧化型硫氧还蛋白。同时,核糖核苷酸分子中的核糖 C-2′ 脱氧还原,以 H 取代 -OH,转变生成脱氧核糖核苷酸(dNDP)。氧化型硫氧还蛋白在硫氧还蛋白还原酶(thioredoxin reductase)的作用下,由 NADPH 作为供氢体重新生成还原型硫氧还蛋白(图 10-10)。

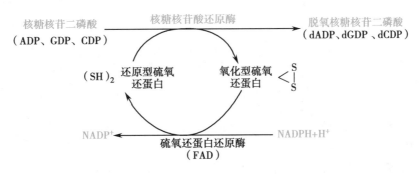

图 10-10 核糖核苷酸还原

二、脱氧胸苷酸的生成

(一) 由 dUMP 的甲基化

dTMP 是由 dUMP 甲基化生成的,反应由胸苷酸合酶(thymidylate synthase)和二氢叶酸还原酶催化,$N^5,N^{10}\text{-}CH_2\text{-}THF$ 提供甲基(图 10-11)。dUMP 可来自 dUDP 和 dCDP 的转化,并以 dCDP 水解生成 dCMP 后脱氨基形成 dUMP 方式为主。

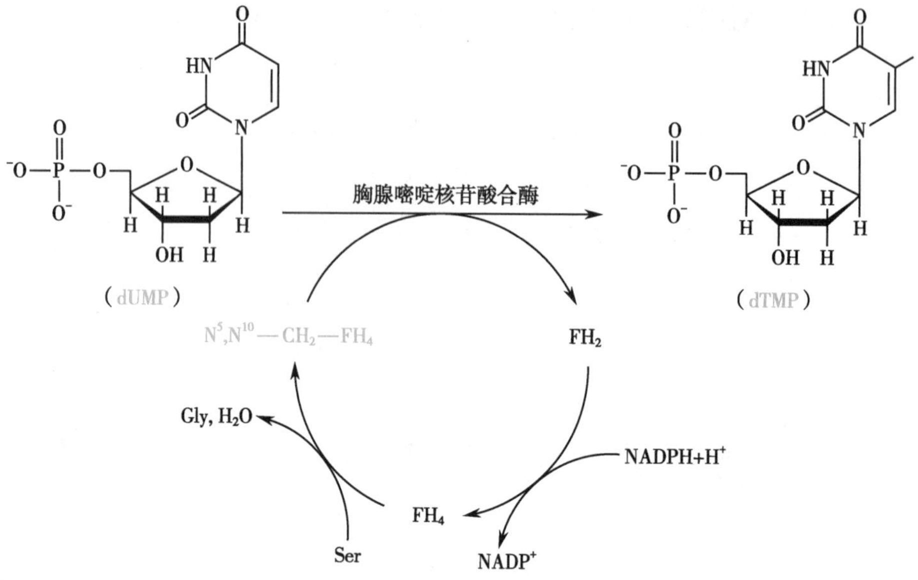

图 10-11　dUMP 还原生成 dTMP

(二) dTMP 补救合成

dTMP 也可以利用已有的碱基和核苷进行合成,胸腺嘧啶脱氧核苷在激酶的作用下,利用 ATP 发生磷酸化,生成 dTMP。

三、NTP 和 dNTP 的合成

四种核苷(或者脱氧核苷)一磷酸可以分别在特异的激酶作用下,由 ATP 提供磷酸基团,转变成核苷二磷酸 NDP(或者脱氧核苷二磷酸 dNDP)。由 ATP 供能,NDP 和 dNDP 在激酶的催化下分别生成核苷三磷酸 NTP(或脱氧核苷三磷酸 dNTP)。此外 UTP 可以氨基化生成 CTP,dCTP 也可以脱氨生成 dUTP。NTP 和 dNTP 也可以在激酶作用下脱掉一个磷酸基团生成 NDP 和 dNDP。

第六节　核苷酸抗代谢物

翻转课堂(10-2):

目标:要求学生通过课前自主学习,掌握有关嘌呤与嘧啶代谢过程的理论知识。

课前:要求每位学生认真阅读本章教材内容,并结合相关资料。自由组队,每组 4~6 人,组长负责组织开展讨论,并制作 PPT 或视频,用于课堂交流。

课中:老师随机抽取 1~2 组,作全班公开 PPT 演讲;老师提出问题,学生相互讨论和交流,并随机挑选学生回答,考查学生的学习情况。

课后:学生完成老师布置的作业,并对抗代谢物和代谢抑制剂在疾病治疗中的应用开展深入的学习和讨论。

抗代谢物是指在化学结构上与天然代谢物类似,进入人体后可与正常代谢物相拮抗,从而影响正常代谢的化学物质。抗代谢物属于竞争性抑制剂,因为其化学结构与正常代谢物相似,两者可竞争与酶蛋白结合,导致酶的催化活性丧失,最终影响正常代谢。临床使用的许多抗菌药与抗肿瘤药都属于抗代谢物。核苷酸抗代谢物是嘌呤、嘧啶、核苷或核苷酸合成所需氨基酸、叶酸等的结构类似物,以竞争性抑制方式干扰或阻断核苷酸的合成代谢,从而进一步影响核酸及蛋白质的生物合成。由于肿瘤细胞内核酸与蛋白质的合成代谢十分旺盛,所以核苷酸抗代谢物均具有抗肿瘤作用,在临床上常用作抗肿瘤药物。但应注意这些药物缺乏对肿瘤细胞的特异性,所以对增殖较旺盛的某些正常组织细胞也有杀伤性,有较大的毒副作用。核苷酸抗代谢物主要有嘌呤核苷酸类似物、嘧啶核苷酸类似物,以及氨基酸类似物和叶酸类似物。

一、嘌呤核苷酸类似物

(一)别嘌呤醇

痛风是由尿酸在血液和组织中浓度过高引起的关节疾病,尿酸钠结晶在关节中沉积导致关节疼痛、关节炎。多余的尿酸在肾小管中沉积,肾脏也会受影响。痛风多发于男性,确切病因未知,但经常涉及尿酸盐的排出减少,嘌呤代谢酶基因缺陷也是一个因素。

痛风可以通过营养与药物联合进行有效的治疗,饮食中减少富含核酸或核苷酸的食物,如动物内脏、鱼籽和海参等。别嘌呤醇(allopurinol)可以缓解痛风的大部分症状,别嘌呤醇抑制黄嘌呤氧化酶(图 10-12),黄嘌呤氧化酶催化嘌呤转变为尿酸。别嘌呤醇是黄嘌呤氧化酶的底物,黄嘌呤氧化酶把别嘌呤醇转化为别黄嘌呤,别黄嘌呤与酶的活性中心紧密结合,使酶始终处于还原性形式而活力降低。当黄嘌呤氧化酶被抑制时,嘌呤代谢的产物是黄嘌呤与次黄嘌呤,它们比尿酸水溶性好,不容易形成结晶沉积。

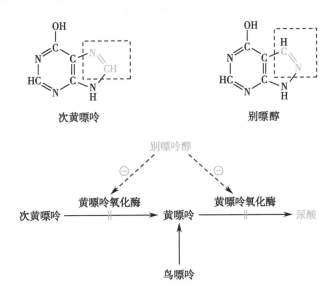

图 10-12 黄嘌呤氧化酶抑制剂别嘌呤醇

Gertrude B. Elion(左)和 George H. Hitchings(右)由于发现了第一批细胞毒性药物而获得了 1988 年诺贝尔奖生理学或医学奖。他们论证了体细胞、肿瘤细胞、原生动物、细菌和病毒间核酸代谢的差异并于 20 世纪 50 年代末提出核酸代谢限制性的理论。基于这种差异,研制出一系列能够限制肿瘤细胞核酸和有毒物质代谢且不损伤正常体细胞的药物,包括用于治疗白血病和器官移植的巯嘌呤,第一个免疫抑制药硫唑嘌呤,用于痛风治疗的别嘌呤醇,治疗疟疾的乙胺嘧啶,用于脑膜炎、败血症和尿道细菌感染、呼吸道细菌感染的甲氧苄啶,治疗病毒引起的疱疹的阿昔洛韦等。

思考题 10-3:哪些食物有可能会引起痛风?

　　患者,男,40岁,两年来因全身关节疼痛伴低热反复就诊,均被诊断为"风湿性关节炎"。经抗风湿和激素治疗后,疼痛现象稍有好转。两个月前,因疼痛加剧,经抗风湿治疗不明显前来就诊。查体:体温37℃,双足第一跖趾关节肿胀,左侧较明显,局部皮肤有脱屑和瘙痒现象,双侧耳郭触及绿豆大的结节数个,白细胞 $9.5 \times 10^9/L$ [参考值 $(4\sim10) \times 10^9/L$]。

　　问题:

　　1. 患者的可能诊断是什么? 需做什么检查进一步确诊?

　　2. 尿酸是如何产生与排泄的?

　　3. 痛风的治疗原则是什么?

　　4. 抗痛风药的作用机制是什么?

(二) 6- 巯基嘌呤

　　6- 巯基嘌呤(mercaptopurine,6-MP)与次黄嘌呤结构类似,在体内可转变成为 6-MP 核苷酸,竞争抑制 IMP 参与的代谢反应。它能够抑制 IMP 向 AMP 与 GMP 的转变;可以反馈抑制 PRPP 酰胺转移酶,阻断嘌呤核苷酸的从头合成;还可以直接影响次黄嘌呤 - 鸟嘌呤磷酸核糖基转移酶直接阻断嘌呤核苷酸的补救合成途径。

二、嘧啶核苷酸类似物

　　氟尿嘧啶(fluorouracil,5-FU),其结构与胸腺嘧啶结构类似。5-FU 是临床常用的抗肿瘤药,5-FU 本身虽无生物学活性,但在体内可以转变成一磷酸脱氧核糖氟尿嘧啶核苷(FdUMP)和三磷酸氟尿嘧啶核苷(FUTP)发挥作用。FdUMP 与 dUMP 结构类似,可抑制胸苷酸合酶,使 dTMP 合成受阻(图 10-13)。由于肿瘤细胞生长繁殖快,需要大量的 dTMP 及其他 dNTP 用于核酸合成,因此,当肿瘤细胞中含有 5-FU 时,可以抑制肿瘤细胞生长与繁殖。此外,FUTP 能够以 FUMP 的形式掺入 RNA 分子中,因破坏了 RNA 的结构与功能阻断蛋白质的合成。

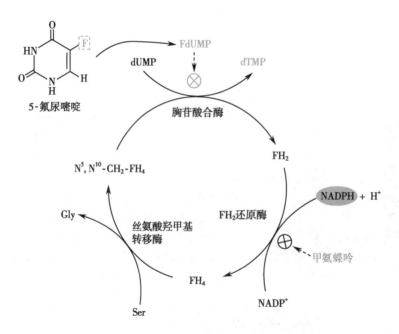

图 10-13　氟尿嘧啶抗肿瘤作用生化机制

　　某些改变了核糖结构的核苷类似物也是重要的抗肿瘤药，如阿糖胞苷、安西他滨（又称环胞苷）（图 10-14）。阿糖胞苷能抑制 CDP 还原成 dCDP，影响 DNA 的合成。

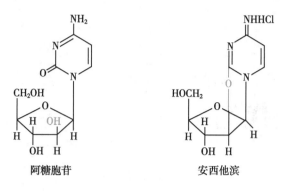

阿糖胞苷　　　　　　　　　　安西他滨

图 10-14　阿糖胞苷和安西他滨的化学结构

三、氨基酸类似物

　　谷氨酰胺参与嘌呤核苷酸和 CTP 的合成，谷氨酰胺类似物重氮丝氨酸（azaserine），6- 重氮 -5 氧正亮氨酸可干扰核苷酸合成对谷氨酰胺的利用，因而被用作抗菌药和抗肿瘤药。

小　结

　　核苷酸具有许多重要的生物学功能，最重要的是作为核酸合成的原料。人体嘌呤碱分解代谢的终产物是尿酸，含量过多会引起痛风。嘌呤核苷酸的合成有从头合成途径和补救合成途径。从头合成的原料包括 5- 磷酸核糖、甘氨酸、天冬氨酸、谷氨酰胺、一碳单位和 CO_2。其合成特点是在 PRPP 基础上先合成 IMP，再分别转变为 AMP 和 GMP。嘧啶核苷酸从头合成的原料包括 5- 磷酸核糖、谷氨酰胺、CO_2 和天冬氨酸。其合成特点是先合成嘧啶环，然后再与 PRPP 连接。首先合成的是 UMP，然后转变为其他嘧啶核苷酸。

　　脱氧核糖核苷酸的生成是在核糖核苷酸二磷酸水平上由核糖核苷酸还原酶催化生成的。胞嘧啶核苷酸的生成在三磷酸水平上进行，脱氧胸腺嘧啶苷酸的生成在一磷酸水平上，由 dUMP 甲基化生成。某些碱基的类似物可以竞争性抑制核苷酸合成，从而阻止核酸与蛋白质的合成，达到抗肿瘤的目的。氨基酸类似物氮杂丝氨酸，可以干扰谷氨酰胺在核苷酸合成中的作用，从而抑制核苷酸的合成。

练习题

1. 食物中的核酸在体内如何降解？需要哪些酶参加？
2. 简述嘌呤核苷酸及嘧啶核苷酸从头合成的原料与元素来源。
3. 脱氧核糖核苷酸是如何合成的？
4. 痛风是如何发生的？别嘌呤醇治疗痛风的机制是什么？
5. 核苷酸抗代谢物有哪些？并请简述它们的作用机制。

（刘岩峰）

第十章同步练习

第十一章
非营养物质代谢

营养物质是指维持人体的物质组成和生理功能不可缺少的要素,包括糖、脂质、蛋白质、维生素、无机盐、水等营养素。它们通过体内新陈代谢过程,转化为构成人体的物质和维持生命活动的能量,是生命活动的物质基础。

非营养物质(non-nutrient substance)则是指既不能作为构建组织细胞的成分,又不能作为能源物质氧化供能,但其中一些还对人体有一定的生物学效应或潜在的毒性作用的一大类物质,它们需要经过体内代谢转化后,及时排出体外。非营养物质按其来源可分为内源性和外源性两类。内源性非营养物质包括体内物质代谢的终产物或代谢中间物(如胺类、胆红素、氨等)以及发挥完生理作用后有待灭活的各种生物活性物质(如激素、神经递质等)。外源性非营养物质则包括人体在日常生活中不可避免接触到的异源性物质(xenobiotics),如药物、毒物、环境化学污染物、食品添加剂、防腐剂以及从肠道吸收的细菌作用后的腐败产物等。

非营养物质的代谢转化主要在肝脏进行。肝脏不仅与糖、脂质、蛋白质、维生素和激素等的代谢密切相关,还具有分泌、排泄和生物转化等功能,还在非营养物质代谢转化中具有核心作用,这主要得益于肝脏特殊的解剖结构和化学组成:肝脏具有肝动脉和门静脉双重血液供应,还具有丰富的血窦结构;肝脏有两条输出通路,除了通过肝静脉与体循环相联系外,还通过胆道系统与肠道相连通;肝细胞含有丰富的线粒体保证其代谢的能量供应,丰富的内质网、高尔基体、核糖体、溶酶体和微粒体等亚细胞结构保证其进行活跃的蛋白质合成及生物转化;肝细胞酶含量丰富,保证各种生物化学反应的正常进行。

本章将着重介绍肝脏对药物等非营养物质的生物转化、胆汁——胆汁酸在肝脏中的代谢、胆红素代谢及黄疸以及胆红素重要来源——血红素的生物合成等内容。

第一节 药物在肝脏中的生物转化

药物在体内吸收(absorption)、分布(distribution)、代谢(metabolism)及排泄(excretion)过程称为药物的体内过程(ADME),这是一个动态的变化过程。吸收是药物从给药部位进入体循环的过程。除了静脉给药时药物直接注入血液循环外,其他给药途径都有吸收过程。吸收包括消化道吸收和非消化道吸收。吸收后的药物经过血液再向体内各组织器官分布,在作用部位(靶细胞)发挥药理作用,或者其中一部分被代谢转化,最终经肾从尿液或经胆道从粪便排出。药物在体内吸收、分布及排泄过程称为药物转运(transportation of drug);药物在体内的生物转化过程称为药物代谢。

药物进入人体后,小分子药物和极性化合物在体内生理 pH 条件下,可以完全呈电离状态,由肾排出,从而终止药效。大多数药物为非极性化合物(脂溶性药物),在生理 pH 范围内不电离,或仅部分电离,并且常与血浆蛋白结合,不易由肾小球滤出。脂溶性药物在体内要经历生物转化,即药物代谢,才能排出体外。药物代谢主要在肝脏中进行,亦有少数在肝外,包括肺、肾和肠黏膜等组织,如葡糖醛酸或硫酸盐的结合反应可在肠黏膜进行。

药物在肝脏中代谢转化包括多种不同类型的化学反应,可归纳为两相:第一相反应包括氧化(oxidation)、还原(reduction)、水解(hydrolysis)反应;第二相反应包括多种结合(conjugation)反应。许多物质通过第一相反应即可使分子内某些非极性基团转变为极性基团,水溶性增大,从而大量排出体外。但还有一些物质经过第一相反应后,水溶性和极性变化不大,必须与葡糖醛酸、硫酸、某些氨基酸等极性较强的物质结合,或本身进行甲基化、乙酰化修饰等一系列第二相反应,增加了极性和水溶性才能排出体外。

一、第一相反应

(一) 氧化反应

氧化反应是最多见的一类生物转化第一相反应。

(1)微粒体氧化酶系:该酶系在生物转化的氧化反应中的地位最重要,进入体内的外来化合物约一半以上须经此系统氧化。该系统主要由肝细胞的微粒体内依赖细胞色素 P450 单加氧酶(CYP)组成。该加单氧酶是一个复合物,至少包括两部分:一种是细胞色素 P450(血红素蛋白);另一种是 NADPH- 细胞色素 P450 还原酶(以 FAD 为辅基的黄素蛋白)。该酶催化许多脂溶性物质从分子氧中接受一个氧原子,生成羟基化合物或环氧化合物。由于反应中一个氧原子被 NADPH 还原为水,另一个氧原子使作用物氧化,因此该酶又称混合功能氧化酶。该酶是目前已知底物最广泛的生物转化酶类。据估计,人类基因组至少编码 14 个家族的 CYP,迄今已鉴定出 30 余种人类编码 CYP 的基因。单加氧酶的反应机制请参见第六章第五节,其催化的基本反应如下:

$$RH + O_2 + NADPH + H^+ \longrightarrow ROH + NADP^+ + H_2O$$

单加氧酶的羟化作用不仅加强了药物、毒物的水溶性,有利于排泄,而且还参与体内许多重要物质的代谢,如维生素 D_3 羟化为活性维生素 D_3(1,25- 二羟维生素 D_3),肾上腺皮质激素和性激素等类固醇激素及胆汁酸合成过程中的羟化作用等。另外,有些致癌物质经氧化后丧失活性,但有些本来无活性的物质经氧化后生成有毒或致癌物质。如多环芳烃——苯丙芘经单加氧酶作用生成环氧化合物是致癌物质,需要进一步的生物转化才能解毒(图 11-1)。

单加氧酶还有一个特点,就是可被诱导合成。如长期服用苯巴比妥的人,单加氧酶可被诱导,使其对异戊巴比妥、氨基比林等多种药物的转化及耐受增强。又如口服避孕药的妇女,如同时服用利福平,由于利福平是细胞色素 P450 的诱导物,可诱导细胞色素 P450 的生成,加速避孕药排出,降低避孕效果。

(2)线粒体单胺氧化酶(monoamine oxidase,MAO)系:这是存在于肝细胞线粒体的另一类参与生物转化的氧化酶类。它是一种黄素蛋白,可催化胺类氧化脱氨基生成相应的醛,醛再进一步在胞质中醛脱氢酶催化下氧化生成酸,从而丧失生物学活性。多种氨基酸在肠道细菌作用下生成对机体有害的精胺、腐胺、组胺、酪胺、色胺、尸胺等腐败产物,以及一些肾上腺素能药物(如 5- 羟色胺、儿茶酚胺类等)均在肝细胞线粒体单胺氧化酶作用下进行氧化脱氨处理。

$$\underset{\text{胺}}{RCH_2NH_2} + O_2 + H_2O \longrightarrow \underset{\text{醛}}{RCHO} + NH_3 + H_2O_2$$

$$\underset{\text{醛}}{RCHO} + NAD^+ + H_2O \longrightarrow \underset{\text{酸}}{RCOOH} + NADH + H^+$$

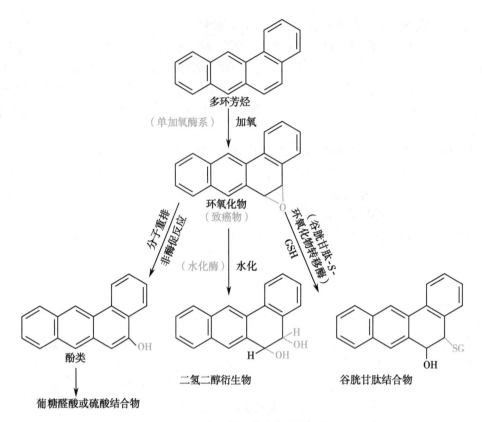

多环芳烃

（单加氧酶系）　加氧

环氧化物
（致癌物）

分子重排

非酶促反应

（水化酶）　水化

（谷胱甘肽-S-
环氧化物转移酶）
GSH

酚类

二氢二醇衍生物

谷胱甘肽结合物

葡糖醛酸或硫酸结合物

图 11-1　多环芳烃的生物转化过程

（3）醇脱氢酶与醛脱氢酶系：肝细胞的胞质中含有非常活跃的以 NAD⁺ 为辅酶的醇脱氢酶（alcohol dehydrogenase，ADH），可催化醇类氧化成醛，后者再经过线粒体或胞质中的醛脱氢酶（aldehyde dehydrogenase，ALDH）催化生成相应的酸类物质。

$$RCH_2OH + NAD^+ \xrightarrow{\text{醇脱氢酶}} RCHO + NADH + H^+$$

$$RCHO + NAD^+ + H_2O \xrightarrow{\text{醛脱氢酶}} RCOOH + NADH + H^+$$

乙醇（ethanol）作为酒和调味剂广泛被利用。大量饮酒除经 ADH 氧化外，还可诱导肝内质网增殖并启动肝微粒体乙醇氧化系统（microsomal ethanol oxidizing system，MEOS）。MEOS 是乙醇 P450 单加氧酶，催化的产物是乙醛。乙醇经上述两种代谢途径氧化都生成乙醛，后者在 ALDH 的催化下进一步氧化生成乙酸。

（二）还原反应

（1）醛酮还原酶：能催化酮基或醛基还原为醇。如三氯乙醛还原为三氯乙醇，酶系存在于细胞可溶性部分，需要 NADH 或 NADPH。

$$CCl_3CHO \xrightarrow{2H} CCl_3CH_2OH$$

（2）偶氮和硝基化合物还原酶：肝细胞微粒体中有硝基还原酶（nitroreductase）和偶氮还原酶（azoreductase），分别催化硝基化合物和偶氮化合物从 NADH 或 NADPH 接受氢，还原成相应的胺类。例如百浪多息是无活性的药物前体，经还原生成具有抗菌活性的氨苯磺胺。

药物氧化反应
类型及饮酒与
酒精中毒

H_2N— —N=N— —SO_2NH_2 ⟶ H_2N— —NH_2 + H_2N— —SO_2NH_2

百浪多息　　　　　　　　　　　　　　　　　氨苯磺胺

（三）水解反应

肝细胞的胞质和内质网中含有多种水解酶类,包括酯酶(esterase)、酰胺酶(amidase)、糖苷酶(glucosidase)等,可分别水解酯键、酰胺键和糖苷键类化合物。许多药物经过水解反应而使生物活性降低或丧失,如局麻药普鲁卡因及普鲁卡因胺分别经酯酶及酰胺酶催化水解而失去药理作用。普鲁卡因在肝中很快被水解,因此注入后迅速失效,而普鲁卡因胺的水解较慢,因此可维持较长的有效时间。

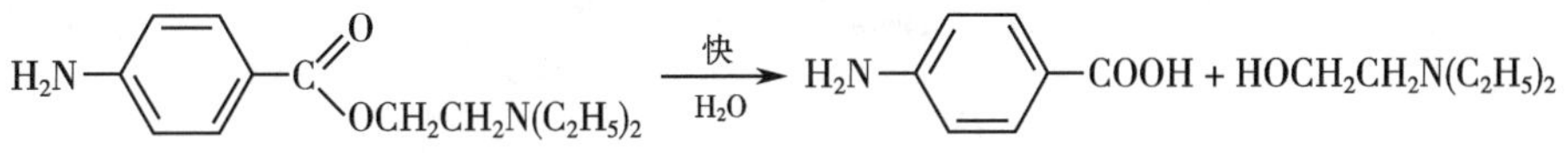

普鲁卡因

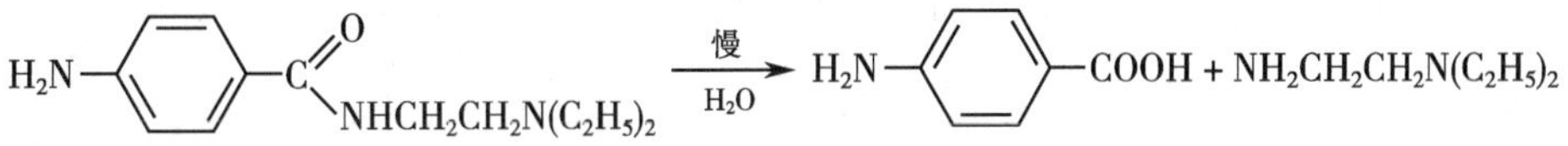

H_2N-苯环-$\overset{O}{C}$-$OCH_2CH_2N(C_2H_5)_2$ $\xrightarrow[H_2O]{快}$ H_2N-苯环-$COOH + HOCH_2CH_2N(C_2H_5)_2$

普鲁卡因胺

H_2N-苯环-$\overset{O}{C}$-$NHCH_2CH_2N(C_2H_5)_2$ $\xrightarrow[H_2O]{慢}$ H_2N-苯环-$COOH + NH_2CH_2CH_2N(C_2H_5)_2$

二、第二相反应

许多化合物经过第一相反应后,分子极性增加,水溶性增强,直接排出体外。但有些化合物还需要进一步和极性更强的物质,如葡糖醛酸、硫酸、氨基酸等结合,使分子具有更大的极性,这些结合反应属于生物转化的第二相反应。肝细胞内含有许多催化结合反应的酶类,凡是含有羟基、羧基或氨基的药物、毒物或激素等均可在相应酶催化下与葡糖醛酸、硫酸、谷胱甘肽、甘氨酸等发生结合反应,或进行酰基化和甲基化反应。反应后成为极性更强、易于排泄的物质。

（一）葡糖醛酸结合反应

葡糖醛酸结合反应是最重要、最普遍的结合反应。糖代谢产生的尿苷二磷酸葡糖(UDPG)可在肝内进一步氧化成尿苷二磷酸葡糖醛酸(uridine diphosphate glucuronic acid,UDPGA)。

$$UDPG + NAD^+ \xrightarrow{UDPG脱氢酶} UDPGA + NADH + H^+$$

肝细胞微粒体中含有活跃的 UDP 葡糖醛酸转移酶(UDP glucuronyl transferase,UGT),它以 UDPGA 为葡糖醛酸的活性供体,催化葡糖醛酸基团转移到含有极性基团的化合物分子上,如醇、酚、胺、羧酸类化合物的羟基、氨基和羧基上,生成相应的 β-D- 葡糖醛酸苷,使极性增强、毒性降低,易于排出体外。

据研究,有数千种脂溶性非营养物质可与葡糖醛酸结合,包括苯酚、胆红素、吗啡、类固醇激素、苯巴比妥类药物均可在肝脏与葡糖醛酸结合而进行生物转化,从而排出体外。

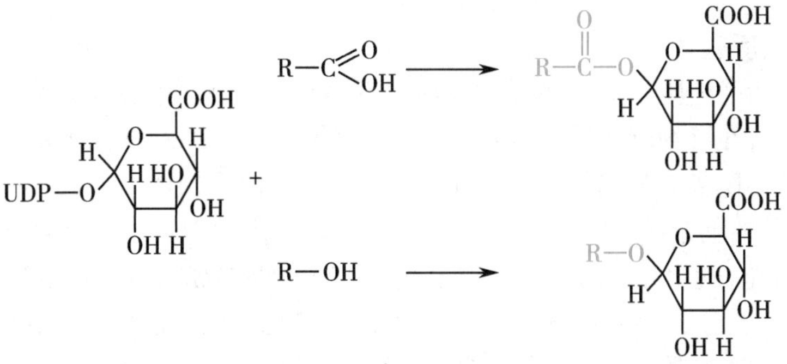

UDPGA　　异源物　　　　β-D-葡糖醛酸苷

葡醛内酯是临床上保肝治疗的药物之一,它是一种葡糖醛酸类制剂,可增强肝脏的生物转化功能。

（二）硫酸结合反应

3′- 磷酸腺苷 -5′- 磷酸硫酸(PAPS)是体内活性硫酸供体,在肝细胞胞质硫酸转移酶(sulfotransferase,

SULT)催化下,将活性硫酸供体上的硫酸基转移到多种醇、酚或芳香族胺类等含有羟基的非营养物分子上,生成硫酸酯,使其水溶性增强,易于排出体外。雌酮通过形成硫酸酯而灭活。

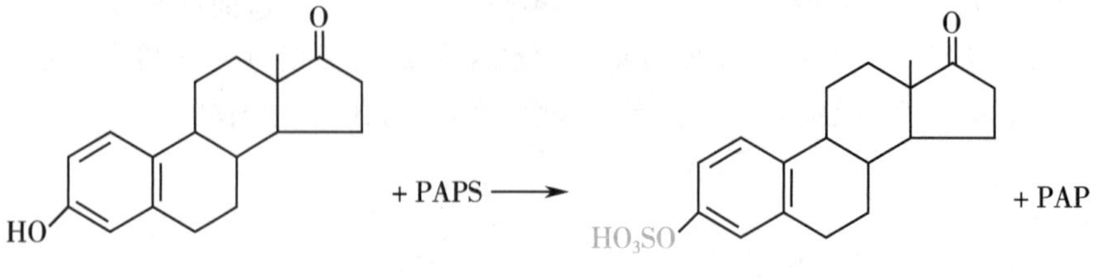

雌酮　　　　+ PAPS　——→　　雌酮硫酸酯　　+ PAP

严重肝病患者,雌酮的上述结合作用减弱,导致血中雌酮过多,使某些局部小动脉扩张出现"蜘蛛痣"或"肝掌"。

(三) 乙酰基化反应

肝细胞胞质中含有乙酰转移酶(acetyltransferase),以乙酰 CoA 为乙酰基的直接供体,催化乙酰基转移到含氨基或肼的非营养物质,如磺胺、异烟肼、苯胺等,形成乙酰化衍生物。例如,抗结核药物异烟肼是在肝脏乙酰转移酶催化下经乙酰化反应而失去活性。该酶表达呈多态性,使不同个体有快速和迟缓乙酰化之分,导致个体对异烟肼等药物在血液中的清除率不同。迟缓乙酰化个体对异烟肼的某些毒性反应比快速乙酰化个体敏感。

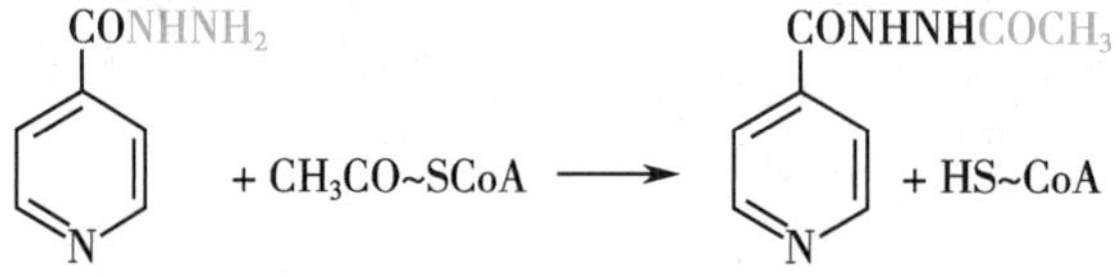

异烟肼　　　　乙酰CoA　——→　　乙酰异烟肼　　　辅酶A

$CONHNH_2$ + $CH_3CO{\sim}SCoA$ ——→ $CONHNHCOCH_3$ + $HS{\sim}CoA$

(四) 甲基化反应

甲基化反应是代谢内源性化合物的重要反应。肝细胞胞质和微粒体中含有多种甲基转移酶(methyltransferase),以 S-腺苷甲硫氨酸(SAM)为甲基供体,催化含有氧、氮、硫等亲核基团的化合物发生甲基化反应,从而失去活性。如烟酰胺甲基化生成 N-甲基烟酰胺的反应式如下:

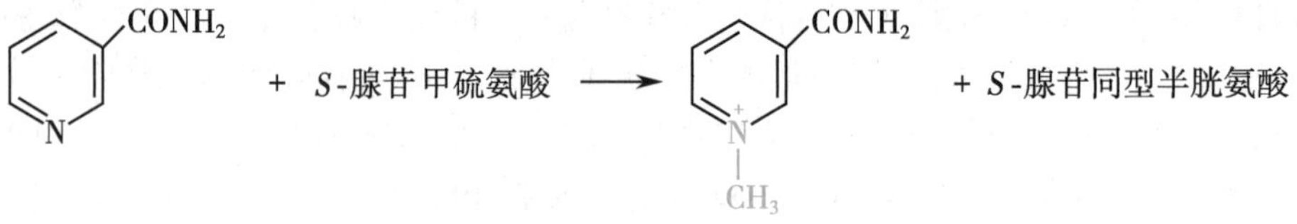

$CONH_2$ + S-腺苷甲硫氨酸 ——→ $CONH_2$ + S-腺苷同型半胱氨酸

烟酰胺　　　　　　　　　　　　　　N-甲基烟酰胺

(五) 谷胱甘肽结合反应

谷胱甘肽结合反应是细胞自我保护的重要反应。许多致癌剂、环境污染物、肿瘤治疗药物及内源性活性物质含有亲电子中心,在肝细胞胞质谷胱甘肽 S-转移酶(glutathione S-transferase,GST)催化下,与谷胱甘肽(GSH)的巯基结合,形成 GSH 结合产物,从而阻断这些化合物与 DNA、RNA 或蛋白质结合,从而避免这些亲电子性化合物对细胞造成严重损伤。肝细胞膜上有依赖 ATP 的 GSH 结合产物输出泵,可将这种 GSH 结合产物泵出肝细胞,随胆汁排出体外。GST 在肝细胞中含量丰富,占肝细胞可溶性蛋白质的 3%~4%。由于很多 GST 的内源性底物是受活性氧修饰过的,因此,GST 也可以说是具有抗氧化作用的。谷胱甘肽结合物不能直接从肾脏排出,主要随胆汁排出。例如,毒性物质溴丙烷,在大鼠体内与谷胱甘肽结合而解毒,生成丙基硫醚氨酸随尿液排出。

$$CH_3CH_2CH_2Br + GSH \xrightarrow{\text{谷胱甘肽}S\text{-转移酶}} CH_3CH_2CH_2SG \longrightarrow CH_3CH_2CH_2-SCH_2CHNHCOCH_3$$
$$|$$
$$COOH$$

溴丙烷　　　　　　　　　　　　丙基谷胱甘肽　　　　　　　　丙基硫醚氨酸

（六）氨基酸结合反应

某些氨基酸可与非营养物质的羧基结合。含有羧基的药物、毒物等非营养物质首先在酰基 CoA 连接酶催化下生成活泼的酰基 CoA，后者又在肝细胞线粒体酰基 CoA：氨基酸 N- 酰基转移酶（acyl-CoA：amino acid N-acyltransferase）催化下，与甘氨酸结合生成相应的结合产物，如马尿酸的生成。

$$\text{苯甲酸} \quad —COOH + CoASH + ATP \longrightarrow \quad —CO\sim SCoA + ADP + Pi$$

苯甲酸   苯甲酰CoA

$$\text{苯甲酰CoA} \quad —CO\sim SCoA + H_2N—CH_2—COOH \longrightarrow \quad —CO—NH—CH_2—COOH + CoASH$$

苯甲酰CoA   甘氨酸   马尿酸

药物代谢反应
的特点及调节

胆酸和脱氧胆酸也可与甘氨酸或牛磺酸结合，生成结合胆汁酸。反应步骤同上。

> 思考题 11-1：请结合药物在肝脏中的代谢转化过程及其影响因素，详细论述某种药物在临床应用时，应从患者哪几方面综合考虑，以便选择最合适的个体化用药策略？

第二节　胆汁与胆汁酸代谢

胆汁与胆汁酸
代谢（微课）

翻转课堂：

目标：要求学生通过课前自主学习，掌握有关胆汁酸代谢的理论知识。

课前：要求每位学生认真观看本节微课，把握老师课前提出的具体要求。自由组队，每组 4~6 人，组长负责组织大家开展讨论，并制作 PPT 或视频，用于课堂交流。

课中：老师随机抽取 1~2 组，作全班公开 PPT 演讲；老师提出问题，学生相互讨论和交流，并随机挑选同学作答，考查学生的学习情况。

课后：学生完成老师布置的作业，并对"胆汁酸代谢异常与结石的形成"问题，开展深入学习和讨论。

一、胆汁

胆汁（bile）是肝细胞分泌的一种液体，通过胆管系统进入十二指肠。生成胆汁是肝脏的基本功能之一。正常人平均每天分泌胆汁 300~700ml。人胆汁呈黄褐色或金黄色，黏性，有苦味，比重为 1.000~1.032。从肝细胞初分泌的胆汁称肝胆汁（hepatic bile），澄清、透明、金黄色，固体物质含量较少。肝胆汁进入胆囊后，胆囊壁上皮细胞吸收肝胆汁中的水分、盐类及一些其他成分，同时也分泌黏液渗入胆汁，使胆汁浓缩，成为胆囊胆汁（gallbladder bile），呈暗褐色或棕绿色。

胆汁中除了水分外，主要的固体成分是胆汁酸盐（bile salt），简称胆盐，约占固体成分总量的 50%，其次是无机盐、黏蛋白、磷脂、胆固醇、胆色素等。胆汁中还含有多种酶类，包括脂肪酶、磷脂酶、淀粉酶、磷酸酶等。胆盐和某些酶类与脂类消化、吸收有关；磷脂与胆汁中胆固醇的溶解状态有关；其他成分多半属于排泄物。进入体内的药物、毒物、染料及重金属盐等均可在肝脏进行生物转化后随胆汁排出体外。因此，胆汁既可以说是一种消化液，也可以说是一种排泄液，可将体内某些代谢产物运输至肠道，随粪便排出体外。

二、胆汁酸代谢

(一) 胆汁酸的种类

胆汁酸有游离型、结合型及初级、次级之分。正常人胆汁中的胆汁酸(bile acid)按照结构可分成游离型胆汁酸(free bile acid)和结合型胆汁酸(conjugated bile acid)。游离型胆汁酸包括胆酸(cholic acid)、脱氧胆酸(deoxycholic acid)、鹅脱氧胆酸(chenodeoxycholic acid)和少量石胆酸(lithocholic acid)。上述 4 种游离型胆汁酸的 24 位羟基与甘氨酸或牛磺酸结合的产物为结合型胆汁酸,包括甘氨胆酸(glycocholic acid)、甘氨鹅脱氧胆酸(glycochenodeoxycholic acid)、牛磺胆酸(taurocholic acid)和牛磺鹅脱氧胆酸(taurochenodeoxycholic acid)等。人体胆汁中的胆汁酸以结合型为主(占 90% 以上),其中甘氨胆酸与牛磺胆酸的比例为 3:1。结合型胆汁酸水溶性较大,形成的结合型胆汁酸盐更加稳定,在钙浓度较高的胆囊内和十二指肠偶尔酸性的环境下均不发生沉淀。上述胆汁酸的结构见图 11-2。

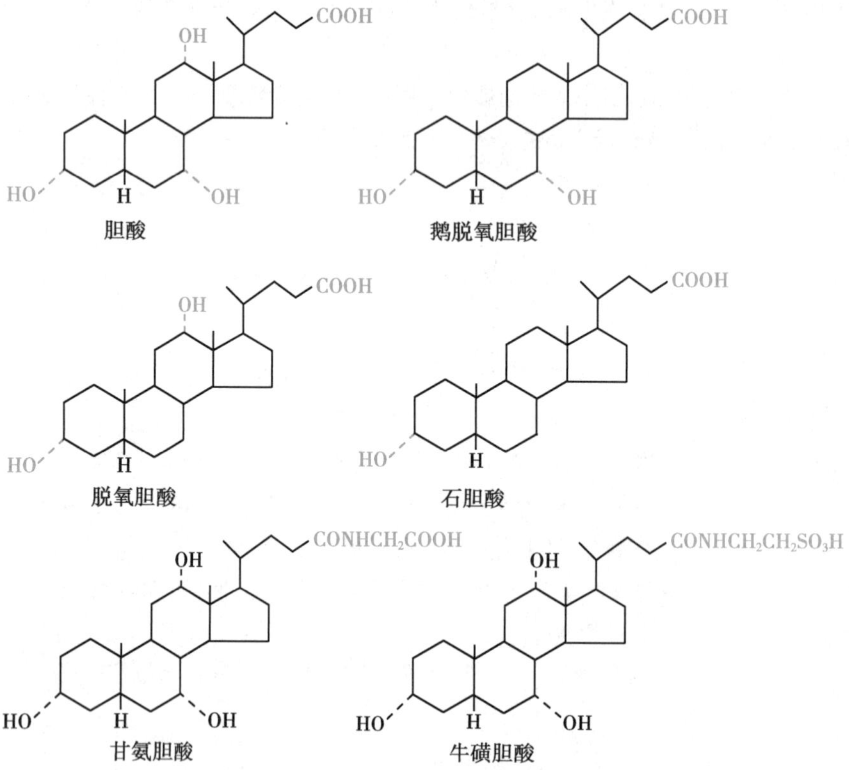

图 11-2　几种胆汁酸的结构式

胆汁酸按照生成部位及来源,可分为初级胆汁酸和次级胆汁酸两类。初级胆汁酸是在肝细胞内以胆固醇为原料直接合成的胆汁酸,包括胆酸、鹅脱氧胆酸及其与甘氨酸或牛磺酸的结合产物。初级胆汁酸进入肠道后,在肠道细菌酶的作用下转变成次级胆汁酸,包括脱氧胆酸和石胆酸及两者在肝中与甘氨酸或牛磺酸结合而生成的产物。胆汁中初级胆汁酸和次级胆汁酸均以钠盐或钾盐的形式存在,形成胆盐。

(二) 胆汁酸的功能

1. 促进脂类物质的消化与吸收　胆汁酸是胆汁的重要成分,是一类含有固醇核的 24 碳羧酸的总称,以胆盐的形式存在。胆汁酸分子内部既含有亲水性的羟基和羧基基团,又含有疏水性的甲基和烃核。同时羟基和羧基的空间配位全部属于 α 型,而甲基为 β 型,这两类不同性质的基团恰好位于环戊烷多氢菲核的两侧。因此,胆汁酸的立体构型具有亲水和疏水两个侧面,具有较强的界面活性,能够降低油水两相之间的表面张力。胆汁酸的这种结构特性使其成为较强的乳化剂,能够将疏水性脂类在水中乳化成只有 3~10μm 的细小微团,既有利于消化酶的作用,又有利于吸收。

2. 抑制胆汁中胆固醇的析出　人体内胆固醇约 99% 随胆汁从肠道排出体外,其中 1/3 以胆盐的形式,

2/3 以直接形式排出。部分未转化的胆固醇由肝细胞分泌入毛细胆管,在胆囊中储存。胆固醇难溶于水,胆汁在胆囊中浓缩后,胆固醇容易沉淀析出。胆汁中的胆盐与卵磷脂可使胆固醇分散成可溶性微团,使之不易结晶沉淀而随胆汁排出。

3. 胆汁酸负反馈调节胆固醇的代谢 人体内胆汁酸浓度升高时,可反馈性抑制胆汁酸的生物合成,同时也抑制胆固醇的生物合成。

除了上述作用外,胆汁酸还具有其他生理作用,如增加小肠中多价金属离子(如钙、铁)的溶解性,抑制细菌,刺激黏液分泌,影响大肠黏膜细胞对水和电解质的吸收,促进大肠运动等。

(三) 胆汁酸代谢

1. 初级胆汁酸的生成 肝细胞以胆固醇为原料合成初级胆汁酸,这是胆固醇在体内的主要代谢去路。肝细胞利用胆固醇合成胆汁酸的步骤较复杂,需要多步酶促反应,这些酶主要分布于微粒体和胞质。胆固醇首先在胆固醇 7α- 羟化酶(cholesterol 7α-hydroxylase)的催化下生成 7α- 羟胆固醇,7α- 羟化酶是胆汁酸生成的关键酶。7α- 羟胆固醇经过固醇核的还原、羟化、侧链的断裂和加辅酶 A 等多步反应,首先生成具有 24 碳的游离型初级胆汁酸,即胆酸和鹅脱氧胆酸。

ER1105
游离型初级胆汁酸的生成

胆酸和鹅脱氧胆酸再与甘氨酸或牛磺酸结合生成结合型初级胆汁酸,再进一步以胆盐的形式随胆汁排入肠道。正常人每天合成胆固醇 1~1.5g,其中 0.4~0.6g 在肝内转变成胆汁酸。胆汁酸是机体胆固醇代谢的主要终产物,肝分泌的胆汁酸每天可高达 30g。

2. 次级胆汁酸的生成与胆汁酸的肠肝循环 初级胆汁酸分泌入肠道,在协助脂类物质的消化、吸收后,在回肠和结肠上段细菌酶作用下,发生胆汁酸的去结合反应和 7α- 脱羟基作用,转变为次级胆汁酸,即胆酸脱去 7α- 羟基转变为脱氧胆酸,鹅脱氧胆酸脱去 7α- 羟基转变为石胆酸。

ER1106
结合型初级胆汁酸的生成

这两种游离型次级胆汁酸如果经过胆汁酸的肠肝循环重新进入肝脏,可与甘氨酸或牛磺酸结合生成结合型次级胆汁酸。另外,肠道细菌还可将鹅脱氧胆酸分子上的 7α- 羟基变成 7β- 羟基,从而鹅脱氧胆酸转变成熊脱氧胆酸,也归入次级胆汁酸范畴。熊脱氧胆酸含量很少,对代谢没有重要意义,但有一定的药理意义。熊脱氧胆酸没有细胞毒性,在慢性肝病时具有抗氧化应激的作用,缓解由于胆汁酸潴留引起的肝细胞损伤,减缓疾病的进程。

ER1107
游离型次级胆汁酸的生成

胆汁酸(包括初级、次级、结合型与游离型)随胆汁经胆道系统进入十二指肠,促进脂类的消化、吸收。其中 95% 以上的胆汁酸在肠道被重吸收入血,其余约 5% 的石胆酸随粪便排出。胆汁酸在肠道内的重吸收有两种方式:一种是结合型胆汁酸在回肠部位被主动重吸收,另一种是游离型胆汁酸在小肠各部分和大肠通过弥散作用被动重吸收,但以前一种主动重吸收为主。由肠道重吸收的胆汁酸(包括初级和次级、结合型和游离型),经过门静脉重新回到肝,被肝细胞摄取。肝细胞将游离型胆汁酸重新转变成结合型胆汁酸,并与重吸收的以及新合成的结合型初级胆汁酸一同再随胆汁排入肠道,这一过程称为"胆汁酸的肠肝循环(enterohepatic circulation of bile acid)"(图 11-3)。

胆汁酸肠肝循环的意义在于使有限的胆汁酸重复利用,以满足对脂类消化、吸收的需求。人体每天需 12~32g 胆汁酸乳化脂类。肝每天合成胆汁酸的量仅 0.4~0.6g,肝胆内的胆汁酸代谢池总量为 3~5g,即使全部倾入小肠,也难以满足饱餐后脂类消化、吸收的需求。由于人体每天进行 6~12 次胆汁酸的肠肝循环,从肠道

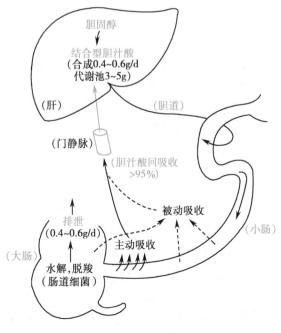

图 11-3 胆汁酸的肠肝循环

吸收的胆汁酸总量可达 12~32g,使有限的胆汁酸可发挥最大限度的乳化作用,从而满足食物中的脂类消化、吸收的需求。如果胆汁酸的肠肝循环被破坏,如腹泻或切除回肠等情况下,则胆汁酸不能被重吸收,不仅影响脂类的消化、吸收,而且造成胆汁中胆汁酸、磷脂与胆固醇的比值降低,极易形成胆固醇结石。

少部分未被肠道吸收的胆汁酸在肠道细菌的作用下,转变成多种胆烷酸的衍生物随粪便排出,正常人每天从粪便排出胆汁酸 0.4~0.6g,与肝每天合成胆汁酸的量相当。经肠肝循环回收入肝的石胆酸在肝中除了与甘氨酸或牛磺酸结合外,还被硫酸化转变成硫酸甘氨石胆酸或硫酸牛磺石胆酸。后两者被双重结合的石胆酸在肠道中不容易去结合也不容易被重吸收,随粪便排出体外,所以正常胆汁中石胆酸的含量甚微。

3. 胆汁酸代谢的调节 胆固醇在肝内转变为胆汁酸的限速步骤是胆固醇 7α- 羟化酶催化的羟化反应步骤,胆固醇 7α- 羟化酶是限速酶。HMG-CoA 还原酶是胆固醇合成的关键酶。这两种酶同时受胆汁酸和胆固醇的调节。高胆固醇饮食可抑制 HMG-CoA 还原酶活性,同时诱导胆固醇 7α- 羟化酶基因表达,肝细胞通过这两种酶的协同作用来维持细胞内部胆固醇水平的恒定。胆汁酸对胆固醇 7α- 羟化酶和 HMG-CoA 还原酶都具有反馈性抑制作用,从而抑制胆固醇和胆汁酸的合成。临床上口服药物考来烯胺是一种阴离子交换树脂,可减少肠道对胆汁酸的重吸收,从而促进肝细胞中胆固醇转化为胆汁酸,以降低血清胆固醇的含量。胆固醇 7α- 羟化酶也是一种单加氧酶,维生素 C 对这种羟化反应也具有促进作用;糖皮质激素、生长激素等可提高胆固醇 7α- 羟化酶活性;甲状腺素可诱导胆固醇 7α- 羟化酶 mRNA 合成迅速增加。因此,甲状腺功能亢进的患者,血清胆固醇浓度偏低;而甲状腺功能减退的患者,血清胆固醇含量偏高。

> 思考题 11-2 :肝脏疾病患者常常伴有厌油腻现象,请结合肝脏的生物化学知识,详细论述其具体机制。

第三节　血红素的生物合成

血红素(heme)是铁卟啉化合物,是体内一类含有血红素蛋白质的辅基。此类蛋白质包括血红蛋白、肌红蛋白、过氧化氢酶、过氧化物酶、细胞色素等。血红素分解代谢生成胆红素,胆红素代谢异常导致黄疸。血红素可在体内多种组织细胞内合成,各组织细胞血红素合成途径相同,其中最主要的合成部位是骨髓和肝脏。血红素合成的基本原料是琥珀酰辅酶 A、甘氨酸和 Fe^{2+} 等小分子物质。整个合成过程在线粒体和胞质内进行。

一、血红素的化学结构

血红素是铁卟啉化合物,由卟啉环和 Fe^{2+} 螯合而成。卟啉环为四吡咯环结构(图 11-4),分为还原型和氧化型。还原型为卟啉原类化合物,氧化型为卟啉类化合物。两类物质在结构上的区别为:前者 4 个吡咯环的连接键桥为甲烯基,后者为甲炔基。体内卟啉原类化合物包括原卟啉原、尿卟啉原、粪卟啉原,此类化合物均无色、对光敏感,易被氧化成为相应的有色的卟啉类化合物,分别为卟啉原、尿卟啉、粪卟啉。血红素的合成中,首先合成卟啉环,再螯合 Fe^{2+} 生成血红素。血红素进而与相应蛋白质结合形成各种含血红素蛋白。

二、血红素的合成

粪卟啉原 Ⅲ 在胞质中生成后,重新进入线粒体,在粪卟啉原 Ⅲ 氧化脱羧酶(coproporphyrinogen oxidase)催化,2,4 位的丙酸基(P)脱羧脱氢变成乙烯基(V),生成原卟啉原Ⅸ。后者再由原卟啉原Ⅸ氧化酶(protoporphyrinogen Ⅸ oxidase)催化脱氢,使连接 4 个吡咯环的甲烯基氧化成甲炔基,生成原卟啉Ⅸ(protoporphyrinogen Ⅸ)。原卟啉Ⅸ是血红素的直接前体,在血红素合成酶(又称亚铁螯合酶)催化下,与 Fe^{2+} 螯合生成血红素,铅等重金属对亚铁螯合酶也具有抑制作用。

血红素合成后,由线粒体转入细胞质,在骨髓的幼红细胞和网织红细胞中,与珠蛋白结合生成血红蛋白。在肝脏或其他组织细胞的细胞质中,与相应蛋白质结合生成各种含有血红素的蛋白质。血红素生物合成的全过程见图 11-4。

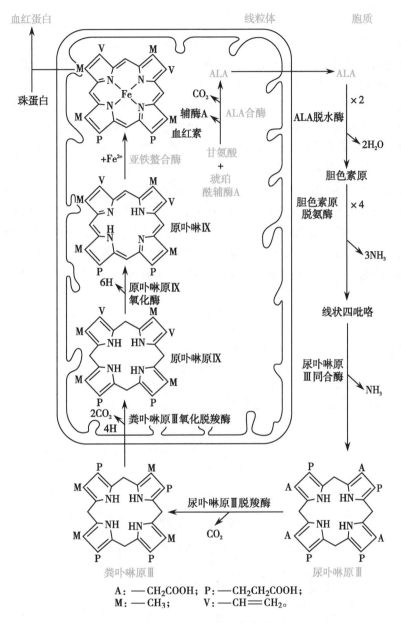

图 11-4　血红素的生物合成

血红素合成特点可归纳如下:第一,体内多数组织细胞具有合成血红素的能力,但主要合成部位在骨髓和肝脏。成熟红细胞不含线粒体,因此不能合成血红素。第二,血红素合成的起始和终末阶段在线粒体进行,中间阶段在细胞质进行。第三,ALA 合酶是调节血红素合成的关键酶,受到血红素的反馈抑制。

第四节　胆红素代谢

胆色素(bile pigment)是体内含铁卟啉化合物的主要分解代谢产物,包括胆绿素(biliverdin)、胆红素(bilirubin)、胆素原(bilinogen)和胆素(bilin)。这些胆色素随胆汁排出体外,其中胆红素位于胆色素代谢的中心,是人体胆汁中的主要色素,为橙黄色。胆红素的生成、运输、转化及排泄异常与临床许多病理生理过程密切相关。熟悉和了解胆红素的代谢路径对于伴有黄疸体征的临床疾病的诊断和鉴别诊断具有重要意义。

一、胆红素的来源

人体正常情况下每天产生胆红素 250~350mg，其中 80% 以上来源于体内衰老红细胞破坏所释放的血红蛋白中血红素的分解代谢而生成，其他有少量来源于造血过程中红细胞的过早破坏，还有少量来源于含铁卟啉的酶类。肌红蛋白更新率低，所占比例很小。

人体红细胞处于不断更新过程中。红细胞的平均寿命约 120 天，衰老的红细胞被肝、脾、骨髓等单核吞噬细胞系统识别和吞噬破坏，释放出血红蛋白。正常情况下人体每天约有 2×10^{11} 个红细胞被破坏，大概释放出血红蛋白 6g。血红蛋白被分解为珠蛋白和血红素。珠蛋白进一步被分解为氨基酸供给机体再利用；血红素则在上述单核吞噬细胞系统被降解成胆红素。

血红素是由 4 个吡咯环由甲炔桥（═CH—）连接而成的环形化合物，并螯合一个 Fe^{2+}。血红素在单核吞噬细胞系统细胞微粒体的血红素加氧酶（heme oxygenase，HO）的催化下，使铁卟啉环上的 *α*- 甲炔桥碳原子两侧氧化断裂，甲炔桥的碳转变为 CO，螯合的 Fe^{2+} 氧化为 Fe^{3+} 释出入人体铁代谢池并可再利用。断裂的卟啉环两侧的吡咯环被羟化，生成线性四吡咯结构的水溶性胆绿素。胆绿素进一步在胞质胆绿素还原酶（biliverdin reductase）催化下，由 NADPH 提供氢原子，使甲炔桥（═CH—）还原成甲烯桥（—CH—），生成胆红素（图 11-5）。

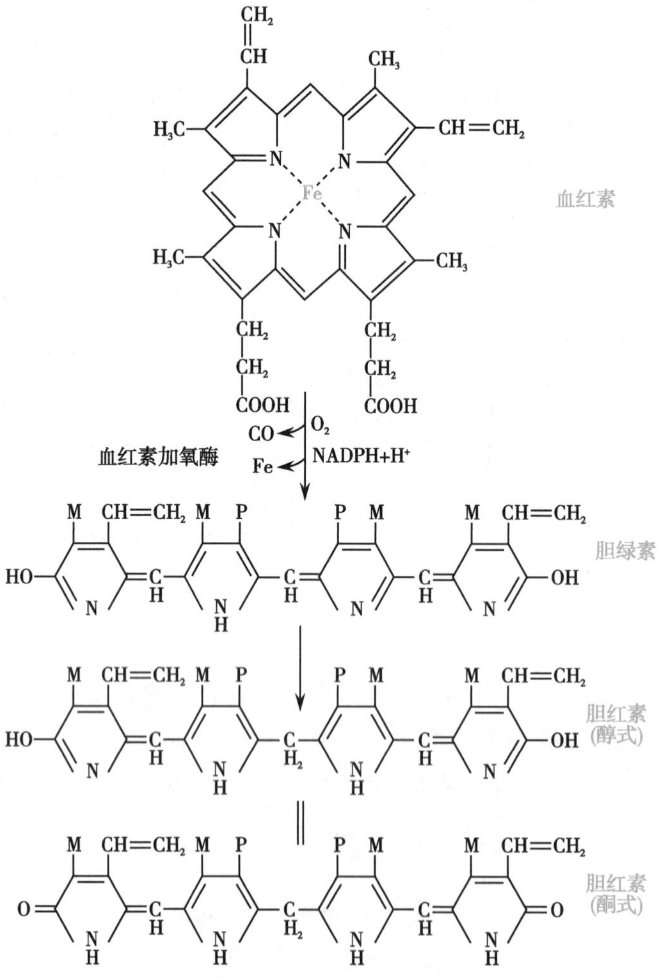

P：—CH_2CH_2COOH；M：—CH_3。

图 11-5　胆红素的生成

　　胆红素是由 3 个次甲基桥连接的 4 个吡咯环组成,分子量为 585Da。胆红素分子虽然含有羟基或酮基、亚氨基、羧基等亲水基团,但由于这些基团之间形成 6 个分子内氢键,使胆红素分子形成脊瓦状内旋的刚性折叠结构,极性基团包埋于分子内部,疏水性基团暴露在分子表面。因此胆红素具有亲脂疏水的性质,易自由通过细胞膜进入血液(图 11-6)。另外,成人体内尚有少于 5% 的 β- 胆红素(β- 甲烯桥断裂所生成),不能形成分子内氢键而呈现水溶性。

血红素加氧酶对胆红素生成的调节及其生理功能

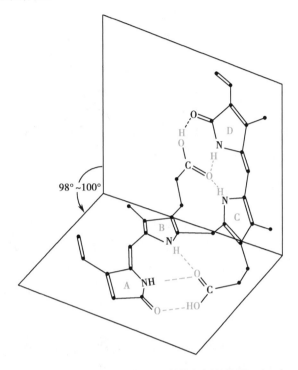

图 11-6　胆红素的 X 射线衍射结构图

二、胆红素的代谢转变

(一)胆红素在肝细胞中的代谢转变

1. 胆红素渗透入肝细胞膜而被摄取　血液中的胆红素以胆红素 - 清蛋白复合体的形式运输至肝脏,胆红素先与清蛋白分离,然后脂溶性的胆红素迅速被肝细胞摄取。脂溶性胆红素可自由双向通过肝血窦肝细胞膜进入肝细胞,因此肝细胞对胆红素的摄取量取决于肝细胞对胆红素的进一步处理能力。

　　胆红素进入肝细胞后,与胞质中可溶性载体蛋白——Y 蛋白或 Z 蛋白结合。其中 Y 蛋白对胆红素的亲和力更强,当 Y 蛋白被胆红素饱和后,Z 蛋白与胆红素的结合才增多。这种结合使胆红素不能反流入血,从而使胆红素不断渗入肝细胞。Y 蛋白和 Z 蛋白是胆红素在肝细胞质的主要载体,又称"配体蛋白"(ligandin),在肝细胞中含量丰富,是谷胱甘肽 S- 转移酶家族成员,约占肝细胞质总蛋白的 3%~4%,对胆红素有高亲和力。胆红素与 Y 蛋白或 Z 蛋白按 1:1 比例结合后,以胆红素 -Y 蛋白或胆红素 -Z 蛋白的形式将胆红素携带至肝细胞的滑面内质网。甲状腺素、磺溴酞钠(BSP,一种诊断用染料)等可与胆红素竞争性与 Y 蛋白结合,影响胆红素的转运。Y 蛋白也是一种诱导蛋白,苯巴比妥可以诱导 Y 蛋白的合成。新生儿出生 7 周后 Y 蛋白才达到正常水平,因此临床上可用苯巴比妥治疗新生儿溶血性黄疸。

2. 胆红素在内质网与葡糖醛酸结合成水溶性结合胆红素　在滑面内质网 UDP- 葡糖醛酸基转移酶(UDP-glucuronyl transferase,UGT)催化下,由 UDP- 葡糖醛酸提供葡糖醛酸基,胆红素分子的丙酸基的羧基与葡糖醛酸以酯键结合,生成葡糖醛酸胆红素(bilirubin glucuronide)。胆红素分子侧链上两个丙酸基的羧基均可与葡糖醛酸基团结合,生成胆红素 - 葡糖醛酸二酯(占 70%~80%)和少量胆红素 - 葡糖醛酸一酯(图 11-7),两者均可被分泌入胆汁。把这些在肝脏中与葡糖醛酸结合转化的胆红素称为结合胆红素(conjugated bilirubin)或肝胆红素。也有少量胆红素与硫酸根结合,生成胆红素硫酸酯。

$$胆红素+UDP-葡糖醛酸 \xrightarrow{UDP-葡糖醛酸基转移酶} 胆红素-葡糖醛酸一酯+UDP$$

$$胆红素葡糖醛酸一酯+UDP-葡糖醛酸 \xrightarrow{UDP-葡糖醛酸基转移酶} 胆红素-葡糖醛酸二酯+UDP$$

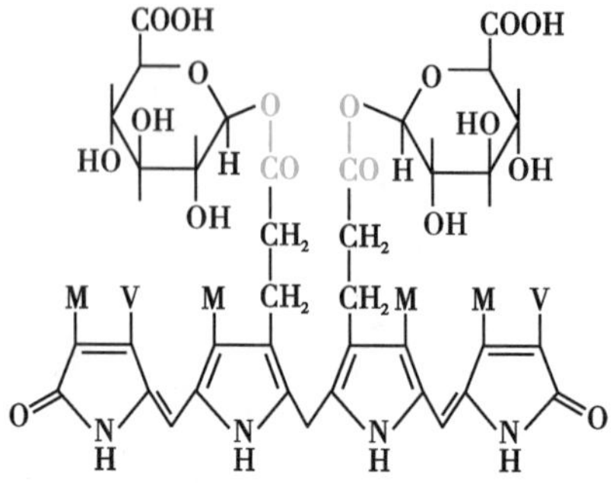

M: —CH$_3$; V: —CH=CH$_2$。

图 11-7　葡糖醛酸胆红素的生成及其结构

　　胆红素与葡糖醛酸结合后,分子内部氢键被破坏,转变为分子极性极强的结合胆红素,水溶性增加,与清蛋白的亲和力下降,既有利于从胆汁排出或透过肾小球随尿排出,又防止其通过细胞膜或血脑屏障产生毒性作用。因此,胆红素与葡糖醛酸的结合是肝脏对胆红素毒性的根本性的生物转化解毒方式。UGT 也是一种诱导酶,苯巴比妥可诱导 UGT 和 Y 蛋白的合成,从而加强胆红素的代谢,因此临床上采用苯巴比妥治疗新生儿溶血性黄疸。

　　思考题 11-3:临床上对轻度的新生儿黄疸,常采用蓝光仪治疗(蓝光波长 425~475nm),并取得较好的治疗效果,请从胆红素结构角度解释其原理。

　　3. 结合胆红素被肝细胞分泌入胆小管　　生理情况下,97% 以上的胆红素在肝内转化为结合胆红素,由肝细胞分泌入胆管系统,随胆汁排入肠道,此过程易受缺氧、感染及药物等因素的影响,所以是肝脏代谢胆红素的限速步骤,也是肝脏处理胆红素的薄弱环节。胆小管内结合胆红素的浓度远高于肝细胞内,因此肝细胞向胆小管分泌结合胆红素是一个逆浓度梯度的、耗能的主动转运过程。定位于肝细胞膜胆小管域的多耐药相关蛋白 2(multidrug resistance-associated protein 2,MRP2)是肝细胞向胆小管分泌结合胆红素的主要转运蛋白。

　　肝内外堵塞、肝炎、感染等因素均可导致胆红素的排泄障碍,结合胆红素反流入血,使血液中结合胆红素水平升高,导致尿液中出现胆红素。苯巴比妥等药物对结合胆红素从肝细胞到胆汁的分泌同样具有诱导作用,可见胆红素的结合转化与分泌构成相互协调一致的功能体系。血浆中的胆红素通过自由扩散进入肝细胞,经过肝细胞质中的载体蛋白转运、肝细胞内质网 UGT 催化形成结合胆红素和被肝细胞主动分泌入胆管系统,并随胆汁和尿液排出体外等过程,使血液中的胆红素不断被肝细胞摄取、结合转化与排泄,从而不断从血液中清除。

　　（二）胆红素在肠道内的代谢转变

　　1. 胆红素在肠道细菌作用下生成胆素原　　肝细胞生物转化而生成的胆红素 - 葡糖醛酸酯随胆汁排入肠道后,在回肠下段和结肠的细菌作用下,进行水解和还原反应。结合胆红素首先脱去葡糖醛酸基,并被逐步还原成无色的胆素原,包括中胆素原(mesobilirubinogen)、粪胆素原(stercobilinogen)、尿胆素原(urobilinogen)。大部分胆素原(80%~90%)随粪便排出体外,在肠道下段与空气接触,无色的胆素原被氧化成棕黄色的粪胆素和尿胆素,统称为胆素。胆素是粪便颜色的主要来源。成人正常情况下每日从粪便排出胆素原40~280mg。胆道完全阻塞时,结合胆红素不能排入肠道,排出的粪便中因无粪胆素而呈现灰白色,临床上称为白色陶土样

粪胆素、尿胆素的生成

便。婴儿肠道细菌稀少,胆红素未被细菌作用而直接随粪便排出,因此粪便呈现胆红素的橙黄色。

2. 胆素原的肠肝循环　生理情况下,肠道中生成的胆素原有 10%~20% 被肠黏膜细胞重吸收,经门静脉入肝脏,其中大部分(约 90%)不经过任何转变随胆汁再次排入肠腔,形成胆素原的肠肝循环(bilinogen enterohepatic circulation)(图 11-8)。少部分重吸收的胆素原随血液进入体循环,经肾随尿液排出体外,称为尿胆素原。正常人每日随尿液排出的尿胆素原 0.5~4.0mg。尿胆素原接触空气被氧化生成尿胆素,是尿液的主要色素。临床上将尿胆素原、尿胆素及尿胆红素合称为尿三胆,是黄疸类型鉴别诊断的常用检测指标。正常人尿液中尿胆红素阴性。

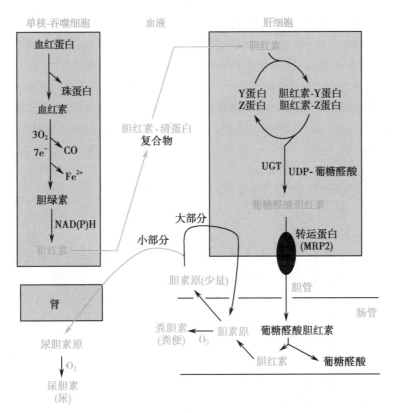

图 11-8　胆红素的生成及胆素原的肠肝循环

思考题 11-4:尿胆素原排出受哪些因素的影响? 试从胆红素的生成量、肝细胞功能、胆道通畅程度及尿液的 pH 等角度详细分析。

三、黄疸

正常人血清中胆红素的含量甚微,浓度在 3.4~17.1μmol/L(0.2~1.0mg/dl),其中约 80% 是非结合胆红素,其余为结合胆红素。单核吞噬细胞系统产生的胆红素是脂溶性有毒物质,容易穿透细胞膜进入细胞,尤其是富含脂类的脑组织,可造成富含脂类的神经细胞不可逆损伤。胆红素在血液中与血浆清蛋白结合(非结合胆红素)仅是对胆红素暂时性解毒,永久性的解毒方式是在肝细胞内通过生物转化作用将胆红素与葡糖醛酸结合,生成极性较强、容易排出的结合胆红素。正常人每日单核吞噬细胞系统产生 250~400mg 胆红素,而肝每日可清除 3 000mg 以上的胆红素,远远大于机体每日产生胆红素的量,足以保持正常人血清胆红素在较低的浓度范围。

当存在胆红素生成过多,肝细胞对胆红素的摄取、转化和排泄能力下降等因素,均可引起血清胆红素浓度升高,称为高胆红素血症(hyperbilirubinemia)。胆红素为橙黄色色素,在血清中浓度增高时,可扩散入组织,造成组织黄染,称为黄疸(jaundice)。巩膜、皮肤、甲床下和上颚含有较多弹性蛋白,对胆红素的亲和力较大,容易被黄染。黏膜中含有较多能与胆红素结合的血浆清蛋白,因此也易被黄染。组织黄染程度取决于血清胆红素的浓度。当血清胆红素浓度在 $17.1\sim34.2\mu mol/L$(1~2mg/dl)时,皮肤、巩膜、黏膜的黄染不容易被肉眼所察觉,称为隐性黄疸(occult jaundice);当胆红素浓度超过 $34.2\mu mol/L$(2mg/dl)时,组织黄染程度肉眼可见,称为显性黄疸(clinical jaundice);当血清胆红素浓度达到 $119.7\sim136.8\mu mol/L$(7~8mg/dl)以上时,黄疸程度更加明显。

黄疸分型

案例分析:

患者,男,35 岁,因"纳差伴肤黄、尿黄、眼黄半月余"入院。患者半个多月前因结肠炎给予美沙拉秦肠溶片 0.5g 口服,2 次 /d,服用 2 周后患者突然出现纳差、乏力、肤黄、尿黄、眼黄,无明显腹痛、腹胀,无发热、畏寒,无恶心、呕吐,无呕血、黑便,无明显胸闷、胸痛,无转移性右下腹痛等,门诊拟"黄疸待查"收入院。

病程中患者无意识丧失,无明显视物旋转,无肢体活动障碍,无皮肤黏膜瘀点、瘀斑等,精神、食纳、睡眠差,大便无异常,小便色黄。既往无肝炎病史,平素适量饮酒,无酗酒史。血液检查:总胆红素 1 019μmol/L,肌酐 700μmol/L,凝血功能异常,乙肝表面抗体阳性,余甲、乙、丙肝指标均阴性。给予保肝对症治疗,4 个月后肝功能恢复正常。

问题:

1. 请分析患者可能是什么原因引起的黄疸?

2. 请根据所学内容,从生物化学角度分析患者出现黄疸的生化机制。

思考题 11-5 :综合肝脏各个方面的功能,试从氨代谢、氨基酸代谢、药物与毒素代谢及胆红素代谢等角度,说说肝性脑病的生化机制有哪些?

小　结

肝脏独特的组织结构和化学组成特点,赋予其复杂多样的生物化学功能。肝脏不仅是多种物质代谢的枢纽,而且还具有生物转化、分泌和排泄等功能。

肝脏通过生物转化对内源性和外源性非营养物质进行化学改造,提高水溶性和极性,有利于随尿液和胆汁排出,因此肝脏在药物的体内代谢和转化中处于核心地位。肝脏生物转化分两相反应:第一相反应包括氧化、还原和水解;第二相反应是结合反应,主要是与葡糖醛酸、硫酸和乙酰基等结合。肝脏生物转化受年龄、性别、营养、疾病、遗传及异源物诱导等因素影响。生物转化具有连续性、多样性和双重性等特点。

血红素是体内一类含血红素蛋白的辅基,本质上属于铁卟啉化合物。主要在骨髓和肝脏合成,合成原料为琥珀酰辅酶 A、甘氨酸和 Fe^{2+} 等小分子物质。血红素合成的起始和终末阶段在线粒体内,中间阶段在细胞质完成。ALA 合酶是血红素合成的关键酶,受到血红素的反馈性抑制调节。

胆汁是肝细胞分泌的兼具消化液和排泄液的液体。胆汁酸是胆汁的主要成分,是胆固醇的代谢产物,是肝脏清除胆固醇的主要途径。胆固醇 7α- 羟化酶是胆汁酸合成的限速酶。HMC-CoA 还原酶是胆固醇合成的限速酶。两者一同受胆汁酸和胆固醇的调节。胆汁酸有初级胆汁酸和次级胆汁酸之分。胆汁酸还有游离型胆汁酸和结合型胆汁酸之分。胆汁酸的肠肝循环使有限的胆汁酸反复利用以满足脂类消化、吸收的需要。

胆色素是铁卟啉类化合物主要的分解代谢产物。血红素加氧酶和胆绿素还原酶催化血红素生成胆红素,反应生成的 CO 可作为信息分子介导多种生物学效应。脂溶性的胆红素与血浆清蛋白结合(游离胆红素)而运输。在肝细胞内,胆红素与葡糖醛酸结合生成水溶性的结合胆红素主动分泌入胆管,排入肠道。胆红素在肠道细菌作用下生成胆素原,胆素原接触空气后被氧化为黄褐色胆素。10%~20% 的胆素原参与胆素原的肠肝循环。正常情况下血清胆红素含量甚微。任何原因导致胆红素生成过多和 / 或肝脏摄取、转化、排泄胆红素的能力下降,均可导致高胆红素血症。大量的胆红素扩散入组织造成黄染,称为黄疸。

练习题

1. 试述肝在人体物质代谢中的作用。
2. 什么是生物转化? 其主要反应类型及影响因素有哪些? 有何生理意义?
3. 什么是胆汁酸的肠肝循环? 有何生理意义?
4. 试述胆红素的生成、运输及其在肝脏中的转变过程。
5. 未结合胆红素与结合胆红素有什么区别? 两者在临床诊断中有何应用?
6. 比较胆汁酸的肠肝循环与胆素原的肠肝循环的异同。
7. 试述黄疸的定义、分类、鉴别诊断及各种类型黄疸的病理机制。
8. 肝功能损害的患者出现血清 GPT 升高、脂肪泻、晨起低血糖、血氨升高等症状,试解释其生化机制。
9. 试述体内胆固醇与胆汁酸之间的代谢关系。
10. 试述体内血红素的合成过程、主要调节机制以及其临床意义。

(叶俊梅)

第十一章同步练习

第十二章
物质代谢的联系与调节

ER1201

第十二章课件

　　代谢（metabolism）是指机体细胞内的所有化学反应，是生命的本质特征，它分为物质代谢和能量代谢两个方面。物质代谢分为合成代谢（anabolism）和分解代谢（catabolism）。物质代谢同时伴随着能量代谢，合成代谢伴有能量吸收，分解代谢伴有能量释放。生物体为了适应环境的变化，维持正常生命活动，必须调节物质代谢，实现代谢稳态。

　　体内各种物质代谢途径相互联系，相互作用，相互协调和制约，形成一个整体。体内的物质代谢可以在三级水平上进行调节，即细胞、激素和中枢神经系统主导下通过激素实现的整体调节。细胞水平调节主要是通过调节关键酶（活性和含量）来实现。激素调节通过激素、受体、信号转导分子、效应分子等组成的信号级联反应影响细胞内的生物化学反应，调节代谢。激素的合成、释放是在神经系统主导下进行的。神经系统通过调控激素的功能整合不同组织、器官、细胞内的代谢途径，实现整体调节，维持代谢稳态。

第一节　物质代谢的特点

一、物质代谢的整体性

　　体内各种物质包括糖、脂质、蛋白质、核酸、水、无机盐和维生素等的代谢过程不是彼此孤立的，而是在细胞内同时进行，且彼此互相联系，相互转变依存，构成生物体这个统一的整体。如人类摄取的各类食物同时含有上述各种物质，从消化吸收开始到中间代谢、最终排泄，各种物质的代谢都是同时进行的。各种物质代谢之间也互有联系，互相依存转化。例如，糖、脂质等营养物质在体内氧化释放的能量可以保证生物大分子蛋白质、核酸和多糖等合成时的能量需要，合成的各种蛋白酶作为生物催化剂又可促进体内糖、脂质和蛋白质等物质代谢得以顺利进行。

二、物质代谢的组织特异性

　　机体各组织器官的结构不同，各具特定的生理功能。它们除具有细胞基本的代谢过程外，还含有不同种类和含量的酶系，以适应和完成其特定的代谢途径及生理功能，各具特色。如肝在糖、脂质和蛋白质代谢上具有特殊重要的作用，是人体物质代谢的核心枢纽。脂肪组织的功能是储存和动员脂肪，含有脂蛋白脂肪酶及特有的激素敏感性甘油三酯脂肪酶(HSL)。而成熟的红细胞没有细胞核以及其他细胞器(如线粒体),只能依赖于葡萄糖的糖酵解供能。

三、ATP 是机体能量储存和利用的共同形式

糖、脂质和蛋白质(氨基酸)在体内氧化分解释放出的可利用化学能大多以 ATP 形式存在。而各种耗能的生命活动均直接利用 ATP。ATP 作为能量载体,使产生能量的物质分解代谢途径与消耗能量的合成代谢途径间相互偶联,成为联系、协调和整合各种代谢途径的关键因素。

四、NADPH 提供合成代谢所需的还原力

在许多生物合成途径中,产物比其底物更具还原性,因此这类反应需要额外提供还原力。NADPH 是提供还原力的主要形式,其主要来自磷酸戊糖途径。例如,以乙酰辅酶 A 为原料合成脂肪酸和胆固醇都需要 NADPH 提供还原力。因此,NADPH 是联系氧化与还原反应,整合分解与合成代谢途径的"桥梁"。

五、物质代谢的可调节性

同一代谢物,无论是体外摄入的,还是体内各组织细胞生成的,在进行中间代谢(intermediary metabolism)时,不分彼此,都汇聚到共同的代谢池(metabolic pool),参与代谢。以血糖为例,无论是消化吸收的葡萄糖,还是肝糖原分解产生的葡萄糖,抑或经糖异生生成的葡萄糖,均汇聚在血糖代谢池,参与各种组织代谢。

正常情况下,为了适应内外环境不断的变化,机体能通过精细的调节机制,不断调节各种物质代谢的强度、方向和速率,以维持内稳态(homeostasis),保证机体各种物质代谢能有条不紊地进行。所谓内稳态,就是生物体通过调节机制,补偿外环境变化而维持的代谢动力学稳定状态。当某一代谢途径由于某些原因流量改变时,同时会导致很多代谢物的浓度变化,细胞通过一定调节机制对抗代谢物浓度变化。这种拮抗代谢物浓度变化的机制即代谢调节。所以,内环境稳定是通过代谢调节实现的。以血糖为例,正常人体存在一整套精细的调节糖代谢的机制,使血糖水平能够维持相对稳定。当摄食大量碳水化合物时,葡萄糖从肠道吸收入血,血糖水平短暂升高,促进胰岛素的分泌增加。胰岛素可促进血糖进入组织细胞氧化分解,合成肝糖原和 / 或转化成其他非糖物质(如脂肪),其还可通过抑制胰高血糖素的分泌抑制肝糖原分解和糖异生,从而迅速降低血糖。当机体消耗血糖使其浓度降低时,胰岛素分泌减少而胰高血糖素分泌增加,从而促进肝糖原分解和糖异生,抑制葡萄糖的氧化分解,升高血糖。胰高血糖素还会直接促进胰岛素的分泌,而分泌增加的胰岛素很快发挥降血糖作用,通过两者的拮抗作用,可以使血糖在正常浓度范围内保持较小幅度的波动,即实现了内稳态。

ER1202

物质代谢
(微课)

第二节 物质代谢的相互联系

翻转课堂:

目标:要求学生通过课前自主学习,掌握有关物质代谢的相互联系的理论知识。

课前:要求每位学生认真阅读本节教材内容,观看本节微课。学生自由组队,每组 4~6 人,设组长 1 名,负责组织开展学习讨论,选定部分内容制作 PPT 或视频,用于课堂交流。

课中:老师随机抽取 1~2 组,向全班汇报演讲。汇报后引导学生讨论和交流,最后由老师或学生提出问题,并随机挑选学生作答,考查学生的学习情况。

课后:学生完成老师布置的相关作业,并对"三大营养物质代谢的相互联系和转换关系"问题,开展深入讨论和学习。

一、能量代谢的相互联系

糖、脂质和蛋白质都是能源分子,均可在体内氧化分解供能。三大营养物质在体内分解氧化的代谢途径虽各不相同,但乙酰辅酶 A 是它们共同的中间代谢物,三羧酸循环和氧化磷酸化是它们分解的共同代谢途径,释放出的能量均需转化为 ATP 才能供机体利用。

从供能角度来看,机体对这三大营养素的利用可以相互代替,并相互制约。一般情况下,机体氧化分解供能以糖、脂质为主,较少分解蛋白质或氨基酸供能。这是因为,人类普通膳食所含热量物质主要是糖类(占总热量 60%~70%)和脂肪(20%~25%);后者还是机体储能的主要形式(可达体重的 20% 或更多)。而蛋白质与前两者不同,是组成细胞的基本成分,通常并无多余储存;而且蛋白质或氨基酸氧化分解供能时会产生副产物氨,氨在体内的代谢转化需要消耗大量的 ATP,而且可能使机体冒"损肝伤肾"的风险。

由于糖、脂质、蛋白质分解代谢有共同的代谢终末途径——三羧酸循环和氧化磷酸化,所以任一供能物质的分解代谢占优势,常可通过代谢调节抑制其他供能物质的氧化分解。ATP 浓度可以视为细胞能量状态的指标,而 ATP 在能量物质代谢调节中是重要别构效应物。例如,脂肪分解增强、生成 ATP 增多时,ATP/ADP 比值增高,可别构抑制葡萄糖分解代谢途径中的限速酶磷酸果糖激酶 -1 的活性,从而抑制葡萄糖分解代谢。同样,葡萄糖氧化分解增强、ATP 增多可抑制异柠檬酸脱氢酶活性,导致柠檬酸的蓄积;后者透出线粒体,激活脂肪酸合成的限速酶乙酰 CoA 羧化酶,促进脂肪酸合成,抑制脂肪酸分解。在饥饿状态下,氨基酸也可代替葡萄糖、脂肪氧化分解供能。可见,各代谢途径相互联系,相互制约,互补供能。

> **思考题 12-1**:三大营养物质分解代谢有共同的途径有何生理意义?

二、糖、脂质、氨基酸及核苷酸代谢间的相互联系

体内糖、脂质、氨基酸和核苷酸等重要代谢过程也是相互关联的。它们彼此通过共同中间产物和 / 或共同代谢通路(主要是三羧酸循环)相互联系,使各代谢途径整合为统一的整体。因此,部分不同营养物质之间可以相互转变;而且一种物质代谢障碍时必然引起其他物质代谢的紊乱。如糖尿病时不仅糖代谢发生障碍,而且脂质代谢、氨基酸代谢和水盐代谢均会发生紊乱。

(一) 糖代谢与脂质代谢的相互联系

当摄入的葡萄糖量超过体内能量需求时,除合成糖原储存在肝脏及肌肉组织外,过剩的葡萄糖转变生成的柠檬酸及 ATP 可别构激活乙酰 CoA 羧化酶,催化糖代谢产生的大量乙酰 CoA 羧化生成丙二酸单酰 CoA,继而在脂肪酸合成酶系催化下合成脂肪酸,活化成脂酰 CoA 后,与糖代谢中间产物磷酸二羟丙酮还原得到的 α- 磷酸甘油一起作为原料,经甘油二酯途径合成脂肪储存于脂肪组织中。可见,糖可以转变为脂肪。因此,即使摄取完全不含脂肪的高糖膳食,同样可使人肥胖。

然而,作为脂肪主要部分的偶碳脂肪酸在体内分解产生的乙酰 CoA 无法转变成任何可以进入糖异生途径的产物(如丙酮酸、乳酸、生糖氨基酸、甘油或三羧酸循环的中间产物等),因而不能在体内转变为糖。脂肪的另一分解产物甘油可以在肝、肾、肠等组织的甘油激酶的作用下转变成 α- 磷酸甘油,进而转变成糖。此外,脂肪分解代谢的顺利进行,依赖于糖代谢的正常进行。脂肪酸或其在肝脏中的特异中间产物酮体均需首先转变成乙酰 CoA,然后才能与草酰乙酸缩合形成柠檬酸进入三羧酸循环彻底氧化分解。乙酰 CoA 进入三羧酸循环的速率和流量通常取决于草酰乙酸的含量,因此,当饥饿、糖供给不足或糖代谢障碍时,可引起体内草酰乙酸(主要来源于丙酮酸的羧化)含量减少,乙酰 CoA 进入三羧酸循环受阻,酮体在体内蓄积,引发酮血症。

案例分析：

　　患者，女，60 岁，体胖，嗜酒，身高 153cm，体重 76kg，腰围 111cm，因视物模糊而入院。患者血浆标本外观浑浊，实验室检查显示：血糖(GLU)12.6mmol/L，总甘油三酯(TG)7.98mmol/L，总胆固醇(TC)6.61mmol/L，HDL-C 0.67mmol/L，LDL-C 2.87mmol/L，GPT 98U/L，GOT 108U/L。B 超检查显示脂肪肝且肝脏肥大。

　　问题：

　　1. 该患者哪些指标不正常，提示了什么？

　　2. 该患者视物模糊和脂肪肝的可能病因是什么？

　　3. 该患者除了积极使用药物治疗以外，在日常生活中还需要注意哪些方面？

　　4. 结合本案例，浅谈你对"物质代谢的相互联系"的看法。

(二) 糖代谢与氨基酸代谢的相互联系

　　组成人体蛋白质的 20 种氨基酸，除生酮氨基酸(亮氨酸和赖氨酸)外，其余均可通过脱氨基作用生成相应的 α- 酮酸，继而转变为丙酮酸或三羧酸循环中的代谢产物，它们既可彻底氧化分解生成 ATP，也可循糖异生途径转变为糖。如精氨酸、组氨酸及脯氨酸均可通过转变生成谷氨酸，继而脱氨生成 α- 酮戊二酸，再经三羧酸循环转变成草酰乙酸，最后循糖异生途径转变成糖。凡其碳链骨架可经糖异生途径转变为葡萄糖的氨基酸，均可称为生糖氨基酸(有些氨基酸是生糖兼生酮氨基酸)。

　　糖代谢的一些中间代谢物，如丙酮酸、α- 酮戊二酸和草酰乙酸等也可氨基化生成某些非必需氨基酸。但苏氨酸、甲硫氨酸、赖氨酸、亮氨酸、异亮氨酸、缬氨酸、苯丙氨酸和色氨酸等 8 种必需氨基酸以及半必需氨基酸组氨酸(His[*])不能由糖代谢中间产物转变而来，必须由食物供给。

　　由此可见，20 种氨基酸除亮氨酸和赖氨酸外均可转变为糖，而糖代谢中间代谢物仅能在体内转变成 11 种非必需氨基酸。所以食物中蛋白质的营养不能为糖和脂质完全替代，而蛋白质却能替代糖和脂肪供能(虽然不太经济)。

(三) 脂质代谢与氨基酸代谢的相互联系

　　体内所有氨基酸分解后均生成乙酰 CoA，后者是合成脂肪酸的原料，所以蛋白质可转变为脂肪。乙酰 CoA 还可合成胆固醇。此外，某些氨基酸是合成磷脂的原料，如丝氨酸脱羧可转变为乙醇胺，乙醇胺再甲基化可转变为胆碱。丝氨酸、乙醇胺及胆碱分别是合成磷脂酰丝氨酸、脑磷脂及卵磷脂的原料。但脂类分解生成的偶碳脂肪酸不能转变为氨基酸，仅脂肪的甘油部分可循糖异生途径生成糖，再转变为某些非必需氨基酸。

(四) 糖代谢、氨基酸代谢与核苷酸代谢的相互联系

　　核苷酸的生物合成需要氨基酸和 5- 磷酸核糖作为重要原料。如嘌呤核苷酸的从头合成需甘氨酸、天冬氨酸、谷氨酰胺及一碳单位的参与；嘧啶核苷酸的从头合成需天冬氨酸、谷氨酰胺及一碳单位的参与。因此，某些氨基酸可在体内参与核苷酸合成。5- 磷酸核糖则主要由磷酸戊糖途径提供。

　　糖、脂质和蛋白质和核酸代谢途径间的相互联系见图 12-1。

代谢网络图

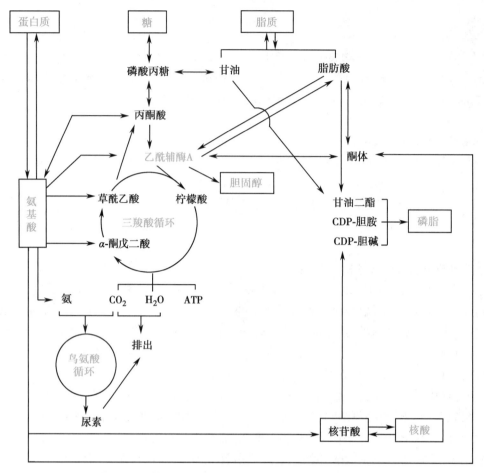

图 12-1 糖、脂质、蛋白质和核酸代谢途径间的相互联系

第三节 组织和器官代谢的特点与联系

机体各组织、器官由于细胞分化和结构不同,含有与其生理功能一致的特定酶系和代谢途径,因而物质代谢及能源物质的利用各具特点(表 12-1)。但它们涉及 ATP 生成和糖脂代谢的基本代谢途径又有共同之处。各组织、器官并非各自孤立地进行代谢,而是通过血液循环及神经系统组成统一的整体。

表 12-1 重要组织器官氧化供能的特点

器官组织	特有的酶	功能	主要代谢途径	主要供能物质	代谢和输出的产物
肝	葡糖激酶、葡糖 -6- 磷酸酶、甘油激酶、磷酸烯醇式丙酮酸羧激酶	代谢枢纽	糖异生、脂肪酸 β 氧化、糖有氧氧化、糖原代谢、酮体生成等	葡萄糖、脂肪酸、乳酸、甘油、氨基酸	葡萄糖、VLDL、HDL、酮体等
脑		神经中枢	糖有氧氧化、糖酵解、氨基酸代谢	葡萄糖、酮体	乳酸、CO_2、H_2O
心	脂蛋白脂肪酶	泵出血液	有氧氧化	脂肪酸、葡萄糖、酮体、VLDL	CO_2、H_2O
脂肪组织	脂蛋白脂肪酶、激素敏感脂肪酶	储存及动员脂肪	酯化脂肪酸,脂肪动员	VLDL、CM	游离脂肪酸、甘油
骨骼肌	脂蛋白脂肪酶	收缩	有氧氧化、糖酵解	脂肪酸、葡萄糖、酮体	乳酸、CO_2、H_2O

续表

器官组织	特有的酶	功能	主要代谢途径	主要供能物质	代谢和输出的产物
肾	甘油激酶、磷酸烯醇式丙酮酸羧激酶	排泄尿液	糖异生、糖酵解、酮体生成	脂肪酸、葡萄糖、乳酸、甘油	葡萄糖
红细胞		运输氧	糖酵解	葡萄糖	乳酸

一、肝脏是物质代谢的中枢

肝脏的组织结构和化学组成决定其在代谢中的核心作用。第一,肝具有肝动脉、门静脉双重血液供应。通过前者,肝可接受肺输送的氧气和其他组织器官输送的代谢产物;通过后者,可自消化道获取大量营养物质。第二,肝有两大输出系统:通过肝静脉与体循环联系,利于向肝外组织输出;通过胆道系统与消化道相联系,便于排泄。第三,肝具有丰富的血窦。血窦血流缓慢,与肝细胞接触面积大、时间长,有利于物质交换。第四,肝细胞内酶的种类多、含量大,有些酶还是肝脏所特有。这些都决定了肝在物质代谢中的多功能及枢纽作用。

肝是人体代谢最活跃的器官,其耗氧量占全身耗氧量的 20%。此外,肝在糖、脂质、蛋白质、维生素和激素等代谢中均具有独特而重要的作用,其中某些代谢途径是其他组织器官所不能替代的。肝是体内合成尿素、酮体的主要器官,也是合成内源性甘油三酯、胆固醇、蛋白质等最多、最活跃的器官。尽管肝合成糖原、糖异生及氨基酸代谢十分活跃,但是肝能量供应通常以脂肪酸氧化为主。这些代谢特点使肝成为与肝外组织代谢途径联系最密切的器官,肝担负将食物营养物转化为能源和前体物质,分配、输送给肝外组织利用的角色。此外,肝在胆汁酸、胆色素和外源性药物、毒物、环境污染物、食品添加剂等非营养物质生物转化中也发挥重要的作用。所以,肝是机体代谢的功能中心,其他组织器官则被称为"肝外"或"外周"组织器官。肝脏在物质代谢中的作用可参见二维码中的相关材料。

ER1204

肝脏在物质代谢中的作用

二、脑以葡萄糖和酮体为能源物质

脑功能复杂,活动频繁,能量消耗巨大。人脑重量仅占体重 2%,但其耗氧量占静息时全身耗氧总量的 20%~25%。大脑没有糖原及有意义的脂肪、蛋白质储备,几乎以葡萄糖为唯一供能物质,所以需要血流持续供应其耗用的葡萄糖,每天消耗葡萄糖约 100g。与其他组织比较,脑组织己糖激酶活性高,即使在血糖水平较低时也能利用葡萄糖。长期饥饿、血糖供应不足时,脑可转变利用由肝生成的酮体作为重要供能物质以适应环境改变。这样,脑虽然不能直接利用脂肪酸,但可间接利用体内脂肪酸代谢中间产物作为能源。饥饿 3~4 天,每天耗用约 50g 酮体,饥饿 2 周后每天耗用酮体可达 100g。

虽然血液氨基酸可迅速与脑组织交换,但氨基酸在脑内富集量有限。脑中游离氨基酸中大约 75% 为天冬氨酸、谷氨酸、谷氨酰胺、N-乙酰天冬氨酸和 γ-氨基丁酸(GABA)。其中,以谷氨酸含量最多,说明脑内具有特殊的氨基酸稳态调节机制。

三、骨骼肌兼具有氧氧化和糖酵解供能

骨骼肌静息时耗氧量占全身耗氧量的 30%,运动时可高达 90%。骨骼肌有一定糖原储备,约占 2%。骨骼肌还含有一定量的磷酸肌酸,在需要能量时,能迅速转变为 ATP。骨骼肌静息时通常以有氧氧化肌糖原分解的葡萄糖以及脂肪酸、酮体供能为主;在剧烈运动时,其所需 ATP 明显增加,通过增强肌糖原的无氧酵解来迅速提供 ATP。糖酵解活性可爆发性增加,使葡糖-6-磷酸流量迅速增高,可达 2 000 倍,为骨骼肌迅速提供能量。产生的大量乳酸弥散入血转运至肝,经糖异生作用重新转变为葡萄糖后再释放入血,这就是乳酸循环,是整合肌糖酵解途径和肝糖异生途径的重要机制。

四、心肌以有氧氧化供能为主

与骨骼肌不同,心肌持续、有节律地舒缩活动,运动时加剧,但极少有"负氧债"(oxygen debt repayment)情况发生。因此,有氧运动有利于心脏健康。心肌纤维(细胞)富含肌红蛋白、细胞色素及线粒体。前者利于储氧,后两者利于有氧氧化,所以心肌分解代谢以有氧氧化为主。骨骼肌和心肌均富含乳酸脱氢酶,但骨骼肌以 LDH-5 为主,而心肌以 LDH-1 为主。LDH-1 与乳酸亲和力强,易于催化乳酸氧化成丙酮酸,继而羧化为草酰乙酸,有利于有氧氧化的进行。心肌主要通过有氧氧化分解脂肪酸、酮体和乳酸获得能量,极少进行糖酵解。脂肪酸分解产生大量乙酰 CoA,后者强烈抑制糖酵解途径的限速酶磷酸果糖激酶 1,从而抑制葡萄糖酵解途径的进行。心肌可从血液摄取各种营养物,但其摄取有一定阈值限制,营养物水平超过阈值越高,吸收越多。因此,餐后心肌并不排斥利用葡萄糖,餐后数小时或饥饿时利用脂肪酸和酮体,运动中或运动后则利用乳酸。

五、肾可进行糖异生及酮体生成和利用

肾是可进行糖异生和生成酮体的器官。正常情况下,肾通过糖异生产生的葡萄糖量少,仅占肝糖异生的 10%,而饥饿 5~6 周后由肾异生的葡萄糖达 40g/d,与肝糖异生的量几乎相等。

肾也是既可生成酮体又能利用酮体的器官。正常情况下,肾几乎不生成酮体,而且肾皮质还主要通过脂肪酸和酮体的有氧氧化供能(肾髓质因无线粒体,主要由糖酵解供能)。但在长期饥饿时,肾的酮体合成能力会显著升高。

六、脂肪是合成和储存脂肪的重要组织

作为体内合成及储存脂肪的重要组织,脂肪细胞内脂肪的代谢速率高,平均转换时间仅几天。正常状况下,在饱食后,胰岛素水平升高,抑制了激素敏感性甘油三酯脂肪酶(HSL)活性,抑制脂肪动员。与此同时,胰岛素促进肝和脂肪细胞摄取葡萄糖,加速葡萄糖转换为 α- 磷酸甘油和乙酰 CoA,促进脂肪的合成。肝可合成大部分脂肪,但不储存脂肪,肝细胞内合成的脂肪随即合成 VLDL 并释放入血,可运输到脂肪组织储存。饥饿时由于胰岛素水平降低而胰高血糖素分泌增强,从而激活 HSL,促进脂肪动员,将脂肪分解成脂肪酸、甘油释放入血液循环以供机体其他组织作为能源。此时血中游离脂肪酸水平升高,酮体水平也随之升高。

七、成熟红细胞主要通过糖酵解途径获得能量

红细胞是血液中主要的细胞,它是在骨髓中由造血干细胞定向分化而成的红系细胞,经历了原始红细胞、早幼红细胞、中幼红细胞、晚幼红细胞和网状红细胞等阶段,最后才成为成熟红细胞,成熟红细胞既没有细胞核也没有线粒体。由于没有线粒体,因此不能进行有氧氧化,不能利用脂肪酸及其他非糖物质,只能通过糖酵解途径获能,每天消耗约 30g 葡萄糖。因此,葡萄糖是成熟红细胞的主要能量来源。

红细胞中葡萄糖经糖酵解产生 ATP,以维持红细胞膜上 Na$^+$,K$^+$-ATP 酶和 Ca^{2+}-ATP 酶以及脂质交换等进行所需的能量。此外,还有一部分葡萄糖经甘油酸 -2,3- 二磷酸(2,3-BPG)旁路和磷酸戊糖途径进行代谢。糖酵解途径中甘油酸 -1,3- 二磷酸(1,3-BPG)经磷酸甘油酸变位酶催化可生成 2,3-BPG,2,3-BPG 浓度升高可以降低血红蛋白和 O$_2$ 的亲和力,使组织中氧的释放量增加,从而调节血红蛋白的运氧能力。过量的 2,3-BPG 又可经细胞内 2,3-BPG 磷酸酶水解转变为甘油酸 -3- 磷酸再进入正常糖酵解途径。磷酸戊糖途径则主要提供 NADPH,红细胞中的 NADPH 能维持细胞内还原型谷胱甘肽(GSH)的含量,使红细胞免受内源性和外源性氧化剂的损伤。

成熟红细胞已不能再从头合成脂肪酸,其脂质几乎都存在于细胞膜上,膜脂的不断更新是红细胞生存的必要条件。红细胞通过主动掺入和被动交换不断地与血浆进行脂质交换,维持其正常的脂质组成、结构和功能。

血红蛋白是红细胞中最主要的成分,由珠蛋白和血红素组成。血红素不仅是血红蛋白的辅基,也是肌

红蛋白、细胞色素、过氧化物酶等的辅基。血红素可在体内多种细胞内合成,参与血红蛋白的血红素主要在骨髓的幼红细胞和网织红细胞中合成。

不同组织器官的代谢过程、代谢中间物及代谢终产物,通过血液循环、神经系统及激素的调节联系成为一个统一的整体。

第四节 代谢调节

代谢调节是生物的重要特征,也是生物进化过程中逐步形成的一种适应能力,进化程度越高的生物,其代谢调节方式也越复杂。人体主要有细胞水平、激素水平和整体神经水平三级代谢调节,激素和整体神经对代谢的调节都是通过细胞水平的代谢调节实现的,因此细胞水平代谢调节是代谢调节的共同基础。

一、细胞水平的代谢调节

(一) 细胞酶系在细胞内的隔离分布

细胞是组成组织及器官的最基本功能单位。同一代谢途径相关的酶类常常成簇存在,组成多酶体系,分布于细胞的某一特定区域或亚细胞结构中。如糖酵解酶系、糖原合成与分解酶系、脂肪酸合成酶系均存在于胞质中,而三羧酸循环酶系、脂肪酸 β 氧化酶系和氧化磷酸化酶系则分布于线粒体中,而核酸合成酶系绝大部分集中于细胞核内(表 12-2)。酶的区域化分布,使同一代谢途径一系列酶促反应能够连续进行,有效提高反应速度,还可以使各种代谢途径互不干扰,又利于彼此协调,更有利于细胞调节物对各代谢途径的特异调节。此外,不同组织细胞有不同的同工酶,这种差异决定了不同组织相同代谢途径对底物选择的优先性和代谢速率的差异,所以同工酶强化了组织或细胞的代谢和功能特异性。

表 12-2 主要代谢途径多酶体系在细胞内的分布

代谢途径	酶分布	代谢途径	酶分布
糖酵解	胞质	脂肪酸的合成	胞质
有氧氧化	胞质和线粒体	脂肪酸的活化与 β 氧化	胞质和线粒体
磷酸戊糖途径	胞质	酮体生成与利用	线粒体
糖原合成	胞质	胆固醇合成	胞质和内质网
糖原分解	胞质	磷脂合成	内质网
糖异生	胞质和线粒体	尿素合成	线粒体和胞质
三羧酸循环	线粒体	核酸合成	细胞核(主要)
氧化磷酸化	线粒体	蛋白质合成	内质网、胞质
呼吸链	线粒体	蛋白质水解	溶酶体(主要)

代谢途径常由一系列酶促反应组成,其反应速度和方向是由其中一个或几个具有调节作用的酶所决定的。这些在代谢过程中具有调节作用的酶称为调节酶(regulatory enzyme)或关键酶(key enzyme/committed enzyme)。调节酶或关键酶所催化的反应常具有下述特点:①常见于系列反应中的第一个或代谢途径分支点的反应步骤。在系列反应中,它的反应速度常数通常较小,常常把催化反应速度最慢的酶称为限速酶(rate-limiting enzyme),它的活性决定着整个代谢途径的速率,该反应则称为限速步骤(rate-limiting step)。②该反应通常需要较大的激活能,即具有较高的自由能过渡态。③这类反应常为单向反应或非平衡反应,决定着整个代谢途径的方向。④凡是影响关键酶活性的因素均可改变这些反应的速度。酶活性除受底物控制外,还受多种代谢物或效应物的调节。因此,调节关键酶的活性是细胞水平代谢调节的最直接环节,也是激素水平调节、整体调节的效应环节。表 12-3 列出了一些重要代谢途径的关键酶。糖有氧

氧化的关键酶包括了糖酵解途径的 3 个关键酶。

表 12-3 某些重要代谢途径的关键酶

代谢途径	关键酶(限速酶)
糖酵解	己糖激酶、磷酸果糖激酶 -1、丙酮酸激酶
糖有氧氧化	己糖激酶、磷酸果糖激酶 -1、丙酮酸激酶
	丙酮酸脱氢酶复合体
	柠檬酸合酶、异柠檬酸脱氢酶、α- 酮戊二酸脱氢酶复合体
磷酸戊糖途径	葡糖 -6- 磷酸脱氢酶
糖原合成	糖原合酶
糖原分解	糖原磷酸化酶
糖异生 ※	丙酮酸羧化酶
	磷酸烯醇式丙酮酸羧激酶
	果糖二磷酸酶 -1、葡萄糖 -6- 磷酸酶或糖原合酶
脂肪动员	激素敏感性甘油三酯脂肪酶
脂肪酸 β 氧化	肉碱脂酰转移酶 I
脂肪酸合成	乙酰 CoA 羧化酶
胆固醇合成	HMG-CoA 还原酶
尿素合成	精氨酸代琥珀酸合成酶、氨甲酰磷酸合成酶 I

注:※ 糖异生的关键酶视糖异生的原料和产物不同而有所不同。如甘油为原料异生为葡萄糖的关键酶为果糖二磷酸酶 -1、葡糖 -6- 磷酸酶;乳酸为原料异生为糖原时的关键酶为丙酮酸羧化酶、磷酸烯醇式丙酮酸羧激酶、果糖二磷酸酶 -1、糖原合酶。

对关键酶的调节方式可分两类:一类是通过改变酶的结构,从而改变细胞已有酶的活性来调节酶促反应的速度。此类又分为别构调节和化学修饰调节两种。该类调节作用较快,在数秒及数分钟内即可发生,所以也称为快速调节。另一类则是通过调节酶蛋白分子的合成或分解以改变细胞内酶的含量来调节酶促反应速度。这类调节一般需数小时或几天才能实现,因此称为迟缓调节。

（二）别构调节

在酶的活性调节中(第五章)已经讨论过别构调节。许多内源性或外源性小分子化合物作为别构效应物(allosteric effector)可与酶蛋白分子活性中心以外的某一部位,即调节部位或别构部位特异结合,引起酶蛋白分子构象变化,从而改变酶的活性。这种调节称为酶的别构调节(allosteric regulation),也称为变构调节。别构调节在生物界普遍存在,代谢途径中有很多关键酶是别构酶(表 12-4)。

别构效应物通过改变酶分子的构象来调节酶的活性,其具体机制有所差异。有的表现为亚基的聚合、解聚,如磷酸果糖激酶 -1 的最强别构激活剂果糖 -2,6- 二磷酸(F-2,6-BP)可以使其解聚从而激活,而 ATP 则可使其亚基聚合从而失去活性。有些表现为单体和多聚体的相互转变从而使酶活性发生改变,如由 4 种不同亚基组成的乙酰 CoA 羧化酶单体没有活性,当其与别构激活剂柠檬酸或异柠檬酸结合后,就会由 10~20 个单体线性排列组成有活性的多聚体,活性可以增加 10~20 倍。而别构抑制剂 ATP 可使多聚体解聚而使酶失活。有些则是酶的调节亚基含有一个“假底物”(pseudosubstrate)序列,当其结合催化亚基的活性位点时则阻止底物的结合,抑制酶活性;当别构效应物分子结合调节亚基后,“假底物”序列构象变化,释放催化亚基,即可催化底物反应。cAMP 激活 cAMP 依赖性蛋白激酶(PKA)、Ca^{2+}、甘油二酯(DG)和磷脂酰丝氨酸协同激活蛋白激酶 C(PKC)都是通过这种机制实现的。

表 12-4 一些代谢途径中的别构酶及其别构效应物

代谢途径	别构酶	别构激活剂	别构抑制剂
糖酵解	己糖激酶	AMP、ADP、FDP、Pi	G-6-P
	磷酸果糖激酶 -1	FDP	柠檬酸
	丙酮酸激酶	—	ATP、乙酰 CoA
三羧酸循环	柠檬酸合酶	AMP	ATP、长链脂酰 CoA
	异柠檬酸脱氢酶	AMP、ADP	ATP
糖异生	丙酮酸羧化酶	乙酰 CoA、ATP	AMP
糖原分解	磷酸化酶 b	AMP、G-1-P、Pi	ATP、G-6-P
脂肪酸合成	乙酰 CoA 羧化酶	柠檬酸、异柠檬酸	长链脂酰 CoA
氨基酸代谢	谷氨酸脱氢酶	ADP、亮氨酸、甲硫氨酸	GTP、ATP、NADH
嘌呤核苷酸合成	谷氨酰胺 PRPP 酰胺转移酶	—	AMP、GMP
嘧啶核苷酸合成	天冬氨酸氨甲酰基转移酶	—	CTP、UTP
核酸合成	脱氧胸苷激酶	dCTP、dATP	dTTP

别构调节具有重要的生理意义。别构效应物常常是酶的底物、反应产物或其他小分子代谢物。它们在细胞内浓度的改变能灵敏地反映代谢途径的强度和能量供求情况,并使关键酶构象改变,影响酶活性,从而调节代谢的强度、方向以及细胞能量的供需平衡。

代谢途径终产物常可使该途径的关键酶受到抑制,负反馈地调节该代谢途径,节约能源。例如,ATP既是磷酸果糖激酶 -1(PFK1)的底物,也是糖代谢的终产物。当 ATP 产生过多时,ATP 可通过结合于PFK1 的别构调节位点,降低酶与果糖 -6- 磷酸的亲和力,负反馈抑制 PFK1 的活性。同时,ATP 还可别构抑制丙酮酸激酶、柠檬酸合酶及异柠檬酸脱氢酶活性。这样,过剩的 ATP 即可阻断糖酵解和糖的有氧氧化的进行,节约资源。

别构调节还可使能量得以有效利用,不致浪费。很多中间产物可别构抑制某代谢途径相关的关键酶,同时别构激活另一代谢途径的关键酶,使两代谢途径协调进行,合理分配资源。例如,细胞内能量供给充足时,葡糖 -6- 磷酸可别构抑制糖原磷酸化酶,抑制糖原分解,进而抑制糖的氧化分解途径,使 ATP 不致产生过多;同时,其又可别构激活糖原合酶,使过剩的葡萄糖合成糖原,使能量得以有效储存。又如,三羧酸循环进行活跃时,柠檬酸、异柠檬酸增多,ATP/ADP 比例增加,ATP 可别构抑制异柠檬酸脱氢酶,异柠檬酸则别构激活乙酰 CoA 羧化酶;而柠檬酸既可别构抑制磷酸果糖激酶,又可别构激活乙酰 CoA 羧化酶,从而抑制三羧酸循环的进行,使多余的乙酰 CoA 合成脂肪酸。

别构调节在数秒或数分钟内完成,反应迅速,是常见的反馈调节方式。细胞通过别构调节合理分配、利用资源,协调代谢途径,使细胞内各种代谢途径形成统一的整体。

思考题 12-2:试述别构抑制剂和非竞争性抑制剂调节酶活性的异同。

(三) 共价修饰调节

共价修饰调节是体内快速调节酶活性的另一种重要方式。关键酶酶蛋白的某些氨基酸残基的化学基团在另一种酶的催化下发生共价修饰(covalent modification),从而引起酶活性改变,这种调节称为酶的化学修饰(chemical modification)。具有这种调节方式的关键酶称为共价修饰酶。常见的化学修饰有磷酸化 /去磷酸化、乙酰化 / 去乙酰化、甲基化 / 去甲基化、腺苷化 / 去腺苷化和泛素化 / 去泛素化等。其中,以磷酸化与去磷酸化最为常见。酶蛋白分子中丝氨酸、苏氨酸或酪氨酸的羟基是磷酸化 / 去磷酸化修饰的位点。

酶蛋白的磷酸化修饰通常是在蛋白激酶(protein kinase)催化下,由 ATP 提供磷酸基及能量完成的;去磷酸化修饰通常则是由蛋白磷酸酶(protein phosphatase)催化、进行水解反应完成的。特别要强调的是,有的酶磷酸化后被激活,有的酶磷酸化后反而被抑制(表 12-5)。

表 12-5 磷酸化/去磷酸化修饰对酶活性的调节

酶	化学修饰类型	酶活性改变
糖原磷酸化酶	磷酸化/去磷酸化	激活/抑制
磷酸化酶 b 激酶	磷酸化/去磷酸化	激活/抑制
糖原合酶	磷酸化/去磷酸化	抑制/激活
丙酮酸脱羧酶	磷酸化/去磷酸化	抑制/激活
磷酸果糖激酶	磷酸化/去磷酸化	抑制/激活
丙酮酸脱氢酶	磷酸化/去磷酸化	抑制/激活
HMG-CoA 还原酶	磷酸化/去磷酸化	抑制/激活
HMG-CoA 还原酶激酶	磷酸化/去磷酸化	激活/抑制
乙酰 CoA 羧化酶	磷酸化/去磷酸化	抑制/激活
脂肪组织甘油三酯脂肪酶	磷酸化/去磷酸化	激活/抑制

催化蛋白质丝氨酸/苏氨酸的羟基发生磷酸化修饰的蛋白激酶称为丝氨酸/苏氨酸蛋白激酶;催化酪氨酸的羟基磷酸化修饰的蛋白激酶称为酪氨酸蛋白激酶。单一的化学修饰反应是不可逆的,但在细胞内由蛋白激酶和蛋白磷酸酶催化相反的反应协同,可使共价修饰酶在磷酸化和去磷酸化之间转变(图 12-2),实现酶活性的调节。

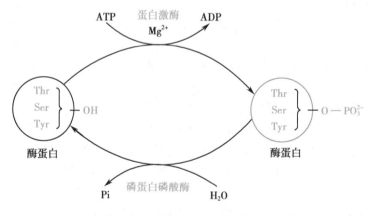

图 12-2 酶的磷酸化和去磷酸化

Edmond Fischer(左)和 Edwin Krebs(右)因揭示了可逆性的蛋白质磷酸化过程是细胞的调节机制而获得 1992 年的诺贝尔生理学或医学奖。他们首次提纯出了磷蛋白磷酸酶,可以使一种酶去磷酸化,再激活一系列生化反应。他们的发现使蛋白质可逆磷酸化及其有关的第二信使调控、蛋白激酶和磷酸酯酶的研究成为当代生物化学和医学研究的一个最活跃、最吸引人的研究领域之一,对现代生物化学和现代医学具有重要意义。

共价修饰调节具有如下特点：①与别构调节相似，反应迅速，见效快，因此，共价修饰、别构调节同属于酶的快速调节。②和别构调节不同，化学修饰中关键酶的共价键变化是酶催化的反应，一个酶分子可催化多个底物分子发生反应，而且发生迅速，特异性强，且有多级酶促级联，故有放大效应，调节效率常较别构调节高。③与通过改变酶含量来调节酶的活性这种迟缓调节方式比较，共价修饰调节耗能少而经济。④催化共价修饰的酶的活性也常常通过别构调节或共价修饰等方式被调节，所以共价修饰经常偶联别构调节、激素调节，形成由信号分子（激素等）、转导分子和效应分子（关键酶）组成的级联反应，使细胞内酶活性调节更精细、更协调。这样，在应激状态下，只需少量激素释放即可通过信号级联反应，迅速引起关键酶活性的改变，引发生理效应，维持代谢稳态。

（四）酶含量调节

除了通过别构调节、化学修饰改变细胞内原有酶的构象，实现酶的活性的快速调节，生物体还可通过调节细胞内酶蛋白的合成或降解速度，以调节细胞内酶的含量及总反应活性，从而调节代谢。酶的合成或降解所需时间较长（数小时或更长），消耗 ATP 较多，所以酶含量调节属迟缓调节。

1. 诱导或阻遏酶蛋白基因表达可改变细胞内酶的含量　一些特定的化合物，包括酶的底物、产物、激素、药物以及各种内外环境变化、刺激均可影响酶蛋白基因的表达。有些酶，其在细胞内的浓度恒定，即在任何时间、任何条件下基本维持不变，这类酶称为组成（型）酶（constitutive enzyme），如甘油醛 -3- 磷酸脱氢酶（glyceraldehyde-3-phosphate dehydrogenase，GAPDH）。组成酶常作为基因表达（调控）研究时的内参（internal control）。有些酶的表达可因某些底物或其类似物存在而增加，这种现象称为诱导（induction），这类酶称为诱导酶（inducible enzyme），这种可与调节蛋白 / 因子直接结合，增加（酶）基因表达的化合物称为诱导物，如半乳糖或其类似物异丙基硫代半乳糖苷（isopropyl thiogalactoside，IPTG）。还有一些酶的表达因某些底物或类似物存在而减少，这种现象称为阻遏（repression），这类酶称为阻遏酶（repressible enzyme）。可结合调节蛋白或基因调节序列，阻断基因表达的化合物或蛋白质称为阻遏物或阻遏蛋白（repressor），如原核生物乳糖操纵子中的阻遏蛋白。诱导物或阻遏物在酶蛋白基因转录或翻译环节中发挥作用，但较常见的是影响转录环节。在高等动物体内，激素通过复杂的信号网络途径调控基因的表达，调节更精细也更复杂。

很多酶可通过诱导作用改变其在细胞内的含量。例如，尿素循环的酶可被高蛋白质膳食诱导而合成增加。再如，激活糖皮质激素信号途径可诱导一些氨基酸分解酶和糖异生关键酶的合成；激活胰岛素信号途径则可诱导糖酵解和脂肪酸合成途径中关键酶的合成。很多药物、毒物可促进肝微粒体中单加氧酶或其他一些药物代谢酶的诱导表达，从而使药物失活，具有解毒作用，但也是引起耐药的原因。

2. 改变酶蛋白降解速度也可调节细胞内酶的含量　细胞内已存在的酶蛋白可被降解失活，改变酶蛋白分子的降解速度也能调节细胞内酶的含量。细胞内蛋白质的降解有两条途径：溶酶体中蛋白水解酶可非特异降解酶蛋白，而细胞中依赖 ATP 的泛素 - 蛋白酶体途径可以特异降解一些酶蛋白。凡能改变或影响这两种蛋白质降解机制的因素均可主动调节酶蛋白的降解速度，从而调节代谢。

二、激素水平的代谢调节

高等动物通过激素的代谢信号来调控体内的物质代谢，称为激素水平的代谢调节。激素是由特殊分化的内分泌器官 / 细胞合成并直接分泌入血的化学信息物质，其作用特点是不同激素作用于不同组织产生不同的生物效应，表现较高的组织特异性和效应特异性。激素通过与特定组织或细胞（即靶组织或靶细胞）存在的特异受体（receptor）识别和结合，将激素的调节信号跨膜传递入细胞，并触发细胞内一系列信号转导反应过程，最终表现出激素的生物学效应。按激素受体在细胞的定位不同，可将激素分为膜受体激素和胞内受体激素两类。膜受体激素，如胰岛素、胰高血糖素、生长激素等多肽 / 蛋白质类激素以及肾上腺素等儿茶酚胺类（属于氨基酸衍生物类），与靶细胞膜受体结合，通过跨膜信号转导途径直接共价修饰调节代谢途径关键酶的活性或通过基因转录调节细胞内酶含量。胞内受体激素，如类固醇激素、维生素 D_3、视黄酸（维 A 酸，维生素 A 衍生物）等疏水性激素及甲状腺激素，可以直接通过磷脂双分子层进入胞内，与胞内受体形成复合物，通过基因转录调节细胞内酶含量，调节细胞代谢。

(一) 膜受体激素

这类亲水性激素分子不能跨膜进入细胞内部,只能作为第一信使分子与相应的靶细胞膜受体结合后,由受体将激素的调节信号跨膜传递到细胞内。可以通过第二信使(如 cAMP 和 Ca^{2+} 等)及下游信号蛋白(酶)的级联放大效应,产生显著细胞代谢效应(详见第十七章)。

Earl Sutherland 因发现并分离出 cAMP,以及激素调节作用的机制而获得 1971 年诺贝尔生理学或医学奖。Sutherland 主要从事与糖代谢有关的酶和激素的研究。他发现并分离出 cAMP,确定了它的结构,并提出 cAMP 行使"第二信使"作用的途径。他的工作从分子水平阐明了激素作用的机制。

(二) 胞内受体激素

这类脂溶性激素,可透过磷脂双分子层细胞膜进入细胞,与相应的胞内受体结合。大部分激素与位于细胞核内的受体结合,有的激素与细胞质中受体结合后,暴露出入核信号,进入核内,都会引起受体构象改变,再与 DNA 的特定序列,即激素应答元件(hormone response element,HRE)结合,促进(或抑制)相应基因的转录,进而促进(或阻遏)蛋白质或酶的合成,调节细胞内酶的含量,从而对细胞代谢进行调节。

三、整体水平的代谢调节

代谢的整体调节是指机体在神经系统的主导下,通过神经-体液途径直接调控所有细胞水平和激素水平的调节方式,使不同组织、器官中物质代谢途径相互协调和整合,实现整体调节,以适应餐后、饥饿和应激等状态和环境的变化,维持代谢稳态。

(一) 不同膳食成分在体内的代谢变化

膳食成分不同,进食后营养物质在体内"流通"不同。进食混合膳食后,体内胰岛素水平中度升高。在胰岛素作用下,由小肠吸收的部分葡萄糖在肝合成糖原,生成丙酮酸,其余大部分输送到脑、骨骼肌和脂肪等肝外组织。吸收的氨基酸部分经肝输送到肝外组织,部分在肝内转换为丙酮酸、乙酰 CoA,合成甘油三酯,以 VLDL 形式输送至脂肪、骨骼肌等组织。吸收的甘油三酯部分经肝转换为内源性甘油三酯,大部分输送到脂肪组织、骨骼肌等转换/储存或利用。

进食高糖膳食后,体内胰岛素水平明显升高,胰高血糖素降低。在胰岛素作用下,小肠吸收的葡萄糖部分在肝合成糖原和甘油三酯,输送至脂肪组织和肌肉;大部分葡萄糖直接被输送到脂肪组织、骨骼肌、脑等组织转换、储存或利用。

进食高蛋白膳食后,体内胰岛素水平中度升高,胰高血糖素水平升高。在两者协同作用下,肝糖原分解补充血糖,供应脑组织等。此时,由小肠吸收的氨基酸主要在肝通过丙酮酸异生为葡萄糖,供应脑组织及其他肝外组织;部分氨基酸转变为乙酰 CoA,合成甘油三酯,供应脂肪组织等肝外组织(脂肪组织利用其进行更新);还有部分氨基酸直接输送到骨骼肌。

进食高脂膳食后,体内胰岛素水平降低,胰高血糖素水平升高。在胰高血糖素作用下,肝糖原分解补充血糖,供给脑组织等。肌肉组织氨基酸分解,转化为丙酮酸,输送至肝异生为糖,释放入血供应肝外组织。由小肠吸收的甘油三酯主要输送到脂肪、肌肉组织等。脂肪组织在接受吸收的甘油三酯同时,同时发生脂肪动员,分解生成脂肪酸,输送到其他组织。肝中酮体生成增多,供应脑等肝外组织。

(二) 饥饿

1. 短期饥饿　在饥饿 24 小时后,肝、肌糖原接近耗竭。饥饿 1~3 天时,血糖浓度趋于降低,这引起胰岛素分泌减少和胰高血糖素分泌增加,并引起一系列的代谢改变。

(1) 大多数组织从利用葡萄糖转变为利用脂类:除脑组织和红细胞主要利用糖异生产生的葡萄糖,其他大多组织减少葡萄糖的摄取、利用,增加脂肪的氧化分解供能。

(2) 脂肪动员加强,酮体生成增多:除了糖原,饥饿时脂肪是最早被动员的"能储"。激素信号使脂肪较早被动员,血浆甘油和游离脂肪酸含量升高,约 25% 的脂肪酸在肝内转变成酮体。此时脂肪酸和酮体成为心肌、骨骼肌和肾皮质的重要供能物质,部分酮体可被大脑利用。这使上述组织对葡萄糖摄取利用降低。利用酮体供能是组织适应饥饿环境的主要代谢改变。饥饿时脑对葡萄糖利用也有所减少,但饥饿初期仍主要由葡萄糖供能。

(3) 糖异生作用增强:饥饿 16~36 小时后,肝糖异生和酮体生成明显增加,且肝降解部分蛋白质用于糖异生。此时肝糖异生速度约为 150g/d,其中部分来自乳酸、甘油,主要来自氨基酸。肝是饥饿初期糖异生的主要场所,约占 80%,小部分(约 20%)则在肾皮质中进行。

(4) 骨骼肌蛋白质分解加强:蛋白质分解增加出现略迟于脂肪动员。蛋白质分解加强时,释放入血的氨基酸量增加。骨骼肌蛋白质分解的氨基酸大部分转变为丙氨酸和谷氨酰胺释放入血液循环,进入肝后作为氧化供能及糖异生原料。饥饿第 3 天,肌释出丙氨酸占输出总氨基酸的 30%~40%。

总之,饥饿时储存的脂肪和组织蛋白质成为主要能源,其中脂肪约占能量来源的 85% 以上。如及时输入葡萄糖补充能源,可减少酮体的生成,降低酸中毒的发生率,且可防止体内蛋白质的消耗。每输入 100g 葡萄糖可减少约 50g 组织蛋白质的消耗,这对不能进食的消耗性疾病患者临床处理更为重要。

2. 长期饥饿　饥饿 4~7 天后,为了适应长期饥饿,脂肪动员和肌肉蛋白质分解进一步加强,肝内脂肪酸氧化生成大量酮体;脑利用酮体增加,超过葡萄糖,占总耗氧量的 60%,以节约对组织蛋白质的消耗。肌肉组织以脂肪酸为主要能源,以保证酮体优先供应脑。骨骼肌蛋白质继续分解,但由于蛋白质持续分解会危及生命,所以相较于饥饿 1~2 天时,此时蛋白质分解下降,释出氨基酸减少,负氮平衡有所改善。释放出的氨基酸转变为丙酮酸,成为肝、肾糖异生的主要来源。饥饿晚期肾糖异生作用明显增强,生成葡萄糖约 40g/d,几乎和肝相等。

(三) 应激

应激(stress)是机体处于特殊(包括不利的)内外环境条件下所表现的一系列反应,可由不同刺激引起,如中毒、感染、发热、创伤、疼痛、高强度运动或恐惧等。应激反应可以是一过性的,也可以是持续性的。在应激状态下,交感神经兴奋,肾上腺髓质、皮质激素分泌增多,血浆胰高血糖素、生长激素水平增加,而胰岛素分泌减少,引起一系列代谢改变。结果使氧摄入增多,并增加能源供应,限制能源存积。

1. 应激状态下血糖升高　肾上腺素、胰高血糖素分泌增加,激活糖原磷酸化酶,促进肝糖原分解,抑制糖原合成。同时,肾上腺皮质激素、胰高血糖素又可使糖异生加强;肾上腺皮质激素、生长激素使外周组织对糖的利用降低。这些共同作用引起血糖升高,对保证大脑、红细胞的供能有重要意义。

2. 应激状态下脂肪动员增强　血浆游离脂肪酸升高,成为心肌、骨骼肌及肾脏等组织主要能量来源。

3. 应激状态下蛋白质分解加强　骨骼肌释放丙氨酸等增加,氨基酸分解增强,尿素生成及尿氮排出增加。

总之,应激时糖、脂、蛋白质/氨基酸分解代谢增强,合成代谢受到抑制,血中分解代谢中间产物,如葡萄糖、氨基酸、脂肪酸、甘油、乳酸、酮体和尿素等含量增加。应激时,机体代谢改变见表 12-6。

ER1205

代谢组学与代谢综合征

表 12-6　应激时机体的代谢改变

内分泌腺/组织	激素及代谢变化	血中含量变化
腺垂体	ACTH 分泌增加	ACTH ↑
	生长激素分泌增加	生长激素 ↑
胰岛 α 细胞	胰高血糖素分泌增加	胰高血糖素 ↑
胰岛 β 细胞	胰岛素分泌抑制	胰岛素 ↓

续表

内分泌腺 / 组织	激素及代谢变化	血中含量变化
肾上腺髓质	去甲肾上腺素 / 肾上腺素分泌增加	肾上腺素↑
肾上腺皮质	皮质醇分泌增加	皮质醇↑
肝	糖原分解增加	葡萄糖↑
	糖原合成减少	
	糖异生增强	
	脂肪酸 β 氧化增加	
骨骼肌	糖原分解增加	乳酸↑
	葡萄糖的摄取利用减少	葡萄糖↑
	蛋白质分解增加	氨基酸↑
	脂肪酸 β 氧化增强	
脂肪组织	脂肪分解增强	游离脂肪酸↑
	葡萄糖摄取及利用减少	甘油↑
	脂肪合成减少	

小　结

　　体内各种物质代谢相互联系并相互制约。体内物质代谢的特点:①整体性;②在精细调节下进行;③各组织器官物质代谢各具特征;④代谢物具共同的代谢池;⑤ ATP 是机体能量储存和利用的共同形式;⑥NADPH 提供合成代谢所需的还原力。各代谢途径之间可通过共同枢纽性中间产物互相联系和转变。糖、脂肪和蛋白质等作为能源物质在供应能量上可互相代替、互相制约,但不能完全互相转变。各组织、器官有独特的代谢方式以完成特定功能。肝所具有的代谢特点使其成为通过糖、脂质和氨基酸代谢途径与肝外组织联系、分配资源、调整物质代谢的"中枢"器官。

　　在进化过程中,代谢调节发生分为三级水平,即细胞、激素和中枢神经系统主导下通过激素实现的整体调节。细胞水平调节主要通过调节关键酶的活性实现,其中通过改变现有酶分子的结构调节酶活性的方式,包括酶的别构调节及酶蛋白的化学修饰调节,发生较快。也可通过改变酶的含量影响酶活性,调节缓慢而持久。两种调节各有作用、相辅相成。

　　激素水平调节中,激素与靶细胞受体特异结合,将代谢信号转化为细胞内一系列信号转导级联过程,最终表现出激素的生物学效应。激素可分为膜受体激素及胞内受体激素。前者为蛋白质、多肽及儿茶酚胺类激素,具亲水性,需结合膜受体才能将信号跨膜传递进入细胞。后者为疏水性激素,可透过细胞膜与胞内受体(大多在核内)结合,作为转录因子与 DNA 上特定激素应答元件结合,以调控特定基因的表达。

　　整体调节是指神经系统通过内分泌腺间接调节代谢和直接影响组织、器官以调节代谢的方式,维持机体代谢稳态。饥饿及应激时通过整体调节改变多种激素分泌,引起体内物质代谢的改变。

练习题

　　1. 为什么机体在正常状况下优先氧化糖、脂质而不是蛋白质(或氨基酸)供能?
　　2. 为什么脂肪分解代谢的顺利进行,还有赖于糖代谢的正常进行?
　　3. 比较脑、肝、骨骼肌在糖、脂质代谢和能量代谢的特点。

4. 肝为什么被称为物质代谢的"中枢"器官？为什么能够承担加工、分配物质的角色？

5. 为什么心肌以有氧氧化供能为主？

6. 简述快速调节和迟缓调节的异同点。

7. ATP 既是磷酸果糖激酶 -1 的底物，也是糖代谢的终产物。试述其调节磷酸果糖激酶 -1 的活性的机制。

8. 比较酶的别构调节与化学修饰调节的异同。

（王学军）

第十二章同步练习

第三篇

第三篇

分子生物学

第十三章 基因与基因组

第十三章课件

19 世纪 60 年代奥地利科学家孟德尔(G.Mendel)利用豌豆作为实验材料观察生物性状的遗传并提出遗传因子的概念,指出生物性状是由遗传因子决定的。20 世纪初,丹麦遗传学家约翰森(W.Johannsen)将遗传因子更名为基因(gene)。

第一节 基因与基因组概述

一、基因

(一) 基因的生物学定义

孟德尔早在 1866 年的论著《植物杂交实验》中就建立了"颗粒遗传"的概念,基因的颗粒性主要表现在基因世代相传的行为和功能表达上具有的相对独立性。1910 年,摩尔根(T.H.Morgan)在研究果蝇遗传时创立了染色体遗传理论,该理论认为基因是直线排列在染色体上的颗粒,位于同源染色体同一位置上的成对基因称为等位基因(allele),它决定一个特定的性状,并且能够发生突变和随着同源染色体节段的互换而发生交换。基因既是携带生物体遗传信息的结构单位,又是控制一个特定性状的功能单位,而且也是一个突变单位和交换单位,此即著名的三位一体概念。

(二) 基因的分子生物学定义

1944 年,艾弗里(O.Avery)的经典转化实验充分证明了 DNA 就是控制生物性状的遗传物质。1953 年,沃森(J.D.Watson)和克里克(F.H.Crick)提出了 DNA 双螺旋结构,1958 年克里克(F.H.Crick)提出了遗传信息传递的"中心法则(central dogma)"。1966 年,尼伦伯格(M.Nirenberg)和科拉纳(H.G.Khorana)等破译了全部的 64 个遗传密码。1977 年,桑格(F.Sanger)建立了 DNA 测序方法,科学家可以快速读取基因的 DNA序列。这些研究成果使人们认识到,基因就是具有生物功能的 DNA 片段,它以碱基排列顺序的方式贮存遗传信息,通过编码蛋白质或 RNA 发挥生物学功能。

20 世纪分子生物学的迅猛发展揭示了基因的本质是有功能的一段 DNA 序列,是可以编码具有特定功能的蛋白质或 RNA 的遗传信息基本单位,而对以 RNA 作为遗传信息载体的 RNA 病毒则是 RNA 序列。基因可以通过转录过程合成相应的 RNA,这些用于指导 RNA 合成的序列称为可转录序列,也称转录单位(transcription unit)。可转录序列在胞内 RNA 聚合酶催化下可以合成 rRNA、tRNA、mRNA、snRNA 等有功能的产物,mRNA 则通过翻译过程合成蛋白质。

　　基因在表达过程中会受到一系列具有特殊功能的 DNA 序列的调节,其中有些控制基因转录的起始与终止,有些确定翻译过程中核糖体与 mRNA 的结合,还有些序列与基因接受某些特殊信号有关,在分子生物学中把控制和调节基因表达的核苷酸序列称为调控序列(regulatory sequence)或控制序列(controlling sequence)。人们也常将能编码蛋白质或 RNA 的编码序列称为结构基因,结构基因又可根据表达的产物不同而分为蛋白质基因和 RNA 基因。蛋白质基因是指需先转录成 mRNA 或 hnRNA,再翻译成蛋白质而发挥生物学功能的基因;而 RNA 基因是指只需转录成 RNA(tRNA、rRNA、snRNA),不需要翻译成蛋白质即可发挥生物学功能的基因。

　　在遗传学中还使用顺反子(cistron)指代结构基因,顺反子是早期遗传学研究中用顺反测试实验以确定遗传互补单元时提出的概念,现在顺反子与基因具有相同含义,不仅指代编码蛋白质的结构基因,也包括编码无须翻译的功能基因。在真核生物中,每个 mRNA 通常携带一个基因,用于翻译一条多肽链,称为单顺反子;而原核细胞中,同一条 mRNA 可以携带多个基因,翻译出多条多肽链,因此称为多顺反子。多顺反子中对应的 DNA 编码区段常位于同一转录单元内,共同拥有相同的转录起点和终点。

基因概念的
发展

思考题 13-1：试比较基因的生物学定义和分子生物学定义的差异。

二、基因组

人染色体

　　基因组(genome)是指一种生物体内所有基因的总和。基因组可以特指整套核基因组,也可以包含细胞器基因组,如线粒体基因组或叶绿体基因组。不同生物体基因组的大小、结构及所贮存的遗传信息量有显著的差别,一般进化度越高的生物,其基因组的结构与组织形式越复杂。人类基因组则包含 22 对常染色体 DNA 和 2 条性染色体(X 和 Y 染色体)DNA 以及线粒体 DNA 中所含有的全部遗传信息(基因)。人类基因组计划(human genome project,HGP)由美国科学家于 1985 年率先提出,其宗旨在于测定组成人类染色体(指单倍体)中所包含的约 30 亿个碱基对的核苷酸序列,并绘制人类基因组图谱,达到破译人类遗传信息的最终目的。

　　基因组学(genomics)是研究基因组的结构、结构与功能关系以及基因间相互作用的科学。其主要研究内容包括结构基因组学(structural genomics)、功能基因组学(functional genomics)和比较基因组学(comparative genomics)。结构基因组学的主要任务是通过人类基因组作图和大规模 DNA 测序等,揭示人类基因组的全部 DNA 序列及其组成;功能基因组学也被称为后基因组学(postgenomics),它利用结构基因组所提供的信息和产物,发展并应用新的实验手段,在基因组或系统水平上全面分析基因的功能,使得生物学研究从对单一基因或蛋白质的研究转向对多个基因或蛋白质同时进行的系统研究;比较基因组学是在基因组图谱和序列分析的基础上,对已知基因和基因的结构进行比较以了解基因的功能、表达调控机制和物种进化过程的学科。

人类基因组计
划(HGP)

(一)基因组序列测定

　　基因组 DNA 通常含有巨量的碱基信息,受限于当前测序技术的限制,无法一次性读出一条完整染色体的序列,因此在基因组序列测定时,需先将长基因组 DNA 分割成短片段,分别测出每段 DNA 序列后再拼接出完整染色体 DNA 的序列。基因组序列测定不仅包括基因编码区的序列测定,还包括基因表达调控区序列、间隔区序列、着丝粒区序列、染色体末端区域序列等。由于很多区域含有大量重复序列,这为基因组序列测定带来极大的困难,大大增加了测序工作量。

基因组测序
策略

　　人类基因组 DNA 全序列的测定是 HGP 的核心任务之一,人类基因组测序有赖于自动化 DNA 测序技术,这一技术主要应用了 Sanger 等在 1977 年发明的双脱氧链末端终止法的基本原理。在测序前先将人类基因组 DNA 分割成多个大片段(长度 100~200kb),然后将这些片段插入经过人工改造的细菌或酵母染色体中(分别被称为 BAC 和 YAC),并利用细菌或酵母的 DNA 复制机制进行复制,分别对每个片段进行测序,所有片段测序完成后即可通过各片段序列末端重叠法拼接出全基因组的序列。但由于人类基因组中高比率重复序列的存在,会出现错拼以及因读序长度所限而遗留间隙。人类基因组测序和正确拼接是一项巨大而繁复的工作,主要困难是大量重复序列的存在,如 *Alu* 重复序列在人类基因组中拷贝数高达几百万个,序列总长度达到 290Mb。2003 年 4 月 14 日,人类基因组计划国际联盟负责人正式宣布已经完成了人类基因组的全部测序工作,除了难以洞察的区域外,99% 的人类基因组已经测序完毕。我国科学家于 1999 年成功加入人类基因组计划的工作团队,分担人类 3 号染色体短臂上一个约 30Mb 区域的测序任务,该区域约占人类整个基因组的 1%,使我国成为参加这项研究计划的唯一发展中国家。依据现有的测序结果,科学家确定并识别出人类拥有的 2 万 ~3 万个基因。目前尚未完成测序的人类基因组区域主要包括着丝粒区域、染色体末端区域[俗称端粒(telomere)]及多基因家族成员的位点。着丝粒区域含有数百万(可能接近千万)的碱基对,为大量重复 DNA 序列,用目前的技术进行测序的难度较大,因而此区域的大多数没有得到测序。在染色体末端区域同样含有高度重复的 DNA 序列,而且 46 条染色体的末端大都不完整,因此无法精确地知道在端粒前还有多少序列,目前的技术也很难测定这些序列。

> 思考题 13-2 : 人类基因组计划真的完成了吗?

(二) 基因图谱

基因图谱是依据基因在染色体上的空间分布绘制而成的图谱。绘制基因图谱需要鉴别出基因组中全部基因的位置、结构与功能,包括编码蛋白质的结构基因、各类 RNA 编码基因以及与基因表达调控相关的 DNA 序列等重要信息。基因图谱有助于指出基因的相对位置,定位基因组中特定区域,可以快速鉴定基因并测序。人类基因图谱承载着人体全部生命秘密,这些信息对医学和生物制药具有重要意义。

人 16 号染色体基因图谱

基因图谱可以通过大量基因转录产物(通常为 mRNA)的序列反追到染色体,从而确定基因组所包含的编码序列的位置及表达模式等信息。为制作人类基因组图谱,提出大规模 cDNA 测序研究战略,并建立了表达序列标签(expressed sequence tag,EST)技术。所谓的 EST 是从一个随机选择的 cDNA 克隆进行 5′ 端和 3′ 端单次测序获得的短的 cDNA 部分序列,代表一个完整基因的一小部分,通常来源于一定环境下一个组织总 mRNA 所构建的 cDNA 文库。人类基因组有 2%~5% 为编码序列,这些编码序列分散在人的基因组序列中,通过大规模的 EST 测序并对其进行比对与整合,可拼接出大约一半人类基因。由 EST 构建的物理图称为表达图(expression map)或转录图(transcriptional map),是基因图谱的雏形。由于 cDNA 具有组织、生理与发育阶段的特异性,EST 除了提供序列信息外,也提供该基因表达的组织、生理状况与发育阶段的信息。所以,可以通过基因图谱来了解特定生理、病理、受控条件下的基因表达情况,为研究基因的结构和表达情况与人类的疾病(包括对疾病及病原微生物的易感性)之间的关系提供条件。

第二节　原核生物基因组

原核生物是一大类无细胞核结构的原始单细胞生物,DNA 存在于类核(nucleoid)区。原核生物包括细菌(bacteria)和古菌(archaea)两大类群。这些生物体形较小,肉眼一般无法观测,其基因组结构也较为简单,成为早期研究基因结构与功能的模型生物。

一、细菌的基因组特点

目前已经有大量细菌基因组完成测序工作,对这些数据进行分析后发现细菌基因组一般具有如下特点。

1. 细菌的染色体基因组通常仅由一条环状双链 DNA 分子组成,类核的中央部分由 RNA 和支架蛋白组成,外围是双链闭环的 DNA 超螺旋。染色体 DNA 通常与细胞膜相连,连接点的数量因细菌生长状况和不同的生活周期而异。在 DNA 链上与 DNA 复制、转录有关的信号区域与细胞膜优先结合,如大肠埃希菌染色体 DNA 的复制起点 *oriC*、复制终点 *terC* 等。细胞膜在这里的作用可能是对染色体起固定作用,另外,在细胞分裂时将复制后的染色体均匀地分配到两个子代细胞(图 13-1)。

2. 功能上相关的结构基因常串联在一起,受同一个调节区的调节,组成操纵子(operon)结构,这些基因在转录时可转录成一条 mRNA,然后分别翻译成蛋白质或多肽链。

3. 结构基因在细菌染色体基因组中通常都是单拷贝,但编码 rRNA 的基因往往是多拷贝。

4. 基因组 DNA 大部分具有编码功能,可用于合成多肽、蛋白质或 RNA,非编码序列所占比例很低,这些非编码序列通常是间隔区序列或调控区序列。

5. 具有编码同工酶的等基因(isogene),如大肠埃希菌基因组中有两个编码分支酸(chorismic acid)变位酶的基因。

6. 在 DNA 分子中具有各种功能的识别区域,如复制起点 *oriC*、复制终点 *terC*、转录启动区和终止区等。

7. 细菌基因组中还存在可移动的 DNA 序列,如转座子和质粒等。

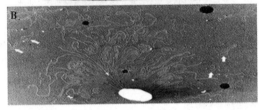

A. 大肠埃希菌模式图,褐色(深色区)为类核区;B. 大肠埃希菌基因组 DNA 电镜照片,白色箭头示质粒

图 13-1　大肠埃希菌基因组 DNA

二、质粒

原核细胞中除了染色体 DNA 之外,还存在独立于染色体之外的一些能自主复制和遗传的 DNA 分子,这些 DNA 分子被称为质粒(plasmid)(图 13-2)。质粒上常带有一些特殊的基因,如抗生素的抗性基因。质粒具有自己的复制起点,能自主复制。有些小质粒是使用细胞的酶来复制,而大型质粒本身就带有编码复制酶的基因,这样就可以依靠自己的复制酶来复制。另外,有一些质粒还可以整合到宿主的染色体中,和细菌染色体同步复制。

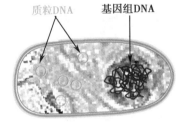

图 13-2　细菌细胞中的质粒

自然界中含有多种质粒,不同的细菌含有不同的质粒。质粒根据它们所带有的基因以及赋予宿主细胞的表型,可以分为 5 种不同的类型。

1. 抗性质粒[resistance(R)plasmid] 带有抗性基因,可使宿主菌对某些抗生素产生抗性,如对氨苄西林、氯霉素等产生抗性。不同的细菌中也可含有相同的抗性质粒,如 RP4 质粒在假单胞菌属和其他细菌中都存在。

2. 致育因子[fertility(F)factor] 可以通过接合在供体和受体间传递遗传物质,F 因子约有 1/3 的 DNA 构成一个转移 DNA 的操纵子,约 35 个基因,负责合成和装配性纤毛。

3. Col 质粒 带有编码大肠菌素(colicin)的基因,大肠菌素可杀死其他细菌。如 *E.coli* 中的 ColE1 质粒。

4. 降解质粒(degradative plasmid) 能编码一种特殊蛋白质,可使宿主菌代谢降解特殊的分子,如甲苯或水杨酸。

5. 侵入性质粒(virulence plasmid) 能使宿主菌具有致病的能力,如 Ti 质粒,此是在根癌农杆菌(*Agrobacterium tumefaciens*)中发现的一种可导致植物根系发生癌变的质粒,现经过改造用来作为植物转基因的一种常用载体。

质粒的大小差异很大,最小的约长 1kb,而大的可达数百万碱基对。质粒在细胞中的拷贝数也不尽相同,有的拷贝数很少,只有一两个拷贝,称为严紧型(stringent)质粒;另一些具有较高的拷贝数,可达 10 个以上,称为松弛型(relaxed)质粒。有些质粒不能共存于同一个细胞内,这种特征称为质粒不相容性(plasmid incompatibility)。

三、转座因子

（一）转座因子的概念

细菌体内编码抗药性（如抗四环素和青霉素）的基因通常存在于质粒中。质粒与细菌染色体之间几乎没有什么同源性。然而带有这样质粒的细菌，其抗药性基因偶尔也会出现在细菌染色体中或菌体内噬菌体的后代中，显然这是一种没有同源性的重组结果。这种不依靠同源性而能移动的 DNA 片段即被称为转座因子（transposable element），转座因子的大小为 750~40 000bp。

（二）转座因子的分类

细菌中的转座因子主要可分为两类：一类比较简单，称为插入序列（insertion sequence，IS）；另一类则较复杂，称为转座子（transposon，Tn）。IS 中则仅含有编码其转位所需酶即转座酶（transposase）的基因。一般说来，被 IS 所插入的基因将被失活，而且 IS 可含有启动子，能促使 RNA 聚合酶起始转录并使其邻近的基因得到表达。

转座子两端含有转座所需基因 IS 或 IS 的一部分，中间还含有一到几个基因，这些基因中有的有抗药性或能产生毒素，可作为遗传标志而很易被鉴定出来（图 13-3）。几乎一切生物中都有转座子，真核生物中也有转座子，如酵母有 Ty 因子，果蝇有 copia 因子等。

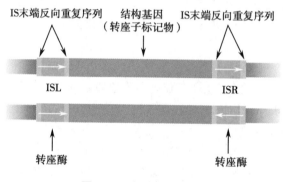

图 13-3　转座子的结构

第三节　真核生物基因组

真核生物基因组中，结构基因（编码蛋白质或 RNA）约占总 DNA 的 25%，而其中外显子 DNA 仅占 1%，内含子和调节序列占 24%。其余部分为各种不同类型的重复片段和基因之间的 DNA 序列。重复序列 DNA 依据它们在变性后的复性速度快慢，可依次分为高度重复序列（快速复性）、中度重复序列（中速复性）和单一序列（慢速复性）3 大类。

真核生物染色体结构（微课）

一、单一序列

单一序列（single-copy sequence）在单倍体基因组中只出现一次或数次，因而复性速度很慢。单一序列中储存了巨大的遗传信息，编码各种不同功能的蛋白质。目前尚不清楚单拷贝基因的确切数字，但是在单一序列中只有一小部分用来编码各种蛋白质，其他部分的功能尚不清楚。

在基因组中，单一序列两侧往往为散在分布的重复序列。由于某些单一序列编码蛋白质，体现了生物的各种功能，因此这些序列的研究对医学实践有特别重要的意义。但由于其拷贝数量少，在 DNA 重组技术出现以前，要分离和分析其结构和序列几乎是不可能的，现在人们通过基因重组可以获得大量目的基因，并对基因结构进行较为细致的研究。

二、中度重复序列

中度重复序列(moderately repetitive sequence)指在真核基因组中重复数在 10 至数万($<10^5$)次的重复序列。其复性速度快于单一序列,但慢于高度重复序列。少数在基因组中成串排列在一个区域,大多数与单拷贝基因间隔排列。依据重复序列的长度,中度重复序列可分为短分散片段(short interspersed repeated segment,SINES)和长分散片段(long interspersed repeated segment,LINES)两种类型。

(一) 短分散片段

短分散片段的重复单位平均长度约为 300bp(<500bp),拷贝数可达 10 万左右,如 *Alu* 家族、*Hinf* 家族等。*Alu* 家族是哺乳动物包括人基因组中含量最丰富的一种中度重复序列家族,在单倍体人基因组中重复达 30 万 ~50 万次,占人基因组的 3%~6%。*Alu* 家族每个成员的长度约 300bp,由于每个单位长度中有一个限制性内切酶 *Alu* 的切点(AG↓CT)可将其切成长 130bp 和 170bp 的两段,因而定名为 *Alu* 序列。*Alu* 序列分散在整个人体或其他哺乳动物基因组中,在间隔 DNA 及内含子中都发现有 *Alu* 序列,平均每 5kb DNA 就有一个 *Alu* 序列。在人基因组中 *Alu* 序列更是大量存在,即使在最近发现的人组织细胞中存在的染色体外双链环状 DNA,被称为人类质粒(human plasmid),也毫无例外地含有 *Alu* 序列。*Alu* 序列具有种属特异性,利用人的 *Alu* 序列制备的探针只能用于检测人基因组中的 *Alu* 序列。

Alu 家族的功能是多方面的,由于在许多核不均一 RNA(hnRNA)中含有大量的 *Alu* 序列,这些序列含有与某些真核基因内含子剪接接头相似的序列,因而 *Alu* 序列可能参与 hnRNA 的加工与成熟。

(二) 长分散片段

长分散片段的重复单位长度大于 1 000bp,平均长度为 3 500~5 000bp,常与单一序列间隔排列,如 *Kpn* Ⅰ家族等。*Kpn* Ⅰ家族是中度重复序列中仅次于 *Alu* 家族的第二大家族,用限制性内切酶 *Kpn* Ⅰ消化人类及其他灵长类动物的 DNA,在电泳谱上可以看到 4 个不同长度的片段,分别为 1.2kb、1.5kb、1.8kb 和 1.9kb。*Kpn* Ⅰ家族成员序列比 *Alu* 家族长,如人 *Kpn* Ⅰ序列长 6.4kb,而且更加不均一,呈散在分布。尽管不同长度类型的 *Kpn* Ⅰ家族(称为亚类)之间同源性比较小,不能互相杂交,但它们的 3′端有广泛的同源性。*Kpn* Ⅰ家族的拷贝数为 3 000~4 800,占人体基因组的 1% 左右。

中度重复序列在基因组中所占比例在不同种属之间差异很大,人类约为 12%。在结构基因之间、基因簇中以及内含子内都可以见到这些短的和长的中度重复序列。中度重复序列与基因表达的调控有关,可参与调控 DNA 复制和转录等过程。

三、高度重复序列

高度重复序列(highly repetitive sequence)在基因组中重复频率高,可达百万(10^6)以上,因此复性速度很快。基因组中高度重复序列所占比例随种属而异,在人基因组中约占 20%。高度重复序列又按其结构特点分为反向重复序列(inverted repeat sequence)、串联重复序列(tandem repeat sequence)和散布重复序列(interspersed repeat sequence)3 种。

(一) 反向重复序列

由两个相同序列的互补拷贝在同一 DNA 链上反向排列而成,也称倒位重复(图 13-4)。这种重复序列复性速度极快,约占人基因组的 5%。变性后再复性时,同一条链内互补的拷贝可以形成链内碱基配对,形成发夹或十字形结构。反向重复(即两个互补拷贝)间可有一到几个核苷酸的间隔,也可以没有间隔。没有间隔的又称回文结构(palindrome

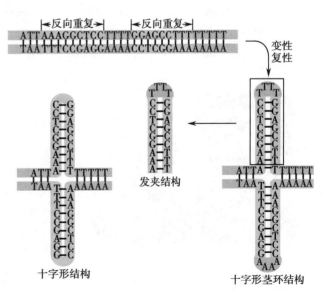

图 13-4　反向重复序列

structure)，这种结构约占所有反向重复的三分之一。两对倒位重复单位之间的平均距离约为 12kb。

(二) 串联重复序列

由 2~172bp 重复单元排列成串而形成的，由于碱基组成不同于其他部分，在等密度梯度离心时与主体 DNA 分开，称为卫星 DNA（satellite DNA）（图 13-5）。卫星 DNA 只发现于真核生物，占基因组 10%~60%。串联重复序列包括以下几种。

1. 卫星 DNA 　重复区涵盖 100kb~5Mb，大部分位于染色体着丝点。重复单位长度为 2~172bp。其中一种重复单位在 170bp 左右，为灵长类所独有，人类为 171bp，占每个染色体的 3%~5%，非洲绿猴重复单位为 172bp。

卫星 DNA 具有数量大、分布广和检测快速方便等特点，常被用作一种分子遗传标记，广泛应用于动植物基因定位、连锁分析、血缘关系鉴定、遗传多样性评估和系统发生树构建等方面。

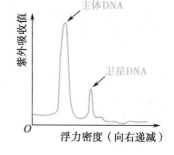

图 13-5　主体 DNA 与卫星 DNA

2. 小卫星 DNA（minisatellite DNA） 　小卫星 DNA 主要由 9~80bp 的基本单位串联而成，重复区域在 0.1~20kb。大多位于非编码区，重复次数在群体中是高度变异的，个体间差异很大，可用于 DNA 指纹分析（DNA fingerprinting）。

3. 微卫星 DNA（microsatellite DNA） 　微卫星 DNA 的重复单位序列最短，只有 2~6bp，涵盖区域小于 150bp，又称短串联重复序列（short tandem repeat，STR）。微卫星 DNA 的重复数目亦随个体而异，亦可用于 DNA 指纹分析。

微卫星 DNA 种类多、分布广，并按孟德尔共显性方式在人类中世代相传，在基因组中平均 50kb 就有一个重复序列，突变率低，同一个体的两个同源染色体上重复次数也可以不一样。因此，微卫星 DNA 可用于基因定位、连锁分析和血缘关系鉴定。

(三) 散布重复序列

散布重复序列可看成是一种转座子，它们借助 DNA 重组机制而转移。经过许多代的遗传累积，DNA 的某段序列会散布各处。由于突变的结果，每个重复单位的序列并非完全相同。

四、断裂基因

在遗传学上通常将能编码蛋白质或 RNA 的基因称为结构基因。真核细胞基因组的大部分序列属于非编码区，不编码蛋白质或多肽。结构基因不仅在两侧有非编码区，而且在基因内部也有许多不编码蛋白质的间插序列（intervening sequence），这种同一个基因的编码区不连续的现象被称为断裂基因（split gene）。断裂基因内部的非编码序列称为内含子（intron），在转录时同编码区一起被转录，在 mRNA 的成熟过程中被剪接（splicing）。断裂基因的编码区序列称为外显子（exon），基因转录生成的 hnRNA 在成熟过程中切去内含子，外显子被拼接成完整的基因编码序列 mRNA，mRNA 指导蛋白质的生物合成。

人类 β 珠蛋白基因

在 20 世纪 70 年代以前，人们一直认为基因是连续的。R.J.Roberts（左）和 P.A.Sharp（右）研究发现，基因在 DNA 上的排列由一些不相关的片段隔开，是不连续的。他们的发现改变了科学家对传统理论的认识，对现代生物学研究具有特别重要的意义。1993 年因为他们发现断裂基因这一重大成就而获得诺贝尔生理学或医学奖。

内含子与基因间隔区 DNA（spacer DNA）序列不同，间隔区 DNA 是不同基因之间存在的编码空白区或转录的空白区，一般不随基因的转录而转录。间隔区 DNA 大小与基因组的大小有关，一般来说，基因组愈大,间隔区 DNA 所占的比例也愈高。间隔区 DNA 也可以存在于 rDNA 区。

五、多基因家族

多基因家族(multigene family)是指具有类似功能,由某一共同祖先基因经过重复和变异所产生,核苷酸序列又具有同源性的一组基因。依据终产物,多基因家族大致可分为两类:一类编码 RNA 的,如 snRNA、tRNA、rRNA 等;另一类是编码蛋白质的。多基因家族也可按照在基因组中的分布不同分为两类:一类是一个基因具有多个拷贝,具有几乎相同的序列,呈串联排列,在同一染色体上形成一个基因簇,可同时发挥作用,合成 RNA 或翻译蛋白质,如 rRNA、tRNA、组蛋白等基因都属于这一类;另一类是一个基因家族的不同成员成簇地分布在不同染色体上,这些基因的序列虽不相同,但编码一组功能上紧密相关的蛋白质,如珠蛋白、干扰素、生长激素等。

(一) rRNA 基因

在低等真核生物 rRNA 基因中,28S、18S、5.8S 和 5S rRNA 基因都串联排列在一起,而高等真核生物 5S rRNA 基因则在另外的部位,因此只有 28S、18S、5.8S rRNA 基因串联组成一个单元,然后一个个单元重复排列组成一个基因簇,单元之间由间隔区分开。几乎所有的真核生物的 rRNA 基因都重复 100 次以上,人类 18S/28S rRNA 基因拷贝约有 280 个,5S rRNA 基因则多达 20 000 个左右。

(二) tRNA 基因

在真核细胞一般有几百到一千多个,人类约有 1 300 个 tRNA 基因。由于最少有 50 多种 tRNA 转运不同的氨基酸,因此每种 tRNA 可有 10 至几百个基因拷贝。同种 tRNA 往往串联在一起形成基因簇,但基因间有非转录间隔区隔离,常常比结构基因长近 10 倍。有些 tRNA 结构基因中有内含子,可在 tRNA 加工时被去除,目前已经发现有专门剪切 tRNA 内含子的剪接酶。

ER1309
组蛋白基因
家族

ER1310
α 珠蛋白基因
家族

(三) 组蛋白基因

在真核生物细胞中组蛋白有 H_1、H_{2A}、H_{2B}、H_3、H_4 五个成员,其基因也有 5 种,人类组蛋白基因分布在 7 号染色体长臂 q32~q36 区,拷贝数一般为 30~40 个。在人类及其他脊椎动物,每个重复单位并不包括这 5 种基因,有些基因分散在基因组中,串联排列的组蛋白基因之间也被间隔区隔离,一般大于 10kb,目前哺乳动物中组蛋白基因的排列还未完全确定。

(四) 血红蛋白基因

珠蛋白可分为 α 和 β 两类,在胚胎、胎儿和成人不同时期内,血红蛋白是由不同的肽链组成,这些肽链也由不同的基因编码。人类 α 类和 β 类珠蛋白基因分布在不同的染色体上,α 类基因位于第 16 号染色体短臂 p12 区,由 5 个基因组成基因簇,总长约 24kb,顺序依次为 5'ξ-Ψ-Ψ_{α1}-α_2-α_13'。其中 ξ 是胚胎基因,只在胚胎期开放,而成人期关闭,α 类基因是成人基因,5 个基因间都有间隔序列。β 类基因位于第 11 号染色体短臂 p15 区,由 6 个基因组成基因簇,包括一个胚胎基因 ε,两个胎儿基因 γ_G 和 γ_A,三个成人基因 β、δ 和 Ψ,顺序为 5'ε-γ_G-γ_A-Ψ-δ-β3',其中 Ψ 为无功能基因(也称假基因),HS_1 至 HS_4 是调控区(图 13-6)。

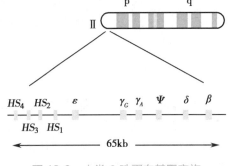

图 13-6　人类 β 珠蛋白基因家族

思考题 13-3:为什么在生物基因组 DNA 中有些基因,如 rRNA、tRNA 及组蛋白基因等有大量重复,而大多数结构基因常为单拷贝?

六、假基因

在多基因家族中,某些成员并不产生有功能的基因产物,这些基因称为假基因(pseudogene)。假基因与有功能的基因是同源的,原来可能也是有功能的基因,但由于缺失、倒位或点突变等,使这一基因失去活性,成为无功能的基因。因突变导致基因功能丧失而产生的假基因通常被称为常规假基因(conventional pseudogenes);另一些假基因的产生与突变无关,而是经特定的加工处理后产生,被称为加工假基因(processed pseudogenes)。与相应的正常基因相比,许多假基因往往缺少正常基因的内含子,两侧有顺向重复序列。人们推测假基因的来源之一,可能是基因经过转录后生成的 hnRNA 通过剪接失去内含子形成 mRNA,mRNA 经逆转录产生 cDNA,再整合到染色体 DNA 中,便有可能成为假基因,因此该假基因没有内含子。在这个过程中,可能同时会发生缺失、倒位或点突变等变化,从而使假基因失去表达活性。

人 α 珠蛋白基因座的一个假基因 $\Psi\alpha_1$,同 3 个有功能的 α 珠蛋白基因在 DNA 序列上是相似的,只是假基因中含很多突变,如起始密码子 ATG 变成 GTG;5′ 端的两个内含子也有突变,可能是破坏了 RNA 剪接;在编码区内也有许多点突变和缺失。DNA 序列比较表明,假基因 $\Psi\alpha_1$ 同有功能的 α_2 基因的序列相似性达 73%,显示了较高的同源性。有研究表明假基因并不是完全无功能基因,有些假基因的功能异常可能与人类疾病产生有关。

假基因

真核细胞除了细胞核内遗传物质外,在细胞质中也可有部分遗传物质,如存在于线粒体和叶绿体基质中的环状 DNA。核外遗传物质通常独立于核基因组 DNA,可以自我复制并稳定传递给子代,具有独特的母系遗传特征。这些遗传物质可以编码蛋白质等多种基因,协同核基因组完成细胞的重要功能。

真核生物线粒体基因组

第四节 病毒基因组

一、病毒基因组的特点

病毒是一类不具细胞结构但具有遗传、复制等生命特征的微生物,属非细胞型微生物类群,个体微小,结构较简单。病毒只在宿主细胞内具有生命特征,其遗传物质往往为单一类型核酸(DNA 或 RNA),完整的病毒颗粒则由核酸和蛋白质共同构成。噬菌体是感染细菌、真菌、放线菌或螺旋体等微生物的细菌病毒的总称,95% 以上已知噬菌体均以双螺旋结构的 DNA 为遗传物质,只有少部分以 RNA 为遗传物质。

HBV、SARS病毒、HIV 结构图

病毒基因组结构更为简单,编码的基因数目也较少,一般具有以下特点。

1. 与细菌或真核细胞相比,病毒的基因组很小,在不同病毒之间基因组大小存在较大差异,且大部分是用来编码蛋白质的,非编码序列所占比例非常小。如 I 型猪圆环病毒(porcine circovirus)基因组只有 1.8kb 大小,而咸潘多拉病毒(Pandoravirus salinus)的基因组达 2.47Mb。

2. 病毒基因组可以由 DNA 组成,也可以由 RNA 组成,一种病毒颗粒中只含有一种核酸(或为 DNA 或为 RNA)。组成病毒基因组的 DNA 和 RNA 可以是单链的,也可以是双链的,可以是闭环分子,也可以是线性分子。如乳头瘤病毒是一种闭环的双链 DNA 病毒,而腺病毒的基因组则是线性的双链 DNA。流行性感冒病毒和脊髓灰质炎病毒核酸是单链 RNA,而呼肠孤病毒核酸是双链的 RNA。

3. 多数 RNA 病毒的基因组由连续的核糖核酸链组成,但有些病毒的基因组 RNA 由不连续的几条核酸链组成。如流行性感冒病毒的基因组 RNA 分子是节段性的,由 8 条 RNA 分子构成;而呼肠孤病毒的基因组由双链的节段性 RNA 分子构成,共有 10 个双链 RNA 片段。

4. 有基因重叠现象,同一段 DNA 序列可用来编码多种蛋白质产物,这种结构使较小的基因组能够携带较多的遗传信息。基因重叠有完全重叠、部分重叠和单碱基重叠三种类型。完全重叠指一个基因的编码序列是另一个基因编码序列的一部分,部分重叠则是两个基因的编码序列仅有一部分完全一致,而单碱基重叠通常是指前一个基因的终止密码子的最后一个碱基 A 被后一个基因的起始密码子(ATG)所使用。噬菌体 $\Phi X174$ 基因组共编码 11 种蛋白质,基因 A 和 B、D 和 E 均为完全重叠,基因 K 与 A、K 与 C 为部分重叠,基因 D 与 J 为单碱基重叠(图 13-7)。

5. 功能上相关的蛋白质编码基因或 rRNA 基因往往丛集在基因组的一个或几个特定的部位,形成一个功能单位或转录单元,类似于细菌基因组的操纵子结构。

6. 除逆转录病毒基因组有两个拷贝外,其他病毒基因组都是单倍体,每个基因在病毒颗粒中只出现一次。

7. 噬菌体(原核细胞病毒)的基因是连续的,真核细胞病毒的基因是不连续的,具有内含子序列。

二、乙型肝炎病毒基因组

乙型肝炎病毒(hepatitis B virus,HBV)属于 DNA 病毒,它的基因组 DNA 两股链一长一短,因此一部分(2/3)是双链结构,另一部分只有单链。"–"链(长链)3.2kb,为环状,但 5′ 端与 3′ 端不共价连接,由于其 5′ 端与一种蛋白质(引物酶)共价结合,妨碍了连接酶连接形成 3′,5′- 磷酸二酯键。而由 "+" 链(短链)DNA 桥联 "–" 链的缺口。短链一般长 1.6~2.8kb,约为长链的 2/3。短链之间的空隙可由病毒颗粒中的 DNA 聚合酶充填,一旦有必要可迅速延伸到全长。

HBV 为了能在细胞内独立复制,病毒在很小的基因组中尽量容纳大量的遗传信息,因而 HBV 的基因组结构显得特别精密浓缩,具有基因重叠现象,以便充分利用其有限的遗传物质。HBV 基因组只有 4 个基因,其中 X 基因是造成肝癌的主要因素;S 基因(surface)编码镶嵌于包膜上的蛋白质;C 基因(capsid)编码构成核壳的蛋白质;P 基因(polymerase)编码聚合酶。S 基因完全重叠于 P 基因中,X 基因与 P 基因以及 C 基因与 P 也有重叠,所有这些可读框(open reading frame,ORF,又称开放阅读框),都在 "–" 链 DNA 上(图 13-8)。

HIV 基因组

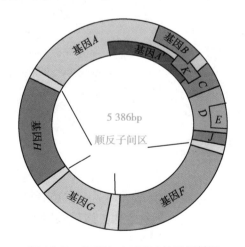

图 13-7　噬菌体 $\Phi X174$ 的重叠基因

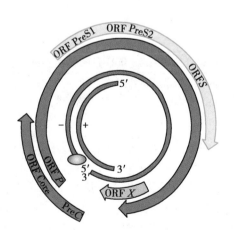

图 13-8　HBV 基因组结构

三、新型冠状病毒基因组

新型冠状病毒(severe acute respiratory syndrome-coronavirus-2,SARS-CoV-2)属于单链非节段RNA病毒,

其 RNA 链的 5′ 末端有帽子结构,3′ 末端具有 poly(A)尾巴,可直接作为 mRNA 指导 RNA 复制酶的合成。SARS-CoV-2 基因组碱基总数为 29.8~29.9kb,有 12 个 ORF,可编码 27 个蛋白质,包括刺突蛋白(S)、包膜蛋白(E)、膜蛋白(M)和核衣壳蛋白(N)四种结构蛋白和多种非结构蛋白(non-structural protein,NSP),但不编码血凝素酯酶(HE 蛋白)。各编码区在基因组中的排列顺序为:5′-UTR-ORF1a-ORF1b-S-ORF3a-E-M-ORF6-ORF7a-ORF7b-ORF8-N-ORF10-UTR-3′,其中 ORF1a/b 约占 SARS-CoV-2 基因组的三分之二,可编码 16 种非结构蛋白,调控序列位于 ORF 之间的间隔区及 5′ 端引导序列之后(图 13-9)。

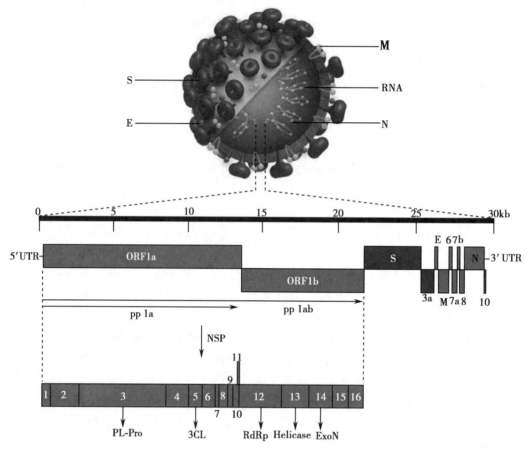

图 13-9　SARS-CoV-2 基因组结构

思考题 13-4:2003 年在我国传播的严重急性呼吸综合征(severe acute respiratory syndrome,SARS)病毒与 2019 年底出现并肆虐全球的 SARS-CoV-2 的基因组有何区别?

第五节　药物基因组学

医生在临床用药过程中发现,一种药物对同一疾病的某些患者很有效,而对另一些患者则疗效甚微。因此,目前临床医生只能根据患者用药情况,及时调整用药,最后找到有效药物。如果医生了解每一位患者对药物的反应,则可以实现个体化给药(图 13-10)。

造成药物对个体效应差异的原因很多,包括患者的年龄、性别、身体状况、生活方式、合用的药物等因素。但人们普遍认为,研究和了解个体的基因特征对开发高效、安全的个性化药物是极其重要的。随着基因组学的深入研究,人们开始从基因方面找原因,药物基因组学便应运而生。

基因组学是阐明整个基因组的结构、功能及基因间相互作用的学科。药物基因组学(pharmacogenomics）是基因组学研究的一个分支,主要研究药物作用靶点基因及药物代谢酶基因的结构与功能,以及这些基因变异所致的药物对机体或机体对药物的不同反应,并在此基础上开发出新药或新的用药方法。药物基因组学是功能基因组学、分子药理学和药代动力学的有机结合。

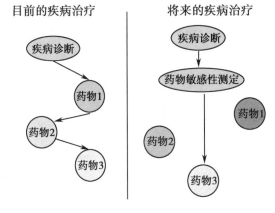

图 13-10　药物治疗模式

一、单核苷酸多态性

单核苷酸多态性（single nucleotide polymorphism,SNP）,主要是指在基因组水平上由单个核苷酸的变异所引起的DNA 序列多态性,它是人类可遗传的变异中最常见的一种,占所有已知多态性的 90% 以上。SNP 在人类基因组中广泛存在,平均每 500~1 000 个碱基对中就有 1 个,估计其

单核苷酸
多态性

总数可达 300 万个甚至更多。理论上讲,SNP 既可能是二等位多态性,也可能是三个或四个等位多态性,但实际上,后两者非常少见,几乎可以忽略。因此,通常所说的 SNP 都是二等位多态性的。这种变异可能是转换（C ⟷ T,A ⟷ G）,也可能是颠换（C ⟷ A,G ⟷ T,C ⟷ G,A ⟷ T）。转换的发生率总是明显高于其他几种变异,具有转换型变异的 SNP 约占 2/3,其他几种变异的发生概率相似,特别是 C ⟷ T 的转换率最高。

近年来,筛查 SNP 在遗传病诊断和药物治疗研究中得到应用。大多数 SNP 位于基因组的非编码区,并且有些位于基因组编码区的 SNP 所致编码序列的改变并不影响翻译后的氨基酸序列,这种 SNP 对个体的表现型是没有影响的。但是有的 SNP 位于基因启动子中,导

患者的 SNP
特征图谱分组

致基因转录活性的上升或下降,造成该蛋白质的表达量上升或下降,进一步影响其生物学活性。有些位于蛋白质编码区的 SNP 可能影响翻译后关键的功能基团的氨基酸序列,从而影响蛋白质的功能,最终导致对特定环境或病因的反应敏感性。目前很多机构都在检测 SNP,建立 SNP 与各种疾病之间的联系,如果得出某些 SNP 图谱与特定疾病、特定地区发病人群乃至个别患者有明显相关性,疾病的诊断和治疗将会更有针对性。根据上述研究结果,医生可将患者按 SNP 特征图谱进行分组,实现疾病的个体化治疗。

二、药物相关基因遗传多态性

药物相关基因遗传多态性表现为药物代谢酶的多态性和药物靶标的多态性等。这些多态性的存在,可能导致许多药物的药效和不良反应存在个体差异。药物基因组学从基因水平研究个体间药效与药代差异的遗传基础,揭示药物效应和安全性与基因之间的关系。例如,细胞色素 P450 3A4（CYP3A4）对药物代谢作用强,但它在肝脏中的表达受该基因上游转录调控区基因序列多态性和转录因子调控。当转录调控区与普通转录因子 TF 结合时,CYP3A4 表达水平一般,药物在体内表现为常见的药时曲线（图 13-11A）。而当 CYP3A4 调控区 DNA 序列发生变异后,转录因子 TF 不能与之结合,则 CYP3A4 表达量很低,药物代谢慢,此时血药浓度高（图 13-11B）。

药物基因组学是药学研究的新领域,它将基因的多态性与药物效应个体多样性紧密联系在一起,通过对药物吸收、分布、代谢和排泄（ADME）等过程相关的候选基因进行研究,用统计学原理分析基因突变与药效的关系。目前,人类已经鉴定了许多与药物作用有关的基因,如细胞色素 P450 基因家族,它们对药物的作用各不相同。药物基因组学利用人类基因组学研究方法和技术,研究不同人群（个体）基因组遗传学差异及其对药物反应的影响,从而实现疾病的个体化治疗。

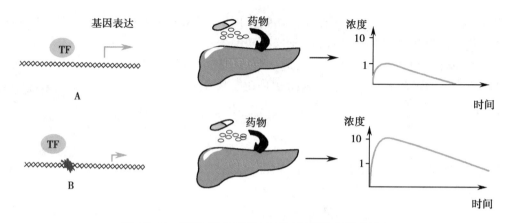

图 13-11 SNP 对 CYP3A4 表达及药物代谢的影响

案例分析:

2017 年一英国人彼得·莱伊被诊断出患有肺癌,医生对其肺部瘤块进行切除,治疗程序中的切除手术很成功,但随后的化疗引起了严重中毒反应。因此,医生不得不暂停其癌症治疗过程,并建议彼得·莱伊入院进行详细诊治。入院后对彼得·莱伊进行了多项检查,各项检测结果均正常,仅二氢嘧啶脱氢酶(dihydropyrimidine dehydrogenase,DPD)活性异常。DPD 是肝脏中表达的可以分解多种常见抗肿瘤药物的代谢酶,可催化二氢尿嘧啶转化为尿嘧啶,而彼得·莱伊使用的正是嘧啶类化疗药物。完全无法表达 DPD 是很少见的,在对白种人的基因分析中约 9% 的人 DPD 表达有缺陷,其中很多是因为 DPD 的调节基因出现突变而引起的,彼得·莱伊先生正是如此。

问题:

1. 彼得·莱伊为什么会出现肺癌化疗药物的中毒现象?
2. 此案例告诉我们在疾病诊断后治疗时还需要重视什么?试给出你的治疗方案。

小 结

基因是具有生物功能的 DNA 片段,它以碱基排列顺序的方式贮存遗传信息,通过编码蛋白质或 RNA 发挥生物学功能。基因组是指一种生物体具有的所有遗传信息的总和。基因图谱要鉴别出基因组中全部基因的位置、结构与功能,包括编码蛋白质的结构基因、各类 RNA 编码基因以及与基因表达调控相关的 DNA 序列等重要信息。真核生物基因组中含有单一序列、中度重复序列和高度重复序列。卫星 DNA 是高度重复序列的特征,具有数量大、分布广和检测快速方便等特点,是一种分子遗传标记,可用作基因定位、连锁分析和血缘关系鉴定。断裂基因内部的非编码序列称为内含子,而编码区序列称为外显子,基因转录生成的 hnRNA 在成熟过程中切去内含子,外显子被拼接成完整的基因编码序列。rRNA、tRNA 和组蛋白等基因属于多基因家族。线粒体 DNA(mitochondrial DNA,mtDNA)是独立于核基因组之外的遗传物质,能自我复制并稳定地传递给子代,且呈现独特的母系遗传规律。

细菌的染色体基因组通常仅由一条环状双链 DNA 分子组成,类核的中央部分由 RNA 和支架蛋白组成,外围是双链闭环的 DNA 超螺旋。细菌细胞中除了染色体 DNA 之外,还存在独立于染色体之外的环状 DNA 分子,被称为质粒。质粒上常带有一些特殊的基因,如抗生素的抗性基因。病毒是一类不具细胞结构但具有遗传、复制等生命特征的微生物,属非细胞型微生物类群,个体微小,结构较简单。病毒只在宿主细胞内具有生命特征,其遗传物质往往为单一类型核酸(DNA 或 RNA,如 HBV 属于 DNA 病毒,而 HIV 属于 RNA 病毒),完整的病毒颗粒则由核酸和蛋白质共同构成。噬菌体是感染细菌、真菌、放线菌或螺旋体等微生物的细菌病毒的总称。

单核苷酸多态性主要是指在基因组水平上由单个核苷酸的变异所引起的 DNA 序列多态性。它是一个物种的个体之间遗传信息差异的一种基本模式。药物基因组学是利用人类基因组学研究方法和技术,研究不同人群(个体)基因组遗传学差异及其对药物反应的影响,以促进新药开发和临床个体化用药的科学。

练习题

1. 基因的概念及结构特点是什么?
2. 简述病毒基因组的结构特点。
3. 简述原核生物基因组的结构特点。
4. 什么是质粒? 可分为哪些类型?
5. 什么是插入序列和转座子? 它们有什么异同?
6. 简述真核生物基因组的结构特点。
7. 人类基因组计划的主要研究任务是什么? 查阅资料了解人类基因组计划的研究进展。
8. 试比较真核细胞、原核细胞、病毒基因组的差异,并分析差异原因。
9. 简述药物基因组学在个体化治疗中的应用,并举例说明。

(赵文锋)

ER1317

第十三章同步练习

第十四章
DNA 生物合成

1953 年，Watson 和 Crick 在前人工作的基础上提出了 DNA 双螺旋结构模型，随后又提出了遗传信息传递的中心法则（central dogma）。随着研究的不断深入，人们发现 DNA 的生物合成除通过 DNA 复制外，还可以通过 RNA 的逆转录方式生物合成 DNA（图 14-1）。

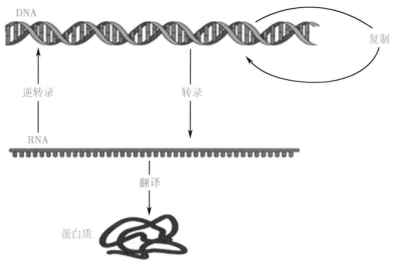

DNA

复制

逆转录   转录

RNA

翻译

蛋白质

图 14-1　遗传中心法则

第一节　DNA 复制的基本特征

一、DNA 的半保留复制

Watson 和 Crick 在提出 DNA 双螺旋结构模型后，提出了 DNA 生物合成的半保留复制假说：首先 DNA 双链分子（亲代）中互补碱基（A＝T 和 G≡C）间的氢键断裂，使双链分离成单链状态，然后每条单链均作为模板指导合成新的互补链，形成两条新的双链 DNA 分子（子一代）。新合成的 DNA 分子是模板亲代 DNA

分子的复制品,每个子一代双链 DNA 分子中的一条单链来自亲代 DNA,另一条单链则是新合成的,这种 DNA 生物合成方式被称为 DNA 半保留复制(semiconservative replication)(图 14-2)。1958 年,Meselson 和 Stahl 通过 ^{15}N 同位素示踪实验证明了 DNA 生物合成的半保留复制机制。

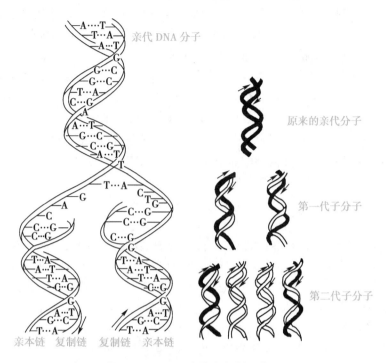

图 14-2　DNA 半保留复制示意图

思考题 14-1:请设计三种以上的实验方法,证明 DNA 的半保留复制。

二、DNA 复制的方式

在复制起点的两条链解离成单链状态,每条单链分别作为模板指导合成其互补链,由双链解离成单链状态的结构区域如同 Y 形,这种结构称为复制叉(replication fork)(图 14-3)。DNA 在复制叉处两条链解开,各自合成其互补链,在电子显微镜下可以看到形如眼的结构。如果 DNA 是环状双链分子,其复制眼形成希腊字母 θ 形结构。

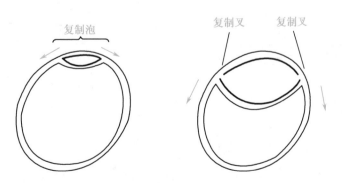

图 14-3　原核生物 DNA 双向复制

DNA 复制的方式有多种类型:双向复制和单向复制;双向复制又有对称的和不对称的。大多数原核生物和真核生物的 DNA 复制都从固定的起点开始,以双向对称方式进行复制,即从复制起点开始,在两个方向各有一个复制叉在进行 DNA 复制,这种方式称为双向对称复制。但有的则是在复制起点首先从一个方向进行复制,而后在复制起点从另一个方向进行复制,两个复制叉移动的距离不同,这种方式称为双向不对称复制。如果从复制起点开始,只形成一个复制叉进行 DNA 复制,这种方式称为单向复制。

真核细胞 DNA 复制的起始:真核细胞 DNA 合成通常在 S 期进行,不同细胞 S 期长短不同,一般占细胞周期的 1/3。细胞要进入 S 期首先必须接受细胞分裂信号,这个信号一般由细胞外的生长因子提供。真核细胞 DNA 多为线性分子,长度相对较长,复制时常有多个起始位点(图 14-4)。

基因组能够独立进行复制的单位(区域)称为复制子(replicon)。每个复制子含有控制复制起始的特定区域称复制起点(replication origin),用 *ori* 或 O 表示;有的还含有控制终止复制的区域称复制终点(replication terminus)。许多生物的复制起点都是富含 A-T 配对的区域,因为 A-T 之间的键能较 G-C 之间的弱,所以富含 A-T 的 DNA 区域经常处于开放(单链状态)与闭合(双链状态)的动态平衡状态——DNA 呼吸作用,这一区域产生的瞬时单链状态,对 DNA 复制的起始十分重要。DNA 的复制是在其起始阶段进行控制,复制子复制一旦启动就连续下去直至整个复制完成。

三、DNA 的半不连续复制

DNA 的两条链均能作为模板指导两条新的互补链合成(复制)。但由于 DNA 分子的两条链是反向平行的,一条链的走向为 5′→3′,另一条链为 3′→5′。而且,目前已知进行复制的 DNA 聚合酶合成方向均为 5′→3′,而没有 3′→5′。因此,在 DNA 同一区域、同一时间是无法同时进行复制的。日本学者冈崎通过实验验证,提出了 DNA 的不连续复制模型。以复制叉向前移动的方向为标准,DNA 的一条模板链走向是 3′→5′ 走向,在该模板链上,新合成的互补链是能够以 5′→3′ 方向连续合成,此合成链称为前导链(leading strand)(图 14-5);在 DNA 相同区域的另一条模板链,其走向是 5′→3′,此时是无法以该模板链指导合成新的互补链,但随着复制叉继续向前移动一定距离后,该模板链在某一位点开始指导合成新的互补链,互补链合成的走向与复制叉的走向相反,随着复制叉不断向前移动,该模板链上形成了许多不连续的 DNA 片段,最后连接成一条完整的互补 DNA 链,该合成链称为后随链(lagging strand)(图 14-5)。

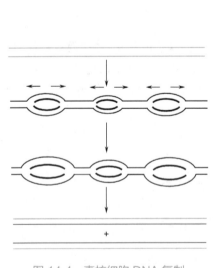

图 14-4 真核细胞 DNA 复制

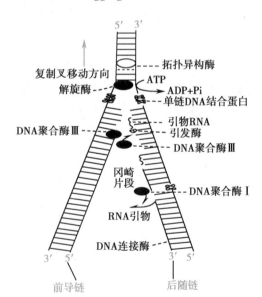

图 14-5 DNA 复制示意图

1968 年,日本科学家冈崎用电子显微镜及放射自显影技术观察到这种不连续复制现象。因此,DNA 复制过程中,新合成的不连续 DNA 片段被命名为冈崎片段(Okazaki fragment)。细菌细胞的冈崎片段长度为 1 000~2 000 个核苷酸,相当于一个顺反子或是基因的大小;真核细胞的冈崎片段长度为 100~200 个核苷酸,相当于一个核小体 DNA 的大小。由此可见,DNA 复制时,一条链(前导链)是连续的,另一条链(后随链)是不连续的,这种模式称为半不连续复制(semidiscontinuous replication)。

第二节　参与 DNA 复制的蛋白质因子

翻转课堂(14-1):

目标:要求学生通过课前自主学习,掌握有关 DNA 复制的理论知识及在药学中的应用。

课前:要求每位学生认真观看本节微课,把握老师课前提出的具体要求。自由组队,每组4~6人,组长负责组织大家开展讨论,并制作 PPT 或视频,用于课堂交流。

课中:老师随机抽取 1~2 组,作全班公开 PPT 演讲;老师提出问题,让学生相互讨论和交流,并随机挑选学生回答,考查学生的学习情况。

课后:学生完成老师布置的作业,并对"拓扑异构酶为药物作用靶点治疗细菌感染和抗肿瘤药物作用的生化机制"问题,开展深入学习和讨论。

在 DNA 复制过程中,需要解旋酶、单链 DNA 结合蛋白、拓扑异构酶、引发酶、DNA 聚合酶和 DNA 连接酶等许多蛋白因子(图 14-5)。

一、DNA 解旋酶与单链 DNA 结合蛋白

DNA 解旋酶(helicase)是将 DNA 双螺旋结构解除。*E. coli* 细胞中 DNA 解旋酶(DnaB 蛋白)在 DNA 复制过程中,通过 ATP 水解释放出的能量,推动复制叉前 DNA 双螺旋结构解开,形成单链结构状态。

单链 DNA 结合蛋白(single-strand DNA-binding protein,SSB)能选择性结合并覆盖在单链 DNA 上,以防止解开的 DNA 单链被酶水解及重新结合成双链。SSB 不仅作用于由解旋酶形成的单链 DNA,也可以作用于 DNA 分子中富含 A-T 区域由于"呼吸作用"形成的单链,每个蛋白质分子可覆盖 32nt。在 DNA 复制过程中,一旦 DNA 双链被解开形成单链状态,SSB 就会立刻结合上去并使其稳定,而且 SSB 这种结合具有协同效应。当 DNA 合成形成双链结构时,SSB 就被替代而脱离 DNA 分子。

二、DNA 聚合酶

DNA 聚合酶(DNA polymerase,DNA pol)是以 4 种脱氧核苷三磷酸(dATP、dGTP、dCTP 和 dTTP)为底物,在 DNA 复制模板的指导下,按照新生多聚脱氧核苷酸链与模板链间的碱基互补原则,催化多聚脱氧核苷酸链的合成(复制)。DNA 聚合酶催化反应的特点:①以 4 种脱氧核苷三磷酸作底物;②反应需要模板的指导;③反应需要有引物且 3′ 端有自由的羟基,也就是说不能直接使两个 dNTP 聚合,而需要一个引物或较短的 DNA 链,并在其 3′ 端进行延伸;④新生 DNA 链的延伸方向为 5′ → 3′;⑤新生 DNA 链与模板链之间遵循碱基互补原则。

(一) 原核生物 DNA 聚合酶

大肠埃希菌细胞中主要含有三种 DNA 聚合酶,分别称为 DNA 聚合酶Ⅰ、Ⅱ和Ⅲ,DNA 聚合酶Ⅲ是 DNA 链延伸中起主要作用的酶。DNA 聚合酶Ⅰ、Ⅱ和Ⅲ的性质见表 14-1。

表 14-1　大肠埃希菌三种 DNA 聚合酶性质的比较

	DNA 聚合酶Ⅰ	DNA 聚合酶Ⅱ	DNA 聚合酶Ⅲ
3′ → 5′ 核酸外切酶	+	+	+
5′ → 3′ 核酸外切酶	+	−	−
聚合速度 /(核苷酸数 /min)	1 000~1 200	2 400	15 000~60 000
功能	切除引物、DNA 修复	DNA 修复	DNA 复制

DNA 聚合酶是一个多功能酶,除催化 DNA 合成的主要功能外,DNA 聚合酶的 3′ → 5′ 核酸外切酶活性对 DNA 复制的高保真性极为重要,如果没有这种活性,DNA 复制的错误将会大大增加。因此,3′ → 5′ 核酸外切酶活性也被认为起着校对的功能,纠正 DNA 聚合过程中的碱基错配。5′ → 3′ 外切酶活性的作用,是聚合酶在模板上移动遇到引物(小片段 RNA)区时,从引物的 5′ → 3′ 方向将其水解掉,同时酶的聚合作用又将该区域补齐。此外,当 DNA 双链的单链出现损伤时,5′ → 3′ 外切酶活性将单链损伤区域从 5′ → 3′ 方向将其水解掉,并利用聚合作用又将该区域补齐。

DNA 聚合酶 I 的二级结构以螺旋为主,只能催化延伸约 20 个核苷酸,说明它不是复制延伸过程中起主要作用的酶。它的主要功能是校对和空隙填补。用特异的蛋白酶可以将 DNA 聚合酶 I 水解为 2 个片段:小片段共 323 个氨基酸残基,有 5′ → 3′ 核酸外切酶活性。大片段共 604 个氨基酸残基,称为 Klenow 片段,具有 DNA 聚合酶活性和 3′ → 5′ 核酸外切酶活性。Klenow 片段是实验室合成 DNA 和分子生物学研究的常用工具酶之一。

原核生物 DNA 聚合酶 III 是由 10 种亚基(α、ε、θ、β、γ、δ、δ′、ψ、χ、τ)组成的聚合体(图 14-6)。其中 2 个核心酶由(αεθ)亚基组成,1 个 γ 复合物由 γ、δ、δ′、ψ、χ、τ 亚基组成,可滑动的 DNA 夹子由 1 对 β 亚基组成。图 14-6 中两侧反向对称的 2 个核心酶正好分别催化前导链和后随链 DNA 合成。两侧的 β 亚基发挥夹稳 DNA 模板链的作用。

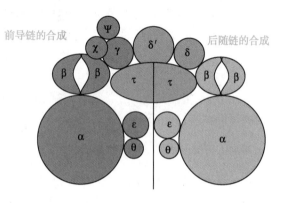

图 14-6　原核生物 DNA 聚合酶 III 的分子结构

(二) 真核生物 DNA 聚合酶

真核生物有五种 DNA 聚合酶,分别以 α、β、γ、δ、ε 来命名。α 和 δ 主要合成细胞核 DNA,相当于大肠埃希菌 DNA 聚合酶 III 的作用,此外,α 还具有合成引物的功能;β 和 ε 主要参与 DNA 的修复;γ 主要参与线粒体 DNA 的复制。真核细胞 DNA 聚合酶的性质见表 14-2。

表 14-2　真核细胞 DNA 聚合酶性质的比较

	DNA 聚合酶 α	DNA 聚合酶 β	DNA 聚合酶 γ	DNA 聚合酶 δ	DNA 聚合酶 ε
细胞定位	细胞核	细胞核	线粒体	细胞核	细胞核
外切酶活性	无	无	3′ → 5′ 外切酶	3′ → 5′ 外切酶	3′ → 5′ 外切酶
引物合成酶活性	有	无	无	无	无
功能	引物合成和核 DNA 合成	修复	线粒体 DNA 合成	核 DNA 合成	修复

Severo Ochoa(左)因发现 RNA 聚合酶与他的学生 Arthur Kornberg(中)因发现 DNA 聚合酶 I,共享 1959 年诺贝尔生理学或医学奖。A.Kornberg 的儿子 R.D.Kornberg(右)因发现 DNA 聚合酶 III 和真核生物转录酶结构研究而获得 2006 年诺贝尔化学奖。其父子获诺贝尔奖成为一段佳话。

三、引发酶与 DNA 连接酶

在 DNA 复制过程中,DNA 聚合酶不能直接启动催化合成 DNA 的新生链,而只是在一个引物的 3′ 端进行 DNA 单链的延伸(复制)。引物是由引发酶(primase)催化形成的,是按照碱基互补的原则,在 DNA 模板链的指导下,催化小片段 RNA 的生成。引物的长度通常为几个核苷酸至十几个核苷酸,DNA 聚合酶Ⅲ可在其 3′ 末端聚合脱氧核糖核苷酸,直至完成冈崎片段的合成。冈崎片段的引物消除以及其缺口的填补,是由 DNA 聚合酶Ⅰ来完成的。

DNA 聚合酶只能在多核苷酸链的 3′ 末端进行延伸反应,而不能通过形成 3′,5′- 磷酸二酯键将两个核苷酸链连接起来。因此,细胞内存在一种 DNA 连接酶,催化双链 DNA 分子中单链切刻处的 5′- 磷酸基和 3′-羟基生成磷酸二酯键,从而将两个单链末端之间连接起来(图 14-7)。如 DNA 复制的后随链合成时,首先合成的冈崎片段,通过 DNA 连接酶将其连接成后随链。在大肠埃希菌和其他细菌 DNA 连接酶,以烟酰胺腺嘌呤二核苷酸(NAD)作为能量来源以推动连接反应;动物细胞和噬菌体的连接酶则以腺苷三磷酸(ATP)作为能量来源。

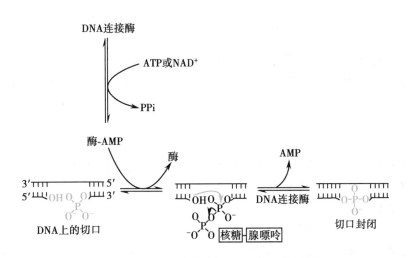

图 14-7　DNA 连接酶与 DNA 切口的封闭

四、拓扑异构酶

DNA 是双螺旋结构,当复制到一定程度时,原有的负超螺旋耗尽,双螺旋的解旋作用使复制叉前方双链进一步扭紧而使下游出现正超螺旋,进一步影响双螺旋的解旋。为了使 DNA 复制能够顺利进行下去,正超螺旋必须解除,拓扑异构酶(topoisomerase)能够使超螺旋松解。拓扑异构酶Ⅰ能切断 DNA 的一条链,解除超螺旋结构。拓扑异构酶Ⅱ,也称促旋酶(gyrase),通过切断 DNA 的两条链,待正超螺结构解除(超螺旋恢复正确旋转程度)后再使两条链重新接上(图 14-8)。此外,DNA 分子中形成的负超螺旋可用于中和正超螺旋。细胞内 DNA 的超螺旋结构状态,取决于拓扑异构酶Ⅰ和Ⅱ的平衡。拓扑异构酶是一类临床药物作用靶点,抗菌药环丙沙星(ciprofloxacin)和萘啶酸(nalidixic acid)对原核生物拓扑异构酶Ⅱ具有选择性抑制作用,用于细菌感染治疗。抗肿瘤药物喜树碱(camptothecin)可抑制人拓扑异构酶Ⅰ,用于肿瘤治疗。

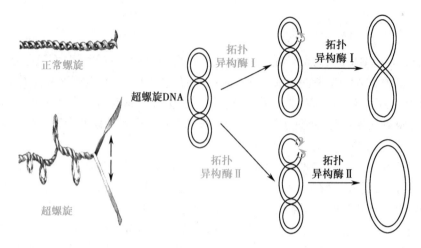

图 14-8　DNA 超螺旋结构与拓扑异构酶

第三节　原核生物 DNA 复制过程

DNA 复制是一个复杂的生物过程,可以分成起始、延伸和终止 3 个阶段。原核生物染色体 DNA 是共价环状闭合的 DNA 分子,下面以大肠埃希菌 DNA 复制为例,学习原核生物 DNA 复制的过程和特点。

一、复制起始

起始是复制中较为复杂的环节,在此过程中,各种酶和蛋白因子在复制起点处装配引发体,形成复制叉并合成 RNA 引物。

(一) DNA 的解链

1. 复制起点　*E.coli* 上有一个固定的复制起点,称为 *oriC*,跨度为 245bp,碱基序列分析发现这段 DNA 上有 3 组由几乎完全相同的 13bp 组成的串联重复序列,该 13bp 保守序列为 5′-GATCTNTTNTTTT-3′,称为富含 AT(AT rich)区,DNA 双链中,AT 间的配对只有 2 个氢键维系,故富含 AT 的部位容易发生解链。另发现这段 DNA 上有 4 组由 9bp 组成的串联重复序列,它们为 DnaA 蛋白质结合位点(图 14-9)。

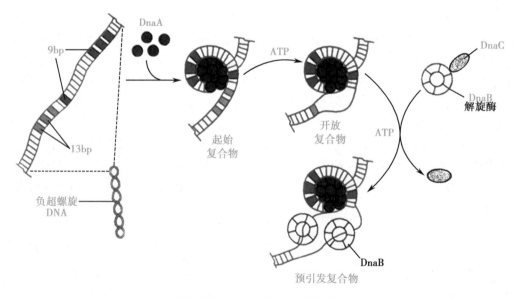

图 14-9　原核生物的复制起始

2. 解链蛋白　DNA 解链需多种蛋白质参与,DNA 的解链过程由 DnaA、DnaB、DnaC 三种蛋白质共同参与完成。DnaA 蛋白是由相同亚基组成的四聚体蛋白质,负责辨认并结合于 *oriC* 的串联重复序列上。然后,几个 DnaA 蛋白互相靠近,形成 DNA 蛋白质复合体结构,促使 AT 区的 DNA 发生解链。DnaB 蛋白(解旋酶)在 DnaC 蛋白的协同下,结合并沿解链方向移动,使双链解开足够用于复制的长度,这些过程均需要 ATP 供能。此时,复制叉已初步形成(图 14-9)。

SSB(单链结合蛋白)此时结合到 DNA 单链上,在一定时间内使复制叉保持适当的长度,有利于核苷酸掺入。

3. 解超螺旋　DNA 双链解链时,其复制叉前方必然会产生超螺旋结构,阻碍 DNA 复制。拓扑异构酶 Ⅱ 通过切断、旋转和再连接的作用,实现 DNA 超螺旋的转型,即把正超螺旋变为负超螺旋。负超螺旋 DNA 比正超螺旋有更好的模板作用。

(二) 引发体形成和引物合成

在 DNA 双链解链基础上,形成含有解旋酶 DnaB、DnaC、引发酶和 DNA 复制起始区域共同构成的复合结构,称为引发体(primosome)。引发体的蛋白质组分在 DNA 链上的移动需由 ATP 供给能量。在适当的位置,引发酶根据模板的碱基序列,从 $5' \rightarrow 3'$ 方向催化 NTP(不是 dNTP)的聚合,生成短链的 RNA 引物,引物长度为十几个至几十个核苷酸不等。

母链 DNA 解成单链后,不会立即按照模板序列将 dNTP 聚合为 DNA 子链。复制起始过程需要先合成引物(primer),引物是由引发酶催化合成的短链 RNA 分子。短链引物 RNA 为 DNA 的合成提供 3′-OH 末端,在 DNA 聚合酶Ⅲ催化下逐一加入 dNTP 而形成子链,此时就可进入 DNA 的复制延伸。

二、复制延伸

在延伸过程中,主要由 DNA 聚合酶Ⅲ催化完成新生成链的合成,同时,在复制叉前方需要拓扑异构酶来解开复制过程中所形成的 DNA 超螺旋结构。DNA 聚合酶Ⅲ催化底物 dNTP 的 α- 磷酸基团与引物或延伸中的子链上 3′-OH 反应,复制沿 $5' \rightarrow 3'$ 方向延伸,前导链沿着 $5' \rightarrow 3'$ 方向连续延伸,后随链沿着 $5' \rightarrow 3'$ 方向呈不连续延伸。在同一个复制叉上,前导链的复制先于后随链,但两链是在同一个 DNA 聚合酶Ⅲ催化下进行延伸的。这是因为后随链的模板 DNA 可以折叠或绕成环状,进而与前导链正在延伸的区域对齐。由于后随链作 360° 的绕转,前导链和后随链的延伸方向和延伸点都处在 DNA 聚合酶Ⅲ核心酶的催化位点上(图 14-10)。解链方向是酶的前进方向,即复制叉向待解开片段伸展的方向。因为复制叉上解开的模板单链走向相反,所以其中一股出现不连续复制的冈崎片段。由于后随链需要周期性地引发,因此,其合成进度与前导链相差一个冈崎片段的距离。

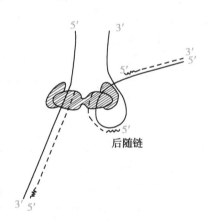

图 14-10　DNA 聚合酶Ⅲ同时催化前导链与后随链的延伸

DNA 复制延伸速度很快,在营养充足、生长条件适宜时,大肠埃希菌 20 分钟即可繁殖一代,*E.coli* 基因组 DNA 全长约 3 000kb,依此计算,每秒钟能掺入的核苷酸达 2 500 个。

DNA 复制过程

三、复制终止

复制的终止过程包括切除引物、填补空缺和连接切口。原核生物基因是环状 DNA,复制是双向复制,从起点开始各进行 180°,同时在终止点上汇合。

由于复制的半不连续性,在后随链上出现许多冈崎片段。每个冈崎片段上的引物是 RNA 而不是 DNA。复制的完成还包括去除 RNA 引物和换成 DNA,最后把 DNA 片段连接成完整的子链。实际上此过程在子链延伸中已陆续进行,不必等到最后的终止才连接(图 14-11)。

引物的水解需靠细胞内的 RNA 酶,水解后留下空隙(gap),或称缺口。空隙的填补由 DNA 聚合酶 I 而不是 DNA 聚合酶Ⅲ催化,从 5′→3′ 用 dNTP 为原料生成相当于引物长度的 DNA 链。dNTP 的掺入要有 3′-OH,在原引物相邻的子链片段提供 3′-OH 继续延伸,即由后复制的片段延伸以填补先复制片段的引物空隙。填补至足够长度后,还是留下相邻的 3′-OH 和 5′-P 的切口(nick),切口由连接酶连接。按照这种方式,所有的冈崎片段在环状 DNA 上连接成完整的 DNA 子链。前导链也有引物水解后的空隙,在环状 DNA 最后复制的 3′-OH 端继续延伸,即可填补该空隙及连接,完成基因组 DNA 的复制过程。

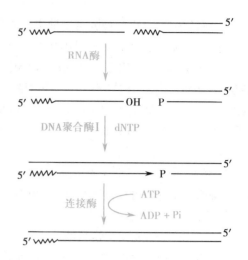

图 14-11　RNA 引物水解和 DNA 片段连接

第四节　真核生物 DNA 复制过程

真核细胞 DNA 复制过程在 S 期进行,其基本原理和过程与大肠埃希菌的基本一致,但在细节上有一些不同。它比大肠埃希菌需要更多的蛋白因子参与,因此也就更加复杂和精确。

一、复制起始

真核细胞核 DNA 为线性分子,长度较长,因此复制时常有多个起始位点(图 14-4)。真核生物复制起点比 E.coli 的 oriC 短。如酵母 DNA 复制起点含 11bp 富含 AT 的核心序列:A(T)TTTATA(G)TTTA(T),称为自主复制序列(autonomous replication sequence,ARS)。每条染色体上复制的起点很多,可形成上千个复制子。复制有时序性,就是复制子以分组方式激活而不是同步启动。转录活性高的 DNA 在 S 期早期就进行复制。高度重复的序列如卫星 DNA、连接染色体双倍体的部位即中心体(centrosome)和线性染色体两端即端粒(telomere)都是 S 期的最后才复制的。

真核细胞 DNA 复制的起始分两步进行,即复制基因的选择和复制起点的激活,这两步分别出现于细胞周期的特定阶段。第一步复制基因的选择出现于 G1 期,在这一阶段,基因组的每个复制基因位点均组装前复制复合物(pre-replicative complex,pre-RC)。而第二步复制起点的激活仅出现于细胞进入 S 期以后,这一阶段将激活 pre-RC,募集若干复制基因结合蛋白和 DNA 聚合酶,并起始 DNA 解旋。复制的起始还需要 DNA 聚合酶 α 和 DNA 聚合酶 δ 参与,前者有引发酶活性而后者有解旋酶活性和催化子链 DNA 合成能力(表 14-2)。此外还需拓扑异构酶和复制因子(replication factor,RF),如 RFA 和 RFC 等。真核生物复制起始也是打开双链形成复制叉,形成引发体和合成 RNA 引物。但具体机制,包括酶及各种辅助蛋白起作用的先后次序,尚未完全明了。

增殖细胞核抗原(proliferation cell nuclear antigen,PCNA)在复制起始和延伸中具有关键作用。PCNA 为同源三聚体,具有与 E.coli DNA 聚合酶Ⅲ的 β 亚基相同的功能和相似的构象,即形成闭合环形的可滑动的 DNA 夹子,在 RFC 的作用下 PCNA 结合于引物 - 模板链,并且 PCNA 使 DNA 聚合酶 δ 获得持续合成的能力。PCNA 尚具有促进核小体生成的作用。PCNA 的蛋白质水平是检验细胞增殖能力的重要指标。

二、复制延伸

真核细胞中,DNA 聚合酶 δ 催化 DNA 复制延伸,DNA 聚合酶 α 则主要催化合成引物。在复制叉及引物生成后,DNA 聚合酶 δ 通过 PCNA 的协同作用,逐步取代 DNA 聚合酶 α,在 RNA 引物的 3′-OH 端连续合成前导链。后随链引物也由 DNA 聚合酶 α 催化合成,然后由 PCNA 协同,DNA 聚合酶 δ 置换 DNA 聚合酶 α 继续合成 DNA 子链。

真核生物是以复制子为单位各自进行复制的,所以引物和后随链的冈崎片段都比原核生物的短。实验证明,真核生物的冈崎片段长度大致与一个核小体(nucleosome)所含 DNA 碱基数(135bp)或其若干倍相等。可见后随链的合成到核小体单位之末时,DNA 聚合酶 δ 会脱落,DNA 聚合酶 α 再引发下游引物合成,真核生物复制子内后随链的起始和延伸是交错进行的复制过程。由于真核生物是双向复制,前导链虽是连续复制,但也只限于半个复制子的长度。

真核生物 DNA 合成速度远比原核生物慢,估算为 50dNTP/s。但真核生物是多复制子复制,总体速度并不慢。真核生物在不同器官组织、不同发育时期和不同生理条件下,复制速度大不相同。

真核生物 DNA 合成后立即组装成核小体,复制叉的移动使核小体破坏,但是复制叉向前移动时,原有组蛋白及新合成的组蛋白结合到复制叉后的 DNA 链上。S 期细胞除合成 DNA 外,也大量、迅速地合成组蛋白,以满足核小体在子链上也迅速形成。

三、复制终止与端粒

染色体 DNA 是线性结构,复制中冈崎片段的连接、复制子之间的连接,都可在线性 DNA 的内部完成。真核生物染色体 DNA 子链两端上 RNA 引物去除后留下空缺,如果不及时填补成双链,那么剩下的DNA 母链为单链,就会被核内脱氧核糖核酸酶(DNA 酶,DNase)酶解,染色体经多次复制会变得越来越短。然而,染色体在正常生理条件下复制,是可以保持其应有长度的。20世纪 80 年代中期发现了染色体 DNA 的端粒,它是真核生物染色体线性 DNA 分子末端的结构。形态学上,染色体 DNA 末端膨大成粒状,这是因为 DNA 和它的结合蛋白紧密结合,像两顶帽子一样盖在染色体两端,因而得名。1997 年人类端粒酶基因被克隆成功并鉴定了该酶由 3 部分组成:约 150nt 的端粒酶 RNA(human telomerase RNA,hTR)、端粒酶协同蛋白 1(human telomerase associated protein 1,hTP1)和端粒酶逆转录酶(human telomerase reverse transcriptase,hTRT)。端粒酶兼有提供 RNA 模板和催化逆转录的功能。端粒酶通过一种称为爬行模型(inchworm model)的机制来维持染色体末端双链 DNA 的完整性(图 14-12)。

人类染色体端粒含有一段重复序列 $(AGGGTT)_n$,n 重复数达 10 至上百次,与之互补的端粒酶 RNA 的重复序列为 $(AACCCU)_n$,端粒酶逆转录酶(hTRT)以端粒酶 RNA 为模板,以逆转录的方式合成 AGGGTT 重复序列,添加到母链 DNA 的 3′ 端,复制一段后,hTR爬行移位至新合成的母链 3′ 端,再以逆转录的方式复制延伸母链。延伸至足够长度后,端粒酶脱离母链,随后 RNA 引发酶以母链为模板合成引物,招募 DNA 聚合酶,以母链为模板,在 DNA 聚合酶催化下填充子链,最后

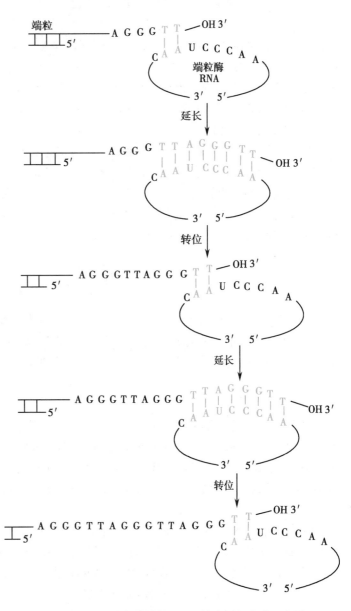

图 14-12 人染色体端粒 DNA 的序列与合成示意图

引物被去除,完成末端双链 DNA 结构。

研究发现端粒酶在快速生长的细胞中高水平表达,端粒和端粒酶在肿瘤细胞的发生和细胞衰老中发挥重要作用。因此,它已成为人类开发抗肿瘤药物和抗衰老药物研究的靶点。

> 2009 年诺贝尔生理学或医学奖授予 Elizabeth Blackburn、Carol Greider 和 Jack Szostak 以表彰他们发现了端粒和端粒酶保护染色体的机制。他们解决了细胞分裂时染色体如何进行完整复制和如何免于退化的生物学重大问题。

> 思考题 14-2:请说明以端粒酶为靶点设计抗肿瘤药物与抗衰老药物的差异。

四、线粒体 DNA 复制

线粒体是真核细胞的重要细胞器,它有自身的基因组 DNA,称为线粒体 DNA(mtDNA)。人类 mtDNA 基因组含有 16 569bp 碱基,已知有 37 个基因,其中 13 个基因是为 ATP 合成有关的蛋白质和酶所编码的。其余 24 个基因转录为 tRNA(22 个)和 rRNA(2 个),参与线粒体蛋白质的生物合成。

线粒体 DNA 的复制由真核生物的 DNA 聚合酶 γ 催化,mtDNA 为闭合环状双链结构。D 环复制(D-loop replication)是线粒体 DNA 的复制形式,因复制中呈字母 D 形状而得名。复制时需合成引物,第一个引物以内环为模板延伸至第二个复制起点时,又合成另一个反向引物,以外环为模板进行反向的延伸。最后完成两个双链环状 DNA 的复制(图 14-13)。

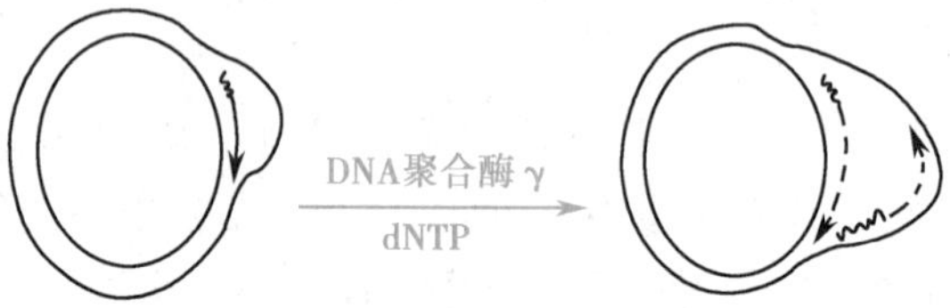

图 14-13 线粒体 DNA 的 D 环复制

D 环复制的特点是复制起点不在双链 DNA 同一位点,内、外环复制有时序差别。mtDNA 指导蛋白质合成时,使用的遗传密码和通用的密码也有一些差别。mtDNA 容易发生突变,损伤后的修复又较困难。mtDNA 的突变与衰老等自然现象有关,也和一些疾病的发生有关。所以 mtDNA 的突变与修复及与疾病和治疗的关系成为近年来医药学研究广受关注的科学问题。

第五节 逆 转 录

逆转录酶和逆转录现象是分子生物学研究中的重大发现,是对传统中心法则的挑战。对逆转录病毒的研究,拓宽了人们对病毒致癌的理论认识,20 世纪 70 年代初,从逆转录病毒中发现了癌基因。至今,癌基因研究仍是病毒学、肿瘤学和分子生物学的重大课题。

一、逆转录原理

某些病毒的遗传物质是 RNA,而不是 DNA,其复制方式是逆转录(reverse transcription),因此也称为逆转录病毒(retrovirus)。逆转录的信息流动方向(RNA → DNA)与转录过程(DNA → RNA)相反,是一种特殊的复制方式。1970 年,H.Temin 和 D.Baltimore 分别从 RNA 病毒中发现能催化以 RNA 为模板合成 DNA 的酶,称为逆转录酶(reverse transcriptase),全称是 RNA 指导的 DNA 聚合酶(RNA-directed DNA polymerase)。

病毒在宿主内的逆转录酶具有 3 种活性:RNA 指导的 DNA 聚合酶活性、DNA 指导的 DNA 聚合酶活性和 RNase H 活性,作用需 Zn^{2+} 为辅助因子,合成反应也按照 5′ → 3′ 延伸的规律进行。病毒从单链 RNA 到双链 DNA 的生成可分为 3 步(图 14-14A):首先是逆转录酶以病毒基因组 RNA 为模板,催化 dNTP 聚合生成 DNA 互补链,产物是 RNA/DNA 杂化双链。然后,杂化双链中的 RNA 被逆转录酶中有核糖核酸酶(RNA酶,RNase)活性的组分水解,或被感染细胞内的 RNase H(H=Hybrid)水解 RNA 链。RNA 水解后剩下的单链 DNA 再用作模板,由逆转录酶催化合成第二条 DNA 互补链。按照这种方式,RNA 病毒在细胞内复制成双链 DNA 的原病毒(provirus)。原病毒保留了 RNA 病毒的全部遗传信息,并可在细胞内独立繁殖。在某些情况下,原病毒基因组通过基因重组(gene recombination),插入到宿主细胞基因内,并随宿主基因一起复制和表达。这种重组方式称为整合(integration)。原病毒独立繁殖或整合,可成为病毒致病的原因。

逆转录酶已经成为一种重要的分子生物学研究工具酶,它被用来将 mRNA 通过逆转录制备单链 cDNA 或双链 cDNA。由于体外试管反应中所使用的逆转录酶仅具有 RNA 指导的 DNA 聚合酶活性,缺少它的另外两种活性。因此,体外合成双链 cDNA 则需要另加 DNA 聚合酶和 S1 核酸酶完成(图 14-14B)。

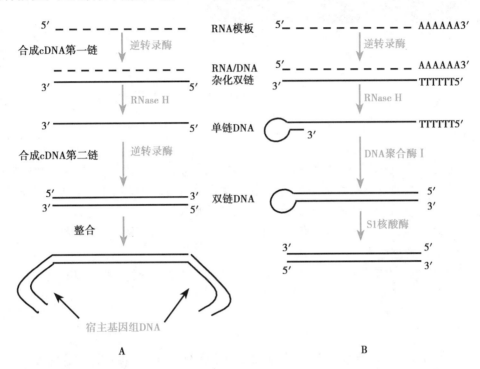

A. 逆转录病毒细胞内复制,病毒的 tRNA 可作为 cDNA 第二链合成的引物;B. 试管内合成 cDNA,单链 cDNA 的 3′ 端能够形成发夹状的结构作为引物,在大肠埃希菌聚合酶 I 作用下,合成 cDNA 的第二链

图 14-14　逆转录与 cDNA 合成

有时在制备第二条链 cDNA 时,还需要在第一条 cDNA 3′ 端添加 oligo(dG),然后再用 oligo(dC)作为引物合成互补链 cDNA,才能形成双链 cDNA。但人们在研究中发现,一些实验仅需要单链 cDNA,可减少实验操作。如在定量 PCR 实验中,以细胞内提取的总 mRNA 作为模板,利用 oligo(dT)作为引物,通过添加逆转录酶、RNase H、dNTP 和 Mg^{2+} 等,在 50℃条件下,反应 10 分钟即可制备单链 cDNA 文库。然后,根据所研究基因的序列,设计特异性引物,以单链 cDNA 作为模板即可检测该基因的表达变化。

二、逆转录的应用

逆转录除了用于上述 cDNA 合成外,逆转录和逆转录酶同样是抗病毒药物研究的有效靶点。获得性免疫缺陷综合征(AIDS)的病原体人类免疫缺陷病毒(HIV)也是 RNA 病毒,有逆转录功能。HIV 的逆转录酶抑制剂 AZT(叠氮胸苷)(图 14-15),又称齐多夫定(ZDV),是美国 FDA 批准的第一个用于治疗 HIV 感染的药物。1964 年,AZT 被合成后,本希望用于抗肿瘤药物,但对小鼠肿瘤治疗无效后放弃。1985 年,人们将其开发为第一个抗 HIV 的有效药物,一直使用至今。在受病毒感染的细胞内齐多夫定被细胞胸苷激酶磷酸化为三磷酸齐多夫定,后者能选择性抑制 HIV 逆转录酶,导致 HIV 的 DNA 链合成受阻,阻止 HIV 在宿主细胞增殖。

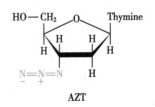

图 14-15　AZT 化学结构式

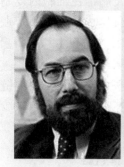

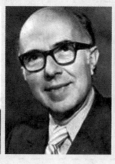

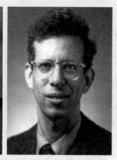

1975年诺贝尔生理学或医学奖由3位美国科学家共享：David Baltimore（左）、Renato Dulbecco（中）、Howard Martin Temin（右）。Baltimore 和 Temin 发现了逆转录酶，证明遗传信息不仅由 DNA 到 RNA，也可以由 RNA 到 DNA；Dulbecco 发现了肿瘤病毒和细胞遗传之间的相互作用。

ER1404

第六节　DNA 损伤与修复

DNA 损伤与修复（微课）

翻转课堂（14-2）：

目标：要求学生通过课前自主学习，掌握有关 DNA 损伤与修复的理论知识及在药学中的应用。

课前：要求每位学生认真观看本节微课，把握老师课前提出的具体要求。自由组队，每组4~6人，组长负责组织大家开展讨论，并制作 PPT 或视频，用于课堂交流。

课中：老师随机抽取1~2组，作全班公开 PPT 演讲；老师提出问题，让学生相互讨论和交流，并随机挑选学生回答，考查学生的学习情况。

课后：学生完成老师布置的作业，并对“核辐射除物理防护外，还要补充碘制剂、糖类物质和蛋白质来预防核辐射”问题，开展深入学习和讨论。

人体内的 DNA 每天都经历着紫外线、自由基和其他致癌剂的损伤。即使没有这些外源因素，细胞内的一些内源性因素也会引起 DNA 损伤，如 DNA 在复制时产生的碱基错配，以及代谢活性物质的攻击等。在长期进化过程中，生物体产生了一种 DNA 损伤的修复系统。2015 年诺贝尔化学奖颁给了林达尔（T.Lindahl）、莫德里奇（P.Modrich）和桑贾尔（A.Sancar），以表彰他们在 DNA 修复的机制研究领域作出的贡献。他们分别阐明了碱基切除修复、错配碱基修复和核苷酸切除修复的分子机制。生物体总是处于 DNA 损伤与修复的动态平衡之中，DNA 损伤修复也涉及 DNA 的生物合成。

ER1405

DNA 损伤修复研究

一、DNA 损伤

DNA 损伤的原因主要有 3 种：复制时的错配、物理因素和化学因素。物理因素主要包括紫外线和各种电离辐射等；化学因素主要包括碱基烷化剂、亚硝酸盐、化学致癌物、氧自由基、抗生素及类似物等。DNA 损伤的对象可以是碱基、糖、磷酸二酯键和糖苷键。DNA 损伤的结果各式各样，如相邻碱基之间形成二聚体，糖苷键断裂造成核苷酸的去嘌呤或去嘧啶，胞嘧啶和腺嘌呤脱氨变成尿嘧啶和次黄嘌呤，碱基烷基化后改变了碱基配对的性质，DNA 嵌入化合物的介入造成核苷酸缺失等。

从化学本质上看，DNA 损伤可以分为点突变（point mutation）、缺失（deletion）、插入（insertion）和重排（rearrangement）4 种类型。

1. 点突变　点突变是 DNA 分子中的碱基置换，复制过程中的错配（mismatch）和化学诱变物质（mutagen）的攻击都有可能引起这种类型的突变。复制过程中错配的发生概率估计低于百万分之一，但由于基因组的总数很大，错配发生的数量仍然是一个不可忽视的数目。在生物机体正常的情况下，DNA 损伤的修复系统状态良好，一般有多数错配得以纠正，点突变发生相对较少。但是，在生物体进入衰老和病态时,DNA 损伤的修复能力降低,错配难以得到纠正,点突变发生的概率随之上升。化学诱变物质能够与 DNA 链上的碱基发生化学反应,直接引起某一碱基的改变。例如,亚硝酸盐可使 DNA 链上的 C 变成 U,使母链上的 C-G 配对,变成了子链上的 U-A 配对,经过再次复制 U-A 配对则进一步变成了 T-A 配对。

2. 缺失和插入　缺失是指一个核苷酸或一段核苷酸链从 DNA 分子上消失,而插入则正好相反,是指一个核苷酸或一段核苷酸链插入到 DNA 分子中间。大片段核苷酸链的缺失和插入能够造成部分遗传信息的丢失或获得,一个或几个单核苷酸的缺失和插入,可影响发生部位的序列。如突变部位发生在可读框则可能影响表达蛋白质的氨基酸序列,尤其插入或缺失不等于 3 的倍数的核苷酸可导致可读框位移,造成大片段氨基酸序列改变,从而彻底改变表达产物的活性。

3. 重排　是指 DNA 分子内发生大片段 DNA 的位移和交换。位移可以看成是一段核苷酸序列在一处的缺失和在另一处的插入,这种插入甚至可以在新位点上颠倒方向。交换则是两段核苷酸序列对应地发生缺失和插入。

二、损伤 DNA 的修复合成

DNA 的损伤一般只作用于 DNA 双链中的一条,两条链同时损伤的机会很少,因此,在修复时,没有受损伤的链可以作为模板来实现修复。常见的 DNA 损伤修复有下列几种。

1. 直接修复　紫外线是损伤 DNA 的重要因素之一,它可使同一条链的邻近胸腺嘧啶形成二聚体,此时有一种光活化的酶可使二聚体分开,恢复原来的形式。这种修复方式广泛存在,并且在植物中可能很重要。碱基烷化也是一种损伤 DNA 的形式。机体对这种损伤的修复是将烷基转移到酶蛋白之上,然后将这种酶蛋白分解,此种酶称为自杀酶。

2. 切除修复　如果损伤(如胸腺嘧啶二聚体)破坏了双螺旋的结构,破坏部分可被切除,然后用另一条链作为模板加以修复。大肠埃希菌有一种特别的核酸内切酶,称为切割核酸酶(excinuclease)或 uvrABC 复合物,能切除损伤部位的两端,然后由 DNA 聚合酶 I 将脱氧核苷酸加到切口 3′ 端以补平切口,最后由连接酶将切口接合(图 14-16)。

3. 丢失碱基和去碱基部位的修复　当脱氨作用使胞嘧啶变成尿嘧啶,腺嘌呤变成次黄嘌呤时,DNA 糖苷酶(DNA glycosidase)可切除不正常的碱基,留下一个无碱基部位。无碱基部位与两端序列一起被核酸内切酶水解切除,然后由 DNA 聚合酶 I 和连接酶将这部分修复。

4. 甲基化指导的不配对修复　在 DNA 合成时,如果有任何不配对的碱基掺入新链,它将会破坏 DNA 的双螺旋结构,这时细胞可利用甲基化指导的系统来进行修复。大肠埃希菌中有一种甲基化酶,它能使模板链的腺苷酸甲基化,而不能使正在合成的新链中的腺苷酸甲基化,这样新链和老链就有所区别。当错配发生时,蛋白质 MutS 可发现错配部位,并与蛋白质 MutL 和 MutH 共同作用,切除无甲基化链上错配部位邻近的一段核苷酸链。然后,由 DNA 聚合酶Ⅲ和连接酶补齐缺口,从而使错配得以修复(图 14-17)。

当 DNA 损伤严重,如发生双链 DNA 同时损伤或双链断裂,由于没有互补链,则需要采用同源重组修复或非同源末端连接的重组修复等复杂的修复方法。

人体 DNA 修复机制不全时,会导致疾病的发生。着色性干皮病(xeroderma pigmentosum)患者缺乏核酸内切酶,细胞内产生的异常胸腺嘧啶二聚体则不能及时被切除,当皮肤受到紫外线照射后,DNA 损伤不能修复,这类患者易患皮肤癌。已发现人类细胞也有相当于大肠埃希菌的 MutS 和 MutL 的蛋白质,此系统可使复制的正确率提高 1 000 倍,减少复制过程中产生的基因突变。人类的老化亦与修复系统的活力下降有着密切的关系。真核细胞 DNA 损伤修复系统在保证基因组的完整性方面起着重要作用。

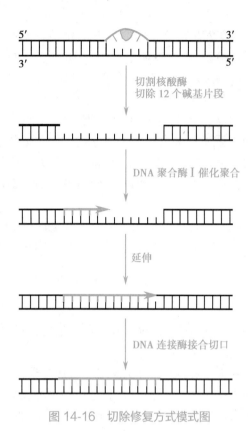

图 14-16　切除修复方式模式图

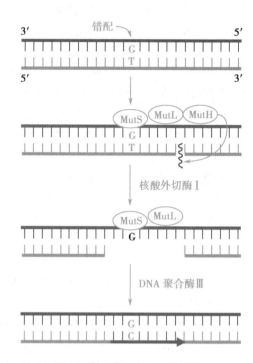

图 14-17　甲基化指导的不配对修复模式图

　　患者，男，52 岁，因右上腹疼痛和梗阻性黄疸就医。PET-CT 图像显示胆囊癌有肝脏侵犯，腹膜后和左锁骨上淋巴结肿大。实验室检查显示肝功能异常，谷丙转氨酶水平为 241U/L，谷草转氨酶水平为 119U/L。总胆红素和直接胆红素的水平分别升高到 80.4μmol/L 和 64.6μmol/L。血清肿瘤生物标志物显示 CA19-9 水平升高到 328U/ml（参考范围为 <39U/ml）。临床采用下一代测序（NGS）方法对肝转移的活检样本进行了分析。检测到胚系 *BRCA1 R1325K* 杂合突变。

　　诊断：胆囊癌。

　　治疗：患者接受了根治性手术，切除胆囊、肝脏 4B 和 5 节、总胆管，并扩大了淋巴结清除范围。对切除的手术标本进行的组织学检查显示无癌边缘。所有切除的淋巴结均为阴性转移。术后患者一直接受奥拉帕利（olaparib）治疗，每天两次，每次 300mg，持续 6 个月，不良反应轻微，肝功能明显改善，谷丙转氨酶和谷草转氨酶分别降至 61U/L 和 40U/L。总胆红素和直接胆红素分别降至 27.4μmol/L 和 10.4μmol/L。黄疸基本消退。随访中，在用药期间患者没有发生肿瘤进展。

　　问题：

　　1. 奥拉帕利治疗肿瘤的分子机制是什么？

　　2. 奥拉帕利常用于联合其他药物治疗乳腺癌，为什么它又可用于治疗胆囊癌？

小　结

　　DNA 半保留复制是 DNA 生物合成的主要方式。DNA 复制过程中，新合成的不连续 DNA 片段被命名为冈崎片段。DNA 复制需要解旋酶、单链 DNA 结合蛋白、拓扑异构酶、引发酶、DNA 聚合酶和 DNA 连接酶等许多蛋白因子参与。DNA 聚合酶是一个多功能酶，DNA 聚合酶的 $3' \rightarrow 5'$ 核酸外切酶活性对 DNA 复制的忠实性极为重要，如果没有这种活性，DNA 复制的错误率将大大增加。DNA 是双螺旋结构，双螺旋的解旋作用使复制叉前方双链进一步扭紧而出现正超螺旋，影响双螺旋的解旋。拓扑异构酶能够使超螺旋松解，并解除超螺旋结构。拓扑异构酶可作为药物靶点，其抑制剂可作为抗菌药物和抗肿瘤药物。DNA复制是一个复杂的生物过程，可以分成起始、延伸和终止 3 个阶段。真核细胞 DNA 复制的基本原则和过程与大肠埃希菌基本一致,只是它比大肠埃希菌需要更多的蛋白因子参与,因此也就更加复杂和精确。

逆转录是 DNA 生物合成的另一种方式,它以 RNA 为模板通过逆转录酶合成 DNA。逆转录酶已经成为一个重要的分子生物学工具酶,它被用来将 mRNA 或细胞中全部 mRNA 通过逆转录制备 cDNA 或 cDNA 文库(cDNA library),用于真核生物基因表达研究。端粒酶含有端粒酶 RNA、端粒酶协同蛋白 1 和端粒酶逆转录酶能解决 DNA 复制过程中端粒的完整性,目前端粒和端粒酶已成为肿瘤治疗研究的重要靶点。DNA 损伤修复系统是生物在长期进化过程中获得的一种保护功能,DNA 损伤修复也涉及 DNA 的生物合成。

练习题

1. 请简述 DNA 复制的基本规律,并用实验加以说明。
2. 试述参与 DNA 复制的一些酶和蛋白质的作用与机制。
3. 请简述原核生物和真核生物 DNA 复制的异同。
4. 试述拓扑异构酶种类、特征和药学研究中的应用。
5. 什么是端粒和端粒酶? 目前以端粒为靶点的药物研究进展有哪些?
6. 简述逆转录过程及生物学意义。
7. 造成 DNA 损伤的因素是什么? 损伤的修复方式有哪几种?

(张玉彬)

第十四章同步练习

第十五章
RNA 生物合成

在基因表达,即遗传信息从 DNA → RNA →蛋白质的传递过程中,RNA 是中心环节。以 DNA 为模板,在 DNA 指导的 RNA 聚合酶(DNA-directed RNA polymerase,DDRP)作用下,生物合成 RNA 的过程称转录(transcription)。自然界中,一些病毒的基因组是单链的 RNA。这类病毒以 RNA 为模板,在 RNA 指导的 RNA 聚合酶(RNA-directed RNA polymerase,RDRP)作用下生物合成 RNA,该过程称为 RNA 复制,RDRP 也称为 RNA 复制酶(RNA replicase)。

第一节　转录的基本特征

转录是基因表达的第一步,它决定了基因表达的速度。因此,转录是基因表达调控的重要步骤。基因的转录是一种选择性的过程,细胞会根据不同生长发育阶段和细胞内外条件的改变,选择不同的基因进行转录和表达,以适应细胞生长的需求。

一、转录的模板

在一个转录区内,DNA 单链作为模板进行转录,这条 DNA 单链称为模板链,也称为反义链或负链;而与这条模板链互补的另一条 DNA 单链(非模板链),称为有义链或正链。这是因为有义链的方向和核苷酸序列都与这一区域转录出来的 RNA 链一致(T 和 U 的区别除外)。该有义链 DNA 序列直接与氨基酸密码子相联系,故又称编码链(图 15-1)。

在转录过程中,细胞内各类 RNA,包括参与翻译过程的 mRNA、rRNA、tRNA,以及具有特殊功能的非编码 RNA(non-coding RNA,ncRNA),都是以双链 DNA 分子中的一条链作为模板链。无论是原核或真核基因双链 DNA 分子中只有一股链可以作模板转录生成 RNA,不同的基因可以采用双链 DNA 分子中不同的单链作为模板链。对于某一基因而言,转录方向决定了该基因采用哪一条链作为模板链。这是因为新合成的 RNA 链总是由 5′ → 3′ 进行,模板链一定是与它处于反平行(3′ → 5′)的那条单链 DNA,RNA 聚合酶沿模板链总是以 3′ → 5′ 方向前进,这一点与 DNA 聚合酶催化新 DNA 链的合成方向相同。

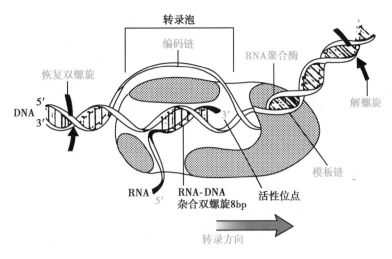

图 15-1　原核 RNA 聚合酶催化的转录过程

RNA 链的合成起始于 DNA 模板的一个特定位点，并在另一位点处终止，此转录区域称为转录单位。一个转录单位在真核生物中是一个基因，在原核生物中也可以有多个基因。转录的起始是由多个功能区域序列组成的启动子（promoter）所调控，而控制转录终止的区域则称为终止子（terminator）。在 RNA 聚合酶的催化下，以碱基配对方式合成出 RNA 链。最初转录的 RNA 产物通常需要经过一系列转录后加工过程才能成为成熟的 RNA 分子。

二、RNA 聚合酶

催化 DNA 转录合成 RNA 的酶为 RNA 聚合酶（RNA polymerase，RNA pol），也称 DNA 指导的 RNA 聚合酶。RNA 聚合酶以 4 种核苷三磷酸（NTP）——ATP、GTP、CTP 和 UTP 为前体或者称原料，反应需要 Mg^{2+}，起始的核苷酸一般为嘌呤核苷三磷酸，而且在转录产物——RNA 的 5′ 末端始终保持这个三磷酸基团。RNA 聚合酶可直接催化两个核苷酸连接形成 3′,5′- 磷酸二酯键，这与 DNA 聚合酶完全不同。RNA 链的生长方向也是从 5′→3′，核苷三磷酸加到新生链的 3′-OH 上，生成磷酸二酯键，同时释放一分子焦磷酸。焦磷酸可进一步分解成无机磷酸，此反应放热，从而使整个反应向聚合方向进行。

（一）原核生物 RNA 聚合酶

大肠埃希菌 RNA 聚合酶负责合成细菌中所有 RNA，由 σ 因子以及核心酶（core enzyme）两部分组成。核心酶由两个 α 亚基、一个 β 亚基和一个 β′ 亚基组成（$\alpha_2\beta\beta'$）。σ 因子与核心酶结合后称为全酶（holoenzyme）。

σ 因子是一种蛋白因子，能识别 DNA 链上的起始点，负责 RNA 合成的起始，故 σ 因子也称起始因子。σ 因子能大大地增加 RNA 聚合酶与 DNA 启动子的结合常数和保留时间，这样使得全酶能迅速找到启动子并与之结合。细胞内有多种 σ 因子，常见 σ^{70}（分子量为 70kD）。不同的 σ 因子识别不同的启动子，从而表达不同的基因。全酶与不同启动子序列间的结合能力不一样，说明了不同基因具有不同的转录效率。

核心酶的 4 个亚基其功能各不相同。β 亚基与核苷三磷酸具有很高的亲和力，参与了与核苷三磷酸和新生 RNA 链的结合以及催化磷酸二酯键的形成（RNA 链的延伸）；β′ 亚基参与了与模板链的结合；α 亚基参与全酶和启动子的牢固结合，而且这一牢固结合需要 DNA 双螺旋的局部解链，此时需要 α 亚基参与。此外，当核心酶沿着模板前移进行 RNA 链的延伸时，需要不断地在前面将双螺旋进行解链，在后面恢复双螺旋，这些作用均需要两个 α 亚基的参与。

利福霉素（rifamycin）是地中海链霉菌产生的抗生素，利福平（rifampicin）是一种半合成的利福霉素的衍生物,对细菌 RNA 聚合酶的 β 亚基能特异性结合,从而阻止细菌 RNA 的生物合成,对结核分枝杆菌有较强的抗菌作用。

(二) 真核生物 RNA 聚合酶

ER1503

尽管第一个 RNA 聚合酶是从哺乳动物细胞中分离出来的,但因真核生物 RNA 聚合酶含量极少,不易纯化。所以,对于真核生物 RNA 聚合酶的了解,远不如对 *E.coli* RNA 聚合酶那样清楚。

α- 鹅膏蕈碱
与毒蘑菇

真核生物具有 3 种不同的 RNA 聚合酶,分别是 RNA 聚合酶 Ⅰ(RNA pol Ⅰ)、RNA 聚合酶 Ⅱ(RNA pol Ⅱ)和 RNA 聚合酶 Ⅲ(RNA pol Ⅲ),3 种 RNA 聚合酶不仅在功能和理化性质上不同,而且对一种毒蘑菇的环八肽毒素 α- 鹅膏蕈碱(α-amanitine)的反应性也不同(表 15-1)。α- 鹅膏蕈碱对真核生物 RNA 聚合酶 Ⅱ 具有较强的抑制作用,从而抑制 mRNA 前体 hnRNA 的合成,每年全世界有 100 多人因误食毒蘑菇而死亡。

表 15-1 真核生物 RNA 聚合酶

种类	RNA pol Ⅰ	RNA pol Ⅱ	RNA pol Ⅲ
转录产物	rRNA 前体 45S rRNA	mRNA 前体 hnRNA、lncRNA、miRNA、snRNA	tRNA、5S rRNA
细胞内定位	核仁	核内	核内
α- 鹅膏蕈碱反应性	耐受	敏感	高浓度下敏感

RNA 聚合酶 Ⅰ 存在于核仁中,其功能是合成 5.8S rRNA、18S rRNA 和 28S rRNA;RNA 聚合酶 Ⅱ 存在于核质中,其功能是合成 mRNA、lncRNA、miRNA 及大部分 snRNA;RNA 聚合酶 Ⅲ 也存在于核质中,其功能是合成 tRNA、5S rRNA 和其他一些小 RNA(如 U6 snRNA、7SL RNA 等)。3 种 RNA 聚合酶均含有 2 个大亚基和 4~10 个小亚基。

此外,在真核生物的线粒体和叶绿体中,也存在由核基因编码的 RNA 聚合酶,它们分子量小,活性也较低,在胞质中合成以后再被运送到相应的细胞器中,负责线粒体和叶绿体的基因转录。

三、启动子

启动子是指 RNA 聚合酶识别、结合和起始转录的一段特定 DNA 序列,位于转录单位 5′ 端上游区。启动子的结构(DNA 序列)影响了它本身与 RNA 聚合酶的亲和力,从而影响该启动子对下游转录基因的转录效率。RNA 聚合酶在实施转录时,还需要一些辅助因子(蛋白质)参与作用,这些蛋白辅助因子称为转录因子。

(一) 原核生物启动子

原核细胞的启动子含 40~60bp,从 mRNA 开始转录的位点(+1)以上,就是启动子序列。启动子区域有 3 个功能部位:起始转录部位转录第一个核苷酸的碱基对(+1)、RNA 聚合酶识别位点(−35)和结合位点(−10),其中后两项为启动子的核心区域(图 15-2)。

(1) Pribnow 框:在转录起点的 −10 左右一段核苷酸序列中,大多为 TATAAT 序列或是稍有不同的变化形式(TATPuAT)这样的六核苷酸序列称为 Pribnow 框,由于在 −10 位点附近,所以又称为 −10 序列,它是 RNA 聚合酶的牢固结合位点(简称结合位点)。在 −10 序列,由于 RNA 聚合酶的诱导作用,使富含 AT 碱基 Pribnow 框内的 DNA 双螺旋首先“溶解”,这个泡状物扩大到 17 个核苷酸左右,与 RNA 聚合酶形成二元开链式启动子复合物,从而使 RNA 聚合酶沿模板链 3′ → 5′ 方向移动而行使其转录功能,合成 RNA。

(2) Sextama 框:启动子的 RNA 聚合酶介入区域的另一个位点,称为 Sextama 框,由于位置在 −35 附近,故又称 −35 序列,各种启动子 −35 序列的较高一致性序列为:TTGACA。RNA 聚合酶依靠其 σ 因子识别该位点,因此,又称 RNA 聚合酶识别位点(图 15-2)。其重要性在于这一位点的核苷酸序列在很大程度上决定了启动子的强度。RNA 聚合酶很容易识别强启动子,而对弱启动子的识别较差,细胞由此调节单位时间内所转录 mRNA 的分子数目,从而控制蛋白质的合成量。

	-35区		-10区		RNA转录起始
trp	TTGACA	N17	TTAACT	N7	A
tRNA^{Tyr}	TTTACA	N16	TATGAT	N7	A
lac	TTTACA	N17	TATGTT	N6	A
*rec*A	TTGATA	N16	TATAAT	N7	A
Ara BAD	CTGACG	N16	TACTGT	N6	A
共有序列	TTGACA		TATAAT		

图 15-2　原核生物启动子的结构

（二）真核生物启动子

真核生物有 3 种 RNA 聚合酶，每一种都有自己的启动子类型。RNA 聚合酶Ⅰ只转录 rRNA，只有一种启动子类型；RNA 聚合酶Ⅱ转录 mRNA，其启动子结构最为复杂；RNA 聚合酶Ⅲ负责转录 tRNA 和 5S rRNA，其启动子位于转录的 DNA 序列之内，故称为下游启动子。本章主要讨论 RNA 聚合酶Ⅱ的启动子和增强子（enhancer）。

真核生物 RNA 聚合酶Ⅱ的启动子是多部位结构，大多数启动子都具备以下 3 个部位。

1. 加帽位点（cap site）　即转录起始位点（+1），其碱基大多为 A（指的是非模板链），两侧各有若干个嘧啶核苷酸。

2. TATA 框　又称 Hogness 框或 Goldberg-Hogness 框，其一致性较高的序列为 TATA（A/T）A（A/T），在 TATA 框的两侧却倾向于富含 GC 碱基对的序列，这也是 TATA 框发挥作用的重要因素之一。TATA 框一般位于 -25 附近，除这一点外，其结构与功能均类似于原核生物的 Pribnow 框，决定了转录起始点的选择，也就是说 RNA 聚合酶Ⅱ与 TATA 框牢固结合之后才能开始转录。

3. CAAT 框　其一致的序列为 GG（C/T）CAATCT，一般位于 -75 附近，虽然名为 CAAT 框，但前两个 G 的重要性并不亚于 CAAT 部分，CAAT 框的功能是控制转录起始的频率。

增强子（enhancer）又称远上游序列（far upstream sequence），一般都在 -100 以上，是指能使和它连锁的基因转录频率明显增加的 DNA 序列。增强子大多为重复序列，一般长约 50bp，适合与某些蛋白因子结合，其内部常有一个核心序列 TGG（A/T）（A/T）（A/T），该序列是产生增强效应所必需的。

ER1504

原核生物的转录过程（微课）

第二节　原核生物的转录过程

翻转课堂（15-1）：

目标：要求学生通过课前自主学习，掌握本节有关原核生物转录过程的理论知识。

课前：要求每位学生都认真阅读本节教材内容。自由组队，每组 4~6 人，组长负责组织大家开展相互讨论，并制作 PPT 或视频，用于课堂交流。

课中：老师随机抽取 1 组，进行全班公开 PPT 演讲，然后老师提出问题，让学生相互讨论和交流，并随机挑选学生回答，考查学生的学习情况。

课后：学生完成老师布置的作业，并对“原核生物与真核生物启动子的异同性”问题，开展深入学习和讨论。

原核生物的转录过程分为转录起始、延伸和终止三个阶段。

一、转录起始

启动转录首先发生在启动子上，RNA 聚合酶识别 DNA 上的特殊序列，经过一系列的协调和作用，RNA 聚合酶打开 DNA 双链并介入需要转录的碱基部位，然后开始合成 RNA。在这一系列过程中，主要是由启动子的 RNA 聚合酶介入区域的碱基序列和 RNA 聚合酶的 σ 因子参与，过程可分 3 步：① RNA 聚合酶通过识别位点并初步结合启动子；②移动定位并牢固结合在结合位点上；③在起始位点上建立一个开链式启动子复合物（图 15-3）。

在转录起始过程中，当 σ 因子发现起始位点时，全酶就与 –35 序列结合（初始结合），形成一个闭链式二元复合物。由于 RNA 聚合酶全酶的分子量很大，其一端可以到达 –10 序列，随着整个酶分子向 –10 序列转移并与之牢固结合后，促使 –10 序列及起始位点处发生局部解链，一般为 12~17bp。此时，全酶与启动子形成了一个开链式二元复合物（图 15-3）。

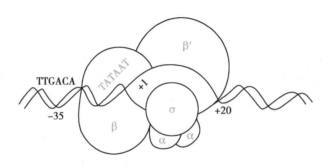

图 15-3　原核生物 RNA 聚合酶全酶与转录起始位点的结合

在开链式二元复合物中，RNA 聚合酶上的起始位点和延伸位点均被相应的核苷酸前体充满，在 β 亚基的催化下形成 RNA 的第一个磷酸二酯键，此时，由 RNA 聚合酶、DNA 模板和新生的 RNA 链所组成的复合物称为三元复合物（ternary complex）。三元复合物形成并有 6~9 个核苷酸被合成后，就变成了稳定的核心酶 -DNA-RNA 三元复合物，σ 因子从全酶解离下来，结果不仅使三元复合物容易在 DNA 链上移动，又使核心酶继续合成 RNA 链而不致中途脱落。

σ 因子存在时，使 β 与 β′ 的构象有利于与 DNA 结合，σ 因子不在时，β 与 β′ 表现为与 DNA 结合不专一，通过酶与 DNA 相互作用的变化，在转录起始后立即从酶分子上释放 σ 因子。因此，转录起始至延伸阶段，也是 σ 因子与 RNA 聚合酶的结合与解离的循环过程。

二、转录延伸

在 RNA 聚合酶上有两个核苷酸位点：一个是起始核苷酸位点；一个是延伸核苷酸位点。只有嘌呤核苷三磷酸充填了起始位点，另外一个核苷三磷酸（可以为任何一种）充填了延伸位点并且均与模板碱基互补，才能合成第一个磷酸二酯键。当 RNA 链起始合成之后，起始位点就充当了 RNA 的 3′ 末端位点，而延伸位点的功能不变。参与成键的碱基必须与模板链对应位点互补才能形成磷酸二酯键，否则就会被排斥出来，这个功能和催化功能一样，都是 β 亚基产生的。

当核心酶按 5′ → 3′ 方向延伸新合成 RNA 链时，与聚合酶结合的部分 DNA 双链需要解链形成单链状态，随着核心酶向前移动，解链的 DNA 区域也随之移动。当双链 DNA 解链释放出模板链时，两条 DNA 单链进入核心酶的不同部位，其中模板链主要与核心酶的 β′ 亚基结合，而 β 亚基主要结合核苷三磷酸，后者被核心酶加到新生 RNA 链的 3′ 末端上，形成长约 12 个核苷酸的 DNA-RNA 杂合体。随着核心酶在模板链上的前移，双链 DNA 不断解链，新生 RNA 的 3′ 端又不断聚合上新的核苷酸并与模板链形成 DNA-RNA 杂合体，与此同时，由于核心酶的前移又不断将 RNA 链挤出 DNA-RNA 杂合体（图 15-4）。

RNA 合成速度为每秒 30~50 个核苷酸。但是，RNA 链的延伸，并不是以恒定速度进行的，有时会降低速度或暂时停顿(延宕),这是延伸阶段的重要特点。当 RNA 聚合酶通过一个富含 GC 对的模板位点,在其下游8~10 个碱基位置,则会出现一次延宕。这种暂时停顿作用,在 RNA 链的终止和释放过程中起重要作用。

三、转录终止

当 RNA 聚合酶启动了基因转录,它就会沿着模板 3′→5′ 方向不停地移动,合成 RNA 链,直到遇到终止信号时才释放新生的 RNA 链,并与模板 DNA 脱离。终止发生时,所有参与形成 RNA-DNA 杂合体的氢键被破坏,模板 DNA 链与编码链重新组合成 DNA 双链。

原核生物 RNA 转录终止信号存在于 RNA 聚合酶已转录过的序列之中,这种提供终止信号的序列称为终止子。终止子可以分为两类:一类是不依赖于蛋白辅助因子而能实现终止作用;另一类是依赖蛋白辅助因子才能实现终止作用,这种蛋白辅助因子称为释放因子,通常又称 ρ 因子。两类终止子在转录终止点之前都有一段特定 DNA 序列。转录出 RNA 后,RNA 产物可以形成特殊的结构来终止转录。

(一) 不依赖于 ρ 因子的转录终止

不依赖于蛋白辅助因子的转录终止,即非依赖 ρ 因子的转录终止。这种转录终止依赖于 RNA 产物 3′端的特殊结构,转录产物的 3′ 端常有多个连续的 U 序列,与之相应的模板链则为连续的 A,A-U 间的作用力相对较小。此外,上游的一段特殊碱基序列又可形成鼓槌状的茎-环或发夹形式的二级结构。当 RNA 聚合酶在这一结构内暂时停顿时,由于茎-环结构后的 poly(U) 与模板 DNA 上的 poly(A) 相互作用力较弱,新生的 RNA 链就容易从模板上掉下来,形成了不依赖于 ρ 因子的转录终止(图 15-5)。

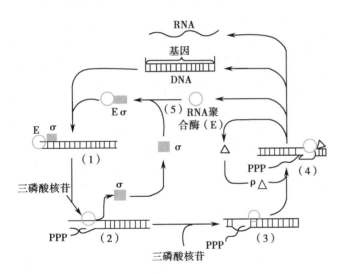

图 15-4　原核生物转录过程示意图

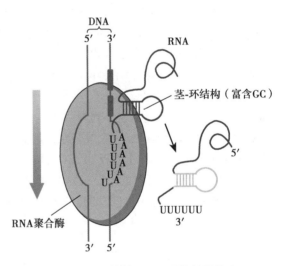

图 15-5　不依赖于 ρ 因子的转录终止

RNA 链延伸至接近终止区时,转录出的碱基序列随即形成茎-环结构。这种二级结构是阻止转录继续向下推进的关键。其机制可从两方面理解:一是 RNA 分子形成的茎-环结构可能改变 RNA 聚合酶的构象。注意 RNA 聚合酶的分子量大,它不但覆盖转录延伸区,也覆盖部分 3′ 端新合成的 RNA 链,包括 RNA 的茎-环结构。酶的构象改变导致酶-模板结合方式的改变,使酶不再向下游移动,于是转录停止。其二,转录复合物(酶-DNA-RNA)上形成的局部 RNA-DNA 杂化短链的碱基配对是最不稳定的,随着单链 DNA 复原为双链,转录泡关闭,转录终止。RNA 链上的 poly(U) 也是促使 RNA 链从模板上脱落的重要因素。

(二) 依赖 ρ 因子的转录终止

蛋白质 ρ 因子是由相同亚基(亚基分子量为 46kD)组成的六聚体蛋白,具有解旋酶活性。ρ 因子能结合 RNA,且以对 poly(C) 的结合力最强,但对 poly(dC/dG) 组成的 DNA 的结合力则很低。在依赖 ρ 因子终止的转录中,产物 RNA 的 3′ 端会依照 DNA 模板,产生富含 C 碱基的 RNA 序列。ρ 因子能识别并结合这一终止信号,结合这一段 RNA 后的 ρ 因子和 RNA 聚合酶都可发生构象变化,从而使 RNA 聚合酶的移动停顿,ρ 因子的解旋酶活性使 DNA-RNA 杂化双链拆离,RNA 产物从转录复合体上释放,使转录终止(图 15-6)。

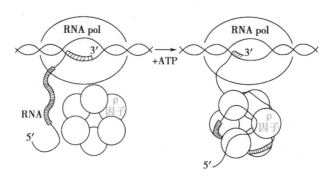

图 15-6　依赖 ρ 因子的转录终止

第三节　真核生物的转录过程

真核生物的转录过程可分为起始、延伸和终止三个阶段。

一、转录起始

转录起始是基因整个转录过程的关键性步骤。真核生物转录起始也需要 RNA 聚合酶对起始点上游 DNA 序列进行辨认和结合。转录起始时，真核生物的 RNA 聚合酶不直接识别和结合模板的起始区，而是依靠转录因子识别并结合起始序列，形成转录起始前复合体(preinitiation complex，PIC)。真核生物起始前复合体的装配过程比原核生物更复杂，需要多种转录因子(transcription factor，TF)与顺式作用元件相互结合，同时转录因子之间也有相互作用。转录因子是指能直接或间接识别和结合启动子或其他上游调节序列，并对转录发挥调控作用的蛋白质分子。其中直接或间接帮助 RNA 聚合酶与启动子结合，形成转录起始前复合体的转录因子，被称为通用转录因子(general transcription factor)或基本转录因子(basal transcription factor)。这些基本转录因子在真核生物的进化中高度保守。真核生物中不同的 RNA 聚合酶需要不同的基本转录因子配合完成转录的起始和延伸。与 RNA pol Ⅰ、Ⅱ、Ⅲ三种转录酶(表 15-1)相对应的转录因子，分别称为 TF Ⅰ、TF Ⅱ、TF Ⅲ。除个别的基本转录因子如 TF Ⅱ D 是通用的外，大多数 TF 都是不同 RNA 聚合酶所特有的。转录 mRNA 的转录因子 TF Ⅱ有多种，如 TF Ⅱ A、B、D、E、F、H 等，它们在真核生物 mRNA 转录起始中的功能，如表 15-2 所示。

表 15-2　参与 RNA pol Ⅱ转录的 TF Ⅱ的功能

转录因子	功能
TF Ⅱ D	TBP 亚基结合 TATA 框
TF Ⅱ A	辅助 TBP-DNA 结合
TF Ⅱ B	稳定 TF Ⅱ D-DNA 复合物，结合 RNA pol
TF Ⅱ E	解旋酶，结合 TF Ⅱ H
TF Ⅱ F	促进 RNA pol Ⅱ结合及作为其他因子结合的桥梁
TF Ⅱ H	解旋酶，作为蛋白激酶催化 CTD 磷酸化

表 15-2 中所列的转录因子 TF Ⅱ D 不是一种单一蛋白质，它是由 TATA 结合蛋白质(TATA-binding protein，TBP)和 16 个 TBP 结合因子(TBP-associated factor，TAF)共同组成的复合物。TBP 结合一个 10bp 长的 DNA 片段，刚好覆盖 TATA 框，而含有 TAF 的 TF Ⅱ D 则可覆盖一个 35bp 或者更长的区域。TF Ⅱ H 具有解旋酶活性，能使转录起点附近的 DNA 双螺旋解开，使闭合转录复合体成为开放转录复合体，启动转录。TF Ⅱ H 还具有激酶活性，它的一个亚基能使 RNA pol Ⅱ的羧基末端结构域(carboxyl-terminal domain，CTD)磷酸

化,使开放复合体的构象发生改变,启动转录。mRNA 的转录必须先由一系列通用转录因子 TF Ⅱ与 DNA 模板形成复合物,再引导 RNA pol Ⅱ与转录起始点结合,最终形成转录起始前复合体,RNA pol Ⅱ开始转录 (图 15-7)。

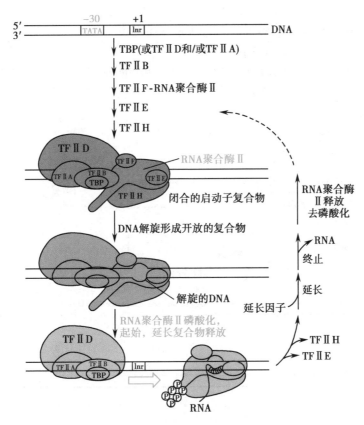

图 15-7　真核生物 mRNA 转录起始过程

　　RNA pol Ⅱ由 12 个亚基组成,其最大亚基的羧基端有一段 Tyr-Ser-Pro-Thr-Ser-Pro-Ser 的 7 个氨基酸残基共有重复序列,称为羧基末端结构域。所有真核生物的 RNA pol Ⅱ都具有 CTD,只是其中的 7 个氨基酸残基共有序列的重复程度不同。酵母 RNA pol Ⅱ的 CTD 有 27 个共有重复序列,其中 18 个与上述 7 个氨基酸残基共有序列完全一致;哺乳类动物 RNA pol Ⅱ的 CTD 有 52 个共有重复序列,其中 21 个与上述 7 个氨基酸残基共有序列完全一致。CTD 对于维持细胞的活性是必需的。体内外实验均证明,CTD 的可逆磷酸化在真核生物转录起始和延伸阶段发挥重要作用。去磷酸化的 CTD 在转录起始复合物形成中发挥作用,但当 RNA pol Ⅱ完成转录启动,离开启动子开始转录时,CTD 的许多 Ser 和一些 Tyr 残基必须被磷酸化才有催化酶的活性。因此,只有 RNA pol Ⅱ的 CTD 被磷酸化后,才能催化 RNA 链的延伸。

　　值得注意的是,除了上述基本转录因子外,真核基因的转录起始还有其他转录因子的参与,如与启动子上游元件如 GC 框、CAAT 框等顺式作用元件结合的上游因子(upstream factor),与远隔调控序列如增强子等结合的反式作用因子,以及在某些特殊生理或病理情况下被诱导产生的可诱导因子(inducible factor)的参与。这些转录因子的作用对于基因表达的调控至关重要(详见第十七章)。

　　思考题 15-2:RNA 聚合酶在延伸过程中需要 SSB 蛋白、解链酶和拓扑异构酶吗?

二、转录延伸

　　真核生物转录延伸过程与原核生物大体上相似,但有其特殊性。首先,真核生物基因组 DNA 在双螺旋结构的基础上与多种组蛋白形成核小体高级结构。RNA 聚合酶的前移时会遇上核小体,原来绕在组蛋白上的 DNA 解聚及弯曲,当一个区段转录完毕后核小体移位。实验结果推测转录延伸中核小体可能发生解聚和重新装配。其次,真核生物因有核膜,所以转录与翻译不能同步进行。

三、转录终止

真核生物的转录终止是和转录后修饰密切相关的。真核生物 mRNA 所特有的 3′ 端多聚腺苷酸 poly(A) 结构是在转录后才加上的,研究发现 RNA pol Ⅱ 所催化的 hnRNA 的转录终止是与 poly(A)尾的形成同时发生的。mRNA 转录终止区所对应的 DNA 序列,常有一组共同序列 AATAAA,其下游还有相当多的 GT 序列。这些序列构成了 hnRNA 的转录终止信号,被称为修饰点(图 15-8)。

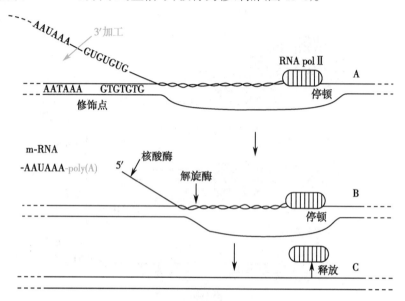

图 15-8　真核生物转录终止及加尾修饰

RNA pol Ⅱ 所催化的转录会越过这一修饰点并将其转录下来,hnRNA 产物中与修饰点所对应的序列会被特异的核酸酶识别并切断,随即在 mRNA 的 3′-OH 上,由 poly(A)聚合酶催化加入 poly(A)尾结构。断裂后的下游 RNA 虽继续转录,但很快被 RNA 酶降解。因此有理由相信,poly(A)尾结构可保护 RNA 免受降解,而修饰点以后的转录产物无 poly(A)尾结构,很快被降解。

RNA 聚合酶缺乏具有校对功能的 3′ → 5′ 核酸外切酶活性,因此转录发生的错误率比复制发生的错误率高,为十万分之一到万分之一。因为对大多数基因而言,一个基因可以转录产生许多 RNA 拷贝,而且 RNA 最终是要被降解和替代的,所以转录产生错误 RNA 对细胞的影响远比复制产生错误 DNA 对细胞的影响小。

第四节　转录后 RNA 的加工

RNA 转录后
加工(微课)

一、原核生物转录后 RNA 加工

对于原核细胞来说,多数 mRNA 在 3′ 端还没有被完全转录之前,核糖体就已经结合到 5′ 端开始翻译,所以,原核细胞的 mRNA 通常没有转录后的加工过程。

(一) 原核 tRNA 加工

原核生物 tRNA 基因大多成簇存在,或与其他 RNA 基因组成混合转录单位。tRNA 的序列是高度保守的,各种 tRNA 都是三叶草形结构。这种保守性不仅反映了它们结合并携带氨基酸这种功能上的共性,而且很重要的方面是反映了它们转录加工方面的共性。原核生物 tRNA 前体的加工成熟包括:①剪切(cleavage),由核酸内切酶在 tRNA5′ 端和 3′ 端切断;其中核糖核酸酶 P 负责 5′ 端剪切,产生成熟的 5′ 端,而核糖核酸内切酶在 3′ 端剪切后,3′ 端还会留下多余的核苷酸。②修剪(trimming),3′ 端多余的核苷酸进一步被核酸外切酶从 3′ → 5′ 逐个切除。③在 tRNA3′ 端加上 CCA,细菌绝大多数 tRNA 基因已自带了 CCA 序列,不需要后加工时再添加 CCA;少数 tRNA 的基因先天缺乏 CCA 序列,还需要在 3′ 端添加 CCA。④核苷的修饰,tRNA 的修饰作用主要是碱基的修饰,如碱基的甲基化、脱氨和还原等(图 15-9)。

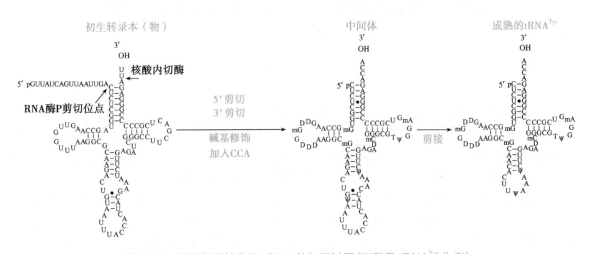

图 15-9　原核和真核生物 tRNA 的加工过程(以酵母 tRNA^{Tyr} 为例)

(二) 原核 rRNA 加工

原核细胞的 rRNA 必须经历剪切和修饰的加工过程。剪切由特定的 RNA 酶催化,将初级转录物剪成 16S、23S 和 5S 三个片段。修饰的主要形式是核糖 2′-OH 的甲基化。在原核生物中,rRNA 基因与某些 tRNA 混合操纵子在形成多顺反子转录物后,经断链成为 rRNA 和 tRNA 的前体,然后分别进一步加工修饰而成熟(图 15-10,其中 1、2 和 3 分别代表 RNase Ⅲ、Rnase P、Rnase E)。

二、真核转录后 RNA 加工

真核基因转录的直接产物初级转录物(primary transcript),必须经过转录后加工(post-transcriptional processing),才会转变为有功能的 RNA,即成熟 RNA 分子。一系列的加工修饰包括 RNA 链的裂解、5′ 端与 3′ 端的切除和特殊结构的形成、剪接(splicing)以及碱基修饰和糖苷键改变等的过程。

(一) 真核 mRNA 加工

真核生物由于存在细胞核结构,转录与翻译在时间和空间上都被分隔开来。真核生物的大多数基因都被间插序列即内含子所分隔而成为断裂基因。内含子是真核细胞基因中的非编码序列,而外显子是指真核细胞基因中的编码序列。转录后需通过剪接反应去除非编码区(内含子)使编码区(外显子)成为连续序列。另外,在真核生物中基因表达后可以通过不同的加工方式,表达出不同的信息。

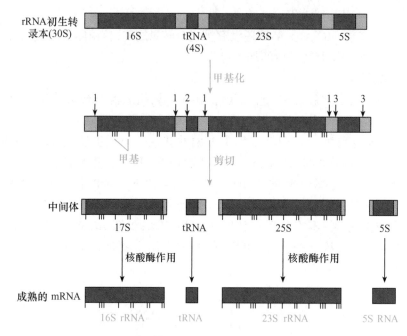

图 15-10　原核 rRNA 的加工

mRNA 的原始转录物是分子量极大的前体,在核内加工过程中形成分子大小不等的中间物,被称为核不均一 RNA(hnRNA),其中有一小部分可转变成胞质中的成熟 mRNA。mRNA 前体的加工修饰极为复杂,由 hnRNA 转变成 mRNA 的加工修饰过程包括:① 5′ 端形成特殊的帽子结构;②在链的 3′ 端切断一段序列并加上多聚腺苷酸 poly(A)尾巴;③通过剪接除去由内含子转录来的序列。

1. 5′ 端加帽　真核生物 mRNA 的转录也是以嘌呤(pppA 或 pppG)作为起始位点的,但成熟 mRNA 的 5′ 末端,是一个以 5′,5′- 三磷酸酯键相连的二核苷酸,末端第一个核苷酸为 N^7- 甲基鸟苷酸(m^7GpppX)或其衍生物,这种结构就是帽子(图 15-11A)。mRNA 的 5′ 帽子结构是由一系列的酶促反应生成(图 15-11B)。

2. 3′ 末端多聚腺苷酸化　大多数真核 mRNA 都具有 3′ 末端的多聚腺苷酸尾巴,用 poly(A)表示,长度为 20~200pb。多聚腺苷酸尾巴是转录后 hnRNA 通过酶切反应和多聚腺苷酸化反应逐个加上的。首先细胞核内特异性酶能够识别加尾信号序列 AAUAAA,并在此序列下游 10~30 个核苷酸附近切割,切割点在 AAUAAA 序列和富含 GU 的序列之间。然后由 poly A 聚合酶催化,以 ATP 为前体,逐个添加到 mRNA 的 3′ 末端,其反应如下。

$$\text{mRNA-X-OH} + n\text{ATP} \xrightarrow{\text{Mg}^{2+} \text{ 或 Mn}^{2+}} \text{mRNA-X-(A)}n\text{-OH} + n\text{PPi}$$

真核细胞基因的末端会指导合成一段 AAUAAA 顺序,RNA 聚合酶合成这段顺序后再前进一定距离即停止前进,然后细胞核内发生上述的 3′-poly(A)加尾过程。

3. 剪接　hnRNA 的分子量比成熟的 mRNA 大几倍,原因是 hnRNA 中含有大量内含子序列,hnRNA 必须经过转录后加工除去内含子。mRNA 的前体(pre-mRNA)经过剪接体(spliceosome)加工处理,去除内含子,并将相邻外显子连接起来,形成有功能 mRNA(成熟 mRNA),这一过程称为 RNA 剪接(RNA splicing)。剪接的关键反应是转酯基作用(transesterification)。hnRNA 通过两次磷酸酯转移反应使前后两个外显子以 5′,3′- 磷酸二酯键相连,而被切除的内含子呈套索状(图 15-12)。

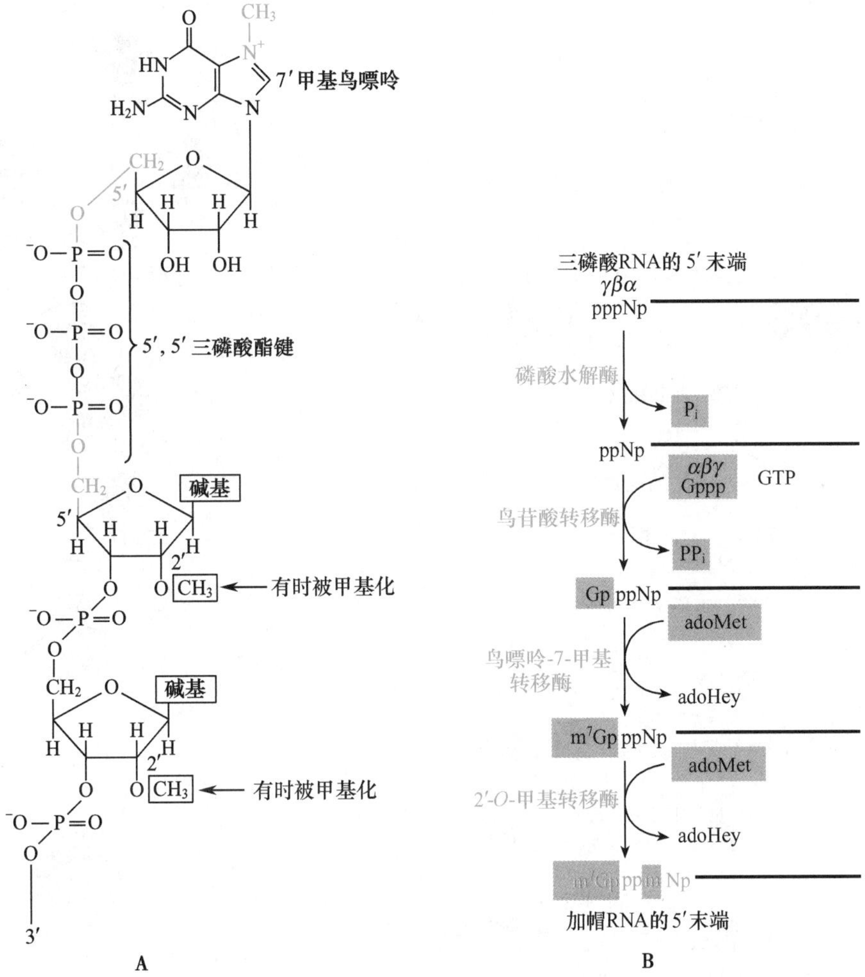

7′甲基鸟嘌呤

5′, 5′三磷酸酯键

碱基

有时被甲基化

碱基

有时被甲基化

A

三磷酸RNA的 5′ 末端
$\gamma\beta\alpha$
pppNp

磷酸水解酶 → P_i

ppNp
$\alpha\beta\gamma$
Gppp　GTP

鸟苷酸转移酶 → PP_i

Gp ppNp

adoMet

鸟嘌呤-7-甲基
转移酶 → adoHey

m^7Gp ppNp

adoMet

2′-O-甲基转移酶 → adoHey

m^7Gpppp Np
加帽RNA的 5′ 末端

B

图 15-11　mRNA 的 5′ 加帽过程

　　这些反应在剪接体内进行,剪接体由 5 种核内小 RNA(snRNA:U1、U2、U4、U5、U6)和大约 50 种蛋白因子组成,snRNA 长度为 100~200 个核苷酸,富含尿嘧啶(U)。它们在内含子和外显子交界处组装成复杂的剪接体促进剪接反应的有序进行,剪接体的装配需要 ATP 供能(图 15-13)。

ER1506

RNA 剪接图

　　真核生物转录后加工过程(加帽、剪接和加尾)实际上一个连续过程,转录与加工同时进行(图 15-14)。

　　此外,有一些基因的初级转录物会通过不同的剪接方式,产生不同的 mRNA,最终翻译成不同的蛋白质,这种现象称为可变剪接(alternative splicing),或称为选择性剪接。大鼠降钙素(calcitonin)与降钙素基因相关肽(CGRP)就是经典的基因转录后可变剪接的产物。它们具有相同的基因,该基因含有 6 个外显子,初始转录物 hnRNA 在甲状腺中被剪接产生含有外显子 1、2、3、4 的成熟 mRNA,并被翻译成降钙素,而在脑组织则被剪接为含有外显子 1、2、3、5、6 的成熟 mRNA,从而翻译为 CGRP,如图 15-15 所示。

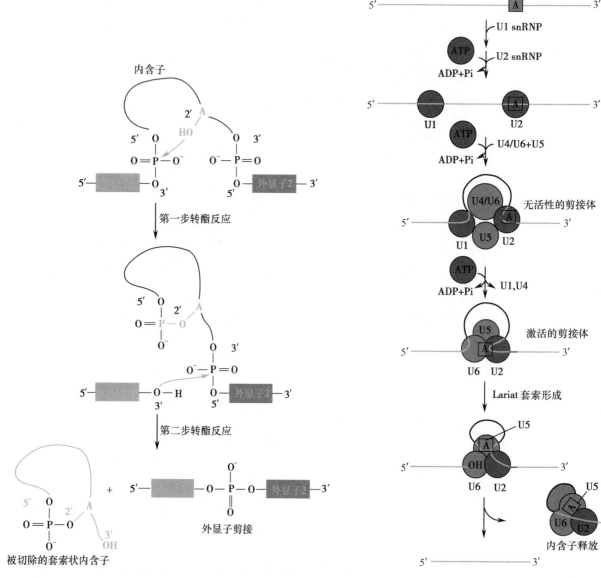

图 15-12　真核生物内含子剪接机制

图 15-13　剪接体的装配过程

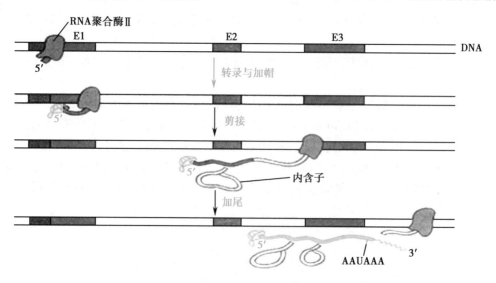

图 15-14　基因转录及加工过程

（E1、E2、E3 表示外显子）

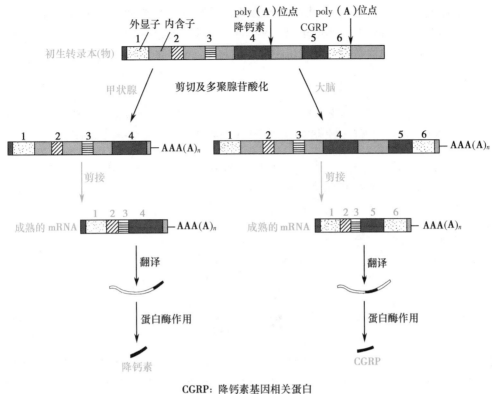

图 15-15　大鼠降钙素基因的可变剪接

（二）真核 tRNA 和 rRNA 加工

真核生物 tRNA 前体 5′ 端和 3′ 端含有多余的核苷酸序列，某些还含有小的内含子，同时真核生物 tRNA 前体的 3′ 端不含有 CCA 序列。因此，真核生物 tRNA 前体的转录后加工方式包括剪切、修剪、碱基修饰、添加 CCA 和剪接。其中剪切、修剪和碱基修饰与原核生物类似，在真核生物中，也是由核糖核酸酶 P 负责 5′ 端剪切，产生成熟的 5′ 端，但大部分真核生物 tRNA 产生成熟 3′ 端只需要核酸内切酶的剪切作用（图 15-9）。

真核生物的 rRNA 基因含有上百个拷贝，成簇排列在细胞核中。RNA 聚合酶 I 首先转录合成 45S 的 rRNA 前体，经过加工，才产生成熟的 18S、28S、5.8S rRNA。跟原核生物类似，真核 rRNA 的转录后加工包括剪切、修剪和核苷酸的修饰。某些真核生物的 rRNA 前体还有内含子，需要剪接去除内含子。核苷酸的修饰包括甲基化修饰，尿嘧啶还原为二氢尿嘧啶，尿嘧啶核苷的嘧啶环位移变成假尿嘧啶等。其中甲基化修饰大部分在核糖的 2′-OH 上进行，甲基化的碱基占少数。核苷酸被修饰的同时或修饰完成后，rRNA 前体在特定的核酸内切酶和外切酶催化下进行剪切和修剪。与原核生物不同的是，核仁小 RNA（snoRNA）在真核生物 rRNA 前体的剪切和修饰过程中发挥重要作用，而且 snoRNA 需要和特定的蛋白质组装成 snoRNP（small nucleolar ribonucleoprotein）才能起作用。

真核细胞内的线粒体和叶绿体 rRNA 基因的排列方式和转录后加工修饰过程与原核生物的 rRNA 基因结构和转录后加工类似。

基因表达（gene expression）是指基因通过转录和翻译而产生其蛋白质产物，或转录后直接产生其 RNA 产物（如 tRNA、rRNA 等）的过程。在不同时期和不同条件下，基因表达的开或关以及基因表达速率均受到调节和控制，称为基因表达调控。调控可以发生在基因表达的任何阶段，包括 DNA 转录、转录后加工和翻译等阶段,其中转录水平调控是基因表达调控最有效和最经济的模式,相关内容见第十七章。转录物组(transcriptome)是指细胞、组织或生物体内全部 RNA 的集合体。转录组学(transcriptomics)则是对转录水平上发生的事件及其相互作用关系进行整体研究的一门科学。

案例分析：

患者,男,25 岁,因咳嗽、咳痰和午后潮热伴夜间盗汗 1 个月有余就医。胸片检查:左上肺可见斑片状阴影,边缘不清,密度不均。实验室检查:红细胞沉降率 14mm/h(参考值 0~12mm/h),痰涂片查找结核分枝杆菌阳性,肝功能正常。

诊断:原发性肺结核。

治疗:利福平 + 异烟肼 + 乙胺丁醇三联治疗,疗效显著。第 140 天胸片检查结果显示左上肺阴影明显缩小,胸腔积液吸收。继续按原方案治疗半年后病灶稳定。

问题:

1. 利福平治疗结核的作用机制是什么?

2. 为什么对结核分枝杆菌的治疗需要联合用药? 联合用药有什么优点?

3. 异烟肼对部分患者有明显的肝脏毒副作用,如何防治异烟肼诱发的肝损伤?

小　结

基因转录合成 RNA 是一种选择性的过程,它决定了基因是否被转录及转录的速度。转录是基因表达调控的重要步骤。转录的起始由多个功能区域序列组成的启动子所调控,而控制转录终止的区域则称为终止子。大肠埃希菌 RNA 聚合酶由 σ 因子以及核心酶两部分组成。σ 因子能识别 DNA 链上的起始位点,负责 RNA 合成的起始,故 σ 因子也称起始因子。核心酶负责 RNA 链的生物合成。真核细胞中有 3 种 RNA 聚合酶——RNA 聚合酶 Ⅰ、Ⅱ和Ⅲ。转录过程主要分起始、延伸与终止 3 个阶段。真核基因转录的直接产物必须经过转录后加工才会转变为有功能的 RNA,即成熟 RNA 分子,真核 mRNA 的成熟包括 5'-m^{7}Gppp- 加帽、3'-poly(A)加尾和内含子剪接。一些病毒的基因组是单链的 RNA。RNA 复制酶是以正链 RNA 为模板合成与之互补的 RNA,称为负链 RNA。该酶又称 RNA 指导的 RNA 聚合酶(RDRP)。

练习题

1. 简述原核细胞 RNA 转录过程和参与转录的酶与蛋白质的功能。

2. 简述真核生物启动子结构特征及转录中作用。

3. 简述真核生物 mRNA 转录后的加工修饰。

4. 试比较真核生物与原核生物转录的异同。

5. 试比较 DNA 生物合成与 RNA 生物合成的异同。

6. 举例说明 RNA 聚合酶抑制剂类药物作用机制。

(陈　欢)

第十五章同步练习

第十六章
蛋白质的生物合成

蛋白质生物合成是以 mRNA 为模板合成蛋白质的过程。由于在 mRNA 中的核苷酸排列顺序和蛋白质中的氨基酸排列顺序是两种不同的分子语言，所以蛋白质的生物合成过程也称为翻译或转译（translation）。蛋白质合成不仅需要 mRNA 作为合成蛋白质的模板，还需要 tRNA 作为氨基酸的搬运工具，以及核糖体作为氨基酸互相缩合成肽链的"装配机"（图 16-1）。新合成的肽链本身并没有生物活性，需要经过折叠和加工修饰过程，才能转变成有活性的蛋白质。生物合成的蛋白质还需要经过转运过程输送到特定部位，以行使其生物学功能。

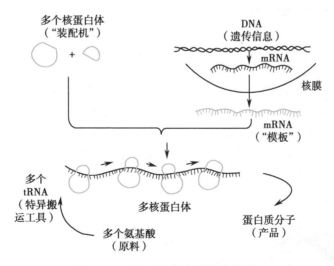

图 16-1　蛋白质生物合成的基本过程

ER1602

蛋白质生物合
成体系（微课）

第一节　蛋白质生物合成体系

翻转课堂(16-1):

　　目标:要求学生通过课前自主学习,掌握有关蛋白质生物合成体系的理论知识及在药学中的应用。

　　课前:要求每位学生认真观看本节微课,把握老师课前提出的具体要求。自由组队,每组4~6人,组长负责大家组织开展讨论,并制作 PPT 或视频,用于课堂交流。

　　课中:老师随机抽取 1~2 组,作全班公开 PPT 演讲;老师提出问题,让学生相互讨论和交流,并随机挑选学生回答,考查学生的学习情况。

　　课后:学生完成老师布置的作业,并对"靶向细菌核糖体的抗生素产生耐药性的生化机制"问题,开展深入学习和讨论。

一、mRNA 是蛋白质生物合成的模板

(一) 阅读框架

　　mRNA 从 5′ 末端至起始密码子 AUG 间的序列称 5′ 端非转译区(5′ untranslated region,5′UTR),其中含有调控翻译的序列;从起始密码子到终止密码子间的区域称为编码区,即可读框(open reading frame,ORF,又称开放阅读框),此区域的密码子编码肽链的氨基酸残基序列,也就是肽链的合成从起始密码子开始,到终止密码子结束;从终止密码子到 3′ 末端区域称 3′ 端非密码区(3′UTR)。mRNA 在所有细胞内执行着相同的功能,即通过可读框内的三联体密码,指导蛋白质肽链在核糖体上进行生物合成(图 16-2)。

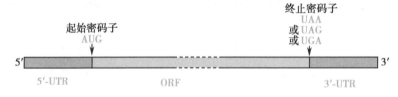

图 16-2　mRNA 结构与可读框

(二) 遗传密码

　　在肽链生物合成中,mRNA 可读框的核苷酸序列指导肽链的合成,决定氨基酸残基的顺序,这种翻译是通过遗传密码(genetic code)来实现的。核酸分子中只有 4 种碱基,要为蛋白质分子的 20 种氨基酸编码,一个碱基不可能编码,两个碱基决定一个氨基酸,也只能编码 16 种氨基酸,如果是三个碱基决定一个氨基酸,就可以编码 64 种氨基酸(4^3=64),这是编码氨基酸所需要碱基的最小数目。通过大量实验研究证明,在 mRNA 的可读框,从起始密码子 AUG 开始,沿着 5′→3′ 的方向,每三个相邻的碱基组成一个密码子(codon),也称为三联密码子,每个密码子对应一个氨基酸(表 16-1)。

　　Marshall W. Nirenberg(左)、Har Gobind Khorana(中)和 Robert W.Holly(右)三位科学家由于对破解遗传密码所作的突出贡献,分享了 1968 年诺贝尔生理学或医学奖。Nirenberg 利用人工合成的多聚尿嘧啶核苷酸[poly(U)]作为模板,在体外无细胞蛋白质合成体系中合成了多聚苯丙氨酸,从而解读了第一个密码子 UUU 编码苯丙氨酸。Khorana 合成了多核苷酸聚合物,他们共同努力揭秘了 64 个密码子。Holly 制备了纯的 tRNA,为蛋白质的生物合成研究奠定了基础。

表 16-1　氨基酸密码表

第一位(5′端)	第二位				第三位
	U	C	A	G	(3′端)
U	UUU 苯丙氨酸	UCU 丝氨酸	UAU 酪氨酸	UGU 半胱氨酸	U
	UUC 苯丙氨酸	UCC 丝氨酸	UAC 酪氨酸	UGC 半胱氨酸	C
	UUA 亮氨酸	UCA 丝氨酸	UAA 终止密码	UGA 终止密码	A
	UUG 亮氨酸	UCG 丝氨酸	UAG 终止密码	UGG 色氨酸	G
C	CUU 亮氨酸	CCU 脯氨酸	CAU 组氨酸	CGU 精氨酸	U
	CUC 亮氨酸	CCC 脯氨酸	CAC 组氨酸	CGC 精氨酸	C
	CUA 亮氨酸	CCA 脯氨酸	CAA 谷氨酰胺	CGA 精氨酸	A
	CUG 亮氨酸	CCG 脯氨酸	CAG 谷氨酰胺	CGG 精氨酸	G
A	AUU 异亮氨酸	ACU 苏氨酸	AAU 天冬酰胺	AGU 丝氨酸	U
	AUC 异亮氨酸	ACC 苏氨酸	AAC 天冬酰胺	AGC 丝氨酸	C
	AUA 异亮氨酸	ACA 苏氨酸	AAA 赖氨酸	AGA 精氨酸	A
	*AUG 甲硫氨酸	ACG 苏氨酸	AAG 赖氨酸	AGG 精氨酸	G
G	GUU 缬氨酸	GCU 丙氨酸	GAU 天冬氨酸	GGU 甘氨酸	U
	GUC 缬氨酸	GCC 丙氨酸	GAC 天冬氨酸	GGC 甘氨酸	C
	GUA 缬氨酸	GCA 丙氨酸	GAA 谷氨酸	GGA 甘氨酸	A
	GUG 缬氨酸	GCG 丙氨酸	GAG 谷氨酸	GGG 甘氨酸	G

注：*AUG 为起始密码子。

从原核生物到真核生物，目前所发现的遗传密码有以下特点。

1. 方向性　mRNA 分子中的起始密码子位于 5′端，而终止密码子位于 3′端，每个密码子的 3 个核苷酸序列也是 5′→3′方向，不能倒读。这种方向性决定了蛋白质翻译过程从 N 端向 C 端进行。

2. 连续性　可读框区内的两个密码子之间，没有任何"标点"等信息将其隔开，从 AUG 开始，连续不断地一个密码子接一个密码子，从 5′→3′方向编码，直到终止密码子结束，这就是遗传密码的连续性。如果在 mRNA 的编码区中，插入一至两个或缺失一至两个碱基，就会改变原有的密码子组成，导致移码（frame shift）。由移码引起的突变称移码突变。

3. 简并性　在 64 种密码子中，UAA、UAG、UGA 这 3 个密码子是肽链合成的终止密码子，当肽链合成到此位置时，肽链合成宣告结束。除了 3 个终止密码子外，余下 61 个密码子可以编码 20 种氨基酸，因此，一个氨基酸可以有一个或多个密码子。仅有 1 个密码子的氨基酸有 Met 和 Trp，若 AUG 是在可读框的 5′末端第一个密码子，此时它就是肽链合成的起始密码子；有 2 个密码子的有 Asn、Asp、Cys、Gln、Glu、His、Lys、Phe 和 Tyr；有 3 个密码子的氨基酸是 Ile；有 4 个密码子的包括 Gly、Ala、Thr 和 Val；有 6 个密码子的是 Arg、Leu 和 Ser，这三者是具有最多密码子的氨基酸。同一种氨基酸有两个或更多密码子的现象称为密码子的简并性（degeneracy）。对应于同一种氨基酸的不同密码子称为同义密码子。

4. 摆动性　反密码子（anticodon）的第一位碱基与密码子的第三位碱基配对时，有时会出现不遵从碱基配对规则的现象，称为遗传密码的摆动性（wobble）。在 tRNA 反密码子中除 A、U、G、C 四种碱基外，还经常在第一位出现次黄嘌呤（I）。次黄嘌呤的特点是可以与 U、A、C 三者之间形成碱基配对，这就使得带有次黄嘌呤的反密码子，可以识别更多的简并密码子。

$$
\begin{array}{cccccccccc}
& & 3 & 2 & 1 & 3 & 2 & 1 & 3 & 2 & 1 \\
\text{反密码子} & (3') & \text{G} & -\text{C} & -\text{I} & \text{G} & -\text{C} & -\text{I} & \text{G} & -\text{C} & -\text{I} & (5') \\
\text{密码子} & (5') & \text{C} & -\text{G} & -\text{A} & \text{C} & -\text{G} & -\text{U} & \text{C} & -\text{G} & -\text{C} & (3') \\
& & 1 & 2 & 3 & 1 & 2 & 3 & 1 & 2 & 3
\end{array}
$$

反密码子中的 U 可以和密码子中的 A 或 G 配对;G 可以和 U 或 C 配对。由于摆动性的存在,细胞内只需要 32 种 tRNA,就能识别 61 个编码氨基酸的密码子。密码子与反密码子碱基配对规则如表 16-2 所示。

表 16-2　反密码子与密码子碱基配对规则

反密码子第一碱基	A	C	G	U	I
密码子第三碱基	U	G	C、U	A、G	A、C、U

密码子的专一性基本上取决于前两位碱基,第三位碱基起的作用有限。所以,几乎所有氨基酸的密码子,都可以用 N_1N_2(U/C) 和 N_1N_2(A/G) 来表示。

5. 通用性　不论高等或低等生物,从细菌到人类,都拥有一套共同的遗传密码,这种现象称为密码的通用性。但近年来发现,线粒体的编码方式与通用遗传密码有所不同。脊椎动物线粒体的特殊摆动性,使其 22 种 tRNA 就能识别全部氨基酸密码子,而正常情况下至少需要有 32 种 tRNA。如在线粒体的遗传密码中,AUA、AUG、AUU 为起始密码子,AUA 也可为甲硫氨酸密码子,UGA 为色氨酸密码子,AGA、AGG 为终止密码等。

> 思考题 16-1：生物体内的密码子有 64 种,《易经》中有 64 卦,"太极生两仪,两仪生四象,四象生八卦"。请谈谈传统中国哲学与现代生命科学的联系。

二、tRNA 搬运氨基酸

在核糖体中,mRNA 作为模板指导肽链的生物合成。肽链合成过程中,氨基酸本身并不识别 mRNA 上的密码子。tRNA 作为蛋白质生物合成的接合体,能携带氨基酸和识别 mRNA 上的密码子。tRNA 上的反密码子与 mRNA 上的密码子可以匹配而互相识别。一种氨基酸结合到一种特定 tRNA 分子上,受氨基酰 tRNA 合成酶、氨基酸结构和 tRNA 结构三者共同决定。

在原核生物中,有一类能特异识别 mRNA 模板上起始密码子的 tRNA,称为起始 tRNA(简写 tRNA^{Met})。原核细胞中有一种特异的甲酰化酶,催化 N^{10}- 甲酰四氢叶酸转甲酰基生成甲酰化甲硫氨酰 -tRNA(fMet-tRNA^{fMet}),后者仅参与翻译起始,而不参与肽链的延伸过程。但真核细胞中不存在甲酰甲硫氨酸(图 16-3)。

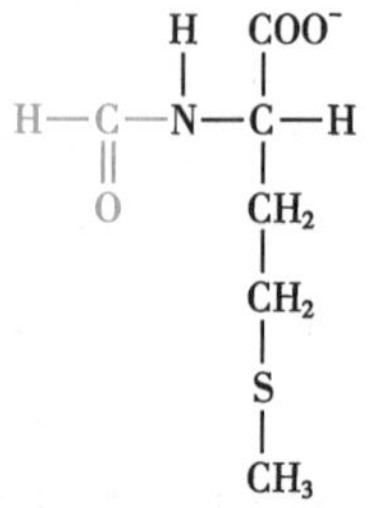

图 16-3　甲酰甲硫氨酸(fMet)结构

三、rRNA 与核糖体

核糖体(ribosome)由大、小两个亚基组成,每种亚基包含一种或几种 rRNA 以及许多功能不同的核糖体蛋白质(ribosomal protein,rp)。大、小亚基所含的蛋白质分别称为 rpL 和 rpS。这些蛋白质与 rRNA 存在于核糖体中,对蛋白质的生物合成发挥重要作用。

(一)原核生物核糖体

原核生物核糖体(70S)分别由小亚基(30S)与大亚基(50S)所组成。此处 S(svedberg unit)是表示生物大分子或复合体的大小单位,它与分子或复合体的质量和形状有关。原核生物核糖体中共有三种 rRNA,分别是 5S rRNA、16S rRNA 和 23S rRNA。其中 30S 小亚基中含有 16S rRNA 和 20 多种蛋白质,50S 大亚基中含有 5S rRNA、23S rRNA 和 30 多种蛋白质(图 16-4)。

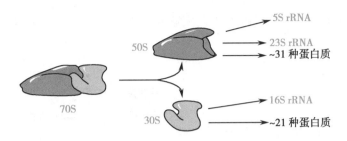

图 16-4　原核生物的核糖体

　　核糖体至少有四个活性部位:mRNA 结合部位、氨基酰 tRNA 结合部位(A 位)、肽酰 tRNA 结合部位(P 位)和肽键形成部位(转肽酶中心位)。核糖体大、小亚基间存在裂隙,该裂隙便是 mRNA 结合部位。A 位(aminoacyl site)是核糖体结合氨基酰 tRNA 的氨基酰位。P 位(peptidyl site)是结合肽酰 tRNA 的肽酰位。肽键形成位在 A、P 位之间,在肽酰转移酶(peptidyl transferase)的作用下,肽酰基被转移到位于 A 位的氨基酰 tRNA 的氨基上,两者形成肽键。这样,A 位上的氨基酸被添加到肽链中,使肽链延伸(图 16-5)。原核生物核糖体上还有一个 E 位(exit site),它是排出空载 tNRA 的排出位,但真核生物核糖体上没有 E 位。

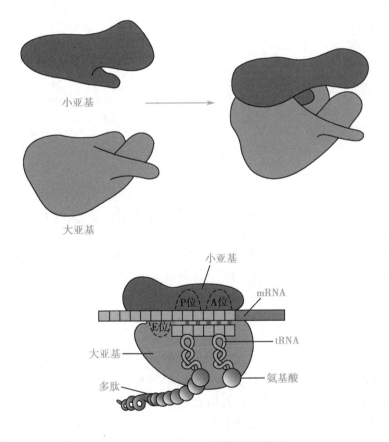

图 16-5　翻译过程中核糖体结构图

思考题 16-2:为什么 16S rRNA 基因序列可用于原核生物的物种分类研究?

(二) 真核生物核糖体

　　真核生物核糖体结构与原核相似,但组分更为复杂。真核生物核糖体(80S)分别由小亚基(40S)与大亚基(60S)所组成。真核生物核糖体具有四种 rRNA,分别为 5S rRNA、5.8S rRNA、18S rRNA 和 28S rRNA。

40S 小亚基中含有 18S rRNA 和 30 种蛋白质,60S 大亚基中含有 5S rRNA、5.8S rRNA、28S rRNA 和 40 种左右的蛋白质(图 16-6)。

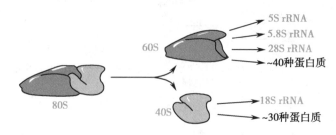

图 16-6 真核生物核糖体

(三) 多聚核糖体

细胞内,核糖体像一个能沿 mRNA 模板移动的机器,执行着肽链合成的功能,一条 mRNA 链上,一般间隔 40 个核苷酸结合一个核糖体,因此,mRNA 链上可以结合多个核糖体形成多核糖体(polyribosome 或 polysome)(图 16-7)。

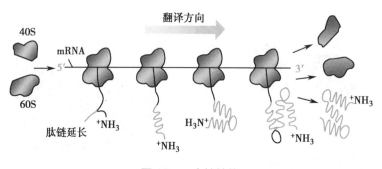

图 16-7 多核糖体

第二节 原核生物蛋白质生物合成过程

蛋白质生物合成的早期研究是利用原核大肠埃希菌的无细胞体系(cell-free system)进行的,所以人们对原核生物的蛋白质合成过程了解较多。蛋白质合成过程可以分为四步反应:①氨基酸的活化;②肽链合成的起始;③肽链的延伸;④肽链的终止。后三步均在核糖体上进行。

一、氨基酰 tRNA 合成

肽链合成中,氨基酸本身不能入核糖体,必须结合到特定 tRNA 上,才能被带到 mRNA- 核糖体复合体上。氨基酰 tRNA 合成酶催化氨基酸活化后,再连接到 tRNA 分子上,形成氨基酰 tRNA,这一过程称为氨基酸活化。已结合了不同氨基酸的氨基酰 tRNA 用氨基酸的三字符代号表示,如 Ala-tRNA^{Ala} 代表 tRNA^{Ala} 的氨基酸接纳臂上已结合有丙氨酸。反应过程分两步:

第一步:在 Mg^{2+} 或 Mn^{2+} 参与下,由 ATP 供能,氨基酰 tRNA 合成酶(E)接纳活化的氨基酸并形成中间复合物。

$$R-\underset{\underset{NH_2}{|}}{CH}-COOH + ATP + E \xrightarrow{Mg^{2+}或Mn^{2+}} R-\underset{\underset{NH_2}{|}}{CH}-\underset{\underset{O}{\|}}{C}-O-AMP \cdot E + PPi$$

第二步:中间复合物与特异的 tRNA 作用,将氨基酰基从 AMP 转移到 tRNA 的氨基酸臂(即 3′ 末端 CCA-OH)上。

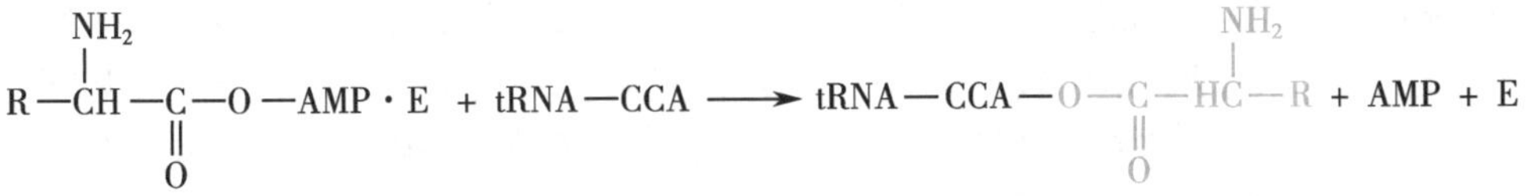

$$\text{R—CH—C—O—AMP}\cdot\text{E} + \text{tRNA—CCA} \longrightarrow \text{tRNA—CCA—O—C—HC—R} + \text{AMP} + \text{E}$$

总反应：

$$\text{氨基酸} + \text{ATP} + \text{tRNA} \xrightarrow{\text{Mg}^{2+}\text{或Mn}^{2+}} \text{氨基酰-tRNA} + \text{AMP} + 2\text{Pi}$$

反应过程如下（图 16-8）：

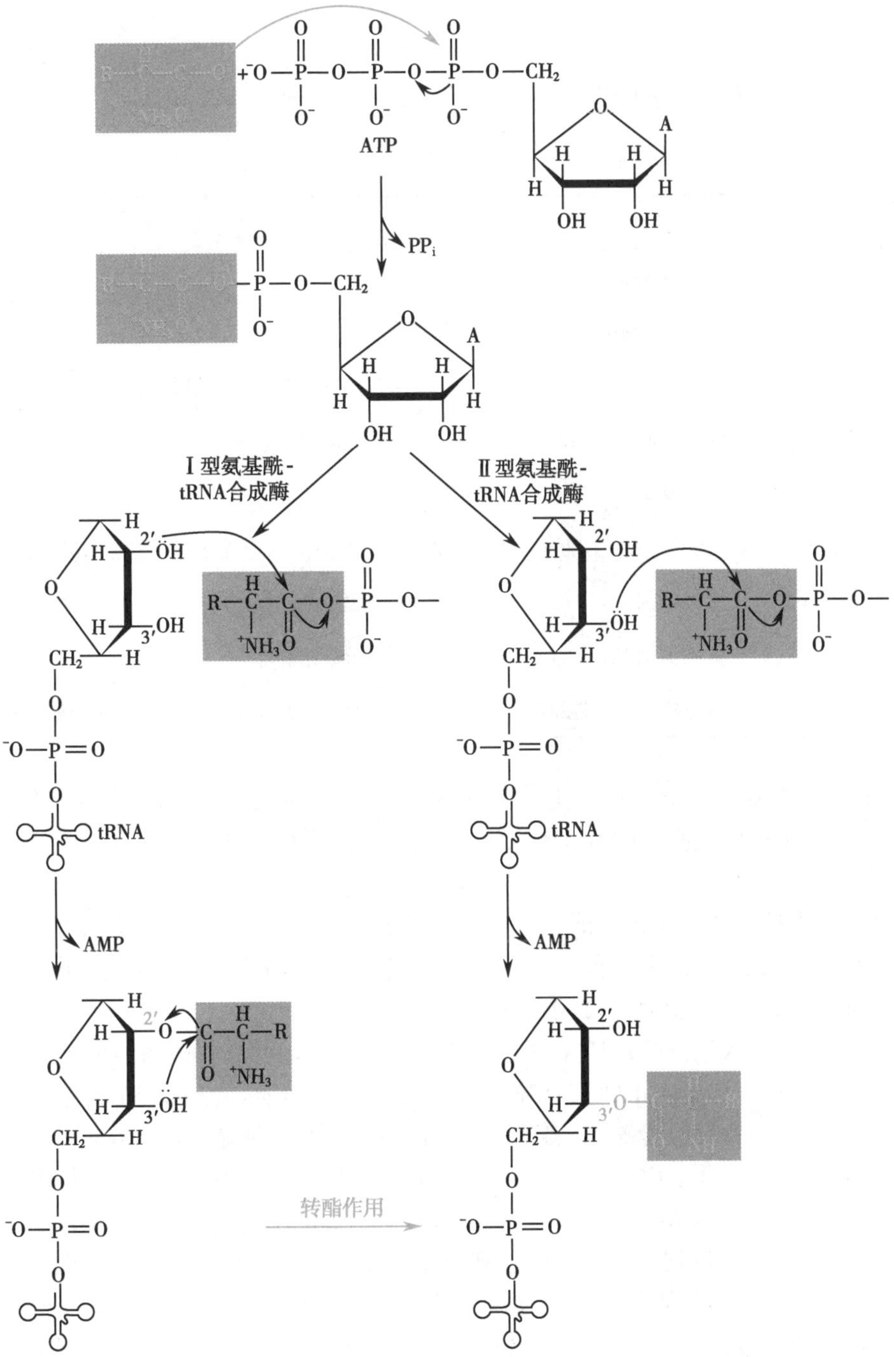

图 16-8　氨基酰 tRNA 的合成

形成氨基酰 tRNA 有两方面的意义:① tRNA 结合的氨基酸是活化状态,有利于在核糖体形成肽键;② tRNA 将携带的活化氨基酸转送到核糖体特定位置,通过其反密码子与 mRNA 上的密码子互相识别,将活化的氨基酸掺入到正在合成肽链的合适位置中。也就是说,氨基酰 tRNA 的形成,不仅为肽链的合成解决了能量问题,而且还解决了专一性问题。

每一种氨基酸都有与之对应的氨基酰 tRNA 合成酶,该酶既能够识别相应的氨基酸,又能识别与此氨基酸相对应的 tRNA 分子。另外,氨基酰 tRNA 合成酶具有校对功能,如果形成的氨基酰 tRNA 产物不是正确的对应关系,则该酶会立刻启动校对功能活性,将上述氨基酰 tRNA 产物水解。在氨基酰 tRNA 合成酶上述双重功能的监控下,可使翻译过程的错误频率有效降低。

二、翻译起始

蛋白质的翻译过程中的肽链起始(initiation)、延伸(extension)和终止(termination),这三个阶段都是在核糖体上完成的。原核生物蛋白质生物合成过程涉及众多的蛋白因子(表 16-3)。

表 16-3 原核生物蛋白质生物合成过程相关蛋白因子及功能

	种类	生物学功能
起始因子	IF-1	占据 A 位防止结合其他 tRNA
	IF-2	促进 fMet-tRNA^{Met} 与小亚基结合
	IF-3	促进大、小亚基分离,提高 P 位对结合 fMet-tRNA^{Met} 的敏感性
延伸因子	EF-Tu	促进氨基酰 tRNA 进入 A 位,结合并分解 GTP
	EF-Ts	调节亚基
	EF-G	有转位酶活性,促进 mRNA- 肽酰 tRNA 由 A 位移至 P 位,促进 tRNA 卸载与释放
释放因子	RF-1	特异识别 UAA、UAG,诱导肽酰转移酶转变酯酶
	RF-2	特异识别 UAA、UGA,诱导肽酰转移酶转变酯酶
	RF-3	可与核糖体其他部位结合,有 GTP 酶活性,能介导 RF-1 及 RF-2 与核糖体的相互作用

肽链合成的起始,需要在 mRNA 分子上捕获到核糖体,并定位在起始密码子 AUG 位置,这一过程需要核糖体 30S 小亚基、50S 大亚基、mRNA、fMet-tRNA$_i^{Met}$、起始因子(initiation factor,IF)、GTP 和 Mg^{2+} 共同参与完成。

1. 核糖体大、小亚基分离 肽链合成是一个连续过程,上一轮合成的终止紧接下一轮合成的起始。因此,合成起始首先需将大、小亚基分开。IF-3 通过与小亚基结合而解离核糖体,阻止大、小亚基再结合。IF-3 和 IF-1 与小亚基结合,进一步促进大、小亚基分离。

2. 小亚基定位于 mRNA 一条 mRNA 链上有多个 AUG,翻译起始时,核糖体小亚基与 mRNA 结合时必须识别起始密码子 AUG,从而以正确的 ORF 准确地翻译出蛋白质。在 mRNA 的起始 AUG 上游 10 个碱基左右的位置上,有一段富含嘌呤碱基核苷酸序列,该序列能与小亚基 16S rRNA 3′ 端的一段序列呈碱基互补性地识别,使起始密码子 AUG 能够与 fMet-tRNA$_i^{Met}$ 的反密码子进行配对,从而将核糖体小亚基结合在起始密码子 AUG 附近(图 16-9)。该序列称为 SD 序列(Shine-Dalgarno sequence,SD 序列)。此外,SD 序列与起始 AUG 之间核苷酸序列可被核糖体小亚基中的 rpS-1 蛋白识别并结合。通过上述 RNA-RNA、RNA- 蛋白质相互作用,可使小亚基在 mRNA 起始密码子 AUG 上定位。

3. fMet-tRNA^{fmet} 的结合 翻译起始时,核糖体 A 位被 IF-1 占据,不与任何氨基酰 tRNA 结合。fMet-tRNA$_i^{Met}$ 与结合了 GTP 的 IF-2 一起,识别并结合对应于小亚基 P 位,并与 mRNA 序列上的起始密码子 AUG 结合,这也帮助促进 mRNA 的准确就位。

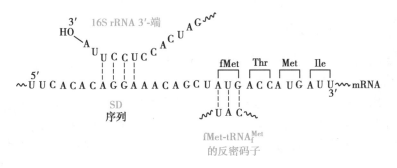

图 16-9　原核 mRNA 的 SD 序列

4. 核糖体大亚基结合　上述结合了 mRNA、fMet-tRNA$_i^{fMet}$ 的小亚基与核糖体大亚基结合，同时结合于 IF-2 的 GTP 被水解，释放的能量促使 3 种 IF 释放，形成由大小亚基、mRNA、fMet-tRNA$_i^{fMet}$ 组成的翻译起始复合物。此时，结合起始密码子 AUG 的 fMet-tRNA$_i^{fMet}$ 占据核糖体 P 位，而 A 位留空，等待与 A 位密码子相对应的第二个氨基酰 tRNA 进入该部位，为延伸阶段的进位作好准备（图 16-10）。

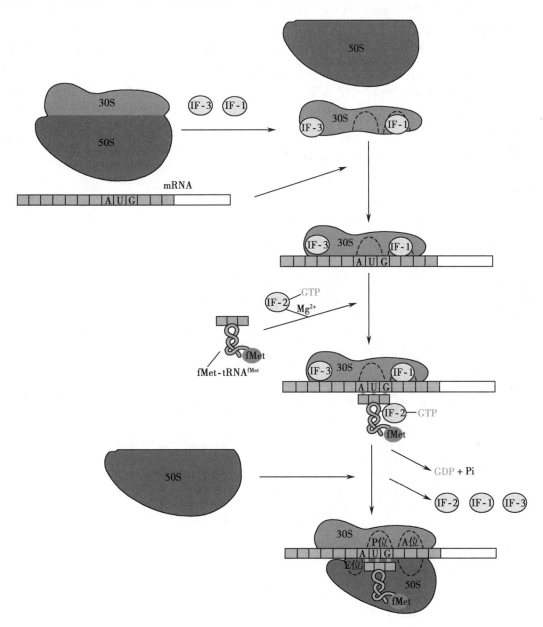

图 16-10　大肠埃希菌翻译的起始

三、翻译延伸——核糖体循环

三元起始复合物形成后,与起始密码子紧邻的下游密码子被其氨基酰 tRNA 的反密码子识别并结合进入氨基酰 tRNA 结合部位(A 位),肽链合成的延伸反应阶段就开始。肽链延伸过程可分为三个步骤:注册、成肽和转位。在核糖体每完成上述三个步骤,就会在肽链的 C 末端加上一个氨基酸残基,故肽链的延伸是一个上述三个步骤反复循环的过程,此过程也称核糖体循环。在核糖体循环过程中,需要一些蛋白因子参与,这些蛋白因子称为延伸因子(elongation factor,EF)。在原核细胞中,有 EF-Tu、EF-Ts 和 EF-G 参与核糖体循环。

1. 进位　与第二个密码子对应的氨基酰 tRNA 与 EF-Tu-GTP 结合,形成的二元复合物进入核糖体,将氨基酰 tRNA 引领定位在核糖体的 A 位,此时,氨基酰 tRNA 的反密码子与对应 mRNA 的密码子之间呈碱基互补关系,否则,该氨基酰 tRNA 将退出 A 位。EF-Tu 与核糖体结合后,就表现出 GTP 酶活性,将其结合的 GTP 水解成 GDP 而引起三维结构改变,同时 EF-Tu-GDP 与氨基酰 tRNA 分开,并从核糖体上脱离下来。在胞质,通过 EF-Ts 的参与,EF-Tu-GDP 的 GDP 被 GTP 交换,形成的 EF-Tu-GTP 准备参与另一次注册。此时,核糖体上结合着 mRNA 和两个氨基酰 tRNA,一个在 P 位(fMet-tRNA$_i^{Met}$),一个在 A 位(氨基酰 tRNA)。

2. 成肽　此时,位于两个氨基酰 tRNA 附近的肽酰转移酶(也称转肽酶),将 fMet-tRNA$_i^{Met}$ 的甲酰甲硫氨酰转从核糖体的 P 位移至 A 位,并与 A 位氨基酰 tRNA 的氨基酰的氨基形成肽键。第一个肽键形成后,核糖体的 A 位是二肽酰 tRNA 占据,P 位是 tRNA$_i^{Met}$(不携带 fMet)。

3. 易位　在易位酶的催化下,由 GTP 水解提供能量,使核糖体沿着 mRNA 5′→3′ 的方向移动一个密码子的距离。结果是二肽酰 tRNA 由核糖体的 A 位转移至 P 位,而原 P 部位的 tRNA$_i^{Met}$ 脱离核糖体。

当易位完成后,核糖体的 A 位是空闲的,等待 EF-Tu-GTP 携带第三个氨基酰 tRNA 进入 A 位,以便进行下一轮核糖体循环过程,直至肽链完成其合成(图 16-11)。

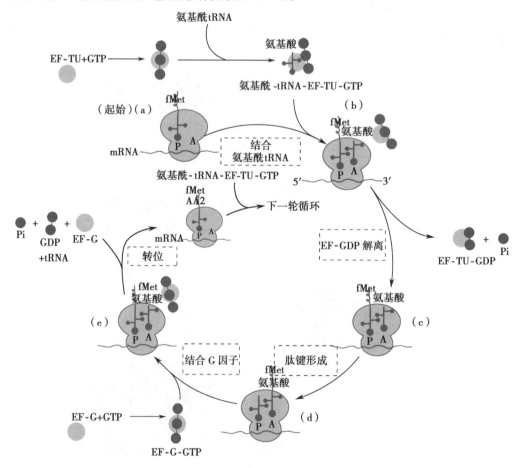

图 16-11　蛋白质合成起始后的延伸过程

四、翻译终止

在肽链合成过程中,当核糖体移动使其 A 位对应 mRNA 的终止密码子时,转译就进入终止阶段。这一过程除了需要终止密码子外,还需要一些释放因子(release factor,RF)。在大肠埃希菌中,当终止密码子进入核糖体的 A 位后,由于细胞通常没有能够识别终止密码子的 tRNA,此时产生肽链合成的延宕。在延宕的过程中,核糖体 A 位被释放因子识别,RF-1 能够识别 UAA 和 UAG,RF-2 能够识别 UAA 和 UGA,RF-3 不识别终止密码子,但能刺激另外两个因子的活性。当释放因子识别在 A 位上的终止密码子后,改变核糖体的肽酰转移酶的属性,由肽酰转移酶活性转变为酯酶活性,将 P 位肽酰 tRNA 的肽链 C 末端酯键水解,同时释放出合成完毕的肽链。在 RF 的作用下,mRNA 和 tRNA 从核糖体上脱落下来。核糖体在 IF 的作用下解离,30S 小亚基又可以进入另一轮肽链合成的起始过程(图 16-12)。

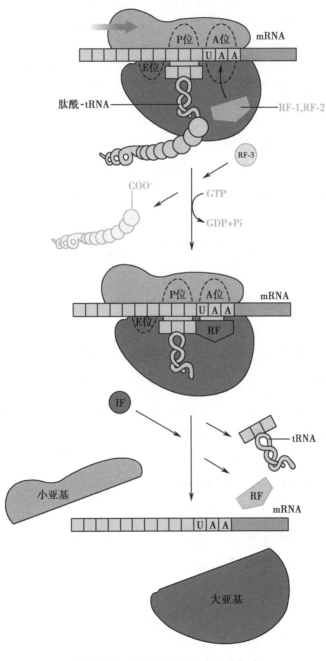

图 16-12 原核生物肽链合成的终止

思考题 16-3 : 原核细胞内,合成含有 100 个氨基酸残基的蛋白质需要相当于消耗多少个 ATP?

第三节　真核生物蛋白质生物合成过程

翻转课堂(16-2):

目标:要求学生通过课前自主学习,掌握有关真核生物蛋白质生物合成过程的理论知识。

课前:要求每位学生都认真观阅读本节教材内容。自由组队,每组 4~6 人,组长负责组织大家开展相互讨论,并制作 PPT 或视频,用于课堂交流。

课中:老师随机抽取 1 组,作全班公开 PPT 演讲,老师提出问题,让学生相互讨论和交流,并随机挑选学生回答,考查学生的学习情况。

课后:学生完成老师布置的作业,并对"为何肿瘤细胞的核糖体也可以作为抗肿瘤药物研究的靶点"问题,开展深入的学习和讨论。

真核生物蛋白质生物合成过程与原核生物蛋白质生物合成过程基本相似,分四步反应:氨基酸活化、起始、延伸和终止。但两者之间也存在差异,尤其是在起始阶段存在较大差异。参与真核生物蛋白质合成需要更多的蛋白质因子(表 16-4)。

表 16-4　参与真核生物翻译的各种蛋白质因子及生物功能

	种类	生物学功能
起始因子	eIF-1	多功能因子,参与翻译的多个步骤
	eIF-2	促进 Met-tRNAi^{Met} 与小亚基结合
	eIF-2B	结合小亚基,促进大、小亚基分离
	eIF-3	结合小亚基,促进大、小亚基分离;介导 eIF-4F 复合物 -mRNA 与核糖体小亚基结合
	eIF-4A	eIF-4F 复合物成分,有 RNA 解旋酶活性,解除 mRNA5′- 端的发夹结构,使其与小亚基结合
	eIF-4B	结合 mRNA,促进 mRNA 扫描定位起始 AUG
	eIF-4E	eIF-4F 复合物成分,结合 mRNA5′- 帽子
	eIF-4G	eIF-4F 复合物成分,结合 eIF-4E、eIF-3 和 PAB
	eIF-5	促进各种起始因子从小亚基解离,进而结合大亚基
	eIF-6	促进核糖体分离成大、小亚基
延伸因子	eEF1-α	促进氨基酰 tRNA 进入 A 位,结合并分解 GTP,相当于 EF-Tu
	eEF1-βγ	调节亚基,相当于 EF-Ts
	eEF-2	有转位酶活性,促进 mRNA- 肽酰 tRNA 由 A 位移至 P 位,促进 tRNA 卸载与释放,相当于 EF-G
释放因子	eRF-1	识别所有终止密码子,具有原核生物各类 RF 的功能

一、氨基酸活化

氨基酰 tRNA 合成酶是一类古老的蛋白质,真核生物的氨基酰 tRNA 合成与原核的极为相似,其催化反应机制与原核相同。每一个氨基酸连接到相应 tRNA 上均需消耗 1 分子 ATP，并释放出焦磷酸（PPi），因此相当于消耗 2 分子 ATP（ADP+Pi）。真核生物中有 50 多种 tRNA，即每个氨基酸可以与 2~6 种相应的 tRNA 特异性结合。人们将能装载同一种氨基酸的不同 tRNA 称为同工受体（isoacceptor）。与同一氨基酸结合的所有同工受体均可被相同的氨基酰 tRNA 合成酶所催化，因此只需 20 种氨基酰 tRNA 合成酶就能催化氨基酸以酯键连接到各自特异的 tRNA 分子上。可见氨基酰 tRNA 合成酶对 tRNA 的选择性较对氨基酸的选择性低。氨基酰 tRNA 合成酶具有校正活性（proofreading activity），即酯酶活性，能把错配连接的氨基酸水解下来，再连上正确的氨基酸。

二、翻译起始

真核生物翻译起始复合物的装配所需要的起始因子种类更多、更复杂。真核生物 mRNA 与原核生物 mRNA 不同，显著的特征是它具有 5′ 端帽子和 3′ 端 poly（A）尾结构，起始 tRNA 先于 mRNA 结合在小亚基上，与原核生物的装配顺序不同。

真核生物 mRNA 不含有 SD 序列，但真核生物的翻译起始密码子（AUG）位于 5′ 端的一段短的通用序列 CCRCCAUGG 中（R 是嘌呤碱基 A 或 G）中，该保守序列称为科扎克共有序列（Kozak consensus sequence），该序列参与指导核糖体 40S 小亚基的识别与定位。真核生物的起始因子有：eIF-1、eIF-2、eIF-3、eIF-4、eIF-5 和 eIF-6，其中 eIF-4 家族又有 eIF-4A、eIF-4B、eIF-4C、eIF-4E、eIF-4F 和 eIF-4G 等。它们的作用是为了形成完整的大、小亚基，mRNA 和 Met-tRNA$_i^{Met}$ 翻译起始复合物。

1. 核糖体大、小亚基分离　起始因子 eIF-2B、eIF-3 与核糖体小亚基结合，在 eIF-6 参与下，促进 80S 核糖体解离成大、小亚基。

2. Met-tRNA$_i^{Met}$ 定位结合于小亚基 P 位　在 eIF-2B 的作用下，eIF-2 与 GTP 结合，再与 Met-tRNA$_i^{Met}$ 共同结合于小亚基，经水解 GTP 而释放出 GDP-eIF-2，从而使 Met-tRNA$_i^{Met}$ 结合于小亚基的 P 位，形成 43S 前起始复合物。

3. mRNA 与核糖体小亚基定位结合　Met-tRNA$_i^{Met}$- 小亚基沿着 mRNA，完成从 5′ 端向 3′ 端的起始密码子扫描定位，Met-tRNA$_i^{Met}$ 的反密码子与 AUG 配对结合，形成 48S 前起始复合物。

小亚基 -Met-tRNA$_i^{Met}$ 复合体不会将可读框内部的 AUG 错认为起始密码子，这是由于 eIF-4F 复合物，亦称为帽结合蛋白（cap-binding protein，CBP）复合物的特殊作用。eIF-4F 复合物包括 eIF-4E、eIF-4G、eIF-4A 等各组分。这些组分有的负责结合 mRNA 的 5′ 帽结构（eIF-4E），有的结合多聚 poly（A）尾结合蛋白［poly（A）binding protein，PAB］（eIF-4G），帮助 Met-tRNA$_i^{Met}$ 识别起始密码子。此外，核糖体中的 rRNA 和蛋白质亦参与对起始密码子周围序列的识别，以决定真正的肽链合成起始点。真核生物的起始密码子常位于科扎克共有序列 CCRCC**AUG**G 中（R 为 A 或 G）中，为 18S rRNA 提供识别和结合位点。

4. 核糖体大亚基结合　一旦 48S 复合物定位于起始密码子，eIF-2 上结合的 GTP 即在 eIF-5 的作用下水解为 GDP 并从 48S 起始复合物中解离，继而导致其他起始因子离开 48S 前起始复合物。此时 60S 核糖体大亚基即可结合到 48S 前起始复合物，完成了 80S 起始复合物的最后装配（图 16-13）。

三、翻译延伸

ER1603

真核蛋白质生物合成与环形 mRNA

真核生物肽链延伸过程与原核生物基本相似，只是反应体系和延伸因子不同。真核细胞肽链延伸需要 3 种延伸因子，即 eEF-1α、eEF-1βγ 和 eEF-2，它们与原核细胞中相对应的因子 EF-Tu、EF-Ts、EF-G 的功能相似。

翻译起始复合物形成后，核糖体从 mRNA 的 5′ 端向 3′ 端移动，依据密码子顺序，从 N 端开始向 C 端合成多肽链。这是一个在核糖体上重复进行的进位、成肽和转位的循环过程，每完成 1 次，肽链上即可增加 1 个氨基酸残基。该过程与原核生物肽链延伸相似，也称为核糖体循环（ribosomal cycle）。这一过程除了需要 mRNA、tRNA 和核糖体外，还需要数种延伸因子以及 GTP 等参与（图 16-14）。

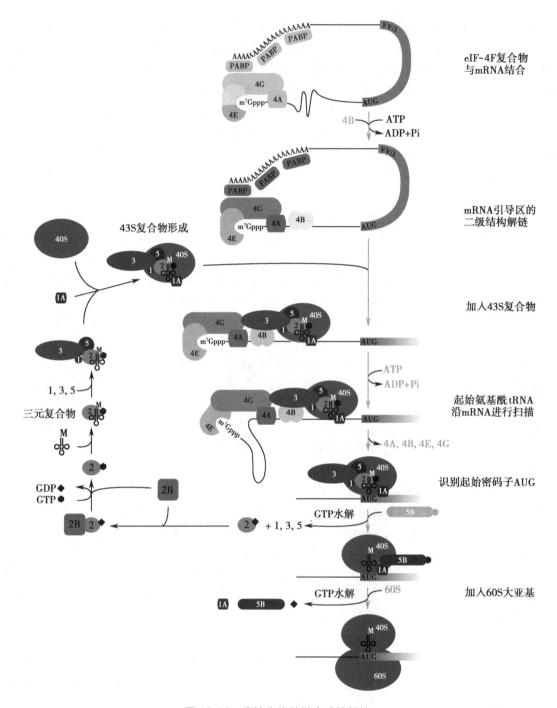

图 16-13　真核生物肽链合成的起始

1. 进位（entrance）　又称注册（registration），是指一个氨基酰 tRNA 按照 mRNA 模板的指令进入并结合到核糖体 A 位的过程。起始复合物中的 A 位是空闲的，并对应着可读框的第二个密码子，进入 A 位的氨基酰 tRNA 种类即由该密码子决定。氨基酰 tRNA 进位时需要先形成 GTP 复合物，这一三元复合物（氨基酰 tRNA-GTP）的形成需要 eEF-1α 和 eEF-1β。核糖体对氨基酰 tRNA 的进位有校正作用。肽链生物合成以很高速度进行，正确的氨基酰 tRNA 能迅速发生反密码子 - 密码子互补配对结合而进入 A 位。反之，错误的氨基酰 tRNA 因反密码子 - 密码子不能配对结合，而从 A 位解离。这是维持肽链生物合成的高度保真性的机制之一。

2. 成肽　指肽酰转移酶（转肽酶）催化两个氨基酸间肽键形成的反应。在起始复合物中，肽酰转移酶催化 P 位上的起始 tRNA 所携的甲硫氨酰与 A 位上新进位的氨基酰 tRNA 的 α- 氨基结合，形成二肽。第

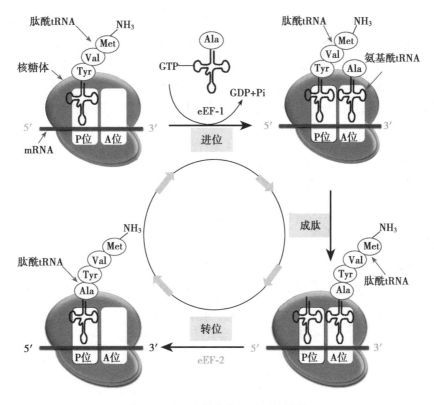

图 16-14　真核生物肽链延伸过程

一个肽键形成后,二肽酰 tRNA 占据着核糖体 A 位,而卸载了氨基酸的 tRNA 仍在 P 位。从第三个氨基酸开始,肽酰转移酶催化的是 P 位上 tRNA 所连接的肽酰基与 A 位氨基酰基间的肽键形成。需要指出的是,肽酰转移酶的化学本质不是蛋白质,而是 RNA,因此属于一种核酶。原核生物核糖体大亚基中的 23S rRNA 具有肽酰转移酶的活性,在真核生物中,该酶的活性位于大亚基的 28S rRNA 中。

3. 易位　是指核糖体沿着 mRNA 的移位。成肽反应后,核糖体需要向 mRNA 的 3′ 端移动一个密码子的距离,方可阅读下一个密码子。易位需要 GTP,此过程需要延伸因子 eEF-2 的帮助。该延伸因子的含量和活性直接影响蛋白质合成速度,因此在细胞适应环境变化过程中是一个重要的调控靶点。移位的结果是:①成肽后位于 P 位的 tRNA 所携带的氨基酸或肽在反应中交给了 A 位上的氨基酸,空载的 tRNA 从核糖体直接脱落;②成肽后位于 A 位的带有合成中的肽链的 tRNA(肽酰 tRNA)转到了 P 位上;③P 位得以空出,且准确定位在 mRNA 的下一个密码子,以接受一个新的对应的氨基酰 tRNA 进位。

经过第二轮进位-成肽-易位,P 位出现三肽酰 tRNA,A 位空留并对应于第四个氨基酰 tRNA 进位。重复此过程,则有三肽酰 tRNA、四肽酰 tRNA 等陆续出现于核糖体 P 位,A 位空留,开始下一氨基酰 tRNA 进位。这样,核糖体从 5′→3′ 阅读 mRNA 中的密码子,连续进行进位、成肽、易位的循环过程,每次循环向肽链 C 端添加一个氨基酸,使肽链从 N 端向 C 端延伸。

四、翻译终止

真核细胞肽链合成的终止仅有一个释放因子 eRF,eRF 可识别 UAA、UAG、UGA 三个终止密码子,并需要 GTP 供能,使肽链从核糖体上释放。eRF 的结合可触发核糖体构象改变,将肽酰转移酶活性转变为酯酶活性,水解肽链与结合在 P 位上的 tRNA 之间的酯键,释放出合成的肽链,并促使 mRNA、tRNA 及 RF 从核糖体上脱离。mRNA 和各种蛋白质因子及其他组分都可以被重新利用。

在肽链延伸阶段中,每生成一个肽键,都需要直接从 2 分子 GTP(进位与易位各 1 分子)获得能量,即消耗 2 个高能磷酸键化合物,加上合成氨基酰 tRNA 时,已消耗了 2 个高能磷酸键,所以在蛋白质合成过程中,每生成 1 个肽键,平均需消耗 4 个高能磷酸键。任何步骤出现不正确连接都需消耗能量来水解清除;

这些能量用于维持遗传信息从 mRNA 到蛋白质的翻译过程的高度保真性,肽链合成的出错率低于 10^{-4}。此外在翻译起始复合物形成时还需要消耗能量,蛋白质生物合成是体内最大的耗能过程。

原核生物与真核生物的转录与合成的时空性

真核细胞线粒体中的部分蛋白质,如细胞色素 c 和 b 复合物组分的多肽,是在线粒体中合成的,线粒体中合成蛋白质的机制与原核蛋白质合成机制相似。真核生物与原核生物蛋白质合成既有共性,又存在差异(表 16-5)。

表 16-5　真核与原核蛋白质生物合成过程的比较

	真核生物	原核生物
遗传密码	相同	相同
翻译体系	相似	相似
转录与翻译	不偶联	偶联
起始因子	多,起始复杂	少
mRNA	科扎克共有序列、单顺反子	SD 序列、多顺反子
核糖体	80S	70S
起始 tRNA	Met-tRNA$_i^{Met}$	fMet-tRNA$_i^{fMet}$
起始阶段	9~10 种 eIF、ATP	3 种 IF、ATP、GTP
延伸阶段	eEF-1α、eEF-1$\beta\gamma$、eEF-2	EF-Tu、EF-Ts、EF-G
终止阶段	1 种 eRF	3 种 RF-1,RF-2,RF-3

思考题 16-4: 请计算真核生物合成由 100 个氨基酸残基组成的蛋白质需要多少 ATP(相当于)？并解释与原核生物合成相同数目氨基酸蛋白质所需能量的差别和原因。

第四节　肽链合成后的加工修饰

从核糖体释放出来的新合成多肽链一般不具有生物学活性,必须经过复杂的加工过程才能转变为具有天然空间结构的活性蛋白质。有的蛋白质还需要通过亚基聚合或与辅基连接才能具有生物学功能。翻译后加工包括肽链一级结构的修饰、多肽链的折叠和空间结构的修饰。在细胞质合成的蛋白质还需要输送到特定部位发挥生物作用。

一、多肽链的化学修饰

(一)多肽链 N 端的修饰
原核生物蛋白合成过程都是以甲酰化甲硫氨酸为起始氨基酸,但是,实际上天然蛋白质多数没有这样的 N 末端。细胞内脱甲酰基酶和氨基肽酶可以除去 N- 甲酰基或 N 端氨基酸,这一过程在肽链还在延伸时就有可能发生。

(二)多肽链的水解修饰
某些前体蛋白质可以经蛋白酶水解生成有活性的蛋白质。例如,人体内的阿黑皮素原(proopiomelanocortin,POMC)为含有 256 个氨基酸残基的蛋白质,在体内可以被水解生成促肾上腺皮质激素(三十九肽)、β- 促黑素(十八肽)、β- 内啡肽(十一肽)和 β- 脂酸释放激素(九十一肽)等活性多肽(图 16-15)。

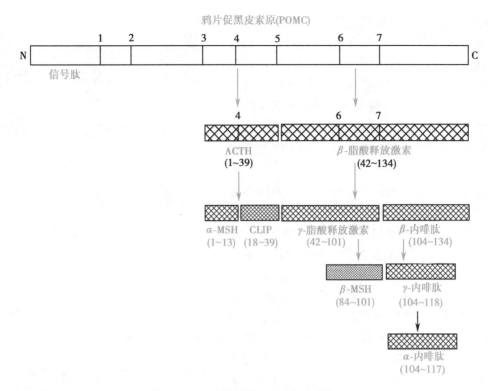

图 16-15　鸦片促黑皮素原的水解加工

(三) 个别氨基酸的共价修饰

在蛋白质生物合成水平上能够直接掺入的氨基酸通常是 20 种,可实际存在于蛋白质中的氨基酸种类要超过 20 种,原因之一是个别氨基酸可以发生共价修饰。如胶原蛋白中的羟赖氨酸和羟脯氨酸,两个半胱氨酸形成二硫键,丝氨酸和苏氨酸的糖基化等。

二、多肽链的折叠

虽然蛋白质的一级结构决定了其高级结构,但是蛋白质生物合成时肽链的正确折叠对于其功能至关重要。近年的研究发现,蛋白质在合成的过程中是一边合成一边折叠的,参与蛋白质正确折叠的因子主要有以下三种。

(一) 蛋白质二硫键异构酶

当多肽链中有许多半胱氨酸时,形成的二硫键可能发生连接错误,如不纠正会使形成的蛋白质出现错误构型。蛋白质二硫键异构酶(protein disulfide isomerase,PDI)可以使错误连接的二硫键断裂,再形成正确连接的二硫键。

(二) 肽基脯氨酰顺反异构酶

脯氨酸是相对刚性的氨基酸,肽链中出现脯氨酸时,可能形成顺式或反式构型。肽基脯氨酰顺反异构酶(peptidylprolyl cis-trans isomerase,PPIase)可以改变脯氨酸的构型,以保证整个蛋白质分子呈现正确的构型。

(三) 分子伴侣

分子伴侣(molecular chaperone)也称为监护分子,它特指一类特殊的蛋白质,这类蛋白质在细胞中的功能包括两方面:一方面是防止新生肽链错误地折叠和聚合;另一方面则是帮助或促进这些肽链快速地折叠成正确的三维结构,并成熟为具有完整结构和功能的蛋白。分子伴侣所参与的蛋白质折叠特异性不强或不具有特异性,即一种分子伴侣可以参与很多蛋白质的折叠。已发现许多分子伴侣具有 ATP 酶的活性,它与非折叠状态的多肽链结合后,利用内在的 ATP 酶活性水解 ATP,促进多肽链的折叠。分子伴侣主要有热激蛋白质(heat shock protein,Hsp)和伴侣蛋白(chaperonin)两大类。

1. 热激蛋白质 属于应激反应性蛋白,高温应激可诱导该蛋白质合成。各种生物都有相应的同源蛋白质,本身有许多其他生物学功能。大肠埃希菌 Hsp70 能够识别新合成多肽中富含疏水性氨基酸的片段,在折叠发生之前保持肽链呈伸展状态,以避免多肽链内或多肽链之间疏水基团的相互作用引起的错误折叠与聚合。折叠发生时,催化 ATP 释放能量驱动折叠并解离 Hsp70 和多肽片段。

2. 伴侣蛋白 生物体内约有 85% 的蛋白质能够自发折叠或者在热激蛋白质的帮助下折叠,还有约 15% 的蛋白质需要热激蛋白质和伴侣蛋白的共同作用下才能完成正确折叠(图 16-16)。大肠埃希菌中的伴侣蛋白主要是 GroES-GroEL 复合体,GroEL 由 14 个分子量为 60kD 的相同亚基组成,7 个亚基为 1 组形成圆环状七聚体,两组圆环状七聚体组成一个圆筒形结构;GroES 也是一个七聚体,每个亚基的分子量为 10kD,聚合物的形状像一个能够覆盖在 GroEL 圆筒形结构上的盖子。GroEL 圆筒形结构有一个 5nm 的中空区域,未折叠的多肽链进入这个中空区域,经过多次的结合和解离使多肽链得到正确折叠。每一次的结合与解离都需要 ATP 供能,GroES 的作用是瞬时封闭圆筒形结构的空腔,造成一个有利于肽链折叠的微环境。

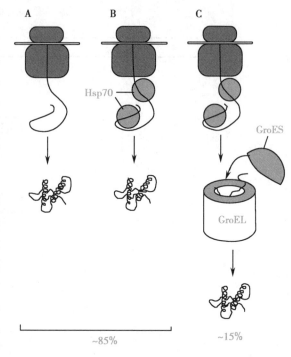

A. 自发折叠;B. 热激蛋白质帮助折叠;C. 热激蛋白质和伴侣蛋白共同帮助折叠

图 16-16 蛋白质折叠的三种途径

第五节 蛋白质在细胞中分选与定位

真核细胞除线粒体能合成的少数蛋白质外,其余蛋白质均在细胞内游离核糖体或内质网核糖体上合成。这些蛋白质含有特殊的氨基酸序列作为分选信号,决定它们的去向和最终定位。具有分选信号的蛋白质可在分选信号的指导下,运送到特定的细胞器,而不具有分选信号的蛋白质则留在细胞质中。

一、分泌蛋白质的靶向转运

细胞与外环境之间不断地进行着物质交换。细胞通过胞吞途径(endocytic pathway)把细胞外的蛋白质等大分子摄入到细胞内,经内体运送到溶酶体进行消化降解,消化产物进入细胞质基质为细胞利用;另一方面,细胞将自己合成的蛋白质和其他大分子通过生物合成 - 分泌途径(biosynthetic-secretory pathway)从内质网经高尔基体运送到细胞膜,以胞吐(exocytosis)方式分泌到细胞外。

蛋白质离开合成所在的细胞,转运到血液或其他细胞中发挥作用,这类蛋白质被称为分泌蛋白质(secretory protein),如各种肽类激素、血浆蛋白、凝血因子、抗体蛋白等。蛋白质的生物合成是在与粗面内质网(rough endoplasmic reticulum,RER)结合的核糖体进行。合成的蛋白质穿过 RER 膜,进入 RER 腔,在那里折叠成最终构象。内质网出芽形成囊泡,与高尔基体的正面区融合,将蛋白质释放到高尔基体内腔中,蛋白质在此经受糖基化修饰。高尔基体可将各种蛋白质进行分类送往溶酶体和质膜。囊泡与质膜融合,通过胞吐作用将分泌蛋白质释放到胞外(图 16-17)。

二、信号序列与信号肽

蛋白质在细胞质中合成后,还必须被靶向输送至发挥生物学功能的亚细胞区域,或分泌到细胞外。所有需要靶向输送的蛋白质,其一级结构都存在分拣信号,可引导蛋白质转移到细胞的特定部位,这类分拣信号又称为信号肽,是决定蛋白质靶向输送特性的最重要结构。这些信号肽有的存在于肽链的 N 端,有的

核蛋白体
高尔基复合体
分泌小泡
分泌型蛋白质
囊泡
顺面
高尔基网
反面
高尔基网
受体循环
囊泡
溶酶体
蛋白质
粗面内质网
6-磷酸甘露糖
6-磷酸甘露糖受体
运输小泡
分选小泡
溶酶体
细胞膜

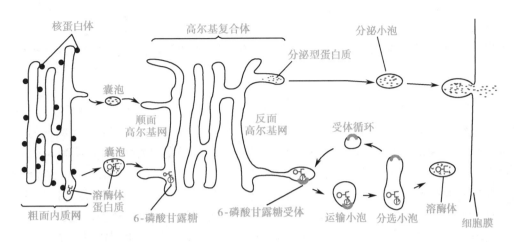

图 16-17　真核细胞分泌蛋白质和溶酶体蛋白质的靶向输送

存在于 C 端，有的存在于肽链内部；有的输送完成后被切除，有的保留。表 16-6 列出了蛋白质信号肽的特征与分拣定位。

表 16-6　蛋白质信号肽与分拣定位

靶向输送蛋白	信号肽	结构特点
分泌蛋白质和膜蛋白	信号肽	新生肽 N 端由 13~36 个氨基酸残基组成
核蛋白	核定位序列	肽链位置不固定，由 4~8 个碱性氨基酸残基组成
内质网蛋白	内质网滞留信号	肽链 C 端的 Lys-Asp-Glu-Leu
核基因编码线粒体蛋白	线粒体前导肽	新生肽 N 端由 20~35 个氨基酸残基组成
溶酶体蛋白	溶酶体靶向信号	Man-6-P（甘露糖 -6- 磷酸）

信号肽（signal peptide）是指在分泌蛋白质或跨膜蛋白的前体分子的 N 端的一段氨基酸序列。真核生物的信号肽能与信号肽识别颗粒结合，指导分泌蛋白质到内质网膜上合成，在蛋白质合成结束之前信号肽被信号肽酶切除。真核生物新生分泌蛋白质的信号肽一般长度为 10~40 个氨基酸残基，由三部分组成。氨基端碱性区：含有一个或多个荷正电的氨基酸残基；中部疏水核心区：长度为 10~15 个氨基酸残基，主要由疏水性氨基酸残基组成，这些氨基酸残基 R 侧链的疏水性是高度保守，如果其中某个被极性氨基酸残基替换后，信号肽即失去其功能；羧基端：有一个信号肽酶识别切割位点，位点上游常有 5 个氨基酸残基的疏水性肽段，信号肽可以在肽链转运过程中被信号肽酶（signal peptidase）切掉（图 16-18）。

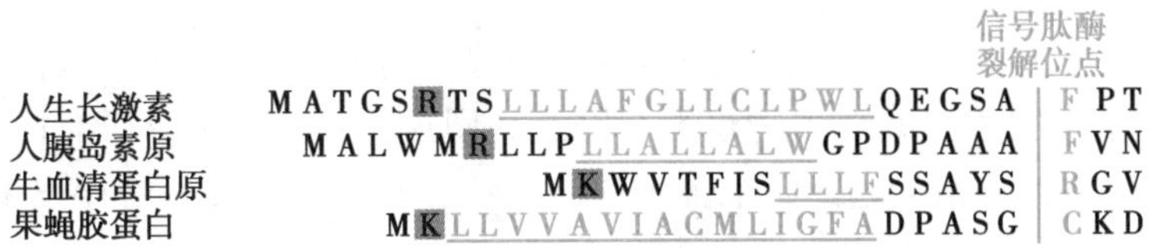

信号肽酶
裂解位点
人生长激素　MATGSRTSLLLAFGLLCLPWLQEGSA | FPT
人胰岛素原　MALWMRLLPLLALLALWGPDPAAA | FVN
牛血清蛋白原　MKWVTFISLLLFSSAYS | RGV
果蝇胶蛋白　MKLLVVAVIACMLIGFADPASG | CKD

图 16-18　真核细胞分泌蛋白质的信号肽

Gunter Blobel 发现蛋白质自身具有内源性信号肽指导蛋白质在细胞内的转运和定位，1999 年获诺贝尔生理学或医学奖。在体外无细胞系统中进行由 mRNA 编码的分泌蛋白质在核糖体上合成，当合成系统中有微粒体存在时，所合成的蛋白质与体内合成的相同；如果在合成系统中去除微粒体，合成蛋白质的 N 末端会多出一段短肽。基于这一实验，1975 年 Blobel 等人提出了信号假说（signal hypothesis），即在新合成蛋白质的 N 末端有一段信号序列，称为信号肽。

思考题 16-5：你认为人体细胞内胆固醇生物合成的关键性酶 HMG-CoA 还原酶含有信号肽吗？

三、信号肽识别颗粒

信号识别颗粒（signal recognition particle, SRP）是由 6 个多肽亚基和 1 个 7S RNA 组成的 11S 复合体。SRP 可识别信号肽和 SRP 受体（SRP receptor），另外，它还可以干扰氨基酰 RNA 与肽酰转移酶反应，以延缓核糖体的肽链延伸过程。新生肽链合成几十个氨基酸残基后，其 N 端信号肽与 SRP 结合，随后核糖体肽链的延伸作用暂时被停顿（或延伸速度大大减低），进而 SRP-新生肽链-核糖体复合体就移动到内质网上，并与内质网上的 SRP 受体结合。在 SRP 受体的作用下，带有新生肽链的核糖体被送入多肽移位装置，SRP 被释放到胞质中，此时，核糖体肽链的延伸又重新开始，该过程需要 GTP 供能（图 16-19）。

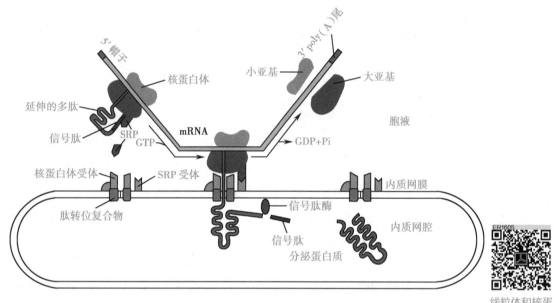

图 16-19　信号肽引导真核细胞分泌蛋白质进入内质网

ER1605

线粒体和核蛋白的转运机制

第六节　蛋白质生物合成的干扰与抑制

一、抗生素抑制细菌蛋白质合成

原核生物与真核生物的蛋白质生物合成过程既相似又有差异，原核生物的核糖体较真核生物的核糖体小，所含有的蛋白质和 rRNA 与真核生物也不相同。利用这种差异性可以研究选择抑制原核生物蛋白质生物合成的药物。一些抗生素通过抑制细菌蛋白质生物合成过程而发挥治疗作用，但它们对蛋白质生物合成的作用靶点各不相同（表 16-7）。

表 16-7　常见抑制蛋白质生物合成的抗生素

抑制剂	抑制机制
林可霉素	抑制原核生物大亚基上的肽酰转移酶活性，抑制转肽反应
稀疏霉素	抑制原核生物大亚基上的肽酰转移酶活性，抑制转肽反应
氯霉素	抑制原核生物大亚基上的肽酰转移酶活性，抑制转肽反应

续表

抑制剂	抑制机制
红霉素	作用于原核生物大亚基,抑制易位反应
黄色霉素	阻止 EF-Tu-GDP 与核糖体解离,抑制进位反应
夫西地酸	结合 EF-G-GDP,阻止它与大亚基的解离,抑制延伸反应
链霉素	导致 mRNA 误读,抑制起始反应
四环素	抑制起始氨基酰 tRNA 与原核生物小亚基结合

少数抗生素(如嘌呤霉素和放线菌酮)能同时抑制原核和真核生物的蛋白质生物合成,故不宜作为抗菌药物,可作为抗肿瘤药物,或用于蛋白质生物合成实验研究的工具性药物。

二、干扰素的抑制作用

干扰素(interferon,IFN)是病毒感染真核生物宿主细胞后,诱导产生的分泌性蛋白质因子,可抑制病毒的繁殖。干扰素分为 α 干扰素(白细胞)、β 干扰素(成纤维细胞)和 γ 干扰素(淋巴细胞)三大类。每一类又各有不同的亚型,分别对应特定的功能。

干扰素在某些病毒双链 RNA 存在时,能诱导 eIF-2 蛋白激酶活化。该活化的激酶使宿主 eIF-2 磷酸化而失活,从而抑制病毒蛋白质的生物合成,发挥抗病毒作用(图 16-20A)。另外,干扰素还与双链 RNA 共同活化 2′-5′ 寡聚腺苷酸合成酶,使 ATP 以 2′-5′ 磷酸二酯键连接,聚合为 2′-5′ 寡聚腺苷酸(2′-5′A)。2′-5′A 再活化一种核酸内切酶 RNase L,后者使病毒 mRNA 降解,使病毒蛋白质合成缺少模板(图 16-20B)。实验证明,干扰素的上述两方面作用相互独立,没有依赖关系。

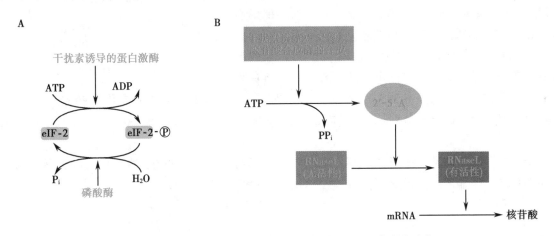

A. 干扰素诱导蛋白激酶活化;B. 干扰素诱导 2′-5′A 合成酶活化

图 16-20　干扰素抗病毒作用的分子机制

干扰素除抗病毒活性外,还有调节细胞生长分化、激活免疫系统等作用,在临床上有广泛的应用。干扰素是继胰岛素之后,较早采用基因工程法生产的基因工程药物。

> **案例分析:**
>
> 患者,男,17 岁,肝功能异常 3 个月余,1 周前自感乏力收治入院。既往病史:HBsAg 阳性 10 年,无抗病毒治疗史。经查 GPT:242U/L,GOT:46U/L,HBsAg(+):>250IU/ml,HBeAg(+):>4.62S/CO,HBV-DNA:1.2×10⁵IU/ml,B 超:弥漫性肝病,胚囊壁毛糙,脾大。诊断:慢性中度乙型病毒性肝炎。治疗过程:采用长效干扰素治疗慢性乙型肝炎,给予聚乙二醇干扰素 α2a(180μg)后 12 周 HBsAg 定量水平降到 134.78IU/ml,HBV-DNA 转阴,肝功能正常,提示早期应答。经标准疗程 48 周(1 年)治疗后,患者 HBsAg 转换。为巩固并扩大治疗效果,延长聚乙二醇干扰素 α2a(180μg)治疗

至 72 周(1.5 年),各项指标稳定,HBV-DNA<$2.00×10^5$IU/ml,HBeAg 清除,HBsAb:241mIU/ml,逐停药。停药后随防 24 周,各项指标稳定,始终维持 HBeAg 血清学清除与 HBsAg 血清学转换。对于年轻患者,通过聚乙二醇干扰素 α2a 治疗,可以提高临床治愈的机会,帮助他们恢复拥抱生活的信心。此外,我国政府从 20 世纪 80 年代开始,给予全体新生儿免费接种乙肝疫苗,使我国青少年乙型肝炎病毒阳性率接近零,极大地提高了年轻人的健康水平。

问题:

1. 请从生物化学角度分析干扰素治疗乙型肝炎的作用机制。
2. 请解释聚乙二醇干扰素具有长效作用的生化机制。
3. 请从理论上分析和预测干扰素治疗新型冠状病毒感染的可能性。
4. 请了解采用基因工程法制备乙肝疫苗的基本原理和生产过程。

三、毒素的抑制作用

(一) 白喉毒素

白喉毒素(diphtheria toxin)是白喉棒状杆菌产生的毒蛋白,它对人体和其他哺乳动物的毒性极强,其主要作用是抑制蛋白质的生物合成。白喉毒素由 A、B 两个亚基组成,A 亚基能催化辅酶 I(NAD+)与真核 eEF-2 共价结合,从而使 eEF-2 失活(图 16-21)。它的催化活性很高,只需微量就能有效地抑制细胞整合蛋白质合成,给予烟酰胺可拮抗其作用。B 亚基可与细胞表面特异受体结合,帮助 A 链进入细胞。

(二) 蓖麻毒蛋白

蓖麻毒蛋白(ricin)可与真核生物核糖体 60S 大亚基结合,抑制肽链延伸。该蛋白质由 A、B 两条链通过一对二硫键连接而组成。B 链是凝集素,通过与细胞膜上含有半乳糖的糖蛋白(或糖脂)结合附着于动物细胞的表面。附着后,二硫键被还原,A 链释放进入细胞内,与 60S 大亚基结合。A 链具有

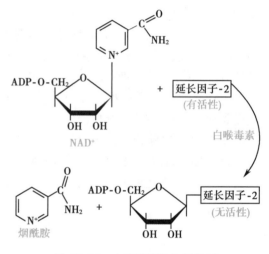

图 16-21　白喉毒素的作用机制

蛋白酶活性,催化 60S 大亚基中 28S rRNA 第 4 324 位脱嘌呤反应,使 28S RNA 降解,使核糖体大亚基失活,抑制蛋白质的生物合成。蓖麻毒蛋白毒力很强,为同等重量氰化钾毒力的 6 000 倍,可用于生化武器。

思考题 16-6：蓖麻毒蛋白通过抑制蛋白质合成发挥毒性作用,从而保护自己的种子。为什么蓖麻毒蛋白不抑制蓖麻自身细胞内的蛋白质生物合成,对蓖麻植物自身没有毒性作用?

小　结

蛋白质是生命活动的物质基础和功能执行者。没有蛋白质,细胞内的一切活动将会停止。根据中心法则,DNA 通过转录将 DNA 中遗传信息传递至 mRNA 分子,再通过翻译将遗传信息由 mRNA 传递至蛋白质分子中。其本质是将 mRNA 分子中所隐含的遗传信息(核酸语言)转化为蛋白质中的氨基酸序列信息(蛋白质语言)。因此,细胞内蛋白质生物合成(protein biosynthesis)也称翻译或转译(translation)。

翻译是按照 mRNA 模板分子中的核苷酸密码子信息,以 tRNA 为氨基酸搬运载体,在核糖体上合成蛋白质的过程。蛋白质生物合成是在细胞内核糖体进行的。核糖体由 rRNA 和蛋白质所组成。原核生物核糖体为 70S,分别由大亚基(50S)和小亚基(30S)组成。真核生物的核糖体为 80S,分别由大亚基(60S)和小亚基(40S)所组成。tRNA 由 73~93 个核苷酸残基组成,其中含有稀有碱基。每一个 tRNA 均有 3′-CCA 以供连接氨基酸,反密码子环则负责氨基酰 tRNA 和 mRNA 中的密码子互补配对。另外,tRNA 还有一个

TψC 环、DHU 环。有的 tRNA 还有一个额外环。

蛋白质的生物合成过程包括 3 个阶段:氨基酸的活化、肽链的生物合成和肽链合成的加工过程。其肽链的合成过程又分为起始、延伸与终止。延伸又分为进位、成肽和易位。原核生物 mRNA 的转录和翻译过程几乎是同时进行的,蛋白质合成往往在 mRNA 一开始转录就被引发。真核细胞的蛋白质合成与 mRNA 的转录过程在时间和空间上是分开的。真核细胞的 mRNA 经转录和修饰后,成为成熟 mRNA 并转运至细胞质,参与蛋白质合成,而且只编码一种肽链,其 mRNA 称为单顺反子。蛋白质生物合成是一个复杂的过程,涉及许多蛋白质因子的参与,而且需要消耗大量的能量。

蛋白质生物合成后,还需要折叠形成有活性的三维空间结构,只有形成正确空间结构的蛋白质才具有生物学活性。分子伴侣等在蛋白质折叠中发挥重要的辅助作用。有的蛋白质合成后还要被进一步修饰,并输送到正确的细胞部分才能发挥作用。信号肽是蛋白质定向转运的一段氨基酸序列,一般位于蛋白质的 N 端。它与 SRP 结合后,将正在合成的肽转运到内质网腔,自身被水解而切除,而蛋白质被进一步修饰并运输到高尔基体。高尔基体是蛋白质发生糖基化修饰的重要场所。新合成的蛋白质被包裹在囊泡中,最后通过胞吐作用分泌到胞外。靶向线粒体的蛋白质也是利用信号肽转运到线粒体内,但靶向细胞核的信号肽位于蛋白质的内部。该信号肽帮助蛋白质定向转运后,不被水解,仍保留在蛋白质中。一些细胞外的蛋白质可以通过胞吞作用进入细胞内。

原核生物与真核生物的蛋白质生物合成过程有共性,也有差异。人们利用这种差异性,研发了临床应用的抗病毒与抗细菌感染类药物。深入了解真核生物蛋白质生物合成过程,可以开发新的抗肿瘤药物。

练习题

1. 遗传密码有何特征? 它们是如何被破解的?
2. 试述 tRNA 作为"第二遗传密码"在保证蛋白质被正确翻译过程中的作用机制。
3. 试述大肠埃希菌蛋白质生物合成过程。
4. 比较原核细胞与真核细胞在蛋白质生物合成上的异同。
5. 试述蛋白质多肽链合成后的重要加工方式。
6. 试述信号肽在蛋白质定向转运中的作用机制。
7. 试述蛋白质生物过程的一些重要抑制剂的作用原理。
8. 请以超氧化物歧化酶(SOD)为例,设计靶向线粒体的蛋白质类药物。
9. 比较蛋白质生物合成保真性与 DNA 复制保真性的差异。
10. 试述人体胰岛 β 细胞内胰岛素的生物合成过程。

(张玉彬)

第十六章同步练习

第十七章
基因表达调控

第十七章课件

基因表达调控的分子基础是 DNA 和蛋白质的相互作用。基因表达的调控可以在转录前水平(DNA 水平)、转录水平、转录后加工水平、翻译水平和翻译后加工水平不同层次进行,其中转录水平的调控是最主要的方式。

第一节　基因表达调控的特点

一、基因表达

基因是指携带有遗传信息的 DNA 或 RNA 序列。基因表达(gene expression)主要是指细胞在生命过程中,把储存在 DNA 序列中的遗传信息经过转录和翻译,转变成具有生物功能的大分子,如蛋白质、rRNA、tRNA 和其他小分子 RNA。并非所有基因表达过程都产生蛋白质,编码 rRNA、tRNA 等基因的 DNA 转录合成相应 RNA 的过程也属于基因表达。

人体从一个受精卵(一套遗传基因组)发育形成具有不同形态和不同功能的多组织和多器官的个体。同一个体的不同组织细胞拥有相同的遗传信息,却产生各自专一的蛋白质产物,从而表现不同的生物学功能。人类基因组含有 2 万~3 万个基因,不同组织、不同生长发育阶段和不同病理条件下,基因组中只有一部分基因表达。基因表达具有选择性和组织特异性,并受到严格的调控,以维持个体的发育与生长。

二、基因表达的特异性

基因表达的特异性是基因调控序列与调节蛋白相互作用所决定的。

(一) 时间特异性

基因表达严格按一定的时间顺序发生称为基因表达的时间特异性(temporal specificity)。在多细胞生物从受精卵到组织、器官形成的各个不同发育阶段,相应基因严格按一定时间顺序开启或关闭,表现为与分化、发育阶段一致的时间性。因此,多细胞生物基因表达的时间特异性又称阶段特异性。

基因表达的时间特异性是按功能需要进行的。某一特定基因的表达严格按一定时间顺序发生,以适应生物体的需求,否则将会导致生理功能紊乱或与肿瘤发生有关。例如,编码甲胎蛋白(alpha-fetoprotein,AFP)的基因在胎儿肝细胞中活跃表达,因此合成大量的甲胎蛋白,成年后这一基因的表达水平很低,血浆中几乎检测不到 AFP。但是,当正常肝细胞转化为肝癌细胞后,编码 AFP 的基因又重新被激活,大量的 AFP 被合成。因此,血浆中 AFP 的水平可以作为成人肝癌早期诊断的一个重要指标。

(二) 空间特异性

基因表达的空间特异性(spatial specificity)指在多细胞生物个体发育或生长的不同阶段,各种基因的表达在机体中按不同组织或细胞空间顺序出现。因此,基因表达的空间特异性又称组织特异性(tissue specificity)或细胞特异性(cell specificity)。例如,编码胰岛素的基因只在胰岛的 β 细胞表达,胰岛素发挥降血糖水平作用。而编码胰高血糖素的基因只在胰岛的 α 细胞表达,胰高血糖素则发挥升血糖作用。两者相互作用使机体血糖维持在正常水平。

有些基因在不同器官、组织或细胞中均有表达,但它们的表达量或表达水平则不同,这种现象称为差异基因表达(differential gene expression)。在个体内决定细胞类型的不是基因本身,而是基因表达模式(gene expression pattern),细胞内基因表达的种类和强度决定了细胞的分化状态和功能。

三、基因表达的方式

(一) 基因的组成性表达

某些基因产物对生命全过程都是必需的或不可缺少的,这类基因在一个生物个体的几乎所有细胞中持续表达,通常称为持家基因(housekeeping gene),其表达丰度根据细胞一般要求保持恒定水平,基本不受环境和其他因素的影响,其表达方式称为组成性表达。如甘油醛 -3- 磷酸脱氢酶(GAPDH)参与糖酵解过程,由 4 个 30~40kD 的亚基组成,分子量为 146kD。*GAPDH* 基因几乎在所有组织中都表达,属于组成性表达的典型代表。因此,GAPDH 被广泛用作蛋白质印迹法(Western blotting)分析方法的内参物(loading control)。

(二) 基因的适应性表达

与持家基因不同,有一类基因的表达具有可调控性,表现为基因表达水平的升高或降低现象。诱导性和阻遏性基因表达是生物体适应外界环境的基本途径。

1. 诱导　在特定的信号刺激下,有些基因表现出开放性或增强性的表达,称为诱导(induction),这类基因称为可诱导基因(inducible gene)。可诱导基因在特定环境中会表达增强。例如,细菌中 DNA 损伤时,DNA 修复酶基因的表达就会在细菌内被诱导激活,使修复酶表达量和反应性增加。

2. 阻遏　另一些基因在信号刺激时表现出关闭性或抑制性的表达,产物减少,称为阻遏(repression),这类基因称为可阻遏基因(repressible gene)。例如,当培养基中色氨酸供应充分时,在细菌内与色氨酸合成有关酶的编码基因表达会被抑制。

(三) 基因的协同表达

基因的协同表达体现在多细胞生物体的生长发育全过程。在某种机制调控下,功能上相关的一组基因,无论采取何种表达方式,均需协调一致,这就是所谓的协同表达(coordinate expression)。而这种调节方式称为协同调节(coordinate regulation)。例如,在生物体内,一个代谢途径通常由一系列酶促反应组成,需要多种酶参与;此外,还需要其他蛋白质参与负责诸如底物或代谢产物的转运等。这些酶及转运蛋白等的编码基因被统一调节,使参与同一代谢途径的不同蛋白质分子之间的比例适当,以确保代谢途径有条不紊地进行。

第二节　原核生物基因表达调控

ER1702
操纵子学说(微课)

随机挑选学生回答,考查学生的学习情况。

课后:学生完成老师布置的作业,并对"IPTG 诱导细菌中 β- 半乳糖苷酶表达的分子机制"问题,开展深入学习和讨论。

在原核生物中,遗传信息的转录和翻译发生在同一空间,并以偶联的方式进行。原核生物基因的表达受多级水平调控,但其表达水平的调控是关键性步骤。

一、转录水平的调控——操纵子学说

1961 年由 F. Jacob 和 J. Monod 提出操纵子调控理论。原核生物绝大多数基因按功能相关性成簇地串联、密集于染色体上,共同组成一个转录单位——操纵子(operon)。如乳糖(lac)操纵子、阿拉伯糖(ara)操纵子及色氨酸(trp)操纵子等。一个操纵子只含一个调控序列及数个可转录的编码基因(通常为 2~6 个,有的多达 20 个)。在同一启动序列控制下,操纵子可转录出多顺反子 mRNA。调控区由上游的启动子和操纵序列(operator)组成。启动子是结合 RNA 聚合酶的部位,操纵序列是控制 RNA 聚合酶能否通过的"开关"。

(一) σ 因子决定 RNA 聚合酶的识别特异性

转录的第一步是 RNA 聚合酶(RNA polymerase)与启动子结合。大肠埃希菌 RNA 聚合酶($\alpha_2\beta\beta'\sigma$)中 σ 因子的功能是帮助核心酶($\alpha_2\beta\beta'$)识别并结合启动子,σ 因子又称起始因子。原核生物细胞内有多种 σ 因子,但仅含有一种 RNA 聚合酶。核心酶参与转录延伸,并决定 RNA 转录生成的速度;不同的 σ 因子仅决定 RNA 聚合酶特异性识别不同的操纵子,因此,原核生物基因表达"开与关"主要是通过操纵序列来调控。

(二) 乳糖操纵子

乳糖操纵子(lac operon)是最早被发现的诱导型操纵子,它由 lacZ、lacY 和 lacA 三个结构基因及其调控区组成。结构基因区的 3 个基因分别编码 3 种酶:Z 基因编码 β- 半乳糖苷酶(β-galactosidase);Y 基因编码通透酶(permease),其能够帮助乳糖进入细胞;A 基因编码乙酰转移酶(transacetylase)。3 种酶的作用使细胞开始利用乳糖作为能量来源。此外,还有一个操纵序列(O)、一个启动序列(P)及一个阻遏基因(I)。I 基因编码一种阻遏蛋白,后者与 O 序列结合,使操纵子受阻遏而处于关闭状态。在启动序列(P)上游还有一个分解代谢基因活化蛋白(CAP)结合位点。由 P 序列、O 序列和 CAP 结合位点共同构成乳糖操纵子的调控区,3 个酶的编码基因由同一调控区调节,实现基因表达产物的协同调节(图 17-1)。

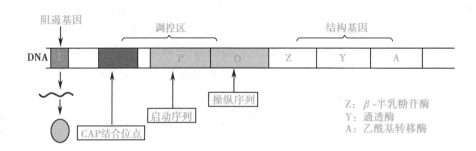

图 17-1　乳糖操纵子结构

1. 阻遏蛋白的负调控　乳糖操纵子的阻遏基因(I)位于调控区的上游,表达产生的阻遏物为一种同型四聚体蛋白质,分子量为 155kD,它可牢固地结合在操纵序列(O)。当有葡萄糖而无乳糖时,lacI 基因表达产生的阻遏蛋白可与操纵区结合,从而阻碍 RNA 聚合酶前移的通路,结构基因无法转录,因而细胞不表达上述 3 种酶。这是符合细菌生理功能的,在没有乳糖时不盲目生成消耗乳糖的酶类。当乳糖与葡萄糖同时存在时,细菌优先利用葡萄糖。当葡萄糖耗尽,而有乳糖存在时,乳糖本身可作为诱导物与阻遏蛋白结合,并使阻遏蛋白发生变构,使其不能与操纵序列(O)结合,操纵序列开放,RNA 聚合酶可转录与乳糖代谢相关的 3 种酶(图 17-2)。

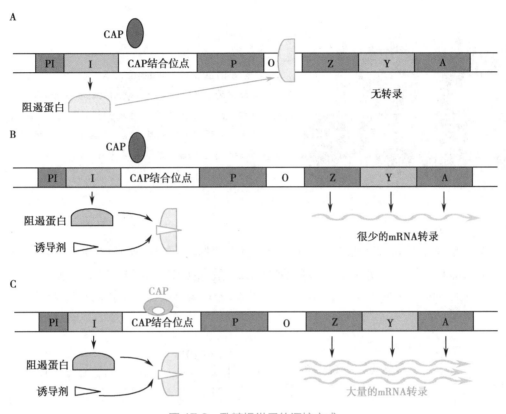

图 17-2　乳糖操纵子的调控方式

在这个操纵子体系中,诱导剂并非乳糖本身,而是半乳糖。乳糖进入细胞后,经细胞内原来存在的少量 β- 半乳糖苷酶催化,转变为半乳糖。后者作为一种诱导剂分子结合阻遏蛋白,使蛋白质构象变化,导致阻遏蛋白与 O 序列解离,发生转录。异丙基硫代 -β-D- 半乳糖苷(IPTG)是一种人工合成的极强的诱导剂,不被细菌代谢而十分稳定,因此广泛应用于基因工程和分子生物学研究中。

2. CAP 的正调节　启动子上游还有一段短序列是分解代谢基因活化蛋白(catabolite gene activator protein,CAP)的结合区。CAP 的结合,有利于推动 RNA 聚合酶前移,是一种正调控方式。CAP 是一种碱性二聚体蛋白质,也称 cAMP 受体蛋白质,属变构蛋白。当葡萄糖消耗完时,细胞内 cAMP 含量增加,cAMP 与 CAP 结合后,后者构象发生变化,对 DNA 的亲和力增强。cAMP-CAP 复合物结合到 DNA 上的 CAP 位点后,则会促进下游启动子与 RNA 聚合酶结合和加速转录。所以 CAP 是一种正调节蛋白,其作用需要 cAMP 参与。

3. 协同调节　阻遏蛋白负性调节与 CAP 正性调节两种机制协同作用。当阻遏蛋白封闭转录时,CAP 对该系统不能发挥作用;但是如果没有 CAP 存在来加强转录活性,即使阻遏蛋白从操纵序列上解离,转录活性仍很低。可见,这两种机制相辅相成、相互协调。由于野生型乳糖操纵子启动序列作用很弱,所以 CAP 是必不可少的。

乳糖操纵子的负性调节能很好地解释单纯乳糖存在时细菌是如何利用乳糖作碳源的。然而,细菌生长环境是复杂的,倘若葡萄糖或葡萄糖 / 乳糖共同存在时,细菌首先利用葡萄糖才是最节能的。这时,葡萄糖通过降低 cAMP 浓度,阻碍 cAMP 与 CAP 结合而抑制乳糖操纵子转录,使细菌只能利用葡萄糖。乳糖操纵子强的诱导作用既需要乳糖存在又需缺乏葡萄糖。

思考题 17-1 : 在大肠埃希菌发酵培养过程中, 以葡萄糖和乳糖作为混合碳源, 会出现二次生长现象(即微生物的生长经过两个阶段), 试用操纵子学说解释此现象。

Francois Jacob(左)和 Jacques L.Monod(右)于 1961 年发表《蛋白质合成中的遗传调节机制》, 提出乳糖操纵子学说, 获得 1965 年的诺贝尔生理学或医学奖。操纵子学说开创了基因调控的研究。他们发现和阐明的调节基因、转录、操纵子、mRNA、调节蛋白等新概念, 成为分子生物学发展的重要基石。

(三) 色氨酸操纵子

细菌基因组中存在数种与氨基酸合成有关的操纵子, 其转录既可以受氨基酸自身的抑制, 也可以受氨基酸衍生物的抑制, 所以只要培养基中有足够量的氨基酸存在, 这些操纵子就无须表达。色氨酸操纵子由 5 个连续排列的基因 *trpE*、*trpD*、*trpC*、*trpB* 和 *trpA* 组成, 分别编码使分支酸转化成色氨酸合成途径中的 3 种酶。

分支酸(chorismic acid) → 邻氨基苯甲酸合成酶 → 邻氨基苯甲酸 → 吲哚甘油磷酸合成酶 →

吲哚甘油磷酸 → 色氨酸合成酶 → 色氨酸

trpD 和 *trpE* 编码邻氨基苯甲酸合成酶, *trpC* 编码吲哚甘油合成酶, *trpA* 和 *trpB* 编码色氨酸合成酶。在结构基因上游分别是启动子(P)、操纵序列(O)、前导序列 *trpL*。与操纵序列(O)结合的阻遏蛋白是由相距很远的调节基因 *trpR* 编码(图 17-3)。色氨酸阻遏蛋白在色氨酸合成前是无活性的, 只有当细胞中存在色氨酸时, 该阻遏蛋白才能和色氨酸结合, 其构型发生改变, 使其处于活化状态, 然后结合到操纵序列(O)上, 从而阻止色氨酸操纵子的转录(图 17-3)。

阻遏蛋白的调控通过细胞内色氨酸水平来调节的, 弱化子系统调控是通过细胞内色氨酰 tRNA 含量来实现的, 它通过前导肽的翻译来控制转录的进行。在细菌细胞内这两种作用相辅相成, 体现着生物体内周密的调控作用。

二、转录后水平的调控

虽然原核生物基因表达的调控主要是对转录水平的调控, 但是转录生成 mRNA 以后, 再在翻译或翻译后水平进行"微调", 是对转录调控的补充, 它使基因表达的调控更加适应生物本身的需要和外界环境的变化。转录后水平的调控又称为翻译水平调控。

色氨酸操纵子
的衰减机制

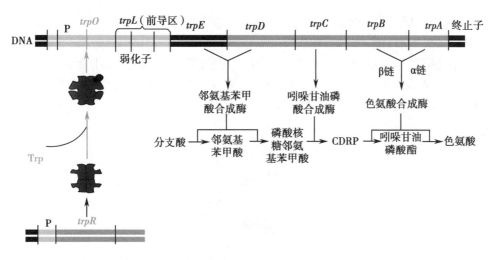

图 17-3　色氨酸操纵子的结构

(一) mRNA 稳定性

不同操纵子转录出的 mRNA 分子的平均寿命是不同的,原核生物中 mRNA 的半衰期相差较大,可以从几十秒到几十分钟(平均 2~3 分钟),这与 mRNA 本身的结构、细胞生理状态和环境因素有关。mRNA 的 5′ 端或 3′ 端的发夹结构可保护其不被外切酶迅速水解,提高稳定性。而 RNase Ⅲ能识别特殊的发夹结构,将其裂解,再被其他 RNA 酶降解。未被裂解的发夹结构,其他 RNA 酶亦不能破坏。如果这种发夹结构被保护,则 RNA 的寿命就会延长。有些特殊调控蛋白可以结合这种发夹结构,增加 mRNA 的稳定性。

(二) SD 序列

在原核生物的多顺反子 mRNA 中,在起始密码子 AUG 前面都有一个 SD 序列。不同的 SD 序列有一定的差异,因而翻译起始效率不一样。SD 序列与起始密码子之间的距离,也是影响 mRNA 翻译效率的重要因素之一。人们在研究真核重组白细胞介素 -2(IL-2)在原核细胞中表达时发现,乳糖操纵子启动子的 SD 序列距 AUG 为 7 个核苷酸时,IL-2 表达最高,而间隔 8 个核苷酸时,IL-2 表达水平可降低 500 倍。说明 SD 序列与 AUG 的间距显著影响 IL-2 基因在大肠埃希菌中的表达效率。另外某些蛋白质与 SD 序列的结合会影响 mRNA 与核糖体的结合,从而影响蛋白质的翻译。

(三) 反义 RNA 的调节

反义 RNA 是指一类小分子 RNA(长 70~200nt),通过互补碱基作用与 mRNA 结合,从而能阻断 mRNA 翻译成蛋白质。反义 RNA 也称为 mRNA 干扰互补 RNA(mRNA interfering complementary RNA,micRNA)。大肠埃希菌渗透压调节基因 *ompR* 的产物 ompR 蛋白,在不同的渗透压时具有不同的构象,分别结合渗透压蛋白 ompF 和 ompC 的基因调控区。低渗时,ompF 蛋白表达增加,高渗时,ompC 蛋白表达增加。当环境渗透压由低渗转为高渗时,不仅 *ompF* 基因的转录停止,已经转录出来的 mRNA 的翻译也被抑制。此抑制物不是蛋白质,而是一种小分子RNA(约 170bp),它的碱基顺序恰好与 *ompF* mRNA 的 5′ 端附近的顺序互补,从而抑制 *ompF* 基因的表达。研究结果表明,当高渗促进 *ompC* 基因表达时,在 *ompC* 基因启动子上游方向有一段 DNA 序列(调节基因 *micF*)同时表达,产生了这样一段小分子 RNA。

第三节　真核生物基因表达调控

与原核生物相比,真核生物基因的表达调控要复杂得多,这是因为这两类生物在基因表达上存在重大差别。

一、真核生物基因表达调控特点

真核基因的表达调控贯穿于从 DNA 到有功能的蛋白质的全过程,即 DNA → RNA →蛋白质的信息传递过程。这一过程中的每一步都受到严格的调控:DNA 和染色质改变(基因结构变化、基因扩增或重排、DNA 修饰、染色质结构重塑)、转录起始调控、转录本(RNA)的加工与运输剪接过程的调控、mRNA 从细胞核转运至胞质及在胞质中定位的调节及稳定性的调控、翻译的调控和蛋白质活性的调控等(图 17-4)。因此,真核基因表达调控可以发生在不同水平上,是一个复杂的多级调控系统。其中转录水平的调控,尤其是转录起始的调节,对基因表达起着至关重要的作用。mRNA 转录起始是基因表达调控的基本控制点。

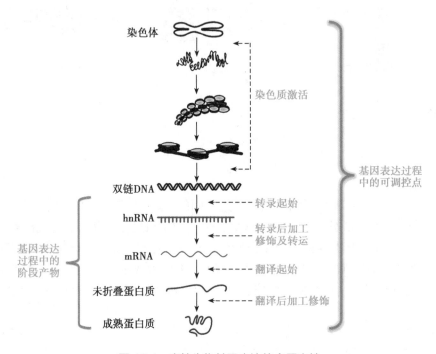

图 17-4　真核生物基因表达的多层次性

二、转录前水平的调控

真核生物细胞基因表达在 DNA 和染色质水平(即转录前水平)的调控主要有:基因扩增、基因丢失、基因重排、DNA 修饰、染色质重塑等。其中,不改变基因的 DNA 序列而调控基因表达的可遗传机制统称为表观遗传调控。

(一) DNA 水平调控

真核生物基因的拷贝数和在染色体中的位置变化直接调控其编码蛋白的表达水平。这类调控的特点是作为遗传物质的基因组 DNA 序列发生了不可逆的改变。

1. 基因扩增和丢失　基因扩增(gene amplification)是指在基因组内特定基因的拷贝数专一性大量增加的现象。例如,爪蟾卵母细胞采取了特殊的基因扩增方式高效率扩增 rRNA 基因,产生大量的蛋白质翻译复合体,合成其生长发育所必需的蛋白质。此外,药学研究中发现当在细胞系中加入甲氨蝶呤,可以使二氢叶酸还原酶基因 DNA 大量扩增。这是由于甲氨蝶呤是二氢叶酸还原酶的抑制剂,可阻断叶酸代谢。逐渐增加甲氨蝶呤的剂量,能使抗性细胞中二氢叶酸还原酶基因的拷贝数逐步增加,从而使细胞具有抗药性。

基因丢失(gene loss)是指现有的蛋白质编码基因,甚至整个染色体,在细胞分化或个体发育过程中因突变等原因失去原有的功能并进而从基因组中消除。某些低等真核生物如原生动物、线虫、昆虫、甲壳类动物,体细胞常丢掉部分或整条染色体,只保留将来分化产生生殖细胞的那套染色体。随着高通量测序技术的发展,发现基因丢失现象也存在于高等真核生物。例如,视网膜母细胞瘤蛋白 1(RB1)作为肿瘤抑制蛋白参与调控细胞周期、细胞分化和凋亡。研究发现包括视网膜母细胞瘤、前列腺癌、乳腺癌、非小细胞肺癌等多种癌症发生过程中,*RB1* 基因发生了丢失。另外,Y 染色体虽然仅携带了 71 个基因,但在性别决定和精子形成中起着至关重要的作用。男性部分细胞,如白细胞等,会随着年龄的增长丢失 Y 染色体,并相应增加疾病发生的风险,如心肌纤维化和癌症等。

2. 基因重排 基因重排(gene rearrangement)是指 DNA 分子核苷酸序列的重新排列,这些序列的重排不仅可形成新的基因,还可调节基因的表达。基因重排能够从分子水平上显示出生物多样性。最典型的例子是免疫球蛋白基因重排。人体可以产生成千上万不同的抗体分子,但分化成熟前的 B 淋巴细胞的基因组结构是相同的。研究发现骨髓干细胞在分化为成熟 B 细胞过程中;出现了有严格顺序性的免疫球蛋白基因的体细胞重排,这种重排也是 B 细胞在不同成熟阶段的特征。

B 淋巴细胞的主要功能是分泌免疫球蛋白(Ig),也即抗体分子。Ig 由两条轻链(L 链)和两条重链(H 链)组成,它们分别由 3 个独立的基因簇编码,其中两条编码轻链(κ 和 λ),一条编码重链。决定轻链的基因簇上有 L、V、J、C 四类基因片段。L 代表前导片段(leader segment),V 代表可变片段(variable segment),J 代表连接片段(joining segment),C 代表恒定片段(constant segment)。决定重链的基因簇上共有 L、V、D、J、C 五类基因片段,其中 D 代表多样性片段(diversity segment)。无论重链或轻链,都是由多个 V 和 C 基因簇组成。这说明编码一条完整多肽链的基因在表达之前必须经过重排。抗体 L 和 H 链基因的 V 片段约有数百个,J 片段 4~6 个。轻链的恒定区(C 片段)只有 1 个,但 λ 链每个 J 片段都与其本身 C 片段相连。重链基因除 V 片段、J 片段外,还有 10~30 个 D 片段,并有多个恒定区(C 片段)以决定抗体的效应功能,即它的类型和亚类型。抗体重链 V-D-J 基因重排时可以有不同的排列组合,从而产生特定的抗体重链 DNA 序列(图 17-5)。

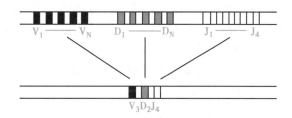

图 17-5 免疫球蛋白重链基因 V-D-J 重排过程

B 淋巴细胞成熟过程中,轻链也会产生类似的 DNA 重排过程。根据排列组合原理,人体抗体基因重排产生的免疫球蛋白的多样性可达 10^9 数量级。因此,抗体基因重排可以满足人体应对各种抗原刺激产生特异性免疫球蛋白的需求。

利根川进因发现身体免疫细胞组是如何利用数量有限的细胞生成特定的抗体以抵抗成千上万种不同的病毒和细菌,获得 1987 年诺贝尔生理学或医学奖。他的研究发现抗体基因自身重新组合编码而衍生出新的抗体,因此一小部分基因能够产生众多变体。利根川进在抗体遗传学上的研究对寻找癌症,尤其是白血病、淋巴瘤等的病因起到了重要的促进作用。

思考题 17-2:目前在研发全人源化单抗药物中,请设计如何利用转基因小鼠和转染色体小鼠获取全人源化单抗的方法。

3. DNA 甲基化修饰 动物基因组 DNA 有 2%~7% 的胞嘧啶被甲基化修饰形成 5- 甲基胞嘧啶(^mC),甲基化位点主要在 CpG 二核苷酸序列上。几乎所有的 ^mC 与其 3′ 的鸟嘌呤以 ^mCpG 的形式存在,可占全部CpG 的 50%~70%。卫星 DNA 的甲基化程度较高。真核生物 DNA 的甲基化程度与基因的转录活性密切相关。例如,哺乳动物细胞中失活的 X 染色体 DNA 被高度甲基化。

在大多数脊椎动物 DNA 中,富含 CpG 的 DNA 区段称为 CpG 岛(CpG-rich island),主要见于某些基因上游的转录调控区及其附近,长达 300~3 000bp。不同于 DNA 上离散的 CpG 位点,在 CpG 岛中 CpG 位点聚集成簇,GC 碱基对含量大约为 60%,高于大多数 DNA 序列的 GC 含量。人类基因组大约有 75,000 个 CpG 岛。大约 50% 的 CpG 岛与持家基因有关,另一半 CpG 岛存在于组织特异性调控基因的启动子中,这些基因有 40% 含有 CpG 岛。随机甲基化的 CpG 位点并未发现明显的生物学功能,而 CpG 岛的甲基化直接调节基因的转录活性。

DNA 甲基化是一个动态修饰过程。当两条链上的 C 都被甲基化时称为完全甲基化;一般在复制刚完成时,子链上的 C 呈非甲基化状态称为半甲基化,随着子链中 C 被甲基化为 ᵐC,半甲基化位点逐渐形成全甲基化状态。甲基转移酶负责真核生物 DNA 的甲基化。根据其作用方式,甲基转移酶分为两类:持续性 DNA 甲基转移酶和从头甲基转移酶。DNA 甲基化特征的遗传则由持续性甲基转移酶实现,这个酶可在甲基化的 DNA 模板链指导下,使其互补链对应位置上的 CpG 发生甲基化,从而使其子代细胞具备亲代的甲基化状态。从头甲基转移酶可对非甲基化的 CpG 位点进行甲基化修饰,此过程涉及特异性 DNA 序列的识别,它对发育早期 DNA 甲基化位点的确定有重要作用。

DNA 去甲基化是 DNA 甲基化的逆过程。DNA 去甲基化过程也分为被动和主动两种方式。被动去甲基化过程是指在缺乏持续性 DNA 甲基转移酶的条件下,全甲基化的基因组 DNA 会随着 DNA 复制次数的增加而逐渐被稀释,子代基因组 DNA 最终失去了甲基化。DNA 主动去甲基化过程涉及 DNA 氧化和修复。10-11 易位蛋白(ten-eleven-translocation protein,TET)负责甲基化的胞嘧啶的氧化。DNA 中的 5- 甲基胞嘧啶(5mC)在 TET 酶的作用下依次被氧化成为 5- 羟甲基胞嘧啶(5hmC)、5- 甲酰基胞嘧啶(5fC)最终形成 5- 羧基胞嘧啶(5caC)。甲酰基胞嘧啶和羧基胞嘧啶被细胞认为是错配碱基被特异性修复,取而代之未甲基化的胞嘧啶(图 17-6)。

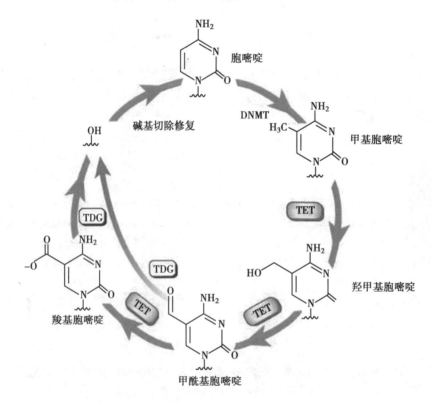

图 17-6　DNA 主动去甲基化的动态过程

哺乳动物发育过程中甲基化水平有明显的变化。在受精卵分裂为两个细胞的过程中,来自父本的甲基化基因组迅速主动去甲基化,而母本的甲基化基因组则是在后续的几次卵裂过程中被动去甲基化。在囊胚期去甲基化酶清除来自亲代的几乎全部甲基化标记,然后大约在其后发育阶段,外胚层直到子宫着床前后,由从头甲基转移酶重新建立一个新的甲基化模式,此后再通过持续性甲基转移酶将新模式向后代传递(图 17-7)。

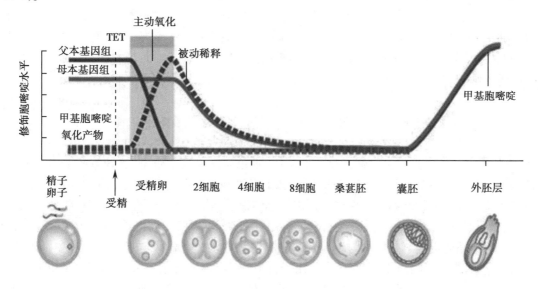

图 17-7 胚胎发育过程中 DNA 甲基化的动态变化过程

(二) 染色质水平调控

真核基因组 DNA 在细胞核中以染色质结构方式存在。而染色质是以 DNA 和组蛋白结合形成的核小体为基本单位的高度有序的结构。间期细胞核的染色质根据功能状态和折叠程度的差异主要分为异染色质和常染色质。常染色质富含转录活性的编码基因,在细胞间期螺旋化程度低,呈松散开放状态,主要位于间期细胞核的中央。异染色质很少转录或转录活性低,在细胞间期螺旋化程度高,呈浓缩凝集状态,主要分布于核膜内表面。异染色质是以 30nm 的间期染色质纤维为基础,在结构上压缩 40~50 倍的致密区域。常染色质中大约 10% 处于更为开放的伸展型结构,此时,30nm 的纤维仅压缩 6 倍,即电镜下的串珠状结构。该区域的结构较为疏松,以便结合转录调节因子并利于 RNA 聚合酶沿模板的滑动。染色质的伸展或压缩状态是可逆的,一旦转录停止,这些基因又重新分布到非活化的压缩状态中。而在浓集的异染色质,基因的转录呈抑制状态,原本在常染色质中表达的基因如移到异染色质内也会停止表达。染色质是否处于活化状态是决定 RNA 聚合酶能否有效转录的关键。

1. 组蛋白密码假说 组蛋白密码(histone code)扩展了 DNA 序列自身包含的遗传信息,构成了重要的表观遗传标志。核小体作为真核基因组染色质结构的基本单位,是由两对 H2A-H2B 和 H3-H4 二聚体组装成的八聚体。146bp 的 DNA 缠绕核小体 1.75 圈后,连接组蛋白(linker histone)H1 锁定进出核小体两端的 DNA,帮助染色质紧密结构的形成。组蛋白的 C 端富含疏水性氨基酸残基,位于蛋白质的内部,而 N 末端富含碱性氨基酸残基,并伸出八聚体表面,与邻近核小体相互作用。组蛋白可发生多种翻译后共价修饰,包括乙酰化、磷酸化、甲基化、泛素化、类泛素化(small ubiquitin-like modification,SUMO)、生物素化和 ADP- 核苷化等。这些修饰通常发生于组蛋白的 N 末端,通过改变组蛋白 N 末端上化学基团的模式,改变组蛋白与 DNA 的结合和核小体聚集程度,招募转录相关蛋白因子等,调控基因表达。不同组蛋白的不同修饰方式和同一组蛋白同种修饰的不同位点都会产生不同的转录调控效应。

组蛋白对染色体结构与功能的影响

参与核小体组装的组蛋白末端的各种共价修饰也构成了独特的组蛋白密码,可以被一系列特定蛋白因子或蛋白复合物所识别,从而将这种密码翻译成特定的染色质状态,调节基因的表达。组蛋白密码蕴含大量表观遗传信息,对基因转录有复杂的调控规律,通过影响相关基因的表达,构成调控生命活动的基础。组蛋白修饰也成为当前药学研究的重要靶点。以组蛋白乙酰化修饰为例,乙酰化修饰组蛋白赖氨酸残基会消除组蛋白所带的正电荷,使其与 DNA(带负电)的结合力降低,将原本缠绕较紧密的染色体结构(异染色质)转成较疏松的形态(常染色质),有利于基因转录的进行。组蛋白乙酰化程度的失衡可能导致调控细胞周期、凋亡过程的基因的表达异常,从而引发肿瘤。组蛋白的乙酰化和去乙酰化分别由组蛋白乙酰转移酶(histone acetyltransferase,HAT)和组蛋白脱乙酰酶(histone deacetylase,HDAC)负责。组蛋白脱乙酰酶的表达具有组织和细胞特异性,参与调控重要的细胞过程,如血管生成、细胞周期和发育等。组蛋白脱乙酰酶抑制剂的研究试图通过重塑组蛋白以及相关转录因子乙酰化程度平衡基因表达谱,如激活一些抑癌基因的转录,同时也阻遏一些癌基因的表达,进而改变细胞的功能和命运。伏立诺他(vorinostat)作为首个泛HDAC 抑制剂药物,于 2006 年获得美国 FDA 批准用于治疗皮肤性 T 细胞淋巴瘤。

> 思考题 17-3:在常染色质和异染色质中,哪种染色质组蛋白乙酰化程度更高?

2. 染色质重塑 作为真核生物遗传物质的载体,染色质结构高度致密,这种致密结构有利于机体更加有效地储存遗传物质,同时也对基因表达、复制和重组等基本生命活动的正常进行设置了屏障,特别是核小体结构阻止转录因子和基本转录单位的蛋白复合体识别和结合启动子位点,阻抑转录的起始和延伸。因此,基因表达激活首先需要使这些重要的调控元件(如启动子等)所在染色质开放和活化,这个过程涉及多种含有酶活性的功能蛋白复合体参与。通过调整核小体的位置和结构,包括核小体移位、解离以及组蛋白异构体掺入等,暴露出本来被遮蔽的顺式作用元件 DNA,促进转录因子和 RNA 聚合酶的进入和结合,最终促进基因转录,这种染色质结构的动态变化过程就是通常所说的染色质重塑(chromatin remodeling)。

三、转录水平的调控

真核生物基因表达在转录水平上的调控是各级调控中最重要的一步,主要涉及顺式作用元件、反式作用因子、RNA 聚合酶和染色质远程相互作用等。

(一)顺式作用元件

顺式作用元件(cis-acting element)是指与结构基因串联的特定 DNA 序列,是转录因子的结合位点,它们通过与转录因子结合而调控基因转录的精确起始和转录效率,在基因转录起始调控中起重要作用。按功能特性分为通用调节元件(如启动子、增强子、沉默子)及专一性元件(如激素反应元件、cAMP 反应元件)。顺式作用元件的作用是调控同一染色体上其他邻近基因的表达,这种调控作用称为顺式作用(cis-acting)。

1. 启动子 启动子是基因的一个组成部分,控制基因表达(转录)的起始时间和表达的程度,一般位于表达基因的上游。启动子长度因生物的种类而异,一般不超过 200bp。一旦 RNA 聚合酶定位并结合到启动子序列上,即可启动转录。启动子就像“开关”,决定基因的活动。但启动子本身并不控制基因活动,而要通过与转录因子结合而控制基因活动。基因的启动子部分发生改变(突变)会导致基因表达的调节障碍。

2. 增强子 增强子最早是在 SV40 病毒中发现的长约 200bp 的一段 DNA,是侧翼序列中能增强基因转录活性的一段 DNA 序列,可使旁侧的基因转录效率提高 100 倍,其中含有多个能被反式作用因子识别与结合的顺式作用元件。其后在多种真核生物,甚至在原核生物中都发现了增强子。位于转录起始点上游 –300~–100bp 处的增强子包括启动子上游或与启动子重叠的一段 DNA 序列,各基因中增强子的序列差异很大,但又有一个基本的核心序列:GGTGTGGAAA(TTT)G,核心序列可以单拷贝或多拷贝串联的形式存在。增强子在基因中的位置变化很大,可在起始点上游或下游的任一方向。所以它的作用方向可以是 $5' \rightarrow 3'$,也可以是 $3' \rightarrow 5'$。

3. 沉默子 与增强子相反,能抑制上游或下游基因转录的 DNA 序列,称为沉默子(silencer)。沉默子是指某些基因中含有的一种负调控顺式元件。当其结合特异蛋白因子时,对基因转录起阻遏作用。沉默子的 DNA 序列可被调控蛋白识别并结合,这样就阻断了转录起始复合物的形成和活化,关闭基因表达。

4. 弱化子 弱化子(attenuator)是基因表达调控的精细调节装置,它利用了原核生物转录与翻译相偶联的特性,依赖自身巧妙的特征序列和相应的 RNA 二级结构,对基因转录进行开关式的微调作用,从而保证原核生物在相关操纵子处于阻遏的状态下仍能以一个基底水平合成氨基酸、核苷酸和抗生素等。

5. 转录终止子　终止子是在基因编码下游有一段 DNA 序列 AATAAA，再远处还有相当多的 GT 序列。这些序列就是 hnRNA 的转录终止相关信号，也称为修饰点。它提供 RNA 聚合酶停止工作的信号，也称加尾信号。

6. 绝缘子　绝缘子(insulator or boundary element)是介于不同转录活性的染色质区域边界的基因元件，参与调控不同活性染色质区域的分隔以及基因表达转换。绝缘子具有屏障活性(barrier activity)，阻止异染色质区域由于位置效应向邻近常染色质区域的传播；绝缘子还具有阻断功能，当置于增强子和启动子之间时有效阻止增强子对启动子的激活作用。

上述所有顺式作用元件本身不编码任何蛋白质，仅仅提供一个作用位点，与下述反式作用因子相互作用后调控基因表达。

ER1705

常见的顺式作用元件

(二) 反式作用因子

反式作用因子(trans-acting factor)是指能直接或间接地识别并结合在各类顺式作用元件核心序列上，参与调控靶基因转录效率的蛋白质，有时也称转录因子。它们是一类细胞核内蛋白质因子，这些转录因子由某一基因表达后，可与顺式作用元件或 RNA 聚合酶相互作用，激活该基因的转录，这种调节蛋白称为反式作用因子。编码反式作用因子的基因与顺式作用元件可位于不同染色体上，这种基因转录调控也称为反式作用(trans-acting)。根据反式作用因子靶位点的特点，真核生物转录因子(反式作用因子)分为以下 4 类。

1. 通用转录因子　通用反式作用因子又称为通用转录因子，在细胞中普遍存在，是 RNA 聚合酶Ⅱ结合启动子时所必需的一组转录因子，所有的 mRNA 转录起始时通用。通用转录因子主要识别一些 RNA 聚合酶Ⅱ启动子的核心成分 TATA 框，如 TATA 结合蛋白质(TBP)；上游启动子成分 CAAT 框，如 CTF/NF-1；GC 框，如 SP1 等。真核生物基因转录起始前，必须由一大类通用转录因子按一定的时空顺序和 RNA 聚合酶Ⅱ一起在核心启动子部位结合形成转录起始前复合体。

2. 特异性转录因子　特异性转录因子为个别基因转录所必需，能识别并结合 DNA 分子中的特异调控序列，进而发生蛋白质 -DNA 相互作用而影响转录的因子。特异转录因子决定了该基因的时间、空间特异性表达。此类特异转录因子有的起转录激活作用，有的起转录抑制作用。前者为活化子(activator)，后者为抑制子(suppressor)。活化子通常结合在增强子区或者上游激活序列(upstream activation sequence, UAS)，如甾类 - 受体复合物。UAS 是位于核心启动子上游的特异序列，控制转录起始的速率，是特异转录激活因子的结合位点。抑制子通常结合在沉默子并抑制特异转录。

3. 辅激活物　辅激活物(coactivator)不与 DNA 结合，但是对于招募转录因子和转录起始复合物的组装却是必不可少的。辅激活物可引起染色质的组蛋白修饰，如核心组蛋白的乙酰化可以减少它们所带的净正电荷，从而降低它们与 DNA 的亲和性，使基因 DNA 暴露而有利于转录。很多辅激活物都可以催化组蛋白赖氨酸侧链的乙酰化。例如，类固醇受体辅激活物(SRC)家族成员 SRC-1 和 SRC-3 等具有组蛋白乙酰转移酶活性，可以促进基因的转录。

4. 辅阻遏物　辅阻遏物(corepressor)介导抑制性转录因子的负性调控活性。核受体超家族中的非类固醇类受体亚家族成员，比如甲状腺激素受体(TR)、视黄酸受体(RAR)、维生素 D 受体(VDR)以及其他很多孤儿受体被认为在转录抑制过程中起作用。无配体的受体募集辅阻遏物、酶和其他蛋白质到靶基因的启动子区域，改变了组蛋白的乙酰化状态，从而形成无转录活性的染色质。因此，这些受体在缺少激素的条件下抑制靶基因的转录，但当激素存在时，它们又能激活靶基因的转录。

(三) 转录因子的结构特点

一个完整的转录因子通常含有两个不同的结构域：DNA 结合域和转录激活域。有些转录因子可能只含有两者之一，只有当分别含有两个不同结构域的蛋白质同时存在于同一个细胞时才具有功能，这与基因表达的组织特异性有关。

1. DNA 结合域　DNA 结合蛋白发挥其转录调控功能的首要条件是必须有一个与 DNA 特异结合的结构，目前已发现了几种不同类型的 DNA 结合域(DNA-binding domain, DBD)模型。

(1) 螺旋 - 转角 - 螺旋(helix-turn-helix, HTH)：螺旋 - 转角 - 螺旋是某些 DNA 结合域的一部分，属于

DNA 结合基序,直接参与结合 DNA,在原核生物和真核生物调控蛋白的结构中都存在。螺旋-转角-螺旋的两个 α 螺旋各含 7~9 个氨基酸残基,通过一个 β 转角连接,全长约 20 个氨基酸。在两个 α 螺旋中,位于 C 端的 α 螺旋富含碱性氨基酸残基,直接与 DNA 双螺旋的大沟特异性结合,称为识别螺旋。HTH 结构蛋白通常以二聚体形式存在,而且两个 α 螺旋的碱性区之间的距离大约与 DNA 双螺旋的一个螺距相近,使两个 α 螺旋的碱性区刚好分别嵌入 DNA 双螺旋的大沟内。螺旋-转角-螺旋作为共同的 DNA 结构域广泛存在于多种原核生物活化子和抑制子中,如乳糖操纵子中的阻遏蛋白(I)和 cAMP 结合蛋白。

(2)锌指(zinc finger):锌指由 N 端的 2 个反向平行的 β 折叠和 C 端的 1 个 α 螺旋组成。在锌指的 N 端有两个相近的半胱氨酸,在 C 端有一对相邻的组氨酸(或者半胱氨酸),它们在空间上形成一个能容纳 Zn^{2+} 的空穴,而且空穴内的 Zn^{2+} 能与这 4 个氨基酸残基配位连接形成手指状的结构,在 α 螺旋的表面暴露高密度的碱性氨基酸和极性氨基酸,碱性氨基酸结合在 DNA 的大沟中。单一锌指与 DNA 的结合很弱,有些 DNA 结合域上会出现 2~9 个串联的锌指,这些重复出现的 α 螺旋几乎连成一线,使得含锌指的转录因子与 DNA 结合得非常牢固。由于锌指的氨基酸组成不同,不同的锌指可结合在不同的 DNA 序列上。

(3)亮氨酸拉链(leucine zipper,ZIP):亮氨酸拉链的一级结构由大约 30 个高度保守的氨基酸残基组成,该结构特点是在蛋白质 C 端氨基酸序列中,按每间隔 6 个氨基酸残基是一个疏水性的亮氨酸残基的规律排列,当 C 端形成 α 螺旋时,肽链每旋转两周就出现一个亮氨酸残基,并且亮氨酸残基恰好位于 α 螺旋一侧排列成行,形成疏水性侧面,这样的两个肽链能以疏水力相互结合成二聚体,形同拉链,所以称为亮氨酸拉链。

亮氨酸拉链的 N 端侧是富含赖氨酸/精氨酸等碱性氨基酸的碱性区,可以与 DNA 双螺旋大沟骨架中带负电荷的磷酸基结合,若蛋白质不形成二聚体,则碱性区对 DNA 的亲和力明显降低。含亮氨酸拉链的转录因子包括 AP-1、c-fos、c-jun、C/EBP、CREB 等,这些蛋白质都通过亮氨酸拉链结构形成同源或异源二聚体,产生具有不同功能特性的转录因子而在转录调控中起重要作用。

(4)螺旋-环-螺旋(helix-loop-helix,HLH):螺旋-环-螺旋保守序列长约 50 个氨基酸,含两段两性 α 螺旋,由一段长度不确定的环连接,所以称为螺旋-环-螺旋。两个螺旋-环-螺旋通过一端的亮氨酸相互结合,形成二聚体。二聚体通过另一端富含碱性氨基酸的短序列与 DNA 结合,与亮氨酸拉链一端的碱性区类似。螺旋-环-螺旋结构蛋白形成了一类超级转录因子家族,广泛存在于从酵母到人的有机体中,常见的转录因子有 E12 和 E47 等,其结合序列为相对保守的 6 个核苷酸序列,称之为 E-box。

DNA 结合域

2. 转录激活域 转录激活域(activation domain,AD)为蛋白质-蛋白质相互作用提供场所,控制转录起始复合物的形成并调控其活性。一般由 20~100 个氨基酸残基组成,目前将其大致分为 3 类。

(1)富含酸性氨基酸的结构域:这类结构域的特点是高度集中带负电荷的酸性氨基酸,大多为双亲性的 α 螺旋结构,一侧富含酸性氨基酸,为亲水性的,另一侧富含疏水性氨基酸。如果用其他氨基酸替换带负电的氨基酸,转录水平明显降低。反之,如果增加带负电的氨基酸,能提高靶基因的表达。这说明转录激活的水平与所带电荷有关。酵母转录激活因子 Gal4 就是一个典型的例子,其转录激活域的 49 个氨基酸残基中,有 11 个酸性氨基酸。

(2)富含谷氨酰胺的结构域:这类结构域的典型代表是 SP1。SP1 结合启动子上游的 GC 框,有两个富含谷氨酰胺的结构域,即两个转录激活域,其中活性最强的转录激活域谷氨酰胺占整个氨基酸的 25%,另一个结构域的 143 个氨基酸残基中有 39 个谷氨酰胺。

顺式元件和反式因子的相互作用

(3)富含脯氨酸的结构域:这类结构域的典型代表是 CTF 家族的转录因子,CTF 主要识别 CCAAT 框,它的转录激活域中 84 个氨基酸残基中有 19 个脯氨酸,脯氨酸含量达 20%~30%。该结构域很难形成 α 螺旋。

思考题 17-4:人的细胞膜受体与细胞内受体,哪种受体本身就是反式作用因子?

(四) RNA 聚合酶

顺式作用元件和反式作用因子对基因转录活性的调节最终是由 RNA 聚合酶活性来体现的。真核生物 3 种 RNA 聚合酶分别识别不同的启动子和转录不同种类的 RNA。RNA 聚合酶 I 位于细胞核的核仁，负责合成 45S 的 rRNA 前体。RNA 聚合酶Ⅲ也位于细胞核的核仁，负责合成 5S rRNA、tRNA 和 U6 snRNA 等的前体。

RNA 聚合酶Ⅱ位于细胞核的核仁外，负责合成编码蛋白的 mRNA 的前体 hnRNA 和 snRNA。RNA 聚合酶Ⅱ是由 14~17 个亚基构成的聚合体，其中最大亚基的羧基末端结构域（CTD）含有 7 个氨基酸残基（Tyr-Ser-Pro-Thr-Ser-Pro-Set）构成的重复序列，该结构域中有多个磷酸化位点，CTD 磷酸化修饰对调控基因表达具有重要作用。

RNA 聚合酶Ⅱ大亚基的羧基末端结构域在非磷酸化的状态下，含有丰富的羟基，可以和上游调控因子的酸性激活区结合，这种作用可维持上下游结合蛋白的稳定。在完成转录的起始阶段后，RNA 聚合酶Ⅱ大亚基的羧基末端被磷酸化，起始复合物解离，RNA 聚合酶Ⅱ进入 RNA 链延伸阶段。转录终止时，RNA 聚合酶Ⅱ大亚基的羧基末端去磷酸化，再转入新的起始状态。

(五) 染色质远程相互作用

真核生物染色质在细胞核内的三维结构即空间组织形式也是重要的表观遗传调控方式，它通过改变不同顺式作用元件之间形成的三维结构或物理距离调控基因的表达和功能。最典型的例子就是增强子-启动子环（enhancer-promoter loop）（图 17-8）。生理条件下细胞特异性增强子与靶基因的启动子相互作用共同促进靶基因的转录激活。增强子和启动子之间的距离在线性染色质上差异很大，最远可达 100kb 以上。启动子和增强子通过结合不同的蛋白因子实现近距离的相互作用，它们所在染色质之间形成远程染色质环。介导远程染色质环形成的蛋白因子主要包括 RNA 聚合酶 Pol Ⅱ、特定转录因子、中介体（mediator）和凝缩蛋白（condensin）等。

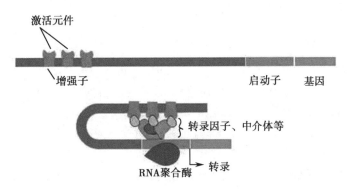

图 17-8　增强子-启动子环模式图

(六) 转录起始前复合体的组装

真核基因的转录，在起始阶段都需要形成一种转录起始前复合体（PIC），它决定一个基因的基础表达水平，同时也是转录调控的基础。PIC 由 TATA 元件附近序列及转录起始位点等顺式作用元件、6 种通用转录因子（TF ⅡA、TF ⅡB、TF ⅡD、TF ⅡE、TF ⅡF、TF ⅡH）、RNA 聚合酶Ⅱ以及其他辅助蛋白质组成。在 PIC 的逐步组装过程中，通用转录因子 TF ⅡD 复合物首先识别基因的启动子。TF ⅡD 复合物由 TBP 和 16 个 TBP 结合因子（TAF1~15）所组成，识别启动子并参与整个 PIC 组装过程。TF ⅡD 招募 RNA 聚合酶Ⅱ和通用转录因子 TF ⅡA、TF ⅡB、TF ⅡF 组装形成核心 PIC，进一步招募 TF ⅡE 和 TF ⅡH 形成完整最终态 PIC。TF ⅡH 具解旋酶活性，可将启动子区域的 DNA 双股螺旋解开以形成转录泡。PIC 还包括中介体、染色质重塑酶、其他因子等调控蛋白。中介体可与远程的增强子结合以促进转录进行（图 17-9）。

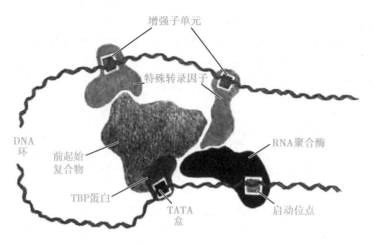

图 17-9 基因转录起始前复合体模式图

四、转录后水平调控

(一) mRNA 的稳定性影响基因表达

一种 mRNA 在细胞内半衰期越长，用来作为多肽合成模板的时间就越长。真核细胞中不同的 mRNA 的半衰期有相当大的差别。例如，编码红细胞中的血红蛋白的 mRNA 半衰期超过 24 小时，而编码许多调节蛋白的 mRNA，如编码生长因子或癌症相关的原癌基因产物（如 fos 和 myc）的 mRNA 的寿命较短，半衰期在 15~30 分钟。这种短寿命的 mRNA 的 3′ 非翻译区，一般有一段约 50nt 长的富含 AU 的保守序列。当利用基因工程的方法在 β 珠蛋白的 mRNA 的 3′ 非翻译区中插入这样一段序列后，这个 mRNA 的寿命也变短。

RNA 干扰
（微课）

(二) 小分子 RNA 可以使 mRNA 沉默或降解

翻转课堂 (17-2):

目标：要求学生通过课前自主学习，掌握有关 RNA 干扰理论知识和新药研究中应用。

课前：要求每位学生认真观看本节微课，把握老师课前提出的具体要求。自由组队，每组 4~6 人，组长负责组织大家开展讨论，并制作 PPT 或视频，用于课堂交流。

课中：老师随机抽取 1~2 组，作全班公开 PPT 演讲；老师提出问题，让学生相互讨论和交流，并随机挑选学生回答，考查学生的学习情况。

课后：学生完成老师布置的作业，并对"小 RNA 药物研发进展"，开展深入学习和讨论。

在环境刺激或生理状态发生变化时，真核细胞能够使用多种机制调节 mRNA 的稳定性。RNA 干扰机制普遍存在于动植物中。双链 RNA 复合体先降解为 35nt 左右的小 RNA 分子，然后通过序列互补与 mRNA 结合，导致 mRNA 的降解。在 RNA 干扰中非常重要的酶是 RNase Ⅲ核酶家族的 Dicer，它可与双链 RNA 结合，并将其剪切成 21~23nt 及 3′ 端突出的小分子 RNA 片段，即 siRNA。随后 siRNA 与若干个蛋白质组成 RNA 诱导的沉默复合物（RNA-induced silencing complex，RISC）。RISC 被活化后，与已成单链的 siRNA 引导序列特异性地结合在标靶 mRNA 上并切断标靶 mRNA，引发靶 mRNA 的特异性分解（图 17-7）。

miRNA（microRNA）是真核生物中广泛存在的一种长 21~23 个核苷酸的 RNA 分子，是一类从 DNA 转录而来的非编码 RNA。DNA 上的 miRNA 基因首先转录成初级转录物 pri-miRNA，然后转变成 pre-miRNA 的茎 - 环结构，经特异 RNA 酶Ⅲ家族的 Dicer 核酸酶切割形成具有功能的长度为 21~23 个核苷酸 miRNA，再通过与靶信使核糖核酸（mRNA）特异结合，从而抑制转录后基因表达（图 17-10）。miRNA 在调控基因表达、细胞周期、生物体发育时序等方面起重要作用，如在动物中一个 miRNA 通常可以调控数十个基因。

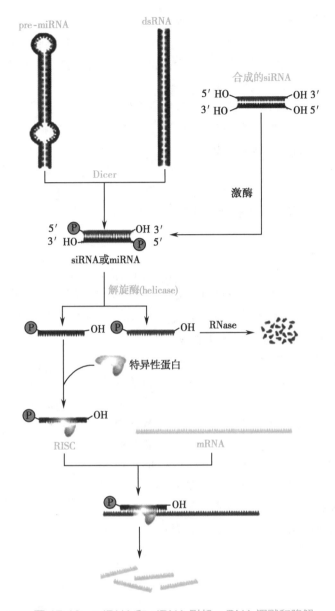

图 17-10　miRNA 和 siRNA 引起 mRNA 沉默和降解

　　Craige Mello（左）和 Andrew Fire（右）两位科学家于 1998 年在《自然》杂志上共同发表文章，宣布他们发现了 RNA 具有可以干扰基因的机制，这一研究成果让这两位科学家分享了 2006 年诺贝尔生理学或医学奖。诺贝尔奖评审委员会发布的公报说，这两位科学家由于"发现了控制遗传信息流动的基本机制"，这一机制为控制基因信息提供了基础性的依据。目前 RNA 在制药产业中是药物靶标确认的一个重要工具，那些在靶标实验中证明有效的 siRNA/shRNA，还可以被进一步开发为药物。

　　思考题 17-5：请查阅文献资料，阐述 RNA 干扰药物的研发现状。

(三) mRNA 的剪接调控基因表达

mRNA 的剪接是指从 mRNA 前体分子中切出内含子,并将外显子连接形成成熟 mRNA 的过程。剪接发生在核内,与其他一些修饰同时进行,以产生新合成的 RNA。转录物在完成 5′ 端加帽、内含子去除、3′ 端加多聚腺嘌呤尾巴后,通过核孔进入胞质进行翻译。

真核生物基因先转录成一种 hnRNA,有些 hnRNA 经剪接后产生单一类型的 mRNA。但是有些基因的 RNA 能进行选择性剪接,即一种基因能产生多种 mRNA,从而编码不同的蛋白质(见第十五章)。基因转录后选择性剪接对调控蛋白质多样性发挥重要作用。

此外,许多基因有两个或多个启动子,因而有两个或更多个转录起始位点。当用不同的启动子进行转录时产生的初级转录物是不同的。目前尚不清楚一个基因有多个启动子的意义,但估计可能与基因的表达调控有关。现在还发现有许多基因的初级转录物有不止一个加尾位点,选用不同的加尾位点可以产生不同的蛋白质。

(四) mRNA 的编辑调控

RNA 的编辑(RNA editing)是某些 RNA 特别是 mRNA 前体的一种加工方式,如插入、删除或取代一些核苷酸残基,导致 DNA 所编码的遗传信息的改变,因为经过编辑的 mRNA 序列发生了不同于模板 DNA 的变化。介导 RNA 编辑的机制有两种:位点特异性脱氨基作用和引导 RNA 指导的尿嘧啶插入或删除。

RNA 的编辑虽然不是很普遍,但在真核生物中也时有发生。例如,哺乳动物载脂蛋白 mRNA 的编辑是一个典型例子,载脂蛋白基因编码区共有 4 563 个密码子,翻译产生 ApoB100,分子量为 512kD,该蛋白质中含有脂蛋白组装(lipoprotein assembly)功能区和 LDL 受体结合(LDL-receptor binding)功能区。但在小肠中合成的却是只包含有 2 153 个密码子的 mRNA,翻译出 ApoB48,分子量为 240kD,蛋白质中仅含有脂蛋白组装功能区,帮助小肠吸收外源食物中脂质,形成乳糜微粒。研究发现,编码 ApoB100 的 mRNA 经酶催化碱基脱氨作用,使 2 153 位密码子发生了 $C \rightarrow U$ 突变,而使原编码谷氨酰胺的密码子(CAA)突变为终止密码子(UAA),从而使蛋白质翻译在此停止,而产生 ApoB100 的 N 端截短型蛋白质 ApoB48(图 17-11)。

(五) RNA 甲基化

迄今为止,在 RNA 上已发现了 170 多种化学修饰。除了 5′ 端加帽和 3′ 端加多聚腺嘌呤尾巴外,研究发现真核生物 mRNA 存在甲基化修饰并在 mRNA 的代谢与功能上行使着重要的调控功能。常见的 RNA 甲基化包括 6- 甲基腺嘌呤(N^6-methyladenosine,m6A)和 5- 甲基胞嘧啶(5-methylcytosine,5mC),其生理功能和作用机制研究得相对清楚。m6A 广泛存在于酵母、植物、果蝇以及哺乳动物等各类真核生物中。超过 25% 的转录本上被鉴定到 10 000 个以上的 m6A 位点,并且主要分布于长外显子、终止密码子附近以及 3′ 非翻译区。越来越多的研究证明 m6A 修饰和 mRNA 的稳定性、剪接加工、翻译以及 miRNA 的加工有关,可以说,m6A 修饰几乎影响 RNA 代谢的每个步骤。

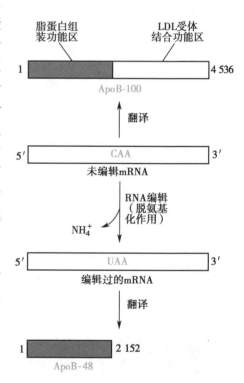

图 17-11 mRNA 编辑产生载脂蛋白 ApoB100 和 ApoB48

m6A 修饰是一种动态可逆的调节方式,受 m6A 甲基转移酶(m6A writer)和去甲基化酶(m6A eraser)的共同调控。m6A 能够被 m6A 识别蛋白(m6A reader)选择性地识别结合,从而在转录后调控基因的表达。目前功能确定的 m6A 甲基识别蛋白主要是 YTH 结构域家族成员,包括定位于细胞质的 YTHDF1、YTHDF2、YTHDF3、YTHDC2 和定位于细胞核的 YTHDC1。YTHDF1 通过 YTH 结构域选择性识别并结合 m6A 修饰位点后,招募翻译起始因子 eIF-3A 及其复合物,促进翻译的起始和多聚核糖体的形成,从而提高翻译效率;YTHDF2 识别和结合 m6A 甲基化位点后,通过招募 CCR4-NOT 脱腺苷酸酶复合体或 HRSP12/

RNase P/MRP 复合物,加速 RNA 的脱腺苷酸化和降解。YTHDF3 可与 YTHDF1 协同作用促进 m6A 修饰的 mRNA 翻译,而 YTHDF3 与 YTHDF2 的协同作用会导致 m6A 修饰的靶 RNA 发生降解。YTHDC1 与 m6A 修饰位点结合后,介导 RNA 前体的可变剪接及 RNA 的出核过程。

HNRNP 超家族蛋白,包括 HNRNPA2B1、HNRNPC 和 HNRNPG,也是重要的 m6A 识别蛋白。m6A 甲基化修饰后会导致 RNA 二级结构的改变,部分 m6A 识别蛋白并非直接识别并结合 m6A 甲基化位点,而是识别构象发生改变的 RNA 结构,进而调控基因的表达,该现象称为 m6A 开关(m6A-switch)。研究证明 RNA 结合蛋白 HNRNPA2B1 并不直接结合 m6A 位点,通过 m6A 开关机制识别 m6A 修饰的 RNA 结构并与之结合,介导 RNA 的可变剪接。同理,HNRNPC/G 通过 m6A 开关机制参与靶 mRNA 的加工及成熟。

五、翻译水平的调控

(一) 翻译起始因子磷酸化对翻译的调控

蛋白质合成的起始阶段决定了蛋白质的翻译速度,因而是基因调控的主要阶段。一些蛋白因子可以通过磷酸化修饰来控制蛋白质合成的起始过程,如翻译起始因子 eIF-2 以 eIF-2-GTP 活性形式介导起始复合物的形成,然后以 eIF-2-GDP 的无活性状态脱落。当与 GDP 结合的 eIF-2 被磷酸化后,不能释放 GDP,从而使 eIF-2-GTP 生成受阻,蛋白质的翻译速度大大降低。减少 eIF-2 的磷酸化失活,可促进蛋白质的合成。

(二) mRNA 5′-UTR 对翻译的调控

真核生物 mRNA 5′ 末端,由帽子结构到起始密码子之间是 5′ 非翻译区(5′-untranslated region,5′-UTR),也称为前导序列。前导序列对翻译起始具有调控作用,当 5′-UTR 中存在碱基配对区时,就可以形成发夹式二级结构,这类结构阻止核糖体 40S 亚基的移动,对翻译起始具有阻碍作用,其抑制作用的强弱取决于发夹结构的稳定性及其在 5′-UTR 中的位置,一般来说,碱基配对区越长或 G+C 含量越高,发夹结构就越稳定。

(三) mRNA 3′-UTR 对翻译的调控

调节 mRNA 寿命的信号主要位于 3′ 非翻译区(3′-untranslated region,3′-UTR)。mRNA 在胞质中存在的时间长短直接影响翻译的结果。3′ 端的 poly(A)不仅与 mRNA 穿越核膜的能力有关,而且影响 mRNA 的稳定性和翻译效率。poly(A)对翻译的促进作用需要 poly(A)结合蛋白(PABP),缺乏 PABP 结合时,mRNA 3′ 端的裸露易招致降解。3′-UTR 的序列影响 mRNA 的寿命,如很多短寿命的 mRNA 的 3′-UTR 中的一组富含 AU 的序列(UUAAUUUAU)和它们的不稳定性有关,其中五核苷酸序列(AUUUA)串联重复数次,但具体机制尚不清楚,可能 AU 序列与 80S 复合物形成过程中的某种因子结合,当 PABP 迁移到 AU 序列时,导致 poly(A)暴露,其短缩速度会极大加快,促进了 mRNA 的降解。

另一些 mRNA 分子的 3′-UTR 的特异序列可以结合某些特殊蛋白质,调节 mRNA 分子 poly(A)的降解速度。在某些真核细胞中的 mRNA 进入细胞质后,并不立即作为模板进行蛋白质合成,而是与一些蛋白质结合形成的 RNA- 蛋白质(RNP)颗粒。这种状态的 mRNA 的半衰期可以延长。mRNA 的寿命越长,以它为模板进行翻译的次数越多。如转铁蛋白受体,参与将铁从胞外运进胞内。转铁蛋白受体的 mRNA 3′ 端有铁应答元件(IRE),IRE 及其附近有核酸内切酶识别位点。细胞在低铁状态下,铁应答元件结合蛋白(IRE-BP)与 IRE 结合,阻断核酸内切酶识别位点,使转铁蛋白受体的 mRNA 稳定持续翻译;当细胞在高铁状态下,铁离子与 IRE-BP 结合使其失活而不能结合 IRE,IRE-BP 从 mRNA 的 3′ 端的 IRE 上脱落,转铁蛋白受体的 mRNA 核酸内切酶识别位点暴露,导致转铁蛋白受体的 mRNA 被降解,抑制转铁蛋白受体这一蛋白质分子的翻译,防止细胞内铁继续增加而过高。

UTR 在人 mRNA 中的结构

六、翻译后水平的调控

(一) 新生肽链的化学修饰

从核糖体上最终释放出的多肽链,还不是具有生物活性的成熟蛋白质,需要进行氨基酸的修饰(包括磷酸化、羟基化、糖基化、乙酰化等)和肽链的正确折叠与装配。某些修饰是为了暂时需要,如高等动物的消化酶先以酶原形式翻译出来,等到需要时,才加工成为有活性的酶;不少蛋白质的磷酸化 - 去磷酸化,或乙酰化 - 脱乙酰化作用起到调节作用。总之,生物在翻译后对蛋白质所起的某种修饰作用也是基因调控的一种方式,增强了生物对环境的适应性。

> **思考题 17-6**：为什么真核生物多数基因表达时,不直接产生有功能的蛋白质而要采取翻译后加工呢?

(二)新生肽链的正确折叠

新生肽链的一级结构是遗传信息所决定的,是蛋白质最基本的结构,它决定着蛋白质的空间结构。而蛋白质的空间结构则是其生物学功能的基础,即空间结构决定着蛋白质的生物学功能。现已知和新生肽链折叠有关的蛋白质大体可分为两大类:一类是直接催化和蛋白质折叠有关的特定反应的酶,如蛋白质二硫键异构酶、肽基脯氨酰顺反异构酶;另一类是帮助新生肽链的折叠,使之成为成熟的蛋白质,但本身并不参与共价反应,称为分子伴侣。分子伴侣在原核生物和真核生物中广泛存在,可调节和稳定未折叠或部分折叠的多肽,并防止不适当的多肽链内或链间相互作用;有些分子伴侣也可与天然的蛋白质相互作用以促使寡聚肽发生结构重排。它们还具有介导线粒体蛋白跨膜转运,调控信息传导通路和参与微管形成与修复功能。

(三)自噬和蛋白酶体的降解作用

细胞内的蛋白质作为生命存在的物质基础,在合成后,受新陈代谢规律的影响,参与细胞生命活动的进程发挥其功能之后,要进入相应的降解体系进行降解,否则会在体内累积,扰乱正常的细胞生理平衡,导致疾病。自噬和泛素 - 蛋白酶体系统,是细胞内蛋白质降解的两种主要途径。

1. 自噬　自噬现象是普遍存在于真核细胞内的一种蛋白质降解过程,该过程是通过胞内溶酶体途径对自身结构进行吞噬降解(图 17-12)。2016 年 Yoshinori Ohsumi 由于在自噬机制方面的研究成果获得诺贝尔生理学或医学奖。自噬的发生需要以下几个阶段:自噬前体形成、自噬前体延长包裹自噬的底物、自

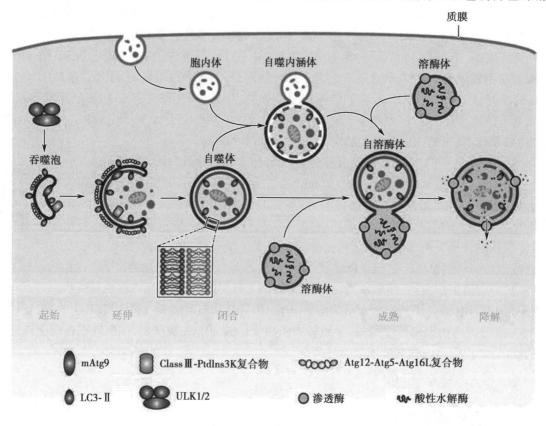

图 17-12　自噬的过程

噬泡形成、自噬泡与溶酶体融合完成底物降解。在自噬起始信号的调控下,细胞质中形成杯状的双层膜结构的自噬前体,然后自噬前体在一些自噬蛋白的作用下逐渐延长,如伴随此过程的自噬蛋白 Atg 在哺乳动物中的同源物(LC3)被不断募集到自噬前体上,对自噬前体的延伸起关键的调节作用。延长的自噬前体包裹降解底物,最终形成完全闭合的自噬泡。自噬泡通过胞内运输系统到达溶酶体,自噬泡外膜和溶酶体膜融合,并在溶酶体的水解酶作用下将其包裹物降解。自噬泡与溶酶体的融合标志着自噬泡的完全成熟。

> Yoshinori Ohsumi 于 1992 年在 *Journal of Cell Biology* 上发表了关于酵母细胞中存在自噬并且参与这一过程的关键基因,获得 2016 年的诺贝尔生理学或医学奖。自噬基因的变异能导致基因疾病,中断的自噬作用被认为与帕金森病、2 型糖尿病及其他老年易患病相关。

2. 泛素 - 蛋白酶体系统(UPS) 泛素 - 蛋白酶体系统是真核生物蛋白的主要降解途径,泛素先标记要降解的蛋白质,然后由蛋白酶体识别和降解,该过程需要消耗 ATP。泛素 - 蛋白酶体系统是细胞内蛋白选择性降解的主要途径,参与细胞凋亡、MHC Ⅰ类抗原的递呈、细胞周期以及细胞内信号转导等多种生理过程,对维持细胞的稳态十分重要。有关泛素化 - 蛋白酶体降解过程请见第九章中的蛋白酶体途径。

> 思考题 17-7:蛋白质泛素化修饰后通过蛋白酶体降解影响蛋白质表达水平,请查阅文献,举例哪些蛋白质是通过该途径降解的。

案例分析:

> 患者,男,41 岁,因确诊滤泡性淋巴瘤 2 年余,近期患者发现颈部、右耳前有肿大淋巴结,增大明显,返院治疗。行颈部淋巴结活检,病理示:(左颈淋巴结)非霍奇金淋巴瘤,B 细胞性,低级别滤泡性淋巴瘤(FL1)。免疫组化分析:CD3(−),CD19(+++),CD20(+++),CD5(−),CD10(+++),Ki67(50%+),Bcl2(100%+),Bcl6(80%+),CD21(+),cyclin D1(−),SOX11(−),c-Myc(10%+),PD-1(MRQ-22)(5%+),c-Met(<1%+),PD-L1(SP142)(<1%+),基因测序显示 *CREBBP* 突变。
>
> 诊断:非霍奇金淋巴瘤,B 细胞性,低级别滤泡性淋巴瘤。
>
> 治疗:患者初次发病时曾经手术治疗和使用利妥昔单抗(rituximab)(375mg/m² q.w.)单药治疗,病情缓解。此次复发给予我国原创的新型口服亚型选择性 HDAC 抑制剂西达本胺 30mg b.i.w.,续予 R-CDOP 方案(利妥昔单抗、环磷酰胺、多柔比星脂质体、长春新碱、泼尼松)+ 来那度胺治疗 8 疗程后序贯予腹股沟引流区放疗 30Gy,肿块缩小,病情缓解。
>
> 问题:
> 1. 西达本胺联合其他药物治疗非霍奇金淋巴瘤的分子机制是什么?
> 2. 组蛋白修饰有哪些种类? 它们对基因表达调控有何影响?

小 结

基因的表达调控可以在多个水平发生,其分子基础是 DNA- 蛋白质相互作用,实质是由顺式作用元件和反式作用因子之间的相互作用。顺式作用元件包括启动子、增强子、沉默子、弱化子和终止子。反式作用因子根据靶位点的特点分为通用反式作用因子、特异性转录因子、辅激活物、辅阻遏物。

原核生物的基因表达调控可以在转录前水平、转录水平、转录后加工水平、翻译水平和翻译后加工水平不同的层次上进行。原核生物转录前水平的调控主要通过 DNA 重排进行。转录水平的调控是原核生物基因表达最主要的调控方式,σ 因子决定了 RNA 聚合酶识别的特异性,操纵子模式是转录水平调控的主要方式,调节基因的表达产物作为诱导蛋白或阻遏蛋白,与相应的效应物结合,改变与启动子的结合状态,控制结构基因的转录。乳糖代谢和色氨酸代谢有关的酶都是以操纵子模式进行调控。转录后水平的调控,主要是通过 mRNA 上的 SD 序列影响 mRNA 与核糖体的结合,其次 mRNA 的稳定性也会影响翻译水平,有些 mRNA 编码的蛋白质可对自身相应的 mRNA 的翻译过程产生调节,此外反义 RNA 也可抑制特定的 mRNA 的翻译。

　　真核生物基因的表达调控贯穿于从 DNA 到有功能的蛋白质的全过程,可以发生在不同水平上,是一个复杂的多级调控系统,转录起始的调节对基因表达起着至关重要的作用。转录前水平的调控主要有基因扩增、基因丢失、基因重排、DNA 甲基化、染色质重塑。转录水平的调控主要通过 3 大要素实现:顺式作用元件、反式作用因子和 RNA 聚合酶。转录后水平的调控上,主要通过对 mRNA 进行加帽和加尾修饰、选择性剪接、编辑、运输及稳定性调控以及 RNA 甲基化修饰。翻译水平通过对翻译起始因子的磷酸化修饰进行调控,同时 mRNA 的 5′-UTR 和 3′-UTR 也可以对翻译进行调控。翻译后水平上主要是以翻译产物的信号肽水解和对新生肽链进行化学修饰,同时帮助新生肽链折叠,自噬和泛素 - 蛋白酶体系统对蛋白质进行降解。

练习题

　　1. 简述反式作用因子的种类和作用机制。
　　2. 简述真核生物基因转录后加工的主要形式。
　　3. 简述增强子的特点和作用机制。
　　4. 简述真核生物基因表达调控的主要阶段。
　　5. 简述乳糖操纵子基因表达的调控机制。
　　6. 基因远上游调控序列是怎样调节基因的活性的?
　　7. 真核生物 CpG 岛的甲基化状态与基因的表达活性的关系如何?
　　8. 影响 mRNA 稳定性的因素有哪些?
　　9. 怎样理解真核生物基因表达调控的复杂性?
　　10. 试述基因重排调控基因表达的机制。

(郭长缨)

ER17l0

第十七章同步练习

第十八章
重组 DNA 技术及应用

1973 年,Herbert Boyer 和 Stanley Cohen 首次成功实现 DNA 的体外分子重组,1977 年 Frederick Sanger 和 Walter Gilbert 发明了 DNA 测序法。这些技术使人们能分离和鉴定基因,并能将基因引入宿主细胞表达成蛋白质,为研究基因结构与功能提供了实验手段,并对临床医学和生物制药产生了深远影响。

重组 DNA 技术,也称基因克隆(gene cloning)或 DNA 克隆(DNA cloning)技术,克隆(clone)的原意是指无性繁殖系,即利用生物技术由无性生殖产生的与亲代完全相同的子代集合体。基因克隆则是利用无性繁殖获得基因许多相同拷贝的过程,通常是将单个基因导入宿主细胞中复制而成或利用 PCR 技术大量扩增基因。重组 DNA 技术一般采用细菌细胞作为 DNA 无性繁殖的宿主,其基本过程可概括为"选、切、连、转、筛、鉴"6 步(图 18-1)。"选"是指待克隆目的 DNA 序列和克隆载体(vector)的选择与提取;"切"是选择合适的限制酶处理目的 DNA 和载体;"连"是用合适的 DNA 连接酶将目的 DNA 片段与载体连接;"转"是将连接好的重组 DNA 分子导入受体细胞并通过细胞培养进行增殖;"筛"是从经放大培养的转化细胞中初步筛选出含目的 DNA 的细胞克隆;"鉴"则是对筛选出来的阳性细胞克隆中的重组 DNA 分子进行鉴定。

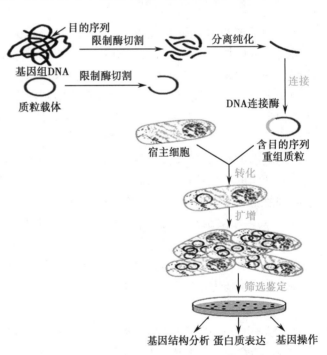

图 18-1 以质粒为载体的 DNA 重组过程

思考题 18-1:重组 DNA、遗传工程、基因工程、基因克隆、DNA 克隆、分子克隆这些概念有什么区别和联系?

第一节 重组 DNA 技术常用工具酶

DNA 重组技术涉及一系列酶催化反应,如核酸内切酶(endonuclease)、核酸外切酶(exonuclease)、逆转录酶、DNA 连接酶(DNA ligase)、DNA 聚合酶、碱性磷酸酶(alkaline phosphatase)、多核苷酸激酶(polynucleotide kinase)和末端转移酶(terminal transferase)等(表 18-1)。特别是限制性核酸内切酶(restriction endonuclease)和 DNA 连接酶的发现与应用,才真正使 DNA 分子的体外切割与连接成为可能,可以说限制性核酸内切酶和 DNA 连接酶是 DNA 重组技术得以创立的酶学基础。

表 18-1 重组 DNA 技术中常用工具酶

酶	功能
限制性核酸内切酶	识别特异性核苷酸序列并能在识别位点或其附近切割 DNA
DNA 连接酶	催化相邻 DNA 片段的 3′-羟基与 5′-磷酸基团生成磷酸二酯键
DNA 聚合酶	催化 DNA 分子的合成过程
逆转录酶	以 RNA 为模板,催化合成 cDNA
碱性磷酸酶	切除末端磷酸基团
末端转移酶	在 3′-羟基末端进行多聚物加尾
多核苷酸激酶	催化多核苷酸 5′-羟基末端磷酸化或标记探针

一、限制性核酸内切酶

限制性核酸内切酶,常简称限制性内切酶(restriction enzyme),是一类能在特定位点识别并切割 DNA 双链的核酸内切酶。限制性内切酶最早发现于某些品系的大肠埃希菌细胞内,这些品系的限制性内切酶能够作用于侵入细胞内部的外源 DNA,将这些外源 DNA 切成碎片,从而"限制"外源 DNA 对细菌细胞带来的伤害,也正是因为这一功能而被命名为限制性内切酶。借助限制性内切酶的功能,细菌细胞可以很好地保护自身不被外来噬菌体所破坏,而自身 DNA 因细胞内的修饰作用被保护起来,不会被这一限制机制所降解。

细胞内的修饰系统是指细胞自身基因组 DNA 被细胞内一种修饰酶修饰后(通常为甲基化修饰)将限制性内切酶的识别位点保护起来,从而避开自身基因组 DNA 被自身限制性内切酶所消化,细菌细胞的这种自我防护机制称为限制修饰系统(restriction modification system,也称 R-M 系统)。大多数限制性内切酶常常伴随有 1~2 种修饰酶(多为 DNA 甲基化酶),修饰酶识别的位点与相应的限制性内切酶相同,将限制性内切酶识别位点的碱基进行甲基化修饰后使限制性内切酶无法识别这个位点,这种修饰作用在 DNA 复制过程中即可完成。这在分子水平上体现了生物进化物竞天择的自然规律。

限制修饰系统

W. Arber 是瑞士微生物学家,从 1960 年至 1970 年,在日内瓦大学任教,后转到巴塞尔大学担任微生物学教授。Arber 对 Salvador Luria 观察到"噬菌体不仅能诱发细菌细胞内的突变,而且其本身也发生突变"的现象深感兴趣。他收集的证据表明,细菌细胞能够通过一种"限制性内切酶"的存在来保护自己,以抵御噬菌体的攻击。这种限制性内切酶通过分裂噬菌体的 DNA 使之大部或全部失活,从而遏制噬菌体的生长。到 1968 年,Arber 收集了足够多的关于限制性内切酶的资料,最终证明一种特别的限制性内切酶的存在,它只分裂那些含有特有序列的噬菌体核酸。这一工作经过 D. Nathans 和 H. O. Smith 的进一步发展,使得 P. Berg 等人创立了重组 DNA 技术。W. Arber、D. Nathans 和 H. O. Smith 因发现限制性内切酶而分享了 1978 年诺贝尔生理学或医学奖。

(一) 限制性内切酶的命名与分类

目前已从大量细菌种系中分离出各种不同的限制性内切酶,需要系统的命名方法以示区分,其命名原则是根据分离出相应限制性内切酶的细菌属名、种名和菌株名来命名。限制性内切酶名称中第一个字母代表宿主菌属名的第一个字母,第二、三个字母代表宿主菌种名的前两个字母,第四个字母代表菌株,最后用罗马数字代表同一菌株中不同限制性内切酶的编号,常用以表示发现的先后次序。前三字母用斜体,首字母大写,如限制性内切酶 *EcoR* I 的前三个字母来自 *Escherichia coli*,第一个字母代表来源菌的属名 (*Escherichia*) 的第一个字母,而第二和第三个字母则来自菌的种名 (*coli*),R 来自菌株名,罗马数字 I 代表该酶在此菌株中第一个被发现。

依据限制性内切酶不同作用特征将其分为 I 型、II 型和 III 型 3 种主要类型,其中 II 型限制内切酶对特定的 DNA 序列的选择性最高,因而在 DNA 重组中被广泛应用,本章主要介绍 II 型限制性内切酶。

限制性内切酶

(二) II 型限制性内切酶作用特征

II 型限制性内切酶的识别位点序列常为 4~6bp 的回文结构 (表 18-2),切断位点通常在识别位点内或靠近识别位点,切割时在两条链上的切断点为反向对称,切断两条互补链后可以留下突出的单链末端,常称黏端 (cohesive terminus 或 sticky end),切断后也可无单链突出区,即留下平端 (blunt end) (图 18-2)。由于切割后留下的黏端可以在 DNA 连接酶的催化下重新连结,因而黏端在 DNA 重组中常被用于连接不同来源的 DNA 片段。

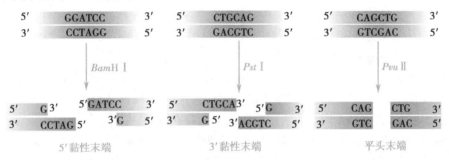

图 18-2　限制性内切酶切割产生的末端结构

表 18-2　常用 II 型限制性内切酶来源及识别位点

酶名称	来源菌	识别切割位点
BamH I	*Bacillus amyloliquefaciens*	G↓GATCC
EcoR I	*Escherichia coli*	G↓AATTC
Hind III	*Haemophilus influenzae*	A↓AGCTT
Not I	*Nocardia otitidis*	GC↓GGCCGC
Pvu II	*Proteus vulgaris*	CAG↓CTG
Sma I	*Serratia marcescens*	CCC↓GGG
Hae III	*Haemophilus aegyptius*	GG↓CC
Alu I	*Arthrobacter luteus*	AG↓CT
EcoR V	*Escherichia coli*	GAT↓ATC
Kpn I	*Klebsiella pneumoniae*	GGTAC↓C
Pst I	*Providencia stuartii*	CTGCA↓G
Sac I	*Streptomyces achromogenes*	GAGCT↓C
Xba I	*Xanthomonas badrii*	T↓CTAGA
Nco I	*Nocardia corallina*	C↓CATGG
Nde I	*Neisseria denitrificans*	CA↓TATG

　　有一些来源不同的限制性内切酶识别的核苷酸靶序列是一致的,这类限制性内切酶称为同切点酶(isoschizomer),同切点酶切割后产生同样的末端。如 *Bam*H Ⅰ和 *Bst* Ⅰ的识别序列为 G↓GATCC,*Hpa* Ⅱ和 *Msp* Ⅰ的识别序列同为 C↓CGG,*Pst* Ⅰ、*Sal*P Ⅰ、*Cfu* Ⅱ及 *Bsp*B Ⅰ的共同识别位点为 CTGCA↓G 等。有些同切点酶对识别位点上的甲基化碱基的敏感性有所差别,常用来研究 DNA 甲基化作用,如限制酶 *Hpa* Ⅱ和 *Msp* Ⅰ的识别序列 CCGG 中含有一个 5- 甲基胞嘧啶(CC̊GG,* 示甲基化碱基)时,*Hpa* Ⅱ不能切割,但 *Msp* Ⅰ对甲基化呈中性,不管 C 残基是否甲基化均可切割。动物(包括脊椎动物和棘皮动物)基因组中 90% 以上的甲基都是在 CG 处以 5- 甲基胞嘧啶的形式出现,所以通过比较 *Hpa* Ⅱ和 *Msp* Ⅰ的酶消化产物就可以检测出是否有甲基化存在。

　　还有一些限制性内切酶虽然它们来源各异,识别序列也各不相同,但切割 DNA 后都生成相同的黏性末端,这类限制酶称为同尾酶(isocaudarner)。限制性内切酶 *Bam*H Ⅰ、*Bcl* Ⅰ、*Bgl* Ⅱ、*Sau*3A Ⅰ和 *Xho* Ⅱ是一组同尾酶,它们切割 DNA 之后都形成由 GATC 四个核苷酸组成的黏性末端。由于同尾酶切割 DNA 后产生的黏端也可被 DNA 连接酶重新连接起来,因而同尾酶在 DNA 重组实验中也被广泛应用。由同尾酶切割成的黏端经共价连接后形成的位点称为杂种位点(hybrid site),杂种位点的序列一般不被原初的任一种同尾酶所识别,不过也有例外,如经同尾酶 *Sau*3A Ⅰ(↓GATC)和 *Bam*H Ⅰ(G↓GATCC)切割连接后形成的杂种位点不能被 *Bam*H Ⅰ识别,但可以被 *Sau*3A Ⅰ识别。

　　影响限制性内切酶活性的因素很多,DNA 纯度、甲基化程度、分子结构及酶切反应体系所使用的缓冲体系和反应温度对限制性内切酶活性均有影响。在 DNA 分离提取过程中使用的酚、三氯甲烷、乙醇、乙二胺四乙酸(EDTA)、SDS 等会抑制酶活性,使用微量碱法制备的 DNA 样品,往往含有这类杂质。限制性内切酶是细胞内限制修饰体系的组成部分,因此样品 DNA 中的甲基化情况会严重影响限制性内切酶的活性。在基因工程中使用的宿主细胞往往需要经过人为处理,消除细胞基因组中的甲基化酶基因的活性,如常用的宿主细胞 *E. coli* DH5α 基因组中的甲基化酶和限制性内切酶基因活性都已经消除。大多数限制性内切酶的标准反应温度是 37℃,但也有许多限制性内切酶在 37℃反而活性不高,如 *Sma* Ⅰ的最适温度是 25℃。限制性内切酶在切割 DNA 时需要有二价阳离子的存在,通常在反应体系中添加 Mg^{2+}。反应体系中不正确的离子浓度会降低酶活性,甚至会引起酶的识别序列特异性发生改变。有些限制性内切酶的活性受缓冲液成分影响非常明显,如 *Eco*R Ⅰ在正常条件下的识别序列是 GAATTC,但如果反应体系中甘油的浓度超过 5%(*V/V*)时识别序列就出现松动,可在 AATT 或 PuPuATPyPy 序列处发生切割作用,这种情况通常被称为星活力(star activity),常以 "*" 标示(如 *Eco*R I*)。

> **思考题 18-2**：有人将限制性内切酶在重组 DNA 中的功能比喻为裁缝手中的剪刀,你认为这种比喻合理吗?

二、DNA 连接酶

　　DNA 连接酶是催化 DNA 分子中 5′- 磷酸基与 3′- 羟基间形成磷酸二酯键的酶,其作用需要 ATP 或 NAD^+ 作为辅助因子。DNA 连接酶的底物可以是带裂口(nick)的 DNA、黏端 DNA 或平端 DNA,连接效率则依次降低。

　　连接酶的最佳反应温度通常是 37℃,但在此温度时黏端的氢键结合不稳定,实验室常用 16℃。除大肠埃希菌和 T4 DNA 连接酶外,还从嗜热高温放线菌(*Thermoactinomyces thermophilus*)菌株中分离纯化出热稳定性 DNA 连接酶(thermostable DNA ligase),这种连接酶能够在高温下催化两条寡核苷酸探针发生连接作用。使用此种酶进行体外 DNA 连接时,可明显降低非特异性连接产物出现的概率,在基因克隆实验中具有重要应用。目前已经能从克隆的大肠埃希菌中大量制备此种连接酶,在 85℃高温下都具有连接酶的活性,而且在重复多次升温到 94℃之后仍能保持连接酶活性。

　　由限制性内切酶切割产生的 DNA 片段之间的连接作用有两种情况:一种是 DNA 连接酶将不同 DNA 片段的末端以共价键连接起来的分子间连接;另一种是同一片段的两个末端经 DNA 连接酶连接后形成环

形双链分子的分子内连接(图 18-3)。因此,在 DNA 重组技术中,常采用两种不同的限制性内切酶来处理两个不同的末端,以防止不必要的分子内连接。

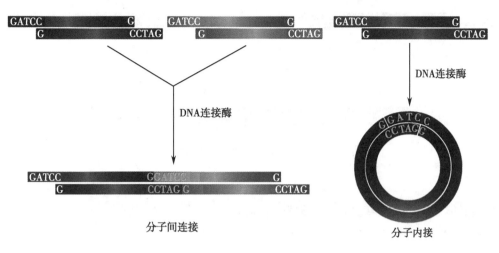

图 18-3　限制性片段的连接方式

三、DNA 聚合酶及其他酶类

在 DNA 重组技术中常用的 DNA 聚合酶有大肠埃希菌 DNA 聚合酶 I 的 Klenow 大片段酶(即 Klenow 酶)、Taq DNA 聚合酶、T4 DNA 聚合酶、T7 DNA 聚合酶及逆转录酶等。不同聚合酶的聚合反应能力各不相同,如大肠埃希菌 DNA 聚合酶 I、Klenow 酶和 T4 DNA 聚合酶等类型,催化连续反应的能力很低,掺入不到 10 个核苷酸残基后便会从模板上脱离下来;而 T7 及 Taq DNA 聚合酶等类型则可以掺入数百个甚至更多的核苷酸残基。有些聚合酶在低温下催化 DNA 的聚合反应,有些则可在苛刻温度条件下发挥最佳酶活性,如 Taq、Pfu、Vent 聚合酶等。

在 DNA 重组技术中常用的逆转录酶包括禽成髓细胞瘤病毒(avian myeloblastosis virus,AMV)逆转录酶和莫洛尼鼠白血病病毒(Moloney murine leukemia virus,M-MLV)逆转录酶。逆转录酶都具有多种酶活性,主要包括以 RNA 或 DNA 为模板的 DNA 聚合酶活性和 RNase H 活性,但不具有 $3' \rightarrow 5'$ 外切酶活性,因此没有校正功能,所以由逆转录酶催化合成的 DNA 出错率比较高。有些逆转录酶还有 DNA 内切酶活性,这可能与病毒基因整合到宿主细胞染色体 DNA 有关。逆转录酶 DNA 在重组技术中应用广泛,特别是利用此酶作用于组织细胞总 mRNA 可构建出 cDNA 文库(cDNA library),以便筛选特异的目的基因。

末端转移酶也属于一种 DNA 聚合酶,但不对模板进行拷贝,只将脱氧核糖核苷酸共价连接到已有的单链或双链 DNA 的 3'-OH 端。若以 Mg^{2+} 作为辅助因子,该酶可以在突出的 3'-OH 端逐个添加单核苷酸;如果用 Co^{2+} 作辅助因子,则可在隐蔽的或平端的 3'-OH 端逐个添加单个核苷酸。如果在酶催化反应体系中只添加一种 dNTP 分子,就可以生成只由一种核苷酸组成的 3' 尾巴,这种尾巴常被称为同聚物尾巴(homopolymeric tail)。在 DNA 重组技术中,末端转移酶主要用途是给不同来源的目的基因加上互补的同聚物尾巴,更方便利用 DNA 连接酶进行连接(图 18-4)。

碱性磷酸酶催化核酸分子 5' 末端脱去磷酸基团,使末端转变成 5'-OH 结构,其作用底物可以是 DNA、RNA、NTP 及 dNTP。在 DNA 重组技术中,碱性磷酸酶可用于去除线状载体 5' 端磷酸基团以防止载体自连,也可与 T4 多核苷酸激酶一起用于核酸的末端标记。

多核苷酸激酶最初是从 T4 噬菌体感染的大肠埃希菌中分离出来的,因此也称 T4 多核苷酸激酶。T4 多核苷酸激酶催化 γ- 磷酸从 ATP 分子转移到 DNA 或 RNA 分子的 5' 末端。因此,在 DNA 重组技术中 T4 多核苷酸激酶可用于单链或双链 DNA 和 RNA 探针的 5' 末端的标记。

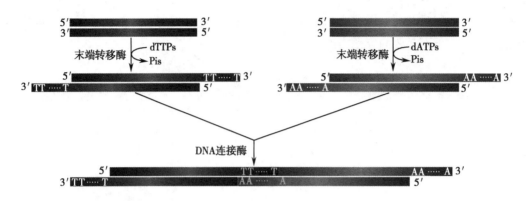

图 18-4　利用同聚物尾巴的 DNA 连接反应

思考题 18-3：列出你认为在 DNA 重组实验中最重要的两种酶，并说出理由。

第二节　载　体

重组 DNA 技术中将能接受外源 DNA 分子，并能导入宿主细胞进行自主复制（无性繁殖）或表达蛋白质或 RNA 的特定 DNA 分子称为载体。重组 DNA 技术中所用的载体一般有一个或多个复制起始序列，可保证外源 DNA 分子和载体的杂合分子在宿主细胞中正常复制。

理想的 DNA 载体一般具有以下几个条件：①能够在宿主细胞稳定自主地复制，不会因目的 DNA 的插入而影响其复制能力；②应具有一个或多个限制性内切酶位点，便于 DNA 的重组操作；③具有易于检测的遗传标记（如耐药性、营养缺陷性等）以用于筛选重组克隆；④可插入的靶 DNA 分子的幅度较宽；⑤分子量小，拷贝数高，易于分离和纯化；⑥从生物防护角度考虑是安全无害的。

常用载体可按其来源分为质粒载体（plasmid vector）、噬菌体载体（phage vector）、病毒载体（viral vector）和人工染色体载体（artificial chromosome vector）。载体也可按其将外源 DNA 导入宿主细胞后生成的产物进行分类，如果只是使外源（靶）DNA 在宿主细胞内复制扩增，则这类载体称为克隆载体（cloning vector）；如果靶 DNA 被导入宿主细胞除了被复制扩增外还表达靶 DNA 所编码的蛋白质，而且更侧重于获得蛋白质产物则称为表达载体（expression vector）。可见表达载体除了应具有载体的一般特征外，还应在所要表达的基因上游具有转录启动子，下游有转录终止子等。也可以根据宿主细胞类型分为原核细胞载体、酵母细胞载体、昆虫细胞载体、植物细胞载体及动物细胞载体等。当一个载体可以在不同类型细胞中进行复制和／或表达时称为穿梭载体（shuttle vector），这类载体含有适合于不同类型细胞的复制或表达调控序列。常用的是既可在原核细胞复制又可在真核细胞中复制的穿梭载体，利用这种载体先在原核细胞中复制扩增，然后再引入真核细胞中表达，可以使 DNA 重组操作变得更容易。

一、克隆载体

（一）质粒载体

质粒是独立于细胞染色质（体）以外能自主复制的，并随细胞增殖分裂而分配给子代细胞的遗传成分。DNA 重组技术中常用的质粒载体都是天然质粒的人工改造产品，如 pBR、pUC、pGEM、pSP 等。质粒载体的名称一般由 3 个字母及相应的数字编号组成，其中第一个为小写字母"p"，是质粒英文名"plasmid"的首字母；后两个字母通常大写，用以代表构建者或实验室名称、表型特征或其他特征的缩写，如 pBR 系列质粒载体中的"BR"代表该质粒的构建者 F. Bolivar 和 R. L. Rodriguez 姓氏的首字母的缩写；阿拉伯数字编号用以区分同一类型不同质粒。

1. pBR 系列质粒载体　pBR322 是 pBR 系列中一个典型的载体（图 18-5），含有一个复制原点（*ori*）

和两个抗生素抗性基因:四环素抗性基因(*tet*^R)和氨苄西林抗性基因(*amp*^R),以及多个单一限制性内切酶识别位点。复制起始位点保证了该质粒能在大肠埃希菌中复制,两个抗生素抗性基因提供了很好的筛选标记,而且在抗性基因编码序列内部有多个单酶切位点,可利用插入失活进行阳性重组转化体的筛选。pBR322 质粒载体分子量小(4 361bp),不仅易于 DNA 的纯化,而且能有效地克隆长达 6kb 的外源 DNA 片段。在宿主细胞内经氯霉素扩增后,每个细胞可累积 1 000~3 000 个拷贝,为重组 DNA 操作提供了极大的方便。

2. pUC 系列质粒载体 pUC 系列载体是在 pBR332 基础上改建而成,保留了 pBR332 质粒的复制起始位点(*ori*)和氨苄西林抗性基因(*amp*^R),但氨苄西林抗性基因编码序列内部不再含有原来的限制性内切酶识别位点,引入了大肠埃希菌 β- 半乳糖苷酶基因(*lacZ*)的启动子序列及其编码的 α- 肽链 DNA 序列(*lacZ'*),此外在 *lacZ'* 基因靠近 5' 端一段核苷酸序列内含有多个不同限制性内切酶的单一识别位点,但这些位点的引入并没有破坏 *lacZ'* 基因功能。这种在载体中引入的含有多个(可多达 20 个)不同限制性内切酶单一识别位点的一段短 DNA 序列称为多克隆位点(multiple cloning site,MCS),也称为多位点人工接头(polylinker)。MCS 是基因工程中经常用到的载体质粒的标准配置序列,MCS 中每个限制性酶切位点在整个载体中通常是唯一的,即它们在一个特定的载体质粒中只出现一次(图 18-6)。

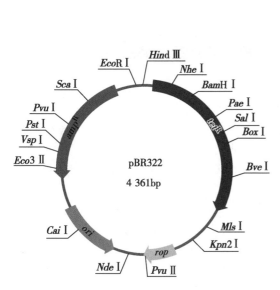

图 18-5 pBR322 质粒结构图谱

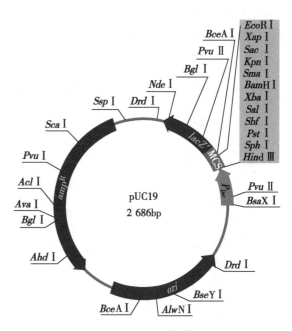

图 18-6 pUC19 质粒结构图谱

与 pBR322 质粒载体相比,pUC 系列具有更多的优越性,是目前基因工程研究中通用的大肠埃希菌克隆载体之一。其优点有:①具有更小的分子量和更高的拷贝数;②适用于组织化学筛选重组体,pUC 质粒结构中具有来自大肠埃希菌乳糖操纵子的 *lacZ'* 基因,其编码的 α- 肽链可参与 α- 互补作用,方便转化后的筛选;③ pUC 系列提供多克隆位点,使 DNA 克隆和测序极为方便。

pUC 系列载体大多是成对的,如 pUC8/pUC9、pUC18/pUC19,每对间含有大致相同的多克隆位点(个别切口也可不同),但整个多克隆位点反向倒装(故称其为一对)。不同对的 pUC 系列质粒载体的多克隆位点的数目和种类不同。

(二)噬菌体载体与人工染色体

质粒的转化效率与质粒大小成反比,用质粒作为载体很难克隆分子量大于 15kb 的外源 DNA 片段,噬菌体与人工染色体载体正是为满足大片段克隆的需要而设计的。噬菌体载体是对噬菌体基因组 DNA 进行改造后可以容纳 40kb 以上外源片段的克隆载体,常用的有 λ 噬菌体载体、黏粒、单链 DNA 噬菌体载体及噬菌粒载体等。人工染色体(artificial chromosome)是利用染色体的复制元件构建而成的载体,可以克隆更大片段的 DNA,主要有细菌人工染色体(bacterial artificial chromosome,BAC)、酵母人工染色体(yeast artificial chromosome,YAC)和哺乳动物人

黏粒

工染色体(mammalian artificial chromosome，MAC)。其中 YAC 和 BAC 在人类基因组计划中发挥了重要作用，YAC 可接受 100~3 000kb 的外源片段插入，在工作状态时为线状 DNA，而在保存和增殖时可以转变为环状形式。

二、表达载体

(一) 原核表达载体

原核表达载体具有基因表达时可转录出大量 mRNA 的强启动子、转录终止子和 mRNA 核糖体结合位点(RBS)序列(原核细胞通常为 SD 序列)。表达的产物可以是非融合蛋白质、融合蛋白质或分泌蛋白质。融合蛋白质是由克隆在一起的两个或数个不同基因的编码序列组成的融合基因经翻译产生的一条多肽链，融合蛋白质的功能往往表现异常；分泌蛋白质可利用多肽链 N 端信号肽序列指导蛋白质合成并分泌到细胞特定部位。

常用的原核表达载体有 pET 系列、pKK 系列、pBAD 系列、pGEX 系列等，其中 pET 系列表达载体应用广泛，这类载体含有 T7 噬菌体启动子(P_{T7})、MCS 和 T7 噬菌体终止子(T_{T7})，启动子下游有乳糖操纵序列(O_{lac})，从而组成可诱导型表达载体。目前 pET 载体由 pET-3 发展到 pET-52，可满足不同的实验目的和要求，图 18-7 为 pET-28a(+)表达载体结构图谱。

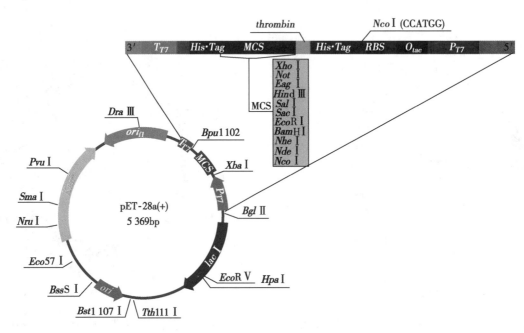

图 18-7　pET-28a(+)表达载体结构图谱

(二) 真核表达载体

真核表达系统可分为酵母、昆虫以及哺乳类动物细胞表达体系等。其中最常用的是哺乳动物细胞，它不仅可以表达克隆的 cDNA，还可以表达真核基因组 DNA，表达的蛋白质可以被适当地修饰(如糖基化等)，在疫苗生产及其他生物制剂生产的应用上都获得了成功，其作为表达系统在研究和实际应用中越来越广泛。酵母是单细胞真菌，重要的工业微生物，由于其易培养、无毒害且生物学特性研究得比较清楚，因此很适合作为基因工程菌，已有一定数量的外源基因在酵母系统中实现了表达。

1. 酵母表达载体　酵母表达载体是在酵母克隆载体上插入一定的表达元件构建而成。常用的酵母表达载体为穿梭质粒型载体，这些穿梭载体再插入一些表达结构包括酵母启动子、一个或多个供外源蛋白质编码序列插入的限制性酶切位点、转录的起始序列、转录终止序列和编码特定蛋白质结构域的序列，可以实现在酵母细胞内直接表达外源蛋白质，或将表达的外源蛋白质分泌到胞外。

ER1805

酵母表达系统

2. 哺乳动物表达载体 根据进入宿主细胞的方式,可将哺乳动物细胞表达载体分为病毒载体与质粒载体。病毒载体是以病毒颗粒的方式,通过病毒包膜蛋白与宿主细胞膜的相互作用使外源基因进入细胞内,常用的病毒载体有腺病毒及其相关病毒、逆转录病毒、semliki 森林病毒(SFV)等。质粒载体则需借助物理或化学手段导入细胞内,依据质粒在宿主细胞内是否具有自我复制能力,可将质粒载体分为整合型和附加体型载体两类。为了便于载体的构建与扩增,人工构建的哺乳动物细胞质粒表达载体均为穿梭载体,含有原核细胞的复制子及抗生素抗性基因序列,如 pcDNA 系列载体、pTRE 系列载体、p3xFLAG 系列载体、pCAT 系列载体等。其中 pcDNA 系列载体是实验中常用的哺乳动物细胞表达载体之一,它含有巨细胞病毒(cytomegalovirus,CMV)启动子,该系列中的 pcDNA3.3-TOPO 载体同时具有 T- 载体的特征,可以方便地克隆和表达 PCR 扩增的外源基因。

pcDNA3.3-TOPO 结构图谱

> 思考题 18-4 :克隆载体和表达载体相互之间可以换用吗?

第三节　目的基因获取与载体连接

一、目的基因的获取

目的基因又称外源基因或靶基因,可以是已知基因,也可以是未知基因。已知基因是目前 DNA 序列已经明确的基因,这类基因可以通过限制性酶切、PCR、逆转录 PCR(RT-PCR)、人工合成、基因文库筛选等方法获取。

利用基因文库(gene library)筛选目的基因是 DNA 重组技术中常用的方法。所谓的基因文库是指某种生物体遗传信息被分别插入合适的载体中,转化宿主菌后获得的携带有该生物体全部遗传信息的转化克隆集合体。按载体上所容纳的 DNA 的性质,可将基因文库分为基因组文库(genomic library)和 cDNA 文库。

(一) cDNA 文库

cDNA 文库是以组织细胞全部 mRNA 作为模板,在体外逆转录成全部 mRNA 的 cDNA,每个 cDNA 产物再与适当的载体(常用噬菌体或质粒载体)连接后转化受体菌,则每个细菌含有一段 cDNA,并能繁殖扩增,这种包含细胞全部 mRNA 信息的 cDNA 克隆集合体称为该组织细胞的 cDNA 文库。cDNA 文库特异地反映某种组织或细胞中,在特定发育阶段表达的蛋白质的编码基因,因此 cDNA 文库具有组织或细胞特异性,在研究具体某类特定细胞中基因组的表达状态及表达基因的功能鉴定方面具有特殊的优势,从而使它在个体发育、细胞分化、细胞周期调控、细胞衰老和死亡调控等生命现象的研究中具有更为广泛的应用价值,是研究工作中最常使用的基因文库。

从 cDNA 文库中获取目的基因可利用分子印迹技术或 PCR 方法。当目的基因序列已知时,可制作目的基因探针,采用菌落或噬菌斑原位杂交筛选到阳性克隆后,从阳性克隆中获得目的基因。也可依据目的基因序列设计 PCR 引物,以提取的文库 DNA 为模板扩增出目的基因。对于序列未知的新基因,可以通过消减杂交、mRNA 差异显示、cDNA 的代表性差异显示分析、差异消减展示等方法获取。这些方法在新基因的发现方面都各有其独特的优势,可寻找出一些差异表达序列。

cDNA 文库

(二) 基因组文库

基因组文库是用限制性内切酶切割细胞的整个基因组 DNA,可以得到大量的基因组 DNA 片段,然后将这些 DNA 片段与载体连接,再转化到宿主细胞中,在宿主菌中扩增繁殖,这些包含基因组不同片段的克隆集合体称为基因组文库,基因组文库包含了基因组 DNA 的全部遗传信息。因此基因组文库与 cDNA 文库不同,它不仅含有总 mRNA 的全部序列,而且还含有非编码序列,如内含子序列、基因间隔序列、调控序列及大量的高度重复序列等。在遗传信息量上，基因组文库比 cDNA 文库更全面、更丰富。

一个好的基因组 DNA 文库应足够大，以便包括所有的基因 DNA 序列。DNA 克隆片段也应足够大，其中包括整个基因、连接基因及它们稳定形式所要的侧翼顺序。为了获得高的克隆效率和较大的插入片段，常使用高容量载体系统（如 λ 噬菌体、黏粒、YAC、BAC 等）来构建基因组 DNA 文库。从基因组文库中获取目的基因的方法与从 cDNA 文库获取方法相似，采用菌落或噬菌斑原位杂交筛选阳性克隆，再从阳性克隆中用限制性内切酶法获得目的基因。也可用 PCR 从阳性克隆中扩增目的基因。

> 思考题 18-5：cDNA 文库或基因组文库绝对包括了全部 mRNA 或全部基因组上的序列信息吗？

（三）PCR 扩增

如果目的基因序列已知，则可以依据基因两端序列设计 PCR 引物，利用 PCR 扩增目的基因。利用 PCR 扩增目的基因时，可以在引物的 5′ 端添加限制性位点，为目的基因插入载体提供便利。利用 PCR 技术从基因组 DNA 中扩增目的基因时，可能会含有内含子序列，这取决于细胞基因组自身特点，这种含内含子序列的基因无法在原核细胞中正常表达，利用 RT-PCR 技术以 mRNA 为模板扩增目的基因则可避免这一问题。

（四）人工合成

基因的人工合成是指在体外通过人工用化学或酶促方法合成双链 DNA 分子的技术，与寡核苷酸合成有所不同，寡核苷酸是单链的，所能合成的最长片段仅 100nt 左右，而基因合成则为双链 DNA 分子的合成，所能合成的长度范围为 50bp~12kb。

与基因文库和 PCR 扩增法不同，化学合成不需目的基因的 DNA 或 mRNA，只需根据目的基因特定碱基序列信息和排列方式即可获取目的基因，特别是较短的目的基因，以化学方法来合成会更经济、更便捷。但人工合成需要清楚目的基因碱基序列和排列方式，这在一定程度上限制了其应用。

基因人工合成

> 思考题 18-6：查阅相关资料简述人工合成 DNA 的基本过程。

二、目的 DNA 与载体的连接

目的基因与载体的连接可以利用 DNA 连接酶催化完成，DNA 连接酶可将两个双链 DNA 片段相邻的 5′ 端和 3′ 端以磷酸二酯键的方式连接起来。连接后获得的产物称为重组体（recombinant）或重组 DNA 分子。不同的 DNA 分子可以利用黏端的碱基互补识别后进行连接，也可直接以平端的方式进行连接反应。由于平端的连接效率较低，还可以利用人工接头或同聚物加尾方式创造黏端进行连接。

（一）黏端连接

当用两种限制性内切酶（也可利用同尾酶或同切点酶）分别酶切目的基因和载体后，可产生相同的黏端，目的基因和载体的黏端可利用碱基互补相互配对形成双链，连接酶可将这种切口高效连接形成重组 DNA 分子（图 18-8）。

除以上方式实现目的基因与载体的连接外，PCR 反应中耐热性 DNA 聚合酶（如常用的 Taq、Tfl、Tth 等 DNA 聚合酶）进行 PCR 反应时都具有在 PCR 产物的 3′ 末端添加一个突出"A"的特性，当在线性化平端载体的两端分别加上一个额外的 3′ 突出"T"碱基时（这种载体也称为 T 载体，T-vector），则 PCR 产物与载体可利用 T-A 互补进行连接，提高了 PCR 产物连接效率，这种 DNA 分子的连接克隆策略称为 TA 克隆（TA cloning）。TA 克隆不需使用含限制性内切酶序列的引物，不需对 PCR 产物进行优化，不需在 PCR 扩增产物上加接头，即可直接进行连接，实验操作变得更为简单方便，为 PCR 扩增产物的连接提供了极大便利。常用的 T 载体如 pGEM 系列和 pMD 系列载体。

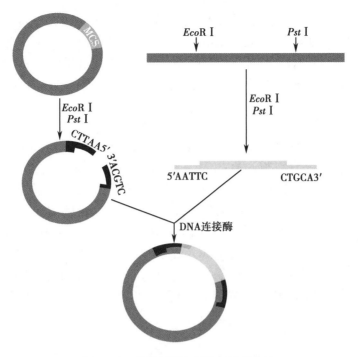

图 18-8 目的基因与载体的黏端连接

(二) 平端连接

用人工合成法、逆转录法及某些限制性内切酶切割目的基因时会产生平端,这类片段与载体连接时,可使用高浓度 DNA、低浓度 ATP、大量 T4 DNA 连接酶实现平端的直接连接,但这种连接效率大大低于黏端的连接。为提高连接效率,有时还需排除多胺类化合物的干扰及添加凝聚剂(聚乙二醇或氯化六氨合高钴等),凝聚剂可以促使 DNA 分子聚集,改变连接产物的分布,分子内连接受到抑制,所形成的连接产物多为分子间连接的产物,明显提高平端 DNA 的连接效率。也可以将平端处理成黏端,可参考末端转移酶添加的互补同聚物尾巴和添加人工接头等连接方式。

(三) 人工接头连接

人工接头(synthetic linker)是指人工合成的含有一种或一种以上特异性限制性内切酶识别位点的平端双链寡核苷酸片段。人工接头连接则是利用平端连接法将人工接头先连接到平端 DNA 片段(通常为目的基因)的两端,然后用适当的限制性内切酶处理可以获得黏端,此类具黏末端的 DNA 片段可以以黏端连接的方式与载体相连,达到 DNA 高效重组的目的。如果目的基因序列含有与人工接头相同的限制性内切酶位点,可以先用甲基化酶修饰目的基因,将基因序列内的限制性内切酶识别位点保护起来后,再添加人工接头,以实现平端 DNA 的人工接头连接。

思考题 18-7:目的基因与载体的连接除以上方法外,还可以通过其他方法连接吗?

第四节 重组 DNA 分子扩增与鉴定

一、扩增

重组 DNA 分子导入宿主细胞是 DNA 分子进行无性繁殖扩增的先决条件,可以通过转化、转染和感染3 种方式将重组 DNA 分子导入宿主细胞,然后重组 DNA 分子可以在细胞内繁殖和扩增。

(一) 转化

质粒 DNA 分子导入细菌宿主,并使其获得新表型的过程称为转化(transformation)。基因工程中最常用的宿主细菌是经过改造的大肠埃希菌,对人体安全,无致病性。宿主细菌经过一定的处理后,转变成容易接受外源 DNA 的状态,称为感受态细胞(competent cell)。常用 CaCl₂ 法制备大肠埃希菌的感受态细胞。感受态细胞与 DNA 孵育后,经热休克处理可使 DNA 分子进入细胞。电穿孔法(electroporation)也称电击法,也可将质粒导入细菌细胞,此法将感受态细胞与 DNA 混合后在调频电流的作用下让宿主细胞的细胞壁出现许多微孔,使外源 DNA 进入宿主细胞。

(二) 转染

将重组 DNA 分子转入真核细胞的过程称为转染(transfection)。接受了外源 DNA 分子的宿主细胞称为转染细胞。进入宿主细胞的 DNA 分子整合到宿主细胞基因组中的转染称为稳定转染(stable transfection);进入宿主细胞的 DNA 分子游离于宿主染色体之外的转染称为短暂转染(transient transfection)。有多种方法可以实现真核细胞的转染,常用的方法有磷酸钙法、电穿孔法、脂质体法、显微注射法和 DEAE- 葡聚糖法等。磷酸钙法是先使 DNA 形成 DNA- 磷酸钙沉淀物,并附着于宿主细胞表面,通过细胞的内吞作用被细胞捕获。脂质体法是利用人造类脂膜包裹外源 DNA,宿主细胞摄取这种脂质体后即被转染。显微注射法是用微管吸取 DNA 溶液,在显微镜下准确地注射至哺乳动物细胞的细胞核中,此法常用于转基因动物的研究。DEAE- 葡聚糖法是将 DNA 与 DEAE- 葡聚糖溶液混匀后滴加到受体细胞表面,DNA 即可进入细胞内。

(三) 感染

以病毒或噬菌体为载体的重组 DNA 分子,在体外经过包装成具有感染能力的病毒或噬菌体颗粒,感染适当的细胞,并在细胞内扩增,这一过程称为感染(infection),也称为转导(transduction)。

二、筛选

基因工程操作中构建重组 DNA 及重组 DNA 向宿主细胞转化后,必须从转化后的宿主细胞中筛选出含有阳性重组 DNA 分子的细胞,并需鉴定重组 DNA 分子的正确性。

(一) 抗性筛选

许多基因工程载体都带有抗生素的抗药基因,如常见的氨苄西林抗性基因(amp^R)、四环素抗性基因(tet^R)、卡那霉素抗性基因(kan^R)等。当带有完整抗药性基因的载体转化无抗药性宿主细胞后,凡转入成功的细胞都可获得抗药性,能在含有相应药物的琼脂平板上生长成菌落,而未被转化的宿主细胞不能生长。但是,这种只带有一种抗药性基因的载体组成的重组 DNA,在琼脂平板上生长成抗性菌落是无法区分是否真正含有重组 DNA 的转化体,需要进一步的鉴定。

(二) 插入失活筛选

如果载体上含有两个以上的抗药性基因,当外源 DNA 片段插入其中一个抗药性基因后会导致这个抗性基因失活,这样就可用两个含不同药物的平板,经影印培养后筛选出含重组 DNA 的菌落,这就是插入失活(insertional inactivation)。例如 pBR322 质粒含有氨苄西林抗性基因和四环素抗性基因,某一外源 DNA 片段插入在 pBR322 的 BamH Ⅰ位点,从而导致四环素抗性基因失活。在转化细胞中既有重组质粒的转化子细胞,也有未插入外源 DNA 的非重组质粒 pBR322 的转化细胞。两种转化细胞在含氨苄西林的培养基上均可生长,但重组 DNA 的转化体在含氨苄西林和四环素的培养基上不能生长。在含氨苄西林的培养基上能生长但在含四环素的培养基上不能生长的细菌即为被重组质粒 DNA 转化的细胞。

插入失活筛选

(三) α- 互补法(β- 半乳糖苷酶系统)

一些载体(如 pUC、pGEM 系列载体等)带有大肠埃希菌 β- 半乳糖苷酶(β-galatosidase)基因的部分序列(lacZ'),该序列编码 β- 半乳糖苷酶 N 端 146 个氨基酸残基(称为 α- 肽),在 lacZ' 序列中插入一个 MCS,但不破坏阅读框架,也不会影响 α- 肽功能。这些载体可利用 β- 半乳糖苷酶缺陷型大肠埃希菌作为宿主细胞,这种缺陷细胞中 β- 半乳糖苷酶基因编码的多肽链只有 C 端序列(称为 ω- 肽),由于缺少 N 端序列,所以 ω- 肽不具有酶活性。当含 lacZ' 基因的载体转入 β- 半乳糖苷酶缺陷型大肠埃希菌细胞后,载体所编码的 α- 肽和宿主细胞基因组编码的 ω-

蓝白斑筛选

肽可产生互补效应,恢复 β- 半乳糖苷酶活性,这种作用称为 α- 互补。如果在载体中的 MCS 处插入外源 DNA,则重组载体将不能表达正常的 α- 肽,这种重组载体转入 β- 半乳糖苷酶缺陷型宿主细胞后,不能产生 α- 互补效应。当重组载体和非重组载体同时转化缺陷型宿主细胞后,将转化体培养在含异丙基硫代 -β-D- 半乳糖苷(isopropylthio-β-D-galactoside,IPTG)和 5- 溴 -4- 氯 -3- 吲哚 -β-D- 半乳糖苷(5-bromo-4-chloro-3-indolyl-β-D-galactoside,X-gal)的培养基上,非重组载体的转化体由于产生 α- 互补效应,β- 半乳糖苷酶活性恢复后切割 X-gal 产生蓝色产物,使菌落呈现蓝色。而重组载体的转化体由于不能产生 α- 互补效应,长出的菌落仍为白色,因此这种筛选也称为蓝白斑实验(图 18-9)。IPTG 是 β- 半乳糖苷酶基因转录表达的诱导剂,X-gal 也称为 β- 半乳糖苷酶的发色底物。但是,如果外源 DNA 插入片段相当短,不破坏 lacZ' 基因的可读框,β- 半乳糖苷酶活性可能会部分恢复,使产生的重组转化菌落不呈白色而呈浅蓝色。

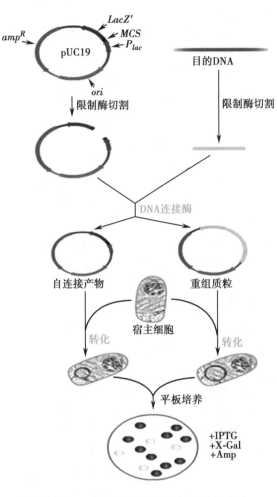

图 18-9　α- 互补法筛选重组 DNA 转化体

(四) 营养缺陷互补法

营养缺陷互补法也称遗传互补筛选或标志补救法,是利用重组体的表达产物来弥补宿主细胞的营养代谢缺陷。外源基因导入哺乳动物细胞后常用此法筛选阳性转化体。如亮氨酸是细菌生命活动所必需的,亮氨酸缺陷突变株细菌细胞不能自身合成亮氨酸,在缺少亮氨酸的培养基上不能正常生长。当重组载体中含有合成亮氨酸的基因时,重组 DNA 转入缺陷型宿主细胞中后,使亮氨酸合成能力得以恢复,在缺少亮氨酸的培养基上能生长的细菌即为阳性转化克隆。常用的营养缺陷标记基因有二氢叶酸还原酶基因、胸苷激酶基因及各种氨基酸合成相关基因等,如 pYAC、pYES 等系列载体都使用了营养缺陷互补筛选标记基因。

三、鉴定

重组 DNA 分子的鉴定方法很多,在应用时要根据外源基因、载体和宿主等具体特点选择适当的方法,可采用先粗后细的原则,对重组体进行逐步分析。一般先进行重组 DNA 的快速抽提、电泳检测比对分子量大小、酶切图谱分析、PCR 检测等分析,最后进行 DNA 测序分析对重组 DNA 分子予以确证。

(一) 酶切鉴定

转化细胞培养后可提取转化细胞中的重组载体 DNA,用合适的限制性内切酶进行酶切,所获得的酶切片段大小和酶切图谱特征可以作为判定该转化克隆是否为重组 DNA 的转化细胞。

(二) PCR 鉴定

根据已知外源 DNA 片段的序列和载体克隆位点两翼存在的序列,设计相应的 PCR 引物,以转化细胞中小量抽提的重组 DNA 为模板,直接用 PCR 技术对目的 DNA 序列进行扩增,通过对 PCR 产物的电泳分析,依据产物片段大小可以初步确定是否有目的 DNA 插入,还可以利用其产物进行 DNA 序列的直接测序。

(三) 核酸分子杂交鉴定

核酸分子杂交是核酸分析的重要方法,是鉴定重组 DNA 的直接方法,常用方法有原位杂交、DNA 印迹法和 RNA 印迹法。此方法利用目的基因序列设计探针,用同位素或生物素标记探针后可与目标 DNA 进行杂交分析,出现杂交信号的为重组 DNA 转化体,此法也可从各种重组菌落、cDNA 文库或基因组文库中准确地鉴定出目的基因。

(四) 测序分析

DNA 测序技术已经普及为生命科学常规技术,有关 DNA 测序内容见第三章。自动化高通量测序使工作效率大幅提升,而测序成本却不断下降,产业化的 DNA 测序为重组 DNA 的明确鉴定提供条件,DNA 测序是确定外源 DNA 序列正确与否的唯一方法。经过初步筛选鉴定的阳性转化细胞克隆,可利用载体序列设计引物,直接对载体中的插入片段序列进行测序分析。目前许多载体中都设计有方便易用的测序引物序列,如 pUC19 载体中的 M13 系列的通用引物,pET 载体中的 T7 通用引物等。

> 思考题 18-8:实验时用 pUC19 克隆一目的基因后转入 *E. coli* DH5α 细胞,请阐述筛选与鉴定过程。

第五节　分子生物学常用技术

一、分子印迹技术

印迹技术是将存在于凝胶或溶液中的生物大分子转移(印迹)到固定化介质上并加以检测分析的技术,应用这门技术能方便且容易地获得分子间相互作用的直接证据,进而揭示生物分子的作用机制。目前这种技术已被广泛应用于 DNA-DNA、DNA-RNA、DNA- 蛋白质、RNA- 蛋白质及蛋白质 - 蛋白质相互作用的研究。DNA 印迹法(Southern blotting)又称 Southern 印迹法,RNA 印迹法(Northern blotting)又称 Northern 印迹法,蛋白质印迹法(Western blotting)又称 Western 印迹法。

(一) 核酸分子印迹法

核酸分子印迹是建立在核酸分子的变性与复性基础上的一项技术。核酸探针(probe)是进行核酸杂交实验所必需的检测标志。所谓的核酸探针是用可检测示踪物标记的一段特定的已知 DNA 或 RNA 序列,若它能与要研究的核酸结合,则表明该核酸中具有与探针互补的序列。探针序列需要先标记后才可用于核酸分子印迹实验,可使用同位素或非同位素标记作为可检测的示踪物。放射性标记常用含有同位素 ^{32}P 或 ^{35}S 标记的探针,非放射性标记常用含有地高辛、生物素和荧光素标记的探针。被分析的核酸一般先被变性,然后与探针混合,当两者间存在有互补序列时,在适当的条件下它们会相互结合形成杂合双链,使被分析核酸也带上示踪物,检测探针示踪信号即可确定样品中是否含有能与探针互补的特定核酸序列。

核酸分子印迹

1. Southern 印迹法　Southern 印迹法用于检测 DNA-DNA 分子杂交技术,是最早使用的分子生物学技术之一。它由牛津大学的 E. M. Southern 博士所发明,故以其姓来命名此技术。

(1) Southern 印迹法原理:该方法根据 DNA 分子杂交的基本原理而设计,其基本过程为先用限制性内切酶消化目的 DNA,然后用琼脂糖凝胶电泳将酶切片段按分子量大小分离,经强碱处理后使双链 DNA 变性为单链,中和碱性后再通过毛细管作用将单链 DNA 转移到硝酸纤维素膜或尼龙膜上,并与放射性同位素标记的探针杂交。洗膜,去除未杂交的探针,最后将洗过的膜曝光,即可在感光底片上显示杂交带(图 18-10)。

Southern 印迹法可以检测特定的 DNA 序列,用于分析基因的结构,在遗传病诊断、DNA 图谱分析及 PCR 产物分析等方面应用广泛。根据感光底片上杂交信号的有无可以确定目的 DNA 中特

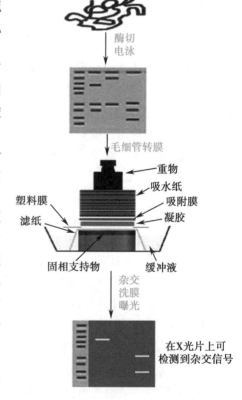

图 18-10　Southern 印迹法

定序列的有无,杂交信号在膜上的位置可估计出与之相应的靶 DNA 片段的大小,杂交信号的强弱可用以判断特定序列在目的 DNA 中的丰度,杂交带的数目和大小则可反映基因的特征。

案例分析(18-1):

泰 - 萨克斯病(Tay-Sachs disease)是一种家族性隐性遗传病,常染色体上编码氨基己糖酶 A(hexosaminidase A)基因的突变与此病发生密切相关,因此可用 Southern 印迹法对此病进行诊断。正常的氨基己糖酶 A 编码序列有三处 *Hind* Ⅲ酶切位点,患者的基因突变发生在其中一处 *Hind* Ⅲ位点,使该基因编码区仅有两个 *Hind* Ⅲ位点,如下图:

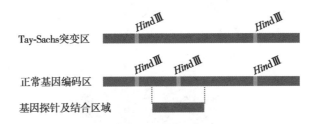

三对有家族性病史的夫妻想拥有健康的孩子,他们在产前来到医院检查,医生利用氨基己糖酶 A 基因探针对基因组 DNA 的 *Hind* Ⅲ消化产物进行了 Southern 印迹检测,结果如下:

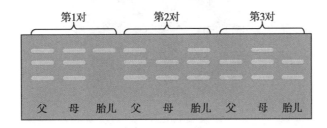

问题:

1. 根据检测结果你会给这三对夫妻提出一些什么建议?
2. 请简述在这个检测中 Southern 印迹实验的基本操作过程。

(2)限制性片段长度多态性分析:限制性片段长度多态性(restriction fragment length polymorphism,RFLP)是指利用某种限制性内切酶切割来自不同个体的基因组 DNA 或某一基因,得到不同长度的 DNA 片段,表明不同个体的 DNA 分子上内切酶识别序列有差异,这种差异反映在酶切片段长度和数目上。人体基因组中平均每 200~1 000bp 就有一个不同碱基位点,RFLP 就是利用限制性内切酶位点上发生了碱基突变而使这一限制性位点发生丢失或获得而产生的多态性。若 DNA 序列中的某个碱基突变正好发生在某一限制性内切酶识别位点内,则该限制性内切酶位点消失。相反,有时突变也会产生一个新的限制性内切酶位点。运用 Southern 印迹法可以分析和检测 RFLP(图 18-11)。等位基因 *A* 中含有某种限制性内切酶(RE)位点,当用此酶处理后,被切成长度分别为 4kb 和 6kb 的两条片段。而等位基因 *B* 由于碱基突变引起该限制性内切酶(RE)位点消失,此酶不能切开该片段,因此 Southern 印迹图上表现为长度为 10kb 的片段。

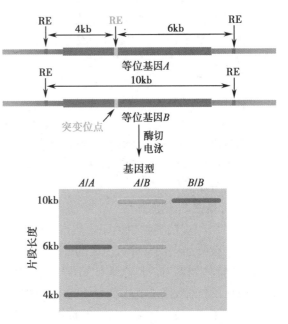

图 18-11　RFLP 的 Southern 印迹分析图

(3) DNA指纹(DNA fingerprint):人体微卫星DNA是由短的DNA片段(10bp左右)多次重复构成的。重复片段的组成和拷贝数在不同个体及基因组的不同位置上不同,提取不同个体的基因组DNA,用能切割该重复片段两侧但不能切割该重复片段内部DNA的限制性内切酶处理,经Southern印迹分析(电泳分离、转移和重复序列探针杂交等分析过程),即可显示个体特异性的DNA指纹图谱。DNA指纹检测已广泛用于遗传病的诊断、产前诊断、亲子鉴定以及法医学上对罪犯的确认等。

案例分析(18-2):

在一次刑事案件的侦查过程中,刑侦警官经过大量调查走访,锁定了7名犯罪嫌疑人,为了对这7人进行进一步的排查,刑侦警官收集了这7名嫌疑人的DNA样品,同时利用在犯罪现场收集到的非受害人的DNA样品作为对照进行DNA指纹分析,结果如下图:

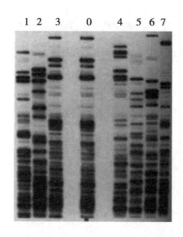

图中0号为犯罪现场收集到的非受害人的DNA样品指纹,编号1~7分别为7位嫌疑人的DNA样品指纹。
问题:
1. 根据此指纹图谱可以排除哪些编号嫌疑人的嫌疑?此指纹图谱是否可以直接确认犯罪凶手?为什么?
2. 要获得此指纹图谱,需进行哪些实验操作?请简述过程。

2. Northern印迹法 Northern印迹法与Southern印迹法相似,它是用DNA探针来分析RNA。具体过程是首先分离纯化细胞中RNA,琼脂糖凝胶电泳分离RNA,将分离后的RNA转移到吸附膜上,并与放射性标记的探针杂交,经洗膜、曝光后在感光底片上即可显示出对应于靶mRNA的杂交带。Northern印迹法主要用于确定特定基因在不同组织或不同状态下的表达图谱,通过表达图谱可以了解组织或细胞的基因表达特征、表达的丰度,以及表达所用的不同启动子、表达后剪接等信息。

3. 原位杂交 原位杂交(in situ hybridization)无须分离纯化靶核酸序列,用探针直接作用于细胞或组织并对其核酸序列进行分析的技术。原位杂交时需先处理细胞,使通透性增加,然后让探针进入细胞内与DNA或RNA杂交,因此该杂交技术可以确定探针的一致性序列在胞内的空间位置,具有重要的生物学和病理学意义。如对致密染色体的原位杂交可用于显示特定序列在染色体上的位置,对分裂期核DNA的原位杂交可研究特定序列在染色质内的功能排布,与RNA的原位杂交可精确分析任何一种RNA在细胞和组织中的分布。

(二)蛋白质印迹法

蛋白质印迹法也称免疫印迹法(immunoblotting),是根据抗原抗体的特异性结合原理采用抗体作为探针检测复杂样品中的某种蛋白质的方法,其操作方法与核酸杂交相类似。该方法先将蛋白质样品经PAGE分离,并转移到聚偏二氟乙烯(PVDF)膜、硝酸纤维素(NC)膜或尼龙(nylon)膜等吸附膜上,然后用待测目的蛋白质的抗体(抗血清或单克隆抗体,也称第一抗体)与固相膜上的蛋白质进行特异性结合,经洗膜后加入标记的第二抗体(抗第一抗体的抗体),待第二抗体与第一抗体杂交反应完成即可洗去多余的第二抗体,最后用相应的检测手段对结果进行检测分析。对第二抗体的标记可以使用酶、生物素或荧光物质,常用的标记酶有辣根过氧化物酶及碱性磷酸酶等,而底物为化学发光或呈色底物。如果第一抗体能与目的蛋白质结合,则第二抗体可结合至第一抗体,第二抗体上的标记酶便可作用于底物而呈色或发光,从而检测分析目的蛋白质,并对蛋白质进行定性和半定量分析。

二、PCR 技术

PCR(polymerase chain reaction)也称聚合酶链反应,是一种利用 DNA 聚合酶进行体外扩增特定 DNA 序列的酶促反应,该反应体系中含有 DNA 聚合酶、DNA 模板、1 对引物和 4 种 dNTP,用于扩增两端具有已知序列的一段 DNA。PCR 可以将单一 DNA 分子快速扩增成几十亿个相同的 DNA 分子,它已成为分子生物学实验室的常规技术手段,应用非常广泛,可用于科学研究、临床诊断、法医学鉴定等。

聚合酶链反应是由 Kary Banks Mullis 在 1983 年发明的一种分子生物学技术,并在 1993 年 10 月获得了诺贝尔化学奖。Mullis 的想法是在体外利用 DNA 聚合酶经过循环反应来扩增特定的 DNA 片段,在他最初的 PCR 中,将双链 DNA 加热到 96℃可使双链很容易地分离成两条单链,但是在这个温度下 DNA 聚合酶被破坏,因此在每个循环的加热步骤后必须补充新的聚合酶。Mullis 的原始聚合酶链反应效率低,需要大量时间和 DNA 聚合酶,并且在整个聚合酶链反应中都需要人来照看,直到后来耐热性 DNA 聚合酶的发现,才解决了这一难题,使 PCR 迅速普及并成为生物化学和分子生物学的关键实验技术。

(一) PCR 基本原理

PCR 是在体外试管中模仿体内 DNA 复制过程,实际上是多次重复的 DNA 复制过程,因此 PCR 的混合体系应当包括 DNA 复制的必需组分,其中模板 DNA 是需要被扩增的靶 DNA 序列,DNA 聚合酶催化聚合反应的引物通常是人工合成的一对寡核苷酸链。DNA 经热变性后,每一条引物将与两条分开的单链中互补序列片段结合,引物在热稳定性 DNA 聚合酶作用下延伸合成新的 DNA 链。

PCR 是一个循环过程,每一循环由 3 个反应组成,包括模板 DNA 的热变性,寡核苷酸引物与模板 DNA 互补序列的配对复性,也称退火(annealing),以及 DNA 聚合酶催化的 DNA 延伸反应。这 3 个反应均通过温度的变化来控制,在 PCR 仪器上可以自动实现这 3 个反应的多次重复,最终获得大量扩增的靶序列 DNA(图 18-12)。

PCR 中模板 DNA 变性是利用高温破坏配对碱基的氢键,使双螺旋解开成单链,一般将反应体系加热至 94~96℃,双链即可解离。退火是将反应体系温度降至一个适当值,变性的 DNA 链优先与高浓度的寡核苷酸引物识别配对形成双链,引物的 3′ 末端可作为聚合酶作用位点用以延伸新生 DNA 链。一般退火温度为 55~65℃,实际的退火温度取决于引物长度和引物序列。退火后即可将 PCR 体系的温度调整为 DNA 聚合酶的最适温度,常用的 Taq DNA 聚合酶的延伸温度为 72℃,延伸反应中 DNA 聚合酶可利用与模板链结合的寡核苷酸链作为引物,在模板指导下利用 dNTP 合成互补 DNA 链。

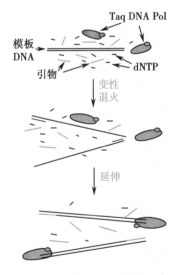

图 18-12　PCR 扩增

DNA 聚合酶在 PCR 中非常重要,最初的 PCR 由于没有耐热性聚合酶可用,在变性时体系中的聚合酶也一起变性,需要在每次变性后添加 DNA 聚合酶,使 DNA 的体外聚合反应效率极低,耗时、耗酶,再加上庞大工作量,使 PCR 技术的早期应用受到极大的限制。直到后来在嗜热菌中发现耐热性 DNA 聚合酶才解决了这一难题,使 PCR 迅速普及并成为生物化学和分子生物学的关键实验技术。

变性、退火和延伸 3 个反应在 PCR 过程中可被重复 25~35 次,每次循环后的产物又可以作为下次循环的模板,因此,每一个循环都将使 DNA 量加倍。如果 PCR 的效率为 100%,一个靶分子 DNA 在经过 n 次循环后将获得 2^n 个双链 DNA(图 18-13)。但是由于后期部分酶活性下降、引物浓度降低及模板 DNA 的增加,使引物与模板之间的复性效率降低,最终扩增效率将会显著下降。

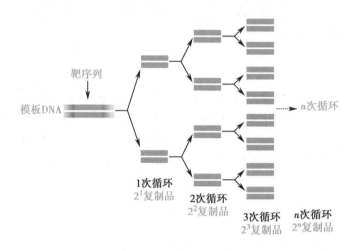

图 18-13　PCR 循环扩增靶 DNA 序列

PCR 反应体系

思考题 18-9:从 NCBI 基因组数据库中获取人血清中的清蛋白基因,并设计 PCR 引物。

(二) 实时定量 PCR

实时定量 PCR(real time quantitative PCR)是在定性 PCR 基础上发展起来的核酸定量技术,该技术在 PCR 体系中加入荧光基团,使荧光信号与 PCR 进程相联系,利用荧光信号的改变实时监测整个 PCR 进程,最后通过标准曲线对未知模板进行定量分析。实时定量 PCR 的分析结果能迅速而准确给出,具有很好的可靠性。

实时定量 PCR 可以利用插入荧光染料(如 SYBR Green)或利用荧光标记的寡核苷酸探针(如 TaqMan 探针)的方法进行定量。荧光染料与双链 DNA 结合后才会发射荧光,从而保证荧光信号的增加与 PCR 产物的增加完全同步,根据荧光信号强弱对体系中核酸模板进行定量。荧光标记的寡核苷酸探针能与 PCR 两种引物之间的靶序列结合,其 5′ 端用荧光报告基团(reporter,R)标记,3′ 端为荧光淬灭基团(quencher,Q)。在 PCR 扩增前,荧光报告基团发出的荧光被近距离的荧光淬灭基团吸收,没有荧光信号可以被检测。当 PCR 启动后,延伸过程中与模板链结合的 TaqMan 探针被聚合酶 5′→3′ 核酸外切酶降解,释放出荧光报告基团,生成游离的荧光报告基团发出可被检测的荧光,根据此荧光信号强弱即可分析 PCR 的产物量(图 18-14)。

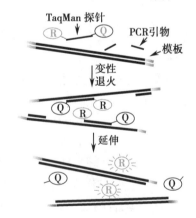

图 18-14　TaqMan 探针定量 PCR

(三) 数字 PCR

数字 PCR(digital PCR,dPCR)是近年发展起来的一种核酸定量分析技术,相较于传统荧光定量 PCR 来说,数字 PCR 对结果的判定不依赖于扩增曲线循环 Ct 值,不受扩增效率的影响,可直接读出 DNA 的分子数,能够对起始样本核酸分子进行绝对定量。进行 dPCR 分析时需要将大量稀释后的核酸溶液分散至芯片的微反应器或者微滴当中,每个反应器或微滴中的核酸模板数少于 1 或者等于 1。经过 PCR 扩增之后,有 1 个核酸分子模板的反应器就会给出荧光信号,没有模板的反应器不能检测到荧光信号。根据相对比例和反应器的体积,可以推算出原始溶液的核酸分子数量。

由于 dPCR 分析时将核酸样本高度分散到微反应器中,一个微反应器内的靶核酸分子数量一般少于或等于 1,在进行多指标并行检测时可降低检测成本,同时能获取更丰富的检

dPCR 基本原理

测信息。dPCR 技术检测灵敏度高,因此特别适用于痕量核酸检测,如癌症标志物稀有突变检测、致病微生物检测等。在基因表达分析中,dPCR 可应用于基因相对表达变化差异较小(<2 倍)的分析,低丰度基因或单细胞的表达分析,以及 RNA 编辑、等位基因差异表达分析等。

三、生物芯片技术

生物芯片(biochip)技术起源于核酸分子杂交技术。生物芯片是生物大分子或细胞等生物材料被高密度、有序化固定于某种载体上所形成的微阵列,阵列中的所有分子或材料的信息与位置已知,这种微阵列可与标记后的待测样品进行特异性生物反应,反应结果可通过各种手段进行检测与分析,最终获得待测样品的相关信息。

(一) 基因芯片

在生物芯片技术中,基因芯片技术建立最早,也最为成熟。基因芯片又称 DNA 微阵列或 DNA 芯片,是把大量已知序列核酸探针集成在同一个基片(如 1cm² 玻片或膜)上,经过标记的若干未知(靶)核酸与芯片特定位点上的探针杂交,通过检测杂交信号对生物细胞或组织中大量的基因信息进行分析。基因芯片技术与传统核酸印迹杂交技术的原理基本相同,但操作过程相反,它是将探针固定,待测样品标记,一次可以对大量的标记的生物分子进行检测分析,从而解决了传统核酸印迹杂交自动化程度低、检测目的分子数量少等缺点。通过设计不同的探针阵列、使用特定的分析方法可使该技术具有多种不同的应用价值,如基因表达谱测定、突变检测、多态性分析、新基因发现、基因诊断、药物筛选和个体化给药等方面。

基因芯片特别适用于分析不同组织细胞或同一细胞不同状态下的基因差异表达情况,其原理是基于双色荧光探针杂交。该系统将两个不同来源样品的 mRNA 逆转录合成 cDNA 时,用不同的荧光分子(如正常用红色,肿瘤用绿色)进行标记,标记的 cDNA 等量混合后与基因芯片进行杂交,在不同的激发光下检测,获得两个不同样品在芯片上的全部杂交信号(图 18-15)。呈现绿色荧光的位点代表该基因只在肿瘤组织中表达,呈现红色信号的位点代表该基因只在正常组织中表达,呈现两种荧光互补色——黄色的位点则表明该基因在两种组织中的均表达。

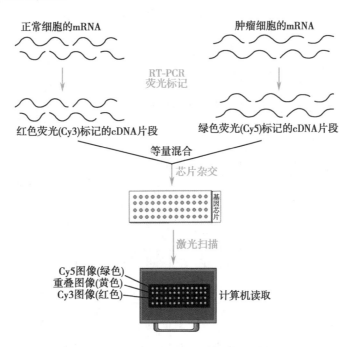

图 18-15 双色荧光标记探针基因芯片分析原理

(二) 蛋白质芯片

蛋白质芯片也称蛋白质微阵列,与基因芯片的原理类似,只是芯片上固定的分子是蛋白质(如抗原或抗体等),可依据蛋白质分子与其他分子间的相互作用从蛋白质水平去了解和研究各种生物功能的本质。

实际应用时将带有标记的待测蛋白质样品与蛋白质芯片进行杂交孵育反应,芯片上的蛋白质探针可以捕获样品中能与之反应的特异性蛋白质并与之结合,然后通过检测器对标记物进行检测,计算机分析计算出待测样品的结果。

除基因芯片、蛋白质芯片这些已经广泛应用的生物芯片技术外,还有细胞芯片、组织芯片及被称为生物芯片技术终极形式的芯片实验室。

思考题 18-10:转基因食品已引起公众的广泛争论。在农业生产中,常将 *Bt* 蛋白基因转入作物产生抗虫品种。现有一袋稻米尚不知是否为转 *Bt* 基因稻米,请利用所学分子生物学知识设计鉴定方法。

案例分析(18-3):

新型冠状病毒感染(COVID-19)是由新型冠状病毒(SARS-CoV-2)引起的急性呼吸道传染病,自暴发以来,已造成全世界巨量人员感染,并导致大量患者的死亡。通过积极防控和救治,我国境内情况得到有效控制,有效地保护了国家和人民的生命财产安全。对新型冠状病毒的检测诊断方法多种多样,其中有一种方法以病毒抗原(如 S 蛋白、N 蛋白等)为靶标,将抗原的特异性抗体(第一抗体)标记(比如胶体金,当达到一定浓度后可呈现肉眼可见的红色)后暂存于结合垫上,色谱膜的"T"线和"C"线处分别喷涂抗原的另一抗体(第二抗体)和第一抗体的抗体(二抗)并固定,如下图:

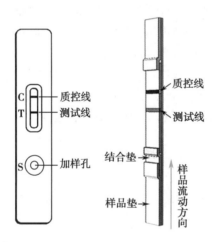

检测时取鼻拭子于缓冲液中处理后滴入加样孔,样品液向"T"线和"C"线移动,不同样品在"T"线处会有不同结果,根据结果可对新型冠状病毒感染情况作出判断。

问题:

1. 这一检测方法基于哪种分子生物学技术? 请叙述其原理。

2. 若检测结果为下图所示的四种情况,请你对新型冠状病毒感染的诊断结果作出判断,并解释作出此判断的理由。

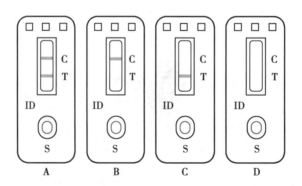

第六节　重组 DNA 技术制备生物技术药物

翻转课堂：

目标：学生通过课前自主学习，巩固本章前面章节基础理论，同时掌握本节有关重组 DNA 技术在生物药物研发与生产中的具体应用。

课前：每位学生结合老师课前要求认真阅读本节教材内容，并做好笔记。自由组队，每组 4~6 人，组长负责组织大家开展讨论，并制作 PPT 或视频，用于课堂交流。

课中：老师随机抽取 1~2 组，作全班公开 PPT 演讲；老师提出问题，在课堂上讨论和交流，并随机挑选学生回答，考查学生的学习情况。

课后：学生完成老师布置的作业，并进一步拓宽知识面，了解重组 DNA 技术更多的应用实例，深入学习和讨论（大家也可提出多个课后讨论问题）。

生物技术药物（biotechnological drug）是指以 DNA 重组技术生产的蛋白质、多肽、酶、激素、疫苗、单克隆抗体和细胞生长因子等药物。通过外源 DNA 的重组、克隆以及鉴定，可以获得所需的特异 DNA 克隆。重组蛋白质药物表达与制备可分为原核表达体系和真核表达体系。

一、原核表达体系

外源基因在大肠埃希菌中表达效率很高，往往会形成包涵体。包涵体（inclusion body）是大肠埃希菌高效表达外源基因时形成的由膜包裹的高密度、不溶性蛋白质颗粒，在显微镜下观察时为高折射区，与细胞质中的其他成分有明显的区别。包涵体的形成有利于防止蛋白酶对表达蛋白质的降解，以及有利于分离表达产物。但是包涵体形成后，表达蛋白质不具有生物活性，必须溶解包涵体并对表达蛋白质进行复性。包涵体可通过超声波、匀浆等常规的方法使菌体破碎后，通过密度梯度离心后可得到高纯度的包涵体。包涵体一般不溶于水，为了获得可溶性的蛋白质可加入蛋白质变性剂后使其溶解，一般用盐酸胍（5~8mmol/L）、尿素（5~8mmol/L）等。因此，大肠埃希菌中表达的蛋白质纯化一般要通过细胞的裂解、包涵体的分离、变性和复性等步骤，低温表达会减少包涵体的生成，此外有一些融合蛋白质为可溶性蛋白质，这将减少相关的包涵体分离过程。分泌型表达蛋白质则可直接从细菌培养基中分离纯化。

二、真核表达体系

真核表达体系可分为酵母、昆虫及哺乳动物细胞表达体系。酵母是单细胞真核生物，具有真核细胞的特点，可以对蛋白质进行多种翻译后修饰，如蛋白质的糖基化，但糖基化形式与哺乳动物细胞糖基化形式不同；酵母培养简单，无需特殊的培养基，生产成本低。酵母表达系统先后成功表达了干扰素、人表皮生长因子、人乙型肝炎疫苗等重组蛋白质类药物。哺乳动物细胞表达系统是指采用某种方式将外源基因导入哺乳动物细胞中，如 CHO 或 HK293，表达具有生物活性的蛋白质。哺乳动物细胞表达体系的主要优点是所表达蛋白质的糖基化与天然蛋白质的相似，其缺点是生产成本高。

蛋白质糖基化（glycosylation）对重组蛋白质的性质和功能影响很大，涉及重组蛋白质的溶解度、热力学稳定性、抗蛋白酶水解稳定性、空间结构与生物活性、特异识别、靶向性、抗原性以及半衰期等。例如重组蛋白质末端的糖基化（唾液酸残基）可保护促红细胞生成素（EPO）、组织型纤溶酶原激活物（t-PA）和干扰素免遭蛋白酶水解，延长它们在体内的半衰期。此外，去唾液酸化的人 EPO 与其天然糖基化形式相比，其体内的生物活性降低了 1 000 倍。许多糖蛋白在不同的宿主细胞中表达所得的产物糖型各不相同，生物活性也不同。鉴于蛋白质糖基化的重要性，近年来人们还提出了糖组学和糖基化工程。糖组是指一种生物体内所有的聚糖。糖组学则是要对糖组的全部聚糖结构进行分析，确定编码聚糖的基因（糖基转移酶）

和蛋白质糖基化的机制等。糖基化工程是在深入研究糖蛋白中糖链结构与功能关系的基础上,通过人为地对蛋白质糖基化或去糖基化(deglycosylation),使蛋白质产生新的糖基化结构,从而达到有目的地改善糖蛋白的生物学功能。此外,目前重组蛋白质药物研究中,还常采用化学修饰法模拟蛋白质的糖基化,以提高重组蛋白质药物的药学特性。常见的修饰剂有右旋糖酐(dextran)和聚乙二醇(PEG)等,其中使用最多的是聚乙二醇修饰,又称 PEG 化修饰(PEGylated)。

> 思考题 18-11:为什么有的蛋白质药物在原核和真核表达系统中均可正常表达,而有的蛋白质药物却不适于用原核表达系统表达?

三、重组蛋白质分析鉴定

重组表达的蛋白质需要经过分离纯化(如凝胶色谱、离子交换色谱和亲和色谱等),才能获得纯品。纯品还需经过活性、纯度和序列分析加以确定。

重组蛋白质的理化分析鉴定方法一般可以通用,但生物学活性测定方法则各不相同。常用分析鉴定方法如表 18-3 所示。

表 18-3　重组蛋白质的鉴定方法及标准

检查内容	分析方法	鉴定标准
分子量	SDS-PAGE	电泳银染色一条带,符合设计要求的指标
等电点	等电点聚焦电泳	电泳银染色一条带,扫描 95% 以上
纯度	HPLC	色谱一个峰(95% 以上)
	蛋白质印迹法	有一条活性蛋白质带
结构分析	氨基酸组成分析	各种氨基酸组分比例符合预计标准
	氨基酸序列分析	N 末端 15 个氨基酸符合要求
	肽谱图	符合定点降解
生物学活性	细胞或动物实验	符合比活性和特定生物学检测指标

四、重组人胰岛素制备

不同的蛋白质药物具有不同的结构与理化性质,因此重组 DNA 技术生产蛋白质类药物,将视不同蛋白质而采用不同的方法。重组人胰岛素是第一个采用重组 DNA 技术生产的重组蛋白质药物。

1973 年重组 DNA 技术诞生,1982 年美国 Genentech 公司和 Eli Lilly 公司合作首次运用重组 DNA 技术将重组胰岛素投放市场,标志着第一个重组蛋白质药物的诞生。胰岛素是治疗糖尿病的有效药物,1982 年以前人类应用的胰岛素全部是动物来源的胰岛素。胰岛素由 A、B 两条链组成,A 链含有 21 个氨基酸残基,B 链含有 30 个氨基酸残基,共有 51 个氨基酸残基。A、B 链间通过两对二硫键连接(A7-B7,A20-B19),A 链内另有一对二硫键(A6-A11),完整的氨基酸组成和正确的二硫键结构是胰岛素生物活性所必需的。

20 世纪 80 年代初,采用 E. coli 表达系统分别构建表达 A、B 两条链的原核表达载体,表达产物占细菌总蛋白的 20%~30%,表达产物为不溶性的包涵体,易于纯化。但这种表达方法制备有活性胰岛素产物的正确复性率很低,使最终产品成本高,此方法现已被淘汰。20 世纪 90 年代,又开发出新的生产方法,即仿照自然界过程,先表达出胰岛素原再经酶切得到具有生物活性的胰岛素。首先分离纯化胰岛素原 mRNA,通过逆转录得到胰岛素原 cDNA,经 DNA 分子操作构建其表达载体,转化大肠埃希菌,发酵液离心收集菌体,高压匀浆破碎细胞,离心收集包涵体,尿素溶解包涵体,复性得到胰岛素原,用胰蛋白酶和羧肽酶 B 处理切除 C 肽得到人胰岛素。再经过离子交换色谱、反相色谱和三次重结晶得到高纯度、符合药用标准的人胰岛素。另一条生产工艺是将胰岛素原与 β- 半乳糖苷酶通过甲硫氨酸连接形成融合蛋白质表达,纯化的融合蛋白质经溴化腈裂解制备胰岛素原,再经酶切除去 C 肽,纯化得到活性胰岛素。上述方法的关键点是利用了胰岛素原有助于形成正确的二硫键折叠过程。

重组 DNA 技术制备人胰岛素

利用酵母表达系统也成功表达了注射用胰岛素。首先利用酵母细胞表达出微小胰岛素原,即连接 A、B 链的 C 肽比天然胰岛素原 C 肽短,而不是完整的天然 C 肽(35aa)。小 C 肽的两端有胰蛋白酶识别位点的碱性氨基酸,中间有少数几个氨基酸残基,如将 C 肽替换成含有 Arg-Arg-Gly-Ser-Arg-Lys 的 6 个氨基酸残基小 C 肽,这种 C 肽同样具有连接和帮助 A、B 链形成正确二硫键的作用。微小胰岛素原在细胞内表达后,直接经过翻译后修饰形成具有正确二硫键的微小胰岛素原,并分泌到细胞外培养液中。发酵结束后离心去除酵母细胞,培养液经超滤澄清并浓缩,离子交换柱吸附得到纯化的微小胰岛素原,用胰蛋白酶和羧肽酶处理,得到胰岛素粗品。再通过离子交换色谱、分子筛色谱、两次反相色谱和重结晶后得到注射用胰岛素精品。

> 思考题 18-12:对于不同的胰岛素生产工艺,哪种工艺最好? 并说出理由。

五、蛋白质工程药物

基因工程技术使人类能大规模生产体内微量存在的活性多肽和蛋白质,用于疾病的诊治和预防。自然界中存在的天然蛋白质或多肽作为药物往往并不十分理想,需要加以改造,以适应临床治疗的需要。

蛋白质工程(protein engineering)是指将基因工程与蛋白质结构与功能研究相结合产生的一个科学领域。广义地说,这门学科所要解决的问题是创造和修饰蛋白质,使其具有更高的活性,更好的特异性、稳定性,甚至产生新的特性。利用重组 DNA 技术可以对表达蛋白质的基因 DNA 序列实施定点替换、缺失或插入,从而实现对蛋白质中一个或几个氨基酸残基的改变,再对表达的重组蛋白质突变体进行活性检测,以研究和改善蛋白质的性质和功能。

蛋白质工程可以改善天然蛋白质的特性,如提高蛋白质药物的热稳定性和抗氧化能力,改变最适 pH,改变蛋白质的体内清除率以延长体内半衰期,提高酶的催化效率,具有新的抗体特征和提高药物的靶向性等。各种不同特性的胰岛素类药物又是最成功的蛋白质工程药物的代表。胰岛素是糖尿病治疗中控制血糖的有效蛋白质药物,采用蛋白质工程和基因工程技术可以获取人胰岛素突变体(insulin variant),以满足临床上糖尿病患者对胰岛素的不同需求。

(一) 速效胰岛素

1 型糖尿病患者是由于胰岛受到损伤,不能合成与分泌胰岛素。患者注射胰岛素必须能模仿人体正常胰岛素分泌的生理特性,即餐后能快速分泌胰岛素进入血液循环,并达到一定的生理浓度。天然正常的胰岛素经皮下注射后,会先在皮下很快聚集,形成六聚体。要想被血管吸收并转运到目的细胞,就必须先将其解离为单体或二聚体。因此,注射后的胰岛素进入血液循环的速度太慢,并且一旦进入血液循环又会在长时间内保持高浓度,这对糖尿病的治疗非常不利。

根据蛋白质工程原理,利用定点突变方法,将正常胰岛素 B 链氨基酸序列的第 28 位脯氨酸和第 29 位赖氨酸进行位置交换,也称为赖脯胰岛素(insulin lispro)。另外,根据胰岛素结构特点,直接将 B 链第 28 位的脯氨酸替换为天冬氨酸,从而创造出另一个速效胰岛素,称为门冬胰岛素(insulin aspart)。这两种胰岛素变体产品在人体内起效快,均以单体形式存在,起效时间短(10~20 分钟),作用高峰 40 分钟,持续时间为 3~5 小时,它们能够产生更符合生理需要的胰岛素。患者可以在注射速效胰岛素后立即进餐,进餐期间很少出现低血糖,能较好地控制血糖。

（二）长效胰岛素

为了维持基础水平、低浓度的胰岛素，还开发了长效胰岛素，如甘精胰岛素（insulin glargine）、精蛋白锌胰岛素（protamine zinc insulin，PZI）、地特胰岛素（insulin detemir）、德谷胰岛素（insulin degludec）等。甘精胰岛素是第一个开发的长效胰岛素类似物，又称为基础胰岛素类似物，它将天然胰岛素 A 链第 21 位天冬氨酸用甘氨酸取代，B 链 C 末端额外添加 2 个精氨酸，这使得胰岛素等电点由原来的 5.4 转变为 7.2，接近生理 pH。当甘精胰岛素注射到皮下组织后，易形成微沉淀物，主要为稳定的六聚体。在超过 24 小时的时间范围内缓慢释放、发挥作用。它的起效时间为 2~3 小时，持续时间为 20~30 小时，只在睡前给药 1 次即可维持 24 小时的基础胰岛素水平，血药浓度无明显主峰，表现为平稳的吸收相。

六、抗体药物

单克隆抗体（monoclonal antibody，MAb）是指由单个 B 淋巴细胞分泌、针对单一抗原决定簇的均质单一抗体。最初是利用 G. Köhler 和 Milstein 的杂交瘤细胞技术而制备，杂交瘤细胞是将骨髓瘤细胞与受免脾淋巴细胞融合而获得，该技术的应用奠定了单克隆抗体药物的研究。单克隆抗体已成为一类新的治疗性蛋白质药物，在肿瘤和炎症等治疗中得到很好的应用。目前，单克隆抗体可利用重组 DNA 技术在真核细胞中表达制备。

（一）嵌合抗体

利妥昔单抗

由于鼠源性抗体会引起人体的免疫反应，产生抗鼠源抗体，这种人抗鼠抗体（HAMA）的产生，会引起各种严重的不良反应。为了避免 HAMA 反应，人们首先会考虑到人源性单克隆抗体，但对人体进行单克隆抗体研究有悖伦理，因此使用蛋白质工程的方法产生嵌合抗体既可以减少鼠源单抗的免疫原性，同时又避免了伦理问题。嵌合抗体（chimeric antibody）是指含有鼠源抗体的可变区结构域与人源抗体的恒定区结合形成的杂合抗体，其鼠源可变结构域含有所有结合抗原的元件，保证了抗体对抗原结合的特异性（图 18-16），同时抗原性大大降低，并在血浆中有较长的半衰期。1997 年美国 FDA 批准的第一个单抗药物利妥昔单抗（rituximab）就是一个嵌合型单抗，用于非霍奇金 CD20 阳性 B 细胞淋巴瘤的治疗。嵌合抗体的鼠源可变区仍然存在一定的免疫原性，妨碍这种抗体的重复使用。

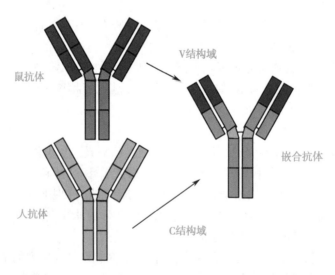

图 18-16 嵌合抗体结构图

（二）人源化抗体

人源化单抗（humanized antibody）是将小鼠源抗体中与抗原接触的抗体互补决定区（complementary-determining region，CDR）或称超可变区序列，嫁接到人抗体的 CDR 上，形成人源化单克隆抗体（图 18-17）。

虽然人源化单抗中的 CDR 序列来源于小鼠,具有一定的抗原性,但人源化抗体的免疫原性大大降低,减少了异源抗体对人体免疫系统造成的不良反应。1998 年美国 FDA 批准的治疗 Her2 阳性乳腺癌单抗曲妥珠单抗(trastuzumab)就是一个人源化的治疗性单抗,已在临床上得到很好的应用。

(三) 人源抗体

人源抗体(human antibody)又称全人源抗体,它可以最大限度地降低机体排斥反应。目前,制备全人源单克隆抗体的方法有 3 种:①从人源抗体库中,采用噬菌体展示技术筛选人源抗体基因 DNA;②体外免疫人 B 淋巴细胞,并使之永生化和分离单克隆,制备人单克隆抗体;③构建携带人抗体基因的转基因小鼠,进而制备杂交瘤细胞,获得人单克隆抗体。目前第一种方法应用较多,第一个来源于人噬菌体抗体库的单克隆抗体药物 HUMIRA® 已获 FDA 批准,用于治疗风湿性关节炎等自身免疫性疾病。

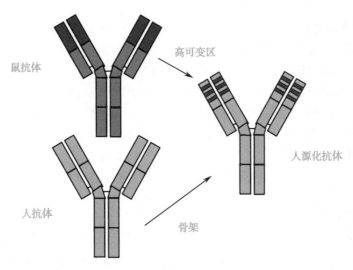

图 18-17　人源化抗体结构图

我国重组 DNA 技术类药物研究起步较晚、基础较差,许多基因工程产品的上游研究正在努力展开;一些产品正逐步进入开发研究阶段,不少产品已步入临床试验阶段或已获新药证书,进入工业化生产,逐步缩短了与先进国家的差距。1989 年我国批准了第一个在我国生产的基因工程药物——重组人干扰素 α1b,标志着我国生产的基因工程药物实现了零的突破。重组人干扰素 α1b 是世界上第一个采用中国人基因克隆和表达的基因工程药物,也是到目前为止唯一的一个我国自主研制成功的拥有自主知识产权的基因工程一类新药。

> 思考题 18-13:试比较嵌合抗体、人源化抗体和人源抗体药物的差异及优缺点。

小　结

重组 DNA 技术也称基因工程、基因克隆或 DNA 克隆技术,是以分子生物学理论和实验方法为基础,将不同来源的 DNA 序列按预先设计的蓝图,在体外构建杂种 DNA 分子,然后导入活细胞,以改变生物原有的遗传特性、获得新品种、生产新产品的方法。DNA 重组技术的基本过程是:①目的基因的获取与载体的选择;②目的基因及载体的限制性内切酶切割;③目的基因与载体的连接;④重组 DNA 导入宿主细胞;⑤转化细胞的筛选鉴定;⑥目的基因在宿主细胞中的表达;⑦表达产物的分离、纯化与鉴定等。

进行基因工程操作必不可少的工具是基因工程工具酶,包括限制性核酸内切酶(简称限制性内切酶)

和各种核酸修饰酶。限制性内切酶分为Ⅰ、Ⅱ、Ⅲ型,但在基因工程中最常用的是Ⅱ型限制性内切酶,Ⅱ型限制性内切酶可在特异性位点识别并切割双链 DNA。修饰酶包括 DNA 连接酶、DNA 聚合酶、逆转录酶、碱性磷酸酶、末端转移酶、多核苷酸激酶、甲基化酶等。

重组 DNA 技术中的载体是能接受外源 DNA 分子,并导入宿主细胞进行自主复制(无性繁殖)或表达蛋白质或 RNA 的特定 DNA 分子,常用的载体有质粒、噬菌体、病毒及人工染色体载体。人工染色体载体则是为克隆特大片段外源 DNA 而设计。载体可分为克隆载体和表达载体,还可根据宿主细胞类型分为原核细胞载体、酵母细胞载体、昆虫细胞载体、植物细胞载体及动物细胞载体等。

目的基因可以通过限制性酶切、PCR、逆转录 PCR、人工合成、基因文库筛选等方法获取。常用的基因文库有 cDNA 文库和基因组文库,从不同基因文库获取目的基因的方法相似,但获取的目的基因各有特点。目的基因与载体之间的连接可通过黏端连接,也可通过平端连接,为提高连接效率,还可以利用人工接头或同聚物加尾方式创造黏端进行连接。

重组 DNA 分子的受体细胞可以是原核细胞,也可以是真核细胞,需要根据实验目的具体选择。重组 DNA 导入宿主细胞可以通过转化、转染或感染等不同的方式实现,转化细胞可以通过抗性、插入失活、α-互补法、营养缺陷互补等方法进行筛选,筛选出的阳性转化细胞往往先进行重组 DNA 的电泳比对、酶切图谱分析、PCR 分析,最后再进行 DNA 测序分析对重组 DNA 分子予以确证。

重组 DNA 技术的一个重要应用是生物技术药物研发与生产,通过 DNA 重组可以利用原核或真核表达体系表达蛋白质类药物。真核细胞表达体系可以对表达的蛋白质产物进行多种修饰作用,使重组蛋白质的生物活性更接近或完全与天然蛋白质相同。重组人胰岛素是第一个采用重组 DNA 技术生产的重组蛋白质药物,在原核和真核表达体系中都成功表达了具有生物活性的胰岛素,抗体类药物也可利用重组 DNA 技术在真核细胞中表达制备。利用蛋白质工程技术可以对蛋白质的结构加以改造,从而改善天然蛋白质的特性,如胰岛素被改造成速效胰岛素、长效胰岛素等多种类型。

与重组 DNA 技术相关的分子生物学技术还有分子印迹技术、PCR 技术、生物芯片技术等。这些技术可应用于相应的科学研究、工业生产、临床诊断、法医学鉴定等领域,在推动科学发展和实际应用中具有重要地位。

练习题

1. 简述质粒 pBR322 的特点。
2. 简述质粒 pUC18 的特点。
3. 简述表达载体 pET28a 的特点。
4. 简述重组 DNA 的基本原理和操作过程。
5. 简述重组人胰岛素的原核系统制备方法。
6. 什么是限制修饰系统? 具有什么作用?
7. Ⅱ型限制性内切酶有几类? 在切割核酸时有什么作用特点?
8. 简述克隆载体和表达载体的结构特点。
9. 目的基因可以通过基因文库、PCR 扩增、人工合成等方法获取,试比较这些方法的优缺点。
10. 目的基因与载体的连接可通过黏端、平端和人工接头连接,试比较这 3 种连接方法的优缺点。
11. 在基因工程操作中对转化细胞的筛选与鉴定有哪些方法? 简述各方法的原理。
12. 什么是原核表达体系和真核表达体系? 它们各有哪些优缺点?
13. 基因工程表达的重组蛋白质应当如何分析鉴定?
14. 什么是蛋白质工程药物?
15. 什么是抗体药物? 有哪些类型?
16. 分子印迹技术包括哪些? 分别是依据哪些分子生物学原理建立的?

17. 简述 PCR 的基本原理和基本过程。实时定量 PCR 的基本原理是什么？主要应用在哪些领域？
18. 什么是生物芯片技术？具有哪些类型？

(赵文锋)

第十八章同步练习

第十九章
细胞信号转导

ER1901

第十九章课件

多细胞生物体可协调不同细胞产生不同的生物学效应,单一细胞可以通过特定的方式去影响其他细胞的行为。生物体细胞之间的信息传递可通过相邻细胞的直接接触来实现,但更多的则是通过细胞分泌各种化学物质来调节自身和其他细胞的代谢和功能。这些具有调节细胞生命活动的化学物质称为信号分子。细胞针对信号分子所发生的细胞内生物化学反应及效应的全过程称为信号转导(signal transduction)。

第一节 信号转导概述

信号转导过程包括以下步骤:信号分子释放→信号分子传递→信号分子与靶受体结合→触发细胞内一系列生物化学过程→靶细胞产生生物学效应。信号转导的生物学效应几乎涵盖了所有的生命现象,如酶活性调节、基因表达与调控、细胞增殖、分化与凋亡、大脑学习与记忆等。人体的信号分子和受体种类繁多,细胞的信息传递极其复杂,构成了复杂的网络系统(network),如图 19-1 所示。

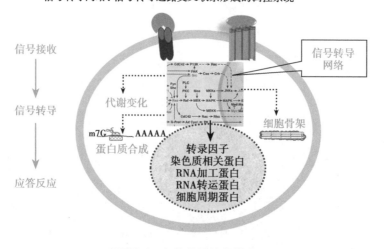

图 19-1　细胞信号转导模式图

一、细胞间信号转导方式

1. 化学信号　细胞分泌出特定的化学分子,作用于靶细胞并转化成生化反应,使有机体产生瞬时协调的生理反应。

2. 间隙连接　相邻细胞之间也可以通过"间隙连接"的形式直接进行信号交流。间隙连接是连接两个相邻细胞的通道,允许相邻细胞通过代谢产物及信号分子直接进行交流。

3. 通过细胞表面蛋白质的细胞间相互作用　细胞间交流的另一种形式是在细胞膜蛋白的介导下进行的。在这个过程中,细胞表面膜蛋白与另一个细胞上特定的互补蛋白质相结合。随着复合物的形成,细胞内的信号转导通路被激活,并进一步引发细胞的特定生化反应。

4. 电传导　神经细胞间的信号转导机制则依赖于电传导途径。神经细胞传导的电冲动是以膜电位的改变为基础的。在神经末梢即神经突触处,神经细胞利用这些电位改变与其他细胞进行信号交流。这类细胞间信号转导的核心,是由电信号向化学信号的转化。

ER1902

细胞间信号转导方式

二、细胞外信号分子

凡由细胞分泌的调节靶细胞生命活动的化学物质统称为细胞外或细胞间信号分子。目前已知的细胞外信号分子包括蛋白质和肽类(如生长因子、降钙素等)、氨基酸及其衍生物(如甲状腺激素、肾上腺素等)、类固醇激素(如糖皮质激素、性激素等)、脂肪酸衍生物(如前列腺素)、一氧化氮(NO)等。根据信号分子的特点及其作用方式将细胞外信号分子分为如下 4 大类。

1. 局部化学介质　又称旁分泌信号(paracrine signal)。体内某些细胞能分泌一种或数种化学介质,如生长因子、细胞生长抑素、一氧化氮和前列腺素等。此类信号分子的特点是不进入血液循环,而是通过扩散到达邻近的靶细胞。除生长因子外,其他介质的作用时间较短。

2. 内分泌激素　又称内分泌信号(endocrine signal)。由特殊分化的内分泌细胞释放,如胰岛素、甲状腺激素和肾上腺素等,它们通过血液循环到达靶细胞,大多数对靶细胞的作用时间较长。

3. 神经递质　又称突触分泌信号(synaptic signal)。由神经元突触前膜释放,如乙酰胆碱和去甲肾上腺素等,其作用时间较短。

4. 气体信号　NO 是一种重要的气体信号分子,具有舒张血管等生物学功能。它结构简单,化学性质活泼,半衰期短,体内可由 NO 合酶通过催化 L- 精氨酸转化而成。此外,CO 也是具有信号转导作用的气体分子,具有类 NO 作用。

上述细胞外信号分子有的可进入细胞内发挥作用,有的则不能进入细胞,需要与细胞膜上的受体结合发挥作用。胰岛素、胰高血糖素、细胞因子和生长因子等蛋白质或多肽激素等水溶性分子是不能进入细胞内的信号分子,而类固醇激素(皮质激素、雌激素、睾酮)、甲状腺激素、维生素 D 和视黄酸等脂溶性大的分子则是可进入细胞内的信号分子。有一些细胞外信号分子能对同种细胞或分泌细胞自身起调节作用,称为自分泌信号(autocrine signal),如一些癌蛋白。而有些细胞外信号分子可在不同的个体间传递信息,如昆虫的性激素。一些细胞外信号分子影响细胞内代谢的可能途径见表 19-1。

表 19-1　细胞外信号影响细胞功能的途径

种类	信号分子	受体	引起细胞内的变化
神经递质	乙酰胆碱、谷氨酸、γ- 氨基丁酸	质膜受体	影响离子通道开闭
生长因子	胰岛素样生长因子 -1、表皮生长因子、血小板衍生生长因子	质膜受体	引起酶蛋白和功能蛋白的磷酸化和去磷酸化,改变细胞的代谢和基因表达
激素	蛋白质、多肽及氨基酸衍生物激素	质膜受体	同上
	类固醇激素、甲状腺激素	胞内受体	影响转录

三、细胞内信号分子

在细胞内传递细胞调控信号的化学物质称为细胞内信号分子。细胞内信号分子的组成具有多样化特点,从简单的无机离子到复杂的信号蛋白质分子都可作为细胞内参与信号转导的信号分子:无机离子,如 Ca^{2+};脂类衍生物,如二酰甘油(DAG)、N-脂酰鞘氨醇(Cer);糖类衍生物,如三磷酸肌醇(IP_3);核苷酸,如 cAMP、cGMP;信号蛋白分子,多数为癌基因的产物,如 Ras 和底物酶。底物酶主要为酪氨酸或丝氨酸/苏氨酸蛋白激酶,但它们本身又是其他酶的底物,如 JAK、Raf 等。通常将 Ca^{2+}、DAG、IP_3、Cer、cAMP、cGMP 等这类在细胞内传递信息的小分子化合物称为第二信使(secondary messenger)。细胞内信号分子作用方式也具有多样性,它们的作用途径和作用特点也有很大差异。一些重要的细胞内信号分子见表 19-2。

表 19-2　细胞内信号分子的组成及作用功能

信号分子类别	细胞内信号分子	引起细胞内变化	信号转导作用
无机离子	Ca^{2+}	CaM、PKC 激活	第二信使
脂质衍生物	二酰甘油(DAG)	PKC 激活	第二信使
糖类衍生物	三磷酸肌醇(IP_3)	胞内 Ca^{2+} 升高	第二信使
核苷酸	cAMP、cGMP	PKA、PKG 激活	第二信使
蛋白质	蛋白激酶,如 Ras	蛋白激酶活性	受体或蛋白激酶

细胞内信号分子在传递信号时绝大部分通过酶促级联反应方式进行。它们最终通过改变细胞内有关酶的活性,开启或关闭细胞膜离子通道及细胞核内基因的转录,达到调节细胞代谢和控制细胞生长、繁殖和分化的作用。细胞内蛋白激酶是许多信号转导通路的关键性分子,蛋白激酶的级联放大反应是信号转导通路的共有特征。众多的第二信使,如 cAMP、Ca^{2+}、IP_3 及脂质 DAG,通过与细胞内蛋白激酶作用,使第二信使的信号放大。蛋白激酶能够磷酸化数倍的底物,并产生放大的生物学效应。如肾上腺素引发的信号通路中,依赖 cAMP 的 PKA 在通路中通过共价修饰而改变关键代谢酶的活性,使 cAMP 信号放大。

虽然蛋白激酶有很多种,但它们都存在两种基本形式。

1. 跨膜受体激酶或者其他能被募集至跨膜受体的激酶,通常都是酪氨酸激酶。这类激酶通过 ATP 来磷酸化目标蛋白质上特定的酪氨酸残基。这是一个酶促反应,所以这也是一个放大步骤。一个受体的激活能活化多种下游目标。

2. 丝氨酸/苏氨酸蛋白激酶,通过 ATP 来磷酸化目标蛋白质上的丝氨酸或苏氨酸残基。每一个目标蛋白质都有一个特定的磷酸化模式使之产生效应,可以是激活也可以是失活。激酶本身可以产生磷酸化级联,即一个激酶磷酸化另外一个蛋白激酶,如促分裂原活化的蛋白激酶(MAPK),它可以磷酸化 MAPKK(MAP 激酶激酶)。活化的 MAPKK 也可以反过来再磷酸化并激活 MAPK。信号转导中常见的丝氨酸/苏氨酸激酶见表 19-3。

表 19-3　常见的丝氨酸/苏氨酸激酶

缩写	名字	激活物	作用
PKA	cAMP 依赖性蛋白激酶	cAMP	参与能量信号通路(低能量信号)
PKC	蛋白激酶 C	Ca^{2+} 和 DAG	参与生长/分化信号通路
CaMK	Ca^{2+}-钙调蛋白依赖性蛋白激酶	Ca^{2+} 和钙调蛋白	参与钙信号通路
MAPK	促分裂原活化的蛋白激酶	MAP 激酶激酶	调节细胞生长(转录激活)

绝大多数信号蛋白分子中都含有特定的功能结构域,从而调节特定蛋白质间的相互作用,使信号通路保持特异性,避免相互干扰。所有信号分子在完成信息传递后,会立即灭活。通常细胞通过酶促降解、代谢转化或细胞摄取等方式灭活信号分子。

第二节　受　体

受体(微课)

翻转课堂(19-1):

目标:要求学生通过课前自主学习,掌握受体的主要分类;受体的结构和功能;受体作用的特点;受体活性的调节机制等理论知识。

课前:要求学生观看微课,老师提出具体讨论的课题,学生分组讨论,并制作PPT用于课堂交流。

课中:老师抽取2~3组,作PPT演讲,老师和其他学生提出问题,大家课堂讨论和交流。

课后:学生完成作业,并就"G蛋白偶联受体药物的可能作用靶点和作用机制""核受体药物的可能作用靶点和作用机制"等问题展开文献检索和讨论。

受体(receptor)是细胞膜上或细胞内能特异识别生物活性分子并与之结合,引起生物学效应的特殊蛋白质,个别是糖脂。能与受体呈特异性结合的生物活性分子则称为配体(ligand)。细胞外信号分子就是一类最常见的配体。除此以外,某些药物、维生素和毒物也可作为配体而发挥生物学作用。

受体在细胞信息传递过程中起着极为重要的作用。其中,存在于细胞质膜上的受体称为膜受体,它们绝大部分是镶嵌糖蛋白;而位于胞质和细胞核中的受体则称为胞内受体,它们全部为DNA结合蛋白。

一、膜受体

(一) G 蛋白偶联受体

G蛋白偶联受体(G protein-coupled receptor,GPCR)是研究得最为广泛和透彻的一类受体,也是药学研究中应用最广泛的一类受体,近半数的已有临床用药是以GPCR为靶点的药物。它们全部是只含一条肽链的糖蛋白,其N端在细胞外侧,C端在细胞内,中段形成7个跨膜螺旋结构、3个细胞外环与3个细胞内环(图19-2)。这类受体的特点是其胞质面第三个环能与鸟苷酸结合蛋白(guanylate binding protein,简称G蛋白)相偶联,从而影响腺苷酸环化酶(adenylate cyclase,AC)或磷脂酶C等的活性,使细胞内产生第二信使。这类受体的信息传递可归纳为:激素→受体→G蛋白→酶→第二信使→蛋白激酶→酶或功能蛋白质→生物学效应。此类受体分布极广,主要参与细胞物质代谢的调节和基因转录的调控。

G蛋白是一类和GTP或GDP相结合、位于细胞膜胞质面的外周蛋白,由3个亚基组成,分别为α亚基(45kD)、β亚基(35kD)和γ亚基(7kD)。G蛋白有两种构象:一种以αβγ三聚体存在并与GDP结合,为非活化型;另一种构象是α亚基与GTP结合并导致βγ二聚体的脱落,此型为活化型(图19-3)。

G蛋白有许多种(表19-4)。常见的有刺激性G蛋白(stimulatory G protein,G_s)、抑制性G蛋白(inhibitory G protein,G_i)和磷脂酶C型G蛋白(PI-PLC G protein,G_q)。不同的G蛋白能特异地将受体和与之相适应的效应酶偶联起来。各种G蛋白的α亚基均有一个可被霍乱毒素或百日咳毒素进行ADP-核糖基化的修饰部位。这两种细菌毒素能改变G蛋白的功能,霍乱毒素能激活G_s而激活AC,百日咳毒素则能激活G_i而抑制AC。

G蛋白三维空间结构

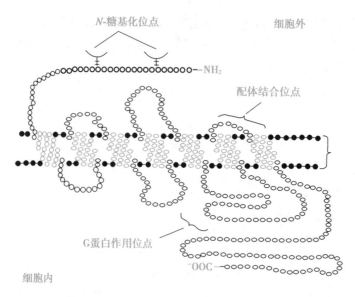

图 19-2 G 蛋白偶联受体（GPCR）的结构

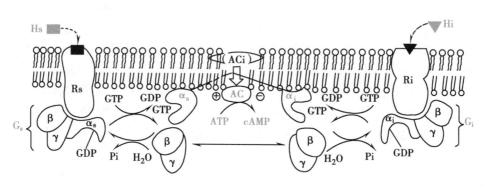

图 19-3 两种 G 蛋白的活性型和非活性型的互变

表 19-4 哺乳动物细胞 G 蛋白 α 亚基种类及效应

G 蛋白种类	效应	产生的第二信使	第二信使的靶分子
α_s	AC 活化 ↑	cAMP ↑	PKA 活性 ↑
α_i	AC 活化 ↓	cAMP ↓	PKA 活性 ↓
α_q	PLC 活化 ↑	Ca^{2+}、IP_3、DAG ↑	PKC 活性 ↑
α_t	cGMP-PDE 活性 ↑	cGMP ↓	Na^+ 通道关闭

2012 年诺贝尔化学奖授予 Robert J. Lefkowitz 和 Brian K. Kobilka，以表彰他们揭示了 G 蛋白偶联受体（GPCR）的作用机制。

（二）蛋白质酪氨酸激酶受体

蛋白质酪氨酸激酶受体（protein tyrosine kinase receptor，PTKR）为单个跨膜 α 螺旋受体。这类受体为催化型受体（catalytic receptor）（如胰岛素受体和表皮生长因子受体等），它们与配体结合后即有蛋白质酪氨酸激酶活性，既可导致受体自身磷酸化，又可催化底物蛋白质的特定酪氨酸残基磷酸化；后者（如生长激素受体、干扰素受体)与配体结合后,可与蛋白质酪氨酸激酶偶联而表现出酶活性。这类受体全部为糖蛋白。催化型受体跨膜区由22~26个氨基酸残基构成一个 α 螺旋,高度疏水。细胞外区一般有500~850个氨基酸残基,有的含与免疫球蛋白(Ig)同源的结构,有的富含半胱氨酸区段,此区为配体结合部位(图19-4)。细胞内为近膜区和功能区。蛋白质酪氨酸激酶功能区位于 C 末端,包括结合 ATP 和结合底物的两个功能区。此型受体与细胞的增殖、分化、分裂及癌变有关。能与这类受体结合的配体主要有细胞因子(如白介素)、生长因子和胰岛素等。常见的表皮生长因子(EGF)、胰岛素样生长因子(IGF-Ⅰ)、血小板衍生生长因子(PDGF)和成纤维细胞生长因子(PGF)受体结构见图19-4。

单个跨膜 α 螺旋受体中还有一类不具有 PTK 活性的受体,这类受体将借助细胞内的一类具有激酶结构的连接蛋白 JAK(janus kinase)完成信息转导。

(三) 离子通道受体

离子通道受体是配体依赖性离子通道,它们主要受神经递质等信号分子调节。当神经递质与这类受体结合后,可使离子通道打开或关闭,从而改变膜的通透性。这类受体主要在神经冲动的快速传递中起作用,可将化学信号转变为电信号。如乙酰胆碱由受到刺激的细胞释放,与乙酰胆碱受体结合,可触发电刺激。

二、胞内受体

胞内受体多数为参与基因表达的反式作用因子。当与相应配体结合后,能与 DNA 顺式作用元件结合,调节基因转录。目前已知通过细胞内受体调节的激素有糖皮质激素、盐皮质激素、雄激素、孕激素、雌激素、甲状腺激素(T_3 及 T_4)和 1,25-$(OH)_2$-D_3 等,除甲状腺激素外均为类固醇化合物。细胞内受体通常为400~1 000 个氨基酸残基组成的单体蛋白质,包含 5 个结构域(图19-5)。

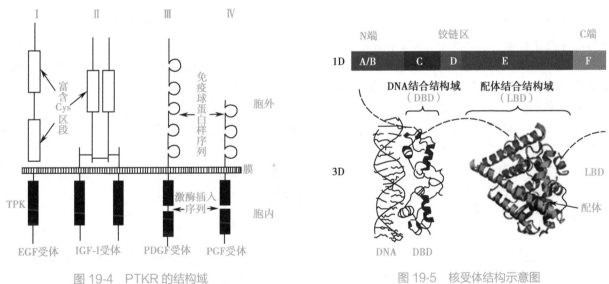

图 19-4　PTKR 的结构域　　　　　　　　图 19-5　核受体结构示意图

图 19-5 胞内受体位于 N 末端结构域的 A/B 区具有转录激活作用。C 区为 DNA 结合结构域(DNA binding domain,DBD),可形成能与 DNA 结合的特定空间结构。中间 D 区为铰链区(hinge region),可能有与转录因子相互作用和触发受体向核内移动的功能。E 区为能与配体特异性结合的配体结合结构域(ligand binding domain,LBD)。位于 C 末端结构域的 F 区,其功能不明确。细胞内受体的调节与作用机制见图19-6。

类固醇激素与核内受体结合后,可使受体的构象发生改变,暴露出 DNA 结合区。在胞质中形成的类固醇激素 - 受体复合物以二聚体形式穿过核孔进入核内。在核内,激素 - 受体复合物作为转录因子与 DNA 特异基因的激素反应元件(hormone response element)结合,从而激活或抑制特定基因的转录。甲状腺激素(T_3)进入靶细胞后,能与胞内的核受体结合,甲状腺激素 - 受体复合物可与 DNA 上的甲状腺激素反应元件(thyroid hormone response element)结合,调节许多基因的表达。此外,在肾、肝、心及肌肉的线粒体内膜上也存在甲状腺激素受体,结合后能促进线粒体某些基因的表达,这与甲状腺激素能加速氧化磷酸化有关。

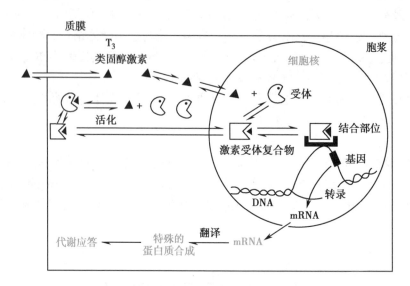

图 19-6　胞内受体对代谢和基因转录的调节作用

三、受体作用的特点

受体与配体的结合有以下特点。

1. 高度专一性　受体选择性地与特定配体结合,这种选择性是由分子的空间立体结构所决定的。受体与配体的结合通过反应基团的定位和分子构象的相互契合来实现。

2. 高度亲和力　无论是膜受体还是胞内受体,它们与配体间的亲和力都极强。体内信号分子的浓度非常低,通常 $\leq 10^{-8}$ mol/L,但具有显著的生物学效应,足见两者间的亲和力之高。

3. 可饱和性　增加配体浓度,可使受体饱和。

4. 可逆性　受体与配体以非共价键结合,当生物效应发生后,配体即与受体解离。受体可恢复到原来的状态,并再次被利用,而配体则常被立即灭活。

5. 特定的作用模式　受体在细胞内的分布,从数量到种类,均有组织特异性,并出现特定的作用模式,提示某类受体与配体结合后能引起某种特定的生理效应。

四、受体活性的调节

许多因素可以影响细胞的受体数目和 / 或受体对配体的亲和力。若受体的数目减少和 / 或对配体的结合力降低与失敏,称为受体下调(down regulation),反之则称为受体上调(up regulation)。受体活性调节的常见机制有以下几点。

1. 磷酸化和去磷酸化作用　受体蛋白的磷酸化和去磷酸化在许多受体的功能调节上起重要作用。如胰岛素受体和表皮生长因子受体分子的酪氨酸残基被磷酸化,能促进受体与相应配体结合。相反磷酸化则足以使类固醇激素受体不能与其配体结合。

2. 膜磷脂代谢的影响　膜磷脂在维持膜流动性和膜受体蛋白活性中起重要作用。质膜的磷脂酰乙醇胺被甲基化转变成磷脂酰胆碱后,可明显增强肾上腺素 β 受体激活腺苷酸环化酶的作用。

3. 酶促水解作用　有些膜受体可通过内化(internalization)方式被溶酶体降解。

4. G 蛋白的调节　G 蛋白可在多种活化受体与腺苷酸环化酶之间起偶联作用,当一受体系统被激活而使 cAMP 水平升高时,就会降低同一细胞受体对配体的亲和力。

第三节 膜受体介导的信号转导通路

翻转课堂(19-2):

目标:要求学生通过课前自主学习,掌握 cAMP- 蛋白激酶通路的组成和具体信号转导机制等理论知识。

课前:要求学生观看微课,老师提出具体讨论的课题,学生分组讨论,并制作 PPT 用于课堂交流。

课中:老师抽取 2~3 组,作 PPT 演讲,老师和其余学生提出问题,大家课堂讨论和交流。

课后:学生完成作业,并就"cAMP- 蛋白激酶通路的药物可能作用靶点和作用机制"等问题展开文献检索和讨论。

膜受体介导的信息传递至少存在 5 条途径。这 5 条途径之间既相对独立又存在一定联系。现分别介绍各条信息传递途径。

一、cAMP- 蛋白激酶通路

该途径以靶细胞内 cAMP 浓度改变和 cAMP 依赖性蛋白激酶的激活为主要特征,是激素调节物质代谢的主要途径。

(一) cAMP 的合成与分解

胰高血糖素、肾上腺素和促肾上腺皮质激素与靶细胞质膜上的特异性受体结合,形成激素 - 受体复合物而激活受体。活化的受体可催化 G_s 的 GDP 与 GTP 交换,导致 G_s 的 α、$\beta\gamma$ 亚基解离,释放出 α_s-GTP。α_s-GTP 能激活腺苷酸环化酶(AC),催化 ATP 转化成 cAMP,使细胞内 cAMP 浓度增高。G 蛋白中的 $\beta\gamma$ 复合体也可独立地作用于相应的效应物,与 α 亚基发挥拮抗作用。

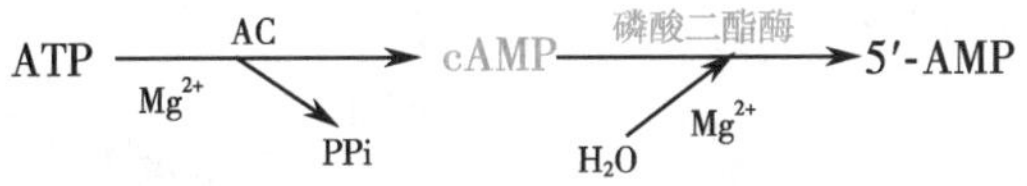

$$ATP \xrightarrow[Mg^{2+}]{AC} \searrow_{PPi} cAMP \xrightarrow[H_2O \quad Mg^{2+}]{磷酸二酯酶} 5'-AMP$$

腺苷酸环化酶分布广泛,除成熟红细胞外,几乎存在于所有组织的细胞质膜上。cAMP 经磷酸二酯酶(phosphodiesterase,PDE)降解成 5'-AMP 而失活。cAMP 是分布广泛而重要的第二信使。

正常细胞内 cAMP 的平均浓度为 10^{-6}mol/L。cAMP 在细胞中的浓度除与腺苷酸环化酶活性有关外,还与磷酸二酯酶活性有关。一些激素,如胰岛素,能激活磷酸二酯酶,加速 cAMP 降解;某些药物,如茶碱,则抑制磷酸二酯酶(PDE),促使细胞内 cAMP 浓度升高,从而对内源性和外源性刺激 cAMP 产生的化合物有协同作用。少数激素,如生长抑素、胰岛素和血管紧张素Ⅱ等,它们活化受体后可催化抑制性 G 蛋白解离,导致细胞内 AC 活性下降,从而降低细胞内 cAMP 水平。

(二) cAMP 的作用机制

cAMP 对细胞的调节作用是通过激活 cAMP 依赖性蛋白激酶(蛋白激酶 A,PKA)系统来实现的。PKA 是一种由四聚体(C_2R_2)组成的别构酶。其中 C 为催化亚基,R 为调节亚基。每个调节亚基上有 2 个 cAMP 结合位点,催化亚基具有催化底物蛋白质某些特定丝氨酸 / 苏氨酸残基磷酸化的功能。调节亚基与催化亚基相结合时,PKA 呈无活性状态。当 4 分子 cAMP 与 2 个调节亚基结合后,调节亚基脱落,游离的催化亚基具有蛋白激酶活性(图 19-7)。PKA 的激活过程需要 Mg^{2+}。

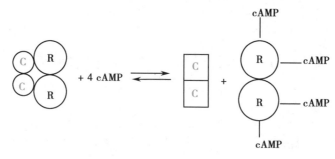

C. 催化亚基；R. 调节亚基

图 19-7　cAMP 依赖性蛋白激酶的激活

（三）PKA 的作用

PKA 被 cAMP 激活后，能在 ATP 存在的情况下使许多蛋白质特定的丝氨酸和 / 或苏氨酸残基磷酸化，从而调节细胞的物质代谢和基因表达。

1. 对代谢的调节作用　图 19-8 显示了肾上腺素调节糖原分解的级联反应。肾上腺素与质膜上的受体结合后，通过刺激性 G 蛋白使 AC 激活，AC 催化 ATP 生成 cAMP，后者能进一步激活 PKA。PKA 一方面使无活性的磷酸化酶 b 激酶磷酸化而转变成有活性的磷酸化酶 b 激酶，后者能催化磷酸化酶 b 修饰带上磷酸根，成为有活性的磷酸化酶 a。磷酸化酶 a 经磷蛋白磷酸酶脱去磷酸又转变成无活性的磷酸化酶 b。磷蛋白磷酸酶的活性也受 PKA 的调节，磷酸化和去磷酸化呈对立统一的关系。同时，PKA 也可使有活性的糖原合成酶的特定丝氨酸 / 苏氨酸磷酸化而失去活性。

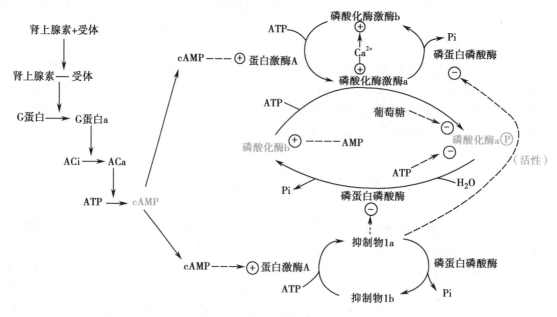

图 19-8　糖原磷酸化酶的激活与失活

2. 对基因表达的调节作用　顺式作用元件、反式作用因子以及它们的相互作用对真核细胞基因的表达调控起非常重要的调节作用。在基因的转录调控区中有一类 cAMP 应答元件（cAMP response element，CRE），它可与 cAMP 应答元件结合蛋白（cAMP response element binding protein，CREB）相互作用而调节此基因的转录。当 PKA 的催化亚基进入细胞核后，可催化反式作用因子——CREB 中特定的丝氨酸和 / 或苏氨酸残基磷酸化。磷酸化的 CREB 形成同源二聚体，与 DNA 上的 CRE 结合，从而激活受 CRE 调控的基因转录。

PKA 还可使细胞核内的组蛋白、酸性蛋白以及胞质内的核糖体蛋白、膜蛋白、微管蛋白及受体蛋白等磷酸化，从而影响这些蛋白质的功能（表 19-5）。

表 19-5 PKA 对底物蛋白的磷酸化作用

底物蛋白	磷酸化的后果	生理意义
组蛋白	失去对转录的阻遏作用	加速转录,促进蛋白质的合成
核中酸性蛋白质	加速转录	加速转录,促进蛋白质的合成
核糖体蛋白	加速翻译	促进蛋白质合成
细胞膜蛋白	膜蛋白构象及功能改变	改变膜对水及离子的通透性
微管蛋白	构象和功能改变	影响细胞分泌
心肌肌原蛋白	易与 Ca^{2+} 结合	加速心肌收缩
心肌肌质网膜蛋白	加速 Ca^{2+} 摄入肌质网	加速肌纤维舒张
肾上腺素能 β 受体蛋白	影响受体功能	脱敏化及下调

二、Ca^{2+} 依赖性蛋白激酶通路

在收缩、运动、分泌和分裂等复杂的生命活动中,需有 Ca^{2+} 参与调节,胞质内 Ca^{2+} 浓度在 $0.01~1\mu mol/L$,比细胞外液中 Ca^{2+} 浓度(约 2.5mmol/L)低得多。细胞的肌质网、内质网和线粒体可作为细胞内 Ca^{2+} 的储存库。当细胞外液的 Ca^{2+} 通过钙通道进入细胞,或者亚细胞器内储存的 Ca^{2+} 释放到胞质时,都会使胞质内 Ca^{2+} 水平急剧升高,随之引起某些酶活性和蛋白质功能的改变,从而调节各种生命活动。因而将 Ca^{2+} 也视为细胞内重要的第二信使。

胞内 Ca^{2+} 荧光染色显微照片

(一) Ca^{2+}- 磷脂依赖性蛋白激酶通路

近年来的研究表明,体内的跨膜信息传递方式中还有一种以三磷酸肌醇(肌醇 -1,4,5 三磷酸,IP₃)和二酰甘油(DAG)为第二信使的双信号途径。该系统可以单独调节细胞内的许多反应,又可以与 cAMP- 蛋白激酶系统及蛋白质酪氨酸激酶系统相偶联,组成复杂的网络,共同调节细胞的代谢和基因表达。

1. IP₃ 和 DAG 的生物合成和功能 促甲状腺激素释放激素和升压素等作用于靶细胞膜上特异性受体后,通过特定的 G 蛋白(G_q)激活磷脂酰肌醇特异性磷脂酶 C(PI-PLC),PI-PLC 则水解膜组分——磷脂酰肌醇 4,5- 二磷酸(PIP₂)而生成 DAG 和 IP₃(图 19-9)。

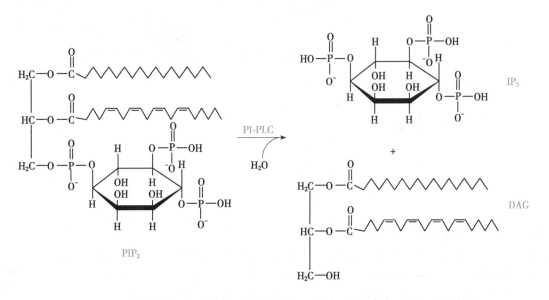

图 19-9 磷脂酰肌醇特异性磷脂酶 C(PI-PLC)的作用

DAG 生成后仍留在质膜上,在磷脂酰丝氨酸和 Ca^{2+} 的配合下激活蛋白激酶 C(protein kinase C,PKC)。PKC 由一条多肽链组成,含一个催化结构域和一个调节结构域。调节结构域常与催化结构域的活性中心

部分贴近或嵌合,一旦 PKC 的调节结构域与 DAG、磷脂酰丝氨酸和 Ca^{2+} 结合,PKC 即发生构象改变而暴露出活性中心。

IP_3 生成后,从膜上扩散至胞质中与内质网和肌质网上的受体结合,因而促进这些钙储库内的 Ca^{2+} 迅速释放,使胞质内的 Ca^{2+} 浓度升高。Ca^{2+} 能与胞质内的 PKC 结合并聚集至质膜,在 DAG 和膜磷脂共同诱导下,PKC 被激活。

2. PKC 的生理功能　PKC 广泛地存在于机体的组织细胞内,目前已发现 12 种 PKC 同工酶,它们对机体的代谢、基因表达、细胞分化和增殖起作用。

(1)对代谢的调节作用:PKC 被激活后可引起一系列靶蛋白的丝氨酸和 / 或苏氨酸残基发生磷酸化反应。靶蛋白包括质膜受体、膜蛋白和多种酶。PKC 能催化质膜的 Ca^{2+} 通道磷酸化,促进 Ca^{2+} 流入胞内,提高胞质 Ca^{2+} 浓度;PKC 也能催化肌质网的钙 ATP 酶磷酸化,使钙进入肌质网,降低胞质的 Ca^{2+} 浓度。由此可见,PKC 能调节多种生理活动,使之处于动态平衡。PKC 通过对靶蛋白的磷酸化反应而改变功能蛋白质的活性和性质,影响细胞内信息的传递,启动一系列生理、生化反应。

(2)对基因表达的调节作用:PKC 对基因的活化过程可分为早期反应和晚期反应两个阶段(图 19-10)。PKC 能使即早期基因(immediate early gene,IEG)的反式作用因子磷酸化,加速即早期基因的表达。即早期基因是一组在受到外界刺激后迅速且短暂激活表达的基因。它们多数为细胞原癌基因(如 *c-fos* 和 *c-Jun* 等),表达的蛋白质寿命短暂(半衰期为 1~2 小时),受磷酸化修饰后可活化晚期反应基因并导致细胞增殖。促癌剂佛波酯(phorbol ester)作为 PKC 的强激活剂而引起细胞持续增殖,诱导癌变。

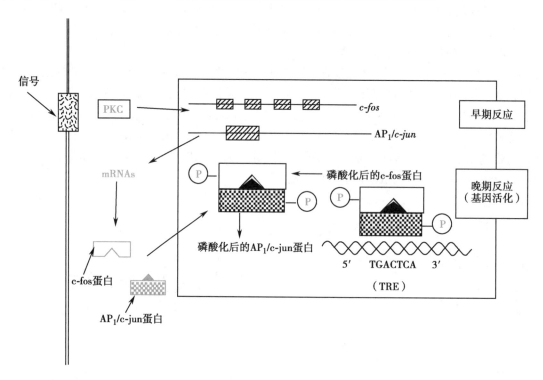

图 19-10　PKC 对基因的早期活化和晚期活化

(二) Ca^{2+}- 钙调蛋白依赖性蛋白激酶通路

钙调蛋白(calmodulin,CaM)为钙结合蛋白,是细胞内重要的调节蛋白。CaM 是由一条多肽链组成的单体蛋白。人体的 CaM 有 4 个 Ca^{2+} 结合位点,当胞质的 Ca^{2+} 浓度 $\geq 10^{-2}$ mmol/L 时,Ca^{2+} 与 CaM 结合,其构象发生改变而激活 Ca^{2+}- 钙调蛋白依赖性蛋白激酶(CaMK)。

CaMK 的底物谱非常广,可以磷酸化许多蛋白质的丝氨酸和 / 苏氨酸残基,使之激活或失活。CaMK 既能激活腺苷酸环化酶又能激活磷酸二酯酶,即它既加速 cAMP 的生成又加速 cAMP 的降解,使信息迅速传至细胞内,又迅速消失。CaMK 不仅参与调节 PKA 的激活和抑

Ca²⁺- 钙调蛋白作用机制

制,还能激活胰岛素受体的蛋白质酪氨酸激酶活性。可见 CaMK 在细胞的信息传递中起非常重要的作用。

三、cGMP- 蛋白激酶通路

cGMP 广泛存在于动物各组织中,其含量为 cAMP 的 1/100~1/10。它由 GTP 在鸟苷酸环化酶(guanylate cyclase,GC)的催化下经环化而生成,经磷酸二酯酶催化而降解。

$$GTP \xrightarrow[Mg^{2+}]{GC} cGMP \xrightarrow[H_2O]{磷酸二酯酶 \atop Ca^{2+}或Mg^{2+}} 5'-GMP$$
$$\searrow PPi$$

鸟苷酸环化酶在脑、肺、肝及肾等组织中大部分是可溶性酶,而在心血管组织细胞、小肠、精子及视网膜杆状细胞则大多数为结合型酶。GC 的激活过程和 AC 不同,GC 的激活间接地依赖 Ca^{2+}。Ca^{2+} 通过激活磷脂酶 C 和磷脂酶 A_2 使膜磷脂水解生成花生四烯酸,花生四烯酸经氧化生成前列腺素而激活 GC。

激素(如心房分泌的心房利尿钠肽等)与靶细胞膜上的受体结合后,即能激活鸟苷酸环化酶(GC),后者再催化 GTP 转变成 cGMP。cGMP 能激活 cGMP 依赖性蛋白激酶(cGMP-dependent protein kinase,PKG),从而催化有关蛋白质或酶类的丝氨酸 / 苏氨酸残基磷酸化,产生生物学效应。PKG 的结构与 PKA 完全不同,它是一个单体酶,分子中有一个 cGMP 结合位点。NO 在平滑肌细胞中可激活鸟苷酸环化酶,使 cGMP 生成增加,激活 PKG,导致血管平滑肌松弛(图 19-11)。

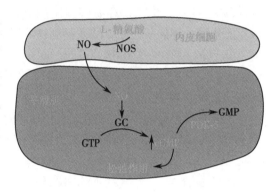

图 19-11　NO 的产生及信号转导通路

临床上常用的硝酸甘油等血管扩张剂就是因为它们能自发产生 NO,激活鸟苷酸环化酶,使细胞内 cGMP 升高,从而通过上述途径松弛血管平滑肌,扩张血管。而西地那非(sildenafil,商品名万艾可)则可能通过抑制细胞内水解 cGMP 的磷酸二酯酶 -5(PDE-5),使细胞内 cGMP 降解受阻,使内源性 cGMP 维持在较高浓度水平。西地那非的结构如下式所示,它与 PDE-5 的天然底物 cGMP 结构相似,故可竞争性抑制 PDE-5 酶活性,从而发挥药理作用。

西地那非　　　　　　cGMP

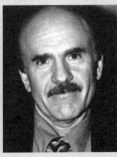

R. Furchgott(左)、L. Ignarro(中)和 F. Murad(右)获得了 1998 年诺贝尔生理学或医学奖,以表彰他们发现 NO 在心脑血管中的信号转导作用。这是首次发现一种气体可在人体中作为信号分子。NO 在体内具有多样的生物学功能,它可成为血压的调节器或看管血液分流到不同的器官。

四、蛋白质酪氨酸激酶通路

蛋白质酪氨酸激酶(protein tyrosine kinase，PTK)在细胞的生长、增殖、分化等过程中起重要的调节作用，并与肿瘤的发生有密切的关系。细胞中的 PTK 包括两大类：第一类位于细胞质膜上，称为受体型 PTK，如胰岛素受体、表皮生长因子受体及某些原癌基因编码的受体，它们均属于催化型受体；第二类位于胞质中，称为非受体型 PTK，如 JAK 和某些原癌基因编码的 PTK，但它们常与非催化型受体偶联而发挥作用。

当配体与单跨膜螺旋受体结合后，催化型受体大多数发生二聚化，二聚体的 PTK 被激活，彼此可使对方的某些酪氨酸残基磷酸化，这一过程称为自磷酸化(autophosphorylation)；而非催化型受体的某些酪氨酸残基则被非受体型 PTK 磷酸化。

受体型酪氨酸
激酶家族

细胞内存在一些衔接蛋白质(adaptor protein)，它们具有 SH₂ 结构域(src homology 2 domain)，这些结构域与原癌基因 src 编码的蛋白质酪氨酸激酶区同源。SH₂ 结构域能识别磷酸化的酪氨酸残基并与之结合。磷酸化的受体通过衔接蛋白质可偶联其他效应蛋白，这些效应蛋白本身具有酶活性，故可逐级传递信息并将效应级联放大。

受体型 PTK 和非受体型 PTK 虽都能使蛋白质底物的酪氨酸残基磷酸化，但它们的信息传递途径有所不同。

(一) 受体型 PTK-Ras-MAPK 通路

催化型受体与配体结合后，发生自磷酸化并磷酸化中介分子——Grb2 和 SOS，使其活化，进而激活 Ras 蛋白。由于 Ras 蛋白为多种生长因子信息传递过程所共有，因此又称为 Ras 通路。

Ras 蛋白是由一条多肽链组成的单体蛋白，由原癌基因 Ras 编码而得名。它的性质类似于 G 蛋白中的 Gα_α 亚基，它的活性与其结合 GTP 或 GDP 直接有关，Ras 与 GDP 结合时无活性，但磷酸化的 SOS 可促进 GDP 从 Ras 脱落，使 Ras 转变成 GTP 结合状态而活化。Ras 蛋白的分子量为 21kD，故又名 p21 蛋白，因其分子量小于 GPCR 偶联的 G 蛋白，故称作小 G 蛋白。活化的 Ras 蛋白可进一步活化 Raf 蛋白。Raf 蛋白具有丝氨酸/苏氨酸蛋白激酶活性，它可激活促分裂原活化的蛋白激酶(mitogen-activated protein kinase，MAPK)系统(图 19-12)。MAPK 系统包括 MAPK、MAP 激酶激酶(MAPKK)、MAP 激酶激酶激酶(MAPKKK)。它们是一组酶兼底物的蛋白质分子。其中，MAPK 更具有广泛的催化活性，除了调节花生四烯酸的代谢和细胞微管形成之外，更重要的是可催化细胞核内许多反式作用因子(如转录因子)的丝氨酸和/或苏氨酸残基磷酸化，导致基因转录或关闭(图 19-12)。受体型 PTK 活化后还可通过激活腺苷酸环化酶、多种磷脂酶(如 PI-PLC、磷脂酶 A 和鞘磷脂酶)等发挥调控基因表达的作用(图 19-12)。这些基因表达作用涉及细胞增殖、分化、凋亡、炎症和应激等过程。

(二) JAK-STAT 通路

许多细胞因子受体自身没有激酶结构域，与细胞因子结合后，受体通过蛋白质酪氨酸激酶 JAK 的作用使受体自身和胞内底物磷酸化。JAK 的底物是信号转导及转录激活蛋白(signal transducer and activator of transcription，STAT)，两者所构成的 JAK-STAT 通路是细胞因子信息内传最重要的信号转导通路。

JAK 为非受体型蛋白质酪氨酸激酶，与细胞因子受体结合存在。细胞因子通过受体将 JAK 激活，活化后的 JAK 使 STAT 磷酸化。STAT 既是信号转导分子，又是转录因子。磷酸化的 STAT 分子形成二聚体，迁移进入细胞核，调控相关基因的表达，改变靶细胞的增殖与分化。细胞内有数种 JAK 和数种 STAT 的亚型存在，不同的受体可与不同的 JAK 和 STAT 组成信号通路，分别转导不同细胞因子的信号。例如，γ 干扰素(IFN-γ)是通过 JAK1/JAK2-STAT1 通路传递信号(图 19-13)。

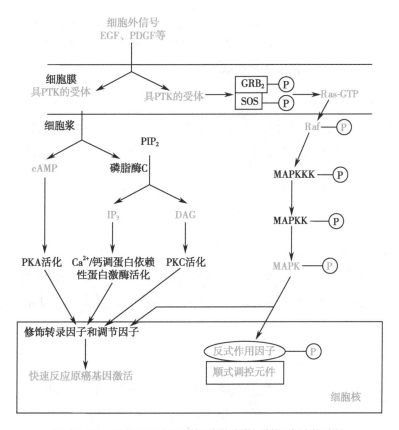

图 19-12　受体型蛋白质酪氨酸激酶激活基因表达的途径

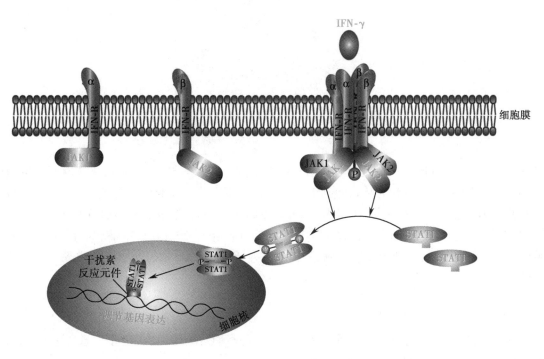

图 19-13　JAK-STAT 信号通路

　　首先,IFN-γ 结合其受体(IFN-R)并诱导受体聚合和激活,受体将 JAK1/JAK2 激活,JAK1 和 JAK2 为相邻蛋白质,从而相互磷酸化,并将受体磷酸化。随后,JAK 将 STAT1 磷酸化,使 STAT1 形成 SH$_2$ 结合位点,磷酸化的 STAT 分子彼此间通过 SH$_2$ 结合位点和 SH$_2$ 结构域结合而二聚化,并从受体复合物中解离。最后,磷酸化的 STAT 同源二聚体转移到核内,调控基因的转录。

除 STAT 分子外,细胞内还存在 Smad 分子。它与 STAT 分子一样,既是信号转导分子,
又是转录因子,参与转化生长因子 β(TGF-β)受体信号通路。当 TGF-β 受体被激活后,Smad
被磷酸化,形成聚合体进入细胞核,参与基因表达调控。

TGF-β-
Smad 信号
通路

五、核因子 κB 通路

核因子 κB(nuclear factor κB,NF-κB)通路主要涉及机体防御反应、组织损伤和应激、细
胞分化和凋亡以及肿瘤生长抑制过程的信息传递。NF-κB 最初发现是作为 B 淋巴细胞中免
疫球蛋白 κ 轻链基因转录所需的核内转录因子,后来证明 NF-κB 是一种几乎存在于所有细胞的转录因子。
肿瘤坏死因子(TNF)所介导的信号通路就是经典的 NF-κB 通路(图 19-14)。

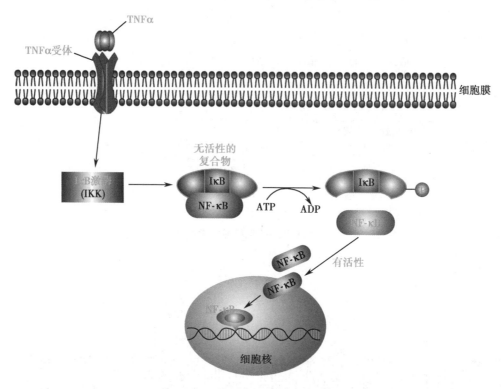

图 19-14　NF-κB 信号转导通路

NF-κB 是由 p50 和 p65 两个亚基以不同形式组合形成的同源或异源二聚体,在体内发挥生理功能的
主要是 p50-p65 二聚体。NF-κB 的结构包括 DNA 结合区、蛋白质二聚化区和核定位信号。静止状态下,
NF-κB 在细胞质内与 NF-κB 抑制蛋白(inhibitor of NF-KB,IκB)结合成无活性的复合物。受体激活后,可将
IκB 激酶(IKK)激活,IKK 使 IκB 磷酸化,导致 IκB 与 NF-κB 解离,NF-κB 得以活化。活化的 NF-κB 转位
进入细胞核,作用于相应的增强子元件,影响多种细胞因子、黏附因子、免疫受体、急性期蛋白质和应激反
应蛋白质基因的转录。

六、信号通路间的交互联系

细胞内众多的信息传递途径并非毫无联系,而是交互对话(cross talk),类似于信息高速公路,形成错综
复杂的网络,共同协调机体的生命活动。

一条信号通路的成员,可参与激活或抑制另一条信息途径。如促甲状腺激素释放激素与靶细胞膜的
特异性受体结合后,通过 Ca²⁺-磷脂依赖性蛋白激酶系统可激活 PKC,同时细胞内 Ca²⁺ 浓度增高还可激活
腺苷酸环化酶,生成 cAMP 进而激活 PKA。又如 EGF 受体是具 PTK 活性的催化型受体。佛波酯能激活
PKC,活化的 PKC 能催化 EGF 受体第 654 位 Thr 磷酸化,此磷酸化受体降低了 EGF 受体对 EGF 的亲和力
和它的 PTK 活性。一种信号分子可作用于几条信号通路。例如,胰岛素与细胞膜上的受体结合后,可通

过胰岛素受体底物(insulin receptor substrate)激活磷脂酰肌醇 3 激酶(phosphoinositide 3-kinase,PI3K),亦可激活 PLCγ 而水解 PIP$_2$,产生 IP$_3$ 和 DAG,进一步激活 PKC;另外还可激活 Ras 途径。

此外,两种不同的信号通路可共同作用于同一种效应蛋白或同一基因调控区而协同发挥作用。例如,体内一些激素(如肾上腺素)可通过 GPCR 信号通路激活 PKA。活化的 PKA 直接作用于靶蛋白,如糖原磷酸化酶,PKA 通过催化糖原磷酸化酶磷酸化而使其活化。活化的 PKA 亦可作用于基因表达调控蛋白,如转录因子 CREB 的 Ser^{133} 磷酸化而激活,活化的 CREB 可与 DNA 上的顺式作用元件结合而启动多种基因的转录。体内一些生长因子通过与 PTKR 结合,激活细胞内的蛋白激酶,最后激活的蛋白激酶也可作用于转录因子,使其磷酸化而促进相关基因转录。再譬如两条通路均可激活 PLC,通过 Ca^{2+}-磷脂依赖性蛋白激酶系统发挥生物学功能(图 19-15)。

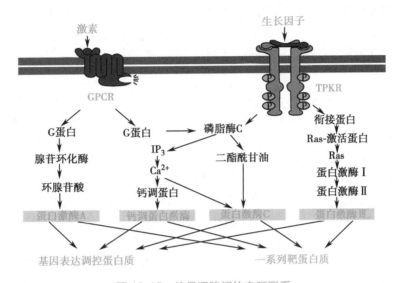

图 19-15　信号通路间的交互联系

第四节　细胞信号转导在药学研究中的应用

细胞信号转导机制研究的发展,尤其是对于各种疾病过程中的信号转导异常的不断认识,为发展新的疾病诊断和治疗手段提供了更多的机会。在研究各种病理过程中发现的信号转导分子结构与功能的改变为新药的筛选和开发提供了靶位,由此产生了信号转导药物这一概念。

一、G 蛋白偶联受体

G 蛋白偶联受体(GPCR)是与 G 蛋白有信号连接的一大类受体家族,是最著名的药物靶标分子之一。GPCR 调控着细胞对激素和神经递质的应答,参与视觉、嗅觉和味觉等生物学功能的调节。目前世界药物市场上约有一半的小分子药物是 GPCR 的激活剂或者拮抗剂,各国的研究机构和药物生产厂家仍将 GPCR 为靶点的药物作为重点研发领域。

ER1910

GPCR 为靶点的畅销处方药物

二、细胞内受体

类固醇激素(如雌激素、孕酮、皮质醇)极难溶于血液,它们由特殊的载体蛋白从释放点运送至靶细胞,通过简单扩散穿过细胞膜,并与细胞内受体结合。激素与受体的结合引起受体蛋白的构象发生变化,使得受体能与 DNA 上被称为激素反应元件(HRE)的特异性调控序列相互作用,从而改变基因表达。在有些类型的乳腺癌中,癌细胞是否分裂取决于雌激素是否持续存在。他莫昔芬(tamoxifen)是一种雌激素的拮抗剂,能够与雌激素竞争结合到雌激素受体上,但他莫昔芬-受体复合物对基因表达基本无影响。因此在术后或在激素依赖性乳腺癌的化疗中服用他莫昔芬能减缓或阻止残余癌细胞的生长。

随着现代分子生物学的研究,人们发现了一些新的细胞内受体,但目前尚不明确生物体内相应的配体,并将这类受体称为孤儿受体(orphan receptor)。现已发现的孤儿受体有 50 多种,其中一些已成功用于药物靶点开发新药,用于治疗疾病。例如,过氧化物酶体增殖物激活受体(peroxisome proliferator-activated receptor,PPAR)属于核受体超家族,其特异性的内源天然配体仍不明确,一些脂肪酸代谢产物或某些合成化合物(如过氧化物酶体增殖物)均可与之结合,激活此类受体,并能调节细胞内能量代谢、炎症、细胞分化与发育相关基因的转录水平。PPAR 有 3 种亚型:α、δ(β)和 γ,其中 PPARα 激动剂贝特(fibrate)类药物已成为临床有效的降血脂药物,而 PPARγ 激动剂噻唑烷二酮(thiazolinedione,TDZ)类药物作为胰岛素增敏剂应用于临床治疗 2 型糖尿病。PPARγ 分布于能量代谢活跃的组织如脂肪、肝、骨骼肌,主要参与脂肪细胞分化、葡萄糖摄取、脂肪酸代谢的调节。随着对 PPARγ 的深入研究,其配体的作用机制逐渐被认识,作为针对糖尿病、代谢综合征的药物靶标的新的 PPARγ 配体化合物也正在研发中。

> 思考题 19-2:请说明以细胞内受体和膜受体为靶点的药物作用特点。

三、蛋白质酪氨酸激酶受体

(一) 单克隆抗体

肿瘤中常见的变异或过表达的受体是酪氨酸激酶类受体。例如,在人上皮肿瘤如乳腺癌、卵巢癌和直肠癌中经常发生表皮细胞生长因子受体(EGFR)的过表达。由于 EGFR 的过表达,一部分受体即使不结合表皮细胞生长因子(EGF)也可以二聚化激活信号通路,从而提高了不正确的信号(生长与分裂的信号)传递到细胞,可能会导致肿瘤的发生。因此,以 EGFR 为靶标的肿瘤治疗方法就是研制与 EGFR 胞外结构域结合的单克隆抗体。已在临床用于结肠癌治疗的西妥昔单抗,通过与 EGF 竞争性结合 EGFR 上的结合位点抑制 EGFR。Her2 是另一个 EGFR 家族的成员,在约 30% 的乳腺癌中过表达,Her2 即使在没有配体的情况下也可以产生信号,所以一旦过表达很容易刺激细胞过度增殖。乳腺癌患者现在可以检查 Her2 是否过表达并酌情给予曲妥珠单抗。曲妥珠单抗通过与 Her2 特异性结合,阻断细胞内肿瘤生长相关的信号通路,抑制肿瘤生长,用于治疗 Her2 过量表达的乳腺癌患者。此外,巨噬细胞和自然杀伤细胞通过抗体依赖性细胞介导的细胞毒作用(ADCC),消除肿瘤细胞(图 19-16)。

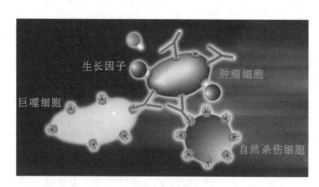

图 19-16　曲妥珠单抗治疗乳腺癌的作用机制

(二) 蛋白激酶小分子抑制剂

肿瘤细胞中蛋白质酪氨酸激酶受体的过度表达和活化,将促进信号通路下游其他蛋白激酶的活化,此外,有一些肿瘤细胞内的某种蛋白激酶过表达,都会导致肿瘤发生。因此这些蛋白激酶的抑制剂也可成为抗肿瘤药物。如 90% 以上的慢性白血病患者的肿瘤细胞出现了一个特定的染色体缺陷,使 c-Abl 蛋白激酶过量表达。慢性白血病肿瘤细胞在 9 号和 22 号染色体之间产生了染色体易位,导致 9 号染色体上编码 Ser 家族中酪氨酸激酶的 *c-abl* 基因插入到 22 号染色体的 *bcr* 基因中,结果是产生了一个称为 Bcr-Abl 的融合蛋白过表达(图 19-17)。

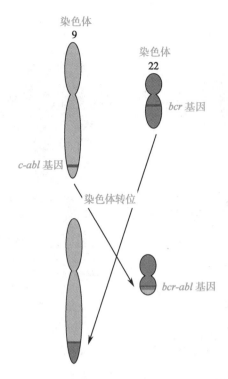

图 19-17 通过染色体易位形成的 *bcr-abl* 基因

伊马替尼诞生
的故事

Bcr-Abl 含有 c-Abl 的主要氨基酸序列,但它比正常的 c-Abl 激酶表达水平更高,刺激细胞过度增殖。这个融合蛋白的高表达,成为白血病治疗靶点。伊马替尼(imatinib)就是一个 Bcr-Abl 激酶的特异性抑制剂,临床使用已经证明它对白血病治疗有很好的疗效。

> **案例分析:**
>
> 随着靶向 Bcr-Abl 的酪氨酸激酶抑制剂(TKI)的上市,CML(慢性髓细胞性白血病)的治疗方式得以革新。尽管第一代(伊马替尼)和第二代(达沙替尼、尼罗替尼和博舒替尼)TKI 对 CML 的治疗具有显著的临床获益,但 TKI 耐药一直是 CML 治疗的主要挑战。Bcr-Abl 激酶区突变是 TKI 耐药的重要机制之一,其中 *T315I* 突变是常见的耐药突变类型之一,在耐药 CML 中的发生率可达 25% 左右。伴有 *T315I* 突变的 CML 患者对目前所有第一代、第二代 Bcr-Abl 抑制剂均耐药。临床上对可安全有效治疗 *T315I* 突变 CML 患者的第三代 Bcr-Abl 抑制剂需求巨大。普纳替尼是仅有的在美国获批的用于治疗 *T315I* 突变的 TKI,但是其不良反应限制了临床使用。作为全球第 2 款获批上市的第三代 Bcr-Abl 抑制剂,中国原创 1 类新药奥雷巴替尼连续四年入选美国血液学会(ASH)口头报告,曾获得 ASH"最佳研究(Best of ASH)"提名。奥雷巴替尼的上市不仅预示着我国临床打破耐药困境,也证实我国专家的临床治疗能力正在走向世界前沿。
>
> 问题:
> 1. 为什么蛋白激酶抑制剂不可避免地会出现耐药问题?
> 2. 产生耐药的可能机制有哪些?
> 3. 有哪些途径可能解决药物耐受的问题?

(三)胰岛素与糖尿病治疗

胰岛素受体是具有酪氨酸激酶活性类受体的典型代表。胰岛素受体含有 2 条 α 链和 2 条 β 链,2 条 α 链分布在胞外区域,2 条 β 链穿过细胞膜向细胞内延伸。胰岛素与 α 链的结合使受体的构象发生变化,导致 β 链羧基端上的酪氨酸残基自磷酸化。胰岛素受体自磷酸化后,又会激活受体的酪氨酸激酶区域,后者可以继续磷酸化其他靶蛋白。胰岛素从代谢和调控基因表达两个方面在体内发挥多功能调节作用,如调节细胞生成、分化,以及糖、脂肪和蛋白质的合成代谢(图 19-18)。

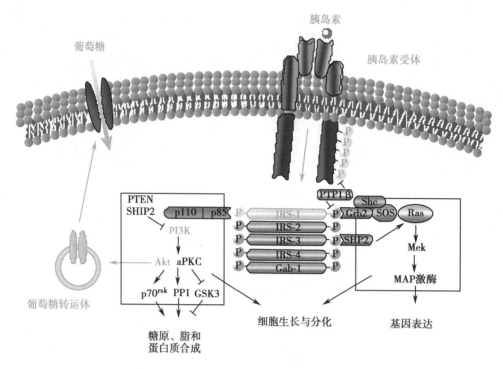

图 19-18　胰岛素信号转导

　　图 19-18 中 PI3K 是一种重要的信号转导分子,它由 p85 和 p110 两个亚基组成。当 p85 与活化的胰岛素受体底物 -1(IRS-1)结合后,可使 p110 亚基被磷酸化从而活化 PI3K。活化的 PI3K 可激活蛋白激酶 B(PKB),PKB 是原癌基因 *AKT* 的产物,故又称为 Akt。活化的 Akt 可磷酸化多种蛋白质,介导代谢调节和细胞存活等效应。PI3K 还可以激活多种下游分子,PI3K 介导的许多效应都与 PKB/Akt 有关。因此,这条信号转导通路又常称为 PI3K-Akt 通路或 PI3K-PKB 通路,该通路在葡萄糖代谢中发挥重要作用。

　　胰岛素是临床上最有效的降血糖药物,胰岛素通过下述途径发挥降血糖作用。胰岛素与胰岛素受体结合,促进胰岛素受体磷酸化,再使 IRS-1 磷酸化。被胰岛素受体磷酸化的 IRS-1 通过与 PI3K 的 SH_2 结构域结合,激活 PI3K,再激活 PKB(Akt),激活了的 PKB 促进葡萄糖转运蛋白 GLUT4 由膜内囊泡向质膜的移动过程,从而增加了葡萄糖的摄取。此外,激活了 PKB 的还可使糖原合成激酶 3(glycogen synthase kinase 3,GSK3)磷酸化,使其失活,从而降低使糖原合成酶磷酸化的能力,因而使糖原合成酶持续保持激活状态,加速葡萄糖合成糖原的过程,更有效地降低血糖。

小　结

　　细胞信息传递是多细胞生物体对信号分子应答引起生物学效应的重要过程。信息传递体系包括:信号分子→信息转导,细胞内信使系统→生物学效应。细胞外信号分子有蛋白质、多肽等多种物质,根据其作用方式可分为局部化学介质、激素、神经递质等。细胞内信号分子有无机离子(Ca^{2+})、脂类和糖类衍生物、环核苷酸及信号蛋白(如蛋白激酶)等。受体在细胞信息传递中起重要作用,按照其分布情况有细胞膜受体与细胞内受体两大类。受体与配体结合的特点是:高度专一性、高度亲和性、可饱和性及可逆性等。

　　细胞膜受体介导的信息传递途径是本章讨论的重点内容。G 蛋白是一类与鸟苷酸结合的蛋白质,由 α、β、γ 三个亚基组成,有非活化型和活化型两种构象,并可相互转变。常见 G 蛋白有刺激性 G 蛋白、抑制性 G 蛋白和磷脂酶 C 型 G 蛋白。G 蛋白是细胞膜受体信息传递的重要偶联体。膜受体介导的信息传递有 5 条主要途径:① cAMP- 蛋白激酶途径,其中起主要作用的是腺苷酸环化酶(AC)、蛋白激酶 A(PKA)。cAMP 为第二信使分子。PKA 除了使某些底物蛋白发生磷酸化直接调节物质代谢外,还可对基因表达进行调节(如 cAMP 应答元件)。② Ca^{2+} 依赖性蛋白激酶(PKC)途径,其中磷脂酰肌醇二磷酸(PIP_2)通过磷脂酶 C(PLC)

作用水解成三磷酸肌醇（IP$_3$）和二酰甘油（DAG）的过程是一重要的反应，IP$_3$、DAG、Ca^{2+}是主要的信使分子。PKC可引起一系列底物蛋白的丝氨酸/苏氨酸残基磷酸化，并可提高胞质中Ca^{2+}浓度；PKC还可对基因表达进行调节。Ca^{2+}-钙调蛋白也在信息传递中起重要作用。③cGMP-蛋白激酶途径。鸟苷酸环化酶（GC）是该途径主要的酶，cGMP是第二信使分子。心房利尿钠肽、一氧化氮通过这条途径引起生物学效应。④蛋白质酪氨酸激酶（PTK）途径，包括受体型PTK和胞质非受体型PTK。前者主要指胰岛素及某些生长因子受体通过PTK-Ras-促分裂原活化的蛋白激酶（MAPK）途径。后者主要指某些细胞因子（如干扰素），由胞质内具有PTK活性的JAK进行信息传导，通过转录因子STAT影响基因表达，进而引起生物学效应。⑤核因子κβ（NF-κβ）途径，由NF-κβ参与细胞信息传递，最终也影响基因表达。主要涉及机体的防御反应等。

胞内受体介导的信息传递，主要是类固醇激素等的作用途径。胞内受体包括胞质受体和核内受体。这条途径通过特定基因的激素反应元件（HRE）调节基因表达，从而导致生物学效应。

在信息传递过程中除了蛋白质磷酸化发挥重要作用外，蛋白磷酸酶对磷酸化蛋白质的去磷酸作用也是不可忽视的。蛋白质磷酸化和去磷酸化是细胞信息途径中正、负调控的主要形式。此外细胞内各种信息传导途径并非孤立，而是交叉联系，构成错综复杂的调节网络。

正常的信息传递是正常代谢与功能的基础，信号传递环节的异常则可导致疾病的发生。信号转导途径是当今药物研究的重要领域。

练习题

1. 简述受体与配体结合的特点。
2. 简述cAMP的生成过程及其作用机制。
3. 列出3种膜受体介导的信息传导通路，并说明每个途径的第二信使及其激活的蛋白激酶的种类和作用。
4. 举例说明GPCR介导的信号通路在药物研究的应用。
5. 简述第二信使cAMP和cGMP在不同信号转导通路的作用。
6. 简述细胞内钙离子存贮方式以及作为第二信使所参与的信号通路。
7. 请归纳总结细胞内蛋白激酶磷酸化底物种类及各自磷酸化位点。

（胡　容）

第十九章同步练习

第二十章
癌基因、基因诊断与基因治疗

细胞的正常增殖受到机体调控系统的控制,包括促进细胞生长增殖,阻止细胞终末分化的正调控信号,抑制细胞生长增殖,促进细胞分化、成熟、衰老甚至凋亡的负调控信号。这两类信号所产生的生物学效应相互拮抗,维持平衡,精密调控着细胞正常的增殖、分化和衰亡。但当这两类信号任何一方或共同发生一种或几种异常变化时,即有可能引起细胞增殖与分化异常而导致肿瘤发生。肿瘤是细胞生长、增殖、分化和凋亡发生紊乱所导致的细胞无节制的恶性增殖,是一种多基因病。癌基因和抑癌基因分别作为调控细胞增殖的正、负调控信号,在肿瘤发生中发挥重要作用(图 20-1)。

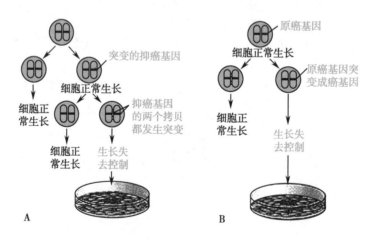

图 20-1　癌基因与抑癌基因

基因通过表达产物参与细胞内特定的代谢途径、信号转导或作用网络,从而产生特定的生物学效应,即表型。由此可见,正常表型有与之相对应的正常基因型;异常表型也有与之相对应的异常基因型。疾病就是一种异常表型,从基因水平探测分析病因及疾病的发生机制,并采取针对性的手段纠正基因异常,从而纠正疾病的紊乱状态,即基因诊断和基因治疗,是目前医学发展的重要方向。

第一节　癌　基　因

一、癌基因的发现与概念

癌基因最初是在对逆转录病毒的研究中发现的。1911 年,P. Rous 将鸡肉瘤组织匀浆后的无细胞滤液给健康小鸡皮下注射,发现可诱发肿瘤。但当时对这一发现并未重视,直到几十年后才发现致癌因素原来是病毒,并以 Rous 的名字命名为劳氏肉瘤病毒(rous sarcoma virus,RSV)。1976 年,M. Bishop 用肉瘤病毒的核酸片段成功诱导了体外培养的细胞发生癌变,并从 RSV 中首次分离出一个病毒癌基因,因其可引起鸡肉瘤(sarcoma),故命名为 *src* 基因。1976 年,Stehelin 通过实验证实正常的鸡成纤维细胞基因组中存在病毒癌基因 *src* 的同源序列,并在此后陆续发现多种正常宿主细胞基因组中均存在病毒癌基因的同源序列,把它命名为原癌基因(proto-oncogene,pro-onc),又称细胞癌基因(cellular oncogene,c-onc),与之相对应的存在于肿瘤病毒中的,能使靶细胞发生恶性转化的基因被命名为病毒癌基因(virus oncogene,v-onc)。

癌基因最初的定义是指能在体外引起细胞转化、在体内诱发肿瘤的基因。目前认为癌基因包括如上所述的细胞癌基因(c-onc)和病毒癌基因(v-onc)。c-onc 与 v-onc 之间的区别与联系已引起人们的重视。从结构上分析,c-onc 含有内含子,这是真核基因的特点,而 v-onc 没有内含子。如细胞原癌基因(proto-oncogene tyrosine-protein kinase)*c-src* 有 13 个外显子和 12 个内含子,全长 8kb;而肉瘤病毒癌基因(virus-Sarcoma)*v-src* 无内含子,全长 1.6kb。

从肿瘤病毒感染宿主细胞后的生活史分析,该逆转录病毒在宿主细胞内先以病毒 RNA 为模板,在逆转录酶催化下合成双链 DNA,再随机整合进宿主细胞基因组内。由于病毒基因组 5′ 末端与 3′ 末端都具有长末端重复序列(long terminal repeat,LTR),当病毒基因组从 5′-LTR 开始转录时,有时一部分宿主 DNA 序列也同时被转录,导致病毒基因与细胞基因融合,c-onc 可以这种方式进入病毒基因组中。由此,野生型病毒变成携带癌基因的病毒,获得致癌性。所以,v-onc 并不是病毒基因组天然具有的,而是在宿主细胞复制时,将宿主细胞基因组中的 c-onc 重组到自身基因组内形成的(图 20-2)。c-onc 是 v-onc 的原型,故又称原癌基因。

劳氏肉瘤病毒
(RSV)基因组
结构图

c-src 和 *v-src*
的结构比较

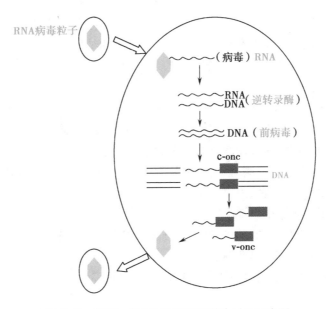

图 20-2　病毒与宿主细胞基因组整合过程示意图

　　病毒癌基因对病毒本身并没有作用,但可诱导宿主细胞转化,引起肿瘤。细胞癌基因在正常情况下不但不引起细胞癌变,反而对细胞正常的生长、分化和功能具有重要的作用,且高度保守。

　　Peyton Rous发现Rous肉瘤病毒具有致瘤性,并因此于1966年获得诺贝尔生理学或医学奖,人们将这种病毒命名Rous肉瘤病毒。研究表明,Rous肉瘤病毒是一种逆转录病毒,其致瘤机制是由于该病毒基因组中含有病毒癌基因 *src*。

ER2005

癌基因与抑癌基因(微课)

翻转课堂

　　目标:要求学生通过课前自主学习,掌握有关肿瘤治疗进展及药学在其中的重要作用。

　　课前:要求每位学生认真观看本节微课,把握老师课前提出的具体要求。自由组队,每组4~6人,组长负责组织大家开展讨论,并制作 PPT 或视频,用于课堂交流。

　　课中:老师随机抽取 1~2 组,作全班公开 PPT 演讲;老师提出问题,让学生相互讨论和交流,并随机挑选学生回答,考查学生的学习情况。

　　课后:学生完成老师布置的作业,并对"肿瘤治疗过程中的耐药问题、耐药机制及应对策略"开展深入学习和讨论。

二、细胞癌基因的特点及分类

　　人体内有一些癌基因不是来自病毒,而是细胞内自身存在,且为维持细胞正常生命活动所必需,这些癌基因被称为细胞癌基因(c-onc)或原癌基因。当细胞癌基因的结构或调控区发生变异,使基因表达产物增多或活性增强,导致细胞过度增殖,形成肿瘤。

(一) 细胞癌基因的特点

　　人们在大部分肿瘤中没有发现肿瘤病毒,因此,20 世纪 70 年代初,提出了肿瘤的发生主要是由于存在于细胞基因组中的细胞癌基因在致癌因素的作用下激活或突变所引起。细胞癌基因在生物界分布广泛,从单细胞酵母、无脊椎动物到脊椎动物及人类的正常细胞中都存在。这些基因在结构上有很大的同源性,在进化上高度保守,其表达产物在细胞正常的生长、增殖、分化和发育中有重要作用。细胞癌基因的特点可概括如下。

　　1. 广泛分布,从酵母到人类的细胞中普遍存在。

　　2. 在进化过程中,基因序列保持了高度的保守性。

　　3. 正常情况下,对细胞不但无害,而且在维持细胞正常的生理功能、调控细胞生长分化中起重要作用,是细胞生长分化、组织再生、创伤愈合所必需。

　　4. 在致癌因素,如放射线、某些化学物质等作用下,细胞癌基因发生数量或结构上的变化时,可能导致细胞癌变。

(二) 细胞癌基因的分类

　　根据细胞癌基因表达产物的功能及定位,可将常见的细胞癌基因作如下分类(表 20-1)。

表 20-1 常见细胞癌基因的分类及功能

类别	癌基因	同源的细胞基因
蛋白激酶类		
1. 跨膜生长因子受体	*erb B*	EGF 受体
	neu（*erb-2*、*HER-2*）	EGF 受体相似物
	fms、*ros*、*kit*、*ret*、*sea*	M-CSF 受体
2. 膜结合的蛋白质酪氨酸激酶	*src* 族（*src*、*fgr*、*yes*、*lck*、*nck*、*fym*、*fes*、*fps*、*lyn*、*tkl*）、*abl*	
3. 可溶性蛋白质酪氨酸激酶	*net*、*trk*	
4. 胞质丝氨酸/苏氨酸蛋白激酶	*raf*（*mil*、*mht*）、*mos*	
	cot、*pl-1*	
5. 非蛋白激酶受体	*mas*	血管紧张素受体
	erb	甲状腺激素受体
信息传递蛋白类		
1. 与膜结合的 GTP 结合蛋白	*H-ras*、*K-ras*、*N-ras*	
2. 生长因子类	*sis*	PDGF-2
	Int-2	FGF 同类物
3. 核内转录因子	*C-myc*、*N-myc*、*L-myc*	转录因子
	fos、*jun*	转录因子 AP-1

注:EGF:表皮生长因子;M-CSF:巨噬细胞集落刺激因子;PDGF-2:血小板源生长因子 2;FGF:成纤维细胞生长因子。

根据功能上的相关性,细胞癌基因可分为以下几个家族。

1. src 家族 包括 *src*、*abl*、*fes*、*fgr*、*kek*、*yes*、*fps*、*lck*、*fym*、*lyn* 和 *tkl* 等,它们都含有相似的基因编码结构,产物定位于细胞膜跨膜部分或胞质,具有蛋白质酪氨酸激酶活性。

2. ras 家族 包括 *H-ras*、*K-ras*、*N-ras* 等,虽然三者之间的核苷酸序列相差明显,但它们的编码产物都是分子量为 21kD 的小 G 蛋白 p21,定位于细胞质膜内侧。p21 可与 GTP 结合,参与 cAMP 水平的调节。

3. myc 家族 包括 *c-myc*、*N-myc*、*L-myc*、*fos* 等数种基因,编码产物为细胞核内 DNA 结合蛋白,直接调节其他基因的转录。

4. sis 家族 目前只有 *sis* 基因一个成员,编码产物 p28 与人血小板源性生长因子(PDGF)结构相似,可刺激间叶组织细胞的分裂增殖。

5. myb 家族 包括 *myb* 和 *myb-ets* 两个成员,编码产物是细胞核内转录因子。

综上,癌基因的表达产物均在细胞信号转导中具有重要作用,是调控细胞正常生理功能的一部分,未必都具有致癌活性。因此,目前把凡能编码生长因子、生长因子受体、细胞内生长信息传递分子及与细胞生长有关的转录调节因子基因均纳入广义"癌基因"的范畴。

三、细胞癌基因的活化

(一)细胞癌基因活化机制

正常情况下,细胞癌基因处于相对静止状态,只有低水平的表达或不表达,对机体不仅没有威胁,而且具有重要的生理功能。在某些条件下,如病毒感染、化学致癌物或辐射等因素作用下,本不具有致癌活性的细胞癌基因会被异常激活,转变为具有促使细胞转化功能的癌基因,称为细胞癌基因的活化。细胞癌基因活化后,表现为癌基因表达产物在质和量上的变化或癌基因表达方式在时间和空间上的变化。细胞癌基因活化机制可分为 4 类。

1. 获得启动子和 / 或增强子 逆转录病毒感染细胞后,病毒基因组携带的长末端重复序列(LTR)内含有较强的启动子和增强子,当 LTR 插入细胞癌基因附近或内部,可启动下游邻近基因的转录,并影响邻近结构基因的转录水平。细胞癌基因由不表达变为表达,或者表达增强,导致细胞癌变。如鸡白细胞增生病毒可导致淋巴瘤,就是因为其 LTR 整合到鸡细胞基因组细胞癌基因 *c-myc* 附近,成为 *c-myc* 的启动子。这个强启动子可使 *c-myc* 的表达比正常高 30~100 倍。

2. 基因移位 染色体易位现象在肿瘤组织中普遍存在。基因定位研究表明,染色体易位可引起某些基因的移位和重排,使原来无活性或低表达的细胞癌基因移至某些强启动子或增强子附近而被激活,细胞癌基因表达增强导致细胞癌变。目前公认的例子是人伯基特淋巴瘤中,8 号染色体的 *c-myc* 基因移位到 14 号染色体免疫球蛋白重链基因的调节区附近,处于这个调节区的强启动子下游而被激活。

伯基特淋巴瘤
常见的染色体
易位

3. 基因扩增 细胞癌基因通过某种或某些作用机制在染色体上复制成多个拷贝,使细胞癌基因表达产物的量比正常细胞增加几十倍甚至上千倍,导致细胞癌变。如神经母细胞瘤的 *N-myc* 基因,其扩增量可超过正常细胞的数百倍;小细胞肺癌有 *c-myc* 和 *N-myc* 基因的扩增;约 30%的乳腺癌人群存在 *erbB2/HER2* 基因的扩增;原发性肺癌、结肠癌、膀胱癌、乳腺癌、直肠癌细胞系中常常伴有 *ras* 基因的拷贝数增加等。

4. 基因突变 细胞癌基因在辐射、化学致癌剂等因素作用下可发生突变,使其表达产物的氨基酸组成及结构发生改变,功能也随之改变,引起细胞癌变。如 *ras* 家族的 *H-ras* 基因,在正常细胞中含有 GGC,而在膀胱癌细胞中该序列发生点突变,成为 GTC,导致所编码的 p21 蛋白第 12 位氨基酸由正常的甘氨酸转变为缬氨酸。p21 蛋白在细胞信号转导中有重要作用,许多受体通过活化的 p21 蛋白将细胞的增殖信号传入细胞。当 p21 蛋白与 GTP 结合时具有 GTP 酶活性,但与 GDP 结合时无活性。p21 蛋白靠自身的 GTP 酶活性水解 GTP 来终止细胞的信号转导。突变的 p21 蛋白 GTP 酶活性下降或丧失,导致无法终止细胞的信号转导,持续向细胞发送增殖信号。

不同的细胞癌基因在不同情况下,可以通过不同途径活化,结果可能是:①正常不表达的基因开始表达,或者不该在这个时期表达的基因异常表达,导致细胞出现新的表达产物;②出现过量的正常表达产物;③出现异常或者截短的表达产物。以上异常情况,往往在肿瘤细胞中会一种或几种同时出现。

p21 与 GTP/
GDP 的相互
作用

肿瘤是一个多因素的复杂疾病,其发生是一个多步骤的发展过程,需要多个癌基因协同作用。例如,对结肠癌遗传模型的研究显示,结肠癌的发生发展涉及 6~7 个基因突变,分别在结肠癌发展的不同过程起作用。癌基因的协同作用主要体现在各种表达产物之间的相互作用上,以细胞核内癌基因表达产物与胞质内癌基因表达产物的协同作用最典型,如细胞核内转录调控蛋白 Myc 极易与胞质膜结合蛋白 Ras 发生协同作用导致细胞癌变。

(二) 细胞癌基因的产物与功能

细胞的正常增殖需要在增殖信号(如生长因子)的精密调控下进行,增殖信号通过信号转导途径传入细胞,促进与细胞增殖有关的基因表达,使细胞增殖顺利进行。目前已知的细胞癌基因编码产物都与细胞增殖的许多调控因子有关,这些编码产物也参与了细胞生长、增殖、分化等各个环节的调控。为了方便叙述,把细胞癌基因表达产物按其在细胞信号转导中的作用和定位分成以下 4 类。

1. 生长因子 生长因子是细胞分泌的一类在体内调节细胞生长与分化的多肽类信号分子。按照生长因子产生细胞与生长因子靶细胞之间的关系,可将生长因子的作用方式分为 3 种:①内分泌,生长因子从细胞分泌出来后,通过血液运输作用于远端的靶细胞,如 PDGF 由血小板合成分泌,作用于远端的结缔组织细胞;②旁分泌,生长因子从细胞分泌出来后,作用于邻近的其他细胞,而对合成分泌该生长因子的细胞本身并无作用,因其缺少相应的受体;③自分泌,生长因子作用于合成和分泌该生长因子的细胞本身。生长因子的作用主要以旁分泌和自分泌为主。常见的生长因子见表 20-2。

表 20-2　常见的生长因子

生长因子	来源	功能
表皮生长因子（EGF）	颌下腺	促进表皮与上皮细胞的生长
促红细胞生成素（EPO）	肾、尿	调节成红细胞的发育
胰岛素样生长因子（IGF）	血清	促进硫酸盐渗入软骨组织
		促进软骨组织的分裂、对多种组织细胞起胰岛素作用
神经生长因子（NGF）	颌下腺	营养交感和某些感觉神经元
血小板源生长因子（PDGF）	血小板	促进间质及胶质细胞的生长
转化生长因子 α（TFG-α）	肿瘤细胞	类似于 EGF
	转化细胞	
转化生长因子 β	肾、血小板	对某些细胞起促进和抑制双向作用

　　生长因子由不同的细胞合成后分泌,作用于靶细胞上相应受体而发挥作用。生长因子受体有的位于细胞膜上,有的位于细胞内部。位于膜表面的受体是跨膜受体蛋白,包含一个具有酪氨酸激酶活性的胞内结构域。当生长因子与这类受体结合后,受体的胞内酪氨酸激酶被活化,使胞内相关蛋白质发生磷酸化修饰。还有一些细胞膜上的受体与生长因子结合后,通过胞内信号转导产生相应的第二信使,活化相应的蛋白激酶,同样使胞内相关的蛋白质发生磷酸化修饰。这些磷酸化修饰的蛋白质因子进一步活化核内转录因子,引发一系列与细胞生长、分化相关基因的转录激活(图 20-3)。

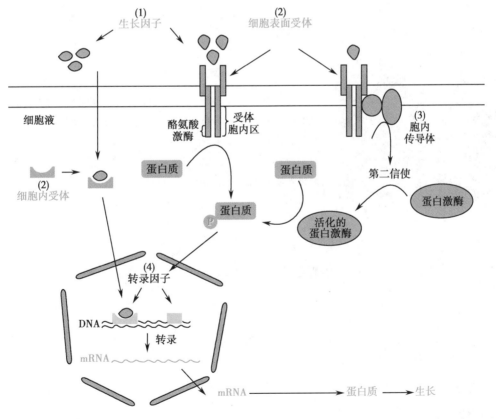

图 20-3　生长因子作用机制示意图

　　有些细胞癌基因表达产物与生长因子有同源性,具有生长因子样作用,可与相应生长因子受体结合,将生长信号传入细胞内,导致细胞增殖失控。如 *v-sis* 和人 *c-sis* 编码的 p28 蛋白与 PDGF 的 β 链同源,当

p28 蛋白形成二聚体后,与 PDGF 受体结合,使细胞膜内的磷脂酰肌醇在相应激酶催化下,生成 PIP_2,后者在磷脂酶 C 作用下水解生成 DAG 及 IP_3,并激活蛋白激酶 C,使细胞转化,同时还能刺激细胞内受体的合成(图 20-3)。说明 *sis* 基因作用与 PDGF 相关,功能也十分相似。另外,p28 和 PDGF 一样具有促进血管生长的作用。目前已知与肿瘤发生有关的生长因子有 PDGF、EGF、TGF-β、FGF、IGF-Ⅰ 等。上述生长因子表达过度,会持续作用于细胞,造成促生长信号不断输入,导致细胞增殖失控。

2. 跨膜生长因子受体　有些细胞癌基因的表达产物是跨膜生长因子受体,具有胞质结构区域和蛋白质酪氨酸激酶活性,可接受细胞外的生长信号,将其传入细胞内。此类细胞癌基因有 *c-src*、*c-abl* 等。另外,还有一些细胞癌基因编码产物具有丝氨酸 / 苏氨酸蛋白激酶活性,如 *c-mos*、*raf* 等。通过对相应蛋白质的磷酸化修饰,使蛋白质分子结构发生改变,引起激酶对底物的活性增强,加速生长信号的传递。

癌基因与生长
信息传递

3. 细胞内信号转导分子　生长信号到达胞内后,借助一系列胞内信号转导分子,将接收到的生长信号由胞内传递入细胞核内,促进细胞生长。有些细胞癌基因的产物本身就是细胞内的信号转导分子,或者这些细胞癌基因产物可通过一定机制影响细胞内信号转导分子,如 cAMP、DAG、cGMP、Ca^{2+} 等第二信使;*H-ras*、*K-ras*、*N-ras* 等基因编码的小 G 蛋白 p21,是细胞增殖信号的胞内信号转导分子;*c-abl*、*c-src*、*c-mos*、*raf* 等基因的编码产物是与细胞内信号转导有关的胞内非受体蛋白激酶;*crk* 基因的编码产物是细胞内信号转导分子磷脂酶。

4. 细胞核内基因转录因子　有些细胞癌基因编码产物定位于细胞核,与靶基因的调控序列结合,直接调节基因的转录,具有转录因子的作用。这些蛋白质因子在细胞受到生长因子刺激时迅速表达,促进细胞生长、增殖与分裂。此类细胞癌基因包括 *c-myc*、*c-myb*、*c-fos*、*c-jun* 等。目前普遍认为,在生长因子、佛波酯、神经递质等作用下,*c-fos* 能即刻、短暂表达,作为第三信使传递信息。

细胞癌基因具有广泛的生物学功能。实际上它们是基因组的正常组成部分,以调控细胞生长、增殖和分化为主要生物学功能。除肿瘤外,其他与细胞生长、增殖和分化异常相关的疾病,都直接或间接、程度不等地与一种或几种细胞癌基因的表达异常有关。

1989 年诺贝尔生理学或医学奖授予了美国科学家 J. Michael Bishop(左)和 Harold E. Varmus(右)。他们发现动物体内的致癌基因不是来自病毒,而是来自动物体内正常细胞内所存在的一种基因——细胞癌基因或原癌基因。细胞癌基因正常情况下是不活跃的,不会导致癌症,在受到物理、化学、病毒等因素的刺激后被激活,成为致癌基因。

思考题 20-1:除肿瘤外,还有哪些疾病可能与细胞癌基因的表达异常有关?

第二节　抑癌基因

一、抑癌基因的基本概念

(一)抑癌基因存在的依据

人们在探讨一些具有明显遗传倾向的肿瘤现象时,常发现这些肿瘤细胞存在特定染色体或染色体某一部分丢失的现象,提示那些丢失的染色体部分有可能对细胞的恶性转化有抑制作用。细胞杂交实验发现,当一个正常二倍体细胞与一个肿瘤细胞融合成一个杂交细胞时,杂交细胞失去了恶性表型,提示正常细胞对肿瘤的发生发展不是被动接受,而是存在防御体系与之对抗。对融合后的细胞继续培养,逐渐又恢复了恶性表型。细胞遗传学检查发现,融合后的细胞是四倍体,其中一套染色体来自正常细胞,另一套来自肿瘤细胞。在培养过程中,不断有染色体的丢失,当丢失了某些特定部位的染色体后,细胞的恶性表型再次出现,说明细胞内能够防御肿瘤的基因存在于那些丢失的染色体上。后来人们采用两种不同的肿瘤细胞进行融合杂交,发现杂交细胞也不具备恶性表型。说明防御肿瘤的基因不仅只有一个或只存在于一条染色体上,而是有多个,并且存在于染色体的不同位点或不同的染色体上。通过细胞融合,肿瘤细胞之间相互补充,使融合细胞表型正常。以上只能间接证明有防御肿瘤的基因存在于染色体,但不能准确定位。为了准确定位,先从正常细胞中分离单一染色体,导入肿瘤细胞,如果能够抑制肿瘤细胞的恶性表型,说明该染色体上存在防御肿瘤的基因。这种单一染色体转移实验可将防御肿瘤的基因定位于特定染色体上。

(二) 抑癌基因的概念

所谓抑癌基因(tumor suppressor gene),就是前面述及的染色体上存在能够防御肿瘤的基因。确切地说,抑癌基因又称肿瘤抑制基因,是一类能够抑制细胞过度生长、增殖从而遏制肿瘤形成的基因。抑癌基因与细胞癌基因一样,对细胞正常的生长、增殖和分化都具有重要的调控作用,只不过细胞癌基因是正调控作用,促进细胞增殖,抑制细胞终末分化,而抑癌基因是负调控作用,抑制细胞增殖,促进细胞分化成熟。这两类基因相互作用,彼此制约,处于动态平衡,精确调控着细胞正常的生长、增殖与分化。前已述及,细胞癌基因的过度表达与肿瘤形成有关,同样,抑癌基因的丢失或失活也与肿瘤发生有关。

(三) 常见的抑癌基因

抑癌基因发现比细胞癌基因晚。因为细胞癌基因是显性基因,只要两个等位基因中的一个发生变异就会引起细胞表型的改变;而抑癌基因是隐性基因,只有两个等位基因都发生变化才会引起细胞表型改变,因此不易发现。目前虽然公认的抑癌基因只有10余种(表20-3),但并不意味着抑癌基因一定比细胞癌基因少。另外,最初在某种肿瘤中发现的抑癌基因,并不一定与别的肿瘤无关;相反,不同组织来源的肿瘤细胞往往能检测到同一种抑癌基因的突变、缺失、重排或表达异常,说明抑癌基因的变异构成了某些共同的致癌途径。

癌基因 ras 使癌细胞躲过 T 细胞的途径得证

表 20-3　常见的某些抑癌基因

名称	染色体定位	相关肿瘤	作用
p53	17p	多种肿瘤	编码 P53 蛋白(转录因子)
Rb	13q14	视网膜母细胞瘤、骨肉瘤、肺癌、乳腺癌	编码 P105 Rb 蛋白(转录因子)
P16	9p21	黑色素瘤	编码 P16 蛋白
APC	5q21	结肠癌	可能编码 G 蛋白
DCC	18q21	结肠癌	编码表面糖蛋白(细胞黏附分子)
NF1	7q12.2	神经纤维瘤	编码 GTP 酶激活剂
NF2	22q	神经鞘膜瘤、脑膜瘤	编码连接膜与细胞骨架的蛋白
VHL	3p	小细胞肺癌、宫颈癌	编码转录调节蛋白
WT1	11p13	肾母细胞瘤	编码锌指蛋白(转录因子)

二、抑癌基因的功能

从目前已知的10余种抑癌基因编码的蛋白质产物及其在细胞中的定位来看,抑癌基因与细胞癌基因相似,功能都涉及细胞生长、分化相关信号转导的各部分。抑癌基因普遍具有8方面的功能:①诱导细胞终末分化;②触发细胞衰老,诱导细胞凋亡;③维持基因组稳定;④负性调控细胞生长;⑤增强 DNA 甲基化酶活性;⑥调节细胞组织相容性抗原;⑦调节血管生成;⑧促进细胞间联系增强。

三、抑癌基因的作用机制

对于抑癌基因的分离鉴定与研究比细胞癌基因起步晚，虽然目前已有 10 余种公认的抑癌基因，但仅对其中的视网膜母细胞瘤基因（*Rb* 基因）和 *p53* 基因的作用机制比较清楚，其余大多数抑癌基因的作用机制还有待进一步研究。

（一）*Rb* 基因

Rb 基因是 1986—1987 年首次被分离和鉴定的抑癌基因。最初发现 *Rb* 基因的两个等位基因缺失可导致视网膜母细胞瘤（retinoblastoma），由此得名为 *Rb* 基因。*Rb* 基因位于染色体 13q14，含有 27 个外显子，转录出的 mRNA 为 4.7kb，编码产物为 928 个氨基酸残基构成的蛋白质，分子量为 105kD，称为 p105。p105 定位于细胞核，为 DNA 结合蛋白，由一条多肽链组成，至少可分为 3 个功能域：N 端寡聚化区、中心口袋区、C 端非特异的 DNA 结合位点。中心口袋区包括转录因子 E2F 结合位点，癌蛋白 E1A、E7 等结合位点及其他蛋白质结合位点。p105 本身还含有多个丝氨酸 / 苏氨酸磷酸化部位，为 p105 磷酸化修饰位点，因此 p105 有磷酸化和非磷酸化（或低磷酸化）两种形式，其中非磷酸化（或低磷酸化）形式为 p105 活性型。

正常细胞中 p105 持续存在，没有量的明显改变，但它的磷酸化 / 去磷酸化形式不断改变，这是 p105 活性调节的主要方式，与细胞周期的运行密切相关。去磷酸化的 p105 可阻止细胞进入 S 期，抑制细胞增殖，其作用机制是通过与转录因子 E2F 结合，导致 E2F 丧失活性。正常情况下，E2F 可激活 DNA 复制相关酶的基因转录，包括 DNA 聚合酶、二氢叶酸还原酶等。当 E2F 失活后，上述 DNA 复制相关酶不能合成，细胞停止在 G1 期。随着 p105 的磷酸化修饰，磷酸化的 p105 与 E2F 解离，E2F 恢复活性，细胞进入 S 期。因此，在细胞的 G0/G1 期，p105 为低磷酸化；当细胞进入 S 期后，p105 磷酸化程度增高；在 S/G2 期为高磷酸化；到 M 期后期，p105 又开始去磷酸化。

正常情况下，视网膜细胞含有活性 *Rb* 基因，通过上述机制调控着成视网膜细胞的生长发育及视觉细胞的分化。当 *Rb* 基因一旦缺失、突变，丧失了结合、抑制 E2F 的功能，成视网膜细胞异常增殖，导致视网膜母细胞瘤。另外，一些肿瘤病毒编码的癌蛋白也能与 p105 结合，使其丧失了与 E2F 结合的能力，使 E2F 持续活化，导致细胞增殖失控。目前发现，除了视网膜母细胞瘤之外，*Rb* 基因缺失还与骨肉瘤、前列腺癌、小细胞肺癌、乳腺癌、脑垂体瘤等有关，提示 *Rb* 基因的抑癌作用具有一定的广泛性。

（二）*p53* 基因

p53 基因是目前为止发现的与人类肿瘤相关性最高的抑癌基因，以其编码的蛋白质分子量为 53kD 而得名。*p53* 基因定位于染色体 17p13.1，全长 16~20kb，含有 11 个外显子，10 个内含子，其中第一个外显子不编码，第 2、4、5、7、8 个外显子分别编码 5 个高度保守的结构域。正常 *p53* 基因转录需要两个启动子，转录出的 mRNA 为 2.8kb，且内含子也有调控作用。*p53* 基因编码产物是由 393 个氨基酸残基组成、分子量为 53kD 的蛋白质，用 p53 表示。p53 集中于核仁区，可与 DNA 特异性结合，活性也受到磷酸化修饰调控。p53 从 N 端到 C 端可分为 3 个区域：N 端酸性区、蛋白核心区和 C 端碱性区。其中 N 端酸性区为 N 端第 1~80 位氨基酸残基组成，易被蛋白酶水解，致使 p53 半衰期较短。核心区位于 p53 分子中心，由 N 端第 102~290 位氨基酸残基组成，进化上高度保守，含有与 DNA 结合的特定氨基酸序列，是 p53 的核心功能区。C 端碱性区由 N 端第 319~393 个氨基酸残基组成，有多个磷酸化修饰位点，可被多种蛋白激酶识别，同时 p53 也借助这一区域形成四聚体。

p53 具有磷酸化和非磷酸化两种形式，其中非磷酸化形式为活性形式。在 G1 期去磷酸化，检查 DNA 损伤，监视基因组的完整性。一旦 DNA 损伤，p53 与基因的相应部位结合，起特殊转录因子的作用，诱导 *p21* 基因转录，使细胞停滞在 G1 期，即阻止 DNA 复制，为 DNA 修复赢得时间；同时抑制解旋酶活性，与复制因子 A 相互作用，参与 DNA 的修复。如果修复失败，p53 则启动凋亡程序清除损伤细胞，防止癌变细胞产生，因此，p53 被冠以"基因卫士"称号。在 S 期，p53 被磷酸化修饰转变为非活性形式，抑制细胞分裂的功能丧失。

正常情况下，p53 以其上述功能在维持细胞正常生长、抑制细胞恶性增殖中有重要作用。但当 *p53* 基因突变后，上述抑制细胞恶性转化的功能丧失，可有两种情况：一是显性阴

p53 基因

性,即一个等位基因突变后,其编码产物对另一个野生型等位基因的表达产物有抑制作用,从而失活;二是显性致癌,即突变后的 *p53* 基因具有协同 *ras* 基因引起细胞癌变的作用,转变为癌基因。*p53* 基因的突变位点绝大多数集中于 *p53* 的核心功能区第 130~290 个氨基酸残基之间,第 175、248 和 273 个氨基酸密码子又是其中的突变热点。据检测,在结肠癌、肺癌、肝癌、白血病、食管癌、乳腺癌等多种癌瘤中均存在 *p53* 基因缺失或突变,缺陷率可达 50%~70%。

> 思考题 20-2：除了以上提到的两个经典的抑癌基因外,你认为其他抑癌基因的作用机制有可能是怎样的? 要确定这一点应从哪方面着手进行研究?

第三节　基因诊断

一、基因诊断的概念和特点

基因诊断(gene diagnosis)是指利用现代分子生物学和分子遗传学的技术方法,从 DNA 水平来分析受检者的某一特定基因的结构或基因表达产物的存在状态是否异常,以此对相应的疾病进行诊断,因此也称为分子诊断(molecular diagnosis)或 DNA 诊断(DNA diagnosis)。基因诊断技术诞生于 20 世纪 70 年代末。1976 年,美国加州大学旧金山分校的华裔科学家简悦威采用 DNA 分子杂交技术,在世界上第一次完成了对 α 珠蛋白生成障碍性贫血(地中海贫血)的基因诊断。迄今为止,随着科学技术的发展,尤其是人们对基因克隆、基因扩增技术的掌握和发展,基因诊断技术日益得到发展和成熟。随着人类基因组计划的完成和人们对很多疾病致病基因的阐明和发现,基因诊断技术的应用将会越来越广泛。

基因诊断技术有其自身的特点。首先,基因诊断检测的目标分子是 DNA、RNA 或者蛋白质;其次,基因诊断技术检测的基因有内源性(即机体自身的基因)和外源性(即来源于病毒或细菌)之分,前者用于检测自身基因是否有缺陷,后者用于检测是否有病原体感染;第三,基因诊断技术的实质是针对病因的诊断,既特异又灵敏,可以在机体尚未出现症状时,揭示疾病相关基因的状态。因此,基因诊断的临床意义不仅在于其能对有异常表型出现的疾病作出明确的诊断,更可对表型正常的携带者,或者某种疾病的易感者作出诊断和预测,以实现对疾病的早期快速诊断,如产前遗传性疾病的诊断、感染性疾病潜伏期的诊断、恶性肿瘤的早期诊断、检测个体对某种疾病的易感性、对疾病进行分期分型、疗效监测和判断预后等。

二、基因诊断的原理和主要技术方法

疾病的发生不仅与基因结构的变异有关,而且与基因的表达产物功能异常有关。基因诊断的基本原理是根据临床提示的疾病,以及该疾病的致病基因或相关基因是否已知,相应的突变位点是否明确,然后确定基因诊断的具体技术路线,来检测致病基因(包括内源和外源基因)的存在、量的多少、结构变化及表达产物水平,以确定被检查者是否存在基因水平的异常变化,以此作为疾病确诊的依据。

DNA 的突变、缺失、插入、倒位和基因融合等均可造成相关基因结构变异及表达产物异常,因此,可以直接针对上述变化或利用连锁方法进行分析,以确定基因是否异常。基因诊断的实验技术是以核酸分子杂交(nucleic acid molecular hybridization)和聚合酶链式反应(PCR)为核心发展起来的一种或多种技术联合而建立的疾病检测技术,主要包括 Southern 印迹法(用于检测基因缺陷)、Northern 印迹法(用于检测mRNA)、RT-PCR 及实时定量 PCR 技术(用于半定量和定量分析 mRNA)、原位 PCR 技术、多重 PCR 技术、单链构象多态性(SSCP)检测技术、基因芯片、限制性片段长度多态性(RFLP)检测技术、免疫组织化学技术和蛋白质印迹技术,同时配合 DNA 序列分析等。

三、基因诊断的应用

随着对人类基因组信息和人类疾病相互关系了解的不断深入,从理论上来讲,基因诊断可用于协助所

有直接或间接涉及基因异常疾病的诊断、预防和疗效预测。然而，目前这个目标仍然十分遥远。除了部分遗传病和少数已经明确的肿瘤标志物有了真正实用的基因诊断技术外，大部分仍处于理论研究阶段。随着各种疾病发病的分子缺陷和突变本质被揭示，基因诊断的实用性将会得到不断提高。本节将着重介绍癌基因、抑癌基因在肿瘤基因诊断方面的应用，同时简单介绍基因诊断在遗传病、感染性疾病及法医学鉴定等方面的应用。

（一）癌基因 *ras* 与肿瘤的基因诊断

ras 基因是人类肿瘤中最易被激活的细胞癌基因，由 *H-ras*、*K-ras*、*N-ras* 组成，其常见的点突变位点为第 12、13、59、61 位密码子突变。不同的 *ras* 基因在不同的肿瘤中具有不同的优势激活现象，如急性淋巴细胞白血病、慢性淋巴细胞白血病等血液系统肿瘤以 *N-ras* 基因突变为主；泌尿系统肿瘤以 *H-ras* 基因突变为主；胰腺癌、结肠癌、肺癌等以 *K-ras* 基因突变为主。采用 PCR 及 PCR-SSCP 技术、核酸杂交技术等检测 *ras* 基因突变，对判断肿瘤的发生发展、分类分型、了解肿瘤的治疗效果、从不同层次指导抗癌有重要意义。

（二）抑癌基因 *p53* 与肿瘤的基因诊断

约 50% 以上的肿瘤都伴随 *p53* 抑癌基因的突变，突变导致 p53 蛋白结构和功能的异常都预示着肿瘤的形成。常见的 *p53* 抑癌基因的突变有：密码子第 175、248、249、273、282 位的点突变。除了点突变外，还有少量插入或者缺失突变等。采用 PCR-SSCP 技术对 *p53* 抑癌基因 5~8 外显子进行分析发现，在不同组织类型的肺癌中，小细胞肺癌的突变频率最高，其次是腺癌和鳞癌，分别为 55.5%（5/9）、37.5%（3/8）和 35%（7/20）；采用 DNA 序列分析及 PCR-RFLP 等技术可对 *p53* 抑癌基因的突变类型及突变后导致的酶切位点的消失或增加等进行检测。

（三）其他常见肿瘤的基因诊断

5%~10% 乳腺癌患者具有家族遗传性，在乳腺癌高危家族中，常有抑癌基因 *BRCA*（breast cancer gene）的突变。目前发现 *BRCA* 基因有两个，分别为 *BRCA1* 和 *BRCA2*。*BRCA1* 位于染色体的 17q21，大小为 100kb，有 22 个外显子。其编码序列突变后易导致乳腺癌。突变没有明显的突变热点，大约 70% 的缺失和插入突变会导致编码序列的框移突变或翻译提前终止，导致生成截短的蛋白质。N 端部分截短与乳腺癌和卵巢癌的高风险有关，C 端部分截短主要与乳腺癌高风险有关。*BRCA2* 位于染色体的 13q12.3，大小为 70kb，有 27 个外显子。其编码产物为由 3 418 个氨基酸残基构成的多肽链。30%~40% 的散发性乳腺癌有 *BRCA2* 的杂合性缺失。*BRCA2* 基因的突变主要是提高乳腺癌易感性，而出现卵巢癌的风险性相对降低，但家族成员中男性易患乳腺癌。其他细胞癌基因，如 *myc*、*erbB2*、*H-ras* 及 *p53* 突变均与乳腺癌高发有关。

结肠癌的发病涉及多种癌基因和抑癌基因的突变，且在癌症发展的不同阶段有不同的体现。*APC*（adenomatous polyposis coli）基因是结肠癌发生发展中第一个发生突变的基因，它位于 5 号染色体长臂，有 15 个外显子，突变常常发生于 7、8、10、11 位外显子。结肠癌早期为遗传性腺瘤样息肉综合征，伴有 *APC* 基因的突变和失活，若不及时治疗，最终将发展成为结肠癌。*K-ras* 细胞癌基因的突变也是结肠癌发生的早期事件。染色体 18q 的杂合缺失，导致 *DCC*（deletion of colorectal cancer）基因失活是腺瘤发展成癌的晚期事件，且提示预后不良。*p53* 基因突变是结肠癌发生的晚期事件，导致发展中的肿瘤细胞逃避细胞周期的终止和凋亡。此外，DNA 修复基因也参与结肠癌的发病。当 DNA 复制、遗传重组和 DNA 损伤等过程中形成错配碱基时，需要 DNA 错配修复系统来修复，但该系统的遗传性缺失，在肿瘤易感综合征和散发性癌中有重要作用。例如，生殖细胞 *hMSH2*、*hMLH1*、*hPMS1* 及 *hPMS2* 等基因的突变导致 DNA 修复系统缺陷，与遗传性非息肉性结肠癌的发生有关。

（四）遗传性疾病的基因诊断

在欧美发达国家，遗传病的基因诊断，尤其是单基因遗传病的基因诊断已经成为医疗机构的常规项目。我国目前也开展了对一些常见的单基因遗传病的基因诊断，如地中海贫血、血友病 A、进行性肌营养不良等。

染色体病是一类常见的遗传病，传统诊断方法除了根据临床表现，主要靠细胞学核型分析和生化检查来实现。但是，细胞学检测技术操作烦琐、复杂、耗时，生化检测结果又缺乏特异性，因此，基因诊断技术已成为实用的可选择方案。例如，PCR 技术或荧光原位杂交（FISH）技术均可用于检测以唐氏综合征为代表的染色体遗传性疾病等。由于目前人类对于出生缺陷和遗传病基本上没有有效的治疗方法,因此,从 1976 年美国华裔科学家简悦威通过检测羊水细胞中 α 珠蛋白基因的数目,在世界上第一次进行了 α 地中海贫血的产前诊断以来,以选择性淘汰受累胎儿为目的的产前基因诊断也日益为大众所接受。另外,基因诊断技术在植入前遗传诊断和遗传筛查中均得到广泛应用。

(五) 感染性疾病的基因诊断

感染性疾病一直是通过分离检查病原体,或者对患者进行血清学或生物化学的分析来判断。但有些病原体不容易分离,有些需经过长期培养才能获得。而且,血清学对病原体抗体的检测虽然很方便,但是病原体感染人体后需要间隔一段时间才出现抗体,即使出现抗体,也只能确定被检测者确实接触过该种病原体,但并不能确定被检测者是否伴有现行感染,且对潜伏病原体的检查也有困难。基因诊断方法对感染性疾病不仅可以检测出正在生长的病原体,也能检测出潜伏存在的病原体;既能确定既往感染,也能确定现行感染;对那些不容易培养的病原体,也可实现检测。如已经被广泛应用于各种病原体检测的 PCR 或 RT-PCR 技术,可根据各病原体特异保守序列设计引物,经 PCR 或 RT-PCR 扩增后对扩增产物进行分析。也可根据各病原体特异保守序列设计探针,利用分子杂交技术对感染性疾病进行诊断。

(六) 个体识别与法医鉴定

对于生物个体识别和亲子鉴定,传统的方法有血型、血清蛋白型、红细胞酶型和白细胞膜抗原型等方法,但这些方法都存在着一些不确定的因素。人类基因组结构中有些具有个体特征的遗传标记,针对这些遗传标记采用基因诊断技术,可以实现个体识别和亲子鉴定。如 DNA 指纹分析(DNA fingerprinting)的遗传学基础就是 DNA 的多态性。世界上除了部分同卵双生子外,人与人之间的某些 DNA 序列特征彼此不同,具有高度的个体特异性和终身稳定性的特点,因此被称为 DNA 指纹。DNA 指纹分析技术建立于 1985 年。英国遗传学家 Jeffreys 采用 Southern 印迹技术,从一个家系中获得了一张具有高度多态性的 DNA 图谱,图谱显示家系中每个成员各有独特的 DNA 电泳谱带。各子代成员的 DNA 区带均由亲代继承而来,一半与父亲一致,一半与母亲一致(图 20-4)。目前,基于 PCR 技术的 DNA 指纹分析技术在法医学鉴定中具有广泛的应用。

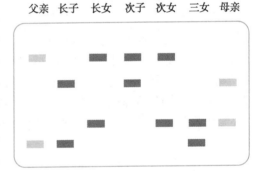

图 20-4　家系 DNA 指纹图谱示意图

另外,PCR-STR 技术可用于检测基因组中的短串联重复序列,具有快速、简便等优点,也是法医学鉴定中常用技术。单核苷酸多态性(SNP)作为特异性基因标记,可用于区分个体之间的差异,SNP 结合 DNA 芯片技术将成为法医学鉴定中一种很有前景的方法。基因诊断中的高灵敏度解决了法医学检测中的犯罪物证少的问题,即使一根头发、一滴血、少量精液甚至单个精子都可用于检测分析。

第四节　基　因　治　疗

基因治疗是一种基于分子生物学理论及实验技术的医疗方法,是现代分子生物学的理论和技术与医学相结合的典范。重组 DNA 技术的迅速发展,尤其是基因靶向技术的诞生与发展,使人们可以在实验室构建各种载体,克隆及分析目标基因,能够实现从分子水平对疾病进行深入研究,并取得了重大的突破。因此,从 20 世纪 70 年代末基因诊断技术诞生后,于 1990 年 9 月,由美国 R. M. Blaese 博士成功实施了世界上第一个基因治疗(gene therapy)的临床试验方案:采用腺苷脱氨酶(ADA)基因植入 ADA 缺乏症患者的淋巴细胞内,来治疗 ADA 基因缺陷引起的严重复合型免疫缺陷症。正常 ADA 基因借助于逆转录病毒载体导入患者的 T 淋巴细胞后,回输给患者,使其在患者体内存活。5 年后,患者体内仍有 10% 的造血细胞呈现 ADA 基因阳性,这一病例的成功激励着基因治疗法迈向临床应用。2016 年 6 月欧盟正式批准用于临床治疗由 ADA 缺陷引起的重症联合免疫缺陷病(ADA-SCID)的基因疗法 Strimvelis。在接受治疗时,患者的骨髓细胞会首先被去除,再被移植入带有正常 ADA 基因拷贝的 CD34 阳性干细胞。这些干细胞源于对患者自身干细胞的基因功能改造,因此不会引起免疫排斥反应,并能重新进入骨髓进行扩增和分化,表达出正常的 ADA。

Mario R. Capecchi(左)、Martin J. Evans(中)和 Oliver Smithies(右)发明了基因靶向技术,为研究某些特定基因在发育、生理及病理等方面的作用提供了平台。基因靶向技术的发明和运用,革命性地改变了现代医学的面貌,引领了生物医学研究各个领域的许多突破性进展。鉴于基因靶向技术对人类医学的巨大意义,这三位科学家于 2007 年获得了诺贝尔生理学或医学奖。

一、基因治疗的定义

基因治疗(gene therapy)是指通过某种特定方式导入遗传物质以矫正或者置换患者细胞内致病基因,从而达到治疗或预防疾病的目的。导入的基因可以是与缺陷基因相对应的有功能的正常野生型同源基因,也可以是与缺陷基因无关的治疗基因。目的基因被导入靶细胞后,它们一方面有可能与宿主细胞染色体整合成为宿主细胞基因组的一部分;另一方面也可能独立于染色体基因组以外存在,但也可以在宿主细胞内表达出蛋白质,以达到治疗疾病的作用。基因治疗包括两种形式:一种是改变体细胞的基因表达,即体细胞基因治疗(somatic gene therapy);另一种是改变生殖细胞的基因表达,即种系基因治疗(germline gene therapy)。从理论上讲,若对缺陷的生殖细胞进行矫正,不但可以治疗当代的疾病,而且还可以将正常的基因传给子代。但生殖生物学极其复杂,许多内部机制尚未清楚,一旦发生差错将给人类带来不可想象的后果,涉及一系列伦理学的问题,目前还不能应用于人类。在现有的条件下,基因治疗仅限于体细胞基因治疗,基因型的改变只限于某一类体细胞,其影响只限于某个个体的当代。

二、基因治疗的策略

(一)基因置换矫正基因缺陷

基因修正(gene correction)或基因置换(gene replacement)是指将特定的目的基因导入特定细胞,通过定位重组,以导入的正常基因对原有的缺陷基因进行置换,对缺陷基因进行精确的原位修复,不涉及基因组的任何其他改变。

(二)基因增强矫正基因缺陷

基因增强(gene augmentation)又称基因增补,是通过外源基因的导入,使其能够表达本身不表达的正常产物,从而补偿缺陷基因造成的功能损失,这种治疗方式并不去除异常基因。

(三)基因干预抑制某个基因的表达

基因干预(gene interference)是指采用某种特定方式抑制某个基因的表达;或者通过破坏某个基因的结构使其不能表达,从而达到治疗疾病的目的。有些疾病是由于某种基因异常过度表达(如癌基因或病毒基因等),采用反义核酸技术、核酶或诱饵(decoy)转录因子等方法来封闭或消除这些有害基因的表达,这种基因治疗即为基因干预的策略。

(四)自杀基因治疗恶性肿瘤

自杀基因(suicide gene)治疗策略是将"自杀"基因转入宿主细胞。这种"自杀"基因可编码一种酶,能将无毒性的药物前体转化为细胞毒性代谢产物,诱导靶细胞产生"自杀"效应,从而清除肿瘤细胞。自杀基因治疗策略还有赖于旁观者效应,即转导的"自杀"基因还可以影响没有被转导的肿瘤细胞,大大增强了自杀基因对肿瘤细胞的杀伤作用,弥补了基因转导效率低的问题,具有重要的意义(图 20-5)。

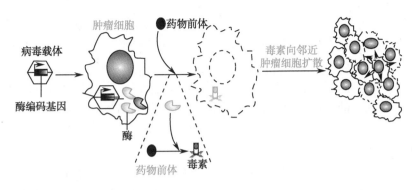

图 20-5 自杀基因的作用机制

(五) 基因免疫治疗肿瘤

基因免疫治疗是通过将抗癌免疫因子或 *MHC* 基因导入肿瘤细胞,以增强肿瘤内部的抗肿瘤免疫微环境,从而激活机体的免疫系统,杀伤肿瘤。如将抗体、细胞因子(肿瘤坏死因子 α、γ 干扰素和 IL-2 等)基因导入肿瘤细胞以激活体内免疫细胞的活力,发挥杀伤肿瘤细胞的作用,作为抗肿瘤治疗的辅助治疗措施。

(六) 化疗保护性基因治疗

化疗保护性基因治疗是在肿瘤化疗时,为提高机体耐受化疗药物的能力,把产生抗药物毒性的基因导入人体细胞,以使机体耐受更大剂量的化疗,增强化疗药物的抗肿瘤效果,同时减少化疗不良反应。如向骨髓干细胞导入多药耐药基因 *MDR-1* 等。

(七) 特异性细胞杀伤基因治疗

特异性细胞杀伤是指利用重组 DNA 技术将生物来源的细胞毒素基因与一些特异受体的配体基因融合,构建融合基因表达载体,通过配体 - 受体的特异性结合,使表达的细胞毒素 - 配体复合物特异性结合高表达该受体的肿瘤细胞,以实现靶向性、特异性杀伤该肿瘤细胞。

另外,根据基因治疗措施是否针对病变细胞的致病基因,可将基因治疗归类为直接基因治疗和间接基因治疗两大类:直接基因治疗是针对致病基因采取的措施,包括基因置换或修正、基因增强和基因干预 3 种方式;间接基因治疗是通过导入与致病基因无直接联系的治疗基因来达到基因治疗的目的,包括自杀基因治疗、基因免疫治疗、化疗保护性基因治疗、特异性细胞杀伤基因治疗等多种方式。

三、基因治疗的应用

自 1990 年世界上第一例针对重症联合免疫缺陷病(SCID)的人体基因治疗实施以后,基因治疗的研究范围从单基因疾病扩展到多基因疾病,从遗传性疾病扩展到肿瘤、心血管疾病、感染性疾病及神经系统疾病等,并且许多治疗方案正在从实验室阶段过渡到临床试验中。

(一) 遗传性疾病的基因治疗

遗传性疾病是基因治疗的理想候选对象,设计治疗方案时应考虑下列几点因素:首先,对造成该疾病有关的基因应有较详细的了解,并能在实验室克隆适合真核细胞表达的有关基因的 cDNA 序列,供转导用。第二,该遗传病不经过治疗将产生严重后果(如难以存活等)。第三,通过有功能基因转导的体细胞,只要产生较少量原来缺陷的基因产物就能矫正疾病。如腺苷脱氨酶(ADA)缺乏的重症联合免疫缺陷病,由于淋巴细胞缺乏 ADA,造成腺苷及 dATP 的堆积,可破坏免疫功能,患儿很少活至成年。若淋巴细胞 ADA 恢复至正常水平的 5%~10%,即能维持免疫系统的功能,患者症状就有明显改善,这是第一个临床上基因治疗的方案。血友病 B,是由于凝血因子Ⅸ缺乏所致,只要凝血因子Ⅸ达到正常水平的 10%~20%,就能使严重的血友病得到明显缓解。对血友病 A 而言,只要凝血因子Ⅷ达正常水平的 5%,就能缓解症状。关于血友病的基因治疗已开始进入临床试验。第四,即使导入的基因过度表达,对机体应无不良作用,即该基因的表达即使不能够得到精确调控,对机体也无不良影响。第五,有些遗传疾病是某些特殊细胞基因缺损造成的,但这些特殊的细胞不容易取出供体外基因工程操作,可用其他容易培养的相关细胞代替,且相关基因也应能够在这种容易操作的组织细胞中表达并发挥生理作用。如帕金森病是一种神经系统退行性疾病,其发病机制为脑黑质(substantia nigra)神经细胞缺乏酪氨酸羟化酶,导致不能产生多巴胺(dopamine)而引起,给患者注射多巴胺即可减轻症状。动物模型试验表明,将酪氨酸羟化酶基因转导入成纤维细胞,再移植至脑内,可以减轻模型动物的异常行为。第六,如果拟采用正常有功能的同源基因来增补体内的缺乏基因,要求增补的基因在患者存活期间能够稳定表达,或需要重复治疗,因此应考虑构建能长期持续稳定表达外源基因的载体,将外源基因转导入干细胞,回输体内后其子代细胞也含有外源基因,从而达到治疗的目的。

(二) 肿瘤的基因治疗

恶性肿瘤属复杂基因疾病,可能涉及多种基因的异常,发病过程也是多步骤的,至今虽有不少有关的基因被鉴定,但肿瘤发病的确切分子机制尚未完全明了,因此治疗时应选择何种靶基因并不明确,多数是根据不同的环节,设计不同的基因治疗策略。

1. 导入抑癌基因使其复活　研究表明,人类大多数恶性肿瘤都存在抑癌基因的失活,包括染色体丢失、基因突变或基因表达产物失活等,利用基因治疗将抑癌基因导入肿瘤细胞表达,代替和补偿有缺陷的抑癌基因是肿瘤基因治疗中常用的方案。例如,人类一半左右的恶性肿瘤都存在 $p53$ 基因的突变,将野生型 $p53$ 基因通过脂质体、腺病毒或逆转录病毒等多种方式转入实体肿瘤内,不但可以抑制肿瘤细胞的生长,诱导其凋亡,而且还可以调节其他相关基因的表达以发挥抗肿瘤作用。我国自行研制的重组人 $p53$ 腺病毒注射液,对中期喉癌、晚期喉癌、头颈部鳞癌都具有很好的治疗效果。

2. 封闭癌基因表达　多数恶性肿瘤的发生发展与癌基因被激活后过度表达有关,因此封闭癌基因或抑制其过度表达,是肿瘤基因治疗的另一个常用方案。例如,采用反义 RNA 技术阻止癌基因 $c\text{-}ras$、$c\text{-}myc$、$c\text{-}myb$、$bcl\text{-}2$ 的表达等;采用 RNA 干扰技术,诱导靶性癌基因降解,抑制其表达,是抗肿瘤基因治疗的又一个方向。

3. 肿瘤的免疫调节基因治疗　正常情况下,体内也会有细胞发生变异,但不会导致肿瘤,是因为机体的免疫系统会将变异的细胞及时清除。肿瘤发生时,往往是由于变异细胞通过某种机制逃避了免疫系统的监视作用。因此,如果通过某种方式,能够充分调动机体的免疫系统,从而发挥清除变异肿瘤细胞的作用,也是目前肿瘤基因治疗的一种方案。例如,将一些能刺激免疫反应的细胞因子(IL-2、IL-12、IFN-γ 等)基因转入肿瘤细胞作为基因工程"瘤苗",给肿瘤患者注射,宗旨是为提高肿瘤细胞的免疫原性,有利于被机体免疫系统识别及清除;由于转入细胞因子基因的肿瘤细胞在体内能持续不断分泌细胞因子,增强抗肿瘤的特异性和非特异性免疫反应,在肿瘤局部形成一种较强的抗肿瘤免疫反应微环境,并能够通过局部免疫反应,引发全身的抗肿瘤免疫功能,此策略已应用于多种恶性肿瘤的临床试验。

(三) 心血管疾病的基因治疗

目前对于心血管疾病的基因治疗,采用最多的临床疾病是外周血管疾病造成的下肢缺血及心脏冠状动脉阻塞造成的心肌缺血。通过转导血管内皮细胞生长因子(VEGF)、成纤维细胞生长因子(FGF)或血小板衍生生长因子(PDGF)等基因,使其在血管病变部位表达,这些表达的生长因子可以促进新生血管的生成,从而建立侧支循环,改善供血。其他心血管疾病,包括高血压、动脉粥样硬化、心肌肥厚等,均由多因素、多基因相互作用,并在多个环节引起发病,很难通过某种单一基因的基因治疗得到满意的疗效。此外,基因治疗在感染性疾病,如病毒性肝炎、HIV 感染引起的艾滋病(AIDS)及神经系统疾病的治疗中也取得一定成效。

尽管近年来基因治疗的研究已经取得了不少进展,但是基因治疗方案目前仍处于初期临床试验阶段,还不能保证稳定的疗效和安全性。另外,医学伦理学方面,也是基因治疗必须要考虑周全的问题。尽管存在着许多困难,但基因治疗的发展趋势仍然令人鼓舞。

> 思考题 20-3:基因治疗与传统医疗措施比较,特殊性在于它是以改变人类遗传物质为基础的生物医学治疗措施,请从医学伦理学、基因治疗的安全性和有效性等方面考虑,说说基因治疗所面临的挑战。

案例分析：

　　患者，女，71岁。67岁时诊断为胰头腺癌，血清 CA19-9 和其他肿瘤标志物水平无增高。2018年，接受了4个疗程 FOLFIRINOX 新辅助治疗（氟尿嘧啶、亚叶酸钙、伊立替康和奥沙利铂）及辅助同步放化疗。2019年右肺下叶出现增大结节，细针穿刺确认为肺转移。2020年，患者接受了体外扩增的肿瘤浸润淋巴细胞和大剂量白介素 -2 治疗，6个月内肺转移灶仍增大。分子和遗传学检测显示肿瘤组织 PD-L1 的 TPS<1，$KRAS$ 发生了 c.35G → A（p.G12D）突变，$TP53$ 发生了 c.451C → T（p.P151S）突变，$CDKNA2$ 发生了 c.172C → T（p.R58*）突变，$ROS1$ 发生了 c6214C → T（p.R2072W）突变。

　　患者于2021年6月接受了自体外周血 T 细胞移植，这些 T 细胞用逆转录病毒在两个独立批次中转染了同种异基因 HLA-C*08 : 02 限制性 T 细胞受体（TCR），靶向突变的 $KRAS$ G12D。在细胞输注5天前，进行了预处理，方案为托珠单抗 600mg 静脉给药 + 环磷酰胺 30mg/(kg·d)×2天。在 d0，患者接受了单次 $16.2×10^9$ 自体 T 细胞输注，其中包括 85% $CD8^+$ T 细胞，15% $CD4^+$ T 细胞。其中 91.5% 的 T 细胞表达靶向 $KRAS$ G12D 的 TCR。在转染的 T 细胞中，29% 表达 9merTCR（靶向9个氨基酸组成的 $KRAS$ G12D 多肽），71% 表达 10merTCR（靶向10个氨基酸组成的 $KRAS$ G12D 多肽）。在细胞输注18小时后，患者开始接受大剂量白介素 -2 治疗（600 000IU/kg，静脉给药，q.8h.），共计5次。输注1个月后肿瘤部分缓解（62%），6个月后缩小了72%。

　　问题：

　　1. 请根据本章所学内容，分析为何患者2020年接受体外扩增的肿瘤浸润淋巴细胞和大剂量白介素 -2 治疗后效果仍较差。

　　2. 请分析患者在2021年接受基因治疗后，病情缓解的分子机制。

小　结

　　癌基因包括病毒癌基因和细胞癌基因。病毒癌基因包括 DNA 肿瘤病毒的癌基因和 RNA 肿瘤病毒的癌基因。病毒癌基因来源于细胞癌基因，能使宿主细胞发生恶性转化形成肿瘤。细胞癌基因是病毒癌基因的原型，故又称原癌基因。正常的原癌基因参与调节细胞正常的生长与分化，为生命活动所必需。当原癌基因被激活，基因结构异常或表达失控，会导致细胞恶性转变。原癌基因激活的方式有：①获得启动子和/或增强子；②基因移位；③基因扩增；④基因突变等。肿瘤的发生发展往往涉及多种癌基因在肿瘤发展的不同阶段相继激活，彼此协同。

　　原癌基因的表达产物有的是生长因子或生长因子受体；有的是信号转导的胞内信息传递分子（G蛋白、蛋白激酶）；有的是细胞核内转录因子。原癌基因被激活后，可能使上述表达产物发生结构改变或过量表达，引起细胞生长增殖失控。

　　抑癌基因是一类控制细胞生长的负调控基因，它与原癌基因协调表达共同维持细胞正常的生长、增殖与分化。抑癌基因缺失或突变失活，不仅丧失抑癌作用，而且转变成具有促癌效应的癌基因。癌基因和抑癌基因作为细胞基因组正常的组成部分，在生理条件下发挥调节细胞生长、分化等多种功能。在病理条件下，癌基因和抑癌基因也参与多种疾病的发生发展过程。

　　基因诊断是利用现代分子生物学和分子遗传学的技术方法检测基因结构及基因表达水平，从而对疾病作出诊断的方法。基因诊断的目标分子是 DNA、RNA 和蛋白质。

　　基因治疗是指通过导入遗传物质以改变患者细胞的基因表达从而达到治疗或预防疾病的目的。基因治疗的基本策略包括基因置换、基因增强、基因干预、自杀基因治疗、基因免疫治疗、化疗保护性基因治疗、特异性细胞杀伤性基因治疗。

练习题

1. 试述细胞癌基因的活化机制。
2. 试述细胞癌基因的产物及主要功能。

3. 举例说明抑癌基因的作用机制。

4. 试述生长因子的主要作用模式。

5. 举例说明癌基因、细胞癌基因在肿瘤基因诊断中的作用。

6. 试述癌基因、抑癌基因在肿瘤发生中的作用。

7. 试述基因诊断的概念和特点。

8. 试述基因治疗的概念和基本策略。

（叶俊梅）

第二十章同步练习

［1］吴梧桐. 生物化学. 6 版. 北京: 中国医药科技出版社, 2015.

［2］周春燕, 药立波. 生物化学与分子生物学. 9 版. 北京: 人民卫生出版社, 2018.

［3］杨荣武. 生物化学原理. 3 版. 北京: 高等教育出版社, 2018.

［4］郑集, 陈钧辉. 普通生物化学. 4 版. 北京: 高等教育出版社, 2007.

［5］姚文兵. 生物化学. 9 版. 北京: 人民卫生出版社, 2022.

［6］DESPO P, ALISON S, WILLIAM E, et al. Biochemistry & Molecular Biology. 5th ed. Oxford: Oxford University Press, 2014.

［7］JEREMY B, JOHN T, LUBERT S. Biochemistry. 7th ed. New York: W. H. Freeman and Company, 2012.

［8］DAVID N, MICHAEL C. Lehninger Principles of Biochemistry. 6th ed. New York: W. H. Freeman and Company, 2013.

［9］FERRIER D. Biochemistry. 7th ed. Philadelphia: Lippincott Williams & Wilkins, 2017.